亚热带退化林地植被恢复生态学研究

方晰 陈婵 辜翔等 著

科学出版社

北京

内 容 简 介

本书根据位于亚热带的湘中丘陵区檵木+南烛+杜鹃灌草丛、檵木+杉木+白栎灌木林、马尾松+柯+檵木针阔混交林、柯+红淡比+青冈常绿阔叶林 4 个植被恢复阶段调查研究数据，解析了植物群落组成、区系特征及空间结构随植被恢复阶段的演替规律；揭示了林内小气候、凋落物特征与生物量空间分配对碳密度形成的协同作用；创新性引入生态化学计量学理论，阐明植被-凋落物层-土壤系统碳氮磷元素平衡关系及其生态约束机制；聚焦土壤有机碳库的稳定性，量化了活性碳组分与有机碳矿化过程对气候变化的响应；通过磷形态分级技术，揭示了植被恢复对土壤磷有效性提升的生物地球化学路径；构建氮磷循环耦合模型，阐明养分吸收–转化–归还过程的协同演化特征及其对生态恢复的驱动效应。

本书可供林学、生态学、环境科学、地理学、自然资源管理等专业的科研人员和研究生参考阅读。

图书在版编目（CIP）数据

亚热带退化林地植被恢复生态学研究 / 方晰等著. -- 北京 ：科学出版社，2025. 3. -- ISBN 978-7-03-080435-8

Ⅰ. Q948.1

中国国家版本馆 CIP 数据核字第 2024AP1740 号

责任编辑：张会格　刘新新 / 责任校对：宁辉彩
责任印制：肖　兴 / 封面设计：刘新新

科 学 出 版 社 出版

北京东黄城根北街 16 号
邮政编码：100717
http://www.sciencep.com

北京华宇信诺印刷有限公司印刷
科学出版社发行　各地新华书店经销

*

2025 年 3 月第 一 版　开本：787×1092 1/16
2025 年 3 月第一次印刷　印张：28 1/2
字数：676 000

定价：268.00 元
（如有印装质量问题，我社负责调换）

前　言

长期以来，人类活动引发的土地利用变化严重破坏了天然植被，导致生态环境退化、全球生物多样性持续减少。同时，生态系统的生产力和生态服务功能也在下降。部分区域退化已到极限，严重的水土流失和侵蚀导致局部区域石漠化或荒漠化加剧，人类生存和发展的自然基础已经受到威胁。生态退化已成为全球面临的主要环境问题之一，不仅使自然资源日趋枯竭，生物多样性不断减少，而且严重阻碍社会经济的发展，威胁人类社会的生存和发展。

近 30 年来，退化林地生态恢复与重建已成为全球生态学研究的热点，同时，退化生态系统植被恢复也成为恢复生态学的热点问题。尽管国内外对退化林地植被恢复的研究与实践逐渐深入，但有关亚热带低山丘陵退化林地生态系统植被恢复的系统性和深入性研究仍显不足。本研究针对亚热带退化林地植被恢复的现状和我国现阶段林业生态工程建设需求，以湘中丘陵区退化林地不同植被恢复阶段为对象，研究不同植被恢复阶段植物群落结构、生物量与碳密度分配格局、土壤碳汇功能及其稳定性、氮磷养分有效性及其循环等生态学特征，对丰富亚热带森林动态学及促进森林植被恢复与重建具有重要的理论意义和应用价值。

在亚热带特定的气候条件和土壤类型下，森林皆伐后，从次生裸地开始，植被恢复的通常模式是：经 3～5 年的自然恢复，形成以草本植物为主，伴随少量灌木的灌草丛；再经约 10 年恢复为以檵木、南烛、杜鹃、白栎、茅栗等灌木为主的灌木林；随后约 30 年出现一些阳性先锋乔木树种，如马尾松针叶树种和枫香、麻栎、南酸枣、拟赤杨等落叶阔叶树种，形成马尾松针叶林、马尾松针阔混交林及落叶常绿阔叶林；随后恢复演替为以壳斗科（如柯、青冈）、山茶科（如木荷、红淡比）和樟科（如樟树、椤木石楠、毛豹皮樟）等耐阴性常绿阔叶树种为优势树种的常绿阔叶林。因此，沿着亚热带森林恢复演替梯度，根据植被恢复程度及其树种组成和结构，当前亚热带次生植物群落可以划分为灌草丛、灌木林、针阔混交林、落叶常绿阔叶混交林和常绿阔叶林。在本研究中，我们采用"空间差异替代时间变化"的方法，选取地域相邻、立地（海拔、坡向、坡度）及土壤和气候等条件基本一致的檵木+南烛+杜鹃灌草丛、檵木+杉木+白栎灌木林、马尾松+柯+檵木针阔混交林、柯+红淡比+青冈常绿阔叶林构成一个植被恢复演替序列，设置 4 块固定样地；采用样方调查法对样地进行详细调查，分析群落植物组成、结构和植物多样性特征，剖析土壤理化性质和生物化学性质的变化；采用收获法及建立灌木林、马尾松针阔混交林主要树种各组分生物量的相对生长方程，估算群落生物量及其碳汇功能；通过室内培养法测定土壤有机碳矿化速率，研究植被恢复过程土壤碳库积累和稳定性的变化；采用改进后的 Hedley 土壤磷分级方法测定不同植被恢复阶段土壤磷库组成及其有效性，分析不同植被恢复阶段氮磷循环关键过程及其耦合强度的演化。

本书共 7 章，第 1 章主要分析不同植被恢复阶段植物群落组成及结构特征，由方晰、陈金磊、王智慧撰写；第 2 章剖析不同植被恢复阶段林内小气候、凋落物、土壤基本特征，由方晰、陈婵、陈金磊、陶萍萍撰写；第 3 章探讨不同植被恢复阶段生态系统生物量及其碳密度特征，由方晰、李尚益、王振鹏撰写；第 4 章研究植被恢复对生态系统碳氮磷化学计量特征的影响，由方晰、陈婵、李雷达撰写；第 5 章研究植被恢复过程土壤有机碳库的积累和稳定性，由方晰、辜翔、王娜、刘兆丹撰写；第 6 章分析不同植被恢复阶段土壤磷库组成及其有效性，由方晰、王留芳、朱小叶、冼应男撰写；第 7 章分析不同植被恢复阶段氮磷循环关键过程及其耦合协调性，由方晰、陈婵、朱小叶撰写。书稿由方晰整理并修改完善。

本书的研究内容是在国家自然科学基金项目（U23A20154）、国家林业公益性行业科研专项（201504411）、湖南会同杉木林生态系统国家野外科学观测研究站、生态学湖南省重点学科共同资助下完成的。在野外样地设置、样地维护和调查过程中，湖南省长沙兴业林业科技有限公司、长沙县大山冲国有林场等单位领导和员工，以及长沙县金井镇石井村居民给予了大量的帮助和支持。中南林业科技大学 2013 级硕士研究生胡瑞彬、李岩、彭晓等同学参加了野外样地设置和样地调查。在此一并表示衷心感谢。

亚热带森林由早期灌草丛阶段向顶极常绿阔叶林阶段演替的过程，是森林植被自然恢复生态学过程的重要研究内容。由于森林植被恢复演替是一个漫长过程，而且在不同地区自然环境和人为干扰下，森林植被恢复没有一个既定的方向，人们要想了解植被恢复过程生态系统结构和功能的演变，需要进行长期定位研究。本书仅是阶段性的研究成果，由于作者水平有限，书中不足之处在所难免，敬请读者批评指正。

方　晰

2023 年 9 月 20 日于长沙

目　　录

第1章　不同植被恢复阶段植物群落组成及结构特征

1.1　植物群落组成及结构特征的研究概述

退化生态系统植被恢复与重建是现代生态学研究的热点。植被恢复是遏制生态系统退化的首要任务，也是退化生态系统恢复与重建的核心与关键，涉及植物群落与土壤环境的协调发展，不仅能改善脆弱或退化生态系统养分循环、土壤肥力及生态环境质量（Xu et al.，2019），还在保护生物多样性、减缓全球气候变化（Ciccarese et al.，2012）、提高生态系统生产力及碳（C）汇（黄宗胜等，2015）等生态功能方面具有极其重要的作用。近年来，森林植被恢复已成为解决全球环境问题的优先研究领域。2011 年，美国、巴西和世界自然保护联盟发起了"波恩挑战（The Bonn Challenge）"，目标是到 2030 年恢复 3.5 亿 hm^2 森林，至今全球已有 59 个国家参与。同时，有学者提出，在减缓全球气候变化方面，应优先考虑天然林的再生和恢复（Lewis et al.，2019），人工林、农林复合系统恢复可促进退化森林和采伐迹地的恢复（Dave et al.，2019）。可见，如何更有效地恢复森林植被是当代林学、生态学、环境科学的研究热点。

植物群落学（phytocoenology）是研究植物群落及其与环境相互关系的一门学科，其同义语有地植物学（geobotany）、植物社会学（phytosociology）、植物生态学（plant ecology）等。植物群落学的研究目的与任务是深入揭示植物群落的组成结构、生态、动态、分类及其在地球上的分布等基本规律，并通过掌握和运用这些规律，充分发挥人的主观能动性来调控、利用、模拟、改造和构建植物群落，保护、改造自然环境，防止生态环境破坏，维护生态平衡，进而有效地、可持续地发展和利用植物群落，为人类生存提供保障（舒勇和刘扬晶，2008）。

植物群落是在生境过滤（habitat filtering）和种间竞争等综合因素作用下，由具有特定功能特性的植物聚集而成。阐明群落物种组成机理是了解环境变化对生物多样性和生态系统过程影响的关键环节，也是理解物种如何共存的基础。此外，森林生态功能，如调节气候、涵养水源、碳固存、生物多样性保育等都受到森林群落组成和结构的强烈影响。研究表明，群落径级结构及其多样性与群落生产力呈正相关关系（Zhang & Chen，2015），并影响森林生态系统固碳能力和物质循环速率（Xiao et al.，2014）。植物组成和结构作为植物群落最基本的特征，是生态系统结构的重要研究内容，主要研究群落物种组成、物种多样性、种群特性、外貌、垂直结构和水平结构等内容（舒勇和刘扬晶，2008）。通过研究植物群落组成和结构不仅可以认识群落对环境的适应和演化，还有助于认识它们的机能、演替和分类，可为植物多样性保育和植被恢复提供科学依据（宋永昌，2001）。

1.1.1 植物群落组成、结构的研究内容及其作用

植物群落组成和结构是森林群落恢复演替的重要研究内容。任何一个植物群落都由一定的植物种类（即植物物种）构成，并具有一定的结构特征（即植物群落结构）。植物物种组成是一个群落基本的特征之一，反映了群落内物种之间的关系。环境对物种生存和生长的影响，决定着群落的性质和生态功能（宋永昌，2001），因而是植物群落研究的基础。查清植物群落的物种组成是定量分析和研究植物群落物种组成及其数量特征的第一步。植物群落物种组成的数量特征包括物种丰富度、多度、密度、盖度、优势度、频度、重要值等，可以有效评价群落的稳定性（焦菊英等，2008）。近 20 年来，植物群落物种组成的研究主要集中在群落植物的科属组成、物种丰富度、优势种的重要值（张谧等，2003；吕仕洪等，2004），为揭示群落功能和物种共存机制、植物多样性保护和植被恢复提供了科学依据。

植物群落结构主要从物种多样性、种群特性、外貌、垂直结构和水平结构反映群落在组成、结构、功能和动态变化的差异。通常用物种重要值描述植物群落的组成、结构性质，但是随物种多样性研究的快速发展，人们更多应用多样性来描述群落物种组成的数量特征。物种多样性是评价群落内生物多样性状况的常用指标（马炜等，2011），也是衡量群落结构和功能复杂性的重要因子。研究群落物种多样性，有助于了解群落的物种组成、结构、功能及演替动态、稳定性等方面（高贤明和陈灵芝，1998）。物种多样性指数分为 4 类：物种相对多度模型、物种丰富度指数、物种多样性指数和物种均匀度指数（马克平和刘玉明，1994）。应用最普遍的物种多样性指数有 Simpson 指数、Shannon-Wiener 指数、物种丰富度指数和 Pielou 指数（Magurran，1988；Whittaker，1972）。此外，群落均匀度、优势度指数也广泛应用于研究植物群落的组成和结构。通过分析植物群落的水平结构、垂直结构和物种结构推断群落的动态，是群落动态学研究常用的方法。彭少麟（1994）通过定量分析森林群落各层次物种多样性推断群落的稳定性与动态，为群落动态学研究开辟了一条新途径，并认为，如果群落中有较多幼龄个体和较少老龄个体，那么群落处于发展演变状态，表现为各层次的多样性由上而下递增；反之，群落则处于衰退状态，表现为各层次多样性由上而下递减；当群落各层次的多样性相对一致时，群落处于动态平衡状态。

不同植物群落的结构和功能存在很大差异，主要受控于组成物种的不同生物学、生态学特性及其构成方式。其中，群落结构是功能群划分、群落功能评价、演替趋势、植被恢复策略研究的基础，具有重要的生态学意义（漆良华等，2009）。群落共存物种数量、组成格局的形成过程，即群落构建，一直是生态学研究的热点问题（练琚愉等，2015）。退化森林群落植被恢复过程中，植物种类与分布、群落结构与功能及其驱动机制将发生明显的变化，从而影响恢复演替进程和生态系统功能及其稳定性（Peltzer et al.，2000；Smith & Smith，2001）。过去普遍认为，随群落恢复演替，群落结构将更加复杂和稳定（Margalef，1963；Odum，1971）。然而，Howard 和 Lee（2003）、Chazdon（2008）的研究却发现，一些群落物种丰富度呈单调下降或连续增加的趋势，在演替中期达到峰值

后不再发生变化，与 Diamond（1975）的预测基本一致：群落发展过程中，群落构建也取决于物种定植后所持续的时间，即群落演替阶段的长短。彭少麟等（1998）的研究也表明，植物群落演替以物种组成和群落结构的变化为主要特征，演替过程中物种组成具有一定的规律性与可预测性。因此，研究森林群落组成结构随恢复演替的变化规律，对揭示森林演替不同时期的群落构建与物种共存机制具有重要的意义（练琚愉等，2015）。此外，人们在利用、改造和恢复退化林地植被过程中，所研究的问题实际就是森林群落次生演替恢复问题（Morat et al.，2001；仲磊等，2014）。因此，森林群落恢复演替研究仍然是现代生态学的研究重点之一。

1.1.2　不同植被恢复阶段植物群落组成、结构的研究方法

在特定的气候条件和土壤类型下，植被恢复演替在时间上具有较高的线性特征，即群落沿着一个特定的方向发展（郭全邦等，1999）。因此，植被恢复演替过程中，植物群落组成及结构变化研究的最好手段是建立固定样地，进行长期动态研究（马克平，2008），但这样花费时间长，投入经费多。从某种意义上来说，尽管以非线性的空间代替高度线性的时间有一定的局限性，但也是必需的（郭全邦等，1999），现有的森林群落演替研究多采用"空间差异代替时间变化"的方法（彭少麟，1994；Li et al.，1999）。但由于植被在空间序列上的演替是非线性的，环境和种源等方面的差异可使群落多途径、多方向发展。研究表明，由于演替迹地状况（养分和水分的可利用性）、遗留繁殖体的生存与扩散能力及周围景观植物的性能表现等方面的差异性较大，植被演替的路径和发展方向复杂多样（Myster，2008；Baeten et al.，2010）。因此，如何消除和缩小演替在空间与时间序列上的差异是今后研究应综合考虑的问题。

1.1.3　亚热带植被恢复过程中植物群落组成、结构的研究

物种组成及其多样性能表征群落的恢复程度及其动态特征（Linares-Palomino & Ponce Alvarez，2005）。自 20 世纪 80 年代初起，国内开始重视不同地区森林群落组成、结构的研究。许多学者相继开展亚热带森林群落组成、结构及物种多样性随群落恢复演替进程变化的相关研究，取得了重要成果，对森林经营管理发挥了显著的指导作用。研究表明，随森林群落恢复演替，生态环境改善了，物种组成和结构逐渐复杂化、物种种类越来越丰富，优势物种突出，物种多样性随植物群落结构和功能的变化而改变。例如，伴随群落演替进程，鼎湖山地带性植被——季风常绿阔叶林厚壳桂（*Cryptocarya chinensis*）群落物种组成结构没有大的变化，但优势种群的个体数量变化很大，上层阳生性树种衰退，中生性树种规模趋于壮大，并成为各层的绝对优势种，群落趋于稳定（彭少麟等，1998）；1992～2015 年，鼎湖山季风林样地总个体数增加了 42.7%，生物量减少了 5.1%，灌木和小乔木的个体数剧增，中乔木和大乔木的个体数变化不显著，可能与演替进程、虫害和气候变化等因素的影响有关（邹顺等，2018）。伴随演替进程，缙云山常绿阔叶林群落空间结构发生变化，物种组成越来越丰富，植物种类由简单到复杂（韩玉萍等，2000）。

袁金凤等（2011）研究发现，伴随演替进程，群落物种数、各层次的 Shannon-Wiener 指数基本上先下降后上升，以针阔混交林为最低，或与先锋物种的消失和后期物种的出现这一更替有关。易好等（2014）研究表明，湘中丘陵区常绿阔叶林的物种多样性高于落叶阔叶林，常绿树种在落叶阔叶林和常绿阔叶林中具有一定的优势，径级结构完整且呈现良好的发展趋势，优势地位能继续保持并得到提升，落叶阔叶林将向常绿阔叶林方向演替。

但也有一些研究发现，无论是成熟林还是过熟林，均呈现植株密度较低、物种数偏少、物种多样性指数稳定的特征（练琚愉等，2015）。南岭大顶山、鼎湖山的常绿阔叶林中，个体多度和物种多样性特征不同，可能与两个群落的成熟度有关，鼎湖山季风常绿阔叶林林龄较长，在物种组成、结构方面比较均一；而南岭大顶山常绿阔叶林林龄较短，群落结构和物种组成尚不稳定（彭华贵等，2006）。贺金生等（1998）研究发现，长江三峡地区植物群落物种多样性表现为：受干扰较轻的退化类型＞自然生态系统＞受干扰较严重的退化类型，随生态系统退化，群落物种丰富度先升高后下降；退化生态系统的物种多样性在各层次的表现为灌木层＞草本层＞乔木层，而自然生态系统则为灌木层＞乔木层＞草本层。滇东喀斯特石漠化地区植被恢复演替过程中，不同阶段群落的物种多样性在不同层次的表现为草本层＞灌木层＞乔木层（姚小华等，2013）。当森林植被遭受严重破坏转变为次生林、灌木林、灌草丛甚至荒漠时，优势物种减少，生命力强、耐性高及生长迅速的植物占据新的生存环境，群落组成和结构发生根本性改变（Grünzweig et al.，2004）。

此外，也有一些研究从传统的群落结构、物种组成和多样性，拓展到生物量、碳汇、养分积累和能量流动等生态系统功能，为退化生态系统恢复和重建提供了理论指导。研究表明，森林群落演替过程中，能量生态学指标的变化与群落的组成结构、外界环境等方面的变化密切相关，只有能量现存量和生物量年增量达到一定水平，形成较多的能量储存和较强的能流，才会形成较复杂的空间结构，群落才具有更大的抗逆性，才能维持群落越来越复杂的结构（任海和彭少麟，1999）。阎恩荣等（2008）研究表明，常绿阔叶林次生演替初期的植物群落生产力主要受氮（N）限制，演替中期的针叶林和针阔混交林主要受 N、磷（P）共同限制，但以 N 限制更为强烈，演替中后期植物群落主要受 P 限制。刘兴诏等（2010）的研究也发现，森林演替过程中植物与土壤 N/P 的变化规律及 P 对南亚热带森林生态系统的限制作用。丁圣彦和宋永昌（2003）从生理生态学的角度研究演替，认为树种在各个演替阶段的光合速率的变化和光补偿点的不同是演替进行的一个动因。

1.1.4 亚热带植被恢复过程植物群落组成、结构的研究目的及意义

植被是生态系统物质循环与能量流动的中枢。植被恢复的发生、发展直接关系到生态系统的稳定与演替（李新平等，2012），因而植被恢复是退化生态系统恢复与重建的核心和关键（彭少麟，1996）。一个地区的植被就是该地区所有植物群落的总和，由一个或多个植物群落组成。植物群落是各种生物与其所在环境长期相互作用的产物，不同

植物群落具有不同的群落结构和环境。自然界中没有完全相同的植物群落，但只要两个地点生境和历史条件相似，相似的植物群落就有可能重复出现。植物群落随时间不断发生变化，同时为下一个群落的出现准备条件。研究不同植被恢复阶段植物群落组成、结构的差异，对认识植物群落结构特征和动态规律，提高森林生产水平，以及进行森林植被恢复和森林群落动态分类都有重要的指导意义（李俊清等，2010）。

我国亚热带地区占国土面积的 1/4，具有水热同期的优越环境资源条件，自然资源丰富，生态系统复杂多样，生物多样性和碳密度较高，是我国"两屏三带"（"青藏高原生态屏障""黄土高原–川滇生态屏障""东北森林带""北方防沙带""南方丘陵山地带"）生态安全战略格局的重要组成部分和关键生态屏障区之一，也是我国主要的森林分布区域之一，孕育着物种丰富的常绿阔叶林。常绿阔叶林不仅是我国亚热带地区较为稳定的顶极森林群落（张庆费等，1999；袁金凤等，2011），还是我国亚热带地区的地带性植被，具有稳定性较好、生产力较高和生物多样性丰富等特点（中国植被编辑委员会，1980；祁承经和喻勋林，2002），在保护该地区生态环境、维持生态及碳平衡等方面具有极其重要的作用（中国植被编辑委员会，1980；Wang et al.，2007；Lin et al.，2012），直接关系该地区的生态安全，因而备受世人关注。但由于该区域也是我国经济活动最活跃的地区，人口密集，人地矛盾尖锐，人为干扰强烈，资源消耗量大，在交通便利地方的常绿阔叶林已遭到严重破坏。特别是近 40 年来，我国经济发展迅速，人类对自然资源的需求不断增加，在很大程度上加剧了人类对环境特别是对生物多样性施加的压力，使得许多自然生态系统遭受很大的破坏，使其原有的生态系统结构及功能退化，致使 20 世纪 90 年代中期该地区的常绿阔叶林面积已不足 5%，且仅存于中高海拔偏远山区、丘陵区的村落附近和风景区（陈伟烈和贺金生，1995），加上地形复杂和气候多变，导致常绿阔叶林不断减少，生态安全屏障功能严重减弱（Huang et al.，2018）。因此，退化生态系统恢复与重建已成为我国亚热带生态建设、生态安全和生态文明亟待解决的一个热点问题。

20 世纪 90 年代末以来，我国政府实施了天然林保护、退耕还林（草）及长江中上游防护林建设等一系列林业生态工程，同时该地区社会经济发展对森林资源的依赖程度降低，受不同类型、不同持续时间及不同强度干扰破坏后形成的人工林、次生林、弃耕地等得到恢复，形成了一系列处于不同植被恢复阶段的次生植物群落（Ouyang et al.，2016；Xiang et al.，2016）。在亚热带特定的气候条件和土壤类型下，地带性植被常绿阔叶林或人工林皆伐后，在无外来因素干扰下，从次生裸地开始，植被恢复演替的通常模式是：自然恢复 2～3 年后，出现一年或多年生杂草群落（即杂草丛），伴随少量低矮、幼小灌木形成灌草丛；经过约 10 年自然恢复，形成以灌木 [如檵木（Loropetalum chinense）、杜鹃（Rhododendron simsii）、南烛（Vaccinium bracteatum）、茅栗（Castanea seguinii）、白栎（Quercus fabri）] 为主的次生灌木林（或灌木丛）群落；随后，一些阳性树种 [如马尾松（Pinus massoniana）等针叶树种，南酸枣（Choerospondias axillaris）、枫香（Liquidambar formosana）、拟赤杨（Alniphyllum fortunei）、麻栎（Quercus acutissima）等落叶阔叶树种] 开始出现并快速生长，演变为针叶林、针阔混交林或落叶阔叶混交林；随自然恢复演替进一步发展，最终形成较为稳定的常绿阔叶林，优势树种主要包括樟科

（Lauraceae）[如椤木石楠（*Photinia davidsoniae*）、樟树（*Cinnamomum camphora*）]、山茶科（Theaceae）[如红淡比（*Cleyera japonica*）、木荷（*Schima superba*）]和壳斗科（Fagaceae）[如青冈（*Cyclobalanopsis glauca*）、柯（*Lithocarpus glaber*）]等耐阴性常绿阔叶树种（Li et al.，1999；丁圣彦和宋永昌，2003；Xiang et al.，2016）。根据该地区森林自然恢复演替模式及群落物种组成，可将这些植物群落划分为灌草丛、灌木林、马尾松针阔混交林、落叶阔叶林和常绿阔叶林（Xiang et al.，2016）。这些不同植被恢复阶段的生态系统在碳汇、水土保持、生物多样性保护等生态功能方面差异显著。

然而，目前有关亚热带森林群落物种组成、结构的研究多集中在比较成熟且相对稳定的群落，很少有关注不同干扰程度或不同植被恢复阶段植物群落组成结构及区系特征的比较研究，仍不能准确地评价和预测亚热带植被恢复过程中不同植物群落恢复程度、发展潜力及其稳定性，故无法准确地揭示亚热带退化森林群落恢复的一般变化规律和驱动机制以及不同植被恢复阶段森林生态系统功能过程、生物多样性维持机制。因此，为了解亚热带森林群落恢复（或退化）演替过程中不同生态系统的差异，从而促进退化植物群落向顶极群落的恢复与重建，仍需要在不同区域深入开展不同植被恢复阶段植物群落组成和结构的研究。为此，本研究采用"空间差异代替时间变化"和野外样地群落调查方法，选取湘中丘陵区4个不同植被恢复阶段的植物群落（灌草丛、灌木林、马尾松针阔混交林和柯+青冈常绿阔叶林）为研究对象，研究不同植被恢复阶段植物群落的组成、结构及区系特征，剖析植被恢复过程中植物群落组成、结构的动态变化，揭示人类活动、植被恢复演替对森林群落组成、结构的影响，阐明亚热带森林生态系统发生、发展、演替的内在机制，对亚热带乃至全国森林植被恢复与可持续经营、维持森林生态系统平衡和促进经济社会可持续发展有重要意义。

1.2 研究区概况

研究区设置在湖南省中东部丘陵区的长沙县（28°23′～28°24′N，113°17′～113°27′E），地处湘江下游，长衡丘陵盆地的北部，幕连九山脉中支连云山山脉的余脉，地形起伏较大，海拔为55～550 m，坡度多为20°～30°，是典型低山丘陵地貌；属亚热带季风气候，因地处东亚季风环流区，受冬、夏季风转换、复杂地形等因素的影响，气候具有春季温度变化大、夏季雨水多、秋季高温时间长、冬季严寒期短的特点，多年平均气温17.0℃，7～8月极端高温39.8℃，1月极端低温−10.3℃；雨量充沛，相对湿度较大，年降水量为1412～1559 mm，主要集中于4～7月；年平均日照时间1440 h，无霜期216～269 d。土壤以板岩和页岩发育而成的酸性红壤为主，土质黏重，富含铁、铝氧化物，养分含量低，保肥性能较差。地带性植被为亚热带常绿阔叶林，主要有柯、青冈、樟树、椤木石楠、毛豹皮樟（*Litsea coreana*）、南酸枣、锥栗（*Castanea henryi*）、枫香等树种。由于土地长期集约利用，加上人为干扰（采伐、火烧、放牧）严重，而且频次和强度各异，原生地带性森林植被——常绿阔叶林破坏比较严重。20世纪90年代末，该地区实施封山育林，森林植被恢复迅速，形成了处于不同植被恢复演替阶段的次生植物群落——灌草丛（无林地，面积约为35 km²）、灌木林（不含灌木经济林，面积约为80 km²）、马尾松针阔混交林（含人工林，面积约为 260 km²）、常绿阔叶林（含人工林，面积约为 103 km²），为开展亚热带森林植被恢复演替研究提供了良好场所。

1.3　植物群落组成结构的研究方法

1.3.1　样地设置

通过踏查、访谈和查阅文献，了解研究区现有森林植被现状，按照亚热带森林群落自然演替进程，根据人为干扰程度、植被恢复程度和植物群落物种组成、结构、外貌特征，将现有森林植被划分为恢复早期阶段灌草丛、恢复中期（Ⅰ）阶段灌木林、恢复中期（Ⅱ）阶段马尾松针阔混交林、恢复晚期（亚顶极）阶段常绿阔叶林 4 个不同植被恢复阶段的植物群落。采用"空间差异代替时间变化"方法，选取地域相邻且立地（海拔、坡向、坡度）、土壤和气候等条件基本一致，处于不同植被恢复阶段的檵木+南烛+杜鹃灌草丛（LVR）、檵木+杉木（*Cunninghamia lanceolata*）+白栎灌木林（LCQ）、马尾松+柯+檵木针阔混交林（PLL）、柯+红淡比+青冈常绿阔叶林（LAG）构成一个植被恢复演替序列，根据群落物种组成、结构的复杂程度，在不同山体随机设置 4 块固定样地，同一植被恢复阶段样地两两间的空间距离超过 1000 m。

LVR、LCQ 群落组成、结构相对简单，每块固定样地面积设置为 20 m×20 m，PLL、LAG 群落组成、结构相对复杂，每块固定样地面积设置为 30 m×30 m。为便于群落调查和样品采集，又将每块固定样地划分为 4 个或 9 个 10 m×10 m 的样方。4 个植物群落的基本概况如下。

（1）LVR（早期恢复阶段，4～5 年）：1965 年采伐天然常绿阔叶林后，1966 年春炼山、人工整地，营造马尾松人工林，无施肥历史，1990 年皆伐马尾松人工林。1991 年以后，历经持续砍伐、放牧、火烧等。2012 年 1 月起，停止各种人为干扰，让其自然恢复。至 2016 年，自然恢复为檵木+南烛+杜鹃灌草丛（LVR），草本植物多且生长较好，伴随许多幼小灌木。

（2）LCQ（中期恢复Ⅰ阶段，10～12 年）：1965 年采伐天然常绿阔叶林后，1966 年春炼山、人工整地，营造杉木人工林，无施肥历史，1989～1990 年皆伐杉木人工林。之后，每隔 3～5 年砍伐一次杉木萌条和杂木。2004 年 5 月起，停止砍伐，让其自然恢复。至 2016 年，自然恢复为檵木+杉木+白栎灌木林（LCQ），灌木发育良好，但没有形成明显的乔木层，草本植物稀少。

（3）PLL（中期恢复Ⅱ阶段，45～46 年）：20 世纪 60 年代末，采伐天然常绿阔叶林后，自然恢复为马尾松+柯+檵木针阔混交林（PLL）。至 2016 年，林龄为 45～50 年，林下幼苗、幼树丰富，植株密度较大，但大径级植株比例不高。

（4）LAG（晚期恢复阶段，>90 年）：长期以来无明显人为干扰，保存了比较完好的柯+红淡比+青冈常绿阔叶林，群落结构相对稳定。根据对当地居民的调查，至 2016 年林龄已有 90 多年，属于恢复后期（亚顶极）阶段。

1.3.2　样地植物群落调查

群落调查采用样方调查法，所有植物均鉴定到种，2016 年 10～11 月落叶树种落叶前完成。①在 LVR 样地，沿对角线均匀设置 4 个 2 m×2 m 样方，调查灌木层、草本层植物，记录植物名称、株数、多度、盖度、平均高度和生活型等。②在 LCQ 样地，沿对角线均匀设置 4 个 5 m×5 m 样方，调查灌木层植物，记录植物名称、株数、多度、盖度、树高（height，H）和生活型；对树高 H≥1.5 m 的灌木，按照一定顺序编号挂牌，测定胸径（diameter at breast height，DBH）、树高、冠幅、枝下高，记录健康状态；对树高 H<1.5 m 的灌木，测定地径、树高；草本层植物调查方法与 LVR 样地草本层植物调查方法相同。③在 PLL、LAG 样地，调查 DBH≥1.0 cm 的所有木本植物，记录植物名称，按照一定顺序编号挂牌，测定胸径、树高、冠幅、枝下高、生长状态，记录健康状态；对 DBH<1.0 cm 的木本植物（灌木层）的调查方法与 LCQ 样地灌木层植物调查方法相同；草本层植物调查方法与 LVR 样地草本层植物调查方法相同。

计算 4 个植物群落木本植物的密度、平均胸径或地径、平均树高［有多个分枝的灌木丛统计为一株（丛），取多个分枝的等效胸径或等效地径（即根据每个分枝的胸径或地径，求和多个分枝胸高断面积或地径断面积，再计算胸径或地径），树高取分枝中最高分枝的值］，以及 Shannon-Wiener 指数等特征指标。4 个植物群落的基本特征及其主要树种组成如表 1.1 所示。

表 1.1　不同植被恢复阶段样地的基本特征

恢复阶段	优势植物	组成比例/%	木本植物密度/（株/hm²[①]）	平均胸径或地径/cm	平均树高/m	海拔/m	坡向	坡度/（°）
LVR	檵木 Loropetalum chinense	34.48	18 130	–/–	0.85 (0.3～1.8)	120～131	东南–西北	15～18
	南烛 Vaccinium bracteatum	21.55						
	杜鹃 Rhododendron simsii	12.07						
	白栎 Quercus fabri	7.76						
	毛栗 Castanea mollissima	5.17						
	其他（8 种）	18.97						
LCQ	檵木 Loropetalum chinense	8.93	14 926	2.74/1.33 (1.0～9.8)/(1.0～1.8)	3.37 (1.5～6.5)	120～135	南–西北	18～22
	杉木 Cunninghamia lanceolata	7.59						
	白栎 Quercus fabri	6.48						
	南烛 Vaccinium bracteatum	6.48						
	木姜子 Litsea pungens	5.81						
	其他（17 种）	64.71						
PLL	马尾松 Pinus massoniana	13.30	18 489	5.70 (1.0～28.0)	6.54 (1.5～20.0)	135～160	东–西北–南	18～20
	柯 Lithocarpus glaber	17.75						
	檵木 Loropetalum chinense	13.44						
	尖连蕊茶 Camellia cuspidata	10.76						
	杜鹃 Rhododendron simsii	8.35						
	其他（26 种）	36.40						
LAG	柯 Lithocarpus glaber	38.92	21 185	5.63 (1.0～40.0)	5.75 (1.5～20.0)	200～260	东南–南	20～22
	青冈 Cyclobalanopsis glauca	14.02						
	红淡比 Cleyera japonica	4.25						
	檵木 Loropetalum chinense	4.13						
	格药柃 Eurya muricata	3.04						
	其他（39 种）	35.64						

注：括号内的数据为每个群落中树木胸径或树高的变化范围。表中，LVR，檵木+南烛-杜鹃灌草丛；LCQ，檵木+杉木+白栎灌木林；PLL，马尾松+柯+檵木针阔混交林；LAG，柯+红淡比+青冈常绿阔叶林，后同。

---

① 1 hm² = 10 000 m²

1.3.3　植物群落组成特征的分析方法

为调查小径级树种对群落组成、结构的影响，将样地木本植物分为乔木层和灌木层 2 个数据集：①乔木层数据集为样地内 DBH≥1.0 cm 和树高 H≥1.5 m 的植株，为群落的主要组成者，占有绝大部分的胸高断面积（cross-sectional area at breast height，BA）；②灌木层数据集为 DBH<1 cm 和树高 H<1.5 m 的植株，通常被视为小灌木或更新幼苗，在以往的研究中未得到足够重视，然而这一部分植株是衡量群落更新动态的主要依据，而且对群落生物量的贡献不可忽略。

1. 物种多样性分析

对于乔木层数据集，分别统计每个树种的密度（density，D）、频度（frequency，F）、胸径（DBH）、胸高断面积（BA）、树高（H）和重要值（importance value，IV）等。对于灌木层数据集，仅统计其物种组成和密度指标。

α多样性指数是反映群落物种数量及物种相对多度的指标，包括物种丰富度Margalef 指数（E）、Shannon-Weiner指数（H'）、Simpson指数（H）和Pielou指数（J_{SW}）。本研究采用α多样性指数对样地植物多样性进行统计，对研究区不同植被恢复阶段植物群落物种多样性进行定量描述，各指数计算公式（马克平，1994）如下。

（1）Margalef 指数（E）计算公式：

$$E = \frac{S-1}{\ln N} \tag{1.1}$$

（2）Shannon-Weiner 指数（H'）计算公式：

$$H' = -\sum_{i=1}^{S} P_i \ln P_i \tag{1.2}$$

（3）Simpson 指数（H）计算公式：

$$H = 1 - \sum_{i=1}^{S} P_i^2 \tag{1.3}$$

（4）Pielou 指数（J_{SW}）计算公式：

$$J_{SW} = \frac{-\sum_{i=1}^{S} P_i \ln P_i}{\ln S} \tag{1.4}$$

式中，S 为调查样地的物种总数；N 为样地所有物种的个体总数；P_i 为第 i 个物种的个体数量（n_i）占样地所有物种个体总量（N）的比率，即

$$P_i = \frac{n_i}{N} \tag{1.5}$$

2. 物种数量组成分析

森林群落植物组成是对群落物种组成进行定量分析，即调查森林群落中不同植物数

量关系的重要依据。采用以下公式计算群落各项特征值：

（1）相对密度（relative density，RD）计算公式：

$$RD = \frac{D_i}{\sum\limits_{i=1}^{s} D_i} \times 100 \qquad (1.6)$$

（2）相对显著度（relative prominence，RM）计算公式：

$$RM = \frac{M_i}{\sum\limits_{i=1}^{s} M_i} \times 100 \qquad (1.7)$$

（3）相对频度（relative frequency，RF）计算公式：

$$RF = \frac{F_i}{\sum\limits_{i=1}^{s} F_i} \times 100 \qquad (1.8)$$

（4）相对优势度（relative dominance，RC）计算公式：

$$RC = \frac{C_i}{\sum\limits_{i=1}^{s} C_i} \times 100 \qquad (1.9)$$

（5）乔木层种的重要值（IV）计算公式：

$$IV = (RD + RM + RF) / 3 \qquad (1.10)$$

（6）灌木层和草本层种的重要值（IV′）计算公式：

$$IV' = (RD + RF + RC) / 3 \qquad (1.11)$$

式中，D_i 为第 i 个物种的密度（i 物种的个体数/样地面积）；S 为调查样地的物种总数（即物种丰富度指数）；M_i 为第 i 个物种的显著度（i 物种的胸高断面积/样地面积）；C_i 为第 i 个物种地上部分垂直投影的面积；F_i 为第 i 个物种的频度（在样地内出现 i 物种的小样方数占所有小样方数的比例）（赵丽娟等，2013）。

3. 群落相似性

群落相似性是指群落之间或样地之间物种组成的相似程度，是群落分析的一个重要基础。相似性系数的计算基于两个群落之间某些种类的存在与否，对群落的相似程度加以比较，计算公式有多种形式（Linares-Palomino & Ponce Alvarez，2005），但通常采用 Sørensen 系数，即

$$I_S = \frac{2C}{A + B} \qquad (1.12)$$

式中，C 为两个群落的共有种数；A 和 B 分别为两个群落各自具有的种数。

4. 群落区系分析

样地植物名录按照哈钦松系统（祁承经和喻勋林，2002）编排，科、属的地理分布区类型按照吴征镒（1991）和吴征镒等（2003，2006）对中国种子植物的研究成果进行

划分和统计。将4个群落调查样地植物分布区归为4类并计算各成分所占的比例：①世界分布，分布型1；②广义的热带成分，分布型2~7；③广义的温带成分，分布型8~14；④中国特有分布，分布型15（为方便说明问题，本研究不对分布型下的变型进行细分）。同时查阅《中国植物志》和 *Flora of China* 了解植物种的实际地理分布区域，并考虑种的生态习性、可能的迁移路线，以及物种分布的主要影响因素等进行种的分布区类型划分。

5. 胸径级和高度级划分

为了反映群落结构特征，结合样地调查情况，以5 m为一个高度级，将树高（H）划分为4个高度级：1 m≤H<5 m、5 m≤H<10 m、10 m≤H<15 m和H≥15 m，并归属于3个垂直层次：下层（understory）为H<5 m，中层（midstory）为5 m≤H<10 m，上层（overstory）为10 m≤H<15 m和H≥15 m。

参照亚热带森林群落结构相关研究文献（彭少麟，1996；达良俊等，2004；Xiang et al.，2013），以4 cm为一个径级，将胸径（DBH）划分为10个胸径级：1 cm≤DBH<4 cm、4 cm≤DBH<8 cm、8 cm≤DBH<12 cm、12 cm≤DBH<16 cm、16 cm≤DBH<20 cm、20 cm≤DBH<24 cm、24 cm≤DBH<28 cm、28 cm≤DBH<32 cm、32 cm≤DBH<36 cm和36 cm≤DBH<40 cm，依次用4 cm、8 cm、12 cm、16 cm、20 cm、24 cm、28 cm、32 cm、36 cm和40 cm表示。

6. 数据处理与统计

采用Excel 2010软件统计各项指标的平均值、标准差，并制作图、表。本研究取0.27 hm² 的调查数据来统计各项指标。

1.4 不同植被恢复阶段植物群落组成与数量特征

群落物种组成及其数量是群落最基本的特征，不仅反映了群落中物种之间的关系，还反映了环境变化对物种生存和生长的影响，决定着群落的性质和生态功能（祁承经和喻勋林，2002）。群落物种组成与数量特征的研究主要集中在组成群落植物的科、属、种的丰富度及优势种的重要值，可为进一步揭示群落生态功能和物种共存机制、植物多样性保护和植被恢复提供科学依据。伴随植被恢复，群落的植物种类与分布、结构与功能将发生变化，从而影响不同植被恢复阶段生态系统的功能及稳定性。本节利用4个不同植被恢复阶段植物群落固定样地的调查数据，分析不同植被恢复阶段植物群落物种组成和数量上的差异，为深入研究亚热带森林植物群落的空间格局形成与维持机制、群落更新和演替动态提供基础数据，为亚热带森林生态系统的适应性管理提供理论依据。

1.4.1　植物群落的物种组成

由表1.2及附表1可知，不同植被恢复阶段植物群落物种组成存在明显的差异。LVR、

LCQ、PLL、LAG 分别由 11 科 14 属 16 种、18 科 26 属 28 种、21 科 32 属 36 种、28 科 40 属 48 种组成。其中双子叶植物分别为 8 科 10 属 12 种、12 科 18 属 20 种、15 科 25 属 29 种、22 科 33 属 41 种，分别占其群落总科数的 66.67%～78.57%、总属数的 69.23%～82.50%、总种数的 75.00%～85.42%，但是，单子叶植物、裸子植物、蕨类植物科、属、种数较少，且随植被恢复没有明显的变化。这表明随植被恢复，群落植物科、属、种数明显增加，物种组成趋于丰富和复杂，双子叶植物科、属、种是植被恢复中贡献最大的类群。

表 1.2　不同植被恢复阶段植物群落的物种组成

类群	LVR			LCQ			PLL			LAG		
	科	属	种	科	属	种	科	属	种	科	属	种
双子叶植物	8	10	12	12	18	20	15	25	29	22	33	41
单子叶植物	1	2	2	2	4	4	2	3	3	3	4	4
裸子植物	1	1	1	2	2	2	2	2	2	2	2	2
蕨类植物	1	1	1	2	2	2	2	2	2	1	1	1
合计	11	14	16	18	26	28	21	32	36	28	40	48

注：样地总面积为 0.27 hm^2，后同。

从表 1.3 可以看出，草本植物种数、个体数量随植被恢复先增加后减少，LCQ 最多，有 6 种、72 226 株；恢复后期（LAG）草本植物个体数量出现断崖式下降，为 2052 株。灌木植物种数随植被恢复也先增加后减少，LCQ 最多，有 22 种，LAG 下降为 16 种；个体数量先下降后增加，LCQ 最低，为 4030 株，开始出现一些小径级乔木种（如马尾松、枫香、樟树等），但没有形成乔木层；PLL 形成明显的乔木层，乔木有 27 种，LAG 有 36 种。这表明随植被恢复，木本植物种数和个体数量增加，特别是乔木层的形成，不仅群落物种数增加，植被生态质量也提高，群落对外抗干扰能力增强。PLL 和 LAG 的乔木层个体数量较多（分别为 1673 株、1292 株），且林下幼树、幼苗较多，更新良好，有利于群落的恢复和保持相对稳定。

表 1.3　不同植被恢复阶段植物群落的生活型物种组成

恢复阶段	生活型/种			个体数量/株			
	草本	灌木	乔木	草本	灌木	乔木	合计
LVR	3	13	—	44 086	4 895	—	48 981
LCQ	6	22	—	72 226	4 030	—	76 256
PLL	5	21	27	54 957	3 319	1 673	59 949
LAG	4	16	36	2 052	4 428	1 292	7 772

从附表 1 可以看出，LAG 木本植物以壳斗科、山茶科为主，以柯、青冈和红淡比为优势树种，群落郁闭度较高，林下草本植物个体数量稀少，以乌毛蕨科（Blechnaceae）的狗脊（*Woodwardia japonica*）为优势种，呈现出典型的常绿阔叶林特征；PLL 木本植物以松科（Pinaceae）、壳斗科和金缕梅科（Hamamelidaceae）为主，马尾松、柯和檵木

为优势种，草本植物以里白科（Gleicheniaceae）的芒萁（*Dicranopteris dichotoma*）为优势种，呈现出针阔混交林特征，为 LAG 恢复前期阶段；LCQ 木本植物以金缕梅科、杉科（Taxodiaceae）和壳斗科为主，以檵木、白栎等灌木和杉木萌芽条为主要树种，林下草本植物以里白科的芒萁、禾本科（Poaceae）的野古草（*Arundinella anomala*）为优势种，逐渐发育形成灌木林群落；LVR 木本植物以金缕梅科、杜鹃花科（Ericaceae）为优势科，其中檵木、南烛和杜鹃为优势种，多为小灌木丛，草本植物有里白科的芒萁、禾本科的芒（*Miscanthus sinensis*）和野古草 3 种，表现为早期恢复阶段的灌草丛群落。这表明随植被恢复，群落植物组成由简单到复杂，植物种数增加，但草本植物数量减少，灌木树种被乔木树种取代。

从附表 1 还可以看出，4 个群落共有 69 种植物，隶属于 53 属 32 科。其中含有 4 种及以上的科有 7 个［壳斗科（含 5 属 8 种）、冬青科（Aquifoliaceae，含 1 属 7 种）、山茶科（含 4 属 5 种）、樟科（含 4 属 4 种）、禾本科（含 5 属 5 种）、杜鹃花科（含 3 属 4 种）、山矾科（Symplocaceae，含 1 属 4 种）］，分别占科、属、种总数的 21.88%、43.40%、53.62%；包含 2 种植物的科有 7 科（除柿科和鼠李科外，每科均包含 2 属 2 种），分别约占科、属、种总数的 21.88%、22.64%、20.29%；只有 1 种植物的科有 18 科，占总科数的 56.25%。

1.4.2　植物群落的物种多样性

从 LVR 到 LAG，灌木层和草本层的 E 先升高再下降，均以 LCQ 最高，LVR 最低；H' 指数也呈现先升后降趋势，PLL、LCQ 均较高，LVR 均为最低。4 个群落灌木层、草本层的 H 和 J_{SW} 差异不大（表 1.4）。这表明随植被恢复，灌木层、草本层物种数量先升高后下降，丰富度和物种多样性变化明显，其中 LCQ 灌木层、草本层物种最为丰富，PLL 与 LCQ 接近，明显高于 LAG，LVR 灌木层物种最少，但 4 个群落灌木层、草本层优势物种不明显，各物种在群落中空间分布较为均匀。

表 1.4　不同植被恢复阶段植物群落各层次的物种多样性指数

层次	恢复阶段	Margalef 指数（E）	Shannon-Wiener 指数（H'）	Simpson 指数（H）	Pielou 指数（J_{SW}）
草本层	LVR	0.30	0.49	0.92	0.45
	LCQ	0.84	1.06	0.75	0.54
	PLL	0.58	1.03	0.76	0.64
	LAG	0.83	0.73	0.86	0.53
灌木层	LVR	1.91	2.00	0.56	0.78
	LCQ	3.68	2.45	0.51	0.80
	PLL	3.43	2.47	0.51	0.81
	LAG	2.42	2.15	0.60	0.78
乔木层	PLL	3.50	1.91	0.76	0.58
	LAG	4.89	2.29	0.80	0.64

从 LVR 到 LAG，只有 PLL、LAG 形成了乔木层。对两个群落固定样地乔木层 DBH ≥1.0 cm 的木本植物统计结果（表 1.4）表明，PLL 和 LAG 乔木层树种比较丰富，具有占绝对优势的优势种，多度集中于少数几个种，主要树种优势明显，且在群落中空间分布比较均匀；PLL 树种较 LAG 少，但株数、密度高于 LAG；LAG 乔木层的 E、H'、H 和 J_{SW} 分别比 PLL 乔木层高 1.39、0.38、0.04 和 0.06。这表明随植被恢复，乔木层物种丰富度和多样性增加。

1.4.3 植物群落的物种重要值

物种重要值直接反映某个物种在群落中的地位和作用，优势种对群落结构和环境形成起决定性作用。表 1.5～表 1.7 分别列出了 4 个植被恢复阶段植物群落草本层、灌木层、乔木层物种重要值排名前 10 植物的相对密度、相对频度、相对优势度或相对显著度和重要值。

1. 草本层

如表 1.5 所示，人为干扰停止后，适应当地气候条件的一年生、二年生和多年生草本植物迅速侵入并在群落中占据重要地位，形成早期恢复阶段的灌草丛群落。LVR 草本层以生存能力极强的芒萁、野古草和芒为主，物种单一，其中芒萁作为先锋物种占绝对优势，重要值达 73.53%，具有耐瘠、耐旱、喜光的特点，形成的小环境为灌木的入侵创造了条件。LCQ 依旧以芒萁、野古草、芒为主，重要值分别为 58.01%、18.28%、15.00%，芒萁延续了原本的绝对优势地位，随灌木层植被的逐渐茂密，以狗脊为代表的喜阴植物开始出现，其他草本植物还有金锦香（Osbeckia chinensis）和白茅（Imperata cylindrica），但重要值较低。PLL 主要有芒萁和芒，重要值分别为 62.49% 和 13.09%，芒萁依旧作为绝对优势物种存在，其余物种淡竹叶（Lophatherum gracile）、金锦香和狗脊的重要值较低。LAG 中，草本层以中性和耐阴的狗脊为绝对优势种，重要值达 75.12%，其余物种春兰（Cymbidium goeringii）、麦冬（Ophiopogon japonicus）和乌头（Aconitum carmichaelii）的重要值较低。不同植被恢复阶段草本层物种较少，个体分布非常不均匀，优势种重要值占比均超过 58%。这表明芒萁是 LVR、LCQ、PLL 草本层的优势种，且在植被恢复早、中期阶段占有绝对的优势，但随植被恢复，芒萁在群落草本层中的优势逐渐减弱。

表 1.5 不同植被恢复阶段草本层物种重要值

恢复阶段	种名	株数	相对密度/%	相对频度/%	相对优势度/%	重要值/%
LVR	芒萁 Dicranopteris dichotoma	38 011	86.22	50	84.36	73.53
	野古草 Arundinella anomala	3544	8.04	25	8.27	13.77
	芒 Miscanthus sinensis	2531	5.74	25	7.37	12.70
	总计	44 086	100	100	100	100
LCQ	芒萁 Dicranopteris dichotoma	48 094	66.59	36	71.43	58.01
	野古草 Arundinella anomala	14 063	19.47	20	15.36	18.28
	芒 Miscanthus sinensis	8 156	11.29	24	9.70	15.00

续表

恢复阶段	种名	株数	相对密度/%	相对频度/%	相对优势度/%	重要值/%
LCQ	狗脊 *Woodwardia japonica*	900	1.25	12	1.89	5.04
	金锦香 *Osbeckia chinensis*	450	0.62	4	1.35	1.99
	白茅 *Imperata cylindrica*	563	0.78	4	0.27	1.68
	总计	72 226	100	100	100	100
PLL	芒萁 *Dicranopteris dichotoma*	36 788	66.94	52.95	67.58	62.49
	芒 *Miscanthus sinensis*	2 981	5.42	17.65	16.21	13.09
	淡竹叶 *Lophatherum gracile*	6 750	12.28	11.76	6.23	10.09
	金锦香 *Osbeckia chinensis*	7 313	13.31	11.76	4.99	10.02
	狗脊 *Woodwardia japonica*	1 125	2.05	5.88	4.99	4.31
	总计	54 957	100	100	100	100
LAG	狗脊 *Woodwardia japonica*	1 620	78.95	71.43	74.99	75.12
	春兰 *Cymbidium goeringii*	216	10.53	14.29	16.67	13.83
	麦冬 *Ophiopogon japonicus*	108	5.26	7.14	5.56	5.99
	乌头 *Aconitum carmichaelii*	108	5.26	7.14	2.78	5.06
	总计	2 052	100	100	100	100

2. 灌木层

灌木层是植物群落垂直结构的第二个层次，也是乔木层树种组成与生长发育的基础。灌木层植物通常是乔木层组成树种的幼苗或小灌木，在以往的研究中未能给予足够重视，然而这一层次植物是衡量一个植物群落更新动态的主要依据。在群落更新演替过程中，林下幼苗的重要值体现了群落稳定发展的方向，且对群落生物量的贡献也是不可忽视的。

从表 1.6 和附表 2 可以看出，4 个群落灌木层植物多为乔木层树种的幼苗，且随植被恢复，重要值居于前 10 的树种呈现不同的变化。LVR 灌木层发育时间短，许多物种刚刚入侵，种间竞争尚不明显，灌木层发育良好，有 13 种树种，前 10 种灌木树种的重要值之和为 94.34%；重要值大于 10% 的有 4 种，约占总物种数的 31%，分别为檵木（27.46%）、白栎（18.96%）、杜鹃（14.00%）、南烛（10.66%），其余主要物种还有满树星（*Ilex aculeolata*）、杉木、油茶（*Camellia oleifera*）、山矾（*Symplocos sumuntia*）、尖连蕊茶（*Camellia cuspidata*）、毛栗（*Castanea mollissima*）。LVR 出现的灌木为该地区植被恢复的先锋物种，多是一些不能生长发育成为乔木的小灌木，其重要值居于前 10 的树种分别在 LCQ、PLL、LAG 中出现了 6 种、6 种、3 种，表明随植被恢复，这些灌木先锋树种逐渐消失。LCQ 中，阳性乔木树种的幼苗与灌木树种共同形成灌木层，有 22 种，其重要值居于前 10 的树种分别在 PLL、LAG 出现了 5 种、4 种；前 10 种灌木树种的重要值之和为 85.57%，有 3 种植物的重要值大于 10%，约占总物种数的 14%，分别为杉木（19.36%）、菝葜（*Smilax china*，17.82%）、檵木（10.11%），在群落中具有较明显的优势地位，其余主要物种还有白栎、木姜子（*Litsea pungens*）、南烛、毛栗、黄檀（*Dalbergia hupeana*）、格药柃（*Eurya muricata*）、杜鹃。PLL 中有 21 种灌木树种，重要值居于前 10 的在 LAG 出现了 5 种，储备了常绿阔叶树种的幼苗，前 10 种灌木树种的重要值之和为 84.84%，有 3 种植物的重要值大于 10%，约占总物种数的 14%，分别为檵木（18.36%）、尖连蕊茶（14.76%）、杜鹃（10.80%），其余主要物种还有菝葜、满山红（*Rhododendron mariesii*）、木姜子、柯、南烛、栀子（*Gardenia jasminoides*）、山矾，没有马尾松幼苗。LAG 中有 16 种树种，阳性乔木树种相继退出群落，被中性和耐阴的树种取代，前 10 种灌木植物的重要值之和为 87.61%，有 2 种植物的重要值大于 10%，约占总物种数的 12.5%，分别为柯（31.82%）、青冈（17.15%），其余主要物种还有银木荷（*Schima argentea*）、台湾冬青（*Ilex formosana*）、檵木、老鼠矢（*Symplocos stellaris*）、菝葜、山矾、南烛、格药柃。4 个群落中重要值居于前 10 的共有灌木树种为檵木、南烛，但其重要值随植被恢复而下降。这表明 LVR 正向 LCQ 演替，LCQ 正向 PLL 演替，PLL 正向 LAG 方向恢复，灌木层植物优势种随植被恢复而发生变化。同时，还表明在 PLL 马尾松属于衰退型树种，柯、青冈不仅是 LAG 乔木层优势树种，也是其灌木层优势树种，群落林下更新良好，群落稳定性高；随植被恢复，灌木层乔木树种幼苗增多，体现了群落恢复演替的稳定发展方向。

表 1.6　不同植被恢复阶段灌木层物种重要值

恢复阶段	种名	株数	相对密度/%	相对频度/%	相对显著度/%	重要值/%
LVR	檵木 *Loropetalum chinense*	1688	34.48	17.07	30.83	27.46
	白栎 *Quercus fabri*	380	7.76	24.39	24.72	18.96
	杜鹃 *Rhododendron simsii*	591	12.07	14.63	15.28	14.00
	南烛 *Vaccinium bracteatum*	1055	21.55	4.88	5.56	10.66
	满树星 *Ilex aculeolata*	211	4.31	7.32	5.56	5.73
	杉木 *Cunninghamia lanceolata*	127	2.60	7.31	6.66	5.53
	油茶 *Camellia oleifera*	127	2.60	4.88	2.22	3.23
	山矾 *Symplocos sumuntia*	84	1.72	4.88	2.50	3.03
	尖连蕊茶 *Camellia cuspidata*	42	0.86	4.88	3.33	3.02
	毛栗 *Castanea mollissima*	253	5.17	2.44	0.56	2.72
	小计	4558	93.12	92.68	97.22	94.34
	其他（3 种）	337	6.88	7.32	2.78	5.66
	总计	4895	100	100	100	100
LCQ	杉木 *Cunninghamia lanceolata*	306	7.59	10.39	40.11	19.36
	菝葜 *Smilax china*	1969	48.86	3.9	0.71	17.82
	檵木 *Loropetalum chinense*	360	8.93	14.29	7.11	10.11
	白栎 *Quercus fabri*	261	6.48	10.39	9.75	8.87
	木姜子 *Litsea pungens*	234	5.81	7.79	10.85	8.15
	南烛 *Vaccinium bracteatum*	261	6.48	9.09	5.61	7.06
	毛栗 *Castanea mollissima*	90	2.23	7.79	2.99	4.34
	黄檀 *Dalbergia hupeana*	135	3.35	6.49	2.86	4.23
	格药柃 *Eurya muricata*	99	2.46	2.60	4.2	3.09
	杜鹃 *Rhododendron simsii*	72	1.79	5.19	0.64	2.54

续表

恢复阶段	种名	株数	相对密度/%	相对频度/%	相对显著度/%	重要值/%
	小计	3787	93.98	77.92	84.83	85.57
LCQ	其他（12 种）	243	6.02	22.08	15.17	14.43
	总计	4030	100	100	100	100
	檵木 *Loropetalum chinense*	486	14.64	13.16	27.28	18.36
	尖连蕊茶 *Camellia cuspidata*	486	14.64	13.16	16.47	14.76
	杜鹃 *Rhododendron simsii*	369	11.12	13.16	8.11	10.80
	柯 *Lithocarpus glaber*	459	13.83	5.26	2.06	7.05
	木姜子 *Litsea pungens*	207	6.24	3.95	10.41	6.87
	满山红 *Rhododendron mariesii*	153	4.61	7.89	7.98	6.82
PLL	南烛 *Vaccinium bracteatum*	135	4.07	5.26	8.74	6.02
	栀子 *Gardenia jasminoides*	171	5.15	9.21	3.19	5.85
	菝葜 *Smilax china*	295	8.89	3.95	0.42	4.42
	山矾 *Symplocos sumuntia*	234	7.05	3.95	0.67	3.89
	小计	2995	90.24	78.95	85.33	84.84
	其他（11 种）	324	9.76	21.05	14.67	15.16
	总计	3319	100	100	100	100
	柯 *Lithocarpus glaber*	1728	39.02	32.37	24.07	31.82
	青冈 *Cyclobalanopsis glauca*	756	17.07	14.71	19.67	17.15
	银木荷 *Schima argentea*	324	7.31	8.82	11.98	9.37
	台湾冬青 *Ilex formosana*	216	4.88	5.88	11.19	7.32
	檵木 *Loropetalum chinense*	216	4.88	5.88	5.71	5.49
	老鼠矢 *Symplocos stellaris*	108	2.44	2.94	6.25	3.88
LAG	菝葜 *Smilax china*	108	2.44	2.94	5.57	3.65
	山矾 *Symplocos sumuntia*	108	2.44	2.94	4.94	3.44
	南烛 *Vaccinium bracteatum*	108	2.44	2.94	3.78	3.05
	格药柃 *Eurya muricata*	108	2.44	2.94	1.93	2.44
	小计	3780	85.36	82.36	95.09	87.61
	其他（6 种）	648	14.64	17.64	4.91	12.39
	总计	4428	100	100	100	100

3. 乔木层

鉴于 LVR、LCQ 没有形成乔木层，这里主要比较 PLL、LAG 乔木层植物的重要值，两个群落物种重要值排序结果如表 1.7 和附表 3 所示，随着灌木层的形成进一步改善严酷的生境，为阳性乔木树种的入侵和发展创造了条件，形成了乔木层。在 PLL 中，乔木层物种重要值大于 10% 的树种有 2 种：首先是马尾松，株数、相对密度、相对显著度、重要值均为最大，其中相对显著度为 81.15%，重要值为 45.34%，在群落中占有绝对的优势；其次是柯，除了相对频度稍弱，其余指数均在群落中相对较大，其重要值（13.87%）

显著低于马尾松,为乔木层的次优势种。檵木、杜鹃、尖连蕊茶、山矾、红淡比、满山红、南烛尽管相对密度、相对频度较高,但大径级植株少,是灌木层的优势种。枫香密度比其他树种低,但主要为大径级乔木,相对显著度较高,重要值仍居于前10,在乔木层中处于伴生地位,因而PLL呈现出针阔混交林特征。LAG中,乔木层物种重要值大于10%的物种也有两种:首先是柯,各指数均为最大,在群落中占有绝对优势,与PLL相比,其在LAG分布更为均匀;其次是红淡比,株数多、相对频度较高,但大径级植株较少,胸高断面积较小,相对显著度较低,为乔木层次优势种。尽管青冈个体数量少,但多为大径级植株,相对显著度明显高于红淡比,与红淡比同为乔木层次优势种,而杉木、马尾松、南酸枣、檫木(*Sassafras tzumu*)、格药柃、四川山矾(*Symplocos setchuensis*)和日本杜英(*Elaeocarpus japonicus*)在乔木层为伴生树,从而呈现出常绿阔叶林特征。

表 1.7 不同植被恢复阶段乔木层物种重要值

恢复阶段	种名	株数	相对密度/%	相对频度/%	相对显著度/%	重要值/%
	马尾松 *Pinus massoniana*	664	39.69	15.17	81.15	45.34
	柯 *Lithocarpus glaber*	427	25.52	6.18	9.89	13.87
	檵木 *Loropetalum chinense*	185	11.06	8.99	2.24	7.43
	杜鹃 *Rhododendron simsii*	48	2.87	8.98	0.47	4.11
	尖连蕊茶 *Camellia cuspidata*	51	3.05	8.43	0.59	4.02
	山矾 *Symplocos sumuntia*	42	2.51	7.87	0.62	3.67
PLL	红淡比 *Cleyera japonica*	60	3.58	5.05	1.01	3.21
	满山红 *Rhododendron mariesii*	45	2.69	5.62	0.30	2.87
	南烛 *Vaccinium bracteatum*	39	2.33	5.06	0.35	2.58
	枫香 *Liquidambar formosana*	11	0.66	3.37	1.36	1.80
	小计	1572	93.96	74.72	97.98	88.90
	其他	101	6.04	25.28	2.02	11.10
	总计	1673	100.00	100.00	100.00	100.00
	柯 *Lithocarpus glaber*	498	38.55	10.51	28.22	25.76
	红淡比 *Cleyera japonica*	243	18.81	8.56	5.79	11.05
	青冈 *Cyclobalanopsis glauca*	46	3.56	4.67	18.48	8.90
	杉木 *Cunninghamia lanceolata*	74	5.73	5.06	7.64	6.14
	马尾松 *Pinus massoniana*	70	5.42	5.45	6.32	5.73
	南酸枣 *Choerospondias axillaris*	20	1.55	3.50	9.89	4.98
LAG	檫木 *Sassafras tzumu*	12	0.93	3.11	8.97	4.34
	格药柃 *Eurya muricata*	66	5.11	4.67	0.62	3.47
	四川山矾 *Symplocos setchuensis*	39	3.02	6.61	0.59	3.41
	日本杜英 *Elaeocarpus japonicus*	30	2.32	6.23	1.59	3.38
	小计	1098	85.00	58.37	88.11	77.16
	其他	194	15.00	41.63	11.89	22.84
	总计	1292	100.00	100.00	100.00	100.00

从表 1.7 还可以看出,PLL、LAG 乔木层物种居于前 10 的优势树种的重要值之和

分别为 88.90%、77.16%，但两个群落中的优势树种组成存在差异。在 PLL 中重要值居于前 10 的乔木层物种在 LAG 中只出现 3 个：马尾松、柯和红淡比，且在 LAG 群落中马尾松的密度、胸高断面积、重要值均明显下降。在 PLL 重要值前 3 位的优势种为马尾松、柯和檵木，除柯在 LAG 中的重要值增加外，马尾松和檵木的则明显下降，且檵木已不再列入前 10 位。这表明马尾松、檵木的优势地位减弱，常绿阔叶乔木及耐阴树种（青冈、格药柃、山矾、日本杜英）不断迁入是森林生态系统演替恢复的一个重要标志。

1.4.4　植物群落的相似性

群落相似性分析结果表明，LAG 与 PLL 相似性系数达 0.500，与 LCQ、LVR 相似性系数分别为 0.395 和 0.219；PLL 与 LCQ 相似性系数最高，为 0.594，与 LVR 相似性系数较低，为 0.423；LCQ 与 LVR 相似性系数较高，为 0.591。这表明随植被恢复，群落物种组成与 LAG 相似性增加，差异减小，共有物种增加，恢复阶段相邻的两个群落物种组成相似性较高，共有物种也较多，其中 LCQ 与 PLL 具有最多的共存物种。

1.4.5　讨论

研究表明，群落植物多样性与个体密度呈正相关关系（蒋有绪等，2002；王震洪等，2006）。但也有研究发现，随群落演替，由于树种多样性增加，单个树种株数减小，密度下降，反映了密度制约机制对群落物种共存的维持作用，即优势种多度受限制，使得竞争能力较弱的物种能够生存，物种多样性增加（Wright，2002）。本研究中，随植被恢复，群落组成科、属、种数均呈现增加趋势，从 LVR、LCQ、PLL 到 LAG，群落个体数量先增加后减少，其中木本植物个体数先减少后增加，而草本植物个体数先增加后下降，由于林下草本植物易受光照影响，恢复早期阶段 LVR、LCQ，地表裸露，阳光直射，环境变化波动明显，有利于草本植物的快速生长；而 LAG，无明显的人为干扰，地表植被覆盖完好，地上植被层次结构完善，维持荫蔽的林下环境，不利于草本植物生长。因此，尽管不同植被恢复阶段植物群落草本层植物组成的科、属、种数没有明显的差异，但 LVR、LCQ、PLL 草本植物数量明显高于 LAG。同时，由于 PLL 处于恢复中期，有乔木层存在，植被覆盖完好，形成了一个荫蔽的林下环境，有利于木本植物迁入及其幼苗生长，其木本植物组成不仅科、属、种数呈增加趋势，个体数量明显高于恢复早期阶段的 LVR、LCQ，而且群落木本植物组成趋于复杂化，种数增加和品质提高。

随植被恢复，物种多样性和群落结构发生明显的变化，特别是乔木层树种组成和结构的变化影响着林内环境，进而影响灌木层和草本层物种组成及其多样性。一般说来，群落层次较复杂，通常保持着较高的物种多样性。随植被恢复，由灌木林到乔木林，群落优势种由多优势树种向寡优势树种演变，胸高断面积指数逐渐升高，植物多样性在一定时期内保持较高水平（喻理飞等，2002；李先琨等，2003），当灌草丛或荒草地恢复到灌木林后，环境条件改善，木本植物种类逐渐增加，植物群落由灌木林的寡优势种演变成多优势种，灌木层树种组成日趋复杂，群落高度升高，物种多样性显著升高（区智等，

2003）。研究表明，乔木层代替草本层、灌木层成为群落的主导者，是植被恢复的重要标志（Bazzaz，1975；Li et al.，1999；何斌等，2019）。本研究中，4个植物群落物种丰富度随植被恢复依次增加，LAG乔木层最大，与现有的研究结果（余作岳和彭少麟，1995；Li et al.，1999）一致。受人为严重干扰后，LVR植被恢复时间短，处于恢复初期，地表裸露，生境恶劣，在当地丰水季节以喜光耐瘠薄、分蘖能力强的草本植物为主，LCQ草本层物种及其个体数均达到最大，土壤的稳定性提高，为根系更为发达的灌木植物创造生长环境，因而灌木后来居上，在植被恢复方面起主导作用；随草本层和灌木层的发展，生境得以改善，为乔木生长提供有利的环境，PLL地上植被层次结构逐渐完善，形成明显的乔木层；LAG乔木种数最多，乔木成为群落的主导者，林冠郁闭度增大不利于草本、灌木植物的生长，草本植物个体数出现断崖式下降，与余作岳和彭少麟（1995）的研究结果一致，即退化生态系统林下植被在植被恢复过程中都有一个先发展后消退的过程。

同样，由于LVR恢复时间短，地表裸露，生境严酷，在这样恶劣环境下生长的阳性木本植物较少，优势种主要集中在少数几个先锋种，因此LVR各层次优势度指数较高，丰富度、多样性、均匀度指数均为最低，特别是草本层。随环境明显改善，LCQ灌木物种显著增多，环境异质性增加，一些较耐阴的乔木物种侵入，LCQ草本层、灌木层丰富度指数达到最大，优势种与伴生种的优势度差异降至最低，群落向着物种均匀化方向发展，多样性指数和均匀度指数持续增大，其中草本层多样性指数达到峰值。PLL乔木层出现后，各项指数急剧增大，林下竞争力不强的草本、灌木物种被淘汰，草本层、灌木层丰富度指数下降，优势度指数与LCQ基本持平，草本层PLL物种数虽然较LCQ少，但是PLL优势种重要值占总重要值的比例（75.58%）小于LCQ（76.29%），故而草本层均匀度指数最大。到LAG阶段，由于优势种具有更强的竞争优势，乔木树高和冠幅增大，郁闭度也随之增大，草本、灌木进一步减少，草本层多样性、均匀度指数下降，丰富度、优势度指数上升，灌木层物种数减少，优势度指数达到最大，其余指数下降；乔木层各项指数最大，这表明群落总丰富度主要受乔木层影响，群落已过渡到以乔木为主导的阶段且恢复良好。

亚热带常绿阔叶林中，灌木层对多样性指数贡献最大，乔木层和草本层之间没有明显的大小关系，是由于灌木层储藏着许多乔木层的幼苗（彭少麟和陈章和，1983；温远光，1998）。本研究中，LVR、LCQ、PLL各层次 H' 表现为，灌木层＞乔木层＞草本层；LAG表现为，乔木层＞灌木层＞草本层，可能是由于LAG林内光照减少，林下一些阳性树种更新不良，其幼苗退出灌木层，导致灌木层物种多样性低于乔木层，与胡正华和于明坚（2006）的研究结果相似。

植物群落乔木层、灌木层和草本层物种重要值的排序随植被恢复发生明显变化。不同植被恢复阶段植物群落形成不同群落结构，产生不同的生存环境，垂直结构上各层次物种丰富度具有明显差异。植被恢复，通常伴随阳性先锋种的衰退和阴性物种的发展（温远光，1998），乔木层树种组成稳定性增强，群落向顶极群落发展。本研究中，乔木层、灌木层、草本层随植被恢复的变化均符合这一特征，在恢复早期，各层次优势种以芒萁、檵木、杉木、马尾松等阳性物种为主，到中后期，柯、尖连蕊茶、淡竹叶等喜阳耐阴中性物种占据一定地位，到后期以狗脊、柯、青冈等阴性物种为主。黔中喀斯特早期演替以构树（*Broussonetia papyrifera*）、异叶鼠李（*Rhamnus heterophylla*）、火棘（*Pyracantha fortuneana*）、小果蔷薇（*Rosa cymosa*）等喜光耐瘠薄物种为优势种，灌丛阶段开始出现较耐阴的野扇花（*Sarcococca ruscifolia*），后期生境逐渐被高大乔木控制，南天竹、苔草等耐阴物种迅速替代了阳性物种（杨华斌等，2009），与本研究结果相似。本研究中，各阶段草本层优势种重要值占比均超过 50%，前 3 个阶段优势种更替不明显。林下幼苗的数量和种类将决定群落未来的物种组成，特别是乔木优势种幼苗的重要值体现了群落稳定发展的方向。PLL 林下优势种没有马尾松，表明马尾松正在逐渐退出群落，而林下阔叶树种幼苗正逐渐占据优势地位，表明林下更新良好，且优势种重要值随植被恢复减少，群落物种组成趋于复杂。从 PLL 到 LAG，柯、青冈等阔叶树种的相对密度、胸高断面积、重要值逐渐增大，最终代替马尾松，并成为优势种，通常常绿阔叶乔木树种及耐阴树种的不断迁入是森林生态系统植被恢复的一个重要标志，与亚热带地区的其他研究结果（昝启杰等，2000；颜衡祁，2015）相似。

本研究中，LAG 乔木层优势树种主要为柯、红淡比、青冈等常绿阔叶树种，而到恢复中期的 PLL 则由抗逆性较强的先锋树种马尾松替代，在 LCQ 和 LVR 中，乔木层没有形成，均由多种优势灌木树种代替。植物群落草本层物种个体数以 LAG 为最少，但由于相同面积情况下草本层植株个体数变化较大，故 LAG 草本层植物指数 E 高于 LVR、PLL。这表明常绿阔叶林郁闭度高，林下草本植物稀少。另外，随植被恢复，其他阶段植物群落物种组成与 LAG 差异缩小，LAG 与 LVR、LCQ、PLL 的相似性系数逐渐增大，分别为 0.219、0.395 和 0.500，也体现了群落之间物种更替程度的变化。

1.5　不同植被恢复阶段植物群落的区系特征

植物区系是植物类群在一定区域内迁移、演化并适应当地自然环境的结果（冯建孟和朱有勇，2010）。人们通过形态结构对生物群落进行分类的同时，还需要了解或推测隐藏其后的演化亲缘关系。科是植物分类学中最常用的分类单位，在植物地理学方面具有十分重要的地位，每一科，特别是比较大的科通常包含很多属，这些属又具有不同的生物学和生态学特征（吴征镒等，2003）。植物科、属级水平的地理分布研究对了解认知类群之间演化阶段和共有属性，以及整个植物区系的实质具有重要意义（努尔买买提等，2015）。本部分根据亚热带地区 4 个处于不同植被恢复阶段植物群落组成科、属两个层次的组成分布特点和吴征镒等的研究（吴征镒，1991；吴征镒等，2003），将 4 个植物群落固定样地的种子植物（详见附表 1 和附表 4）分布区类型进行分类，探讨亚热带不同植被恢复阶段植物群落区系的性质，为研究亚热带植物群落的起源提供科学依据。

1.5.1　科的地理分布

从表 1.8 可以看出，4 个不同植被恢复阶段植物群落组成科的地理分布共有 9 种类型。（1）广布型（世界分布型）：随植被恢复，植物群落中广布型植物科数明显增加，从 LVR 的 1 科增加到 LAG 的 7 科。从 LVR 恢复到 LAG 的共有科是禾本科。这表明群落恢复对禾本科的影响不大。LVR 包含 1 科（禾本科），约占群落总科数（11 科）的 9.09%；LCQ 包含 3 科——豆科（Fabaceae）、鼠李科（Rhamnaceae）和禾本科，约占群落总科数（18 科）的 16.66%；PLL 包含 4 科——豆科、茜草科（Rubiaceae）、鼠李科、禾本科，约占群落总科数（21 科）的 19.05%；LAG 包含 7 科——豆科、蔷薇科（Rosaceae）、禾本科、桑科（Moraceae）、茜草科、兰科（Orchidaceae）和毛茛科（Ranunculaceae），占群落总科数（28 科）的 25.00%。

（2）泛热带型（热带分布型）：随植被恢复，植物群落中泛热带型植物科数增加，从 LVR 的 3 科增加到 LAG 的 7 科。其中 LAG、LCQ、PLL 和 LVR 的共有科有樟科和山茶科，除 PLL 没有漆树科（Anacardiaceae），其他 3 个群落均有此科，且为落叶树种。这表明植被恢复对樟科、山茶科、漆树科影响不大。LVR 包含 3 科（樟科、山茶科和漆树科），占群落总科数的 27.28%；LCQ 包含 4 科［樟科、山茶科、漆树科和野牡丹科（Melastomataceae）］，约占群落总科数的 22.22%；PLL 包含 5 科［樟科、山茶科、柿科（Ebenaceae）、大戟科（Euphorbiaceae）和野牡丹科］，约占群落总科数的 23.82%；LAG 包含 7 科［大戟科、樟科、山茶科、漆树科、柿科、夹竹桃科（Apocynaceae）和紫金牛科（Myrsinaceae）］，占群落总科数的 25.00%。

（3）热带亚洲-大洋洲和热带美洲型：随植被恢复，群落中该分布型的科数变化不大，LCQ 中没有该分布型科。LVR、PLL 和 LAG 均包含 1 科，为山矾科。

（4）以南半球为主的泛热带型：随植被恢复，该分布型科数稍有变化，乌毛蕨科为 LAG、PLL 和 LCQ 的共有科，在 LVR 没有该科。LCQ 包含 1 科，为乌毛蕨科；PLL、LAG 包含 2 科，即桃金娘科（Myrtaceae）和乌毛蕨科，分别约占群落总科数的 9.52% 和 7.14%。

（5）东亚（热带、亚热带）及热带南美洲间断分布型：4 个不同植被恢复阶段群落的共有科为杉科和冬青科，表明杉科和冬青科植物对植被恢复的响应不敏感，在群落中生长适应能力较强，并成为群落主要伴生树种。其中五加科（Araliaceae）为植被恢复过程中适应一定生长环境的科，杜英科（Elaeocarpaceae）植物则是顶极群落中的伴生树种。LVR 包含 2 科（杉科和冬青科），约占群落总科数的 18.18%；LCQ 包含 4 科［马鞭草科（Verbenaceae）、杉科、冬青科和五加科］，约占群落总科数的 22.22%；PLL 包含 2 科（杉科和冬青科），约占群落总科数的 9.52%；LAG 包含 4 科（马鞭草科、杉科、冬青科和杜英科），约占群落科数的 14.29%。

（6）旧世界热带型：八角枫科（Alangiaceae）是常绿阔叶林的伴生树种。随植被恢复，八角枫科出现，而里白科在 LVR、LCQ 和 PLL 出现，随植被恢复而消失，多为林下草本植物。LVR、LCQ 和 PLL 均包含 1 科，为里白科；LAG 包含 1 科，为八角枫科。

（7）热带亚洲至热带非洲型：该分布类型只有杜鹃花科 1 科，在不同植被恢复阶段的 4 个群落均存在，表明杜鹃花科在植被恢复过程中是生长比较稳定的植物科，其中许多植物具有喜阳特性和对贫瘠、酸性或缺乏土壤条件的适应能力，常成为先锋植物或构成向阳山坡、火烧迹地的次生植被（张志翔，2008）。

（8）北温带型：该分布类型共包括 3 科，即松科、百合科（Liliaceae）和忍冬科

（Caprifoliaceae）。随植被恢复，忍冬科在 PLL、LAG 出现，表明北温带分布型植物适应亚热带恢复中期和恢复晚期的植物群落环境。LCQ 包含 2 科（松科和百合科），约占总科数的 11.11%；PLL、LAG 均包含 3 科（松科、百合科和忍冬科），分别约占其群落总科数的 14.29%和 10.72%。

（9）北温带和南温带间断分布型：LVR、LCQ、PLL 和 LAG 均包含 2 科，为金缕梅科和壳斗科，表明植被恢复对该分布类型植物科影响不大。

表 1.8　不同植被恢复阶段植物群落科的分布型

分布型	LVR	LCQ	PLL	LAG
1. 广布型（世界分布型）	1（9.09）	3（16.66）	4（19.05）	7（25.00）
2. 泛热带型（热带分布型）	3（27.28）	4（22.22）	5（23.82）	7（25.00）
2-1. 热带亚洲–大洋洲和热带美洲型（南美洲或/和墨西哥）	1（9.09）	—	1（4.76）	1（3.57）
2S. 以南半球为主的泛热带型	—	1（5.56）	2（9.52）	2（7.14）
3. 东亚（热带、亚热带）及热带南美洲间断分布型	2（18.18）	4（22.22）	2（9.52）	4（14.29）
4. 旧世界热带型	1（9.09）	1（5.56）	1（4.76）	1（3.57）
6. 热带亚洲至热带非洲型	1（9.09）	1（5.56）	1（4.76）	1（3.57）
8. 北温带型	—	2（11.11）	3（14.29）	3（10.72）
8-4. 北温带和南温带间断分布型	2（18.18）	2（11.11）	2（9.52）	2（7.14）
总计	11（100）	18（100）	21（100）	28（100）

注：括号内的数据为百分比（%）。

由表 1.8 可知，随植被恢复，LVR、LCQ、PLL 和 LAG 中广义热带分布型（2、2-1、2S、3、4 和 6 型）的科分别有 8 科（约占群落总科数的 72.73%）、11 科（约占总群落科数的 61.11%）、12 科（约占群落总科数的 57.14%）和 16 科（约占群落总科数的 57.14%），广义的温带分布型（8 和 8-4 型）的科分别有 2 科（约占群落总科数的 18.18%）、4 科（约占群落总科数的 22.22%）、5 科（约占群落总科数的 23.81%）和 5 科（约占群落总科数的 17.86%）。

1.5.2　属的地理分布

从表 1.9 可以看出，4 个不同植被恢复阶段植物群落组成属的地理分布共有 15 种类型。

（1）广布型（世界分布型）：该分布类型只有鼠李属（*Rhamnus*）1 属，但在 LAG 和恢复早期 LVR 中不存在，而在恢复中期 LCQ、PLL 中均存在，表明鼠李属为植被恢复演替过程中的过渡性属。

（2）泛热带型（热带分布型）：在亚热带地区，该分布类型物种是群落优势树种。随植被恢复，植物群落中泛热带型植物属数增加，从 LVR 的 2 属增加到 LAG 的 10 属。从 LCQ 分别恢复到 LAG、PLL 共有 3 属，从 PLL 恢复到 LAG 共有 6 属，表明群落间相似性逐渐增强，物种随植被恢复而增加。从 LVR 恢复到 LAG 共有属是冬青属（*Ilex*），而在 LCQ 新增了白茅属（*Imperata*），表明植被恢复对冬青属影响不大，而白茅属是环境改善过程中逐渐消失的属。LVR 包含 2 属 [山矾属（*Symplocos*）和冬青属]，约占群落总属数（14 属）的 14.29%；LCQ 包含 4 属 [冬青属、红淡比属（*Cleyera*）、黄檀属（*Dalbergia*）和白茅属]，约占群落总属数（26 属）的 15.38%；PLL 包含 6 属 [冬青属、红淡比属、黄檀属、山矾属、柿属（*Diospyros*）和栀子属（*Gardenia*）]，占群落总属数（32 属）的 18.75%；LAG 包含 10 属 [乌桕属（*Triadica*）、冬青属、红淡比属、黄檀属、山矾属、杜英属（*Elaeocarpus*）、柿属、榕属（*Ficus*）、栀子属和紫金牛属（*Ardisia*）]，占群落总属数（40 属）的 25.00%。

（3）以南半球为主的泛热带型：随植被恢复，恢复早期 LVR 中狗脊属（*Woodwardia*）没有出现，LCQ、PLL 和 LAG 均包含 1 属，为狗脊属。这表明生长于疏林下的狗脊属植物不适合在灌草丛中生长。

（4）东亚（热带、亚热带）及热带南美间断分布型：随植被恢复，从 LVR 恢复到 LAG 的共有属是木姜子属（*Litsea*），从 LCQ 分别恢复到 LAG、PLL 时，共有属是柃木属（*Eurya*）和木姜子属。这表明植被恢复对木姜子属没有明显影响，柃木属适宜在恢复中、后期群落中生长。LVR 包含 1 属（木姜子属），约占群落总属数的 7.14%；LCQ、PLL 和 LAG 均包含 2 属（柃木属和木姜子属），分别占群落总属数的 7.69%、6.25% 和 5.00%。

（5）旧世界热带型：随植被恢复，LAG 中的八角枫属（*Alangium*）在 PLL、LCQ、LVR 没有出现，LAG、PLL 共有蒲桃属（*Syzygium*），PLL、LCQ、LVR 共有芒萁属（*Dicranopteris*），表明蒲桃属适合在乔木层林下生长，芒萁属随群落恢复过程而消失。LVR 和 LCQ 分别仅包含 1 属，为芒萁属；PLL 包含 2 属，为蒲桃属和芒萁属，占群落总属数的 6.25%；LAG 包含 2 属，为蒲桃属和八角枫属，占群落总属数的 5.00%。

（6）热带亚洲至热带大洋洲型：随植被恢复，从 LVR 到 LAG，该分布区的植物属没有明显的规律，表明群落中植物组成属不断改变，伴生树种随环境的变化而不断改变。LVR 包含 1 属，为芒属（*Miscanthus*），约占群落总属数的 7.14%；LCQ 包含 3 属，为樟属（*Cinnamomum*）、金锦香属（*Osbeckia*）和芒属，约占群落总属数的 11.54%；PLL 包含 3 属，为淡竹叶属（*Lophatherum*）、金锦香属和芒属，约占群落总属数的 9.38%；LAG 包含 2 属，为樟属和兰属（*Cymbidium*），占群落总属数的 5.00%。

（7）热带亚洲型：在该分布型中，LAG、PLL、LCQ 的共有属为菝葜属（*Smilax*），而在 LVR 中没有出现菝葜属，表明恢复早期群落不适宜菝葜属生长；山胡椒属（*Lindera*）则是恢复过程中在 PLL 中新定居的属。LVR 包含 1 属，为山茶属（*Camellia*），约占群落总属数的 7.14%；LCQ 包含 1 属，为菝葜属，约占群落总属数的 3.85%；PLL 包含 3 属，为山茶属、菝葜属和山胡椒属，约占群落总属数的 9.38%；LAG 包含 2 属，为山茶属和菝葜属，占群落总属数的 5.00%。

（8）爪哇（或苏门答腊），喜马拉雅间断或星散分布到华南、西南型：只有 LAG 中木荷属（*Schima*）属于该地理分布型。

（9）北温带型：该地理分布型植被属类较多，随植被恢复，植物属数变化不大，但植物属类差异很大。LAG、PLL 与 LCQ 有 4 个共同属，与 LVR 有 3 个共同属。荚蒾属（*Viburnum*）、盐肤木属（*Rhus*）和野古草属（*Arundinella*）是随恢复过程而消失的属，群落恢复对栎属（*Quercus*）、杜鹃属（*Rhododendron*）和栗属（*Castanea*）的影响不大。

LVR 包含 5 属，为栎属、杜鹃属、栗属、盐肤木属和野古草属，约占群落总属数的 35.71%；LCQ 包含 6 属，为栎属、松属（Pinus）、杜鹃属、栗属、盐肤木属和野古草属，约占群落总属数的 23.08%；PLL 包含 5 属，为栎属、松属、杜鹃属、栗属和荚蒾属，约占群落总属数的 15.63%；LAG 包含 7 属，为栎属、青冈属（Cyclobalanopsis）、松属、杜鹃属、栗属、忍冬属（Lonicera）和乌头属（Aconitum），占群落总属数的 17.50%。

（10）北温带和南温带间断分布型：随植被恢复，该地理分布型的植物属类没有变化。LVR、LCQ、PLL 和 LAG 均包含 1 属，为越橘属（Vaccinium）。

（11）东亚及北美间断分布型：随植被恢复，LVR 没有该地理分布型的属。LAG、PLL 与 LCQ，有 2 个共同属；LAG 与 PLL，有 4 个共同属。LCQ 包含 3 属，为枫香树属（Liquidambar）、锥属（Castanopsis）和楤木属（Aralia），约占群落总属数的 11.54%；PLL 包含 5 属，为檫木属（Sassafras）、枫香树属、柯属（Lithocarpus）、锥属和珍珠花属（Lyonia），约占群落总属数的 15.63%；LAG 包含 6 属，为檫木属、枫香树属、石楠属（Photinia）、柯属、络石属（Trachelospermum）和锥属，占群落总属数的 15.00%。这表明随植被恢复，群落间共同属数减少。

（12）旧世界温带型：LCQ 和 LAG 均包含 1 属，为大青属（Clerodendrum）。

（13）东亚型：从 LVR 到 LAG，只有一个共同属，为檵木属（Loropetalum）。这表明群落恢复对檵木属的影响不大，油桐属（Vernicia）为 PLL 中新定居的属。LVR 和 LCQ 均包含 1 属，为檵木属；PLL 包含 2 属，为檵木属和油桐属，占群落总属数的 6.25%；LAG 包含 3 属，为檵木属、刚竹属（Phyllostachys）和沿阶草属（Ophiopogon），占群落总属数的 7.50%。

表 1.9　不同植被恢复阶段植物群落属的分布型

分布型	LVR	LCQ	PLL	LAG
1. 广布型（世界分布型）	—	1（3.85）	1（3.13）	—
2. 泛热带型（热带分布型）	2（14.29）	4（15.38）	6（18.75）	10（25.00）
2S. 以南半球为主的泛热带型		1（3.85）	1（3.13）	1（2.50）
3. 东亚（热带、亚热带）及热带南美间断分布型	1（7.14）	2（7.69）	2（6.25）	2（5.00）
4. 旧世界热带型	1（7.14）	1（3.85）	2（6.25）	2（5.00）
5. 热带亚洲至热带大洋洲型	1（7.14）	3（11.54）	3（9.38）	2（5.00）
7. 热带亚洲型（热带东南亚及印度-马来，太平洋诸岛）	1（7.14）	1（3.85）	3（9.38）	2（5.00）
7-1. 爪哇（或苏门答腊），喜马拉雅间断或星散分布到华南、西南型	—	—	—	1（2.50）
8. 北温带型	5（35.71）	6（23.08）	5（15.63）	7（17.50）
8-4. 北温带和南温带间断分布型	1（7.14）	1（3.85）	1（3.13）	1（2.50）
9. 东亚及北美间断分布型	—	3（11.54）	5（15.63）	6（15.00）
10. 旧世界温带型		1（3.85）	—	1（2.50）
14. 东亚型	1（7.14）	1（3.85）	2（6.25）	3（7.50）
14SH. 中国–喜马拉雅型	—	—	—	1（2.50）
15. 中国特有型	1（7.14）	1（3.85）	1（3.13）	1（2.50）
总计	14（100）	26（100）	32（100）	40（100）

注：括号内的数据为百分比（%）。

（14）中国–喜马拉雅型：该地理分布型仅 LAG 包含 1 属，为南酸枣属（*Choerospondias*）。

（15）中国特有型：杉木属（*Cunninghamia*）作为中国特有属不随植被恢复发生变化，表明杉木属植物是先锋树种（肖宜安等，2003）。

由表 1.9 可知，随植被恢复，LVR、LCQ、PLL 和 LAG 中广义热带分布型（2、2S、3、4、5、7 和 7-1 型）的属分别有 6 属（约占群落总属数的 42.86%）、12 属（约占群落总属数的 46.15%）、17 属（约占群落总属数的 53.13%）和 20 属（约占群落总属数的 50.00%），广义温带分布型（8、8-4、9、10、14 和 14SH 型）的属分别有 7 属（约占群落总属数的 50.00%）、12 属（约占群落总属数的 46.15%）、13 属（约占群落总属数的 40.63%）和 19 属（占群落总属数的 47.50%）。

1.5.3 讨论

植物群落是特定生境条件下植物种群与环境长期相互作用演化而形成的一个自然系统（朱华，2007）。由于环境条件的时空变化和植物种群适应性的差异，植物群落类型丰富多样，分析植物群落科、属、种组成及其地理成分可为探讨群落区系的性质、起源提供科学依据（宋永昌，2001）。本研究区植物群落的植物科以广义热带分布型和广义温带分布型为主，具有较强的热带向温带过渡的性质。随植被恢复，两种分布类型的科数均呈增加趋势，但广义热带分布型科所占比例先减小后增加，广义温带分布型科所占比例先增加后减小。

在 LVR、LCQ、PLL 和 LAG 中，世界分布型科分别约占总科数的 9.09%、16.66%、19.05% 和 25.00%，热带分布型科分别约占总科数的 27.28%、22.22%、23.82% 和 25.00%。其余的植物区系主要以南半球为主的泛热带科、热带亚洲至热带美洲间断分布科、北温带型科等为主。这表明该地区植物群落主要以热带植物科为主。

本研究区群落植物属以广义热带分布型和广义温带分布型为主，具有较强热带向温带过渡的性质。随植被恢复，两种分布类型的属数均呈增加趋势，所占群落总属数的比例均较高，且较为稳定。

亚热带植物地理分布属性以泛热带为主，但温带分布型也占有较高比例。除 LVR 外，东亚及北美间断分布型属分别占群落总属数的 11.54%（LCQ）、15.63%（PLL）和 15.00%（LAG）。其中，LVR 和 LCQ 中温带分布型属占群落总属数的比例高于 PLL 和 LAG。这表明植物区系具有较强的热带向温带过渡的性质，与组成科的地理成分分析结果一致。

本研究中，PLL、LAG 科、属均以泛热带分布型为主，具有较强的热带向温带过渡的性质，具有亚热带植物区系明显的过渡特征，是一个在东亚季风气候条件下由热带向温带过渡的特殊类型，与宋永昌和王祥荣（1995）的研究结果基本一致。可能是由于研究地处于大陆东部亚热带地区，水热条件优越，有利于植物生长，群落物种丰富，成层结构明显。

1.6　不同植被恢复阶段植物群落的空间结构特征

演替理论认为，自然条件下的森林都有向其顶极状态演替的趋势，并伴随着群落结构的变化。群落胸径和树高分布是群落结构的主要特征，可预测群落结构的形成与演替恢复趋势（漆良华等，2009）。研究表明，随群落演替恢复，群落结构的变化主要体现在乔木层物种组成上（袁金凤等，2011），而优势树种的替代导致群落组成、结构的显著变化（张家城和陈力，2000）。研究不同植被恢复阶段植物群落空间结构的动态特征，可为亚热带森林植被演替恢复趋势预测提供理论依据。由于 LVR 和 LCQ 不存在乔木层，因此本部分仅讨论 PLL 和 LAG 乔木层的空间结构（即径阶结构和垂直结构）。

1.6.1　径阶结构

如图 1.1 所示，PLL、LAG 胸径（DBH）≥1.0 cm 的种数、株数（即个体数）均随径级增大呈指数函数下降（R^2 为 0.8321～0.9789），呈倒 "J" 形分布，均在最小径级时最高；LAG 中各径级种数的变化比 PLL 明显，相反，PLL 株数的变化比 LAG 明显；同一径级，LAG 种数高于 PLL，特别是 DBH 在 8～28 cm 差异更明显。这表明两个群落幼苗种数、株数比例大，林下更新良好，随径级增大，种数、株数明显减少。

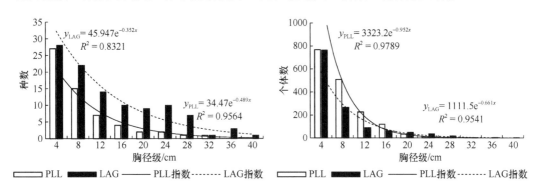

图 1.1　PLL、LAG 植物种数、株数的径级分布

固定样地调查数据统计结果（图 1.1）表明，PLL、LAG 的 DBH 分别为 1～32 cm、1～40 cm。其中 DBH≤8 cm，PLL 有 27 种、1276 株，分别占乔木总种数（27 种）和总株数（1673 株）（表 1.3）的 100% 和 76.27%，而 LAG 有 32 种、1030 株，分别占乔木总种数（36 种）和总株数（1292 株）（表 1.3）的 88.89% 和 79.72%；DBH≥20 cm，PLL 有 2 种、17 株，占乔木总种数和总株数的 7.40% 和 1.02%，LAG 有 11 种、60 株，占乔木总种数和总株数的 30.56% 和 4.64%；DBH 在 1～4 cm 之间，PLL 有 768 株，占乔木总株数的 45.91%，其中马尾松、柯、檵木分别为 53 株、228 株、161 株，分别占该径级总株数的 6.90%、29.69%、20.96%，而 LAG 有 763 株，占乔木总株数的 59.06%，其中柯有 315 株，占该径级总株数的 41.28%。这表明 PLL、LAG 物种、个体主要集中在 1～8 cm 径级，在植被恢复过程中，PLL 林下柯、檵木优势明显高于马尾松，马尾松

幼苗将逐渐减少甚至消失，LAG 林下柯幼苗更新良好。

此外，在每一固定样地沿对角线均匀布设 4 个 5 m×5 m 小样方，调查林下 DBH＜1 cm 的木本植物（灌木层）。结果发现，PLL 林下有 21 种、共 3319 株，其中柯 486 株、檵木 486 株，分别占该径级总株数的 14.64%和 14.64%，马尾松幼苗消失；LAG 林下有 16 种、共 4428 株，其中柯 1728 株，占该径级总株数的 39.02%，这进一步表明 PLL 林下柯、檵木等树种的优势远大于马尾松，LAG 林下柯的更新稳定。

1.6.2　垂直结构

从图 1.2 可以看出，PLL、LAG 在垂直结构上可分为 4 个层次，科、种的数量随高度级增加呈指数函数下降（R^2 为 0.8583～0.9698），但 LAG 科的数量下降程度较 PLL 明显，种的数量下降程度较 PLL 缓慢，且各层次中 LAG 科、种的数量均高于 PLL。这表明 LAG 层次分化较 PLL 明显，各层次物种组成较 PLL 丰富，特别是林下（1～5 m）、林冠层（≥15 m）更明显。

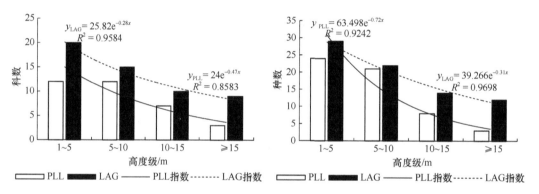

图 1.2　PLL、LAG 各高度级科、种组成及其变化曲线

从图 1.2 和图 1.3 可以看出，4 个层次中，两个群落均以常绿乔木的个体数量占绝对优势。第 1 层（≥15 m），PLL 有 3 科 3 种 44 株，均为常绿乔木，主要是马尾松和杉木针叶树（表 1.10）；LAG 有 9 科 12 种 57 株，也均为常绿乔木，主要有马尾松、杉木针叶树和柯、青冈常绿阔叶树（表 1.10）。第 2 层（10～15 m），PLL 有 7 科 8 种 185 株，均为常绿乔木，以马尾松为主，有极少量的柯、檵木；LAG 有 10 科 14 种 168 株，以常绿乔木为主，有少量的落叶乔木，柯、青冈的数量比第 1 层明显增加，针叶树数量也有所增加。第 3 层（5～10 m），PLL 有 12 科 21 种 847 株，以常绿乔木为主，有少量的落叶乔木和常绿灌木，无落叶灌木，马尾松、柯的数量均比第 2 层明显增加；LAG 有 15 科 22 种 269 株，以常绿乔木为主，柯、青冈的数量比第 2 层明显增加，而马尾松的数量下降为单株。第 4 层（1～5 m），PLL 有 12 科 24 种 596 株，常绿乔木占 40%～50%，落叶乔木、常绿灌木和落叶灌木占 50%～60%，马尾松、柯的数量比第 3 层明显下降，而檵木的数量明显增加；LAG 有 20 科 29 种 796 株，常绿乔木和常绿灌木约占该层个体数量的 90%，只有少量落叶乔木和落叶灌木，柯、青冈的数量比第 3 层明显增加，且在数量上占绝对的优势。这表明在 PLL 中，马尾松的优势虽然明显，但不是绝对优势，

特别是在第 4 层马尾松的个体数量仅为第 3 层的 16.28%，在林下更新逐渐失去了优势，属于衰退型树种；LAG 中，马尾松的衰退趋势更为明显，柯和青冈则属于增长型种群，杉木为稳定型种群。

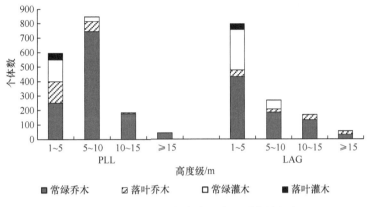

图 1.3　PLL、LAG 各高度级生活型个体组成

表 1.10　PLL、LAG 主林冠层常绿树种各高度级个体数量

恢复阶段	物种	1~5 m	5~10 m	10~15 m	≥15 m
PLL	马尾松 *Pinus massoniana*	63	387	172	41
	杉木 *Cunninghamia lanceolata*	10	7	1	1
	柯 *Lithocarpus glaber*	109	316	2	0
	檵木 *Loropetalum chinense*	122	61	2	0
LAG	柯 *Lithocarpus glaber*	296	120	70	10
	青冈 *Cyclobalanopsis glauca*	44	13	11	2
	马尾松 *Pinus massoniana*	1	1	30	14
	杉木 *Cunninghamia lanceolata*	21	29	19	5

从图 1.2 和图 1.3 还可以看出，PLL 中，落叶乔木在各层中所占比例较小；而 LAG 中，林冠下层常绿树株数占调查总株数的 73.84%，林下更新良好，落叶乔木在各层次中所占比例较小，处于伴生地位，林下幼苗数量较少，更新较弱，属于衰退型种群。第 4 层中，PLL 常绿灌木（108 株）多于落叶灌木（88 株），但优势不明显；而 LAG 常绿灌木个体数量大于落叶灌木。这表明随植被退化程度减弱，不同层次优势树种发生变化，马尾松慢慢退出群落，针阔叶混交林内常绿阔叶优势树种逐渐增加，并向林冠补充，逐渐演替成为常绿阔叶林。

1.6.3　讨论

群落空间结构可直接反映植物与植物之间、植物与环境（Burke，2001）之间的相互作用和相互影响（谢晋阳和陈灵芝，1997）。树高和胸径分布是群落结构的主要特征，可预测群落结构形成与演替趋势（漆良华等，2009），其中树高结构是反映群落对光能利用情况的重要生态特征，树木径级结构可以反映群落健康状况，是衡量群落干扰和破坏程度的重要指标（解丹丹等，2007）。研究表明，乔木林优势种群数量随高度和径级的递增呈逐渐递减趋势（高贤明等，2001）。

本研究中，随高度级增加，PLL、LAG 科、种数量呈指数函数下降，在林下 1~10 m 层次，PLL、LAG 株数分别占其群落总株数的 86.25% 和 82.24%，表明两种群落林下更新良好，同时竞争激烈，仅有部分树种的少数个体能成为林冠层的优势个体，且 LAG 各层的科、种较 PLL 丰富，LAG 垂直结构层次分化比 PLL 更明显。PLL、LAG 的种、株数的径级分布均呈倒 "J" 形，表明群落结构主要由径级 <8 cm 的小乔木种群组成。PLL 林下马尾松明显下降，呈现出衰退特征，而柯、檵株数明显增多，优势显著增强，随恢复演替将成为未来群落优势种；而 LAG 林下柯、青冈优势明显，呈现出顶极群落林下更新特点。

研究表明，在自然条件下，亚热带低山丘陵地区退化生态系统从灌木丛到常绿阔叶林的间隔并不长，也许只有 30~50 年，甚至更短（袁金凤等，2011）。本研究中，PLL 的耐阴常绿乔木树种虽然比 LAG 少 6 种，但 PLL 和 LAG 的相似系数（I_S）达 0.50，其中 14 科和 18 种相同，储备了与 LAG 相近的主要物种，随马尾松慢慢退出群落，常绿阔叶林优势树种逐渐增加并向林冠补充，从而成为常绿阔叶林。因此，在地带性植被恢复过程中，对已处于针阔混交林阶段的群落，遵循群落演替动态规律，可采取封山育林措施让其自然演替，或通过适当的人工干预，补植一定数量的泛热带分布型常绿阔叶树种，缩短恢复时间，建立合理的群落结构，提高林分质量。与 LAG 相比，在低质次生林改造或 "针改阔" 过程中，应加强泛热带分布型植物的利用，选择起源和演变相似的树种作为建群种，促进针叶林向阔叶林的演替进程。

1.7 结　　论

随植被恢复，物种科、属、种增加，其中双子叶植物的贡献最大；草本层、灌木层物种数先增加后减少，乔木层在恢复中后期形成，物种品质升高。不同植被恢复阶段的物种组成存在差异，优势物种不断被替代。因此需尊重植被演替规律，在不同植被恢复时期采取不同的措施和物种配置，促进植被恢复。LVR 各层次优势度指数较高，LCQ 草本层和灌木层的丰富度指数达到最大，优势种与伴生种的差异降至最低；恢复中后期乔木层形成后，乔木层各项多样性指数最大，群落总丰富度主要受乔木层影响。植被恢复早期，各层次以芒萁、檵木、杉木、马尾松等阳性物种为优势种；恢复中后期，柯、尖连蕊茶、淡竹叶等喜阳耐阴中性物种占据一定地位，恢复后期以狗脊、柯、青冈等阴性物种为主。

PLL 和其他 3 个群落具有较高的物种组成相似度，起到了承前启后的作用，是常绿阔叶林恢复的一个关键阶段。在自然条件下，PLL 会向着 LAG 恢复，因此到了 PLL 阶段不必对 PLL 阶段林分进行大规模改造，可以考虑以封山育林等手段结合适当的疏伐来促进植被恢复的进程。LAG、PLL 随高度级增加，科、种数量呈指数函数下降，种数、个体数的径级分布均呈倒 "J" 形，林下更新良好，林下竞争激烈。随植被恢复，群落结构趋于复杂，乔木层、灌木层和草本层物种多样性变化存在差异。

群落植物科、属均以广义热带分布型和广义温带分布型为主。LVR、LCQ、PLL 和 LAG 广义热带分布型科分别占其群落总科数的 66.66%、57.90%、54.55%、57.14%；广义温带分布型科分别占其群落总科数的 16.67%、21.05%、22.73%、17.85%。LVR、LCQ、PLL 和 LAG 广义热带分布型属，分别占其群落总属数的 42.86%、46.15%、53.13%、50.00%，广义温带分布型属分别占其总属数的 50.00%、46.15%、40.63%、47.50%。这表明该地区植物群落具有较强热带向温带过渡的性质，随植被恢复，两种分布型的科、属数均呈增加趋势。

主要参考文献

陈伟烈, 贺金生. 1995. 中国亚热带地区的退化生态系统: 类型、分布、结构特征及恢复途径//陈灵芝, 陈伟烈. 中国退化生态系统. 北京: 中国科学技术出版社, 61-93.

达良俊, 杨永川, 宋永昌. 2004. 浙江天童国家森林公园常绿阔叶林主要组成种的种群结构及更新类型. 植物生态学报, 28(3): 376-384.

丁圣彦, 宋永昌. 2003. 演替研究在常绿阔叶林抚育和恢复上的应用. 应用生态学报, 14(3): 423-426.

冯建孟, 朱有勇. 2010. 云南地区种子植物区系成分的地理分布格局及其聚类分析. 生态学杂志, 29(3): 572-577.

高贤明, 陈灵芝. 1998. 北京山区辽东栎(*Quercus liaotungensis*)群落物种多样性的研究. 植物生态学报, 22(1): 23-32.

高贤明, 王巍, 杜晓军, 等. 2001. 北京山区辽东栎林的径级结构、种群起源及生态学意义. 植物生态学报, 25(6): 673-678.

郭全邦, 刘玉成, 李旭光. 1999. 缙云山森林次生演替序列群落的物种多样性动态. 应用生态学报, 10(5): 521-524.

韩玉萍, 李雪梅, 刘玉成. 2000. 缙云山常绿阔叶林次生演替序列群落物种多样性动态研究. 西南师范大学学报(自然科学版), 25(1): 62-68.

何斌, 李青, 刘勇. 2019. 黔西北地区不同演替阶段植物群落结构与物种多样性特征. 广西植物, 39(8): 1029-1038.

贺金生, 陈伟烈, 江明喜, 等. 1998. 长江三峡地区退化生态系统植物群落物种多样性特征. 生态学报, 18(4): 399-407.

胡正华, 于明坚. 2006. 浙江古田山常绿阔叶林演替序列研究: 群落物种多样性. 生态学杂志, 25(6): 603-606.

黄宗胜, 喻理飞, 符裕红, 等. 2015. 茂兰退化喀斯特森林植被自然恢复中生态系统碳吸存特征. 植物生态学报, 39(6): 554-564.

蒋有绪, 王伯荪, 臧润国, 等. 2002. 海南岛热带林生物多样性及其形成机制. 北京: 科学出版社.

焦菊英, 张振国, 贾燕锋, 等. 2008. 陕北丘陵沟壑区撂荒地自然恢复植被的组成结构与数量分类. 生态学报, 28(7): 2981-2997.

李俊清, 牛树奎, 刘艳红. 2010. 森林生态学. 2 版. 北京: 高等教育出版社.

李先琨, 苏宗明, 吕仕洪, 等. 2003. 广西岩溶植被自然分布规律及对岩溶生态恢复重建的意义. 山地学报, 21(2): 129-139.

李新平, 赵娟, 安雁. 2012. 植被退化评价研究展望. 世界林业研究, 25(2): 29-33.

练琚愉, 陈灿, 黄忠良, 等. 2015. 鼎湖山南亚热带常绿阔叶林不同成熟度群落特征的比较. 生物多样性, 23(2): 174-182.

刘兴诏, 周国逸, 张德强, 等. 2010. 南亚热带森林不同演替阶段植物与土壤中 N、P 的化学计量特征.

植物生态学报, 34(1): 64-71.

吕仕洪, 李先琨, 向悟生, 等. 2004. 广西弄岗五桠果叶木姜子群落结构特征与种群动态. 植物资源与环境学报, 13(2): 25-30.

马克平. 1994. 生物群落多样性的测度方法//中国科学院生物多样性委员会. 生物多样性研究的原理与方法. 北京: 中国科学技术出版社. 141-165.

马克平. 2008. 大型固定样地: 森林生物多样性定位研究的平台. 植物生态学报, 32(2): 237.

马克平, 刘玉明. 1994. 生物群落多样性的测度方法 Iα 多样性的测度方法(上). 生物多样性, 2(3): 162-168.

马炜, 陈奇伯, 卢炜丽, 等. 2011. 金安桥水电站弃渣场植被恢复物种多样性研究. 西北林学院学报, 26(4): 64-68.

努尔买买提, 张相锋, 张维. 2015. 新疆野核桃自然保护区植物区系和地理成分. 生态学杂志, 34(7): 1838-1846.

区智, 李先琨, 吕仕洪, 等. 2003. 桂西南岩溶植被演替过程中的植物多样性. 广西科学, 10(1): 63-67.

彭华贵, 杜彦君, 李炯, 等. 2006. 南岭大顶山与鼎湖山常绿阔叶林种群分布格局对比研究. 生态环境, 15(4): 770-774.

彭少麟. 1994. 植物群落演替研究II: 动态研究方法. 生态科学, 13(2): 117-119.

彭少麟. 1996. 南亚热带森林群落动态学. 北京: 科学出版社.

彭少麟, 陈章和. 1983. 广东亚热带森林群落物种多样性. 生态科学, 2(2): 98-104.

彭少麟, 方炜, 任海, 等. 1998. 鼎湖山厚壳桂群落演替过程的组成和结构动态. 植物生态学报, 22(3): 245-249.

漆良华, 张旭东, 周金星, 等. 2009. 中亚热带侵蚀黄壤坡地润楠次生林的群落结构特征. 华中农业大学学报, 28(2): 226-232.

祁承经, 喻勋林. 2002. 湖南种子植物总览. 长沙: 湖南科学技术出版社.

任海, 彭少麟. 1999. 鼎湖山森林生态系统演替过程中的能量生态特征. 生态学报, 19(6): 817-822.

舒勇, 刘扬晶. 2008. 植物群落学研究综述. 江西农业学报, 20(6): 51-54.

宋永昌. 2001. 植被生态学. 上海: 华东师范大学出版社.

宋永昌, 王祥荣. 1995. 浙江天童国家森林公园的植被与区系. 上海: 上海科学技术文献出版社.

王震洪, 段昌群, 杨建松. 2006. 半湿润常绿阔叶林次生演替阶段植物多样性和群落结构特征. 应用生态学报, 17(9): 1583-1587.

温远光. 1998. 常绿阔叶林退化生态系统恢复过程物种多样性的发展趋势与速率. 广西农业大学学报, 17(2): 93-106.

吴征镒. 1991. 中国种子植物属的分布区类型. 云南植物研究, (增刊IV): 1-139.

吴征镒, 周浙昆, 李德铢, 等. 2003. 世界种子植物科的分布区类型系统. 云南植物研究, 25(3): 245-257.

吴征镒, 周浙昆, 孙航, 等. 2006. 种子植物分布区类型及其起源和分化. 昆明: 云南科技出版社.

肖宜安, 何平, 李晓红, 等. 2003. 长柄双花木分布群落中优势种群间联结性研究. 西南师范大学学报 (自然科学版), 28(6): 952-957.

谢晋阳, 陈灵芝. 1997. 中国暖温带若干灌丛群落多样性问题的研究. 植物生态学报, 21(3): 197-207.

解丹丹, 李意德, 苏志尧. 2007. 陈和洞自然保护区常绿阔叶林结构多样性研究. 华南农业大学学报, 28(4): 69-72.

阎恩荣, 王希华, 周武. 2008. 天童常绿阔叶林演替系列植物群落的N: P化学计量特征. 植物生态学报, 32(1): 13-22.

颜衡祁. 2015. 衡阳紫色土丘陵坡地恢复过程中植物群落结构及多样性的变化. 中国农学通报, 31(19): 180-184.

杨华斌, 韦小丽, 党伟. 2009. 黔中喀斯特植被不同演替阶段群落物种组成及多样性. 山地农业生物学报, 28(3): 203-207.

姚小华, 任华东, 李生, 等. 2013. 石漠化植被恢复科学研究. 北京: 科学出版社.

易好, 邓湘雯, 项文化, 等. 2014. 湘中丘陵区南酸枣阔叶林群落特征及群落更新. 生态学报, 34(12): 3463-3471.

余作岳, 彭少麟. 1995. 热带亚热带退化生态系统的植被恢复及其效应. 生态学报, 增刊 A 辑: 1-17.

喻理飞, 朱守谦, 叶镜中, 等. 2002. 人为干扰与喀斯特森林群落退化及评价研究. 应用生态学报, 13(5): 529-532.

袁金凤, 胡仁勇, 慎佳泓, 等. 2011. 4 种不同演替阶段森林群落物种组成和多样性的比较研究. 植物研究, 31(1): 61-66.

昝启杰, 李鸣光, 王伯荪, 等. 2000. 黑石顶针阔叶混交林演替过程中群落结构动态. 应用生态学报, 11(1): 1-4.

张家城, 陈力. 2000. 亚热带多优势种森林群落演替现状评判研究. 林业科学, 36(2): 116-121.

张谧, 熊高明, 赵常明, 等. 2003. 神农架地区米心水青冈–曼青冈群落的结构与格局研究. 植物生态学报, 27(5): 603-609.

张庆费, 宋永昌, 由文辉. 1999. 浙江天童植物群落次生演替与土壤肥力的关系. 生态学报, 19(2): 174-178.

张志翔. 2008. 树木学(北方本). 2 版. 北京: 中国林业出版社.

赵丽娟, 项文化, 李家湘, 等. 2013. 中亚热带石栎–青冈群落物种组成, 结构及区系特征. 林业科学, 49(12): 10-17.

中国植被编辑委员会. 1980. 中国植被. 北京: 科学出版社.

仲磊, 刘菊莲, 丁文勇, 等. 2014. 浙江省不同演替阶段的低海拔次生林植物功能群结构的比较研究. 浙江大学学报(理学版), 41(5): 593-599.

朱华. 2007. 中国植物区系研究文献中存在的几个问题. 云南植物研究, 29(5): 489-491.

邹顺, 周国逸, 张倩媚, 等. 2018. 1992—2015 年鼎湖山季风常绿阔叶林群落结构动态. 植物生态学报, 42(4): 442-452.

Baeten L, Velghe D, Vanhellemont M, et al. 2010. Early trajectories of spontaneous vegetation recovery after intensive agricultural land use. Restoration Ecology, 18(s2): 379-386.

Bazzaz F A. 1975. Plant species diversity in old-field successional ecosystems in southern Illinois. Ecology, 56(2): 485-488.

Burke A. 2001. Classification and ordination of plant communities of the Naukluft Mountains Namibia. Journal of vegetation science, 12(1): 53-60.

Chazdon R L. 2008. Chance and determinism in tropical forest succession//Carson W P, Schnitze S A. Tropical Forest Community Ecology. Oxford: Wiley-Blackwell, 384-408.

Ciccarese L, Mattsson A, Pettenella D. 2012. Ecosystem services from forest restoration: thinking ahead. New Forests, 43(5-6): 543-560.

Dave R, Maginnis S, Crouzeilles R. 2019. Forests: many benefits of the Bonn Challenge. Nature, 570(7760): 164.

Diamond J M. 1975. Assembly of species communities//Cody M L, Diamond J M. Ecology and Evolution of Communities. Cambridge: Harvard University Press, 342-444.

Grünzweig J M, Sparrow S D, Yakir D, et al. 2004. Impact of agricultural land-use change on carbon storage in boreal Alaska. Global Change Biology, 10(4): 452-472.

Howard L F, Lee T D. 2003. Temporal patterns of vascular plant diversity in southeastern New Hampshire forests. Forest Ecology and Management, 185(1-2): 5-20.

Huang F F, Zhang W Q, Gan X H, et al. 2018. Changes in vegetation and soil properties during recovery of a subtropical forest in South China. Journal of Mountain Science, 15(1): 46-58.

Lewis S L, Wheeler C E, Mitchard E T A, et al. 2019. Restoring natural forests is the best way to remove atmospheric carbon. Nature, 568(7750): 25-28.

Li X, Wilson S D, Song Y. 1999. Secondary succession in two subtropical forests. Plant Ecology, 143(1):

13-21.

Lin D M, Lai J S, Muller-Landau H C, et al. 2012. Topographic variation in aboveground biomass in a subtropical evergreen broad-leaved forest in China. PLoS One, 7(10): e48244.

Linares-Palomino R, Ponce Alvarez S I. 2005. Tree community patterns in seasonally dry tropical forests in the Gerros de Amotape Gordillera, Tumbes, Peru. Forest Ecology and Management, 209(3): 261-272.

Magurran A E. 1988. Ecological Diversity and its Measurement. Princeton: Princeton University Press.

Margalef R. 1963. On certain unifying principles in ecology. The American Naturalist, 97(897): 357-374.

Morat P, Jaffré T, Veillon J M. 2001. The flora of New Caledonia's calcareous substrates. Adansonia, 23(1): 109-127.

Myster R W. 2008. Post-agricultural Succession in the Neotropics. New York: Springer.

Odum E P. 1971. Fundamentals of Ecology. Third Editiong. Philadelphia: W.B. Saunders Company.

Ouyang S, Xiang W H, Wang X P, et al. 2016. Significant effects of biodiversityon forest biomassduringhe the succession of subtropical forestsouth China. Forest Ecology and Management, 372: 291-302.

Peltzer D A, Bast M L, Wilson S D, et al. 2000. Plant diversity and tree responses following contrasting disturbances in boreal forest. Forest Ecology and Management, 127(1-3): 191-203.

Smith R L, Smith T M. 2001. Ecology and Field Biology: Hands-On Field Package (6th Ddition). San Francisco: Benjamin Cummings.

Wang X H, Kent M, Fang X F. 2007. Evergreen broad-leaved forest in Eastern China: its ecology and conservation and the importance of resprouting in forest restoration. Forest Ecology and Management, 245(1-3): 76-87.

Whittaker R H. 1972. Evolution and measurement of species diversity. Taxon, 21(2-3): 213-251.

Wright S J. 2002. Plant diversity in tropical forests: a review of mechanisms of species coexistence. Oecologia, 130(1): 1-14.

Xiang W H, Liu S H, Lei X D, et al. 2013. Secondary forest floristic composition, structure, and spatial pattern in subtropical China. Journal of Forest Research, 18(1): 111-120.

Xiang W H, Zhou J, Ouyang S, et al. 2016. Species-specific and general allometric equations for estimating tree biomass components of subtropical forests in southern China. European Journal of Forest Research, 135(5): 963-979.

Xiao Y, Zhou G Y, Zhang Q M, et al. 2014. Increasing active biomass carbon may lead to a breakdown of mature forest equilibrium. Scientific Reports, 4(1): 3681.

Xu H W, Qu Q, Li P, et al. 2019. Stocks and stoichiometry of soil organic carbon, total nitrogen, and total phosphorus after vegetation restoration in the Loess Hilly Region, China. Forests, 10(1): 27.

Zhang Y, Chen H Y H. 2015. Individual size inequality links forest diversity and above-ground biomass. Journal of Ecology, 103(5): 1245-1252.

第2章　不同植被恢复阶段林内小气候、凋落物、土壤基本特征

2.1　研　究　概　述

2.1.1　林内小气候的研究

森林群落不仅为人类社会提供大量物质资源，还具有改善气候、调节微环境的生态功能（Li et al.，2015）。森林小气候（forest microclimate，又称林内小气候）是在森林群落影响下形成的特殊气候，能较好地反映土壤–植物–大气间的能量和质量交换、转换的变化及规律，而且在很大程度上，由于森林群落组成结构的差异，林冠遮蔽作用改变森林生态系统的内环境，进而形成不同的林内小气候（郑姗姗等，2020），因此林内小气候的监测及内部水热环境的研究是开展森林生态系统其他结构与功能研究的基础（林永标等，2003），对揭示森林生态系统功能、评估森林生态环境效益具有重要的意义。此外，森林调节小气候的作用大小取决于生态系统的光、温、水、土、气等因素的综合作用（Kovács et al.，2017），进而影响生态系统内部一系列的生理（如光合、呼吸、蒸腾等）、养分循环、水分运输与分配等过程（王珮环等，2019），并最终决定生态系统生产力及其长期稳定性。因此，林内小气候一直是森林生态系统环境研究、生物与环境交互作用研究的核心问题，也是森林生态功能过程研究的重要内容（周国逸，1997）。

随着气象要素自动观测技术的进步，林内小气候的研究也从定性走向定量。中国已在不同区域和森林建立了气象观测站网，开展了不同森林类型（朱教君等，2009；赵莹等，2014）、不同地形（范永刚，2017）、海拔（肖金香和方运霆，2003）、干扰（罗旭等，2018）、林窗林缘（张一平等，2002；吴甘霖等，2017）、不同土地利用方式（宫香伟等，2018）及不同植被恢复演替阶段（俞国松等，2011；刘效东等，2014）等群落小气候效应的研究。研究表明，森林具有降温和增湿效应，而且对温度变幅有明显缓冲作用（Montwé et al.，2018；王珮环等，2019）。例如，温带阔叶红松（*Pinus koraiensis*）林内空气温度、土壤温度的日振幅均小于林外，林内气温年较差比林外空旷地低 6.3℃（杜颖等，2007；孙金伟等，2011）。南亚热带针阔混交林林内年均气温和地温分别比林外空旷地低 2.3℃和 4℃（欧阳旭等，2014）。森林降温增湿效应在春夏两季最为明显，林内气温全年低于林外，相对湿度全年高于林外（陈进等，2019）。

然而，林内小气候的调节作用在不同气候带（Li et al.，2015）和不同植被类型（赵莹等，2014）的效应不同。Li 等（2015）发现，低纬度地区的热带森林全年表现为显著降温作用；Meijide 等（2018）指出，印度尼西亚原始热带森林距地表 2 m 处气温比油棕（*Elaeis guineensis*）林和橡胶（*Hevea brasiliensis*）林分别低 2.3℃和 2.2℃，空气相

对湿度分别高 11.9%和 12.8%,土壤温度没有显著差异。地处中亚热带的千烟洲针叶人工林在夏季具有极显著的降温作用,在冬季具有极显著的保温作用,林内气温和 5 cm 处土壤温度多年平均值分别较林外低 0.5℃和 3.6℃(徐明洁等,2018)。温带森林则是在夏季降温及在冬季保温,但全年表现为降温作用;北方针叶林在冬季显著升温,在夏季降温,全年表现为升温作用。Vanneste 等(2020)发现,欧洲温带灌木篱的小气候调节能力低于林地,冬季灌木篱距地表 2 m 处最低气温始终比林地低 0.10℃,夏季距地表 2 m 处最高气温比林地高 0.80℃。综观现有的研究发现,当前的研究主要集中在比较分析森林对小气候因子的平均调节作用,森林对高温、低温等环境的调节效应定量研究还较少(王珮环等,2019)。而近年来的研究发现,极端天气事件频发,已经成为全球气候变化最主要的特征之一。尽管森林生态系统对减缓全球气候变化起到关键作用,但在极端天气事件的扰动下,森林生态系统的组成、结构、生产力和碳汇能力等遭到不同程度的破坏(蔡章林和吴仲民,2020;周国逸等,2020)。因此,研究森林对高温、低温等极端天气的调节作用对准确评估森林对气候变化的调节与反馈作用具有更重要的现实意义(王珮环等,2019)。

植被恢复演替是环境因子指标变化的主导因素。研究表明,茂兰喀斯特原生乔木林的生态环境和小气候条件最佳,次生林和灌木林次之,草坡最差(俞国松等,2011)。长山次生白桦(*Betula platyphylla*)林群落演替过程中环境因子的敏感性不同,表现为:光合有效照度>5 cm 深土壤湿度>相对湿度日振幅>10 cm 深土壤湿度>林内空气温度日振幅>相对湿度>林内空气温度>20 cm 深土壤温度>10 cm 深土壤温度(赵莹等,2014)。重度火烧迹地种植兴安落叶松(*Larix gmelinii*)人工林后,随恢复年限增加,林内空气温度和土壤温度逐渐降低,空气相对湿度逐渐升高,林内小气候向更加阴凉、潮湿的方向发展,且波动性减弱,稳定性增强,更有利于植物的生长(王丽红等,2021)。植被恢复导致植被类型转换,地表覆盖、林冠遮蔽和下垫面特征改变,使太阳辐射、热量和水分等环境要素在群落内重新分配,从而在很大程度上创造和改变了生态系统的内环境,形成并继续完善独特的群落小气候。研究植被恢复过程中群落小气候的变化特征,将有助于揭示森林植被恢复对小气候的调节作用及其对生态系统功能的影响机制,为退化生态系统的植被恢复与重建提供科学依据。然而,现有研究较少关注林内小气候调节作用随森林发育过程的动态变化。徐明洁等(2018)指出,即使同一林分随林龄增长,林分结构和功能也会发生相应的变化,但目前仍缺少森林恢复演替对温湿环境调节作用的定量研究。此外,大尺度上,森林水热环境取决于区域的水热条件,并受气候变化的综合影响。不同类型或不同恢复演替阶段森林生态系统由于内部相互补偿和自组织调节能力不同,森林水热环境也会产生不同的响应和适应,对气候变化的反馈和调节作用也不同(Bonan,2008)。因此,区域水热格局变化和系统演替深刻影响了森林内部小气候,而不同恢复演替阶段森林内部水热环境对气候变化的响应和反馈作用仍有待进一步认识和评估(刘效东等,2014)。

2.1.2 森林凋落物及其养分特征的研究

凋落物(也称枯落物或有机碎屑)不仅是生态系统净初级生产力的一个重要贡献者,

也是联结生态系统地上与地下生态过程的重要"纽带",还是土壤肥力的主要自然来源(Parsons et al., 2014; Domke et al., 2016),也是土壤动物、微生物的物质和能量来源。凋落物的凋落、分解矿化和积累则被认为是控制陆地生态系统物质循环、能量流动的关键过程(Sayer, 2006; 常雅军等, 2009),影响森林生物量和生产力,对维持土壤肥力及生态系统结构和功能的稳定性具有重要的作用(Quideau et al., 2001a; Janzen, 2004)。此外,凋落物层(由地表凋落物积累形成)不仅是森林生态系统中养分的重要储存库,还具有良好的保水性和透水性,在水土保持、水源涵养和维持及改善土壤肥力,特别是对森林生态系统碳循环等方面起着极其重要的作用,直接或间接地影响地上植物生长和地下生态过程。因此,凋落物的产量、组成、动态变化及其在地表形成的凋落物层现存量和化学性质是林学、土壤学、微生物学、生态学、生物地球化学的重要研究内容之一。

1. 森林凋落物量、组成及其动态变化的研究

1876 年,德国学者 Ebermayer 对森林凋落物产量及其化学组成进行了经典研究,并阐述了森林凋落物在生态系统养分循环中的重要性。随后,1887 年,Müller 对森林腐殖质层类型进行了开拓性的研究,阐述了森林腐殖质在土壤发生过程中的作用(王凤友,1989)。20 世纪 60 年代初,国内开始森林凋落物的研究,20 世纪 80 年代有较大进展,至今关于凋落物产量、组成、动态变化及其影响因子的研究已有很多报道,综述性的文献也不少。王凤友(1989)从森林凋落物的概念、研究历史及其生态学意义、研究方法、世界范围内的变化规律、组成成分分析、时空动态和养分性质、环境因子、人为因子及林分因子的影响等方面对森林凋落物产量做了综述性研究,对国内森林凋落物的研究具有一定的指导作用。廖军和王新根(2000)在王凤友提出的"森林凋落物"概念基础上,进一步明确界定"森林凋落物概念"的内涵[即直径<2.5 cm 的落枝、落叶、落皮和繁殖器官,动物残骸及代谢产物,林下枯死的草本植物和枯死的树根归为森林凋落物;而森林生态系统中直径大于 2.5 cm 的落枝、枯立木、倒木统称为粗死木质残体(coarse woody debris, CWD)],再对森林凋落物的产量、组成及动态变化等方面进行了综述。林波等(2004)对森林凋落物的概念、研究方法及主要研究内容做了阐述,对凋落物收集面积和分解袋孔径大小、凋落物产量时空动态和凋落物分解速率等进行了综合分析。凌华等(2009)收集了国内不同森林的凋落物产量、林分特征及年平均气温、多年平均降水量、经纬度、海拔等立地条件数据,并分析了我国森林凋落物的影响因素。

研究表明,森林凋落物主要由落叶、落枝、落果和碎屑(动物粪便及动物残体、芽鳞、落花、树皮等)组成。尽管不同森林类型凋落物各组分占凋落物总量的百分比不同,但主要以凋落叶为主(李忠文等, 2013; 郭婧等, 2015),且凋落叶的分解速率远高于落枝、落果等其他组分,归还土壤的营养物质最多,因而凋落叶受关注程度最高(李国雷等, 2008)。世界范围内,在特定的气候区,森林凋落物量具有一定的变化范围,随纬度、海拔升高而减少或与纬度呈负线性回归关系,或与纬度、海拔呈多元线性回归关系(王凤友, 1989)。我国森林凋落物量与年平均气温呈极显著正相关关系(郑征等, 2005; 凌华等, 2009)。由于森林凋落物量受地形(纬度、海拔、坡向)、气候(气温、降水、生长季节长度)、土壤(质地、水分、养分、微生物)、群落组成树种生物学和生

态学特性等多因子的影响，因此即使同一气候区、同一海拔高度下不同森林类型凋落物量不仅有明显的差异，还具有复杂多样的季节动态模式——单峰型、双峰型，个别还有3峰型，甚至有不规则类型。

森林凋落物量的测定多采用直接收集法，即采用凋落物收集器（litter trap）定期收集并估测森林凋落物量（林波等，2004）。尽管经过多年研究，已揭示了我国不同气候带主要森林类型凋落物的产量、组成、动态变化及其影响因子等规律和机制，但凋落物与众多的影响因子密切相关，而全球变化将导致这些因子发生变化，从而影响凋落物各个方面。此外，不同植被恢复阶段由于植被类型不同，凋落物特征也不同，但有关不同植被恢复阶段或不同植被类型凋落物量的动态特征及其对全球变化响应的研究报道仍不多见。

2. 森林凋落物分解的研究

凋落物分解是森林生态系统生物地球化学循环的重要环节。凋落物分解速率对森林生态系统生产力具有重要的影响，直接影响森林地表凋落物层的积累和土壤碳密度及碳平衡的形成，制约 N、P 等营养元素及其他物质归还土壤及土壤养分的有效性。研究表明，通过凋落物分解每年归还林地的碳是林地年固定量的48%（Finér et al.，2003），全球凋落物分解（包括枯死根）释放的 CO_2 量占全球年碳总流通量的 70%（Raich & Schlesinger，1992）。凋落物分解直接影响森林生态系统碳循环速率（李荣华等，2011；唐仕姗等，2014）。每年森林凋落物分解归还土壤的 N、P、K 分别占植物生长所需 N 量的 70%～80%、K 量的 30%～40%、P 量的 65%～80%。森林凋落物分解是植被与土壤联系的重要通道，对森林生态系统物质循环和养分平衡起着重要的调节作用。因此，研究凋落物分解可以深入了解森林生态系统物质循环与凋落物分解之间的联系，对森林生态系统物质循环和能量流动具有重要的意义。

凋落物分解速率受植被类型、凋落物自身理化性质、土壤水热条件、土壤微生物和动物活动、酶活性等多种因素的综合调控。凋落物分解过程一般表现出较快和较慢两个阶段：由于易分解的水溶性化合物的快速淋失和降解，凋落物分解初期分解速率较快，在分解后期难分解结构如木质素、纤维素等使分解受到抑制，分解速率明显下降（冯瑞芳等，2006）。研究表明，不同地区因气候、植被类型和土壤等生态因子不同，森林凋落物分解速率有较明显的差异。不同森林凋落物的分解速率表现为：热带雨林＞热带季雨林（年分解速率高于 70%）（Kavvadias et al.，2001）＞亚热带阔叶林（年分解速率为40%～70%）＞温带阔叶林（年分解速率为 20%～30%）（沈海龙等，1996；Sulkava & Huhta，2003）。温带针叶树种凋落物的分解速率较亚热带针叶树种慢，不同林龄油松（*Pinus tabuliformis*）凋落叶分解95%均需 14 年以上，亚热带地区针叶树凋落叶分解95%所需时间一般为 3～10 年。由于低纬度地区高温、高湿，土壤微生物活性较高，凋落物分解较快，而高纬度地区低温，土壤微生物活性低，凋落物分解速度慢。

不同森林类型因树种组成不同，凋落物组成与质量不同，凋落物分解速率也不同（刘增文，2002）。裸子植物的针叶树凋落叶分解速率低于被子植物的阔叶树凋落叶，落叶树比常绿树的凋落叶分解快，可能是由于针叶树落叶的 C/N、木质素/N、萜类物质和酚类物质含量高于阔叶树，不利于土壤生物群落的生长活动及繁衍，落叶树凋落物基质质量要优于常绿阔叶树和针叶树的凋落物（阎恩荣等，2008；Augusto et al.，2015）。但也有研究表明，阔叶树和针叶树凋落叶的分解速率差异仅存在于分解开始的 1～3 年，之后两者的分解速率接近（de Marco et al.，2012），这或许与凋落叶的阶段性分解特征有关。大多数研究发现，针叶、阔叶树种凋落物混合分解具有显著的促进作用，且随分解时间的延长和阔叶树所占比例的增加，促进作用更加明显。而 Hansen 和 Coleman（1998）研究发现，3 种落叶树混合凋落物在分解前 9 个月为正效应，再经过 10 个月的分解则表现为负效应。还有廖利平等（2000）的研究表明，杉木凋落叶与不同阔叶树凋落叶混合分解时究竟是表现出促进作用还是抑制作用，或是无任何作用，并无规律可循。

同一树种凋落物在不同森林环境下分解速率也不同。一般贫瘠土壤，凋落物分解很慢，因为较低的土壤养分含量使得凋落物 C/N 越高，耐分解化合物含量越多，导致凋落物分解速度越慢（Vitousek et al.，1994；彭少麟和刘强，2002）。在跨气候带的凋落叶分解过程中，凋落物分解速率受基质质量和分解环境双重调控，且气候因子的控制作用较强于凋落物初始基质质量的控制作用。6 种亚热带树种：毛竹、木荷、青冈、马尾松、水杉（*Metasequoia glyptostroboides*）、苏铁（*Cycas revoluta*）凋落叶在热带雨林中分解速率较在亚热带常绿阔叶林中快（窦荣鹏等，2010）。

3. 森林凋落物层现存量及其分布格局

地表凋落物层是森林地表特有的层次，是地上植物生长发育过程中产生并归还到地表形成的死有机物质，通常由未分解（新鲜凋落物，保持原有形状，无明显颜色变化，外表无分解痕迹）、半分解（叶缘不完整，大部分凋落物已经粉碎，叶肉被分解成碎屑）和已分解（已不能辨识原形）的凋落物组成（郑路和卢立华，2012），是森林生态系统的重要组成部分，其构成和数量及其动态因植物群落类型、组成、结构、环境条件和人为干扰活动等不同而存在较大的差异（Berg & Matzner，1997；Kavvadias et al.，2001；葛结林等，2017）。由于凋落物层对土壤水文、碳库、养分、酶活性等物理和化学性质及土壤生物等多方面的影响（黄彩凤等，2021），而且凋落物层组成及其储量消长反映森林群落间的差别及其动态特征，因此研究森林地表凋落物层现存量（即单位面积林地地表上所积累的凋落物量）不仅有助于了解不同森林群落养分和能量的变化，还有利于通过对地上凋落物的管理调控森林生态系统的生态服务功能。此外，随着全球碳循环受到广泛关注，凋落物层现存量及其分解过程成为解译森林生态系统碳循环过程不确定性的重要途径（刘士玲等，2017）。然而，目前关于森林凋落物的研究主要集中在凋落物产量与组成、凋落物分解及其养分释放规律（唐仕姗等，2014；Portillo-Estrada et al.，2016；García-Palacios et al.，2016）等方面。而有关林地地表凋落物层，特别是凋落物层现存量的研究，在 20 世纪 80～90 年代以前，大多是因为其是森林生态系统生物量的组成部分，才会在研究森林生态系统生物量时被提及，而且这些研究中大多都忽视了不同森林类型由于组成树种生物学特性、林内水热条件的差异，导致凋落物量及其形成的凋落物层现存量可能会有较大的差异（Vitousek，1984；Kavvadias et al.，2001）。

近 20 年来，随着对森林生态系统凋落物研究的深入，人们开始关注凋落物层现存量与其他生态因子（如群落结构、林龄、树种生物学特性、气候带、地形、土壤、动物及干扰程度等）的关系（胡亚林等，2005；余广彬和杨效东，2007；邓秀秀等，2017）。研究发现，凋落物层现存量受很多因素的影响，主要由年凋落物量及其分解速率控制，而分解速率受凋落物种类和林地的水热状况限制，不同森林类型林下凋落物层现存量存在差异（张庆费和徐绒娣，1999；周新年等，2008）。鼎湖山季风常绿阔叶林凋落物层没有明显的积累，其现存量（8.74 t/hm^2）与年凋落物量（8.84 t/hm^2）相当，与同一地区针叶林（8.80 t/hm^2）相近，但明显低于同一地区针阔混交林（25.79 t/hm^2）（张德强等，1998）；福建三明莘口的格氏栲（*Castanopsis kawakamii*）天然林凋落物层现存量（8.99 t/hm^2）分别是同一保护区内格氏栲人工林、杉木人工林的1.19倍和1.87倍，格氏栲天然林和人工林与杉木人工林凋落物层现存量的差异显著（杨玉盛等，2004a）。长白山北坡主要森林群落凋落物层现存量大小依次为：阔叶红松林（6.43 t/hm^2）＞白桦林（6.02 t/hm^2）＞云杉（*Picea asperata*）和冷杉（*Abies delavayi*）混交林（5.51 t/hm^2）＞山杨（*Populus davidiana*）林（5.50 t/hm^2）（郑金萍等，2011）。此外，伴随演替进程，凋落物现存量明显增大（张庆费和徐绒娣，1999；齐泽民等，2004）。

研究发现，福建三明莘口的格氏栲天然林及其人工林凋落物层现存量（8.99 t/hm^{2}和7.56 t/hm^2）均低于寒温带和暖温带森林（10.27～62.50 t/hm^2），但高于热带雨林或季雨林（5.10 t/hm^2）（杨玉盛等，2004a）。从热带、亚热带到温带森林凋落物层现存量平均值分别为4.62 t/hm^2、28.44 t/hm^{2}和68.90 t/hm^2，表明随着纬度升高，森林凋落物层现存量增加。但目前的研究报道主要集中在亚热带的针叶林，而有关阔叶林、针阔混交林的研究报道仍较少（郑路和卢立华，2012）。茂兰喀斯特原生林阴坡凋落物层现存量（5.68 t/hm^2）高于阳坡（5.04 t/hm^2）和半阴坡（2.95 t/hm^2）（赵畅等，2018）。

由于受树种生物学特性和年内降水量、气温、风力等气候因子的综合影响，凋落物层现存量随季节波动，而且季节变化规律因地带性气候、林分类型和树种组成不同而不同。研究表明，格氏栲天然林和人工林一年中春季凋落物层现存量最大，与两种林分在该季节凋落物量最大一致；随着气温升高，凋落物分解加快，凋落物层现存量减少，在秋季最小，随后冬季气温下降，凋落物分解缓慢，因而冬季凋落物层现存量又有所积累（杨玉盛等，2004a）。长白山北坡阔叶红松林、白桦林和山杨林凋落物层现存量月动态表现为双峰型变化，峰值出现在5月和7月，而云冷杉林则呈单峰型变化，峰值仅出现在7月（郑金萍等，2011）。

不同分解层凋落物现存量的分布格局因受地带性因子、林龄（或恢复演替）和森林类型等的影响而表现不一致，总体上表现出由亚热带到温带，随纬度升高，未分解层所占比例逐渐增大，半分解层和已分解层所占比例逐渐减小；随林龄增大（或恢复演替），表现出未分解层所占比例逐渐减小，半分解层和已分解层所占比例逐渐增大，如川西亚高山不同恢复阶段箭竹（*Fargesia spathacea*）群落，自然状态下枯枝落叶层各亚层现存量分布空间格局为：已分解层＞半分解层＞未分解层（齐泽民等，2004）；不同森林类型比较，针叶林未分解层所占比例普遍高于阔叶林（张庆费和徐绒娣，1999；郑路和卢立华，2012）。不同坡向林下凋落物层现存量在各分解层的分布均表现为：未分解层＞半分解层＞已分解层（赵畅等，2018）。

4. 森林凋落物层养分含量的研究

森林凋落物层是森林自身养分循环的主要中转站和养分库，储存多种营养物质，经过分解矿化，将营养物质归还土壤再供植物吸收利用。研究森林凋落物层养分含量，有助于深入了解森林生态系统物质循环的规律，为更好地利用凋落物层"天然肥源"、促进养分周转、维持森林地力提供科学依据，对森林经营和管理有重要的现实意义。

不同森林类型或即使同一森林类型的不同地区，其凋落物层养分含量也存在差异。研究表明，鼎湖山季风常绿阔叶林凋落物层的营养元素含量相对于同一地区其他类型森林并不丰富，大部分营养元素含量低于同地区的针阔叶混交林，也低于卧龙自然保护区的常绿阔叶林（张德强等，1998）。潘复静等（2011）、马文济等（2014）研究发现，凋落物层 N、P 含量总体上随着植被恢复而增加。

研究表明，凋落物不同分解层 N、P、K、Ca、Mg 的含量变化呈现不同规律。四川王朗自然保护区箭竹–冷云杉林和箭竹–桦木（*Betula*）–冷云杉林（齐泽民等，2004）与同地区的卧龙自然保护区的暗针叶林和针阔混交林（张万儒等，1990）、华北针叶林（金小麒，1991）及南亚热带鼎湖山针阔混交林（翁轰等，1993）枯枝落叶层各亚层营养元素分布规律相似，即各营养元素在半分解层和已分解层逐渐积累。而箭竹–桦木林除 K 在已分解层有较明显的积累外，大部分营养元素均随凋落物的分解而下降（齐泽民等，2004）。滇中常绿阔叶林及云南松（*Pinus yunnanensis*）林下死地被物中 P、K 含量由未分解层到已分解层略有增加，而 Ca 和 Mg 的含量则出现下降的趋势（刘文耀等，1990）。而于明坚等（1996）研究发现，Ca 在未分解层、半分解层的含量明显高于已分解层，而 Mg、P 的含量从上到下呈梯度增加的趋势，各亚层 K 含量变化不大。浙江天童常绿阔叶林不同演替阶段凋落物不同分解层 N、P 含量均表现为：已分解层＞半分解层＞未分解层（马文济等，2014）。总体趋势是由于南方森林易于淋洗，随地表凋落物的分解，养分元素含量逐渐降低，由于北方森林易于积累，养分元素含量逐渐升高；针叶林易于积累，阔叶林趋于释放（郑路和卢立华，2012）。

亚热带樟树–马尾松林（李忠文等，2013）、贵州龙里马尾松人工林（姚瑞玲等，2006）凋落物层养分元素含量从高到低的排序为 N＞Ca＞K＞Mg＞P；而茂兰喀斯特地区原始林（卢晓强等，2014）则为 Ca＞N＞Mg＞K＞P，是由于凋落物养分元素含量取决于植被对土壤养分的吸收，而植被对养分的吸收与植物自身特性、土壤养分元素含量有关（赵畅等，2018）。

5. 森林凋落物的研究展望

有关森林凋落物的研究已从凋落物本身特征（如凋落物量和组成、分解及影响因子）逐渐深入到生态功能和影响因素等方面的研究。鉴于全球变化（气温升高、大气 CO_2 浓度升高、N 沉降等）的背景和当前的研究进展，关于森林凋落物及其养分特征的研究应从以下几个方面进一步改进和完善。

1）研究方法有待于进一步科学化

目前对森林凋落物量的研究主要采用凋落物收集器结合定期收集法，但实际操作过程中，收集器的面积、空间分布和数量、收集时间间隔、测定周期等仍缺乏统一性，甚至过多地考虑成本而忽视了精度要求，由此导致对同一森林群落不同研究者的测定结果不确定性大，不能准确地反映真实情况，结论可比性差。同样，综观现有文献，国内对地表凋落物层现存量的测定主要采用经典的样方收获法，在实际操作过程中，对测定时间、设置样方的方法、面积及取样重复次数等也缺乏统一的标准和科学的量化技术体系（刘士玲等，2017），特别是由于凋落物层现存量有一定的季节波动，即使是同一森林群落，因不同研究者取样时间不同，测定结果也存在较大的不确定性，结论缺乏可比性。因此，建立相对统一的研究方法是提高研究结果科学性和参考价值的重要手段。

国外研究凋落物分解过程的方法主要有：近红外反射光谱（near infrared reflectance spectroscopy，NIRS）间接测定法和同位素示踪技术（isotope tracer technique）（Findlay et al.，1984；Newell & Fallon，1991；Kirschner & Velimirov，1999）。目前，国内凋落物分解研究方法主要有 3 种：野外分解网袋法、室内微缩分解模拟法和凋落物层现存量估算法（廖利平等，1997）。野外分解网袋法操作简单方便、应用广泛，适用于恶劣环境条件，但耗时较长，干扰因素多，研究结果只能反映该试验阶段样地内凋落物的分解状况。室内微缩分解模拟法可以对某一因素或几个影响因子的交互作用进行控制，能在短时间内得出结果，但模拟实验条件不同于自然环境，研究结果与实际值差别大。凋落物层现存量估算法得出的估算值一般误差较大，仅具有相对意义。每一种凋落物分解研究方法都有各自的特点及适用范围，因此在实际研究中应针对研究区域地理条件、气候因素及林分树种组成选择适宜的凋落物分解研究方法，实验可操作性和实验设计的严谨性，对研究结果的科学性均至关重要。

2）重视多因子交互作用的研究

目前，我国对森林凋落物的研究多集中在凋落物量、组分、动态变化及其生态功能等方面，而在影响机制方面的研究仍比较少（刘士玲等，2017）。尽管在分析森林凋落物量的变化时均涉及影响因素的作用，但多数研究主要探讨某几个因子的单独作用，缺乏多个影响因子的交互作用研究，仍不能准确地反映环境中多因子共同作用的机制。

3）加强植被恢复演替过程凋落物的动态特征研究

已有研究大多针对的植被类型单一，植被恢复演替序列不完整，不能完整反映各地区不同植被恢复阶段凋落物动态。例如，随着一系列林业生态工程的推进，我国亚热带地区森林植物群落恢复变化，因此，期待阐明我国亚热带植被恢复演替过程中凋落物的动态特征。随植被恢复演替，森林群落物种多样性、林分因子、功能性状等发生显著的变化，而这些因子都可能影响生产力和凋落物量。近期研究发现，林分因子和功能性状对生物量、生产力的影响明显大于多样性，对凋落物量的影响是否也是如此，目前仍缺乏相关研究。

4）加强凋落物对全球变化响应的研究

近半个世纪以来，全球气候变暖直接或间接影响生物多样性及生态系统的结构，严重地影响了生态系统的服务功能，因此全球变化日益受到人们的关注。全球气候变暖将会增加生物量，自然也会增加凋落物量（彭少麟和刘强，2002）。全球气候变暖对凋落物分解的影响包括直接作用与间接作用，如大气 CO_2 浓度升高可以降低植物凋落物的品质和改变土壤温湿度及潜在改变生态系统分解者群落而间接影响凋落物分解（Gorissen，1996；van Ginkel et al.，1996；Fredeen et al.，1997）。此外，由于大气 N 沉降增加，很多生态系统中 N 不再是制约凋落物分解的最重要因素，相对而言，P 则成为重要的制约因子，特别是热带雨林、亚热带常绿阔叶林生态系统（Vitousek，2004）。不少研究指出，凋落物初始 P 含量和 C/P 是更重要的指标，并提出了临界 C/P 比值。Xu 和 Hirata（2005）研究发现，亚热带常绿阔叶林 7 个优势树种凋落物的初始 C/P 与凋落物质量残留率呈显著的相关性，而且凋落物 C/P 临界值为 1000～1300。因此，要充分了解全球变化对我国主要森林生态系统结构和功能的影响，仅局限于研究全球气候变暖对凋落物分解的直接影响仍不够，应当深入探讨全球气候变化对森林凋落物的产量、分解速率的影响机制，并将其作为当前研究的一个重点。

2.1.3　森林土壤理化、生物学性质的研究

森林土壤是森林生态系统的重要组成部分，是森林生态系统物质循环、能量流动的主要场所，也是影响森林植物生长、发育的重要环境因子。有关"森林土壤特征研究概述"已在《亚热带次生林群落结构与土壤特征》中进行了综述，在这里不再重复。

2.2　林内小气候、凋落物和土壤性质的研究方法

2.2.1　样地设置、样地植物群落调查

样地设置及样地植物群落调查详见第 1 章 1.3.1 节和 1.3.2 节部分内容。4 个不同植被恢复阶段植物群落的基本特征及其主要树种组成如表 1.1 所示。

2.2.2　林内空气温度、相对湿度的测定

在每个植被恢复阶段的 4 块固定样地中随机选取植物分布均匀、土壤和光照条件一致的气象观测点 1 个，各观测点的基本特征如表 2.1 所示。在各气象观测点选取由数株植物组成的多边形的中心，安装 GSM/GPRS 无线远程数据实时监测系统（上海御拓生物科技有限公司），观测距离地面 1.5 m 高处的空气温度和相对湿度，设置每 2 小时记录一次数据。观测仪器的布置、使用、观测及数据的整理均按照中央气象局编制的《地面气象观测规范》的要求进行（崔讲学，2011）。

表 2.1　4 个植被恢复阶段固定样地气象观测点的基本特征

恢复阶段	平均树高/m	平均胸径/cm	总盖度/%	海拔/m	坡度 /（°）	坡向
LVR	0.85（0.3～1.8）	—	67～70	131	18	东南
LCQ	3.37（1.5～6.5）	2.74（1.0～9.8）	60～70	135	18	东南
PLL	6.54（1.5～20.0）	5.70（1.0～28.0）	75～80	135	18	东南
LAG	5.75（1.5～20.0）	5.63（1.0～40.0）	80～85	200	20	东南

注：括号内的数据为每个样地观测点木本植物树高、胸径的变化范围。

2.2.3 浅层土壤温度、质量湿度的测定

在样地内各气象观测点，采用的 GSM/GPRS 无线远程数据实时监测系统（上海御拓生物科技有限公司）定位观测 5～15 cm 土层的温度、质量湿度，设置每 2 小时记录一次数据。

2.2.4 年凋落物量的收集和测定

用凋落物收集器直接收集凋落物。用铁丝做成面积为 1 m^2 的圆形铁丝圈，然后将 40 目尼龙网缝制在圆形铁丝圈上，制成圆锥形的凋落物收集器。2017 年 7 月底，根据随机和局部控制原则，兼顾主要优势树种、密度、结构，沿每块固定样地上坡、中坡、下坡分别安装 3 个凋落物收集器。每个收集器用 4 根 1 m 长的 PVC 管固定，收集器最低端与地面的距离根据不同植被恢复阶段林地的具体情况而定，保证尼龙网不与地面接触，于 2017 年 8 月～2018 年 7 月，每月收集凋落物 1 次，共收集 12 个月。

由于 LVR 样地草本植物和灌木矮小，无法安装凋落物收集器，本研究采用样方法收集凋落物进行测定：在每个凋落物收集点用 PVC 管作为中心标记，设置 3 个 1 m^2 的圆形小样方，清除地表面所有凋落物、立枯物，于 2017 年 8 月～2018 年 7 月，每月底收集 1 次小样方内所有新鲜凋落物、立枯物，共收集 12 个月。

每次收回的凋落物均按落叶、枯枝、落果、碎屑组分分类后，在 80℃恒温下烘至恒重后称重，计算每 1 块固定样地各组分单位面积的干重，取同一植被恢复阶段 4 块固定样地同一组分的平均值作为该恢复阶段各组分的月凋落物量，用 12 个月的测定数据计算不同植被恢复阶段各组分的年凋落物量。

2.2.5 凋落物分解速率的测定

凋落物分解速率采用野外分解网袋法测定。在 4 个植被恢复阶段凋落物凋落高峰期，采集每块固定样地凋落物收集器中的凋落物，将每个植被恢复阶段 4 块固定样地凋落物全部混合均匀，室内风干。将室内风干凋落物按年凋落物量各组分组成比例混合均匀，称取 20 g 装入 20 cm × 20 cm 尼龙网分解袋（孔径为 1 mm）中，袋口用尼龙线缝紧。每个植被恢复阶段装 144 袋，每 12 袋用铜线（直径 1 mm）连成一串（每袋间隔 10 cm，依次排开），共 12 串。

2018 年 10 月，在每块固定样地的上坡、中坡、下坡分别选取 1 个凋落物安置点，清除地表所有凋落物后，安置凋落物分解袋，确保分解袋中凋落物样品完全与土壤接触，且尽可能接近自然状态。于 2018 年 11 月～2019 年 10 月，每月回收 1 次凋落物分解袋，每次每个植被恢复阶段回收分解袋 12 袋（12 个重复，每块固定样地 3 个重复）。凋落物分解袋取回后，去除分解袋外面的其他物质，倒出分解袋内的凋落物，仔细清除泥沙、细根，置于烘箱 65℃恒温烘干至恒重，测定干重。

同时，每个植被恢复阶段另称取风干凋落物 4 份，每份 20 g，置于烘箱 65℃恒温烘

干至恒重，测定干重，取 4 份平均值作为该恢复阶段凋落物分解初始量，再经植物粉碎机粉碎，过 0.25 mm 筛后保存，用于测定凋落物初始有机 C、全 N、全 P 含量。

2.2.6　凋落物层现存量的测定及其分析样品的采集、处理

在我国亚热带地区，季节划分采用气候学统计法，以公历 3～5 月为春季，6～8 月为夏季，9～11 月为秋季，12 月至次年 2 月为冬季。为了避免偶然性，本研究分别在 2016 年 4 月中旬、6 月底、10 月下旬、2017 年 1 月中旬测定凋落物层现存量和采集凋落物层分析样品，取 4 次采样测定结果的平均值作为最终数据。

在每块固定样地内沿着对角线均匀布设 3 个采样点。每次采集样品时在每个采样点附近设置 1 个 1 m×1 m 的小样方，根据凋落物层的分层标准（郑路和卢立华，2012），按未分解层（U 层）、半分解层（S 层）、已分解层（D 层）分层测定样方内凋落物的湿重，同时分别采集 3 个分解层凋落物的分析样品约 1.0 kg。

回到室内，将同一块固定样地内 3 个样方同一分解层凋落物等量混合为 1 个样品，置于 80℃下烘干至恒重，测定样品的含水率。根据分析样品的含水率，计算各样方不同分解层凋落物的干重，估算不同植被恢复阶段各分解层凋落物及凋落物层现存量。将烘干称重后的分析样品经植物粉碎机磨碎，过 0.25 mm 筛后保存，用于测定有机 C、全 N、全 P、全钾（K）、全钙（Ca）、全镁（Mg）的含量。

2.2.7　凋落物初始碳、氮、磷含量和地表凋落物层养分元素含量的测定

凋落物样品中有机 C 用重铬酸钾–浓硫酸容量法测定，全 N 用 K9840 自动凯氏定氮仪（山东海能科学仪器有限公司，山东，中国）测定，全 P 用碱熔–钼锑抗比色法测定，K、Ca、Mg 用 Hp3510 原子吸收分光光度计测定（中国科学院南京土壤研究所，1978）。每个分析样品平行测定 2 次，取平均值作为该分析样品的最终测定结果。

凋落物初始有机 C、全 N、全 P 含量及其化学计量比的测定结果如表 2.2 所示。

表 2.2　不同植被恢复阶段凋落物初始有机 C、全 N、全 P 含量及其化学计量比（平均值±标准差，$n = 4$）

恢复阶段	C /（g/kg）	N /（g/kg）	P /（g/kg）	C/N	C/P	N/P
LVR	378.35±32.81B	10.84±0.59C	0.23±0.02B	35.0±4.0AB	1 690.5±260.1B	48.2±3.5B
LCQ	447.90±14.00A	17.75±0.84A	0.34±0.05A	25.3±1.9B	1 324.8±162.6B	52.4±6.2B
PLL	476.53±22.62A	12.58±1.47BC	0.18±0.01B	38.4±6.7A	2 583.8±176.1A	68.1±7.2A
LAG	454.22±23.88A	14.65±0.18B	0.36±0.02A	31.0±1.3AB	1 281.5±126.6B	41.3±2.3B

注：不同大写字母代表同一指标不同植被恢复阶段之间差异显著（$P < 0.05$）。

2.2.8　土壤剖面特征调查

2016 年 10 月完成凋落物层分析样品采集后，于 1 m × 1 m 样方内挖掘土壤剖面，调查土壤剖面特征。4 个植被恢复阶段土壤剖面结构特征如表 2.3 所示。

表 2.3 不同植被恢复阶段土壤剖面结构特征

植被恢复阶段	剖面层次	土层厚度/cm	土壤颜色	土壤质地	土壤结构	湿度	紧实度	根量	石砾含量/%
LVR	A	0～14	暗红–红棕	砂壤–轻壤	粒状	湿	紧	少	18
	B	14～43	红棕–黄棕	砂壤–轻壤	粒状	湿	紧	无	16
	C	43～75	黄棕–红棕	砂壤–轻壤	粒状	潮	紧	无	20
LCQ	A	0～19	黑棕–黄棕	砂壤	粒状	湿	较疏松	中	42
	B	19～72	棕黄	砂壤	粒状	湿	较紧	无	49
	C	72～88	棕黄	砂壤	粒状	潮	紧	无	53
PLL	A	0～21	暗黄–红棕	砂壤–轻壤	微团	湿	较紧	中	14
	B	21～72	棕黄–红棕	砂壤–轻壤	微团	湿	紧	少	13
	C	72～90	黄–红棕	砂壤–轻壤	块状	潮	紧	无	15
LAG	A	0～18	黑棕–暗棕	轻壤	微团	湿	较疏松	中	18
	B	18～105	黄棕–红棕	轻壤	微团	较湿	较紧	少	29
	C	105～112	红棕	轻壤	微团	较湿	紧	少	41

注：A—腐殖质层；B—沉积层；C—母质层。

2.2.9 土壤样品的采集、处理与分析方法

1. 土壤样品的采集与处理

为了避免偶然性，从 2015 年 11 月设置固定样地后，分别于每年 12 月至次年 1 月（冬季）、4 月（春季）、7 月（夏季）、10～11 月（秋季）采集土壤样品。

沿着每块固定样地对角线均匀设置 3 个固定采样点，每次采集土壤样品均在采样点附近，清除地表植物和凋落物后，挖掘土壤剖面，沿土壤剖面自下而上按 0～10 cm、10～20 cm、20～30 cm 和 30～40 cm 分层采集土壤样品。同时，用 200 cm³ 的环刀采集土壤，用于测定土壤容重和含水量。

将同一块固定样地 3 个采样点同一土层的土壤样品等比例充分混合均匀为 1 个土壤样品（约 2.0 kg），去除砾石、植物残体等杂质，过 2 mm 土壤筛后，将每个土壤样品分为 2 份：1 份储存于 4℃冰箱中，备用于需要鲜土测定的指标 [如铵态氮（NH_4^+-N）、硝态氮（NO_3^--N）、可溶性总 N（total soluble N，TSN）和微生物生物量等]；另 1 份放室内自然风干后，碾碎分别过 2 mm、1 mm、0.25 mm、0.15 mm 土壤筛储存备用于测定不同理化指标（如过 2 mm 土壤筛用于测定颗粒组成、pH、交换性盐基总量、速效 P 含量，过 1 mm 土壤筛用于测定碱解 N 含量，过 0.25 mm 土壤筛用于测定土壤有机 C、全 N、全 P 含量，过 0.15 mm 土壤筛用于土壤 P 分级）。

2. 土壤样品的测试分析

1）土壤理化性质的测定

土壤容重用环刀法测定；土壤含水量用 105℃烘干法测定；土壤机械组成用吸管法

测定；pH（水土质量比为 2.5/1）用 pH 计（FE20，Mettler-Toledo 公司，瑞士）测定；有机碳（SOC）含量用重铬酸钾-浓硫酸滴定法测定；全氮（TN）含量用 KN580 全自动凯氏定氮仪（山东海能科学仪器有限公司，济南）测定；全磷（TP）含量用碱熔-钼锑抗比色法测定（中国科学院南京土壤研究所，1978）；全钾（TK）、全钙（TCa）、全镁（TMg）含量用电感耦合等离子体原子发射光谱法（ICP—OES）测定（Nicia et al.，2018）；碱解氮（AN）含量用碱性扩散法测定（中国科学院南京土壤研究所，1978）；速效磷（AP）含量用 Olsen 法测定（Olsen et al.，1983）；速效钾（AK）含量用醋酸铵浸提火焰分光光度法测定（中国科学院南京土壤研究所，1978）；交换性盐基总量采用中和滴定法测定（刘光崧，1996）。

可溶性总氮（STN）用 0.5 mol/L K$_2$SO$_4$ 溶液浸提（液土比 4∶1）后，用连续流动分析仪测定（吴金水等，2006）；NH$_4^+$-N 和 NO$_3^-$-N 用 KCl 溶液浸提，再用连续流动分析仪测定（Jones & Willett，2006）；可溶性有机氮（soluble organic nitrogen，SON）为 STN 与 NH$_4^+$-N、NO$_3^-$-N 的差值。

2）土壤微生物生物量的测定

微生物生物量碳（B_C）、氮（B_N）用氯仿熏蒸-K$_2$SO$_4$ 溶液浸提法（吴金水等，2006）测定：将空白（未熏蒸）和熏蒸后的土壤样品用 0.5 mol/L K$_2$SO$_4$ 溶液浸提（液土比 4∶1），高速离心后过滤，浸提液分别用有机碳分析仪（TOC-1020A）测定 B_C，用连续流动分析仪测定 B_N（吴金水等，2006）。微生物生物量磷（B_P）用氯仿熏蒸-NaHCO$_3$ 溶液浸提法（吴金水等，2006）测定：将空白（未熏蒸）和熏蒸后的土壤样品用 0.5 mol/L NaHCO$_3$ 溶液浸提（液土比 4∶1），经高速离心后过滤，浸提液用钼锑抗比色法测定。

3）土壤酶活性的测定

土壤脲酶（URE）活性采用靛酚蓝比色法测定，以在 37℃恒温下培养 24 h 后 1 g 烘干土壤中 NH$_3$-N 的 mg 数 [mg/(g·24h)] 表示；土壤蔗糖酶（INV）活性采用 3,5-二硝基水杨酸比色法测定，以在 37℃恒温下培养 24 h 后，1 g 烘干土壤释放的葡萄糖 mg 数表示 [mg/(g·24h)]；土壤酸性磷酸酶（ACP）活性采用磷酸苯二钠比色法测定，以在 37℃恒温下培养 12 h 后，1 g 烘干土壤中酚的 mg 数表示 [mg/(g·12h)]；过氧化氢酶（CAT）活性采用 0.02 mol/L 高锰酸钾滴定法测定，以常温下振荡 20 min 内 1g 烘干土壤分解过氧化氢的 mg 数表示 [mg/(g·20min)]。

2.2.10　数据处理及统计分析

1. 各项指标的计算

（1）2016 年 1~12 月进行群落内空气温度、相对湿度和浅层土壤温度、质量湿度观测，取每天 12 个数据的平均值作为当天的最终数据，再取每月的平均值作为该月的最终测定结果。分别取 1 月、4 月、7 月、11 月中 1~10 日同一时刻的平均值作为冬、春、夏、秋季的日变化数据。

（2）湿润度是指环境的湿润程度。采用 H H 伊万诺夫湿润度（K）计算不同植被恢复阶段林内的湿润度。H H 伊万诺夫湿润度（K）按下面公式计算：

$$K = \frac{R}{0.0018(25+T)^2(100-f)} \tag{2.1}$$

式中，K 为林内月湿润度；R 为月降水量（mm）；T 为林内空气月平均温度（℃）；f 为林内空气月平均相对湿度（%）。林内年湿润度为林内各月湿润度的算术平均值。H H 伊万诺夫湿润度分级标准为：$K>1$ 为湿润，K 为 $0.6\sim1.0$ 为半湿润，K 为 $0.3\sim0.59$ 为半干旱，K 为 $0.13\sim0.29$ 为干旱，$K<0.13$ 为极干旱（欧阳学军等，2003）。

（3）凋落物分解总质量的损失。

凋落物分解总质量损失采用以下公式计算：

$$L_t = \frac{M_0 - M_t}{M_0} \times 100 \tag{2.2}$$

式中，L_t 为分解 t 时间后凋落物总质量损失率（%）；M_0 为凋落物初始质量（g）；M_t 为分解 t 时间后凋落物剩余质量（g）。

（4）凋落物分解速率。

凋落物分解速率用 Olson 衰减指数模型（Olson，1963）拟合，计算公式如下：

$$\frac{M_t}{M_0} = e^{-kt} \tag{2.3}$$

式中，M_0 为凋落物初始质量（g）；M_t 为分解 t 时间后凋落物剩余质量（g）；k 为衰减常数；t 为分解时间（月）。

凋落物分解50%所需时间（$t_{0.5}$）的计算公式如下：

$$t_{0.5} = \frac{\ln 0.5}{-k} \tag{2.4}$$

凋落物分解95%所需时间（$t_{0.95}$）的计算公式如下：

$$t_{0.95} = \frac{\ln 0.05}{-k} \tag{2.5}$$

（5）凋落物层积累量是凋落物层现存量与年凋落物量的差值，计算公式如下：

$$M = SL - L \tag{2.6}$$

（6）凋落物周转期和分解率（或周转率）分别用以下公式来计算（郭婧等，2015）：

$$T = \frac{SL + L}{L} \tag{2.7}$$

$$K = \frac{1}{T} \tag{2.8}$$

式（2.6）～式（2.8）中，M 为凋落物层积累量（t/hm²）；SL 为凋落物层现存量（t/hm²）；L 为年凋落物量（t/hm²）；T 为凋落物的周转期（年）；K 为凋落物的分解率（或周转率）。

（7）凋落物层及各分解层凋落物养分元素储量用以下公式计算：

$$D_{ij} = \frac{W_i \times C_{ij}}{1000} \tag{2.9}$$

式（2.9）中，D_{ij} 为 i 分解层凋落物 j 养分元素的储量（kg/hm²）；W_i 为 i 分解层凋落物现存量（kg/hm²）；C_{ij} 为 i 分解层凋落物 j 养分元素的含量（g/kg）。

（8）养分元素释放率是该分解层凋落物养分元素储量的变化与上一层凋落物养分元素储量的比值（钟国辉和辛学兵，2004），已分解层（D 层）凋落物分解后转化为土壤有机物质，因此本研究不计算 D 层凋落物养分元素释放率。未分解层（U 层）或半分解层（S 层）凋落物养分元素的释放率，用以下公式计算：

$$\alpha_i = \frac{A_i}{B_i} \tag{2.10}$$

式（2.10）中，α_i 为 U（或 S）层凋落物 i 养分元素的释放率；A_i 为 U（或 S）层与 S（或 D）层凋落物 i 养分元素储量之差（kg/hm^2）；B_i 为 U（或 S）层 i 养分元素的储量（kg/hm^2）。

（9）土壤微生物生物量碳、氮、磷分别用下面公式计算（吴金水等，2006）：

$$B_C = \frac{EC}{K_{EC}} \tag{2.11}$$

式中，B_C 为微生物生物量碳（mg/kg）；EC 为熏蒸与未熏蒸土壤 SOC 含量差值；K_{EC} 为转换系数，取值 0.45。

$$B_N = \frac{EN}{K_{EN}} \tag{2.12}$$

式中，B_N 为微生物生物量氮（mg/kg）；EN 为熏蒸与未熏蒸土壤 TN 含量差值；K_{EN} 为转换系数，取值 0.45。

$$B_P = \frac{EP}{K_{EP}} \tag{2.13}$$

式中，B_P 为微生物生物量磷（mg/kg）；EP 为熏蒸与未熏蒸土壤 TP 含量差值；K_{EP} 为转换系数，取值 0.45。

（10）为能全面反映植被恢复过程中土壤酶活性的变化规律，本研究在所测定酶活性的基础上，采用加权和法计算土壤酶指数（SEI）（王兵等，2009）。由于土壤因子变化具有连续性，各酶活性指标采用连续的隶属函数，并通过主成分因子负荷量值的正负来确定隶属度函数分布的升降（张超等，2010）。本研究中 4 种酶活性采用升型分布函数表示。

土壤酶指数计算公式如下：

$$SEI = \sum_{i=1}^{n} w_i \times SEI(x_i) \tag{2.14}$$

式中，$SEI(x_i)$ 表示土壤酶隶属度值；w_i 表示土壤酶（i）的权重。

升型分布函数的计算公式如下：

$$SEI(x_i) = \frac{x_{ij} - x_{i\min}}{x_{i\max} - x_{i\min}} \tag{2.15}$$

式中，x_{ij} 表示 j 样地土壤酶（i）的活性值；$x_{i\max}$ 和 $x_{i\min}$ 分别表示土壤酶（i）活性的最大值和最小值。通过式（2.15）的计算将评价指标的实测数值转换成 0～1 之间的数值，实现评价指标标准化（即量纲归一化），消除评价指标量纲不同对因子荷载的影响。

在土壤质量中每个因子的状况及其重要性通常不同，因此通常采用权重系数来表示不同因子的重要程度。本研究中,利用主成分分析因子负荷量计算每个因子作用的大小,确定它们的权重（w_i）,利用以下公式来计算:

$$w_i = \frac{C_i}{C}$$ （2.16）

式中,w_i 为土壤酶（i）的权重;C_i 为公因子方差;C 为公因子方差之和。

2. 数据统计分析

（1）用 Microsoft Excel Package（Office 2009）统计各项指标的平均值、标准偏差;图、表中数据均为平均值±标准偏差。

（2）用 Sigmaplot 12.5 制图。

（3）用 SPSS 22.0 统计软件下单因素方差分析（One-way ANOVA）的最小显著差数法（LSD,$P < 0.05$）分析不同植被恢复阶段林内温度、湿度指标（空气温度、空气相对湿度、土壤温度、土壤湿度）、凋落物层特征（现存量、养分含量）、土壤理化性质（容重、颗粒组成、pH、TN、TP、AN、AP 含量）、土壤微生物生物量（B_C、B_N、B_P）、土壤酶活性的差异显著性。用 Pearson 相关系数分析各项指标之间的相关性。用重复测量设计的方差分析比较不同植被恢复阶段不同土层各项指标的差异。

（4）用 R4.0.1（R Core Team,2020）中 nls 函数拟合 Olson 衰减指数模型（凋落物分解残留率与分解时间的指数回归方程）。

（5）用 R4.0.1 中 lavaan 包构建结构方程模型（凋落物初始 C、N、P 含量及 C/N、C/P、N/P 对凋落物累积质量损失的影响）。

2.3　不同植被恢复阶段群落内小气候特征

近年来,许多学者通过比较林内外小气候的差异,揭示了森林群落小气候特征。然而,这些研究主要集中在单一林分类型或成对森林气象要素的观测及林内外对比考察（闫俊华等,2000;欧阳学军等,2003;欧阳旭等,2014）。目前,有关同一地区处于不同植被恢复阶段多个植物群落内小气候的比较研究仍少见报道,植被恢复群落内小气候的动态变化格局是否一致,森林改善小气候的能力是否随植被恢复逐渐优化等问题仍不十分明确。本节选取湘中丘陵区地域相邻、生境条件基本一致、处于不同植被恢复阶段的檵木+南烛+杜鹃灌草丛（LVR）、檵木+杉木+白栎灌木林（LCQ）、马尾松+柯+檵木针阔混交林（PLL）、柯+红淡比+青冈常绿阔叶林（LAG）作为一个恢复序列,观测研究不同植被恢复阶段植物群落内小气候的动态变化,为揭示亚热带森林植被恢复对小气候环境的调节作用,正确认识森林的调节功能和生态效益,科学评价森林植被恢复与重建效果提供基础性资料。

2.3.1　群落内的空气温度

1. 群落内空气温度的日变化

如图 2.1 所示,不同植被恢复阶段植物群落内气温的日变化呈现出早晚低、日间高的"两低一高"变化趋势，最低气温出现在 4:00～6:00，最高气温出现在 12:00～14:00；
随植被恢复，最低、最高气温出现时间表现出延迟趋势，在 LAG 比在 LVR 晚约 2 小时。
随植被恢复，植物群落内气温日较差明显下降，LVR、LCQ、PLL、LAG 的春、夏、秋、
冬季日较差分别为 8.7～17.7℃、2.5～13.3℃、3.3～12.2℃和 2.9～6.1℃。这表明植被恢
复有利于植物群落内空气温度的稳定。

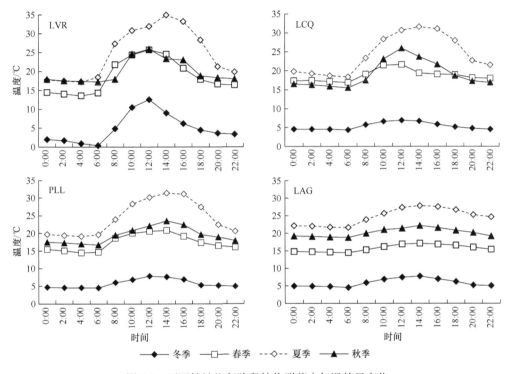

图 2.1　不同植被恢复阶段植物群落内气温的日变化

从图 2.1 还可以看出，LVR 夏季最高气温达 34.9℃，LCQ、PLL 分别下降为 31.6℃
和 31.4℃，LAG 则下降为 27.8℃；LVR 冬季最低气温为 0.4℃，而 LCQ、PLL、LAG
则为 4.4～4.5℃，这表明随植被恢复，群落对最高、最低气温的调节作用增强。

2. 群落内月平均气温的年变化

如图 2.2 所示，不同植被恢复阶段植物群落内月平均气温的年变化表现出相似特征：
1 月最低（LVR、LCQ、PLL、LAG 分别为 4.9℃、5.5℃、5.7℃、5.9℃），2 月迅速升高，
8 月达到最大值（LVR、LCQ、PLL、LAG 依次为 28.5℃、28.4℃、26.7℃、26.4℃），9
月迅速下降，与林外（长沙县黄兴气象站）月平均气温的年变化（图 2.3）基本一致。
LCQ、PLL、LAG 群落内月平均气温最小值分别高于林外（长沙县黄兴气象站月平均气
温最小值为 5.4℃）0.1℃、0.2℃和 0.4℃，LVR、LCQ、PLL、LAG 群落内月平均气温
的最大值比林外滞后 1 个月，且分别低于林外最大值（长沙县黄兴气象站月平均气温最
大值出现在 7 月，达 29.4℃）0.9℃、1.0℃、2.7℃和 3.0℃，表明群落内气温的变化主要
受外界大气候的支配，但随植被恢复，植物群落保温降温效应增强。

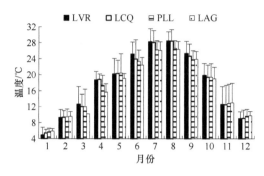

图 2.2　不同植被恢复阶段植物群落内月平均气温的年变化

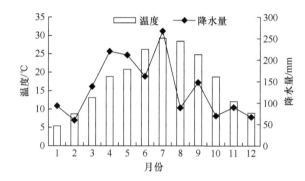

图 2.3　2016 年长沙县黄兴气象站月平均气温和月平均降水量的年变化

LVR、LCQ、PLL、LAG 月平均气温振幅（最高值与最低值之差）分别为 23.6℃、23.0℃、21.0℃、20.5℃（图 2.2），均低于林外的 24℃，表明植被恢复对群落内气温的缓冲作用提高。在 3—9 月生长季，不同植被恢复阶段群落内各月平均温度基本上表现为：LVR 或 LCQ 高于 PLL、LAG，但均低于林外，而从 10 月至翌年 2 月则表现为：LAG、PLL 高于 LVR、LCQ，且基本上高于林外；LVR 月平均气温的平均值最高（17.9℃），LCQ 次之（17.7℃），再次是 PLL（17.3℃），LAG 最低（16.8℃）。用 12 个月平均气温进行 F 检验的结果表明，4 个植被恢复阶段之间差异不显著（$P>0.05$）。LVR、LCQ、PLL、LAG 年平均气温值分别比林外（平均值 18.0℃，图 2.3）下降了 0.1℃、0.3℃、0.7℃、1.2℃。表明随植被恢复，群落春、夏季降温效应和秋、冬季保温效应增强，全年表现为降温作用。

3. 群落内月平均气温极值和气温月较差

4 个植被恢复阶段群落内各月气温最大值的平均值为 LVR＞LCQ＝PLL＞LAG，最小值的平均值恰好相反，最大值平均值间的差异高于最小值平均值间的差异。不同植被恢复阶段群落内气温月较差平均值为 LVR（11.2℃）＞LCQ（10.1℃）＞PLL（9.8℃）＞LAG（7.2℃），而变异系数（CV）的变化则恰好相反（表 2.4）。对 12 个月最大值、最小值、月较差进行单因素方差分析的结果表明，不同植被恢复阶段林内气温最大值、最小值、月较差的差异均达到显著水平（$P<0.05$），其中 LVR 与 PLL、LAG 差异显著（$P<0.05$）。不同植被恢复阶段群落内气温极值出现的时间基本一致，最小极值出现在

11 月，最大极值出现在 7 月，且随植被恢复，最小极值增大，最大极值减小。这表明随植被恢复，群落内月气温波动幅度下降，低温时的保温作用和高温时的降温作用日趋明显，有利于群落内气温的稳定。

表 2.4　4 个植被恢复阶段群落内气温（℃）的最大值、最小值和月较差

恢复阶段		月份												平均值	CV /%
		1	2	3	4	5	6	7	8	9	10	11	12		
LVR	MAX	11.3	11.7	19.8	21.5	28.9	29.6	32.6	31.5	27.3	24.8	19.3	13.9	22.7	33.6
	MIN	3.1	5.4	2.3	14.5	14.0	18.0	22.6	23.6	17.0	11.2	2.0	4.3	11.5	69.0
	MR	8.2	6.3	17.4	7.0	14.9	11.6	10.0	7.9	10.3	13.6	17.3	9.6	11.2	34.2
LCQ	MAX	8.1	12.0	15.0	21.2	26.2	28.6	32.4	31.0	29.1	23.8	20.3	14.4	21.8	36.7
	MIN	4.0	7.3	3.3	15.5	14.0	16.3	22.6	23.5	16.1	11.2	2.7	4.4	11.7	62.9
	MR	4.1	4.7	11.7	5.7	12.3	12.3	9.8	7.5	13.0	12.5	17.6	10.0	10.1	39.5
PLL	MAX	8.7	12.4	18.1	21.3	27.5	29.4	31.0	30.3	27.0	23.9	19.8	12.3	21.8	35.1
	MIN	5.0	7.3	3.4	12.4	14.0	17.5	22.2	23.7	17.7	11.9	2.8	6.0	12.0	60.4
	MR	3.7	5.1	14.8	8.9	13.5	11.9	8.8	6.6	9.3	12.0	17.1	6.3	9.8	41.6
LAG	MAX	6.8	12.1	14.4	18.7	20.4	27.4	30.9	30.2	27.0	23.8	19.8	11.8	20.3	38.7
	MIN	5.1	8.5	6.9	11.1	17.4	20.6	22.2	23.0	18.7	12.5	2.9	7.9	13.1	53.9
	MR	1.7	3.6	7.5	7.6	2.9	6.9	8.7	7.2	8.3	11.4	17.0	3.9	7.2	57.5

注：MAX—最大值；MIN—最小值；MR—月较差；CV—变异系数，后同。

4 个植被恢复阶段群落内各月气温最大值、最小值的年变化（图 2.4）与林外月平均气温的年变化（图 2.3）基本一致，也体现出群落内气温最大值、最小值的变化主要受外界大气候的支配。

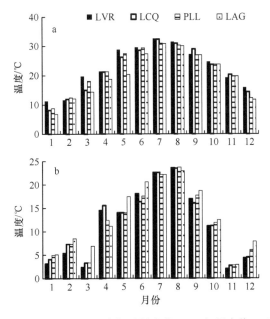

图 2.4　4 个植被恢复阶段群落内气温最大值（a）与最小值（b）的年变化

2.3.2 群落内的空气相对湿度

1. 群落内空气相对湿度的日变化

如图 2.5 所示，不同植被恢复阶段群落内空气相对湿度的日变化呈现早晚高、中午低的"两高一低"变化趋势，从 20:00 开始缓慢上升，6:00 达到最高并接近饱和；之后随日出急速下降，最低值出现在 12:00～16:00，与群落内气温最高值出现时间（图 2.1）基本吻合；之后随气温降低，相对湿度开始上升，直到 20:00 左右再次进入缓慢平稳上升阶段。随植被恢复，最低相对湿度出现时间表现出延迟趋势，LAG 比 LVR 晚 2 小时。随植被恢复，群落内空气相对湿度日较差明显下降，LVR、LCQ、PLL、LAG 的春、夏、秋、冬季日较差分别为 21.67%～33.3%、19.3%～23.5%、10.0%～14.9%和 5.0%～8.9%，白天（8:00～18:00）差值大于夜间。这表明植被恢复有利于群落内空气相对湿度的稳定。

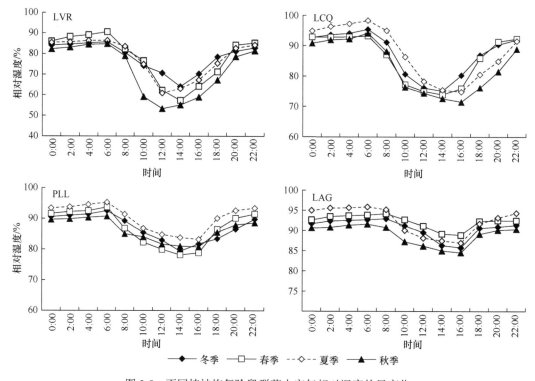

图 2.5　不同植被恢复阶段群落内空气相对湿度的日变化

从图 2.5 还可以看出，秋季群落内空气相对湿度相对较低，LVR 秋季最低空气相对湿度仅为 53.3%，LCQ、PLL、LAG 分别为 71.5%、80.8%和 84.6%，表明随植被恢复，群落的保湿作用增强。

2. 群落内月平均空气相对湿度的年变化

从图 2.6 可以看出，LVR、LCQ、PLL、LAG 月平均空气相对湿度的年变化基本一致，最小值出现在 2 月，分别为 75.2%、82.7%、86.2% 和 88.0%，最大值出现在 11 月，分别为 81.5%、88.4%、91.6% 和 92.9%，最大值与最小值之差分别为 6.6%、5.7%、5.4%、4.9%。LCQ、PLL 和 LAG 各月平均空气相对湿度均在 80% 以上，而 LVR 全年有 8 个月的月平均空气相对湿度低于 80%。这表明随植被恢复，月平均空气相对湿度波动幅度下降。LVR、LCQ、PLL、LAG 空气相对湿度年平均值分别为 78.8%、85.6%、88.3%、90.9%，且各月平均空气相对湿度均表现为 LAG＞PLL＞LCQ＞LVR。用 12 个月的月平均空气相对湿度作 F 检验和多重比较（LSD）检验的结果表明，同一植被恢复阶段各月平均空气相对湿度的变化不显著（P＞0.05），但 4 个植被恢复阶段两两之间的差异达到极显著水平（P＜0.01）。这表明随植被恢复，群落内各月平均空气相对湿度明显提高，全年表现为增湿作用。

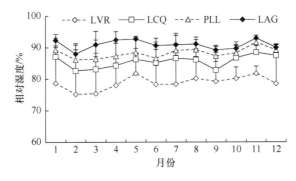

图 2.6　4 个植被恢复阶段群落内月平均空气相对湿度的年变化

根据伊万诺夫湿润度分级标准（欧阳学军等，2003），除 LVR 的 2 月、8 月和 10 月湿润度小于 1.0，为半湿润外，4 个植被恢复阶段的年平均干湿状况均为湿润状态，且同一个月份群落内湿润度和年平均湿润度均随植被恢复而升高（表 2.5），表明植被恢复对群落内增湿作用明显。一年内，8～10 月群落内湿润度均比较低，表明研究区秋季高温少雨，导致群落内湿润度偏低。

表 2.5　4 个植被恢复阶段群落内伊万诺夫湿润度和干湿状况

恢复阶段		月份												平均值
		1	2	3	4	5	6	7	8	9	10	11	12	
LVR	MD	2.83	0.89	2.25	2.85	3.15	1.66	2.39	0.86	1.50	0.81	2.88	1.49	1.96
	HC	M	SM	M	M	M	M	M	SM	M	SM	M	M	M
LCQ	MD	4.73	1.48	2.33	3.73	4.40	2.54	3.93	1.27	1.94	1.49	3.06	2.54	2.79
	HC	M	M	M	M	M	M	M	M	M	M	M	M	M
PLL	MD	5.69	1.66	4.13	5.37	5.05	2.77	5.17	1.71	2.71	1.69	4.18	2.88	3.59
	HC	M	M	M	M	M	M	M	M	M	M	M	M	M
LAG	MD	8.08	2.52	6.88	9.74	8.24	3.92	6.21	2.10	3.18	1.90	4.09	3.06	4.99
	HC	M	M	M	M	M	M	M	M	M	M	M	M	M

注：MD—湿润度；HC—干湿状况；M—湿润；SM—半湿润。

3. 群落内空气相对湿度极值和月较差

4 个植被恢复阶段群落内各月空气相对湿度最大值、最小值的平均值均表现为 LAG >PLL>LCQ>LVR，最小值的差异比最大值的差异更大，LAG 月较差平均值为 7.3%，明显低于 PLL（12.6%）、LCQ（17.0%）和 LVR（27.3%）（表 2.6）。单因素方差分析结果表明，不同植被恢复阶段间最大值、最小值、月较差差异显著（$P<0.05$），其中 LVR 与 PLL、LAG 差异显著（$P<0.05$）。这表明随植被恢复，群落内增湿、保湿作用增强。LVR、LCQ 空气相对湿度最小极值（分别为 40.5% 和 70.5%）出现在 2 月份，而 PLL 和 LAG 在该月最小值分别维持在 82.0% 和 84.6%，PLL 和 LAG 最小极值分别出现 6 月（74.3%）和 3 月（83.4%），而 LVR、LCQ 在该月最小值分别为 70.5% 和 78.0%。这表明植被恢复有利于群落内空气相对湿度的稳定。

表 2.6　4 个植被恢复阶段群落内空气相对湿度（%）的最大值、最小值和月较差

恢复阶段		月份												平均值	CV/%
		1	2	3	4	5	6	7	8	9	10	11	12		
LVR	MAX	90.0	89.7	91.6	90.5	92.6	90.6	92.7	91.9	91.0	87.1	86.9	88.9	90.3	2.1
	MIN	49.2	40.5	52.4	65.2	62.5	70.5	63.6	70.4	71.4	73.8	77.6	59.0	63.0	17.5
	MR	40.7	49.3	39.3	25.3	30.1	20.1	29.1	21.5	19.6	13.4	9.3	29.9	27.3	42.7
LCQ	MAX	91.8	92.7	92.2	95.0	93.2	91.1	93.4	92.9	90.8	91.6	92.7	92.6	92.5	1.2
	MIN	75.1	70.5	74.4	72.3	72.5	78.0	75.0	80.6	72.0	73.8	80.6	81.0	75.5	4.9
	MR	16.7	22.3	17.8	22.7	20.7	13.1	18.4	12.3	18.8	17.9	12.1	11.6	17.0	23.2
PLL	MAX	93.4	92.3	94.1	95.0	93.8	93.5	95.4	93.1	93.9	94.9	94.1	93.3	93.9	1.0
	MIN	81.8	82.0	76.1	79.9	80.2	74.3	77.7	82.5	81.5	85.2	89.0	86.0	81.4	5.1
	MR	11.6	10.3	18.0	15.4	13.5	19.2	17.8	10.6	12.4	9.7	5.1	7.3	12.6	34.8
LAG	MAX	93.8	92.4	95.6	96.7	93.6	93.9	95.3	94.8	93.7	93.5	94.7	93.9	94.3	1.2
	MIN	87.8	84.6	83.4	87.7	91.2	85.0	85.1	87.8	86.9	85.9	89.7	88.6	87.0	2.6
	MR	6.0	7.8	12.2	9.0	2.4	8.8	10.2	7.0	6.8	7.7	5.0	5.3	7.3	35.2

从图 2.7 可以看出，4 个植被恢复阶段群落内各月空气相对湿度最大值、最小值的年变化与月平均空气相对湿度的年变化（图 2.6）基本一致。

2.3.3　群落内浅层土壤温度

1. 浅层土壤温度的日变化

如图 2.8 所示，4 个植被恢复阶段浅层土壤温度日变化呈现为不同相位的正弦曲线或近似轴对称的"S"形曲线，植被恢复过程中，春、夏、秋、冬季浅层土壤温度日较差表现为 LVR（1.4～4.8℃）>LCQ（1.1～4.0℃）>PLL（1.0～2.4℃）>LAG（0.7～1.3℃），且均表现夏季日较差最大，冬季日较差最小。植被恢复过程中，白天（6:00～18:00）土壤温差大于夜间，最低土壤温度出现在早上 8:00～10:00，最高土壤温度出现在 14:00～16:00。随植被恢复，最高、最低土壤温度出现时间表现出延迟效应。此外，LVR 夏季

最高土壤温度为 31.9℃，LCQ、PLL 分别下降为 30.7℃和 28.7℃，LAG 则下降为 27.2℃；LVR 冬季最低土壤温度为 7.2℃，而 LCQ、PLL、LAG 则分别为 8.7℃、9.2℃和 9.8℃，表明随植被恢复，群落对最高、最低土壤温度的调节作用增强。

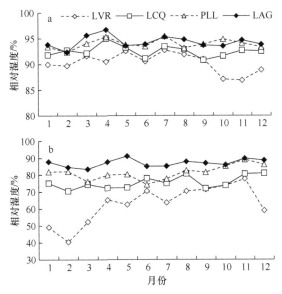

图 2.7　4 个植被恢复阶段群落内空气相对湿度最大值（a）与最小值（b）的年变化

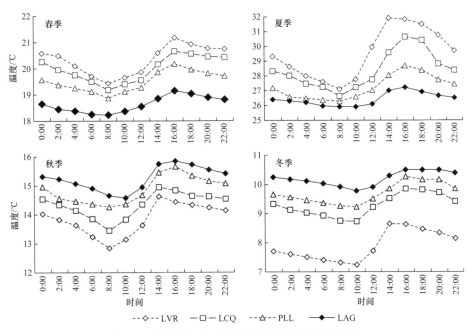

图 2.8　不同植被恢复阶段浅层土壤温度的日变化

2. 浅层土壤温度的年变化

从图 2.9 可以看出，4 个植物群落浅层土壤月平均温度的年变化呈现出相似的变化特征，与群落内平均气温的年变化基本一致：1 月最低（LVR、LCQ、PLL、LAG 分别为 8.1℃、10.4℃、10.6℃、10.7℃），2 月迅速升高，8 月达到最大值（LVR、LCQ、PLL、LAG 依次为 28.5℃、28.1℃、27.3℃、26.6℃），9 月迅速下降。这表明林地浅层土壤温度的年变化也受外界大气候的支配，表现出夏季降温和冬季保温的作用，且随植被恢复，保温降温效应逐渐增强。

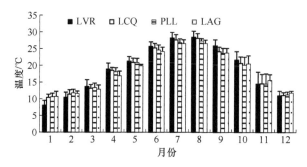

图 2.9　不同植被恢复阶段土壤月平均温度的年变化

用 12 个月浅层土壤平均温度进行 F 检验的结果表明，4 个植被恢复阶段浅层土壤月平均温度差异未达到显著水平（$P > 0.05$），但从 LVR、LCQ、PLL 到 LAG 浅层土壤月平均温度振幅（最高值与最低值之差）呈下降趋势（温度振幅分别为 20.4℃、17.7℃、16.7℃、15.9℃）。在 3～10 月生长季，浅层土壤平均温度基本上表现为 LVR＞LCQ＞PLL＞LAG，而在非生长季（11 月到翌年 2 月），则表现为 LAG＞LVR＞LCQ＞PLL。浅层土壤温度年平均值 LVR 最高（19.0℃），LCQ 次之（18.7℃），LAG 最低（18.4℃）（图 2.9）。这表明植被恢复对浅层土壤温度的缓冲作用增强，且随植被恢复，植物群落春夏季的降温作用和秋冬季的保温作用逐渐增强，全年表现为降温作用。

3. 林地浅层土壤温度极值和月较差

4 个植被恢复阶段浅层土壤月平均温度最大值的平均值为 LVR＞LCQ＞PLL＞LAG，最小值的平均值恰好相反，且最大值平均值间的差异高于最小值平均值间的差异。4 个植物群落浅层土壤温度月较差平均值排序为 LVR（6.6℃）＞LCQ（5.3℃）＞PLL（5.1℃）＞LAG（4.1℃），而变异系数的变化则恰好相反（表 2.7）。对 12 个月最大值、最小值、月较差进行单因素方差分析的结果表明，不同植被恢复阶段浅层土壤温度最大值、最小值、月较差的差异均达到显著水平（$P < 0.05$），其中 LVR 与 PLL、LAG 差异显著（$P < 0.05$）。不同植被恢复阶段浅层土壤温度极值出现的时间一致，最小极值出现在 1 月，最大极值出现在 8 月，且随植被恢复，最小极值增大，最大极值下降。这表明随植被恢复，浅层土壤温度波动幅度下降，低温时的保温作用和高温时的降温作用日趋明显，有利于土壤温度的稳定。此外，4 个植被恢复阶段浅层土壤温度月最大值、最小值的年变化（表 2.7）与群落内气温月最大值、最小值的年变化（图 2.2）基本一致，体现出其主要受外界大气候的支配。

表 2.7　4 个植被恢复阶段林地浅层土壤温度（℃）的最大值、最小值和月较差

恢复阶段		月份												平均值	CV/%
		1	2	3	4	5	6	7	8	9	10	11	12		
LVR	MAX	10.5	13.3	17.2	21.9	24.4	27.8	30.6	31.6	28.2	24.9	18.7	13.4	21.9	32.9
	MIN	5.0	8.9	9.9	16.1	18.9	22.3	25.2	25.2	20.1	15.4	8.7	7.2	15.2	47.2
	MR	5.5	4.4	7.3	5.8	5.4	5.5	5.3	6.4	8.1	9.5	10.0	6.3	6.6	26.4
LCQ	MAX	11.9	13.3	14.6	20.3	24.1	27.7	29.9	30.9	26.8	23.4	18.2	12.6	21.1	32.9
	MIN	8.3	9.2	9.9	16.2	17.9	22.7	24.2	25.8	20.3	15.6	9.7	9.9	15.8	40.5
	MR	3.6	4.1	4.7	4.1	6.1	5.0	5.7	5.1	6.5	7.7	8.5	2.7	5.3	31.6
PLL	MAX	14.0	13.6	15.6	20.6	23.3	27.5	28.5	29.0	25.7	23.2	18.4	12.5	21.0	29.0
	MIN	9.1	10.5	10.7	16.4	18.9	21.3	24.6	26.3	19.6	15.1	9.3	9.2	15.9	39.1
	MR	4.9	3.1	4.9	4.3	4.4	6.2	3.9	2.7	6.1	8.1	9.1	3.3	5.1	39.1
LAG	MAX	13.7	12.8	15.0	19.1	20.4	26.3	28.4	28.7	25.5	23.0	17.9	12.9	20.3	29.6
	MIN	9.0	10.7	10.9	14.0	19.3	21.8	24.4	25.0	20.6	15.1	12.7	10.9	16.2	35.4
	MR	4.7	2.2	4.1	5.1	1.1	4.5	4.0	3.7	4.9	7.9	5.2	1.9	4.1	43.8

2.3.4　群落内浅层土壤湿度

如图 2.10 所示，4 个植被恢复阶段浅层土壤月平均湿度的年变化基本一致，除 2 月、8 月、10 月较低外，其他月份较高，与当地林外月平均降水量的年变化（图 2.3）基本一致。4 个植被恢复阶段浅层土壤月平均湿度最小值分别为 16.6%、18.4%、18.9% 和 18.7%，LVR、LCQ 的最小值出现在 10 月，而 PLL、LAG 的则出现在 2 月；最大值分别为 18.0%、19.2%、19.6% 和 19.3%，均出现在 7 月；其月平均湿度变化幅度（最大值与最小值之差）分别为 1.39%、0.80%、0.69%、0.55%。LVR、LCQ、PLL、LAG 浅层土壤月平均湿度的年平均值分别为 17.3%、18.8%、19.3%、19.0%，且各月平均湿度总体上表现为 PLL＞LAG＞LCQ＞LVR。用 12 个月的月平均湿度作 F 检验和多重比较（LSD）检验的结果表明，4 个植被的月恢复阶段间的差异达到显著水平（$P＜0.05$），其中 LVR 与 LCQ、PLL、LAG，LCQ 与 PLL 的差异显著（$P＜0.05$）。这表明林地土壤湿度与当地大气候密切相关，但随植被恢复，浅层土壤保水能力增强，且稳定性增大。

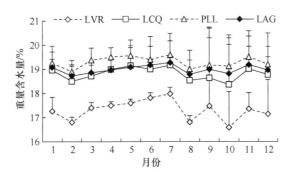

图 2.10　不同植被恢复阶段浅层土壤月平均湿度的年变化

2.3.5 群落内气温与空气相对湿度的相关性

用 4 个季节的日变化数据分析群落内气温与空气相对湿度之间的相关性,结果(图 2.11)表明,两者之间存在极显著的负相关关系($r = 0.40$,$P < 0.01$)。这表明随群落内气温升高,群落内空气相对湿度显著下降。

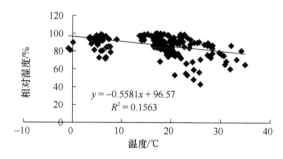

图 2.11　群落内气温与空气相对湿度的相关关系($n = 192$)

2.3.6 小气候因子与植被恢复阶段的相关性

对所测定的 4 个不同植被恢复阶段小气候因子与恢复阶段年限的数据进行回归分析,结果(表 2.8)表明,群落内气温(y)与恢复年限(x)存在极显著线性负相关关系($P < 0.01$);空气相对湿度(y)与恢复年限(x)呈极显著指数正相关关系($P < 0.01$);浅层土壤温度(y)、湿度(y)与恢复年限(x)分别呈极显著($P < 0.01$)和显著($P < 0.05$)负相关关系。

表 2.8　群落内气温、空气相对湿度和浅层土壤温度、湿度与恢复阶段(年限)的拟合方程及显著性分析

指标	拟合方程	相关系数(r)	P	指标	拟合方程	相关系数(r)	P
气温	$y = -79.34x + 1416.7$	0.99	0.006	浅层土壤温度	$y = 4E+47e^{-5.70x}$	0.99	0.009
空气相对湿度	$y = 4E-09e^{0.26x}$	0.96	0.008	浅层土壤湿度	$y = 6E+11e^{-1.38x}$	0.98	0.015

2.3.7 讨论

1. 植被恢复对群落内空气温度的影响

研究表明,影响同一地区林内小气候的主要因素有太阳辐射量(Holst et al.,2004)和植被特征(植物群落组成结构、植物总盖度、植物叶片对太阳辐射的吸收和反射作用、植物蒸腾作用)(Kovács et al.,2017)等。本研究中,不同植被恢复阶段群落内气温的日变化趋势(图 2.1),与欧阳旭等(2014)、王丽红等(2021)的研究结果基本一致,与一天中太阳辐射强度的变化有关,早晚太阳辐射强度小,而日间则数倍于早晚。而随植被恢复,植物总盖度提高(表 2.1),遮挡阳光、防风、降温保温能力也增强,林内空气热量交换减弱,植物总盖度最高、层次结构更加复杂的 LAG 保温降温效果最强,PLL

与 LCQ 次之，而 LVR 植物总盖度最低，保温降温能力最弱。因而同一季节，LVR 林内日较差最大，LCQ 与 PLL 次之，LAG 最小，与陈进等（2019）、王丽红等（2021）的研究结果基本一致。

本研究中，月平均气温的年变化与林外基本一致，呈单峰型，但夏季林内气温低于林外，冬季却高于林外，且月平均气温的最高值比林外滞后 1 个月。气温受太阳辐射强度影响最大，北半球亚热带每年夏季 7、8 月太阳辐射强度远大于其他月份，冬春季不仅日照时间短且太阳辐射强度较小，因此林内月平均气温的年变化随大气候变化呈单峰型（吕婷婷和贾黎明，2021）。夏季太阳辐射最强，林内外气温达到最大值，但由于林内植被的遮挡、防风作用能有效减缓林内与林外空气热量的交换速度，而且随植被恢复，植被的遮挡、防风作用增强，总盖度最高的 LAG 林内受太阳辐射影响最小，因此太阳辐射最强时段，林内气温低于林外，特别是 LAG。而在低温季节，由于林内外气体交换差异，林内空气降温速度慢于林外，因而林内气温最低时，林内气温略高于林外（吕婷婷和贾黎明，2021）。此外，可能是由于该地区当年 7 月降水量显著多于 8 月（图 2.3），林冠层及林内土壤对雨水截留效应显著高于林外，因此林内相对湿度较高于林外，林内蒸发和蒸腾作用可降低林内空气升温速度，使林内气温低于林外，导致林内 7 月平均气温低于 8 月。

本研究中，不同植被恢复阶段林内气温最大值和最小值均未发生在同一天，且最小值都没有发生在林外气温最低的 1 月份，可能与天气、植被类型、小地形有关（欧阳学军等，2003）。随植被恢复，郁闭度增加，林内外气体热量交换速率下降，日间最大值下降，致使最大值的平均值也下降。同样，随植被恢复，减缓林内空气降温速度，森林保温作用增强，最小值递增，致使最小值的平均值增大。因此随植被恢复，林内气温月较差的平均值亦下降。这表明随植被恢复，林内保温防寒、降温防暑等作用增强，日较差、月较差下降，不仅有利于土壤微生物生长繁殖，促进土壤有机质的分解，而且为植物生长发育提供稳定的环境，促进了植被恢复。由此可见，温度环境随植被恢复朝着更有利于植物生长和恢复演替的方向发展。

2. 植被恢复对群落内空气相对湿度的影响

森林内部的干湿状况是林内小气候的一个特征状态，其干燥与湿润的状况可用相对湿度、湿润度、湿润指数、相对蒸散系数和降水日数等指标表示（欧阳学军等，2003）。在相同条件下，空气相对湿度与气温变化成反比，日间随气温升高，空气相对湿度降低，因而林内空气相对湿度日变化呈"U"形变化趋势，与俞国松等（2011）、王丽红等（2021）的研究结果基本一致。随植被恢复，郁闭度增加，植物蒸腾作用增强，林内风速小，与林外湍流交换弱，加上林冠的阻挡，使林内潮湿空气不易散失，从而使林内保湿和增湿能力增强（俞国松等，2011）。因此，同一季节内，林内空气相对湿度表现为 LAG＞PLL＞LCQ＞LVR，而日较差表现为 LVR＞LCQ＞PLL＞LAG，与俞国松等（2011）、王丽红等（2021）的研究结果基本一致。

空气相对湿度高低及其变幅大小受诸多因素影响，如光辐射、气温、林冠郁闭度、林分结构、天气状况和风力等（蓝芙宁等，2004）。本研究中，4 个植被恢复阶段林内月平均空气相对湿度均为春、夏季较大，冬季相对较小，与郝帅等（2007）、欧阳旭等（2014）的研究结果基本一致。可能是由于研究区内春、夏季降水量较大，在 3～9 月集中了全年 76.5% 的降水量（图 2.2），同时春夏季节气温较高，系统蒸散力和植被蒸腾作用增强；而且，由于植物在生长季（春夏季）的蒸腾作用和林冠对气流交换的阻挡效果优于秋冬两季，夏春季林内空气相对湿度高于秋冬季节（李惠宝和史玉虎，1999）。此外，由于 LAG 林冠郁闭度大，对雨水的截留、系统蒸散力和植被蒸腾作用均达到最大值，导致 4 个植被恢复阶段春夏季林内相对湿度的差异明显大于秋冬季。

本研究中，不同植被恢复阶段群落内月平均相对湿度最小值出现在 2 月，可能是由于当年 2 月降水量最小（图 2.2），但 PLL 和 LAG 群落内相对湿度变化不大，体现了森林的增湿作用（孙金伟等，2011）。随植被恢复，林冠层郁闭度提高，对地面完全或不完全遮盖，且林内与林外气体交换受抑制增强，导致林内蒸散水汽能较长时间保留在林内不向外散发，从而保持较高的湿度（李惠宝和史玉虎，1999），使得相对湿度最大值与最小值的平均值均表现为 LAG＞PLL＞LCQ＞LVR。这表明随植被恢复，林内增湿作用增强，但 4 个植被恢复阶段最小值之间的差异高于最大值，表明森林调节空气相对湿度功能主要体现在提高最低相对湿度上（庄家尧等，2019）。本研究中，不同植被恢复阶段林内相对湿度月较差的差异明显，可能是由于空气相对湿度受天气状况影响较大，降雨天时 4 个植被恢复阶段林内空气相对湿度接近饱和，晴天时温度升高，空气相对湿度下降，LVR、LCQ 植被总盖度较低，林内气温快速升高，林内空气相对湿度明显下降，月较差较大；而随植被恢复，PLL、LAG 植被总盖度高，林内气温升高缓慢，林内相对湿度保持稳定，月较差较小，因此随植被恢复，林内空气相对湿度月较差降低。这表明随植被恢复，林内调节空气相对湿度的能力增强。

3. 植被恢复对群落内浅层土壤温度的影响

土壤温度是地表主要物理参数之一，其时间动态变化受到大气温度、降水、土壤环境因子（含水量、导热率、热容量、热扩散率）等的影响。土壤温度的日变化通常可利用正弦或余弦函数描述（邵明安等，2006）。本研究中，不同植被恢复阶段浅层土壤温度的日变化呈正弦曲线，最大值、最小值出现的时间（图 2.8）与欧阳旭等（2014）的研究结果一致。随植被恢复，浅层土壤温度日较差逐渐下降（图 2.8），与付为国等（2006）、屈振江等（2015）的研究结果一致。本研究中，LVR 在生长季（3～10 月）的土壤月平均温度高于恢复中后期的 LCQ、PLL 和 LAG，而非生长季（11 月至翌年 2 月）的却低于 LCQ、PLL 和 LAG，且随植被恢复，浅层土壤温度的年变化幅度下降，趋于更加稳定（图 2.9）。这是由于植被恢复早期灌草群落（LVR）地表上没有林木遮蔽，且枯枝落叶少，植被恢复中后期的灌木林（LCQ）、马尾松针阔混交林（PLL）和常绿阔叶林（LAG），群落组成树种增多（表 1.1），林冠层对太阳辐射的遮挡作用不断增强，地表凋落物层现存量增大（图 2.16），减少地面吸收的太阳辐射，降低地表温度并减缓下垫面向大气放热过程。此外，随植被恢复，土壤有机质（或有机碳）含量增大（图 5.2），土壤水分含量增大（图 2.10），热容量和导热率大，吸收的热量易向下层传递，失去的热量又易补充（俞国松等，2011）。这不仅为植物生长提供稳定的环境，还有利于土壤微生物繁殖，促进了凋落物和土壤有机质分解，以及植物种子的存活和萌发，表明随植被恢复，浅层土壤温度向着更有利于植物生长及演替的方向发展。

4. 植被恢复对群落内浅层土壤湿度的影响

本研究中，随植被恢复，群落内浅层土壤月平均湿度的年平均值增加，且年变化幅度下降，土壤湿度趋于更为稳定。究其原因可能是随植被恢复，植被覆盖度增大，群落内层次分化增多，林冠遮挡太阳辐射作用增强，林地土壤温度降低，土壤水分蒸发速度减慢，且群落内热辐射散射受阻，潮湿空气散发较慢，空气相对湿度增大（图 2.6），从而形成较高的土壤水分含量，而比较稳定的生态环境，有利于土壤养分矿化分解，促进了植被恢复。

2.4　不同植被恢复阶段凋落物及其养分特征

随植被恢复，群落树种增多，阔叶树比例增大，凋落物的数量和质量发生改变；另一方面，群落垂直结构趋于复杂，立地微生境显著改善，凋落物分解速率也随之改变，从而形成不同的凋落物层（马文济等，2014）。尽管目前有关凋落物产量、组成、动态变化及其分解的研究已有很多报道（唐仕姗等，2014；Portillo-Estrada et al.，2016；García-Palacios et al.，2016），但是已有研究植被类型单一，植被恢复演替序列不完整，不能完整地反映亚热带地区不同植被恢复阶段的凋落物动态。此外，凋落物层的研究对保护该地区生物多样性和提升森林生态系统功能，促进森林植被恢复至关重要，但对地表凋落物层现存量（李兵等，2017；邓秀秀等，2017）、养分动态及其与各生态因子（Zhang & Wang，2015；赵畅等，2018）相关性的研究报道仍少见，特别是随植被恢复演替，凋落物量及其在地表形成的凋落物层现存量和养分动态的研究报道更为少见（Sardans et al.，2012；马文济等，2014；喻林华等，2016）。因而随植被恢复，凋落物量和地表凋落物层现存量、构成比例及其养分含量、储量如何演变，它们的变化格局是否一致，生态系统物质循环过程是否逐渐优化等问题仍不十分明确。为此，本节以湘中丘陵区的檵木+南烛+杜鹃灌草丛（LVR）、檵木+杉木+白栎灌木林（LCQ）、马尾松+柯+檵木针阔混交林（PLL）、柯+红淡比+青冈常绿阔叶林（LAG）作为一个恢复序列，研究凋落物量、组成及其年动态的变化，凋落物的分解速率，以及凋落物层现存量、主要养分元素动态特征及其与群落植物多样性的关系，揭示亚热带森林植被恢复过程中，凋落物量、组成及其动态的变化模式，凋落物层现存量及其养分元素储存能力的演变，可以为深入研究亚热带森林生态系统物质循环、能量转换规律提供理论依据，对科学认识亚热带森林植被恢复的驱动机制和管理林地土壤肥力具有重要意义。

2.4.1　年凋落物量及其组成

如图 2.12 所示，随植被恢复，年凋落物量增加，LAG［6.71 t/（hm²·a）］是 LVR［2.32 t/（hm²·a）］的 2.89 倍，且 LVR 与 LCQ 之间，LVR、LCQ 与 PLL、LAG

之间差异显著（$P<0.05$），但 PLL 与 LAG 间差异不显著（$P>0.05$）。从 LVR 到 LCQ、PLL、LAG，年凋落物量分别增加了 112.07%、182.61%、189.22%，这表明植被恢复对年凋落物量影响显著。

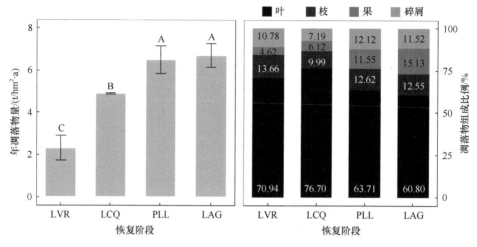

图 2.12　不同植被恢复阶段年凋落物量及其组成比例（$n=4$）

图中不同大写字母代表不同植被恢复阶段之间差异显著（$P<0.05$）

随植被恢复，果凋落量占年凋落物量的比例逐渐递增，从 LVR 到 LAG 提高了 324.38%；碎屑凋落量的比例总体上呈上升趋势，从 LVR 到 LAG 提高了 6.9%；叶、枝凋落量的比例总体上呈下降趋势，从 LVR 到 LAG 分别下降了 14.3%、8.1%（图 2.12）。不同植被恢复阶段，均以叶凋落量占年凋落物量的比例最大，达 60% 以上，其中 LCQ 最高（76.7%），LAG 最低（60.8%）；枝凋落量占年凋落物量的 9% 以上，其中 LVR 最高（13.7%）、LCQ 最低（10.0%）；除 LAG 外，其他 3 个阶段果凋落量的比例最小，占年凋落物量的 4.6%～11.6%；碎屑凋落量占年凋落物量的 7.2%～12.1%（图 2.12）。

2.4.2　凋落物量的年变化

不同植被恢复阶段凋落物量均呈现出明显的年变化特征，LVR 呈双峰模式，峰值出现在 5 月、10～11 月，且 10～11 月峰值高于 5 月；而 LCQ、PLL、LAG 则为不规则模式，出现 3 个峰值，均出现在 5 月、8 月、11 月，且均以 8 月峰值最高。4 个植被恢复阶段中，PLL 凋落物量的年变化幅度最大，变动系数达 52.94%，而 LAG 月变化幅度最小，变动系数为 33.77%（图 2.13）。

2.4.3　凋落物的分解

1. 凋落物的分解速率

不同植被恢复阶段凋落物分解 1 年后，累计质量损失 20% 以上，其中 LCQ 最高（33.8%），其次为 LAG（30.3%）、PLL（28.4%），最低是 LVR（20.0%）（图 2.14）。4 个

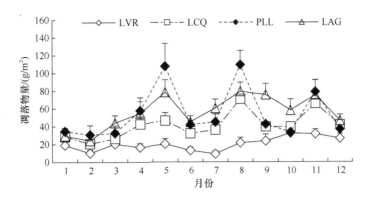

图 2.13　不同植被恢复阶段凋落物量的年变化

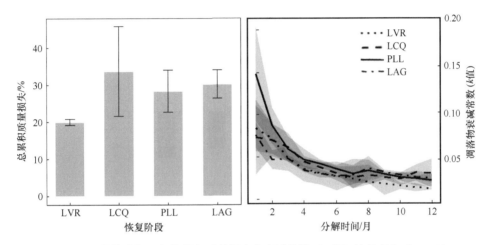

图 2.14　凋落物分解 1 年总累积质量损失和衰减常数（k 值）的月变化（$n = 12$）

植物群落凋落物分解速率随分解时间的变化基本一致，即凋落物衰减常数在分解初期（第 1～4 个月）较高且下降快，随后下降减缓并趋于平稳（图 2.14）。这表明不同植被恢复阶段凋落物分解速率具有分解初期较高、中后期降低并趋于平稳的阶段性特征。

同一分解时间，PLL 凋落物分解速率在初中期（第 1～7 个月）高于其他 3 个植被恢复阶段，在中后期 LAG（第 8～10 个月）和 LCQ（第 11～12 个月）凋落物分解速率最高，整个分解过程 LVR 凋落物分解速率最低（图 2.14）。

根据 Olson 模型建立指数回归方程，结果（表 2.9）显示，4 个植被恢复阶段凋落物年分解系数为 0.01～0.03。LVR 分解最慢，分解 50% 所需时间为 4.81 年，分解 95% 所需时间为 23.99 年；LCQ、LAG 分解较快且分解速率相近，分解 50% 所需时间分别为

表 2.9　不同植被恢复阶段凋落物分解残留率（y）与分解时间（t）的指数回归方程（$n = 148$）

恢复阶段	回归方程	调整决定系数（R^2）	年分解系数	分解 50% 所需时间/a	分解 95% 所需时间/a	P
LVR	$y = 0.89e^{-0.01t}$	0.81	0.01	4.81	23.99	<0.001
LCQ	$y = 0.93e^{-0.03t}$	0.91	0.03	1.72	8.12	<0.001
PLL	$y = 0.88e^{-0.02t}$	0.97	0.02	2.36	11.95	<0.001
LAG	$y = 0.95e^{-0.03t}$	0.95	0.03	1.78	8.18	<0.001

注：P 代表显著性水平（$P < 0.05$）。

1.72 年和 1.78 年，分解 95%所需时间分别为 8.12 年和 8.18 年；PLL 分解速率高于 LVR，低于 LCQ 和 LAG，分解 50%所需时间为 2.36 年，分解 95%所需时间为 11.95 年。

2. 凋落物分解速率对凋落物初始化学组成的响应

多组比较结果显示（图 2.15），凋落物初始 C 含量直接显著正向影响累积质量损失（$P<0.01$），而凋落物初始 N 含量对其无显著影响（$P>0.05$），凋落物初始 P 含量直接显著负向影响凋落物累积质量损失（$P<0.01$）；凋落物初始 C/N、C/P、N/P 对凋落物累积质量损失均呈显著直接效应（$P<0.01$），其中凋落物初始 C/P 为正向影响，初始 C/N、N/P 为负向影响。凋落物初始 N/P、C/P 的直接和间接影响最大，其后依次为初始 C/N、P 含量、C 含量、N 含量。

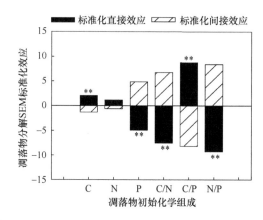

图 2.15　评估凋落物初始 C、N、P 含量及其化学计量比（C/N、C/P、N/P）对凋落物累积质量损失影响的结构方程模型（SEM）多组比较的标准化直接和间接效应（$n=4$）
图中*表示驱动因素对凋落物分解各参数的直接影响显著（**表示 $P<0.01$）

2.4.4　凋落物层现存量及其分布特征

如图 2.16 所示，凋落物层现存量随着植被恢复而增加，LAG 最高，是最低（LVR）的 4.97 倍，且 LVR 与 LCQ、PLL、LAG 差异显著（$P<0.05$），但 LCQ、PLL、LAG 之间差异不显著（$P>0.05$）。

不同植被恢复阶段凋落物层分层明显，均具有 U 层、S 层和 D 层，同一分解层凋落物现存量总体上也随着植被恢复而增大。其中在 U 层，PLL 最高，LVR 最低，且 LVR 与 LCQ、PLL、LAG 之间，LCQ 与 PLL 之间差异显著（$P<0.05$）；在 S 层和 D 层，LAG 最高，LVR 最低，且 LVR 与 LCQ、PLL、LAG 差异显著（$P<0.05$）。同一植被恢复阶段不同分解层凋落物现存量均表现为 D 层>S 层>U 层，不同分解层之间的差异总体上随着植被恢复而增大，其中，LVR 不同分解层之间差异不显著（$P>0.05$），LCQ 的 U 层、S 层与 D 层差异显著（$P<0.05$），PLL 的 U 层与 D 层差异显著（$P<0.05$），LAG 不同分解层两两之间差异显著（$P<0.05$）。U 层凋落物现存量占凋落物层现存量的百分比最低，为 20.19%~27.30%，其次为 S 层（27.67%~31.11%），而 D 层最高（41.59%~

51.02%)。这表明近 70%凋落物处于半分解和已分解状态，有 40%以上已被分解为腐殖质（图 2.16）。

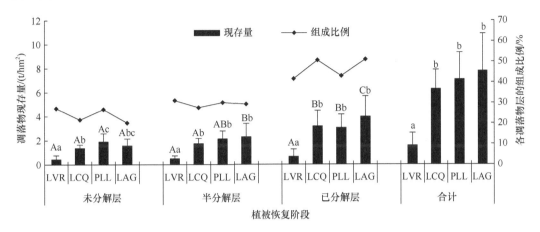

图 2.16　凋落物层现存量及其分布

图中不同大写字母表示同一植被恢复阶段不同分解层之间的差异显著（$P<0.05$），不同小写字母表示不同植被恢复阶段之间差异显著（$P<0.05$）。后同

如图 2.17 所示，不同植被恢复阶段凋落物分解率为 0.44～0.61，周转期为 1.65～2.28 年。其中，LVR 凋落物分解率最高（0.61），周转期最短（1.65 年），其次是 PLL 和 LAG，而 LCQ 凋落物分解率最低，周转期最长。LCQ 凋落物的积累量最高（1.38 t/hm²），其次是 LAG（1.09 t/hm²），LVR 最低（−0.86 t/hm²）。

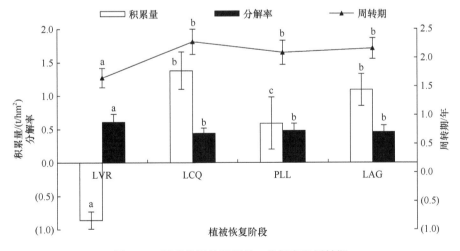

图 2.17　凋落物层的积累量、分解率和周转期

2.4.5　凋落物层现存量的季节变化

不同植被恢复阶段凋落物层现存量季节变化模式基本一致，最大值出现在春季，最小值出现在秋季，其中，LAG 波动幅度最大，LVR 波动幅度最小（图 2.18）。同一季节，LVR 与 LCQ、PLL、LAG 差异显著（$P<0.05$），LCQ、PLL、LAG（除夏季外）两两之

间差异不显著（$P>0.05$）。同一季节不同植被恢复阶段凋落物层现存量不完全符合随植被恢复而增加的规律（图2.18）。

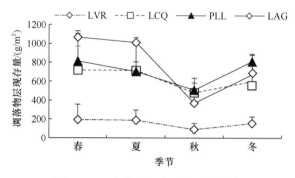

图2.18　凋落物层现存量的季节变化

同一植被恢复阶段不同分解层凋落物现存量在各季节均表现为 D 层>S 层>U 层（除 LVR 的夏、秋季外）。U 层凋落物现存量在 LVR、LCQ、LAG 均表现为，春、夏季较高，秋、冬季较低，在 PLL 则表现为冬、春季较高，夏、秋季较低；S 层在 LVR 为春、夏季较高，秋、冬季较低，在 LCQ 则为春季最高，夏、秋、冬季没有明显的差异，在 PLL 冬、春季较高，夏、秋较低，在 LAG 则为春季最高，其次为夏季，秋季最低；D 层在 LVR、PLL 表现为冬、春季较高，夏、秋季较低，在 LCQ、LAG 夏季最高，其次是春季，秋季最低（图2.19）。LVR 和 PLL 各分解层凋落物现存量季节变化不显著（$P>0.05$），LCQ 中 U 层、S 层的季节变化也不显著（$P>0.05$），而 D 层春、夏季与秋季差异显著（$P<0.05$），LAG 中 U 层、S 层、D 层呈现出显著的季节变化（$P<0.05$）（图2.19）。

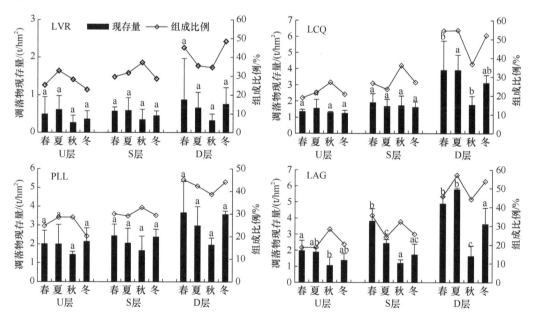

图2.19　不同分解层凋落物现存量及其结构组成的季节变化
图中不同字母表示同一植被恢复阶段同一分解层不同季节之间的差异显著（$P<0.05$）

同一植被恢复阶段不同分解层凋落物现存量占其凋落物层现存量的百分比均表现为 D 层（34.62%～57.12%）＞S 层（23.49%～37.20%）＞U 层（18.59%～32.79%）。同一植被恢复阶段不同分解层凋落物现存量占其凋落物层现存量的百分比没有一致的季节变化规律，同一分解层在不同植被恢复阶段的季节变化规律也不尽相同，但与其凋落物现存量的季节变化一致（图 2.19）。

2.4.6　凋落物层营养元素的含量

凋落物层及同一分解层凋落物不同营养元素含量均表现为 N＞Ca＞Mg＞K＞P，且各营养元素的含量随着植被恢复呈现出不同的变化特征（图 2.20）。

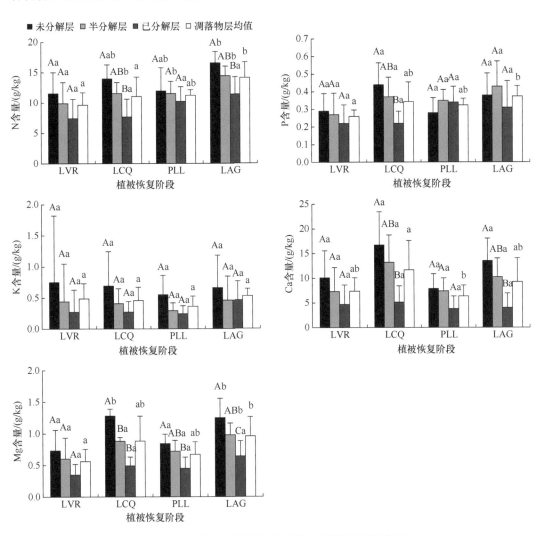

图 2.20　不同植被恢复阶段凋落物层营养元素的含量

图中不同大写字母表示同一植被恢复阶段不同分解层之间差异显著（*P*＜0.05），不同小写字母表示不同植被恢复阶段之间差异显著（*P*＜0.05）

凋落物层及同一分解层凋落物中 N 含量随着植被恢复而增加，且 LVR、LCQ、PLL（除 D 层外）与 LAG 差异显著（$P<0.05$）；P 含量总体上也随着植被恢复而增加，且 LVR 与 LAG 差异显著（$P<0.05$），与 LCQ（除 U 层外）、PLL（除 D 层外）差异不显著（$P>0.05$）；K 含量不同植被恢复阶段之间凋落物层及同一分解层凋落物的差异不显著（$P>0.05$）；LCQ 凋落物层及其各分解层凋落物 Ca 含量最高，PLL 最低，但仅 LCQ 凋落物层与 PLL 差异显著（$P<0.05$）；LAG 凋落物层及其各分解层（除 U 层外）凋落物 Mg 含量最高，其次是 LCQ，LVR 最低，其中 LVR、PLL 凋落物层、U 层和 S 层与 LCQ、LAG 差异显著（$P<0.05$）。随着植被恢复，N、Ca、Mg 含量变化较大，而 P、K 含量变化较小。同一植被恢复阶段 N、P（除 PLL、LAG 外）、K、Ca、Mg 含量均随着凋落物分解而下降，PLL 各分解层凋落物 P 含量以 S 层最高，U 层最低，LAG 则依次为 S 层＞U 层＞D 层，但各养分元素含量不同分解层之间的差异显著性因养分元素不同而异（图 2.20）。

2.4.7 凋落物层营养元素的储量及其释放率

如表 2.10 所示，凋落物层营养元素总储量总体上随着植被恢复而增加，从 LVR 到 LAG，增加了 151.13 kg/hm²，且 LCQ、PLL、LAG 均明显高于 LVR；随着植被恢复，S 层、D 层营养元素总储量占凋落物层营养元素总储量的百分比呈递增趋势，分别为 32.85%～34.07% 和 30.68%～37.43%，U 层呈递减趋势，为 28.50%～36.48%（图 2.21）。

表 2.10　凋落物层营养元素的储量（kg/hm²）及其释放率

恢复阶段	分解层	N	P	K	Ca	Mg	合计
LVR	未分解层	4.94（2.34）Aa	0.12（−8.33）Aa	0.32（34.38）Aa	4.33（17.55）Aa	0.31（6.45）Aa	10.02（9.98）Aa
	半分解层	4.82（0.13）Aa	0.13（−7.69）Aa	0.21（19.05）Aa	3.57（14.01）Aa	0.29（20.69）Aa	9.02（6.54）Aa
	已分解层	4.82Aa	0.14Aa	0.17Aa	3.07Aa	0.23Aa	8.43Aa
	合计	14.58a	0.39a	0.70a	10.97a	0.83a	27.47a
LCQ	未分解层	19.05（−5.64）Ab	0.59（−10.17）Ab	0.95（25.26）Aa	22.79（−0.75）Ab	1.75（12.57）Ab	45.13（−1.86）Ab
	半分解层	20.12（−21.31）Ab	0.65（−6.15）Aab	0.71（−18.31）Aab	22.96（26.83）Ab	1.53（−1.96）Ab	45.97（3.62）Ab
	已分解层	24.41Aab	0.69Aab	0.84Aab	16.80Ab	1.56Aab	44.30Ab
	合计	63.58b	1.93b	2.50ab	62.55b	4.84b	135.40b
PLL	未分解层	22.74（−8.27）Ab	0.52（−48.15）Ab	1.05（40.95）Aa	14.97（−5.74）Ab	1.60（3.75）Ab	40.88（−6.09）Ab
	半分解层	24.62（−26.29）Ab	0.76（−36.84）ABb	0.62（−19.35）Aab	15.83（27.04）Aab	1.54（11.69）Ab	43.37（−5.56）Ab
	已分解层	31.09Ab	1.04Bb	0.74Aa	11.55Aab	1.36Aab	45.78Ab
	合计	78.45b	2.32b	2.41ab	42.35ab	4.50b	130.03b
LAG	未分解层	26.02（−26.94）Ab	0.60（−61.67）Ab	1.03（−2.91）Aa	21.27（−10.72）Ab	1.97（−13.71）Ab	50.89（−19.59）Ab
	半分解层	33.04（−37.18）Ab	0.97（−27.84）Ab	1.06（−72.64）Ab	23.55（32.48）Ab	2.24（−14.29）Ab	60.86（−9.84）Ab
	已分解层	45.32Ab	1.24Ab	1.83Ab	15.90Ab	2.56Ab	66.85Ab
	合计	104.38b	2.81b	3.92b	60.72a	6.77b	178.60b

注：括号内数据表示元素释放率（%）；不同大写字母表示同一植被恢复阶段不同分解层之间差异显著（$P<0.05$），不同小写字母表示同一分解层不同植被恢复阶段之间差异显著（$P<0.05$）。

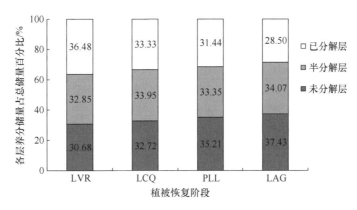

图 2.21　不同植被恢复阶段营养元素总储量在不同分解层凋落物的分布

　　凋落物层及同一分解层凋落物各营养元素的储量总体上随着植被恢复而增加，其中 N、P、K、Mg 的储量以 LAG 最高，分别为 104.38 kg/hm²、2.81 kg/hm²、3.92 kg/hm² 和 6.77 kg/hm²，Ca 以 LCQ 最高，为 62.55 kg/hm²；从 LVR 到 LAG，N 储量变化最大，增加了 89.80 kg/hm²，其次是 Ca，而 P 的变化最小，仅增加了 2.42 kg/hm²。同一植被恢复阶段，凋落物层及各分解层凋落物不同营养元素的储量依次为 N>Ca>Mg>K>P，凋落物层及各分解层凋落物营养元素总储量主要由 N、Ca 贡献，分别占总储量的 46.96%～60.33% 和 32.57%～42.60%，而 P、K、Mg 储量分别仅占 1.42%～1.78%、1.85%～2.55% 和 3.02%～3.79%。同一植被恢复阶段随着凋落物的分解，N、P 储量呈增加趋势，而 K、Ca、Mg 储量在 LVR、LCQ、PLL 呈下降趋势，在 LAG 呈增加趋势（表 2.10）。表明随着植被恢复，凋落物层的营养元素储存能力和转化归还能力提高，特别是 N。

　　LVR、LCQ、PLL、LAG 从 U 层到 S 层营养元素总释放率分别为 9.98%、-1.86%、-6.09%、-19.59%，从 S 层到 D 层分别为 6.54%、3.62%、-5.56%、-9.84%，除 LVR 外，LCQ、PLL、LAG 的 S 层养分元素总释放率比 U 层明显增大。同一植被恢复阶段不同养分元素从 U 层到 S 层的释放率为 -61.67%～40.95%，其中 K 最高，其次是 Ca、Mg，而 P 最低；从 S 层到 D 层为 -72.64%～32.48%，LVR 以 Mg 最高，其次是 K，而 P 最低，LCQ、PLL、LAG 以 Ca 最高，其次为 Mg，而 P 最低（表 2.10）。这表明随着植被恢复，养分元素总释放率下降，但随着凋落物的分解而加快，有利于养分的保持。

2.4.8　凋落物层现存量、营养元素含量与物种多样性指数的相关性

　　如表 2.11 所示，乔木层物种多样性指数与凋落物层现存量、N、P（除 Simpson 指数外）含量呈显著（$P<0.05$）或极显著（$P<0.01$）正相关关系，与 Mg、K、Ca 含量不存在相关关系（$P>0.05$）。除 Shannon-Wiener 指数、Simpson 指数与 K 含量呈显著负相关关系（$P<0.05$）外，灌木层物种多样性指数与各项指标不存在显著相关关系（$P>0.05$）。除 Simpson 指数与凋落物层现存量、N、P 含量呈显著（$P<0.05$）或极显著（$P<0.01$）负相关关系外，草本层物种多样性指数与其他指标不存在显著相关关系（$P>0.05$）。表明乔木层、灌木层、草本层物种多样性指数对凋落物层现存量、营养元素含量的影响

不同，其中乔木层物种多样性指数的影响最明显。

表 2.11 凋落物层现存量、营养元素含量与物种多样性指数的相关系数

层次	物种多样性指数	凋落物层现存量	N	P	K	Ca	Mg
乔木层	Shannon-Wiener 指数（H'）	0.720**	0.829**	0.704**	−0.062	−0.161	0.286
	Simpson 指数（H）	0.624*	0.650*	0.436	−0.237	−0.287	0.270
	Margalef 指数（E）	0.679*	0.881**	0.717**	0.035	−0.067	0.375
	Pielou 指数（J_{SW}）	0.731**	0.798**	0.674*	−0.125	−0.218	0.255
灌木层	Shannon-Wiener 指数（H'）	0.456	0.150	0.052	−0.687**	0.190	0.240
	Simpson 指数（H）	−0.398	−0.124	−0.239	0.588*	−0.285	−0.124
	Margalef 指数（E）	0.362	0.412	0.121	−0.331	0.275	0.493
	Pielou 指数（J_{SW}）	0.202	0.283	0.191	−0.107	0.294	0.123
草本层	Shannon-Wiener 指数（H'）	−0.140	−0.159	0.080	0.164	0.285	−0.042
	Simpson 指数（H）	−0.562*	−0.697**	−0.556*	0.019	0.205	−0.116
	Margalef 指数（E）	0.007	0.100	0.080	0.182	0.385	0.232
	Pielou 指数（J_{SW}）	−0.245	−0.258	0.010	0.219	0.149	−0.212

注：将不同植被恢复阶段林地同一层次的物种多样性指数放在一起进行线性回归（$n=13$），* $P<0.05$，** $P<0.01$。

2.4.9 讨论

1. 植被恢复对年凋落物量及其组成的影响

相似的气候、立地条件下，植被特征是影响凋落物产量及组成的主要因素，如林分类型、物种组成、植物生物量、植株密度及盖度等显著影响年凋落物量及其组成（An et al.，2020）。本研究中，4 个植被恢复阶段年凋落物量为 2.3～6.7 t/(hm²·a)，高于同一地区杉木人工林 1.1 t/(hm²·a)（宁晓波等，2009），接近同一地区马尾松人工林[3.3～11.4 t/(hm²·a)]（葛晓改等，2014），但低于不同植被恢复阶段季风常绿阔叶林年凋落物产量 [8.1～8.8 t/(hm²·a)]（王梦君等，2014）。这表明同一气候条件下，林分类型显著影响凋落物产量。森林生态系统在通过自我调节能力（如自然恢复演替）逐渐达到相对稳定状态过程中，凋落物产量表现出明显的升降波动趋势，以维持森林可持续发展（张磊等，2011）。本研究中，随植被恢复，林分类型不断更替，群落结构和组成复杂化，出现落叶阔叶树种，物种多样性和林分密度增加（表 1.1），因此，年凋落物量显著递增（图 2.12），与张远东等（2019）的研究结果一致。郭婧等（2015）研究发现，林分凋落物量随林分密度增大、树种多样性增加而增大，林分密度和树种多样性是导致凋落物产量差异的主要因子。本研究中，从 PLL 到 LAG，年凋落物量增加但差异不显著，主要原因可能是 LAG 中木本植物密度（表 1.1）、乔木层物种多样性指数均高于 PLL（表 1.4）。此外，凋落物产量也受控于土壤质地、水肥状况和微生物活动等因素的变化（罗永清等，2016）。本研究中，随植被恢复，土壤容重下降，黏粒、含水量增加，显著改善土壤透气性和水肥保持能力，加快土壤 SOC 和养分积累（Chen et al.，2020），有利于微生物活性及森林生产力的提高，从而导致凋落物产量增加（林波等，2004）。

凋落物各组分比例因林分优势树种的生长条件、代谢状况和生物学特性而异（Zhang et al.，2014）。本研究中，4 个植被恢复阶段林分凋落物量均以叶凋落量占林分年凋落物量的比例最大，达 60.8%～76.7%，与全球森林生态系统凋落物产量组成基本一致（Zhang et al.，2014），表明叶凋落量调控着林分凋落物产量的动态变化，主要归因于叶是森林植物新陈代谢最活跃的器官，更新生长快，因此其凋落产量显著高于其他组分（崔鸿侠等，2017）。此外，不同林分地上生物量在各器官的分配差异也会导致凋落物各组分比例差异显著（李轩然等，2006）。本研究中，随植被恢复，果、碎屑凋落量所占比例增加，其中果凋落量增加幅度达 227.16%，而叶、枝凋落量占比下降，究其原因可能是：灌草阶段植物生长周期短，叶、枝生长迅速，更新周期快，且繁殖方式多元化（如孢子繁殖、无性繁殖等）（李金花等，2004），因此凋落物以叶、枝为主；恢复后期逐渐形成大量的常绿针叶、阔叶树种，叶片寿命长且生长缓慢，不易凋落（秦海等，2010），繁殖方式以果实为主，特别是常绿针叶树种对繁殖器官的资源分配较高（侯玲玲等，2013），导致落果量及其比例显著提高；碎屑凋落量与林内昆虫、鸟类数量及其产生的粪便多少有关，随植被恢复，森林动物数量、多样性逐渐增加，特别是在 PLL，优势树种马尾松易受松毛虫危害，凋落物组成中虫粪较高，从而促使碎屑比例显著增加（王梦君等，2014；郭婧等，2015）。

2. 植被恢复对凋落物量月动态的影响

森林凋落物量随气候因子的季节变化而呈现明显的季节变化。森林凋落物量的月动态模式有单峰型、双峰型或不规则型，主要取决于林分树种的生物学和生态学特性及气候因素的综合影响（翁轰等，1993）。此外，研究表明，位于亚热带的湖南省 4 个不同林分月凋落物量与月降水量之间不存在显著相关关系，而与月平均温度之间呈显著的线性正相关关系，表明凋落物量的月动态与林分树种生物学特性和当地气温的季节变化密切相关（郭婧等，2015）。本研究中，LVR 凋落物量的月动态呈双峰型，是由于 LVR 水土条件较差，主要由一年生和多年生草本植物及少量的幼小灌木组成，3～4 月温度回升，降水量增多，幼小灌木萌发新叶，老叶凋落而形成微小的第 1 个峰值，随后一年中的秋季（9～11 月）因一年生草本植物完成使命大量枯死，落叶树种也集中落叶而出现第 2 次凋落峰值。LCQ、PLL、LAG 凋落物量的月动态出现 3 个峰值，因为春季（3～5 月）大量常绿树种一次性换叶，凋落量剧增，形成第 1 个凋落峰值，7～8 月气温是一年中最高的，促使许多树种大量落叶以减少蒸腾作用（杨玉盛等，2004b）而形成第 2 个峰值，而秋季 9～11 月不仅少雨干旱，且气温仍然较高而形成"秋燥"，促使马尾松等常绿针叶树和常绿阔叶树大量落叶以减少水分的消耗，此外，此时正是落叶树种的落叶季节，常绿阔叶树部分叶子完成使命后开始凋落，因此凋落物量剧增，形成第 3 次峰值。研究表明，亚热带不同地区常绿阔叶林凋落物量季节动态并不一致，多数一年中出现 2 个峰值（4～5 月和 11～12 月），而本研究常绿阔叶林在 8 月出现另一凋落高峰。表明受树种生物学特性和气候因子的综合影响，不同林分及同一林分不同年份凋落物节律表现出一定的规律性，但也存在一定差异（郭剑芬等，2006b）。

3. 植被恢复对凋落物分解的影响

本研究中，4 个植被恢复阶段凋落物随分解进程均表现出初期快速分解、后期稳定的特征，与现有的研究结果（Xu & Hirata，2005；Marian et al.，2017）基本一致，原因可能是：分解初期主要为物理淋溶过程（Wu et al.，2010），可溶性化合物及少量不稳定有机成分快速降解（Berg，2014）；分解后期主要通过生物降解难分解的有机成分（如木质素、纤维素等），分解速率较慢（Berg，2014）。本研究中，4 个植被恢复阶段凋落物分解 95% 所需时间为 8～24 年，与覃扬浍等（2017）、张雨鉴等（2020）的研究结果相似，表明群落组成及优势植物特性是影响凋落物分解周期的关键因子。

植被发育过程中，凋落物分解的变化规律及其影响因素多样且复杂（Zhang et al.，2013）。研究发现，凋落物分解速率随植被恢复显著下降（覃扬浍等，2017；Szefer et al.，2017）。但也有研究表明，随植被恢复演替，凋落物分解速率升高（Mayer，2008）。本研究中，随植被恢复，凋落物累积质量损失和分解速率总体上升高，但 PLL 出现小幅度下降，这与潘思涵等（2019）研究结果相似，这种变化可能归因于复杂的植被发展趋势、与植被演替相关的生物或非生物因子的响应及其相互作用（Zhang et al.，2013；Seidelmann et al.，2016），而主要原因可能是受到物种多样性的影响（Li et al.，2017）。研究表明，物种多样性一方面调控凋落物物理和化学特征及根系分泌物种类，另一方面改变林内微气候和土壤微生物群落，从而影响凋落物分解效率（Wang et al.，2014；Jia et al.，2015）。本研究中，随植被恢复，物种多样性指数总体上呈增加趋势（表 1.4），在 PLL 呈下降趋势（Chen et al.，2020），与凋落物分解速率的变化趋势基本一致，表明植被恢复过程中物种多样性的变化是影响凋落物分解的重要因素。

除物种多样性外，凋落物分解速率还受自身基质质量的影响（Moore et al.，2011；Hishinuma et al.，2017）。常见的凋落物分解预测指标包括凋落物初始 C、N、P 含量及其 C/N、C/P、N/P 等（Hättenschwiler & Jørgensen，2010；Song et al.，2018）。这些指标密切相关，共同调控凋落物的分解速率（Seidelmann et al.，2016）。凋落物 C 质量较高（即低 C 含量，且低 C/N、C/P）意味着微生物可利用 C 源具有高有效性和可及性，这有利于凋落物的分解（Berg，2014；Sun et al.，2020）；凋落物初始 N、P 含量较高时，微生物活性升高，凋落物分解较快（Parton et al.，2007）；初始 N/P 可指示 N、P 对分解的限制作用（葛晓改等，2015），N/P 越低，分解速率越快（Guo et al.，2019）。本研究中，凋落物初始 C、P 含量及其 C/N、C/P、N/P 显著影响凋落物累积质量损失，凋落物累积质量损失随凋落物初始 C 含量、C/P 增大及 P 含量、C/N、N/P 下降而增加（图 2.15），表明凋落物分解速率随植被恢复的变化也是凋落物基质质量指标共同作用的结果。此外，与现有的研究结果（Berg，2014；Pei et al.，2019；Sun et al.，2020）不同，在本研究中，凋落物初始 C/P 对凋落物分解速率有正向影响，初始 N 含量无显著影响，究其原因可能是：①低 P 限制条件下，凋落物初始 C/P 主要由初始 C 含量调控，进而决定了其对凋落物分解速率的影响（Hättenschwiler & Jørgensen，2010）；②亚热带地区 N 含量相对丰富，P 随时间不断耗竭，导致凋落物分解相比于 N 更容易受 P 限制（Walker & Syers，1976）。本研究中，凋落物初始 N/P（41～69）明显高于 25 也证实了这一点（Güsewell &

Verhoeven，2006）。与常绿阔叶树种相比，PLL 优势树种马尾松针叶角质层发达，含有较多次生代谢产物（纤维素、木质素等），凋落物初始 C/N、C/P 及 N/P 较高，不利于微生物繁殖和分解（宋影等，2014），是导致 PLL 凋落物分解速率下降的另一重要因素。同时，是影响 PLL 凋落物分解损失 95% 质量所需时间显著高于 LCQ 和 LAG 的主要因素。

4. 植被恢复对凋落物层现存量的影响

研究表明，凋落物层现存量主要取决于凋落物量及其分解速率，与凋落物量呈正相关关系，与分解速率呈负相关关系（黄宗胜等，2013）。因而，凋落物层现存量受到生物因素、非生物因素及植物自身特性等的共同影响（原作强等，2010）。同一气候条件下，不同植被类型物种组成不同，凋落物量和分解速率不同，导致不同林地凋落物层及其各分解层凋落物现存量存在差异（Vitousek，1984；Kavvadias et al.，2001；原作强等，2010）。当前关于凋落物层现存量随植被恢复的变化趋势，不同的研究有不同的结果。如黄宗胜等（2013）、马文济等（2014）的研究表明，由于受到人类砍伐的干扰，大量凋落物，特别是滞留在地面的细小枯枝，不易被分解，并造成凋落物不断积累，演替初期地表凋落物层现存量最高，随着常绿阔叶林次生演替的进行，地表凋落物层现存量显著降低。而张庆费和徐绒娣（1999）、齐泽民等（2004）、吕晓涛等（2007）、周序力等（2018）的研究发现，凋落物层现存量随着植被恢复而逐渐增加。此外，逮军峰等（2007）的研究表明，凋落物层现存量与林龄基本呈正相关关系，即凋落物层现存量随着林龄增大而增加。本研究中，凋落物层现存量随着植被恢复而增加。究其原因可能是：一方面，随着植被恢复，植物种类组成增加，木本植物多样性升高，大型树木比例增大（表 1.1），群落层次结构逐渐完备和稳定以及物种新陈代谢加快，使得凋落物量增加（图 2.12），有利于地表凋落物的积累，这已被凋落物层现存量与乔木层植物 α 多样性指数呈显著或极显著正相关关系的分析结果（表 2.11）所证实；另一方面，随着植被恢复，群落内微环境（光照、温度、湿度等）改变，凋落物的分解率下降（图 2.17），有利于地表凋落物的积累。

本研究中，同一分解层凋落物现存量总体上随着植被恢复而增加，与张庆费和徐绒娣（1999）、郑路和卢立华（2012）的研究结果基本一致。研究表明，U 层凋落物现存量除受群落凋落物量影响外，还受外界环境条件和凋落物特性的影响（张庆费和徐绒娣，1999）。由于 PLL 以马尾松为优势树种（表 1.1），凋落物以马尾松针叶为主，分解速率较低，U 层凋落物积累多；而 LAG 凋落物以阔叶树叶为主，分解速率较高，U 层凋落物被分解为 S 层和 D 层凋落物而积累较少，导致 PLL 的 U 层凋落物现存量高于 LAG，而 S 层和 D 层低于 LAG，甚至 D 层低于 LCQ，表明随着植被恢复，LAG 凋落物能迅速分解转移为腐殖质，更有利于土壤养分的保持与积累。

研究表明，不同林地凋落物的分解强度不同，且不同分解层凋落物现存量随着凋落物的分解而增加，占凋落物层现存量的百分比增大，可能与各分解阶段凋落物的分解速率有较大关系（谌贤等，2017）。本研究中，不同植被恢复阶段同一分解层现存量占凋落物层现存量的百分比不同，S 层、D 层的百分比高于 U 层，且随着植被恢复，百分比增加，表明随着植被恢复，U 层凋落物向 S 层和 D 层迁移能力增强，凋落物分解速率升高（马文济等，2014），土壤微生物活动增强，被分解的凋落物越来越多，U 层凋落物现存量越来越少。究其原因可能是：凋落物分解是一个复杂而又漫长的过程，包括物理、化学和微生物 3 种分解方式（苏静等，2019）。在分解初期，水溶性物质和碳水化合物快速淋失与降解，凋落物分解速率较高；随着凋落物分解，纤维素、木质素等难以降解的物质不断积累，使得分解中期或后期凋落物分解速率下降（郭剑芬等，2006a），导致 S 层或 D 层凋落物的积累。

本研究中，4 个不同植被恢复阶段凋落物周转期为 1.65～2.28 a，高于海南尖峰岭半落叶季雨林（0.39 a）和山地雨林（0.77 a）（卢俊培和刘其汉，1988），也高于南亚热带鼎湖山黄果厚壳桂（*Cryptocarya concinna*）群落（1.40 a）（蚁伟民等，1994），与纬度相近的浙江建德青冈常绿阔叶林（2.96 a）（于明坚等，1996）相近，表明随着纬度增大，凋落物分解速率降低，周转期增加。但本研究中，凋落物周转期没有随植被恢复而缩短，而且低于纬度稍低、但相对干燥的滇中常绿阔叶林（4.42 a）（刘文耀等，1990），可能与群落内物种组成及水热条件对凋落物分解的综合影响有关。

5. 植被恢复对凋落物层营养元素含量的影响

研究表明，凋落物养分元素含量取决于植被对土壤养分的吸收，而植被对土壤养分的吸收与植物自身特性、土壤养分元素含量有关（赵畅等，2018）。中国森林（郑路和卢立华，2012）、亚热带樟树–马尾松林（李忠文等，2013）、贵州龙里马尾松人工林（姚瑞玲等，2006）凋落物层养分元素含量从高到低的排序为 N、Ca、K、Mg 和 P；而茂兰喀斯特地区原始林则为 Ca、N、Mg、K 和 P（卢晓强等，2014）。本研究中，LVR、PLL、LAG 凋落物层以 N 含量最高，其次是 Ca，随后是 Mg、K 和 P；LCQ 以 Ca 含量最高，其次是 N，随后是 Mg、K 和 P。可能是由于本研究区林地土壤 N 相对丰富，而 P 相对缺乏。此外，树叶凋落前，N、P、K 发生内转移，其中 K 的内转移量最大，而 Ca 则相对富集（杨玉盛等，2004b），导致凋落物层 N、Ca 含量较高，K 含量较低，而 P 含量最低（阎恩荣等，2008）。本研究中，凋落物层 N、P 含量总体上随植被恢复而增加，与潘复静等（2011）、马文济等（2014）的研究结果基本一致。随植被恢复，K 平均含量的变化不显著，而 Ca、Mg 含量呈增加—下降—增加的波动趋势，可能与不同植被恢复阶段树种组成（表 1.1）以及该养分元素的迁移、再吸收利用和转化性质有关，有待进一步研究。本研究中，PLL 凋落物层养分元素含量均低于 LAG，与陈法霖等（2011）的研究结果一致，除 LVR 外，凋落物层 N 平均含量（11.07～14.12 g/kg）高于全球木本植物凋落叶 N（10.9 g/kg）含量，而 P 平均含量（0.26～0.37 g/kg）低于全球木本植物凋落叶 P（0.85 g/kg）含量（Kang et al.，2010），表明本研究区凋落物层 N 含量处于较高水平，而 P 含量处于较低水平。

研究表明，随凋落物分解，各养分元素含量的变化与其释放模式相关（施昀希等，2018）。其中，N 含量随着凋落物分解的变化有两种模式：一种先富集后释放（葛晓敏等，2019），另一种随着凋落物分解而下降（马文济等，2014）；K（赵畅等，2018）、Ca、Mg（刘文耀等，1990；施昀希等，2018）含量随凋落物分解而下降；而 P 含量由于受植被生长季节、微生物分解与利用、降水淋溶等影响，随着凋落物分解而表现出不同模式（Hobbie et al.，2012）。本研究中，N 含量均随着凋落物分解而降低，可能是由于研究区雨水丰沛，气候湿润温暖，淋溶作用强（方晰等，2018）；另一方面，在天然恢复模式下，凋落物能与土壤充分接触，有利于土壤动物觅食、微生物活动和植物生长吸收利用，分解速率加快，导致 N 含量下降（尹宝丝等，2019）。K 含量随分解而降低，与 K 自身在植物体内呈离子状态及其在分解过程中极易移动有关（陈金玲等，2010）。同样，Ca、Mg 含量随凋落物分解而降低，一方面可能易受淋洗影响，另一方面可能受微生物控制（Ribeiro et al.，2002；刘洋等，2006）。P 含量随着凋落物分解而表现出不一致规律，可能与凋落物层 N/P 有关（王瑾和黄建辉，2001）。本研究中，凋落物层（特别是 U 层）N/P 均大于 30，且随着植被恢复而增加，表明研究区不同植被恢复阶段，凋落物分解不受 N 限制，受 P 限制（Güsewell & Verhoeven，2006；潘复静等，2011），且随着植被恢复 P 的限制性增大，因而 LVR、LCQ 凋落物分解受 P 限制相对较弱，没有富集过程，而 PLL、LAG 受 P 限制相对较强，先富集后释放，这可能也是 N 含量随着凋落物分解而下降的原因之一。

6. 植被恢复对凋落物层营养元素储量的影响

凋落物层营养元素储量与凋落物层现存量和各营养元素含量有关。本研究中，随着植被恢复，凋落物现存量增加量（图 2.16）明显高于各营养元素含量的增加量（图 2.18）。因此，凋落物营养元素总储量均随着植被恢复而增加，与郑路和卢立华（2012）的研究结果一致，主要受凋落物层现存量直接影响（马文济等，2014）。也由于凋落物层 N、Ca 的含量明显高于 P、K、Mg，因而凋落物层营养元素总储量主要由 N、Ca 贡献，与刘蕾等（2012）和卢晓强等（2014）的研究结果一致。本研究中，凋落物层 N、P、Ca、Mg 储量随着植被恢复的变化趋势与其含量变化一致，而 K 储量与其含量不一致。这表明 N、P、Ca、Mg 储量由其含量和凋落物层现存量共同影响，而 K 储量主要受凋落物层现存量影响。

研究表明，凋落物分解过程中产生的化合物对养分元素有螯合作用，使养分难以释放，因而贫瘠土壤的植物群落凋落物层营养元素储量会大量聚集在已分解层（Berg，1986；Kavvadias et al.，2001）。本研究中，随着植被恢复，U 层凋落物营养元素总储量减少，S 层、D 层逐渐增加。究其原因可能有：①LVR 凋落物分解率较高（图 2.17），养分释放率较大（表 2.10），随着植被恢复，LCQ、PLL 和 LAG 分解率、养分释放率下降（表 2.10），因而 LVR 养分积累主要在 U 层，而随着植被恢复，养分积累主要向 S 层、D 层转移。②随着凋落物分解，尽管养分含量下降，但凋落物现存量逐渐增加（图 2.16），因而养分元素主要储存在 S 层、D 层，与刘文耀等（1990）、施昀希等（2018）的研究结果一致。这表明随着植被恢复，凋落物层养分逐渐向腐殖质层转移，有利于养分的归还和固持。

研究表明，凋落物分解过程既是养分释放过程，也是养分积累过程，包括淋溶、积累和转化 3 个过程（钟国辉和辛学兵，2004）。本研究中，同一植被恢复阶段，各养分元素释放率随凋落物分解的变化各异（表 2.10）。随着凋落物分解，凋落物层 N 和 P 储量总体上增加，K、Mg 和 Ca 储量则呈现不稳定的变化，与郭平等（2013）的研究结果一致。随着凋落物分解，凋落物层 N 储量逐渐增加，与凋落物分解中期或后期分解速率下降，导致养分释放率逐渐减小，以及与微生物对养分的固持有关（Aber & Melillo，1980）。随着凋落物分解，P 储量逐渐增加，是因为 P 储量的增长量大于其相对释放量。K、Mg 和 Ca 储量具有不稳定规律，原因可能是不同植被恢复阶段树种组成结构的差异，导致凋落物组成和质量及其分解速率的不同，进而影响其养分元素的释放特性（阎恩荣等，2008）。

2.5 不同植被恢复阶段土壤理化、生物学性质

在特定立地条件下，生态系统恢复演替是随土壤发育进程而逐渐累进的。因而，植被恢复与土壤理化性质、生物学性质之间的关系也是生态学的重点研究内容（任伟等，2010）。土壤理化性质主要包括土壤容重、质地、SOC、pH、养分含量、交换性盐基总量等，是评价土壤质量和肥力的重要参数。土壤生物学性质主要包括土壤微生物生物量及其群落组成、酶活性等，是土壤有机物质的活性部分，调节土壤动植物残体和施入土壤的有机物质及其他有害化合物分解、生物化学循环和土壤结构形成等过程，是维持土壤功能和质量的重要组分，直接影响土壤的理化性质（魏媛等，2008）。与其他非生物学指标相比，土壤生物学指标对环境变化更为敏感，具有较好的时效性，通常被用作土壤质量变化的早期预警指标，是土壤质量评价不可缺少的指标（任伟等，2010）。植被类型随植被恢复的变化将显著影响土壤理化性质和生物学性质。本部分着重比较研究湘中丘陵区不同植被恢复阶段土壤理化性质、生物学性质的差异，为研究亚热带植被恢复对土壤肥力形成及其演变的影响机制提供基础数据，为区域天然林保护和生态建设提供科学指导。

2.5.1 土壤物理性质

如表 2.12 所示，随植被恢复，土壤容重先增加后减少，各土层均以 LCQ 土壤容重最高，但同一土层（除 30～40 cm 土层外），不同植被恢复阶段间差异不显著（$P>0.05$）；LCQ 的 0～40 cm 土层容重平均值显著高于 LVR、PLL、LAG（$P<0.05$）。在同一植被恢复阶段，土壤容重随土层深度增加而增加，0～10 cm 土层（除 PLL 外）显著低于 10～20 cm、20～30 cm、30～40 cm 土层（$P<0.05$）。

表 2.12   不同植被恢复阶段土壤容重（平均值±标准偏差，单位：g/cm^3）

土层深度/cm	LVR	LCQ	PLL	LAG
0～10	1.36±0.17Aa	1.37±0.12Aa	1.16±0.30Aa	1.28±0.08Aa
10～20	1.47±0.05Aab	1.56±0.03Ab	1.43±0.17Aa	1.44±0.01Ab
20～30	1.46±0.11Aab	1.58±0.02Ab	1.45±0.17Aa	1.46±0.03Ab
30～40	1.54±0.07Ab	1.68±0.02Bb	1.45±0.06Aa	1.46±0.06Ab
平均值	1.46±0.10A	1.55±0.05B	1.37±0.18A	1.41±0.05A

注：不同大写字母表示同一土层不同植被恢复阶段之间差异显著（$P<0.05$），不同小写字母表示同一植被恢复阶段不同土层之间差异显著（$P<0.05$），后同。

从表 2.13 可以看出，4 个植被恢复阶段 0～40 cm 土层以＞50 μm 砂粒和 2～50 μm 粉粒为主，＜2 μm 黏粒百分含量最低，其百分含量范围分别为 20.07%～67.86%、21.60%～62.93% 和 2.50%～18.84%，且同一植被恢复阶段同一土层不同粒径土壤颗粒百分含量差异显著（$P<0.05$）。LAG、LVR 以 2～50 μm 粉粒百分含量最高，其次是＞50 μm 砂粒，＜2 μm 黏粒百分含量最低，而 PLL、LCQ 以＞50 μm 砂粒百分含量最高，其次是 2～50 μm 粉粒，＜2 μm 黏粒百分含量最低。不同植被恢复阶段同一土层同一粒径颗粒百分含量差异显著（$P<0.05$），随植被恢复，＞50 μm 砂粒百分含量先升高再下降，而 2～50 μm 粉粒先下降后升高，＞2 μm 颗粒（＞50 μm 砂粒与 2～50 μm 粉粒之和）百分含量呈下降趋势，＜2 μm 黏粒百分含量呈上升趋势。随土壤深度增加，同一植被恢复阶段不同粒径土壤颗粒百分含量变化不明显。

表 2.13　不同植被恢复阶段不同粒径土壤颗粒百分含量（4 个季节平均值±标准偏差，单位：%）

粒径	土层深度/cm	LVR	LCQ	PLL	LAG
＞50 μm（砂粒）	0～10	43.62±6.58Aa	67.86±2.07Ba	49.00±18.54Aa	26.11±7.37Ca
	10～20	39.53±5.68Aa	60.09±11.10Ba	45.17±19.33Aa	20.07±3.57Ca
	20～30	42.04±8.34Aa	63.27±3.91Ba	42.97±18.20Aa	21.79±5.23Ca
	30～40	43.11±7.13Aa	63.41±3.71Ba	41.19±18.69Aa	23.88±6.31Ca
	平均值	42.08±6.93	63.66±5.20	44.58±18.69	22.96±5.62
2～50 μm（粉粒）	0～10	44.64±8.71Aa	21.60±2.47Bb	35.21±14.03Ca	56.53±8.43Db
	10～20	56.99±7.88Ab	27.18±9.12Bb	43.26±18.02Ca	61.15±4.79Db
	20～30	55.24±9.16Ab	26.04±4.85Bb	45.57±19.43Ca	62.93±4.98Ab
	30～40	54.39±8.47ACb	25.77±5.04Bb	48.76±19.72Aa	62.53±7.27Cb
	平均值	52.82±8.56	25.15±5.37	43.2±17.8	60.79±6.37
＜2 μm（黏粒）	0～10	11.73±6.01Ab	10.55±2.44Ac	15.79±6.33Ba	17.36±4.15Bc
	10～20	3.48±3.03Ac	12.90±4.96Bc	11.57±8.25Bb	18.84±4.78Ca
	20～30	2.72±1.48Ac	10.68±3.45Bc	11.46±6.76Bb	15.29±4.26Cc
	30～40	2.50±1.81Ac	10.82±3.42Bc	10.05±7.91Bb	13.60±4.48Bc
	平均值	5.11±3.08	11.24±3.57	12.22±7.31	16.27±4.42

由图 2.22 可以看出，随植被恢复，不同粒径土壤颗粒百分含量变化明显。0～10 cm、10～20 cm、20～30 cm、30～40 cm 土层，从 LVR 到 LCQ，土壤颗粒组成由粉粒向砂粒转移，砂粒百分含量升高，粉粒百分含量下降；从 LCQ 到 PLL，土壤颗粒组成由砂粒向粉粒、黏粒转移，粉粒、黏粒百分含量升高，砂粒百分含量下降；从 PLL 到 LAG，土壤颗粒组成继续由砂粒向粉粒、黏粒方向转移，粉粒、黏粒百分含量显著上升，砂粒百分含量下降。这表明随植被恢复，土壤颗粒组成中砂、粉、黏粒比例逐渐协调，逐渐恢复和提高土壤的保水保土能力。

2.5.2　土壤化学性质

1. 土壤 pH

不同植被恢复阶段土壤 pH 的变化范围为 4.39～5.07，呈酸性，总体上随植被恢复

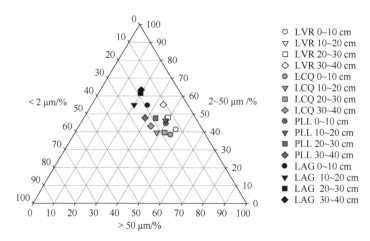

图 2.22　不同植被恢复阶段不同粒径土壤颗粒组成的分布
图中 LVR、LCQ、PLL、LAG 同表 1.1

而下降。LCQ 各土层 pH 最高，其次为 LVR、LAG，PLL 最低，LVR（除 0～10 cm 土层外）、LCQ 各土层 pH 显著高于 PLL、LAG（$P<0.05$）。同一植被恢复阶段，土壤 pH 随土层深度增加而升高，除 LAG 外，0～10 cm 土层显著低于 30～40 cm 土层（$P<0.05$）（表 2.14）。

表 2.14　不同植被恢复阶段土壤 pH（4 个季节平均值±标准偏差）

土层深度/cm	LVR	LCQ	PLL	LAG
0～10	4.52±0.16Ba	4.82±0.17Aa	4.39±0.24Ba	4.43±0.33Ba
10～20	4.67±0.16Ab	4.94±0.15Aab	4.52±0.26Bab	4.55±0.21Ba
20～30	4.78±0.17Ab	4.99±0.18Ab	4.60±0.26Bab	4.58±0.24Ba
30～40	4.99±0.21Ac	5.07±0.16Ab	4.71±0.26Ab	4.62±0.29Ba
平均值	4.74±0.18AB	4.96±0.17A	4.56±0.26B	4.55±0.27B

2. 土壤矿质养分元素全量的含量

从表 2.15 可以看出，各土层全 N、全 P 含量均随植被恢复而增加。LAG 各土层全 N 含量均显著高于其他 3 个植被恢复阶段（$P<0.05$），PLL 的 0～10 cm、10～20 cm、20～30 cm 土层全 N 含量也显著高于 LVR（$P<0.05$），从 LVR 到 LAG，0～10 cm、10～20 cm、20～30 cm、30～40 cm 土层全 N 含量分别增加了 1.57 g/kg、0.87 g/kg、0.75 g/kg 和 0.73 g/kg；LAG 各土层全 P 含量显著高于 LVR、LCQ、PLL（$P<0.05$），而 LVR、LCQ、PLL 间差异不显著（$P>0.05$），从 LVR 到 LAG，0～10 cm、10～20 cm、20～30 cm、30～40 cm 土层全 P 含量分别增加了 0.08 g/kg、0.08 g/kg、0.08 g/kg 和 0.09 g/kg；各土层全 K 含量随植被恢复先下降后上升，且 LVR（除 0～10 cm 土层外）、LAG 显著高于 LCQ、PLL（$P<0.05$），而 LVR 与 LAG 间，LCQ 与 PLL 间差异不显著（$P>0.05$）。与全国第二次土壤普查养分分级标准（全国土壤普查办公室，1992）相比，随植被恢复，0～10 cm 土层全 N 含量从稍缺水平（四级）升到适中水平（三级），再升到丰水平（二

级），其他土层仅从缺水平（五级）到稍缺水平（四级），各土层全 P、全 K 含量均仍处于缺水平（五级）。这表明植被恢复显著提高了土壤全 N 含量，对全 P、全 K 含量影响不如全 N 明显。

表 2.15　不同植被恢复阶段土壤矿质养分元素全量的含量（4 个季节平均值±标准偏差，单位：g/kg）

养分元素	土层深度/cm	LVR	LCQ	PLL	LAG
全 N	0～10	0.72±0.25Aa	1.16±0.27Ba	1.44±0.22Ba	2.29±0.81Ca
	10～20	0.34±0.25Ab	0.54±0.18ABb	0.68±0.42Bb	1.21±0.28Cb
	20～30	0.25±0.22Ab	0.43±0.26ABbc	0.46±0.21Bc	1.00±0.30Cb
	30～40	0.21±0.15Ab	0.32±0.16Ac	0.30±0.11Ac	0.94±0.34Bb
	平均值	0.51±0.22A	0.61±0.22AB	0.72±0.24B	1.36±0.43C
全 P	0～10	0.17±0.16Aa	0.12±0.03Aa	0.15±0.05Aa	0.25±0.05Ba
	10～20	0.12±0.03Aab	0.10±0.03Ab	0.13±0.06Aa	0.20±0.04Bb
	20～30	0.11±0.04Ab	0.09±0.02Ab	0.11±0.06Aa	0.19±0.04Bb
	30～40	0.11±0.04Ab	0.10±0.03Ab	0.13±0.08Aa	0.20±0.05Bb
	平均值	0.13±0.07A	0.10±0.03A	0.13±0.06A	0.21±0.05B
全 K	0～10	8.42±1.27ACa	7.61±1.48Ba	7.99±2.35ABa	9.01±1.44Ca
	10～20	9.26±1.60Aab	8.21±1.61Bab	8.08±2.39Ba	8.90±1.85ABa
	20～30	10.23±2.56Ab	8.04±1.66Bab	8.47±2.14Bab	9.73±2.13ABab
	30～40	9.42±1.54Ab	8.56±1.54Bb	8.40±2.69Bb	10.11±2.23Ab
	平均值	9.34±1.23A	8.10±1.42B	8.23±2.31B	9.44±1.55A
全 Ca	0～10	0.37±0.16Aa	0.42±0.13ABa	0.36±0.14Aa	0.51±0.23Ba
	10～20	0.35±0.13Aa	0.41±0.10Aa	0.39±0.17Aa	0.37±0.11Ab
	20～30	0.33±0.11Aa	0.45±0.15Ba	0.33±0.11Aa	0.45±0.21Bab
	30～40	0.33±0.12Aa	0.46±0.16Ba	0.37±0.17Aa	0.43±0.17Bab
	平均值	0.35±0.12A	0.43±0.12B	0.36±0.13A	0.44±0.16B
全 Mg	0～10	1.66±0.73Aa	2.44±0.84Ba	1.50±0.61Aa	1.89±0.75Ba
	10～20	1.88±0.85Bab	2.56±0.85Ba	1.48±0.59Aa	1.98±0.63Ba
	20～30	1.90±0.88Bb	2.50±0.89Ba	1.40±0.60Aa	2.01±0.72Ba
	30～40	1.94±0.87Bb	2.44±0.91Ba	1.27±0.55Ab	2.09±0.80Ba
	平均值	1.84±0.82B	2.48±0.86B	1.41±0.57A	1.99±0.71B

随植被恢复，各土层全 Ca、全 Mg 含量呈上升–下降–上升的变化趋势，且 LCQ、LAG 各土层（除 10～20 cm 土层外）全 Ca 含量显著高于 LVR、PLL（$P<0.05$）；LCQ 各土层全 Mg 含量最高，其次是 LVR、LAG，PLL 最低，且 LVR（除 0～10 cm 土层外）、LCQ、LAG 各土层均与 PLL 差异显著（$P<0.05$）。同一植被恢复阶段，土壤全 N、全 P 含量均随土层深度增加而下降，且 0～10 cm 土层（除 PLL 外）显著高于其他土层（$P<0.05$）；但 0～10 cm 土层全 K、全 Mg（除 PLL 外）含量低于其他土层，全 Ca 含量随土层深度增加没有明显的变化趋势（表 2.15）。

3. 土壤碱解 N、有效 P 和速效 K 的含量

如表 2.16 所示，各土层碱解 N 含量随植被恢复而上升，且 LAG 显著高于 LVR、LCQ

（$P<0.05$），PLL 显著高于 LVR（$P<0.05$），从 LVR 到 LAG，0～10 cm、10～20 cm、20～30 cm、30～40 cm 土层碱解 N 含量分别增加了 105.15 mg/kg、40.64 mg/kg、20.54 mg/kg 和 26.43 mg/kg；各土层有效 P 含量总体上随植被恢复而升高，LAG 显著高于 LVR（$P<0.05$），但与 LCQ、PLL 差异不显著（$P>0.05$），从 LVR 到 LAG，0～10 cm、10～20 cm、20～30 cm、30～40 cm 土层有效 P 含量分别增加了 0.72 mg/kg、1.11 mg/kg、0.71 mg/kg 和 0.73 mg/kg；各土层速效 K 含量随植被恢复呈先升高后下降，LCQ、PLL（除 0～10 cm、30～40 cm 土层外）显著高于 LAG（$P<0.05$），但 LVR 与 LAG 差异不显著（$P>0.05$）。与全国第二次土壤普查养分分级标准（全国土壤普查办公室，1992）相比，随植被恢复，0～10 cm 土层碱解 N 含量从极缺水平（六级）升到缺水平（五级），再升到丰水平（二级），其他土层仅从极缺水平（六级）到缺水平（五级），各土层有效 P 含量均仍处于极缺水平（六级），0～10 cm 土层速效 K 含量处于稍缺水平（四级），其他土层处于缺水平（五级）。这表明植被恢复显著提高了 0～10 cm 土层碱解 N 含量，对有效 P、速效 K 含量的影响不如碱解 N 明显。

表 2.16 不同植被恢复阶段土壤碱解 N、有效 P、速效 K 的含量（4 个季节平均值±标准偏差，单位：mg/kg）

土壤养分	土层深度/cm	LVR	LCQ	PLL	LAG
碱解 N	0～10	19.65±9.22Aa	42.34±22.10ABa	54.62±20.86Ba	124.80±67.86Ca
	10～20	7.27±3.77Ab	13.90±11.46ABb	24.02±13.32Bb	47.91±19.33Cb
	20～30	6.56±3.87Ab	9.02±6.64Ab	20.23±11.50Bb	27.10±12.81Bb
	30～40	5.62±4.32Ab	7.20±5.47ABb	15.85±6.55Bb	32.05±22.40Cb
	平均值	9.78±5.30A	18.11±11.42AB	28.68±13.06B	57.97±30.6C
有效 P	0～10	2.08±0.66Aa	2.57±1.05ABa	2.48±0.94ABa	2.80±0.88Ba
	10～20	1.41±0.57Ab	1.94±0.64Bab	2.04±0.42BCab	2.52±0.87Cab
	20～30	1.30±0.54Ab	1.90±0.70Bb	1.66±0.75ABb	2.01±1.00Bb
	30～40	1.15±0.48Ab	1.63±0.72ABb	1.62±0.98Bab	1.89±0.89ABb
	平均值	1.49±0.24A	2.02±0.60B	2.05±0.90B	2.34±0.75B
速效 K	0～10	58.56±14.40Aa	73.48±17.49Ba	62.40±14.42ABa	57.18±9.82Aa
	10～20	43.40±15.88ABb	46.67±11.28Ab	45.56±8.92Ab	39.25±8.79Bb
	20～30	40.94±12.19ABb	44.14±7.98Ab	46.02±12.96Ab	37.36±11.70Bb
	30～40	42.55±14.72ABb	47.56±9.58Ab	42.45±9.18ABb	37.50±11.08Bb
	平均值	46.36±12.67AB	52.96±8.52A	49.11±10.45A	42.82±9.34B

4. 土壤可溶性氮组分的含量

各土层可溶性有机氮（SON）含量随植被恢复显著增加，且同一土层不同植被恢复阶段间差异显著（$P<0.05$），特别是 0～10 cm 土层；0～40 cm 土层中，与 LVR 相比，LCQ、PLL、LAG 的 SON 含量增幅分别为 54.73%、121.22%、225.78%。各土层 NH_4^+-N 含量也随植被恢复显著增加，且同一土层不同植被恢复阶段间差异显著（$P<0.05$）；与 LVR 相比，LAG 各土层增幅最大（17.10%～27.89%），其次是 PLL（12.90%～15.93%），LCQ 最小（3.49%～12.47%）。土壤 NO_3^--N 含量随植被恢复先下降再上升，LCQ 各土

层最低，但与 LVR、PLL 差异不显著（$P>0.05$），LAG 最高，且与 PLL、LCQ、LVR（除 30~40 cm 土层外）差异显著（$P<0.05$），与 LVR 相比，LAG 土壤 NO_3^--N 含量平均增幅为 16.29%（图 2.23）。

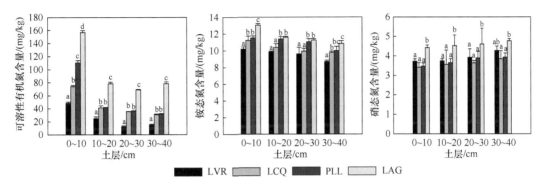

图 2.23　不同植被恢复阶段土壤可溶性有机氮、铵态氮、硝态氮的含量
图中不同小写字母表示同一土层不同植被恢复阶段之间差异显著（$P<0.05$）

5. 土壤交换性盐基总量

如图 2.24 所示，随植被恢复，各土层交换性盐基总量总体上呈增加趋势，不同植被恢复阶段间的差异显著性随土层加深而减弱，0~10 cm 土层，LVR 与 LCQ、PLL、LAG 差异显著（$P<0.05$）；10~20 cm 土层，仅有 LVR 与 LAG 差异显著（$P<0.05$）；20~30 cm、30~40 cm 土层，不同植被恢复阶段间差异不显著（$P>0.05$）；0~40 cm 土层交换性盐基总量平均值差异不显著（$P>0.05$）。方差分析结果表明，恢复阶段、土层深度均方差均达到显著水平（$P<0.05$），但植被恢复阶段与土层深度交互作用的均方差未达到显著水平（$P>0.05$）。不同植被恢复阶段土壤交换性盐基总量的均方差略高于不同土层深度的均方差，表明植被恢复阶段对土壤交换性盐基总量的影响相对较大。

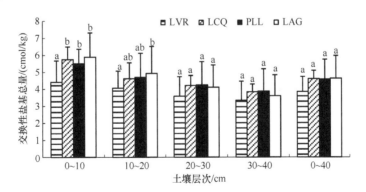

图 2.24　不同植被恢复阶段土壤交换性盐基总量
图中不同小写字母表示同一土层不同植被恢复阶段之间差异显著（$P<0.05$）

2.5.3　土壤微生物生物量

如表 2.17 所示，各土层微生物生物量碳（B_C）随植被恢复而增加，从 LVR 到 LAG，

0～10 cm、10～20 cm、20～30 cm、30～40 cm 土层 B_C 分别增加了 254.20 mg/kg、97.00 mg/kg、97.63 mg/kg 和 89.00 mg/kg。其中，0～10 cm 土层，LAG 与 LVR、LCQ 之间，PLL 与 LVR 之间差异显著（$P<0.05$）；10～20 cm 土层，PLL、LAG 与 LVR 差异显著（$P<0.05$）；20～30 cm 土层，LAG 与 LVR 差异显著（$P<0.05$）；30～40 cm 土层，LAG 与 LVR、LCQ、PLL 差异显著（$P<0.05$）。从 LVR 恢复到 LAG 过程中，各土层 B_C 的变化表现为"快—慢—慢"的特征。

表 2.17　不同植被恢复阶段土壤微生物生物量（4 个季节平均值±标准偏差，单位：mg/kg）

微生物生物量	土层深度/cm	LVR	LCQ	PLL	LAG
微生物生物量碳（B_C）	0～10	232.13±91.64Aa	328.17±114.84ABa	402.33±139.65BCa	486.33±147.59Ca
	10～20	125.33±91.57Ab	174.50±67.72ABb	220.67±115.67Bb	222.33±38.49Bb
	20～30	94.04±78.56Ab	135.80±60.35ABb	143.15±82.19Bb	191.67±53.37Bb
	30～40	81.18±42.89Ab	106.68±56.28Ab	114.93±31.40Ab	170.18±74.18Bb
	平均值	133.17±76.18A	186.29±74.80AB	220.27±92.23B	267.63±78.41B
微生物生物量氮（B_N）	0～10	32.86±13.63Aa	44.00±15.61ABa	45.58±12.77ABa	64.18±25.97Ba
	10～20	15.72±10.56Ab	20.23±8.88ABb	26.83±15.26Bb	32.17±7.29Bb
	20～30	15.17±13.87Ab	21.93±8.18Ab	22.28±11.69Ab	26.95±11.28Ab
	30～40	10.07±5.97Ab	18.61±8.05ABb	21.28±7.34ABb	32.62±14.43Bb
	平均值	18.46±11.01A	26.19±10.18A	28.99±11.77AB	38.98±14.74B
微生物生物量磷（B_P）	0～10	9.70±2.53Aa	17.55±7.89ABa	24.88±14.55BCa	31.08±9.52Ca
	10～20	10.77±3.82Ab	10.98±4.87Ab	13.76±4.01ABb	16.92±3.96Bb
	20～30	8.95±2.88Ab	10.49±3.03Ab	14.75±3.92Bb	15.58±4.13Bb
	30～40	9.31±2.59ABb	7.67±3.12Ab	13.85±3.72Bb	13.28±4.90Bb
	平均值	9.68±2.95A	11.67±4.73A	16.81±6.55B	19.22±5.62B

各土层微生物生物量氮（B_N）随植被恢复而增加，LVR 到 LAG，0～10 cm、10～20 cm、20～30 cm、30～40 cm 土层 B_N 分别增加了 31.32 mg/kg、16.45 mg/kg、11.78 mg/kg、22.55 mg/kg。其中，0～10 cm、10～20 cm、30～40 cm 土层，LAG 与 LVR 差异显著（$P<0.05$）；20～30 cm 土层，各林地间均不存在显著性差异（$P>0.05$）（表 2.17）。

各土层微生物生物量磷（B_P）随植被恢复而增加，LVR 到 LAG，0～10 cm、10～20 cm、20～30 cm、30～40 cm 土层 B_P 分别增加了 21.38 mg/kg、6.15 mg/kg、6.63 mg/kg 和 3.97 mg/kg。其中，0～10 cm 土层，LAG 与 LVR、LCQ 之间，PLL 与 LVR 之间差异显著（$P<0.05$）；10～20 cm（除 PLL 外）、20～30 cm、30～40 cm 土层，LAG、PLL 与 LVR、LCQ 差异显著（$P<0.05$）（表 2.17）。

同一植被恢复阶段，B_C、B_N、B_P 随土层深度增加而减少，且 0～10 cm 土层均显著高于其他 3 个土层（$P<0.05$）（表 2.17）。

2.5.4　土壤酶活性

1. 土壤酶活性的空间分布特征

从表 2.18 可以看出，不同植被恢复阶段、不同土层、不同季节（INV 除外）URE、

INV、ACP、CAT 活性差异极显著（$P<0.01$），表明 URE、INV、ACP、CAT 活性随植被恢复、土层深度、季节变化（INV 除外）而显著变化。植被恢复与土层深度的相互作用对 URE、CAT 活性影响极显著（$P<0.01$），表明不同植被恢复阶段 URE、CAT 活性的差异随土层深度的变化而变化。植被恢复与季节变化的相互作用对 URE、INV、ACP、CAT 活性影响极显著（$P<0.01$），表明不同植被恢复阶段 URE、INV、ACP 和 CAT 活性的差异随季节变化而变化。土层深度与季节变化的相互作用仅对 INV 活性影响极显著（$P<0.01$），表明不同土层 INV 活性的差异随季节变化而变化。植被恢复阶段、土层深度、季节变化的交互作用仅对 URE 活性影响极显著（$P<0.01$），表明不同植被恢复阶段 URE 活性的差异随土层深度、季节变化而变化。

表 2.18　土壤酶活性变化的重复测量设计的方差分析

因子	URE			INV			ACP			CAT		
	df	F	P	df	F	P	df	F	P	df	F	P
A	3	17.76	0.00	3	10.61	0.00	3	49.05	0.00	3	78.06	0.00
B	3	31.70	0.00	3	53.82	0.00	3	71.71	0.00	3	112.46	0.00
C	3	13.33	0.00	3	1.60	0.19	3	65.67	0.00	3	16.25	0.00
A×B	9	5.820	0.00	9	0.91	0.52	9	1.56	0.14	9	2.75	0.01
A×C	9	19.07	0.00	9	5.94	0.00	9	17.11	0.00	9	2.82	0.0
B×C	9	1.22	0.29	9	3.44	0.00	9	0.50	0.87	9	0.50	0.87
A×B×C	27	8.38	0.00	27	0.50	0.98	27	0.43	0.99	27	0.52	0.98

注：A—植被恢复阶段；B—土层深度；C—季节变化；$A×B$、$A×C$、$B×C$、$A×B×C$ 则表示两者之间的交互作用；URE—脲酶；INV—蔗糖酶；ACP—酸性磷酸酶；CAT—过氧化氢酶；后同。

土壤 INV、ACP 和 CAT 活性均随植被恢复而增加，均表现为 LAG＞PLL＞LCQ＞LVR，均随土层深度增加而降低，且 0～10 cm 土层与其他 3 个土层差异显著（$P<0.05$）（表 2.19）。

随植被恢复，各土层 URE 活性均呈升高趋势，LAG、PLL、LCQ 各土层的平均值分别比 LVR 增加了 228.57%、78.57%、114.29%；0～10 cm、10～20 cm 土层，LAG 与 PLL、LCQ、LVR 之间，PLL、LCQ 与 LVR 之间差异显著（$P<0.05$）；20～30 cm、30～40 cm 土层，LAG 与 PLL、LCQ、LVR 之间，LCQ 与 LVR 之间差异显著（$P<0.05$）（表 2.19）。

随植被恢复，各土层 INV 活性均呈升高趋势，LAG、PLL、LCQ 各土层的平均值分别比 LVR 增加了 42.63%、15.34%、15.24%；0～10 cm、10～20 cm 土层，LAG 与 PLL（除 10～20 cm 土层外）、LVR 之间差异显著（$P<0.05$）；20～30 cm、30～40 cm 土层，LAG、PLL、LCQ、LVR 两两之间差异不显著（$P>0.05$）（表 2.19）。

随植被恢复，各土层 ACP 活性均呈升高趋势，LAG、PLL、LCQ 各土层的平均值分别比 LVR 增加了 79.85%、64.18%、23.13%；10～20 cm 土层，LAG、PLL 与 LVR 之间差异显著（$P<0.05$）；20～30 cm、30～40 cm 土层，LAG、PLL 与 LVR 之间，LAG 与 LCQ 之间差异显著（$P<0.05$）（表 2.19）。

表 2.19　不同植被恢复阶段土壤酶活性（4 个季节平均值±标准偏差）

酶活性	土层深度/cm	LVR	LCQ	PLL	LAG
URE / [mg/(g·24h)]	0～10	0.26±0.14Aa	0.47±0.15Ba	0.41±0.17Ba	0.64±0.23Ca
	10～20	0.13±0.09Ab	0.31±0.10Bb	0.26±0.13Bb	0.44±0.26Cb
	20～30	0.10±0.07Ab	0.22±0.09Bb	0.19±0.10ABbc	0.43±0.23Cb
	30～40	0.08±0.04Ab	0.20±0.11Bb	0.15±0.07ABc	0.34±0.25Cb
	平均值	0.14±0.09A	0.30±0.11B	0.25±0.12B	0.46±0.24C
INV / [mg/(g·24h)]	0～10	56.12±17.42Aa	68.69±24.27ABa	63.93±15.84Aa	82.82±28.07Ba
	10～20	37.11±14.83Ab	47.39±23.18ABb	47.54±12.99ABb	58.98±22.13Bb
	20～30	33.41±16.53Ab	32.31±13.82Ab	35.79±11.66Ac	43.80±17.22Abc
	30～40	29.76±14.91Ab	31.85±14.82Ab	33.16±6.47Ac	37.48±9.65Ac
	平均值	39.10±15.92A	45.06±19.02AB	45.10±11.74AB	55.77±19.27B
ACP / [mg/(g·24h)]	0～10	2.48±0.83Aa	2.62±0.50Aa	3.05±1.34Aa	2.98±1.23Aa
	10～20	1.22±0.94Ab	1.75±0.36ABb	2.42±1.04Bab	2.44±1.02Bab
	20～30	0.88±0.86Ab	1.20±0.46ABc	1.71±0.95BCb	2.20±1.07Cab
	30～40	0.79±0.78Ab	1.04±0.46ABc	1.62±0.81BCb	2.03±1.08Cb
	平均值	1.34±0.85A	1.65±0.44A	2.20±1.04BC	2.41±1.10C
CAT / [mg/(g·24h)]	0～10	3.97±1.20Aa	5.26±0.88Ba	5.46±0.59Ba	5.01±0.71Ba
	10～20	1.97±1.21Ab	3.67±0.98Bb	3.80±0.71Bb	4.06±0.71Bb
	20～30	1.29±0.79Abc	2.68±0.67Bc	2.93±0.94Bc	3.84±0.91Cb
	30～40	1.24±0.63Ac	2.60±0.81Bc	2.59±0.96Bc	3.54±0.81Cb
	平均值	2.12±0.96A	3.55±0.83B	3.70±0.80B	4.11±0.79C

随植被恢复，各土层 CAT 活性均呈升高趋势，LAG、PLL、LCQ 各土层的平均值分别比 LVR 增加了 93.87%、74.53%、67.45%；各土层 LVR 与 LCQ、PLL、LAG 差异显著（$P<0.05$）；20～30 cm、30～40 cm 土层，LAG 与 LCQ、PLL 差异显著（$P<0.05$）（表 2.19）。

2. 土壤酶指数

植被恢复阶段、土层深度及其交互作用对土壤酶指数影响的双因素方差分析结果表明，不同植被恢复阶段、不同土层深度土壤酶指数差异显著（$P<0.05$），表明植被恢复阶段、土层深度对土壤酶指数影响显著。但植被恢复阶段与土层深度的交互作用对土壤酶指数影响不显著（$P>0.05$），表明不同植被恢复阶段土壤酶指数的差异不随土层深度的变化而变化。

随植被恢复，土壤酶指数升高，除 30～40 cm 土层外，均表现为 LAG>PLL>LCQ>LVR（图 2.25）。0～10 cm 土层，PLL、LAG 与 LVR 之间差异显著（$P<0.05$）；10～20 cm、20～30 cm、30～40 cm 土层，LAG 与 LVR、LCQ、PLL（除 10～20 cm、20～30 cm 土层外）之间差异显著。这表明植被恢复提高土壤酶活性，特别是 0～10 cm

土层。同一植被恢复阶段土壤酶指数均随土层加深而下降（图 2.25）。

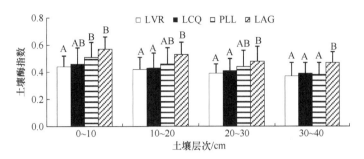

图 2.25　不同植被恢复阶段土壤酶指数

图中不同大写字母表示同一土层不同植被恢复阶段之间差异显著（$P<0.05$）

2.5.5　讨论

1. 植被恢复对土壤物理性质的影响

研究发现，土壤容重和颗粒组成影响土壤结构、水文状况和土壤肥力，并随植被类型的变化而变化（郭旭东等，2001）。土壤容重高、颗粒粗化表明土壤呈退化趋势（王效举和龚子同，1998）。本研究中，随植被恢复，土壤容重和 >2 μm 颗粒（砂粒与粉粒之和）的百分含量下降，<2 μm 黏粒的百分含量上升，表明植被恢复显著改善了土壤物理性质，与 Zhang 等（2019）的研究结果基本一致。

本研究中，4 个植被恢复阶段土壤容重范围（1.16～1.68 g/cm³）与亚热带地区土壤容重范围（0.97～1.47 g/cm³）（湖南省农业厅，1989）相近。LCQ 土壤容重高于其他 3 个植被恢复阶段，特别是在 30～40 cm 土层，可能受到多种因素（如土壤有机质、质地、植被类型）的共同调控：①土壤有机质（碳）是影响土壤容重的重要因素之一，有机质的积累有利于土壤团聚体的形成，土壤质地疏松，容重下降（Bienes et al.，2016），而我们的研究发现，从 LVR 恢复为 LCQ，SOC 积累速率无显著变化（图 5.2），土壤团聚体形成缓慢（图 2.22）；②在 LVR 阶段，森林采伐导致植被层消失时间和土壤层裸露的时间相对较短，土壤侵蚀程度还不是很严重，土壤容重仍较低，但随时间延长，到 LCQ 阶段，植被覆盖度及根系生物量仍处于相对较低水平，土壤层仍相对裸露，侵蚀程度增加，不利于土壤稳定性的维持，土壤粉粒、黏粒继续流失，百分含量继续下降，砂粒百分含量增加（表 2.13），土壤质地逐渐向容重高的砂土转化（图 2.22）。随植被恢复，到 PLL、LAG 阶段，乔木层形成，人为干扰减少，林分结构趋于稳定，植被覆盖率上升，根系生物量增大（图 3.2）且伸展范围广，凋落物量增多（图 2.12），地表凋落物逐渐积累（图 2.16），植物凋落物及根系逐渐形成具有抗侵蚀作用的土壤结皮，地表裸露面积减少，抗侵蚀能力增强，有机质积累速率明显加快，促使土壤团聚体形成，<2 μm 黏粒的百分含量增加，2～50 μm 粉砂粒的百分含量明显下降（表 2.13），土壤质地逐渐细化（图 2.22），土壤容重下降（张学权，2017）。这表明植被恢复是促进土壤物理结构改善的重要措施（雷泽勇等，2020），促进土壤质地细粒化（姚姣转等，2016），降低土壤

容重，有利于提高土壤保肥保水能力。此外，不同植被恢复阶段土壤容重均随土层加深而升高（表 2.12），主要与表层土壤覆盖大量凋落物及含有一定的腐殖质有关（张学权，2017）。

2. 植被恢复对土壤化学性质的影响

本研究中，4 个植被恢复阶段土壤 pH 为 4.54～4.96，酸性较强，均低于 Takoutsing 等（2016）的研究结果，主要原因可能是受到亚热带高温高湿条件下土壤富铁铝化作用的影响（Li et al.，2012）。本研究中，土壤 pH 随植被恢复呈下降趋势，以 LAG 最低，与付瓦利（1991）、张庆费等（1999）的研究结果基本一致。可能是由于随植被恢复，土壤有机质的积累通过提高土壤微生物活性，刺激其在有机质分解过程中释放出大量的小分子有机酸，导致土壤 pH 下降（Bienes et al.，2016）。此外，生物量也是刺激土壤 pH 随植被恢复下降的关键因素之一：植物群落从一年生草本植物发展为多年生植物，生物量大量积累，特别是根系生物量显著增加，更有利于各种酸性浸出物的释放和积累（Pang et al.，2018）。4 个植被恢复阶段土壤 pH 随土层深度增加而升高（表 2.14），可能原因与林地表面凋落物堆积、微生物和根系生物量随土层深度增加而减少有关（Pang et al.，2018）。

本研究中，随植被恢复，土壤全 N 和碱解 N 含量显著升高（表 2.15，表 2.16），与同一研究地区 Xu 等（2018）的研究结果不同，可能是恢复程度及植被类型不同所致。此外，土壤 N 还来源于其他 N 源，如大气 N 沉降、豆科植物的共生固 N 作用等（Alday et al.，2012），可能是导致土壤全 N 和碱解 N 含量随植被恢复的增量高于其他养分元素的原因。本研究中，土壤全 P 和有效 P 含量随植被恢复总体上呈增加趋势（表 2.15、表 2.16），与 Zhang 等（2019）的研究结果一致，可能是随植被次生恢复演替，树种组成和结构复杂化，年凋落物量增加，促进土壤有机质（碳）积累，显著提高土壤全 P 和有效 P 含量（Zhang et al.，2019），有助于缓解土壤 P 限制。

受植物生长养分需求量、凋落物归还及分解速率、微生物活性等因素影响，土壤供 K 强度因森林类型不同而异（肖灵香等，2015）。本研究中，土壤全 K 含量随植被恢复先下降后上升，而速效 K 先上升后下降（表 2.15、表 2.16），究其原因可能是：①从 LVR 到 PLL，群落生物量显著增加（表 3.11），植物需要吸收土壤中的速效 K 来维持生长发育，为满足植物生长需求，一方面通过微生物矿化分解有机质释放出速效 K（巩杰等，2005），另一方面通过转化全 K 中的速效 K、缓效 K 等形态提高 K 营养供应水平（周健民和沈仁芳，2013）；②到 LAG，群落结构趋于稳定，植物对 K 的吸收和归还基本达到"动态平衡"，即凋落物归还和分解释放的速效 K 能满足植物正常需求，因而对土壤全 K 的依赖性下降。此外，由于土壤 K、Ca、Mg 均来源于成土母质（Takoutsing et al.，2016），本研究中土壤全 K、速效 K、全 Ca、全 Mg 的含量随土层加深总体变化较小（表 2.15，表 2.16）。

研究表明，随植被恢复，植被覆盖度增加，土壤微环境（光照、温湿度等）改善，地表凋落物积累与分解，增加了土壤 N 的输入量，同时植物根系分泌有机酸类物质加速土壤难溶性物质向可利用性（可溶性）转化，提高了土壤 N 转化能力（Maithani et al.，

1998；Loreau et al.，2001）。凋落物添加能增加土壤无机 N 含量，且凋落物 C/N 越低，无机 N 提升效果越好（王春阳等，2010）。本研究中，随植被恢复，土壤可溶性 N 组分含量有不同程度升高（图 2.23），主要是随植被恢复，植被覆盖率升高，土壤容重下降（表 2.12），土壤黏粒百分含量升高（表 2.13），土壤结构优化，土壤保水保肥能力增强，土壤 TN 含量（表 2.15）和 B_N、B_C、B_P 升高（表 2.17），地表凋落物层现存量增加（表 2.16），且 C/N 下降（图 4.2），土壤可溶性 N 的来源增加，土壤固 N 能力提高。

本研究中，土壤 NO_3^--N 含量随植被恢复先降低再升高，与 SON 和 NH_4^+-N 的变化不同，可能是多种因素共同作用的结果：①研究区土壤 pH（4.35～5.12）较低（表 2.14），土壤 N 矿化和自养硝化速率低，导致富 N 土壤中 NO_3^--N 含量较低（Zhang et al.，2018）；②与 SON 和 NH_4^+-N 相比，NO_3^--N 不易被土壤胶体吸附，流动性较强，而且研究区水、热同季，且降雨量大，决定土壤无机 N 以 NH_4^+-N 为主，而不是 NO_3^--N（Zhang et al.，2018）；③植物根系优先吸收 NO_3^--N（Miller & Cramer，2005），灌木、乔木比草本植物需要更多 N 维持其生长发育，因而随植被恢复消耗更多 NO_3^--N，这些也正是 0～40 cm 土层 NO_3^--N 含量均低于 NH_4^+-N 的主要原因。由于表层土壤水热条件和通气状况较好，且表层土壤细根和凋落物快速分解，有利于微生物合成代谢，对土壤养分积累产生有利的影响，而随土层加深凋落物和有机质数量减少，微生物活性下降，各种养分含量下降，因而 SON、NH_4^+-N 含量随土层深度增加而降低。而 NO_3^--N 因更易溶于水，易随水流向下渗透，导致其含量随土层深度增加而升高。

研究表明，土壤交换性盐基总量的变化和分布特征可以反映土壤中营养元素的输出、输入及循环利用过程（张玉革等，2008）。本研究中，随植被恢复，交换性盐基总量总体增加（图 2.24），表明土壤生态系统的生物循环作用逐渐加强（van Breemen & Finzi，1998）。究其原因可能是：地表凋落物量因植被恢复而大量增加，分解释放后可以提高表层土壤的交换性盐基总量（张玉革等，2008）；其次，从草本植物恢复至常绿阔叶林，植物根系分布较深且更为发达，更好地将土壤深层的非交换性盐基转化为交换性盐基，进一步增大交换性盐基总量（Richter et al.，1994）。这可能是交换性盐基总量在土壤剖面分布表现为表层最高的原因之一。

3. 植被恢复对土壤微生物生物量的影响

研究表明，不同生态系统土壤微生物生物量差异较大，是生态系统特性与环境因子综合作用的结果，其中植被类型是重要的影响因子之一（Quideau et al.，2001b）。不同林分因组成树种及其数量、生物量、凋落物数量和质量的差异，土壤 SOC 及养分含量不同（Wardle，1992），进而影响土壤微生物的生长与繁殖，导致不同林地土壤微生物生物量也不相同（Wardle，1992；Quideau et al.，2001b）。植被恢复对土壤微生物的积极影响主要来自生物量（凋落物、根系及其分泌物等）增加导致的能源输入增加（赵彤等，2013），土壤微生物生物量与 SOC 同步变化。本研究中，随植被恢复，群落树种组成结构复杂化（表 1.1），群落生物量增加（表 3.11），年凋落物量（图 2.12）及地表凋落物现存量（图 2.16）增加；此外，群落内小气候因子趋于更稳定（表 2.5、表 2.6、表 2.7

和图 2.10），有利于凋落物分解速率提高（图 2.14），土壤 SOC（图 5.2）、TN、TP、AN、AP 含量（表 2.15，表 2.16）增加，为微生物生长与繁殖提供更多 C 源和养分，因而土壤 B_N、B_C 和 B_P 呈增加趋势（表 2.17），有助于土壤养分的转化。此外，本研究中，4 个植被恢复阶段土壤 B_P 差异最小（表 2.17），表明植被恢复对土壤 B_P 的改善不如 B_C、B_N 明显。同时，土壤 P 含量受成土母质影响较大，有关微生物体 P 的代谢速率、途径和来源仍有待进一步研究。

由于土壤中大多微生物属于异养型微生物，表层土壤动植物残体丰富，根系分泌物多，有机质含量高，土壤疏松且通气性较好，有利于微生物的活动，而随着土壤深度增加，地上植物对土壤的影响减弱，土壤环境条件不如表层土壤优越，微生物减慢其自身的合成代谢，导致深土层微生物生物量下降（漆良华等，2009）。本研究中，4 个植被恢复阶段的 0～10 cm 土层 B_N、B_C 和 B_P 含量最高（表 2.17），表明表层土壤微生物对 C、N、P 的固持能力较强。

4. 植被恢复对土壤酶活性的影响

与土壤微生物生物量一样，土壤酶活性也是反映土壤质量的重要生物学指标，显著影响土壤多种养分元素的释放和转化过程，能快速指示土壤质量的变化（Zeng et al.，2009）。研究表明，土壤酶作为催化土壤中多种生化反应的主要承载体，受到诸多因素的影响，如植被组成、土壤水热条件、养分丰缺、微生物种类与数量及地形地貌等（Jia et al.，2017）。随植被正向演替，植被因子和土壤因子的变化是影响土壤酶活性的重要因素，主要表现为：随植被恢复，群落结构复杂化，物种多样性增大，凋落物数量与质量提高，土壤有机质、养分含量增加，土壤微生物的数量和种类增加，共同增强了土壤酶活性（杨文彬等，2015）。

土壤 INV 可以分解蔗糖，为植物、微生物提供可以直接吸收和利用的葡萄糖和果糖，为土壤生物提供能量，其活性反映了 SOC 积累和分解转化的规律，比其他土壤酶更能明显地反映土壤肥力水平和微生物活性（龚伟等，2008）。土壤 URE 主要参与土壤有机质中蛋白质和氨基酸水解，为植物生长提供 N，其活性强即土壤 N 转化过程强烈（庞学勇等，2004）。ACP 能够催化磷酸酯或磷酸酐的水解反应，其活性直接影响土壤养分的供给（关松荫等，1986）。CAT 不仅能氧化过氧化氢，也能将酚类、胺类等物质氧化为醌，加速土壤有机物的分解和腐殖质的合成（关松荫等，1986）。本研究中，土壤 URE、INV、ACP 和 CAT 活性均随植被恢复显著增强（表 2.19），与杨文彬等（2015）的研究结果基本一致，表明植被恢复过程中，植被类型变化是土壤酶活性增强的主导因素。同样，土壤酶指数随植被恢复显著升高（图 2.25）也说明这一事实。

本研究中，4 个植被恢复阶段 0～10 cm 土层 4 种酶活性显著高于其他土层，与 Jia 等（2005）的研究结果基本一致，其原因可能是：①表土层水热、通气状况较佳，为土壤微生物呼吸和生长提供了良好的环境；②土壤酶主要来源于微生物、动植物残体及植物根系，表层土壤更易接收凋落物、根系的补给，导致有机质、全 N、水分含量较高，有利于土壤微生物的生长和繁殖。

2.6　结　　论

不同植被恢复阶段群落内小气候环境差异较大，植被恢复早期的环境具有开放性和光照充足的特点，各环境因子富于变化，而由于植被的缓冲作用，植被恢复后期的环境一般转变为较为封闭和稳定。随植被恢复，群落内小气候环境朝着更为阴、凉、湿的环境演变，且波动性减弱，稳定性增强，环境条件越来越适宜植物生长，从而有利于群落的稳定和恢复。

随植被恢复，从 LVR 到 LAG，年凋落物量增加了 2.89 倍，增加了 189.22%。凋落物的分解速率受到凋落物初始化学组成的影响。随植被恢复，凋落物层及各分解层凋落物现存量增加，LAG 是 LVR 的 4.97 倍；未分解层凋落物向半分解层和已分解层迁移的能力增强，41.59%～51.02%的凋落物已被分解为腐殖质。凋落物层及各分解层凋落物主要养分元素含量随植被恢复呈现不同的变化特征，其中 N、P 含量总体上增加，K 含量变化不大，Ca、Mg 含量呈一定的波动性。随植被恢复，凋落物层养分元素总储量增加，从 LVR 到 LAG，增加了 151.13 kg/hm^2，主要由 N、Ca 贡献，分别占总储量的 46.96%～60.33%和 32.57%～42.60%，且养分储量向腐殖质层转移增强，养分元素释放率下降，有利于养分的积累和储存。乔木层植物 α 多样性指数对凋落物层现存量、养分元素含量的影响最为明显。这表明植被恢复提高了凋落物层养分储存能力，有利于土壤养分的保持与积累，促进了生态系统养分循环过程和自我维持机制，体现了生态系统物质循环随植被恢复逐渐优化。

随着植被从早期灌草丛阶段向后期常绿阔叶林演替，物种多样性增加，土壤物理性状改善，土层加厚；同时，随着大量凋落物在表层聚集，土壤有机质积累，全 N、碱解 N、全 P、有效 P 也有所提高，土壤肥力呈明显上升趋势。土壤微生物生物量、酶活性总体上随植被恢复呈增加趋势，表明植被恢复加快了土壤 C、N、P 的周转速率，有利于土壤养分的恢复和维持。

综上所述，通过适当的经营管理措施，促进森林植被恢复，提高林内小气候环境稳定性，改良土壤物理结构，改善土壤理化性状、生物学活性，是恢复和维持土壤生产力的重要途径。在植被恢复与重建初期，建议除种植先锋树种马尾松外，在适当条件下可以引种灌木树种，如格药柃、南烛、山矾等和演替后期乔木树种，如柯、青冈、木荷、杜英等，以提高群落物种多样性，形成完备和稳定的层次结构，改善群落水热环境条件，加大根系和枯枝落叶回归土壤的速率，充分发挥森林的自我培肥作用，加速退化植被的恢复和演替进程。

主要参考文献

蔡章林, 吴仲民. 2020. 极端天气事件对森林生态系统的影响. 热带林业, 48(1): 43-49.

常雅军, 曹靖, 李建建, 等. 2009. 秦岭西部山地针叶林凋落物层的化学性质. 生态学杂志, 28(7): 1308-1315.

陈法霖, 江波, 张凯, 等. 2011. 退化红壤丘陵区森林凋落物初始化学组成与分解速率的关系. 应用生态学报, 22(3): 565-570.

陈金玲, 金光泽, 赵凤霞. 2010. 小兴安岭典型阔叶红松林不同演替阶段凋落物分解及养分变化. 应用生态学报, 21(9): 2209-2216.

陈进, 徐明, 邹晓, 等. 2019. 黔中地区不同林龄马尾松小气候特征研究. 中国环境科学, 39(12): 5264-5272.

谌贤, 刘洋, 邓静, 等. 2017. 川西亚高山森林凋落物不同分解阶段碳氮磷化学计量特征及种间差异. 植物研究, 37(2): 216-226.

崔鸿侠, 潘磊, 黄志霖, 等. 2017. 神农架巴山冷杉林凋落物量养分归还及分解特征. 南京林业大学学报(自然科学版), 41(1): 194-198.

崔讲学. 2011. 地面气象观测. 北京: 气象出版社.

邓秀秀, 王忠诚, 李程, 等. 2017. 浙江天童常绿阔叶林凋落物量季节动态及其与气象因子的关系. 中南林业科技大学学报, 37(3): 73-78.

窦荣鹏, 江洪, 余树全, 等. 2010. 热带尖峰岭和亚热带千岛湖六种凋落叶的分解特征. 生态学报, 30(16): 4521-4528.

杜颖, 关德新, 殷红, 等. 2007. 长白山阔叶红松林的温度效应. 生态学杂志, 26(6): 787-792.

范永刚. 2017. 局地不同地形的天气气候差别分析. 现代农业, (1): 96-98.

方晰, 陈金磊, 王留芳, 等. 2018. 亚热带森林土壤磷有效性及其影响因素的研究进展. 中南林业科技大学学报, 38(12): 1-12.

冯瑞芳, 杨万勤, 张健. 2006. 森林土壤有机层生化特性及其对气候变化的响应研究进展. 应用与环境生物学报, 12(5): 734-739.

付瓦利. 1991. 缙云山自然保护区不同植被下黄壤的研究. 西南师范大学学报(自然科学版), 16(1): 126-135.

付为国, 李萍萍, 吴沿友, 等. 2006. 镇江内江湿地不同演替阶段植物群落小气候日动态. 应用生态学报, 17(9): 1699-1704.

葛结林, 熊高明, 李家湘, 等. 2017. 中国南方灌丛凋落物现存量. 植物生态学报, 41(1): 5-13.

葛晓改, 曾立雄, 肖文发, 等. 2015. 三峡库区森林凋落叶化学计量学性状变化及与分解速率的关系. 生态学报, 35(3): 779-787.

葛晓改, 周本智, 肖文发. 2014. 马尾松人工林凋落物产量、养分含量及养分归还量特性. 长江流域资源与环境, 23(7): 996-1003.

葛晓敏, 陈水飞, 周旭, 等. 2019. 武夷山中亚热带常绿阔叶林土壤氮矿化的季节动态. 生态环境学报, 28(7): 1351-1360.

宫香伟, 李境, 马洪驰, 等. 2018. 黄土高原旱作区糜子–绿豆带状种植农田小气候特征与产量效应. 应用生态学报, 29(10): 3256-3266.

龚伟, 胡庭兴, 王景燕, 等. 2008. 川南天然常绿阔叶林人工更新后土壤碳库与肥力的变化. 生态学报, 28(6): 2536-2545.

巩杰, 陈利顶, 傅伯杰, 等. 2005. 黄土丘陵区小流域植被恢复的土壤养分效应研究. 水土保持学报, 19(1): 93-96.

关松荫, 等. 1986. 土壤酶及其研究法. 北京: 农业出版社.

郭剑芬, 陈光水, 钱伟, 等. 2006b. 万木林自然保护区2种天然林及杉木人工林凋落量及养分归还. 生态学报, 26(12): 4091-4098.

郭剑芬, 杨玉盛, 陈光水, 等. 2006a. 森林凋落物分解研究进展. 林业科学, 42(4): 93-100.

郭婧, 喻林华, 方晰, 等. 2015. 中亚热带4种森林凋落物量、组成、动态及其周转期. 生态学报, 35(14): 4668-4677.

郭平, 王云琦, 王玉杰, 等. 2013. 酸雨背景下缙云山典型林分凋落物量和营养元素含量及其释放特征. 生态学杂志, 32(9): 2339-2346.

郭旭东, 傅伯杰, 陈利顶, 等. 2001. 低山丘陵区土地利用方式对土壤质量的影响: 以河北省遵化市为例. 地理学报, 56(4): 445-455.

郝帅, 刘萍, 张毓涛, 等. 2007. 天山中段天山云杉林森林小气候特征研究. 新疆农业大学学报, 30(1): 48-52.

侯玲玲, 毛子军, 孙涛, 等. 2013. 小兴安岭十种典型森林群落凋落物生物量及其动态变化. 生态学报, 33(6): 1994-2002.

胡亚林, 汪思龙, 黄宇, 等. 2005. 凋落物化学组成对土壤微生物学性状及土壤酶活性的影响. 生态学报, 25(10): 2662-2668.

湖南省农业厅. 1989. 湖南土壤. 北京: 中国农业出版社.

黄彩凤, 梁晶晶, 张燕林, 等. 2021. 森林凋落物特性及对土壤生态功能影响研究进展. 世界林业研究, 34(4): 20-25.

黄宗胜, 符裕红, 喻理飞. 2013. 喀斯特森林植被自然恢复中凋落物现存量及其碳库特征演化. 林业科学研究, 26(1): 8-14.

金小麒. 1991. 华北地区针叶林下凋落物层化学性质的研究. 生态学杂志, 10(6): 24-29.

蓝芙宁, 蒋忠诚, 邓艳, 等. 2004. 广西岩溶地区森林群落及其生态因子的比较研究. 中国岩溶, 23(1): 30-36.

雷泽勇, 于东伟, 周凤艳, 等. 2020. 樟子松人工林营建对土壤颗粒组成变化的影响. 生态学报, 40(15): 5367-5376.

李兵, 孙同高, 范春楠, 等. 2017. 长白山森林群落凋落物现存量及其组成. 林业与环境科学, 33(2): 48-52.

李国雷, 刘勇, 李瑞生, 等. 2008. 油松叶凋落物分解速率、养分归还及组分对间伐强度的响应. 北京林业大学学报, 30(5): 52-57.

李惠宝, 史玉虎. 1999. 鄂西三峡库区端坊溪小流域优良林分小气候效益研究. 湖北林业科技, 28(3): 1-5.

李金花, 潘浩文, 王刚. 2004. 草地植物种群繁殖对策研究. 西北植物学报, 24(2): 352-355.

李荣华, 邓琦, 周国逸, 等. 2011. 起始时间对亚热带森林凋落物分解速率的影响. 植物生态学报, 35(7): 699-706.

李轩然, 刘琪璟, 陈永瑞, 等. 2006. 千烟洲人工林主要树种地上生物量的估算. 应用生态学报, 17(8): 1382-1388.

李忠文, 闫文德, 郑威, 等. 2013. 亚热带樟树–马尾松混交林凋落物量及养分动态特征. 生态学报, 33(24): 7707-7714.

廖军, 王新根. 2000. 森林凋落量研究概述. 江西林业科技, (1): 31-34.

廖利平, Lindley D K, 杨永辉. 1997. 森林叶凋落物混合分解的研究 I. 缩微(Microcosm)实验. 应用生态学报, 8(5): 459-464.

廖利平, 马越强, 汪思龙, 等. 2000. 杉木与主要阔叶造林树种叶凋落物的混合分解. 植物生态学报, 24(1): 27-33.

林波, 刘庆, 吴彦, 等. 2004. 森林凋落物研究进展. 生态学杂志, 23(1): 60-64.

林永标, 申卫军, 彭少麟, 等. 2003. 南亚热带鹤山三种人工林小气候效应对比. 生态学报, 23(8): 1657-1666.

凌华, 陈光水, 陈志勤, 等. 2009. 中国森林凋落量的影响因素. 亚热带资源与环境学报, 4(4): 66-71.

刘光崧. 1996. 土壤理化分析与剖面描述. 北京: 中国标准出版社.

刘蕾, 申国珍, 陈芳清, 等. 2012. 神农架海拔梯度上4种典型森林凋落物现存量及其养分循环动态. 生态学报, 32(7): 2142-2149.

刘士玲, 郑金萍, 范春楠, 等. 2017. 我国森林生态系统枯落物现存量研究进展. 世界林业研究, 30(1): 66-71.

刘文耀, 荆桂芬, 和爱军. 1990. 滇中常绿阔叶林及云南松林凋落物和死地被物中的养分动态. 植物学报, 32(8): 637-646.

刘效东, 周国逸, 陈修治, 等. 2014. 南亚热带森林演替过程中小气候的改变及对气候变化的响应. 生态学报, 34(10): 2755-2764.

刘兴诏, 周国逸, 张德强, 等. 2010. 南亚热带森林不同演替阶段植物与土壤中 N、P 的化学计量特征. 植物生态学报, 34(1): 64-71.

刘洋, 张健, 冯茂松. 2006. 巨桉人工林凋落物数量、养分归还量及分解动态. 林业科学, 42(7): 1-10.

刘增文. 2002. 森林生态系统中枯落物分解速率研究方法. 生态学报, 22(6): 954-956.

卢俊培, 刘其汉. 1988. 海南岛尖峰岭热带林凋落物研究初报. 植物生态学与地植物学学报, 12(2): 104-112.

卢晓强, 杨万霞, 丁访军, 等. 2014. 茂兰喀斯特地区原始林凋落物量动态与养分归还. 生态与农村环境学报, 30(5): 614-619.

逯军峰, 王辉, 曹靖, 等. 2007. 不同林龄油松人工林枯枝落叶层持水性及养分含量. 浙江林学院学报, 24(3): 319-325.

罗旭, 王聿丽, 张金荃. 2018. 气候变化和林火干扰对大兴安岭林区地上生物量影响的动态模拟. 应用生态学报, 29(3): 713-724.

罗永清, 赵学勇, 丁杰萍, 等. 2016. 科尔沁沙地不同类型沙地植被恢复过程中地上生物量与凋落物量变化. 中国沙漠, 36(1): 78-84.

吕婷婷, 贾黎明. 2021. 北京平原沙荒地不同造林模式的小气候变化分析. 山西林业科技, 50(2): 31-33.

吕晓涛, 唐建维, 何有才, 等. 2007. 西双版纳热带季节雨林的生物量及其分配特征. 植物生态学报, 31(1): 11-22.

马文济, 赵延涛, 张晴晴, 等. 2014. 浙江天童常绿阔叶林不同演替阶段地表凋落物的 C:N:P 化学计量特征. 植物生态学报, 38(8): 833-842.

宁晓波, 项文化, 王光军, 等. 2009. 湖南会同连作杉木林凋落物量 20 年动态特征. 生态学报, 29(9): 5122-5129.

欧阳旭, 李跃林, 张倩媚. 2014. 鼎湖山针阔叶混交林小气候调节效应. 生态学杂志, 33(3): 575-582.

欧阳学军, 黄忠良, 周国逸, 等. 2003. 鼎湖山 4 种主要森林的温度和湿度差异. 热带亚热带植物学报, 11(1): 53-58.

潘复静, 张伟, 王克林, 等. 2011. 典型喀斯特峰丛洼地植被群落凋落物 C:N:P 生态化学计量特征. 生态学报, 31(2): 335-343.

潘思涵, 程宇琪, 杜浩, 等. 2019. 大兴安岭森林演替过程中凋落物分解与 DOC 释放研究. 西南林业大学学报(自然科学), 39(5): 75-83.

庞学勇, 刘庆, 刘世全, 等. 2004. 川西亚高山针叶林植物群落演替对生物学特性的影响. 水土保持学报, 18(3): 45-48.

彭少麟, 刘强. 2002. 森林凋落物动态及其对全球变暖的响应. 生态学报, 22(9): 1534-1544.

漆良华, 张旭东, 周金星, 等. 2009. 湘西北小流域不同植被恢复区土壤微生物数量、生物量碳氮及其分形特征. 林业科学, 45(8): 14-20.

齐泽民, 王开运, 宋光煜, 等. 2004. 川西亚高山箭竹群落枯枝落叶层生物化学特性. 生态学报, 24(6): 1230-1236.

秦海, 李俊祥, 高三平, 等. 2010. 中国 660 种陆生植物叶片 8 种元素含量特征. 生态学报, 30(5): 1247-1257.

屈振江, 张勇, 王景红, 等. 2015. 黄土高原苹果园不同生长阶段的小气候特征. 生态学杂志, 34(2): 399-405.

全国土壤普查办公室. 1992. 中国土壤普查技术. 北京: 农业出版社.

任伟, 谢世友, 谢德体, 等. 2010. 岩溶山地典型植被恢复过程中土壤理化性质及微生物特征. 中国岩溶, 29(1): 35-40.

邵明安, 王全九, 黄明斌. 2006. 土壤物理学. 北京: 高等教育出版社.

沈海龙, 丁宝永, 沈国舫, 等. 1996. 樟子松人工林下针阔叶凋落物分解动态. 林业科学, 32(5): 393-402.

施昀希, 黎建强, 陈奇伯, 等. 2018. 滇中高原 5 种森林类型凋落物及营养元素储量研究. 生态环境学报, 27(4): 617-624.

宋影, 辜夕容, 严海元, 等. 2014. 中亚热带马尾松林凋落物分解过程中的微生物与酶活性动态. 环境科学, 35(3): 1151-1158.

苏静, 马姜明, 覃扬浍, 等. 2019. 桂林岩溶石山檵木群落不同恢复阶段凋落物层酶对凋落物分解的影响. 广西植物, 39(2): 170-177.

孙金伟, 吴家兵, 关德新, 等. 2011. 森林与空旷地空气温湿度及土壤温度的长期对比研究. 生态学杂志, 30(12): 2685-2691.

覃扬浍, 马姜明, 梅军林, 等. 2017. 漓江流域岩溶区檵木群落不同恢复阶段凋落物分解初期动态. 生态学报, 37(20): 6792-6799.

唐仕姗, 杨万勤, 殷睿, 等. 2014. 中国森林生态系统凋落叶分解速率的分布特征及其控制因子. 植物生态学报, 38(6): 529-539.

王兵, 刘国彬, 薛萐, 等. 2009. 黄土丘陵区撂荒对土壤酶活性的影响. 草地学报, 17(3): 282-287.

王春阳, 周建斌, 董燕婕, 等. 2010. 黄土区六种植物凋落物与不同形态氮素对土壤微生物量碳氮含量的影响. 生态学报, 30(24): 7092-7100.

王凤友. 1989. 森林凋落量研究综述. 生态学进展, 6(2): 82-89.

王瑾, 黄建辉. 2001. 暖温带地区主要树种叶片凋落物分解过程中主要元素释放的比较. 植物生态学报, 25(3): 375-380.

王丽红, 高鸿坤, 赵雨森, 等. 2021. 火烧迹地植被恢复对生长季林内小气候的调节作用. 林业科学, 57(4): 14-23.

王梦君, 刘万德, 徐崇华. 2014. 中国西南季风常绿阔叶林不同恢复阶段凋落物动态分析. 西北植物学报, 34(2): 372-378.

王珮环, 陈智, 于贵瑞, 等. 2019. 长白山温带阔叶红松林对温湿环境的调节效应. 应用生态学报, 30(5): 1521-1528.

王效举, 龚子同. 1998. 红壤丘陵小区域不同利用方式下土壤变化的评价和预测. 土壤学报, 35(1): 135-139.

魏媛, 喻理飞, 张金池. 2008. 退化喀斯特植被恢复过程中土壤微生物活性研究: 以贵州花江地区为例. 中国岩溶, 27(1): 63-67.

翁轰, 李志安, 屠梦照, 等. 1993. 鼎湖山森林凋落物量及营养元素含量研究. 植物生态学与地植物学学报, 17(4): 299-304.

吴甘霖, 羊礼敏, 段仁燕, 等. 2017. 大别山五针松林林窗、林缘和林下的微气候特征. 生物学杂志, 34(4): 64-66.

吴金水, 林启美, 黄巧云, 等. 2006. 土壤微生物生物量测定方法及其应用. 北京: 气象出版社.

肖金香, 方运霆. 2003. 江西资溪县马头山自然保护区森林小气候变化特征研究. 江西农业大学学报, 25(5): 661-665.

肖灵香, 方晰, 项文化, 等. 2015. 湘中丘陵区 4 种森林类型土壤理化性质. 中南林业科技大学学报, 35(5): 90-97, 108.

徐明洁, 张涛, 孙怡, 等. 2018. 千烟洲人工针叶林对温湿环境的调节作用. 生态学杂志, 37(11): 3245-3254.

闫俊华, 周国逸, 韦琴. 2000. 鼎湖山季风常绿阔叶林小气候特征分析. 武汉植物学研究, 18(5): 397-404.

阎恩荣, 王希华, 周武. 2008. 天童常绿阔叶林不同退化群落的凋落物特征及与土壤养分动态的关系. 植物生态学报, 32(1): 1-12.

杨文彬, 耿玉清, 王冬梅. 2015. 漓江水陆交错带不同植被类型的土壤酶活性. 生态学报, 35(14): 4604-4612.

杨玉盛, 陈银秀, 何宗明, 等. 2004b. 福建柏和杉木人工林凋落物性质的比较. 林业科学, 40(1): 2-10.

杨玉盛, 郭剑芬, 林鹏, 等. 2004a. 格氏栲天然林与人工林枯枝落叶层碳库及养分库. 生态学报, 24(2): 359-367.

姚姣转, 刘廷玺, 童新, 等. 2016. 科尔沁沙地沙丘–草甸相间地土壤颗粒的分形特征. 中国沙漠, 36(2): 433-440.

姚瑞玲, 丁贵杰, 王胤. 2006. 不同密度马尾松人工林凋落物及养分归还量的年变化特征. 南京林业大学学报(自然科学版), 30(5): 83-86.

蚁伟民, 丁明懋, 张祝平, 等. 1994. 鼎湖山黄果厚壳桂群落的凋落物及其氮素动态. 植物生态学报, 18(3): 228-235.

尹宝丝, 史常青, 贺康宁, 等. 2019. 高寒区华北落叶松林生长季内地表凋落物层碳氮磷化学计量特征. 应用与环境生物学报, 25(2): 268-274.

于明坚, 陈启常, 李铭红, 等. 1996. 青冈常绿阔叶林死地被层和土壤性质特征的研究. 林业科学, 32(2): 103-110.

余广彬, 杨效东. 2007. 不同演替阶段热带森林地表凋落物和土壤节肢动物群落特征. 生物多样性, 15(2): 188-198.

俞国松, 王世杰, 容丽. 2011. 茂兰喀斯特森林演替阶段不同小生境的小气候特征. 地球与环境, 39(4): 469-477.

喻林华, 方晰, 项文化, 等. 2016. 亚热带4种林分类型枯落物层和土壤层的碳氮磷化学计量特征. 林业科学, 52(10): 10-21.

原作强, 李步杭, 白雪娇, 等. 2010. 长白山阔叶红松林凋落物组成及其季节动态. 应用生态学报, 21(9): 2171-2178.

张超, 刘国彬, 薛萐, 等. 2010. 黄土丘陵区不同林龄人工刺槐林土壤酶演变特征. 林业科学, 46(12): 23-29.

张德强, 余清发, 孔国辉, 等. 1998. 鼎湖山季风常绿阔叶林凋落物层化学性质的研究. 生态学报, 18(1): 96-100.

张磊, 王晓荷, 米湘成, 等. 2011. 古田山常绿阔叶林凋落量时间动态及冰雪灾害的影响. 生物多样性, 19(2): 206-214.

张庆费, 徐绒娣. 1999. 浙江天童常绿阔叶林演替过程的凋落物现存量. 生态学杂志, 18(2): 17-21.

张庆费, 由文辉, 宋永昌. 1999. 浙江天童植物群落演替对土壤化学性质的影响. 应用生态学报, 10(1): 19-22.

张万儒, 许本彤, 杨承栋, 等. 1990. 山地森林土壤枯枝落叶层结构和功能的研究. 土壤学报, 27(2): 121-131.

张学权. 2017. 不同植被恢复土壤容重和孔隙度特征分析. 成都大学学报(自然科学版), 36(3): 325-327.

张一平, 王进欣, 马友鑫, 等. 2002. 西双版纳热带次生林林窗近地层温度时空分布特征. 林业科学, 38(6): 1-5.

张雨鉴, 王克勤, 宋娅丽, 等. 2020. 滇中亚高山地带性植被凋落物分解对模拟氮沉降的响应. 生态学报, 40(22): 8274-8286.

张玉革, 梁文举, 姜勇, 等. 2008. 不同利用方式对潮棕壤交换性钾钠及盐基总量的影响. 土壤通报, 39(4): 816-821.

张远东, 刘彦春, 顾峰雪, 等. 2019. 川西亚高山五种主要森林类型凋落物组成及动态. 生态学报, 39(2): 502-508.

赵畅, 龙健, 李娟, 等. 2018. 茂兰喀斯特原生林不同坡向及分解层的凋落物现存量和养分特征. 生态学杂志, 37(2): 295-303.

赵彤, 闫浩, 蒋跃利, 等. 2013. 黄土丘陵区植被类型对土壤微生物量碳氮磷的影响. 生态学报, 33(18):

5615-5622.

赵莹, 李晓杰, 金慧, 等. 2014. 长白山次生白桦林不同演替阶段环境因子特征. 北华大学学报(自然科学版), 15(5): 655-660.

郑金萍, 郭忠玲, 徐程扬, 等. 2011. 长白山北坡主要森林群落凋落物现存量月动态. 生态学报, 31(15): 4299-4307.

郑路, 卢立华. 2012. 我国森林地表凋落物现存量及养分特征. 西北林学院学报, 27(1): 63-69.

郑姗姗, 蔡丽平, 邹秉章, 等. 2020. 森林植被恢复与环境生态因子互作关系研究进展. 生态科学, 39(5): 227-232.

郑征, 李佑荣, 刘宏茂, 等. 2005. 西双版纳不同海拔热带雨林凋落量变化研究. 植物生态学报, 29(6): 884-893.

中国科学院南京土壤研究所. 1978. 土壤理化分析. 上海: 上海科学技术出版社.

钟国辉, 辛学兵. 2004. 西藏色季拉山暗针叶林凋落物层化学性质研究. 应用生态学报, 15(1): 167-169.

周国逸. 1997. 生态系统水热原理及其应用. 北京: 气象出版社.

周国逸, 李琳, 吴安驰. 2020. 气候变暖下干旱对森林生态系统的影响. 南京信息工程大学学报(自然科学版), 12(1): 81-88.

周健民, 沈仁芳. 2013. 土壤学大辞典. 北京: 科学出版社.

周新年, 巫志龙, 郑丽凤, 等. 2008. 天然林择伐 10 年后凋落物现存量及其养分含量. 林业科学, 44(10): 25-28.

周序力, 蔡琼, 熊心雨, 等. 2018. 贵州月亮山不同演替阶段亮叶水青冈林碳储量及其分配格局. 植物生态学报, 42(7): 703-712.

朱教君, 谭辉, 李凤芹, 等. 2009. 辽东山区次生林 3 种大小林窗夏季近地面气温及土壤温度比较. 林业科学, 45(8): 161-165.

庄家尧, 葛波, 杜妍, 等. 2019. 南京城郊麻栎林林内外温湿度变化特征. 浙江农林大学学报, 36(1): 62-69.

Aber J D, Melillo J M. 1980. Litter decomposition: measuring relative contributions of organic matter and nitrogen to forest soils. Canadian Journal of Botany, 58(4): 416-421.

Alday J G, Marrs R H, Martínez-Ruiz C. 2012. Soil and vegetation development during early succession on restored coal wastes: a six-year permanent plot study. Plant and Soil, 353(1-3): 305-320.

An J Y, Han S H, Youn W B, et al. 2020. Comparison of litterfall production in three forest types in Jeju Island, South Korea. Journal of Forestry Research, 31(3): 945-952.

Augusto L, De Schrijver A, Vesterdal L, et al. 2015. Influences of evergreen gymnosperm and deciduous angiosperm tree species on the functioning of temperate and boreal forests. Biological Reviews, 90(2): 444-466.

Berg B. 1986. Nutrient release from litter and humus in coniferous forest soils-a mini review. Scandinavian Journal of Forest Research, 1(1): 359-369.

Berg B. 2014. Decomposition patterns for foliar litter – A theory for influencing factors. Soil Biology and Biochemistry, 78: 222-232.

Berg B, Matzner E. 1997. Effect of N deposition on decomposition of plant litter and soil organic matter in forest systems. Environmental Reviews, 5(1): 1-25.

Bienes R, Marques M J, Sastre B, et al. 2016. Eleven years after shrub revegetation in semiarid eroded soils. Influence in soil properties. Geoderma, 273: 106-114.

Bonan G B. 2008. Forests and climate change: forcings, feedbacks, and the climate benefits of forests. Science, 320(5882): 1444-1449.

Burke I C, Lauenroth W K, Parton W J. 1997.Regional and temporal variation in net primary production and nitrogen mineralization in grasslands. Ecology, 78(5): 1330-1340.

Chen C, Fang X, Xiang W H, et al. 2020. Soil-plant co-stimulation during forest vegetation restoration in a subtropical area of southern China. Forest Ecosystems, 7(1): 32.

Davis F W, Synes N W, Fricker G A, et al. 2019. LiDAR-derived topography and forest structure predict fine-scale variation in daily surface temperatures in oak savanna and conifer forest landscapes. Agricultural and Forest Meteorology, 269-270: 192-202.

de Marco A, Spaccini R, Vittozzi P, et al. 2012. Decomposition of black locust and black pine leaf litter in two coeval forest stands on Mount Vesuvius and dynamics of organic components assessed through proximate analysis and NMR spectroscopy. Soil Biology and Biochemistry, 51: 1-15.

Domke G M, Perry C H, Walters B F, et al. 2016. Estimating litter carbon stocks on forest land in the United States. Science of the Total Environment, 557-558: 469-478.

Findlay S E G, Meyer J L, Edwards R T. 1984. Measuring bacterial production via rate of incorporation of [^{3}H] thymidine into DNA. Journal of Microbiological Methods, 2(2): 57-72.

Finér L, Mannerkoski H, Piirainen S, et al. 2003. Carbon and nitrogen pools in an old-growth, Norway spruce mixed forest in eastern Finland and changes associated with clear-cutting. Forest Ecology and Management, 174(1-3): 51-63.

Fredeen A L, Randerson J T, Holbrook N M, et al. 1997. Elevated atmospheric CO_2 increases water availability in a water- limited grassland ecosystem. Journal of the American Water Resources Association, 33(5): 1033-1039.

García-Palacios P, McKie B G, Handa I T, et al. 2016. The importance of litter traits and decomposers for litter decomposition: a comparison of aquatic and terrestrial ecosystems within and across biomes. Functional Ecology, 30(5): 819-829.

Gorissen A. 1996. Elevated CO_2 evokes quantitative and qualitative changes in carbon dynamics in a plant/soil system: mechanism and implications. Plant and Soil, 187: 289-298.

Guo C, Cornelissen J H C, Zhang Q Q, et al. 2019. Functional evenness of N-to-P ratios of evergreen-deciduous mixtures predicts positive non-additive effect on leaf litter decomposition. Plant and Soil, 436(1-2): 299-309.

Güsewell S, Verhoeven J T A. 2006. Litter N: P ratios indicate whether N or P limits the decomposability of graminoid leaf litter. Plant and Soil, 287(1-2): 131-143.

Hansen R A, Coleman D C. 1998. Litter complexity and composition are determinants of the diversity and species composition of oribatid mites (Acari: Oribatida) in litterbags. Applied Soil Ecology, 9(1-3): 17-23.

Hättenschwiler S, Jørgensen H B. 2010. Carbon quality rather than stoichiometry controls litter decomposition in a tropical rain forest. Journal of Ecology, 98(4): 754-763.

Hishinuma T, Azuma J I, Osono T, et al. 2017. Litter quality control of decomposition of leaves, twigs, and sapwood by the white-rot fungus Trametes versicolor. European Journal of Soil Biology, 80: 1-8.

Hobbie S E, Eddy W C, Buyarski C R, et al. 2012. Response of decomposing litter and its microbial community to multiple forms of nitrogen enrichment. Ecological Monographs, 82(3): 389-405.

Holst T, Mayer H, Schindler D. 2004. Microclimate within beech stands—part II: thermal conditions. European Journal of Forest Research, 123(1): 13-28.

Janzen H H. 2004. Carbon cycling in earth systems-a soil science perspective. Agriculture, Ecosystems and Environment, 104(3): 399-417.

Jia G M, Cao J, Wang C Y, et al. 2005. Microbial biomass and nutrients in soil at the different stages of secondary forest succession in Ziwulin, northwest China. Forest Ecology and Management, 217(1): 117-125.

Jia G M, Liu X. 2017. Soil microbial biomass and metabolic quotient across a gradient of the duration of annually cyclic drainage of hillslope riparian zone in the three gorges reservoir area. Ecological Engineering, 99(3): 366-373.

Jia Y Y, Lv Y N, Kong X S, et al. 2015. Insight into the indirect function of isopods in litter decomposition in mixed subtropical forests in China. Applied Soil Ecology, 86: 174-181.

Jones D L, Willett V B. 2006. Experimental evaluation of methods to quantify dissolved organic nitrogen (DON) and dissolved organic carbon (DOC) in soil. Soil Biology and Biochemistry, 38(5): 991-999.

Kamruzzaman M, Sharma S, Rafiqul hoque A T M, et al. 2012. Litterfall of three subtropical mangrove species in the family Rhizophoraceae. Journal of Oceanography, 68(6): 841-850.

Kang H Z, Xin Z J, Berg B, et al. 2010. Global pattern of leaf litter nitrogen and phosphorus in woody plants. Annals of Forest Science, 67(8): 811.

Kavvadias V A, Alifragis D, Tsiontsis A, et al. 2001. Litterfall, litter accumulation and litter decomposition rates in four forest ecosystems in northern Greece. Forest Ecology and Management, 144(1-3): 113-127.

Kirschner A K T, Velimirov B. 1999. Benthic bacterial secondary production measured via simultaneous ^{3}H-thymidine and ^{14}C-leucine incorporation, and its implication for the carbon cycle of a shallow macrophyte-dominated backwater system. Limnology and Oceanography, 44(8): 1871-1881.

Kovács B, Tinya F, Ódor P. 2017. Stand structural drivers of microclimate in mature temperate mixed forests. Agricultural and Forest Meteorology, 234-235: 11-21.

Li J Y, Xu R K, Zhang H. 2012. Iron oxides serve as natural anti-acidification agents in highly weathered soils. Journal of Soils and Sediments, 12(6): 876-887.

Li S S, Tong Y W, Wang Z W. 2017. Species and genetic diversity affect leaf litter decomposition in subtropical broadleaved forest in southern China. Journal of Plant Ecology, 10(1): 232-241.

Li Y, Zhao M S, Motesharrei S, et al. 2015. Local cooling and warming effects of forests based on satellite observations. Nature Communications, 6: 6603.

Loreau M, Naeem S, Inchausti P, et al. 2001. Biodiversity and ecosystem functioning: current knowledge and future challenges. Science, 294(5543): 804-808.

Maithani K, Arunachalam A, Tripathi R S, et al. 1998. Nitrogen mineralization as influenced by climate, soil and vegetation in a subtropical humid forest in northeast India. Forest Ecology and Management, 109(1-3): 91-101.

Marian F, Sandmann D, Krashevska V, et al. 2017. Leaf and root litter decomposition is discontinued at high altitude tropical montane rainforests contributing to carbon sequestration. Ecology and Evolution, 7(16): 6432-6443.

Mayer P M. 2008. Ecosystem and decomposer effects on litter dynamics along an old field to old-growth forest successional gradient. Acta Oecologica, 33(2): 222-230.

Meijide A, Badu C S, Moyano F, et al. 2018. Impact of forest conversion to oil palm and rubber plantations on microclimate and the role of the 2015 ENSO event. Agricultural and Forest Meteorology, 252: 208-219.

Miller A J, Cramer M D. 2005. Root nitrogen acquisition and assimilation. Plant soil, 274: 1-36.

Montwé D, Isaac-Renton M, Hamann A, et al. 2018. Cold adaptation recorded in tree rings highlights risks associated with climate change and assisted migration. Nature Communications, 9 9: 1574.

Moore T R, Trofymow J A, Prescott C E, et al. 2011. Nature and nurture in the dynamics of C, N and P during litter decomposition in Canadian forests. Plant and Soil, 339(1-2): 163-175.

Newell S Y, Fallon R D. 1991. Toward a method for measuring instantaneous fungal growth rates in field samples. Ecology, 72(5): 1547-1559.

Nicia P, Bejger R, Zadrożny P, et al. 2018. The impact of restoration processes on the selected soil properties and organic matter transformation of mountain fens under Caltho-Alnetum community in the Babiogórski National Park in Outer Flysch Carpathians, Poland. Journal of Soils and Sediments, 18(8): 2770-2776.

Olsen S R, Watanabe F S, Bowman R A. 1983. Evaluation of fertilizer phosphate residues by plant uptake and extractable phosphorus. Soil Science Society of America Journal, 47(5): 952-958.

Olson J S. 1963. Energy storage and the balance of producers and decomposers in ecological systems. Ecology, 44(2): 322-331.

Pang D B, Cao J H, Dan X Q, et al. 2018. Recovery approach affects soil quality in fragile karst ecosystems of southwest China: Implications for vegetation restoration. Ecological engineering, 123: 151-160.

Parsons S A, Congdon R A, Lawler I R. 2014. Determinants of the pathways of litter chemical decomposition in a tropical region. New Phytologist, 203(3): 873-882.

Parton W, Silver W L, Burke I C, et al. 2007. Global-scale similarities in nitrogen release patterns during long-term decomposition. Science, 315(5810): 361-364.

Pei G T, Liu J, Peng B, et al. 2019. Nitrogen, lignin, C/N as important regulators of gross nitrogen release and immobilization during litter decomposition in a temperate forest ecosystem. Forest Ecology and Management, 440: 61-69.

Portillo-Estrada M, Pihlatie M, Korhonen J F, et al. 2016. Climatic controls on leaf litter decomposition across European forests and grasslands revealed by reciprocal litter transplantation experiments. Biogeosciences, 13(5): 1621-1633.

Quideau S A, Chadwick O A, Benesi A, et al. 2001a. A direct link between forest vegetation type and soil organic matter composition. Geoderma, 104(1-2): 41-60.

Quideau S A, Chadwick O A, Trumbore S E, et al. 2001b. Vegetation control on soil organic matter dynamics. Organic Geochemistry, 32(2): 247-252.

R Core Team. 2020. R: a language and environment for statistical computing. Vienna: R Foundation for Statistical Computing.

Raich J W, Schlesinger W H. 1992. The global carbon dioxide flux in soil respiration and its relationship to vegetation and climate. Tellus B: Chemcial and Physical Meteorolgy, 44 (2): 81-99.

Ribeiro C, Madeira M, Araújo M C. 2002. Decomposition and nutrient release from leaf litter of *Eucalyptus globulus* grown under different water and nutrient regimes. Forest Ecology and Management, 171(1-2): 31-41.

Richter D D, Markewitz D, Wells C G, et al. 1994. Soil chemical change during three decades in an old-field loblolly pine (*Pinus taeda* L.) ecosystem. Ecology, 75(5): 1463-1473.

Sardans J, Rivas-Ubach A, Peñuelas J. 2012. The C: N: P stoichiometry of organisms and ecosystems in a changing world: a review and perspectives. Perspectives in Plant Ecology, Evolution and Systematics, 14(1): 33-47.

Sayer E J. 2006. Using experimental manipulation to assess the roles of leaf litter in the functioning of forest ecosystems. Biological Reviews, 81(1): 1-31.

Seidelmann K N, Scherer-Lorenzen M, Niklaus P A. 2016. Direct vs. microclimate-driven effects of tree species diversity on litter decomposition in young subtropical forest stands. PLoS One, 11(8): e0160569.

Song Y Y, Song C C, Ren J S, et al. 2018. Influence of nitrogen additions on litter decomposition, nutrient dynamics, and enzymatic activity of two plant species in a peatland in Northeast China. Science of the Total Environment, 625: 640-646.

Sulkava P, Huhta V. 2003. Effects of hard frost and freeze-thaw cycles on decomposer communities and N mineralisation in boreal forest soil. Applied Soil Ecology, 22(3): 225-239.

Sun J N, Gao P, Xu H D, et al. 2020. Decomposition dynamics and ecological stoichiometry of Quercus acutissima and Pinus densiflora litter in the Grain to Green Program Area of northern China. Journal of Forestry Research, 31: 1613-1623.

Szefer P, Carmona C P, Chmel K, et al. 2017. Determinants of litter decomposition rates in a tropical forest: Functional traits, phylogeny and ecological succession. Oikos, 126(8): 1101-1111.

Takoutsing B, Weber J C, Tchoundjeu Z, et al. 2016. Soil chemical properties dynamics as affected by land use change in the humid forest zone of Cameroon. Agroforestry Systems, 90(6): 1089-1102.

van Breemen N, Finzi A C. 1998. Plant-soil Interactions: Ecological Aspects and Evolutionary Implications. Biogeochemistry, 42(1): 1-19.

van Ginkel J H, Gorseen A, van Veen J A. 1996. Long-term decomposition of grass roots as affected by elevated atmospheric carbon dioxide. Journal of Environmental Quality, 25(5): 1122-1128.

Vanneste T, Govaert S, Spicher F, et al. 2020. Contrasting microclimates among hedgerows and woodlands across temperate Europe. Agricultural and Forest Meteorology, 281: 107818.

Vitousek P M. 1984. Litterfall, nutrient cycling, and nutrient limitation in tropical forests. Ecology, 65(1): 285-298.

Vitousek P M. 2004. Nutrient Cycling and Limitation: Hawai'i as a Model System. Princeton: Princeton University Press.

Vitousek P M, Turner D R, Parton W J, et al. 1994. Litter decomposition on the Mauna Loa environmental matrix, Hawai'i: patterns, mechanisms, and models. Ecology, 75(2): 418-429.

Walker T W, Syers J K. 1976. The fate of phosphorus during pedogenesis. Geoderma, 15(1): 1-19.

Wang M, Moore T R. 2014. Carbon, nitrogen, phosphorus, and potassium stoichiometry in an ombrotrophic peatland reflects plant functional type. Ecosystems, 17(4): 673-684.

Wang X Y, Miao Y, Yu S, et al. 2014. Genotypic diversity of an invasive plant species promotes litter decomposition and associated processes. Oecologia, 174(3): 993-1005.

Wardle D A. 1992. A comparative assessment of factors which influence microbial biomass carbon and nitrogen levels in soil. Biological Reviews, 67(3): 321-358.

Wu F Z, Yang W Q, Zhang J, et al. 2010. Litter decomposition in two subalpine forests during the freeze-thaw season. Acta Oecologica, 36(1): 135-140.

Xu C H, Xiang W H, Gou M M, et al. 2018. Effects of forest restoration on soil carbon, nitrogen, phosphorus, and their stoichiometry in Hunan, Southern China. Sustainability, 10(6): 1874.

Xu X N, Hirata E. 2005. Decomposition patterns of leaf litter of seven common canopy species in a subtropical forest: N and P dynamics. Plant and Soil, 273(1-2): 279-289.

Zeng D H, Hu Y L, Chang S X, et al. 2009. Land cover change effects on soil chemical and biological properties after planting Mongolian pine (*Pinus sylvestris* var. *mongolica*) in sandy lands in Keerqin, northeastern China. Plant and Soil, 317(1/2): 121-133.

Zhang H C, Yuan W P, Dong W J, et al. 2014. Seasonal patterns of litterfall in forest ecosystem worldwide. Ecological Complexity, 20: 240-247.

Zhang K R, Cheng X L, Dang H S, et al. 2013. Linking litter production, quality and decomposition to vegetation succession following agricultural abandonment. Soil Biology and Biochemistry, 57: 803-813.

Zhang X Y, Wang W. 2015. Control of climate and litter quality on leaf litter decomposition in different climatic zones. Journal of Plant Research, 128(5): 791-802.

Zhang Y H, Xu X L, Li Z W, et al. 2019. Effects of vegetation restoration on soil quality in degraded karst landscapes of southwest China. Science of the Total Environment, 650: 2657-2665.

Zhang Y S, Ding H, Zheng X Z, et al. 2018. Soil N transformation mechanisms can effectively conserve N in soil under saturated conditions compared to unsaturated conditions in subtropical China. Biology and Fertility of Soils, 54: 495-507.

第3章 不同植被恢复阶段生态系统生物量及其碳密度特征

3.1 森林生态系统生物量及其碳密度的研究概况

随着工业和经济快速发展，人们对资源的利用方式改变，社会对化石燃料的需求越来越多，土地利用不合理等问题不断凸显（陶玉华，2012；张玮辛等，2012），温室气体（CO_2、CH_4、N_2O、HFC）排放量不断增加，大气中 CO_2 等温室气体的含量不断升高，加速全球气候变暖的进程。全球气候变暖正改变陆地生态系统的结构与功能，影响着人类社会的生存与发展。2009 年"哥本哈根世界气候大会"的召开表明全球气候变暖已成为各国政府和科学界关注的焦点，如何减缓与适应全球气候变化也已成为 21 世纪最受关注的全球性生态学问题。

森林恢复和演替是重要的潜在碳汇（Fang et al.，2001），是一种有效提高陆地生态系统碳汇功能的重要措施（Li et al.，2012；邸月宝等，2012）。森林生物量是研究和评价森林生态系统结构与功能过程最基本的参数，不仅能揭示森林生态系统能量平衡、养分循环和生产力等功能过程的变化规律（Poorter et al.，2012；Ahmed et al.，2013；张蕾等，2017），还能反映森林生态系统功能过程的强弱，对研究森林生态系统碳循环过程和全球气候变化具有重要意义（Brown et al.，1996；赵士洞和汪业勖，2001；Houghton，2005；范文义等，2011）。20 世纪 70 年代初，在国际生物学计划（International Biological Programme，IBP）和人与生物圈计划（Man and the Biosphere Programme，MAB）（Whittaker & Likens，1973）推动下，森林生物量研究迅速发展，研究方法和技术多样，生物量估算准确度不断提高，特别是 20 世纪 90 年代国际地圈–生物圈计划（International Geosphere - Biosphere Programme，IGBP）的实施以及国际社会对全球气候变化的关注，森林生物量研究再次成为现代生态学研究热点。目前，森林生物量研究已在个体、种群、群落、生态系统、景观、区域、生物圈等多个尺度上进行（李文华，1978；巨文珍和农胜奇，2011），基于样地调查（潘维俦等，1978；冯宗炜等，1982）、遥感技术（Houghton，2005）、激光雷达技术（Ahmed et al.，2013）和生态过程模型（Tahvanainen & Forss，2008）对不同地理种源（潘维俦等，1978；冯宗炜等，1982；Tahvanainen & Forss，2008）、发育阶段（潘维俦等，1978；Pattison et al.，1998）和自然地带（Houghton et al.，2001；Esteban & Carrasco，2006；王晓莉等，2014）的森林生态系统生物量进行估算，也围绕气候、环境、资源等人类社会生产实践对生态系统生物量动态变化进行研究（Álvarez-Martínez et al.，2010；Anderson，2010）。但基于样地调查数据，关于不同植被恢复阶段对森林生物量影响的研究仍少见报道。

森林生态系统碳密度是研究森林生态系统与大气间碳交换的基本参数（Körner，2000），能够反映植被光能利用和群落吸收大气 CO_2 的能力，是研究陆地生态系统碳循环、碳汇过程调控的基础和主要环节之一（宁晨，2013），也是碳汇调控过程中急需解决的基本难题之一（杨洪晓等，2005）。目前由于研究方法、研究空间尺度数据获取方式等方面的差异，在森林生态系统碳汇功能研究方面，对森林生物量碳密度、土壤碳密度及其动态变化的研究结果差异较大，导致特定区域森林生态系统源/汇关系研究的不确定性。中国亚热带地区面积广阔，水热条件优越，物种丰富，为森林植物生长发育提供了良好的环境，形成了复杂多样的森林类型，特别是孕育着生产力较高、物种丰富的常绿阔叶林（Barrufol et al.，2013），成为中国重要的农林业生产基地，在生物多样性保护、水土保持、区域碳平衡等方面起着重要的作用（吴君君等，2014）。但由于人口密集和长期的集约生产经营活动，地带性植被常绿阔叶林遭到了严重破坏，多已转变为次生林、人工林甚至退化为灌木林、灌草丛，或被开垦为农耕地，树种组成和品质下降，林分空间结构趋于简单，生态功能显著下降，因此迅速恢复森林植被是治理该地区生态环境的关键（侯一蕾等，2014）。在生态系统碳密度分配方面，随植被恢复，植被层碳密度的贡献增加，而土壤碳密度的贡献下降（Zhu et al.，2017）。但目前的研究主要针对人工林或中高纬度温带地区的针叶林，有关亚热带森林生态系统碳密度及其空间分配格局随植被恢复的变化仍少有报道（周序力等，2018）。环境变化（如温度、降水、酸沉降等）深刻影响着森林生态系统的生物量和生产力，从而影响生态系统的各种功能过程（张治军等，2006）。物种多样性与生态系统功能过程密切相关，而生物量及其碳汇是生态系统功能的重要表征参数。因此，研究不同植被恢复阶段生态系统生物量分配格局及其碳汇功能，揭示植被恢复对生态系统的结构和功能特征的影响，对探讨退化森林生态系统的植被恢复与重建具有理论与实践双重意义，也可为次生林的保护和管理利用提供科学依据（漆良华等，2007）。

3.1.1　中国不同地理区域森林生物量的研究

生物量（biomass）是指生态系统单位面积上有机干物质的质量，包括活植物体和死植物体以及残留在地表的器官或组织的干物质质量，通常用单位面积的干物质质量（t/hm^2 或 kg/hm^2）来表示。森林生态系统生物量不仅能反映森林生态系统基本特征，还是研究森林生态系统物质循环和能量流动，评价森林生态系统生产潜力以及进行森林生态系统经营管理的基础数据。由于树种不同，形成森林群落的主导因素不同，即便处在相同地域，年龄相同或相近的不同林分类型，其生物量的积累及其空间分配格局依然存在明显的差异（谌小勇等，1993）。

森林生物量的一个重要特点是以质量或能量为指标，为若干不同学科背景之间，不同类型生态系统之间以及同一生态系统不同组分之间提供了有力的统一连接手段（谌小勇等，1993）。20 世纪 50 年代初期，国外学者开始重视森林生物量研究，并在 IBP 和 MAB 推动下，研究了地球上主要森林类型的生物量和生产力及其区域地理分布规律，探讨了植被生产力与气候因子（主要是气温、降水）、植物群落分布之间的关系，并估算了生物圈主要植被类型的生物量及其地理分布特征。此外，由于全球气候变化，森林具有减缓温室效应的作用，大尺度的森林生物量和生产力研究与森林碳循环研究紧密结合起来，使森林生物量与生产力成为新的研究热点。中国森林生物量与生产力的研究开始于 20 世纪 70 年代后期，建立了不同树种生物量的相对生长方程，估算了各区域不同林分的生物量和生产力。

20 世纪 70 年代末，潘维俦等（1978）、李文华（1978）、冯宗炜等（1982）先后开展杉木人工林、长白山温带天然林和马尾松人工林、全国不同森林类型生物量的研究，对中国森林生物量研究起到了极大的推动作用。与人工林生物量研究相比，次生林生物量的研究较少。中国地域辽阔，地形、气候条件差异显著，孕育了丰富的森林类型，从北到南依次分布有寒温带针叶林、温带针阔混交林、温带落叶阔叶林、亚热带常绿阔叶林和热带雨林或季雨林。由于各森林类型树种组成不同，因此不同区域甚至同一区域不同林分类型生物量的空间分布格局也不尽相同。研究表明，气温、降水是影响不同区域森林生物量的重要因素（任红玲和唐晓玲，2007；Sherry et al.，2008；Gustafson et al.，2010），而同一气候区内林分类型是影响森林生物量的主要因素（Lehtonen et al.，2004；Luo et al.，2013；董利虎，2015）。从整体上看，由北到南随纬度下降，森林生物量呈增加趋势，呈现出温带地区最低、亚热带地区居中、热带地区最高的空间分布格局（王效科等，2001）。不同林分类型生物量从高至低的变化规律为：热带雨林、常绿阔叶林、针叶林、针阔叶混交林、落叶阔叶林（马炜和孙玉军，2009）。近年来，随森林生物量研究的深入，许多学者相继开展不同地理区域现有森林生物量的研究，各地区森林生物量数据也在不断累积，为准确估算区域或全国尺度森林植被生物量和碳密度提供了必要的基础数据。

1. 温带地区

温带是中国重要的森林分布区，主要分布有针叶林、落叶阔叶林和针阔混交林。针叶林多分布在东北地区的大兴安岭、小兴安岭、长白山等林区，针阔混交林、落叶阔叶林主要分布在东北和华北地区。针叶树种主要有红松、落叶松、樟子松（*Pinus sylvestris*）、油松等，落叶树种有白桦、蒙古栎（*Quercus mongolica*）、山杨、榆树（*Ulmus pumila*）等。从表 3.1 可以看出，林龄相近的不同林分类型生物量不同，20～25 年生的红松林生物量为 63 130～93 280 kg/hm^2，18～22 年生的落叶松林生物量为 44 454～140 360 kg/hm^2，16～19 年生的白桦生物量为 25 590～77 391 kg/hm^2；同一林分类型不同林龄的林分生物量也不同，可能由于密度的差异，生物量不一定随林龄增加而增加；表明林分类型、林龄对林分生物量有显著的影响。从以针叶林、针阔混交林为主的东北地区到以落叶阔叶林为主的华北地区，森林生物量总体上逐渐增加，林龄相近同一林分类型（如红松林、落叶松林、白桦林）从北到南林分生物量逐渐增加。主要是由于东北大兴安岭、小兴安岭、长白山地区处于高纬度地带，冬季漫长干燥寒冷，气温低，年降水量相对较少（约660 mm），年蒸发量大（865 mm），耐寒的针叶林生长缓慢，生物量积累速率低；与常绿阔叶树种相比，针叶树种叶面积小，光合作用制造有机物质能力弱，林分生物产量处于较低水平。这表明纬度对林木生长和森林生物量具有一定的影响，也表明气候因素（如气温、降水）是影响森林生物量的主要因素（王晓莉等，2014）。

表 3.1　温带地区不同林分类型的生物量　　　　　（单位：kg/hm²）

林分类型	地区	林龄/a	生物量	资料来源
红松林	黑龙江小兴安岭林区	24	63 130	胡海清等，2015
	黑龙江小兴安岭东南端	25	65 270	周建宇等，2014
	吉林长白山	20	81 012	姜萍等，2005
	辽宁本溪县高官镇	20	93 280	卢正茂等，2010
落叶松林	黑龙江大兴安岭北部林区	20	45 028	郭颖涛，2015
	黑龙江伊春市东折棱河林场	20	44 454	张俊，2008
	黑龙江小兴安岭林区	21	57 550	胡海清等，2015
	河北木兰围场国有管理局	20	48 300	靳阿亮等，2012
	河北塞罕坝机械林场阴河林场	18	128 730	张田田，2012
		22	140 360	
白桦林	黑龙江大兴安岭加格达奇林业局	16	25 590	夏成财等，2012
	黑龙江小兴安岭林区	19	41 070	胡海清等，2015
	河北木兰围场林管局	16	77 391	宋熙龙等，2010

2. 亚热带地区

我国亚热带地区自然环境优越，水热同季，树种丰富，森林类型多样，是我国主要森林植被分布区之一。常绿阔叶林、马尾松针阔混交林、马尾松林和杉木林是我国亚热带地区主要林分类型，也是森林生物量研究的主要对象。同时，我国亚热带地区广阔（2.4×10⁶ km²），南北跨度从北纬 22° 到北纬 34°，东西跨度从东经 98° 到 120°，地形、气候具有显著差异，不同地势对林区地貌产生了一定影响，因而不同区域同一林分类型生物量呈现出一定地理空间分布格局。云贵高原以东是中国亚热带东南林区，杉木、马尾松、柯、青冈、木荷、樟树、苦槠（*Castanopsis sclerophylla*）、冬青（*Ilex chinensis*）等是该地区森林生态系统的主要树种。对不同区域马尾松人工林、杉木人工林生物量统计结果（表 3.2）表明，40～46 年生马尾松人工林生物量从重庆市江北区铁山坪林场的 146 080 kg/hm² 增加到福建省武夷山洋庄乡林场的 233 610 kg/hm²，22～23 年生杉木人工林从安徽省金寨县国营马鬃岭林场的 117 240 kg/hm² 增加到福建省宁德福口国有林场的 188 780 kg/hm²，9～16 年生杉木人工林从贵州省黔东南州麻江县龙山乡 42 292 kg/hm² 增加到广西壮族自治区北部的 172 512 kg/hm²。这表明亚热带地区森林生物量与该地区环境（温度、降水）条件的分布格局基本一致，即大致随纬度下降而增大，从西北到东南呈增加的趋势，温度、降水影响着森林植物生长和生物量积累（张胜，2015）。与林龄相近的温带地区森林生物量（表 3.1）相比，亚热带地区森林生物量明显增加，雨热同期的气候条件对森林生物量具有积极作用。云贵高原以西地区海拔较高，多为高山峡谷，是我国喀斯特森林分布的地区，当前喀斯特森林生物量的研究多集中在贵州（王伊琨等，2014；刘之洲等，2017）、云南等地。对我国西南地区森林平均生物量的统计结果（表 3.2）也表明，亚热带森林生物量在各省份之间的分布不均匀，喀斯特地区森林生物量低于非喀斯特地区。

表 3.2　亚热带地区森林生物量　　　　　　　（单位：kg/hm²）

森林类型	地区	林龄/a	生物量	资料来源
马尾松林	重庆万州区新田林场	40～45	145 480	薛沛沛等，2011
	重庆江北区铁山坪林场	46	146 080	张治军，2006
	湖南长沙县大山冲国有林场	53	154 030	张胜，2015
	湖南会同县鹰嘴界自然保护区	30～40	251 320	宫超等，2011
	福建三明莘口教学林场沙阳工区	25	204 370	陈美高，2006
		21	114 540	
	福建武夷山洋庄乡林场	33	141 830	许善财，2014
		42	233 610	
	贵州黔东南州麻江县宣威镇	10	63 850	王伊琨等，2014
	贵州龙里林场	18	103 460	刘之洲等，2017
		19	140 550	
杉木林	贵州省黔东南州麻江县龙山乡	9～10	42 292	李默然和丁贵杰，2013
		16	172 512	
	广西壮族自治区北部杉木主产区	32	192 299	俞月凤等，2013
		23	141 655	
	湖南省会同县杉木林研究站	14	97 180	杨超等，2011
	安徽省金寨县马鬃岭林场	22	117 240	施文涛等，2015
	福建省宁德福口国有林场	23	188 780	李大岔，2004

3. 南亚热带和热带北缘地区

南亚热带和热带北缘地区是我国雨量最充沛、热量最丰富的地区，分布有常绿阔叶林、热带雨林和季雨林，代表性优势树种主要有马尾松、杉木、米老排（*Mytilaria laosensis*）、柯、青冈、南酸枣、木荷、小红栲（*Castanopsis carlesii*）、鬃苈栲（*Castanopsis fissa*）、黄杞（*Engelhardia roxburghiana*）、罗浮栲（*Castanopsis faberi*）等。高温多雨的气候条件有利于森林生物量的积累，使得该区域森林生物量呈现出较高的水平。比较林龄相近不同气候带马尾松林、杉木林生物量（表 3.2、表 3.3）可以发现，亚热带地区 19～21 年生马尾松林生物量为 114 540～140 550 kg/hm²，22～23 年生杉木林生物量为 117 240～188 780 kg/hm²，而南亚热带和热带北缘地区 21 年生马尾松林生物量为 183 506 kg/hm²，21～22 年生杉木林生物量为 201 554～284 350 kg/hm²，分别比亚热带马尾松林、杉木林生物量约高了 68 900 kg/hm² 和 84 300 kg/hm²。这表明气温、降水等气候条件的差异导致植物生境条件的改变，从而影响林木高度、胸径及群落结构，最终体现在不同地区森林生物量的差异。森林生物量随纬度降低而增加这一趋势更为明显。

比较我国 3 个不同地理区域（温带、亚热带、南亚热带和热带北缘）森林生物量（表 3.1、表 3.2 和表 3.3）可以发现，我国森林生物量由北到南随纬度降低逐渐增加。目前尽管不少学者从个体、群落、生态系统、区域等不同尺度研究森林生物量，但关于同一区域不同林分类型生物量的差异及其影响机制，不同植被恢复阶段对森林生物量的影响等研究仍少见报道。

表 3.3　南亚热带和热带北缘地区森林生物量　　（单位：kg/hm²）

森林类型	地区	林龄/a	生物量	资料来源
马尾松林	广西东部	15	125 926	杜虎等，2013
		21	183 506	
		32	191 533	
	广西凭祥市伏波实验场	28	212 435	覃林等，2011
	广西武宣县禄峰山林场	14	108 000	方晰等，2003a
		23	186 600	
	广东肇庆市鼎湖山自然保护区	13	157 630	方运霆等，2003b
	福建永春县牛姆林自然保护区	36	224 277	周琦全，2012
杉木林	广西凭祥市伏波实验场	21	201 554	熊江波，2015
	广西凭祥市青山实验场	22	284 350	蓝嘉川，2014
米老排林	广西凭祥市伏波实验场	21	187 617	熊江波，2015
		28	281 470	明安刚等，2012
鹿角锥+木荷林	广东广州市从化区	30	235 000	徐伟强等，2015
华润楠+小红栲+黄杞林	广东广州市花都区	30	231 000	
罗浮栲+木荷+黧蒴栲林	广东广州市萝岗区	30	261 900	

此外，传统森林生物量研究方法在点的测算上具有较高的精度，但由于区域尺度的估算仍存在一定的局限性和较大误差，因此需要结合遥感和 GIS 等技术手段，提高森林生物量估算的精度。Houghton（2005）通过卫星传感器研究地上森林生物量和全球碳平衡等问题，并通过改进的异速回归方程动态建模（Houghton et al.，2001），结合地面测量和卫星技术估算了巴西亚马逊大面积森林生物量，证实在大面积地区估算森林生物量需要更可靠、更精确的地上生物量估算技术。Ahmed 等（2013）利用激光雷达技术对新英格兰北部温带地区森林生物量进行了估算，但估计的准确性差异较大，存在一定误差。近几年来，随科学技术水平的提高，研究手段日趋成熟，如地理信息系统、遥感图像判读、激光雷达、航空摄影测量等多种新型高科技测量方法的应用，研究森林生物量的技术和方法不断改进，研究领域更加深入细化，极大地提高了区域尺度森林生物量估算的精度（Pattison et al.，1998；Tahvanainen & Forss，2008）。

3.1.2　中国森林生态系统碳密度的研究

1. 植被层碳密度的研究

1）估算方法

准确估算森林植被碳密度是全球森林生态系统碳平衡和碳循环过程研究的关键，而碳密度估算方法是准确估算的基础。根据研究对象的时空尺度和研究手段，目前估算森林植被碳密度的基本方法主要有 3 种：样地调查法（也称样地实测估算法）、模型模拟估算法和遥感估算法（于贵瑞，2003）。

（1）样地调查法（样地实测估算法）。

目前，中国普遍采用基于森林生物量的估算方法，即利用森林资源清查数据估算国家尺度或省（区）域尺度森林植被碳密度。基于森林生物量的估算方法，样地调查法又分为平均生物量法（也称碳储存密度法）（方晰，2004）和蓄积量推算法。

平均生物量法是通过大规模的样地调查，利用得到的森林实测数据，建立一套标准的测量参数和生物量数据库，用样地数据得到某一类森林植被平均碳密度，然后用每一类型森林植被碳密度与其分布面积，估算该类森林植被碳密度。计算公式为：

$$C = B_i \times C_i \times A_i$$

式中：B_i 和 A_i 分别为 i 森林类型的单位面积生物量和分布面积；C_i 为 i 森林类型生物量的碳含量。

采用平均生物量法估算国家或区域尺度森林植被碳密度时会涉及两个问题：不同森林类型的分布面积（A_i）及其相应的碳储存密度（$B_i \times C_i$）。不同森林类型的分布面积（A_i）可通过统计资料或遥感方法取得，但两者各有利弊。统计资料往往缺乏实时性；遥感方法则存在森林类型的误判问题。在单位面积森林生物量（B_i）野外样地调查时，一般都选取林分生长较好的地段进行，推算结果往往高估了森林碳密度（Marland，1988；Kolchugina & Vinson，1993；王效科等，2001）。此外，在森林生物量估算时，通常只注重地上部分，忽略地下部分，而且由于森林生态系统的复杂性和实测数据的有限性，不同学者获取数据途径不同，对数据筛选、剔除和可信值域确定不同，因此不同学者对同一时段、同一区域森林碳密度的估算结果也可能存在较大的差异。

近年来，以生物量与蓄积量的转换关系为基础的蓄积量推算法，已得到广泛的应用（Post et al.，1982）。计算公式为：

$$C = V \times E \times C_i$$

式中：V 为某一森林类型的木材总蓄积量；E 为蓄积量转换为生物量的转换系数；C_i 为 i 森林类型生物量中的碳含量。

由蓄积量转换为生物量可采用生物量与林分材积平均比值法（也称平均转换因子法）和转换因子连续函数法（Fang et al.，1998；方精云，2000）。生物量与林分材积平均比值法即利用林分生物量与木材材积比值（或生物量转换因子）的平均值（一般取0.52）（Fang et al.，1998；冯宗炜等，1999），乘以该森林类型的总蓄积量，得到该类森林的总生物量，早在 IBP 期间就开始应用（Fang et al.，1998；方精云，2000），它使全国森林资源清查数据资料得以有效使用，使国家尺度或区域尺度的森林生物量推算精度得到改善。但是，生物量转换因子不是恒定值，而是随林龄、立地、个体密度、林分状况不同而异。转换因子连续函数法是为克服生物量与林分材积平均比值法的不足而提出的，将单一不变的平均转换因子用分龄级转换因子替换，能更准确地估算国家或地区尺度的森林生物量（Fang et al.，1998；方精云，2000）。方精云等（1996）基于收集到的全国各地生物量和蓄积量的 758 组研究数据，将中国森林类型分成 21 类，分别建立了每种森林类型生物量与蓄积量的比值和林分材积的关系，但这种简单的线性关系还存在争议。Zhou 等（2002）在总结前人研究的基础上，利用收集到的全国 34 组落叶松林实地测量数据，包括总生物量和蓄积量，建立了生物量和蓄积量的双曲线关系模型，既克服了 Brown 和 Iverson（1992）将生物量与蓄积量之比作为常数的不足，又避免将林分在任一个生长阶段的生物量随蓄积量的变化简单地处理为线性关系。目前，仅用该模型对兴安落叶松林进行了研究，是否适用于其他森林类型，仍有待于进一步研究。

（2）模型模拟估算法。

模型模拟估算法通过建立与环境因子（如降水、温度、光照等）相关联的生产力数学模型来估算森林生物量碳密度，是研究大尺度森林碳循环的必要手段。

估算森林生产力的模型主要有经验回归模型和过程模型两种。

①经验回归模型：如 Holdridge 生命带模型（Holdridge，1947）和 MIAMI 模型（Lieth，1975），它用简单的经验回归将生产力与温度、降水两个气候因子联系起来。由于一个稳定的森林生态系统生产力与碳密度的关系较为显著，两者在植物、土壤中的分配比例也较为稳定，因此一些学者利用经验回归模型估算了全球森林生态系统碳密度的动态变化（Friedlingstein et al.，1992；Guiot et al.，1993；François et al.，1998，1999）。但由于经验回归模型过于简单，难免会造成估算上的误差。

②过程模型：通过模拟植物的生理和物理过程，决定森林的时空分布特征，即通过模拟水、碳和营养元素在植物不同部分之间以及在土壤和大气之间的流量和动态运动，预测真实生态系统的结构和功能变化，从而精确地反映森林生态系统的时空变化，成为生态学研究的一个热点。比较著名的过程模型有 Frankfurt Biosphere Model（FBM）（Lüdeke et al.，1994）、Terrestrial Ecosystem Model（TEM）（Melillo et al.，1993）、BIOME3（Haxeltine & Prentice，1996）、DOLY（Woodward et al.，1995）和 CARAIB（Warnant et al.，1994）等，它们已较成功地运用现代气象数据进行了模拟，同时对森林生态系统在增温和 CO_2 浓度增大情况下的响应也进行了非常有益的探讨（Lüdeke et al.，1994；Pan et al.，1996）。

模型模拟估算法特别适合用来估算一个地区在理想条件下的碳密度和碳通量，但在估算土地利用和土地覆盖变化对碳密度的影响方面存在很大困难。

（3）遥感估算法。

遥感图像光谱信息具有良好的综合性和现势性。近年来，遥感及相关技术（RS、GIS 等）的发展和应用改进了传统的资源野外调查方法，为大尺度森林植被生物量估算和碳过程研究提供了一种快捷、经济、方便的新方法（徐新良和曹明奎，2006）。植被的遥感图像光谱信息是由其反射光谱特征决定的，植物光合作用对红光和蓝紫光的强烈吸收，导致其反射光谱曲线在该部分波段形成波谷（徐新良和曹明奎，2006）。因此，植物反射光谱特征可反映植物叶绿素含量及其生长状况，利用遥感信息参数［如差值植被指数（DVI）及归一化植被指数（NDVI）、叶面积指数（LAI）、光合有效辐射（PAR）及吸收光合有效辐射（APAR）］与森林生物量之间的相关关系，建立森林生物量估算的数学模型及其解析式，可有效地估算大尺度不同森林类型不同时期生物量及其碳密度动态。

Myneni 等（2001）、Dong 等（2003）利用 NOAA/AVHRR NDVI 数据，分析了森林生长季内的累积 NDVI 值与各省森林生物量总量的关系，建立了两者之间的拟合方程，并估算了北半球森林的碳收支状况及其对全球碳循环的影响。

但遥感估算法要有一定的地面实测数据进行模型检验和校正，对于类似受复杂地形及气候因子影响的亚高山区，遥感影像效果与生物量解译误差较大，一般估算精度不高。此外，由于决定森林生物量的环境因子和生物因子的多样性、复杂性，遥感信息参数可能在生物量相对较低时就达到饱和，这样遥感信息将不能准确地反映生物量的变化（徐新良和曹明奎，2006）。

总的说来，探知森林生态系统碳密度是调控全球碳循环过程的必要环节，也是最大难题之一。样地清查、模型模拟和遥感分析等方法的综合运用将是解决这一难题的根本途径。

2）不同空间尺度森林植被碳库储量或碳密度的估算

地球上约85%的陆地生物量集中在森林植被中，因此森林植被碳库是陆地生态系统的重要组成部分，其碳库储量是正确评估森林生态系统在全球碳收支平衡中作用的基础数据。准确估算森林植被碳库储量是揭示"碳失汇"现象的重要前提（方精云和陈安平，2001）。因此，在不同空间尺度上对森林生态系统碳库储量动态的研究，一直是陆地生态系统碳循环过程研究的核心内容之一（Post et al.，1982；Cao & Woodward，1998；吴庆标等，2008；王新闯等，2011）。国际上对森林植被碳库储量及其分配规律已开展了许多相关研究（Woodwell et al.，1978；Post et al.，1982；Olson et al.，1985；Brown & Schroeder，1999；Brown et al.，1999；FAO，2006）。Woodwell 等（1978）报道，全球森林碳库储量为 744 PgC（1 PgC=10^9 tC）。Olson 等（1985）报道，全球森林植被碳库储量为 483 PgC，约占全球植被总碳库储量（562 PgC）的 86%。Dixon 等（1994）报道，世界森林碳库储量为 1146 PgC，其中地上部分生物量碳库储量约 359 PgC，森林土壤碳库储量为 787 PgC，中国森林植被碳库储量为 17 PgC。全球森林资源评价结果显示，全球森林碳库储量为 638 PgC，其中生物量碳约为 283 PgC，特别是北半球中高纬度森林具有很高的碳汇潜力（FAO，2006）。

20 多年来，中国不少学者在国家尺度、省域尺度和生态系统尺度相继开展了森林生态系统碳库储量、碳源/汇及其分配的研究，涉及不同尺度、不同地区、不同森林类型的碳库储量、碳固定及其与森林结构、林龄和生境条件的关系（周玉荣等，2000；刘国华等，2000；方精云等，2007）。

（1）全国尺度。

中国森林面积广阔，位列世界第 5（贾治邦，2009），森林类型丰富多样，从南到北分布着热带雨林季雨林、中南亚热带常绿阔叶林、北亚热带常绿落叶阔叶林、暖温带落叶阔叶林、温带针叶阔叶混交林和寒温带针叶林，为开展森林生态系统碳循环研究提供了不可多得的研究素材（方精云等，2010）。20 多年来，国外一些学者在不同尺度上对中国森林植被碳库储量进行了估算。Post 等（1982）估算中国森林植被碳库储量为 17 PgC。Winjum 等（1993）估算中国森林植被平均碳密度为 43 tC/hm^2，碳库储量为 6.078 PgC。Dixon 等（1994）估算中国森林植被平均碳密度为 114 tC/hm^2。Peng 和 Apps（1997）利用 OBM（Osnabrück Biosphere Model）模型对中国陆地生态系统碳库储量的时空变化进行了模拟，得出中国陆地生态系统的潜在碳库储量约为 157.9 PgC，其中植被碳库储量约为 57.9 PgC。Ni 等（2001）利用 BIOME3 对中国陆地生态系统碳库储量进行了模拟，得出中国植被碳库储量约为 57.73 PgC。

国内不同学者对中国森林植被碳库储量的估算结果也有多种。Wang 等（1994）利用 Marland（1988）的参数，根据中国森林总蓄积量（1984～1988 年）估算出中国森林植被碳库储量为 2.1 PgC。方精云等（1996）根据不同植被类型的生物量（1984～1988 年），估算出中国植被碳库储量为 6.1 PgC，其中，森林为 4.1 PgC，疏林及灌丛为 0.35 PgC。王效科和冯宗炜（2000）、王效科等（2001）基于第三次全国森林资源清查（1984～1988 年）资料，估算出中国森林植被碳库储量为 3.724 PgC，略低于方精云和陈安平（2001）的估算值（4.38 PgC），可能是采用资料统计单元和碳含量不同所致。李克让等（2003）应用 0.5°经纬网格分辨率的气候、土壤和植被数据驱动的生物地球化学模型，估算中国植被和土壤碳库储量，得出当前中国植被碳库储量为 13.29 PgC，其中森林为 8.72 PgC。赵敏和周广胜（2004）基于第四次全国森林资源清查（1989～1993 年）资料，估算得出中国森林植被碳库储量为 3.778 PgC，略低于 Fang 等（2001）所估算的 4.63 PgC，明显低于周玉荣等（2000）同样基于第四次全国森林资源普查资料的估算结果（6.200 PgC），可能是采用方法不同所致。

方精云和陈安平（2001）利用中国 1949～1998 年森林资源清查资料，结合森林生物量实测资料，采用转换因子连续函数法，推算了中国 50 年来森林植被碳库储量及其平均碳密度的变化，得出 1949 年中国森林植被碳库储量为 5.06 PgC；20 世纪 80 年代末期，中国森林植被碳库储量为 4.38 PgC；1998 年增加为 4.75 PgC（方精云和陈安平，2001）；2000 年为 5.90 PgC（方精云等，2007）。郭兆迪等（2013）利用中国 1977～2008 年间 6 期的森林资源清查资料，得出 1977～1981 年中国森林生物量碳库储量为 4.972 PgC，2004～2008 年为 6.868 PgC，年均增加速率为 0.070 PgC/a。吴庆标等（2008）的估算结果为，1989～1994 年中国森林植被碳库储量为 4.22 PgC，1999～2003 年为 5.16 PgC，平均年增长率为 1.6%，年固碳量为 0.085～0.102 PgC/a。郗婷婷和李顺龙（2006）基于中国六次森林资源清查数据资料，分两种情况对中国各个时期森林碳汇进行测算，得出中国目前森林碳汇为 5.92 PgC，如考虑林下植物和林地固碳，则中国森林总碳汇量为 14.43 PgC。徐新良等（2007）研究得出，中国 6 次（1973～2003 年）森林资源清查中，森林植被总碳库储量（单位为 PgC）分别为 3.849、3.696、3.759、4.114、4.656 和 5.506，平均每年以 0.082 PgC 的速率增加。李海奎等（2011）利用第七次全国森林资源连续清查数据，估算出 2008 年中国森林植被碳库储量为 7.811 PgC。不同学者估算结果不尽一致，但均表明了中国森林植被碳库储量总体增长趋势明显。

以上估算结果中，以国家森林资源清查数据为基础的各估算结果间相对差异较小，但与国外学者的估算值相差甚远。可能是由于中国气候、植被的多样性和动态性，国际上一些全球或区域尺度的模型对中国不一定很适用，因此要得出中国森林生态系统植被碳库储量的可靠值，必须采用中国的参数按类型或区域进行详尽统计，而且应不断更新数据库，引用最新的森林生物量调查结果（王效科等，2001）。

（2）省域尺度。

迄今为止，从全球尺度或全国尺度下对中国森林植被碳库储量、碳密度的研究报道已有很多，但研究结果还存在较大的不确定性，多数学者认为是中国幅员辽阔，区域间的差异大，森林植被类型多样所致，需要根据不同区域的森林类型和自然环境选择适当的方法，估算各省区不同森林类型的碳库储量及其碳密度，才可提高全国或全球森林生态系统碳库储量的估测精确性和可信度。为此，不少学者开展了省域尺度的森林植被碳库储量的估算。如表3.4所示，基于同一时间阶段的森林资源清查数据，除海南省、山西省、吉林省外，广东省等省区森林植被碳库储量在两种（全国、省域）尺度下的估算结果存在较大的差异，特别是湖南省、山东省、宁夏回族自治区的差异尤为明显，且大多数在全国尺度下的估算结果明显低于省域尺度下的估算结果。因此，为了精确量化中国森林植被碳库储量及其动态，必须建立统一而规范的度量和观测方法，对各省区森林生态系统碳库储量、碳密度分别进行详尽估算与分析，以正确评价中国森林生态系统在全球碳平衡和全球变化中的作用。

表3.4 两种（全国、省域）尺度下各省（区、市）森林植被碳库储量的估算结果 （单位：PgC）

省（区、市）	省域尺度	数据来源	全国尺度	数据来源
海南	0.038（1998年）	曹军等，2002	0.037（1999~2003年）	吴庆标等，2008
广东	0.216（2007年）	叶金盛和佘光辉，2010	0.199（2004~2008年）	李海奎等，2011
广西	0.210（2010年）	覃连欢，2012	0.321（2004~2008年）	李海奎等，2011
福建	0.251（2003年）	郑德祥等，2013	0.190（1999~2003年）	吴庆标等，2008
江西	0.264（2005年）	李鑫等，2011	0.289（2004~2008年）	李海奎等，2011
湖南	0.174（1995年）	焦秀梅，2005	0.085（1995~1998年）	吴庆标等，2008
四川（含重庆）	0.523（2003年）	黄从德等，2008	0.677（1999~2003年）	吴庆标等，2008
云南	0.884（2007年）	裴艳辉和李江，2012	0.748（2004~2008年）	郭兆迪等，2013
河南	0.047（2003年）	光增云，2007	0.038（1999~2003年）	吴庆标等，2008
山东	0.043（2003年）	张德全等，2002	0.014（1999~2003年）	吴庆标等，2008
陕西	0.238（2004年）	马琪等，2012	0.193（2004~2008年）	郭兆迪等，2013
山西	0.045（2005年）	俞艳霞等，2008	0.045（2004~2008年）	郭兆迪等，2013
宁夏	0.446（2004年）	高阳，2014	0.005（2004~2008年）	李海奎等，2011
吉林	0.439（2006年）	王新闯等，2011	0.433（2004~2008年）	郭兆迪等，2013
黑龙江	0.803（2003年）	谢立红和张荣涛，2011	0.570（1999~2003年）	吴庆标等，2008

注："省域尺度"和"全国尺度"列括号内的年份为数据年度。

（3）林分尺度。

最近20年来，为了正确评估我国各地区各类典型森林生态系统的生态服务功能及其在全国乃至全球森林生态系统碳循环中的作用和地位，国内学者相继开展了寒温带[帽儿山（Wang et al.，2001；张全智和王传宽，2010)]、温带[长白山原始阔叶红松林不同演替阶段（杨丽韫等，2005)，辽东山区典型森林（田杰等，2012)，天津平原杨树（*Populus*）人工林（李平等，2014)]、暖温带[山西油松人工林（程小琴等，2012)]、北亚热带[秦岭火地塘林区天然油松林群落（马明等，2009)]、中亚热带[湖南会同杉木人工林（方晰等，2002)和常绿阔叶林不同演替阶段（宫超等，2011)，大岗山毛竹林与常绿阔叶林（王兵等，2011)，苏南丘陵主要森林类型（阮宏华等，1997)，福建柏（*Fokienia hodginsii*）人工林（何宗明等，2003)]、南亚热带[鼎湖山马尾松+荷木混交林（方运霆等，2003a），广西凭祥红锥（*Castanopsis hystrix*）人工林（刘恩等，2012），不同密度湿地松（*Pinus elliottii*）人工林（方晰等，2003a），不同年龄阶段马尾松人工林（方晰等，2003b）] 和热带 [尖峰岭热带山地雨林（李意德等，1998）] 以及西北地区 [小陇山锐齿栎林（程堂仁等，2007）] 乃至西南喀斯特地区 [贵州喀斯特地区城市刺槐（*Robinia pseudoacacia*）梓木（檫木）混交林（李素敏等，2011）] 等森林生态系统碳密度空间分配格局、碳固定及其与森林结构、林龄和生境条件的关系。如表 3.5 所示，不同地区典型森林生态系统碳密度的空间分配格局表现基本一致：土壤层＞植被层＞枯枝落叶层，植被层碳密度以乔木层占绝对优势，且随林龄增加而增加。研究表明，针阔混交林乔木层碳密度随林龄增加呈现出对数增长趋势，常绿阔叶林乔木层碳密度随林龄增加呈直线增长趋势（刘其霞等，2005）。不同地区典型森林生态系统碳密度差异很大，即使是同一森林类型，在不同地区以及处于不同年龄阶段，其碳密度也不同；不同地区典型森林生态系统枯枝落叶层碳密度占其整个森林生态系统碳密度的百分比普遍低于 3%。

表 3.5　中国不同地区典型森林生态系统碳密度　　（单位：tC/hm^2）

森林类型	生态系统	植被层	枯枝落叶层	土壤层	数据来源
6 种温带森林	186.90～349.20 （100）	86.3～122.7 （39.7±7.1）	6.5～10.5 （3.3±1.1）	93.7～220.1 （57.0±7.9）	张全智和王传宽， 2010
辽东山区典型森林	300.05（100）	64.07（21.35）	3.53（1.18）	232.45（77.47）	田杰等，2012
不同林龄杨树人工林	84.34～121.72 （100）	21.64～56.52 （22.25～46.58）	0.10～0.19 （0.08～1.56）	62.53～94.10 （53.42～77.75）	李平等，2014
油松人工林	172.95（100）	63.13（36.50）	7.75（4.48）	102.07（59.02）	程小琴等，2012
天然油松林	183.26（100）	58.18（31.75）	0.88（0.48）	67.77（68.73）	马明等，2009
国外松林	163.95（100）	105.74（64.50）	4.23（2.58）	53.99（32.93）	阮宏华等，1997
栎林	174.62（100）	100.37（57.48）	4.52（2.59）	69.73（40.04）	阮宏华等，1997
杉木人工林	127.88（100）	35.88（28.06）	0.86（0.67）	91.14（71.27）	方晰等，2002
不同演替阶段常绿阔叶林	179.84～229.12 （100）	110.98～156.49 （59.57～67.88）	1.50～4.63 （0.65～2.53）	60.31～71.15 （31.05～36.55）	宫超等，2011
不同林龄红锥人工林	182.42～269.75 （100）	35.70～88.44 （19.8～32.8）	2.71～3.79 （1.5～1.6）	144.01～177.78 （65.9～78.7）	刘恩等，2012
福建柏人工林	236.32（100）	132.15（55.92）	1.35（0.57）	102.82（43.51）	何宗明等，2003
马尾松+荷木混交林	189.15（100）	123.04（65.0）	4.31（2.3）	61.79（32.8）	方运霆等，2003a
热带山地雨林	341.98（100）	234.31（68.51）	2.98（0.87）	104.70（30.62）	李意德等，1998
城市杨树人工林	186.98（100）	62.51（33.43）	3.22（1.72）	121.26（64.58）	李素敏等，2011
不同密度湿地松人工林	264.83～323.98 （100）	103.26（35.40） （96.61～110.72）	7.46（2.56） （5.74～9.18）	180.94（62.04） （162.74～205.85）	方晰等，2003a
马尾松人工林	276.63（100）	94.36（34.11）	6.87（2.48）	175.40（63.41）	方晰等，2003b

注：括号内数据为百分比（%）。

2. 凋落物层（或枯落物层）碳密度的研究

在森林生态系统碳循环中，凋落物层是连接植被–土壤碳库的"纽带"（杨晓菲等，2011），也是森林生态系统物质循环的主要载体，其组成、质量和数量上的变化对地表层生物和土壤均有深刻的影响（吴春生等，2016）。通过凋落物的归还、分解，植物营养和能量从植被层转移到土壤层,是生态系统碳循环的重要过程,也会影响森林生态系统的生产力和生物量(刘刚等,2010)。

目前,凋落物层碳密度的研究主要采用样地调查法(孙清芳等,2016),在植被层生物量样地调查和测定时,按照凋落物分解程度进行分类:①未分解层,多为新鲜凋落物,原有形态保留较好,颜色变化不明显,质地坚硬,外表无分解的痕迹;②半分解层,表现为无完整外观轮廓,多数凋落物已经粉碎,叶肉被分解成碎屑;③已分解层,从外观上不能辨识其原形(刘刚等,2010;杨晓菲等,2011;吴春生等,2016;孙清芳等,2016)。分别计算不同分解等级凋落物的干质量,结合相应分解等级样本的碳含量计算凋落物层碳密度(吴春生等,2016)。

中国开展森林凋落物层碳密度研究较晚。研究表明,中国森林生态系统凋落物层碳库储量约为 $0.892×10^9t$(周玉荣等,2000)。气候、立地、树种及人为干扰等导致不同森林类型之间存在较大的异质性,地表凋落物层碳密度也具有一定的差异(胡海清等,2015)。经营管理方式和地形对森林凋落物层碳密度也有显著影响,经封山育林的林分凋落物层碳密度最大,凋落物层碳密度随坡位降低而减小(刘刚等,2010)。地上凋落物通过分解周转,提供更多的碳进入土壤(Sayer,2006),因此应采取合适的经营措施,减少人为干扰造成的凋落物流失。目前,有关同一地区不同林分类型凋落物层对土壤碳密度的影响还有待于进一步研究。

3. 土壤层碳密度的研究

森林 SOC 库是森林生态系统碳库的重要组成部分,主要来源于地表植物的凋落物、根系及根系分泌物分解,与水热条件紧密相关,故森林土壤碳库储量的大小不仅与森林类型关系密切,也受制于当地的气候条件(周玉荣等,2000)。研究表明,森林土壤碳库储量占整个森林生态系统碳库储量的比例随纬度的变化而变化:高纬度地区的针叶林土壤碳库储量占全球森林土壤碳库储量的60%,北方林中84%的碳储存在土壤中,中纬度地区的温带森林和处于低纬度的热带森林土壤碳库储量分别占其碳库总储量的62.9%和50%(Post et al.,1982)。是由于在寒温带地区的低温条件下,森林地表凋落物分解速率慢,而且土壤呼吸速率低,有利于土壤有机质的积累(王绍强和周成虎,1999)。国内外已有一些学者对不同尺度森林土壤碳库进行了研究。如:在全球尺度下,Dixon等(1994)估算得出,全球森林土壤碳库储量为 789 PgC,占森林生态系统碳库总储量的 68.7%;Lal(2005)的估算结果约为 787 PgC,约占全球 SOC 库储量的 39%,大约为森林生态系统碳库储量的 2/3,两者估算结果相近。与此相比,Post 等(1982)估算全球陆地土壤碳库储量为 1272 PgC,其中 73%(即 927 PgC)存在于森林土壤,Woodwell(1978)估算森林土壤碳库储量为 925~2775 PgC。

国内外学者对中国森林土壤碳库储量的估算结果差异也较大。Dixon 等(1994)估算得出,中国森林土壤碳库储量为 16.0 PgC。周玉荣等(2000)估算中国主要森林生态系统土壤碳库储量为 21.0 PgC,占中国森林生态系统总碳库储量的 74.6%,约是全球森林土壤碳库储量(789 PgC)的 2.7%,而 Ni(2001)的研究结果为 15.8 PgC。李克让等(2003)按面积加权估算中国森林土壤平均碳密度为 81.39 tC/hm²,森林土壤碳库储量为

10.5 PgC，约占我国森林生态系统碳库储量的 66%。Xie 等（2004）研究表明，中国森林土壤碳库储量为 17.4 PgC。

研究表明，中国土壤层（87 cm）平均碳密度（105.3 tC/hm²）（王绍强和周成虎，1999），低于美国大陆（108.0 tC/hm²），但高于澳大利亚（83.00 tC/hm²）的森林 SOC 密度（Post et al.，1982）。解宪丽等（2004）估算的中国森林土壤层（0～100 cm）平均有机碳密度为 115.9 tC/hm²，刘世荣等（2011）综述国内近十几年的研究结果得出的中国各森林类型土壤层有机碳密度为 44～264 tC/hm²，平均碳密度为 107.8 tC/hm²，但周玉荣等（2000）估算的中国森林土壤层（0～100 cm）平均碳密度为 193.55 tC/hm²。这些差异可能是多种原因所致，其中土壤的空间变异性是造成差异的主要原因，同时，计算方法的不同以及计算时采用的土层厚度不同也会造成差异，例如，有些研究者采用土壤类型法，而有些研究者采用植被类型法，有的研究者采用实测的土壤厚度，有的则采用100 cm 或 60 cm 等。因此，采用大量的实测数据、探讨统一研究方法，是降低森林 SOC库储量估算不确定性极为重要的途径。

可见，森林 SOC 库储量巨大，其微小的变化必将会引起大气 CO_2 浓度的极大改变，进而影响全球气候变化。森林 SOC 汇功能的管理也越来越受到关注，但 SOC 库储量的估算不确定性也是最大的（Ajtay et al.，1979；Sedjo，1993），即使在同一尺度下，不同学者的估算结果也存在较大的差异。可能是不同学者采用的估算方法（如假设条件、各类参数的取值、土壤深度、土壤类型、植被类型等）不同所致。此外，从国内外对森林SOC 密度及其储量的研究来看，缺乏从土壤生态系统的角度来估算 SOC 库储量及其密度，可能也是影响精确估算森林 SOC 库储量的一个重要原因（杨万勤等，2006）。因而森林 SOC 库储量的估算、空间分布特征及其转化仍是当今全球碳循环研究的热点（王绍强和周成虎，1999；Lal，2004），而森林 SOC 库储量的估算是精确估算全球 SOC 库储量和碳平衡的一项重要基础性工作。目前，国内外有关国家或区域尺度森林 SOC 库储量及其密度的研究报道不多。此外，对森林生态系统碳库储量和碳密度的研究更多关注的是森林植被，而对森林 SOC 库储量的研究还相对不足（王绍强和周成虎，1999；Lal，2004），缺乏全面、详细、可靠的实测数据，使得现有的估算结果间还存在较大的差异。

3.2　森林生态系统生物量及其碳密度的研究方法

3.2.1　样地设置、样地植物群落调查

样地设置及 4 个植被恢复阶段的基本概况详见第 1 章 1.3.1 部分内容；样地植物群落调查详见 1.3.2 部分内容；4 个植被恢复阶段植物群落的基本特征及其主要树种组成详见表 1.1。

3.2.2　生物量的测定、植物样品采集与处理

在样地群落调查基础上，开展生物量的测定、植物样品采集与处理工作，于 2016

年 10～11 月落叶树种树叶凋落之前完成,采用收获法测定生物量。4 个林地生物量测定方法如下:

1. 檵木+南烛+杜鹃灌草丛(LVR)

在每块样地的每条边界外围附近随机设置 1 个 2 m×2 m 样方,记录样方中灌木、藤本植物的种名、株(丛)数、基径、高度和草本植物的种名、株(丛)数。将样方内的植物全部挖出,同种灌木分为叶、枝、干、根,同种藤本植物分为叶、干和根,同种草本植物分为地上部分和地下部分,实测鲜重。将每块样地 4 个样方同种植物的相同器官混合均匀,采集分析样品(约 0.5 kg)。

完成灌木、藤本、草本植物鲜重测定和分析样品采集后,在所设置的 2 m×2 m 样方内设置 1 个 1 m×1 m 样方,根据地表凋落物层的分层标准(郑路和卢立华,2012),自上而下按未分解、半分解、已分解收集样方内全部的凋落物,测定鲜重。将每块样地 4 个样方同分解层的凋落物混合均匀,采集分析样品(取鲜重不少于 1.0 kg)。

在室内,将分析样品置于 80℃恒温下烘至恒重,测定分析样品的含水率。根据分析样品的含水率计算各样方干物质质量,估算样地单位面积的生物量。

2. 檵木+杉木+白栎灌木林(LCQ)

根据样地群落调查数据,计算每块样地树高高于 1.5 m 的每种灌木平均树高、平均胸径,确定为平均标准木。在每块样地的外围,每种灌木分别选取 3 株平均标准木,按叶、枝、干、根测定平均标准木的鲜重,同时采集 3 株平均标准木叶、枝、干、根的分析样品(取鲜重不少于 0.5 kg,每树种每一器官 3 个重复),这些样品用于测定含水率,换算各组分的干物质质量。根据 9 株平均标准木各组分生物量与胸径、树高的关系,构建各种灌木各组分生物量的相对生长方程(表 3.6),计算各种灌木单株生物量。

对树高低于 1.5 m 灌木层、藤本层、草本层、地表凋落物层生物量的测定和估算,与 LVR 的测定方法相同。结合样地群落调查数据,估算样地单位面积灌木层各组分的生物量。

3. 马尾松+柯+檵木针阔混交林(PLL)

根据 PLL 样地群落调查数据,计算每块样地每一树种的平均树高、平均胸径,确定为平均标准木。在每块样地外围,每一树种分别选取 3 株平均标准木(即每一树种 9 个重复),按"分层切割法"在 1.3 m、3.6 m 处和以后 2 m 为 1 个区分断开,树梢部分不足 1 m 的作梢头处理,分别测定每株平均标准木叶、枝、干鲜重,同时采集 3 株平均标准木叶、枝、干的分析样品;地下树根采用挖掘法测定生物量,以树桩为中心在 1.5 m 半径范围进行圆柱形挖掘,深度直至挖出完整的主根,按细根(<0.2 cm)、小根(0.2～0.5 cm)、粗根(0.5～2.0 cm)、大根(>2.0 cm)和根头测定树根鲜重,采集各级根系分析样品。

同一样地同树种 3 株平均标准木各组分混合均匀后采集分析样品(取鲜重不少于 0.5 kg,各组分 3 个重复)。由各树种各组分含水率换算成干重,每一树种根据 9 株平均标准木各组分生物量与胸径、树高的关系,建立各树种各组分生物量的相对生长方程(表 3.6),计算各乔木树种单株生物量;结合样地群落调查数据,估算单位面积每种树种各组分生物量。

灌木层、藤本层、草本层、地表凋落物层生物量的测定和估算，与 LVR 的测定方法相同。

4. 柯+红淡比+青冈常绿阔叶林（LAG）

乔木层生物量估算：根据 LAG 群落调查数据，采用马尾松+柯+檵木针阔混交林（PLL）建立的马尾松、柯、红淡比各器官生物量相对生长方程分别估算马尾松、柯、红淡比单株生物量；采用 Ouyang 等（2016）建立的青冈各组分生物量的通用生长方程（表 3.6）估算青冈单株生物量；采用刘雯雯等（2010）建立的区域尺度杉木各器官生物量通用相对生长方程（表 3.6）估算杉木单株各器官生物量；其他落叶阔叶树种、常绿阔叶树种单株各器官生物量分别采用 Ouyang 等（2016）建立的落叶阔叶林、常绿阔叶林各组分的通用生长方程（表 3.6）进行估算。结合群落调查数据估算样地单位面积各组分生物量。

2016 年 10~11 月落叶树种树叶凋落之前，在 LAG 每块固定样地外围对树高≥1.5 m 的每种优势树种，分别选取 3 株长势良好的平均标准木，按上、中、下 3 个部位的东、西、南、北 4 个方向采集各株平均标准木的叶、枝、干、根样品；对树高<1.5 m 的灌木及草本植物地上部分采集同 LVR，再将同一样地内草本植物、灌木和乔木优势树种同一器官按生物量折算比例混合为 1 个样品。

灌木层、藤本层、草本层、地表凋落物层生物量的测定和估算，与 LVR 的测定方法相同。

3.2.3　植物样品有机碳含量的测定

将植物样品置于 80℃下烘干至恒重，经植物粉碎机磨碎后，过 60 目筛保存于样品瓶中备用。

用重铬酸钾—浓硫酸水合加热法进行植物样品有机碳含量的测定。每个样品平行测定 2 次，取平均值作为该样品有机碳含量的测定结果。

3.2.4　土壤样品的采集、处理及分析方法

采集土壤样品时，把每块固定样地对角线分成 3 等份，在每一等份中间设置 1 个采样点（每一固定样地布置 3 个采样点），清理采样点地上植物和死地被物，挖掘土壤剖面（宽约 60 cm），按 0~10 cm、10~20 cm、20~30 cm、30~40 cm 分层，从下至上采集土壤样品，并观察和记录土壤的颜色，同时用环刀法测定土壤容重。在室内清除动植物残体、石砾后，将同一固定样地的 3 个采样点同一土层样品等量混合均匀，取约 2 kg（每种林地每一土层构成 3~4 个重复），自然风干后，过 0.25 mm 土壤筛保存于样品瓶中备用。

土壤有机碳（SOC）、全氮（TN）、全磷（TP）、全钾（TK）、碱解氮（AN）、有效磷（AP）、速效钾（AK）的测定方法详见第 2 章 2.2.9 部分"2. 土壤样品的测试分析"，

不同植被恢复阶段土壤养分含量详见"第 2 章 2.5.2 土壤化学性质"部分内容。

3.2.5 数据处理与统计分析

1. 相对生长方程的建立

研究表明，主干比较明显的树种，以树高 H（m）、胸径 D（cm）或 D^2H 作为自变量可以很好地预测其生物量。本研究地的乔木和灌木多为主干较为明显的树种，因此以各树种各组分生物量 W（g）为因变量，以树高 H（m）、胸径 D（cm）为自变量（Lü et al., 2009；姚正阳和刘建军，2014），选用线性函数（3.1）、指数函数（3.2）、对数函数（3.3）和幂函数（3.4）进行拟合（Ali et al., 2015），根据判定系数 R^2 的大小和对生物量的拟合程度选取最优相对生长方程，如表 3.6 所示。

$$y = ax + b \tag{3.1}$$

$$y = ab^x \tag{3.2}$$

$$y = a + b\ln x \tag{3.3}$$

$$y = ax^b \tag{3.4}$$

生态系统各层次地上部分生物量由叶、枝、干（或茎）生物量之和构成，地下部分生物量由根系生物量构成；整个生态系统地上部分生物量由各层次地上部分生物量之和构成，地下部分生物量由各层次根系生物量与地表凋落物层现存量之和构成。

表 3.6 主要树种各组分生物量的相对生长方程

恢复阶段	层次	树种	叶	枝	干	根
檵木+杉木+白栎灌木林（LCQ）	灌木层	檵木 Loropetalum chinense	$W_L = 3.6451D^2H + 23.806$ ($R^2 = 0.9063$, $P < 0.01$)	$W_B = 68.835e^{0.0631}D^2H$ ($R^2 = 0.9361$, $P < 0.01$)	$W_S = 183.35e^{0.0421}D^2H$ ($R^2 = 0.9974$, $P < 0.01$)	$W_R = 15.887D^2H + 122.24$ ($R^2 = 0.9251$, $P < 0.01$)
		杉木 Cunninghamia lanceolata	$W_L = 99.654e^{0.0724}D^2$ ($R^2 = 0.8484$, $P < 0.01$)	$W_B = 60.734e^{0.0634}D^2$ ($R^2 = 0.9087$, $P < 0.01$)	$W_S = 696.51\ln(D^2) - 1275.5$ ($R^2 = 0.9981$, $P < 0.01$)	$W_R = 283.41H - 207.98$ ($R^2 = 0.8876$, $P < 0.01$)
		白栎 Quercus fabri	$W_L = 93.995\ln(H) + 67.777$ ($R^2 = 0.8486$, $P < 0.01$)	$W_B = 96.326\ln(D^2H) + 71.774$ ($R^2 = 0.9663$, $P < 0.01$)	$W_S = 14.646D^2H + 199.63$ ($R^2 = 0.9990$, $P < 0.01$)	$W_R = 223.55\ln(D^2H) + 20.502$ ($R^2 = 0.9751$, $P < 0.01$)
		南烛 Vaccinium bracteatum	$W_L = 37.689\ln(D^2H) + 67.245$ ($R^2 = 0.9991$, $P < 0.01$)	$W_B = 94.287\ln(D^2H) + 70.024$ ($R^2 = 0.8930$, $P < 0.01$)	$W_S = 28.751D^2H + 93.238$ ($R^2 = 0.9964$, $P < 0.01$)	$W_R = 16.979D^2H + 552.98$ ($R^2 = 0.9999$, $P < 0.01$)
		木姜子 Litsea pungens	$W_L = 21.396e^{0.1003}D^2$ ($R^2 = 0.9754$, $P < 0.01$)	$W_B = 89.889D^2 - 315.73$ ($R^2 = 0.8141$, $P < 0.01$)	$W_S = 234.54D^2 - 801.66$ ($R^2 = 0.8225$, $P < 0.01$)	$W_R = 104.19e^{0.1712}D^2$ ($R^2 = 0.9324$, $P < 0.01$)
		满山红 Rhododendron mariesii	$W_L = 128.49\ln(H) - 27.847$ ($R^2 = 0.9999$, $P < 0.01$)	$W_B = 108.19e^{0.3375}D^2$ ($R^2 = 0.9314$, $P < 0.01$)	$W_S = 79.85e^{0.5883}D^2$ ($R^2 = 0.9223$, $P < 0.01$)	$W_R = 139.92e^{0.4106}D^2$ ($R^2 = 0.9649$, $P < 0.01$)
		格药柃 Eurya muricata	$W_L = 82.87\ln(D^2H) + 63.537$ ($R^2 = 0.6783$, $P < 0.01$)	$W_B = 279.77e^{0.005}D^2H$ ($R^2 = 0.9791$, $P < 0.01$)	$W_S = 25.363D^2H - 165.85$ ($R^2 = 0.9999$, $P < 0.01$)	$W_R = 52.678D^2H - 774.93$ ($R^2 = 0.9997$, $P < 0.01$)

续表

恢复阶段	层次	树种	叶	枝	干	根
马尾松+柯+檵木针阔混交林（PLL）	乔木层	马尾松 *Pinus massoniana*	$W_L = 3.392\ D^2H - 1098.5$ ($R^2=0.7512$, $P<0.01$)	$W_B = 9.7248\ D^2H - 3716.6$ ($R^2=0.8334$, $P<0.01$)	$W_S = 15.619\ D^2H + 5983.8$ ($R^2=0.7875$, $P<0.01$)	$W_R = 2.7576\ D^2H + 658.2$ ($R^2=0.8696$, $P<0.01$)
		柯 *Lithocarpus glaber*	$W_L = 1.5588\ D^2H + 622.46$ ($R^2=0.9970$, $P<0.01$)	$W_B = 4.3569\ D^2H + 822.27$ ($R^2=0.9708$, $P<0.01$)	$W_S = 0.5041\ D^2H + 2934.7$ ($R^2=0.9537$, $P<0.01$)	$W_R = 1.5011\ D^2H + 878.59$ ($R^2=0.8037$, $P<0.01$)
		檵木 *Loropetalum chinense*	$W_L = 17.088\ D^2H - 434.52$ ($R^2=0.9694$, $P<0.01$)	$W_B = 25.141\ D^2H - 513.19$ ($R^2=0.8150$, $P<0.01$)	$W_S = 42.117\ D^2H - 467.12$ ($R^2=0.7673$, $P<0.01$)	$W_R = 13.951\ D^2H - 115.53$ ($R^2=0.9917$, $P<0.01$)
		红淡比 *Cleyera japonica*	$W_L = 4.1278\ D^2H + 2.936$ ($R^2=0.9459$, $P<0.01$)	$W_B = 4.7442\ D^2H + 122.5$ ($R^2=0.8378$, $P<0.01$)	$W_S = 32.98\ D^2H - 1161$ ($R^2=0.8403$, $P<0.01$)	$W_R = 4.5443\ D^2H + 106.77$ ($R^2=0.8315$, $P<0.01$)
		尖连蕊茶 *Camellia cuspidata*	$W_L = 40.211\ln(H) + 58.598$ ($R^2=0.8437$, $P<0.01$)	$W_B = 75.413\ln(H) + 102.26$ ($R^2=0.8674$, $P<0.01$)	$W_S = 81.555\ H^{0.7045}$ ($R^2=0.8280$, $P<0.01$)	$W_R = 97.574\ln(H) + 174.85$ ($R^2=0.8092$, $P<0.01$)
柯+红淡比+青冈常绿阔叶林（LAG）	乔木层	青冈 *Cyclobalanopsis glauca*（Ouyang et al., 2016）	$\ln W_L = 2750\ln(D) - 5.394$ ($R^2=0.9300$, $P<0.01$)	$\ln W_B = 2835\ln(D) - 4.837$ ($R^2=0.9430$, $P<0.01$)	$\ln W_S = 2358\ln(D) - 1.915$ ($R^2=0.9920$, $P<0.01$)	$\ln W_R = 2948\ln(D) - 4.957$ ($R^2=0.9800$, $P<0.01$)
		杉木 *Cunninghamia lanceolata*（刘雯雯等，2010）	$\ln W_L = 1.4691\ln(D) - 24467$ ($R^2=0.6626$, $P<0.01$)	$\ln W_B = 1.9962\ln(D) - 3.7132$ ($R^2=0.7790$, $P<0.01$)	$\ln W_S = 2.5835\ln(D) - 3.3529$ ($R^2=0.9282$, $P<0.01$)	$\ln W_R = 2.0532\ln(D) - 3.1667$ ($R^2=0.8940$, $P<0.01$)
		落叶阔叶树（Ouyang et al., 2016）	$\ln W_L = 2599\ln(D) - 6.234$ ($R^2=0.7390$, $P<0.01$)	$\ln W_B = 2691\ln(D) - 4.724$ ($R^2=0.9180$, $P<0.01$)	$\ln W_S = 2501\ln(D) - 2.772$ ($R^2=0.9620$, $P<0.01$)	$\ln W_R = 2282\ln(D) - 3.272$ ($R^2=0.8720$, $P<0.01$)
		常绿阔叶树（Ouyang et al., 2016）	$\ln W_L = 2.013\ln(D) - 3.760$ ($R^2=0.7910$, $P<0.01$)	$\ln W_B = 2.375\ln(D) - 3.406$ ($R^2=0.9390$, $P<0.01$)	$\ln W_S = 2.419\ln(D) - 2.428$ ($R^2=0.9250$, $P<0.01$)	$\ln W_R = 2.343\ln(D) - 3.329$ ($R^2=0.9290$, $P<0.01$)

注：W_L、W_B、W_S、W_R 分别表示树叶、树枝、树干、树根的生物量（kg/hm²），H 表示树高（m），D 表示胸径（cm）。

2. 生态系统各组分碳密度的估算

各生态系统活体植被层和地表凋落物层碳密度根据其生物量或现存量与其碳含量的乘积计算得出，土壤碳密度根据土壤碳含量、土壤容重和土层深度的乘积计算得出。各组分碳密度计算公式为：

$$C_t = W \times f_c \tag{3.5}$$

$$C_L = W_L \times f_L \tag{3.6}$$

$$SOC_i = C_i \times D_i \times E_i / 100 \tag{3.7}$$

式中，C_t 为植物体碳密度（tC/hm²）；W 为植物体生物量（kg/hm²）；f_c 为植物体碳含量（g/kg）；C_L 为凋落物层碳密度（tC/hm²）；W_L 为凋落物层现存量（kg/hm²）；f_L 为凋落物层碳含量（g/kg）；SOC_i 为第 i 层土壤碳密度（tC/hm²）；C_i 为第 i 层土壤碳含量（g/kg）；D_i 为第 i 层土壤容重（g/cm³）；E_i 为第 i 层土层深度（cm）。

植被层碳密度为乔木层、灌木层和草本层碳密度之和。生态系统地上部分碳密度为植被层叶、枝、干或茎的碳密度之和，地下部分碳密度为植被层根、凋落物层和土壤层碳密度之和。生态系统碳密度为植被层、凋落物层和土壤层碳密度之和。

3. 数据统计与分析

采用 Excel 2010 和 SPSS 21.0 进行数据统计处理，用 ANOVA 单因素方差分析方法分析同一组分（或同一器官）生物量、碳含量和碳密度在不同生态系统之间的差异显著性（$P < 0.05$），用 Bivariate 相关分析方法分析样地生物量与样地 Shannon-Wiener 指数、土壤养分含量的相关性。采用 Excel 2010 制图，图、表中的数据用"平均值±标准差"表示。

3.3　不同植被恢复阶段群落生物量的空间分布格局

准确估算森林生态系统不同层次各组分生物量，是准确估算森林生态系统碳密度的基础。中国亚热带地区水热条件优越，物种丰富，森林类型多样，是中国重要的农林业生产基地，也是受人为干扰较早和较为严重的地区之一。常绿阔叶林是该地区的地带性植被类型，也是该地区森林生态系统的重要组成部分（Körner，2000；Anderson，2010），但由于人为干扰严重，取而代之的是大面积的次生林、次生灌丛、灌草丛和人工林等，群落结构趋于简单，抗外界干扰能力下降、涵养水源能力和土壤生产力下降。目前，国内大多数学者将研究重点放在不同恢复程度的群落结构和物种多样性（Asner et al.，2010；Pan et al.，2011；陶玉华，2012；张玮辛等，2012；李斌等，2013）、土壤肥力质量和蓄水能力（杨清培等，2003；张胜，2015；熊江波，2015）等方面，对处于不同恢复阶段的次生林、次生灌丛和灌草丛生物量的比较研究很少见报道，在揭示森林植被恢复对生态系统结构与功能过程的影响机制方面仍缺乏相关数据。此外，研究生态系统生物量及其空间分配格局对森林植被恢复的响应，对揭示森林生态系统在人为干扰下的退化机制，以及退化森林植被恢复和重建具有理论和实践双重意义。为此，本部分着重研究不同植被恢复阶段生态系统生物量的空间分布格局及其影响因素，为准确地反映森林植被恢复与森林生态功能过程的关系，探讨森林生态恢复机制，以及促进亚热带森林植被恢复与保护、环境与经济可持续发展提供科学依据。

3.3.1　植被层的生物量及其空间分配

1. 乔木层生物量及其组分分配

从表 3.7 可以看出，随植被恢复，乔木层生物量逐渐形成和提高，LAG 比 PLL 提高了 17.86%，其中 LAG 枝、干、根生物量分别比 PLL 提高了 3.52%、20.57%和 55.52%，而叶生物量下降了 23.19%；地上部分生物量 LAG 比 PLL 提高了 17.26%，但差异均不显著（$P > 0.05$）。LAG、PLL 乔木层各组分生物量的分配格局基本一致，均表现为：干最高，占乔木层生物量的 59.13%～60.48%，其次是枝，占 17.87%～20.34%，再次是根，占 12.38%～16.34%，叶最小，仅占 5.31%～8.15%；地上部分生物量占乔木层生物量的 83.66%～87.62%，明显高于地下部分（根）。这表明森林恢复促进乔木层生长，产量积累升高，特别是地上部分的生长，且对各组分生物量的空间分配格局影响明显。

表 3.7　乔木层生物量（kg/hm²）及其组分分配

恢复阶段	地上部分				地下部分	合计
	叶	枝	干	小计	根	
PLL	9864.89±2217.40a (8.15)	24 617.70±5266.69a (20.34)	71 560.81±10820.39a (59.13)	106 043.40±16 554.98a	14 987.24±3595.70a (12.38)	121 030.64±19 698.12a
LAG	7577.66±3074.65a (5.31)	25 486.51±11 028.73a (17.87)	86 280.19±25 018.88a (60.48)	119 344.36±13 133.56a	23 308.19±4909.13a (16.34)	142 652.55±43 136.34a

注：括号内的数据为百分率（%），不同字母表示同一组分不同生态系统之间差异显著（$P<0.05$）；下同。

2. 灌木层生物量及其组分分配

如表 3.8 所示，灌木层地上、地下部分生物量随植被恢复先升高后下降，LCQ 最高，且与 LVR、PLL、LAG 差异显著（$P<0.05$），但 LVR、PLL、LAG 间差异不显著（$P>0.05$）。不同植被恢复阶段灌木层各组分生物量的分配格局不同。LAG 是枝（包括干）最高，占其灌木层生物量的 42.31%，其次是根，占 36.75%，而叶最低；而 PLL 依次为：根>干>枝>叶，分别占其灌木层生物量的 43.70%、27.47%、15.83%、13.00%；LCQ 各组分生物量依次为：干>根>枝>叶，分别占其灌木层生物量的 38.63%、33.34%、16.74%、11.28%；LVR 是根最大，占其灌木层生物量的 38.93%，其次是枝和干，分别占 21.53% 和 20.42%，叶最小，仅占 19.12%。各生态系统地上部分生物量显著高于地下部分（$P<0.05$），占其灌木层生物量的 56.25%～66.66%，其中 LCQ 地上部分生物量占其灌木层生物量的百分比最高。

表 3.8　灌木层生物量（kg/hm²）及其组分分配

恢复阶段	地上部分				地下部分	合计
	叶	枝	干	小计	根	
LVR	419.85±375.06b (19.12)	472.71±505.21b (21.53)	448.53±435.68b (20.42)	1341.08±737.23b	854.97±716.14b (38.93)	2196.06±1440.18b
LCQ	1610.81±123.08a (11.28)	2388.24±1481.36a (16.74)	5511.93±769.20a (38.63)	9510.99±7252.63a	4757.69±3087.43a (33.34)	14268.67±10279.55a
PLL	314.87±153.51b (13.00)	383.27±233.50b (15.83)	665.23±462.86b (27.47)	1363.37±842.30b	1058.30±906.91b (43.70)	2421.67±1744.72b
LAG	243.17±128.93b (20.94)	491.43±172.06b (42.31)	—	734.60±362.32b	426.83±208.03b (36.75)	1161.43±496.90b

3. 草本层生物量及其组分分配

从表 3.9 可以看出，LVR 草本层生物量及其地上、地下部分生物量均为最高，其次是 LCQ 和 LAG，PLL 最低，呈现出随植被恢复先降低再升高的趋势，但 4 个生态系统之间差异均不显著（$P>0.05$）。LAG、PLL 和 LVR 地下部分生物量高于地上部分，其中 LVR 地上部分与地下部分差异显著（$P<0.05$），而 PLL、LAG 的差异不显著（$P>0.05$）；LCQ 地下部分低于地上部分，差异也不显著（$P>0.05$）。

表 3.9　草本层生物量及其组分分配　　　　　　　　　（单位：kg/hm²）

恢复阶段	地上部分	地下部分	合计
LVR	903.37±590.48a（43.47）	1174.58±884.86a（56.53）	2077.95±1468.73a
LCQ	726.31±166.10a（52.63）	653.85±472.46a（47.37）	1380.16±417.57a
PLL	274.36±358.64a（49.00）	285.52±475.41a（51.00）	559.88±832.47a
LAG	616.20±135.20a（48.08）	665.37±132.32a（51.92）	1281.57±134.56a

4. 植被层生物量的垂直空间分配

从图 3.1 可以看出，植被层地上、地下部分（根系）生物量均随植被恢复而增加，从 LVR 到 LAG，地上部分生物量增加了 11 681.01 kg/hm²，提高了 5892.38%，地下部分增加了 22 370.84 kg/hm²，提高了 1102.56%。这表明随森林恢复，植被层地上、地下部分生物量表现为异速增长。LVR、LCQ、PLL 和 LAG 地上部分分别比其地下部分高 −0.73%、89.47%、559.38% 和 394.65%。从 LVR、LCQ 到 PLL、LAG，地上部分生物量占其植被层生物量的百分比总体上呈现上升趋势，而地下部分呈下降趋势。

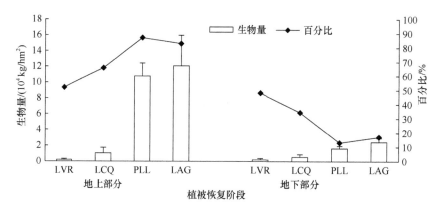

图 3.1　不同植被恢复阶段植被层地上、地下部分生物量的分配

3.3.2　地表凋落物层的现存量

如表 3.10 所示，凋落物层现存量及各分解层凋落物现存量总体上随植被恢复而逐渐增加，其中 LVR 与 LAG、PLL、LCQ 差异显著（$P<0.05$），但 LAG、PLL、LCQ 之间差异不显著（$P>0.05$）。LAG、PLL 和 LCQ 各分解层凋落物现存量均表现为：已分解层＞半分解层＞未分解层，而 LVR 则表现为：半分解层＞已分解层＞未分解层。未分解层凋落物现存量占其凋落物层现存量的百分比随植被恢复没有明显的变化，半分解层呈下降趋势，已分解层呈上升趋势。这表明随植被恢复，未分解层凋落物向半分解层和已分解层迁移速率逐渐增加，土壤养分的归还效果增强。

表 3.10　地表凋落物层现存量　　　　　　（单位：kg/hm²）

植被恢复阶段	未分解层	半分解层	已分解层	合计
LVR	256.83±202.97 b（28.18）	339.07±277.03 b（37.20）	315.48±175.31 b（34.62）	911.38±653.89 b（100）
LCQ	1303.59±61.68 a（27.15）	1731.39±603.80 a（36.06）	1766.87±541.15 a（36.79）	4801.84±1030.28 a（100）
PLL	1451.37±157.67 a（28.53）	1671.22±757.17 a（32.85）	1964.58±369.48 a（38.62）	5087.17±1246.08 a（100）
LAG	1047.49±524.43 a（27.00）	1194.84±218.12 a（30.80）	1637.47±631.91 a（42.20）	3879.80±1171.53 a（100）

3.3.3　群落生物量的空间分配

从表 3.11 可以看出，LAG 总生物量最高，分别是 PLL、LCQ、LVR 的 1.15 倍、7.23 倍和 28.73 倍，且 LAG、PLL 与 LCQ、LVR 差异显著（$P<0.05$），LCQ 与 LVR 差异显著（$P<0.05$），但 LAG 与 PLL 差异不显著（$P>0.05$）；4 个植被恢复阶段群落总生物量呈显著的指数函数增长（$y_{生物量}=0.1928e^{1.191x}$，$R^2=0.9205$，$P<0.05$）。不同植被恢复阶段生态系统生物量的空间分布格局不同：LAG、PLL 乔木层生物量最高，占生态系统生物量的 93.74%～95.76%，占有绝对优势，其次是凋落物层，占 2.60%～3.94%，再次是灌木层，占 0.78%～1.89%，草本层最低，仅占 0.43%～0.86%；LCQ 灌木层生物量最高，占生态系统生物量的 69.98%，其次是地表凋落物层，占 23.32%，草本层最低；LVR 灌木层生物量最高，占生态系统生物量的 42.35%，草本层次之，占 40.07%，凋落物层现存量最低。与 LVR 相比，LCQ 灌木层、凋落物层生物量显著增加（$P<0.05$），但草本层生物量明显下降；与 LCQ 相比，PLL、LAG 乔木层生物量取代了灌木层的优势地位，LAG 乔木层生物量的优势比 PLL 更为明显，而 PLL、LAG 灌木层生物量显著下降（$P<0.05$），草本层、凋落物层生物量变化不大（$P>0.05$）。这表明生态系统上层生物量是各生态系统总生物量的主要来源，而且随植被恢复，生态系统上层生物量变化显著，优势逐渐增大，生态系统下层生物量变化较小，优势逐渐减小。

表 3.11　不同植被恢复阶段生态系统生物量的空间分配　　　（单位：kg/hm²）

恢复阶段	乔木层	灌木层	草本层	凋落物层	合计
LAG	142 652.55±43 136.34a（95.76）	1161.43±496.90b（0.78）	1281.57±134.56a（0.86）	3879.80±1171.53a（2.60）	148 975.35±43 906.43a
PLL	121 030.64±19 698.12a（93.74）	2434.98±1744.72b（1.89）	559.88±832.47a（0.43）	5087.17±1246.08a（3.94）	129 112.67±19 713.49a
LCQ	—	14 409.53±10 279.55a（69.98）	1380.16±417.57a（6.70）	4801.84±1030.28a（23.32）	20 591.53±9728.92b
LVR	—	2196.06±1440.18b（42.35）	2077.95±1468.73a（40.07）	911.38±653.89b（17.58）	5185.39±270.25c

从图 3.2 可以看出，4 个植被恢复阶段生态系统地上、地下部分生物量均随植被恢复而增加，从 LVR 到 LAG，地上部分生物量增加了 118 450.7 kg/hm²，提高了 5277.47%，地下部分增加了 25 339.26 kg/hm²，提高了 861.61%。这表明随森林恢复，生态系统地上、地下部分生物量呈现异速增长的趋势。LAG 和 PLL 地上部分分别比其地下部分高 326.78%和 402.76%，LCQ 地上与地下部分相差不大，LVR 地下部分生物量比地上部分

高 31.03%。从 LVR、LCQ 到 PLL、LAG，地上部分生物量占其生态系统生物量的百分比呈现增加的趋势，而地下部分呈下降趋势。

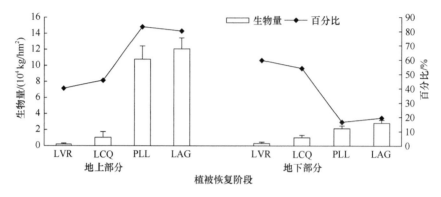

图 3.2 不同植被恢复阶段生态系统地上部分生物量和地下部分生物量的分配

3.3.4 群落生物量与植物多样性的关系

对群落生物量与 Shannon-Wiener 指数的相关性分析（表 3.12）表明，群落生物量与 Shannon-Wiener 指数呈显著正相关关系（相关系数为 0.554，$P < 0.05$）。地上、地下部分生物量分别与 Shannon-Wiener 指数呈弱显著的正相关关系（相关系数分别为 0.551 和 0.550，P 分别为 0.051 和 0.052）。

表 3.12 生态系统生物量与物种多样性指数、土壤养分含量的相关系数

生物量	Shannon-Wiener 指数	土壤养分						
		有机 C	TN	TP	TK	AN	AP	AK
地上部分生物量	0.551	0.875**	0.774**	0.519	−0.035	0.847**	0.591*	−0.046
地下部分生物量	0.550	0.912**	0.859**	0.508	−0.128	0.912**	0.635*	−0.027
生态系统总生物量	0.554*	0.886**	0.792**	0.520	−0.050	0.861**	0.601*	−0.043

注：*$P < 0.05$，**$P < 0.01$，$n = 13$。

3.3.5 群落生物量与土壤养分的关系

由群落生物量与 0～30 cm 土层养分含量的相关性分析结果（表 3.12）可知，生态系统生物量、地上部分生物量、地下部分生物量分别与 0～30 cm 土层有机 C、TN、AN 含量呈极显著正相关关系（$P < 0.01$），其中，与土壤有机 C 含量呈现出最强的正相关性（相关系数为 0.875～0.912），与 AP 含量呈显著正相关关系（$P < 0.05$），与 TP 含量呈正相关关系，但不显著（$P > 0.05$），与 TK、AK 含量不存在显著相关性（$P > 0.05$）。这说明土壤 C 含量与生态系统生物量之间的反馈作用更显著，植被、凋落物和土壤通过各种养分元素进行物质循环和能量流动。

3.3.6 讨论

1. 植被恢复对群落生物量的影响

生态系统生物量与植物多样性的关系是陆地生态系统的研究热点之一（王长庭等，2007），至今还没有一致的结论，两者间的相互作用机制尚不完全清楚（孙玉军等，2015）。研究表明，在人工混种群落中，乔木树种混交比例不同，在忽略人为干扰历史（如抚育间伐）的情况下，随林龄增加，乔木层树种增多，物种多样性指数增大，生物量显著增加，多样性与生物量基本呈单调的线性增长关系（孙玉军等，2015）。土壤养分与植物生长密切相关，土壤养分的含量直接影响群落的生产力，土壤养分越充足，生态系统生产力越高（Nordin et al.，2001；王长庭等，2008；赵景学等，2011）。本研究中，随植被恢复，生态系统生物量呈显著增加趋势（$P<0.05$）。生态系统生物量与样地 Shannon-Wiener 指数呈显著正相关关系（$P<0.05$），与 0~30 cm 土壤层有机 C、TN、AN、AP 含量呈显著正相关关系（$P<0.05$）。究其原因是：在 LVR 中采樵、火烧、放牧等人为干扰时有发生，不仅将林木带出林外，还使得灌木平均树高增加缓慢甚至下降。此外，从林地带走了大量的养分，显著减少土壤轻腐殖质输入量，土壤肥力明显衰退，因而 LVR 以矮小灌木、草本植物为主，个体数量虽多但生势差，生物量主要来源于灌木、草本植物，因此生物量低。人为干扰程度相对减弱后，LCQ 灌木层植物个体平均高度明显增加，而且物种数明显增多，地表凋落物层现存量也明显增加，土壤 C、N、P 含量明显升高，灌木层植物得到较好的发育和生长，因此 LCQ 生物量较显著增加。停止了采樵等人为干扰活动后，PLL、LAG 优势树种由低矮的灌丛或灌木植物恢复为高大的乔木树种，更具有生长优势，生长速度加快，平均胸径和平均树高显著增加，物种多样性指数明显升高（表 1.4），地表凋落物层现存量明显增加（表 3.10），土壤养分（C、N、P）的含量及其有效性明显升高（表 2.16），更有利于林木的生长，因此 PLL、LAG 生物量显著增加。表明随人为干扰减弱或停止，群落恢复，物种多样性、土壤养分（C、N、P）含量升高，生态系统生物量增加。生态系统生物量与土壤 C 含量之间存在着最高的相关性，是由于土壤 C 是生态系统生产力和更新中最重要的一部分，是植被与土壤恢复的关键因素（Pei et al.，2008）。因此，应减弱或停止人为干扰，促进灌草丛正向演替，提高群落物种多样性，提高土壤养分含量，改善土壤养分循环，形成林木生长与土壤改善相互促进的状态。

凋落物层现存量主要取决于凋落物量及其分解速率两个因素（黄宗胜等，2013）。本研究中，凋落物层现存量总体上随植被恢复逐渐增高，是由于随植被恢复，物种种类增加（表 1.1），大型树木比例升高，群落中物种的新陈代谢增强，凋落物量增加（吕晓涛等，2007）；也是由于 PLL 林下凋落物以针叶树叶为主，较难腐烂分解，而 LAG 林下凋落物以阔叶树叶为主，较易于分解，因此 PLL 凋落物层现存量高于 LAG。这表明凋落物层现存量随植被恢复的变化与林分树种组成有关。

2. 植被恢复对生态系统生物量空间分布格局的影响

生态系统生物量在不同层次上的分配受到群落特性和物种组成等因素的综合影响

（王长庭等，2007）。影响生态系统生物量的因素较多，包括光合、呼吸、脱落、病虫害消耗等，其中光合作用是一个重要因素，在不同的林分中，相同层次的生物量与光照强度密切相关，人为干扰会造成林分光照强度的差异（林思祖等，2004）。本研究中，不同植被恢复程度生态系统生物量的空间分布格局不同。可能是由于 LVR 遭受采樵、火烧、放牧等严重人为干扰后，植被以矮小灌木、草本植物为主，灌木层已经消失，凋落物不能有效积累，因而灌木层、草本层生物量相当，凋落物层现存量最低；随人为干扰程度减弱，乔木层没有形成的 LCQ，灌木层植物在良好的光照条件下充分发育和生长，灌木平均高度较高，形成了明显的灌木层，生物量较高，林下光照强度减弱，不利于草本层植物生长，生物量明显下降，而且在调查过程中发现 LCQ 落叶灌木树种较多，大量枯枝落叶的产生使得林下地表凋落物层现存量较高，因而生态系统生物量呈现出灌木层＞凋落物层＞草本层的分布格局，与湖南浏阳大围山自然保护区杜鹃灌丛生物量不同层次间的分布格局一致（张蔷等，2017）；采樵等人为干扰活动减弱，PLL、LAG 形成了乔木层，保持较高的生长优势，代谢强烈，凋落物量较多，由于上层郁闭度增加，林下光照强度减弱，不利于灌木层、草本层植物生长，生物量下降，从而乔木层生物量占有绝对的优势，其次是凋落物层，灌木层、草本层最低。这表明不同植被恢复阶段，生态系统植被组成和群落结构不同，生物量的空间分配格局不同。

在不同环境条件下，生态系统生物量的分配格局反映了植物对环境的响应规律和资源分配策略（Poorter et al.，2012）。最优分配理论认为，植物通过调节各器官生物量的分配适应外界环境，从而最大限度地获取有限资源，以维持其最大生长速率（McConnaughay & Coleman，1999）。当光照受到限制时，植物会将更多的资源分配到茎和叶等地上部分，而当水分和养分受到限制时，植物会将更多的资源分配到根系中（Bloom et al.，1985）。本研究中，LVR 由于人为干扰严重，地上部分生物量不能有效积累，而树兜及根部残留在林地，生物量没有明显变化，因此无论是生态系统的生物量还是灌木层、草本层的生物量，均是地下部分高于地上部分。在 LCQ，乔木层没有形成，灌木层植物在良好光照条件下，有利于地上部分的生长，生物量明显提高，占其灌木层生物量的比例增大，地上部分生物量与地下部分相差不大。人为干扰减弱或停止后，PLL、LAG 形成了乔木层，群落物种组成结构处于稳定状态，凋落物量较多，土壤水分和养分比较充足，能维持植物的生长和发育，地上部分、地下部分均有明显生长，生物量维持较高，但由于大型乔木树种较多，对光照竞争更为激烈，乔木层植物将更多的生物量分配到地上部分，增强对光照的竞争能力，以获得更大的生长空间和更多的资源，因而地上部分生物量增长速度明显高于地下部分，表现为异速生长，也体现了 PLL、LAG 对亚热带地区温暖湿润环境条件的适应（Mokany et al.，2006；McCarthy & Enquist，2007；张蔷等，2017）。

3.4 不同植被恢复阶段生态系统碳密度特征

森林生态系统碳库主要包括植被层、凋落物层、土壤层碳库。这些碳库受到诸多环境因素的影响，如森林类型、林龄、人为干扰、温度与降水等。研究表明，森林自然恢复可有效减少对土壤的扰动，在碳汇功能上优于人工重建方式（邸月宝等，2012），生态系统碳密度与林分演替发育阶段有关,碳在各器官间的分配比例是群落演替动态过程的重要特征(宫超等,2011)。随植被恢复,生态系统、植被层碳密度通常呈增加趋势,植被对生态系统碳密度影响最大(宫超等,2011;黄宗胜等,2015;周序力等,2018)。由于受植被、立地和土壤多种因素的综合影响,土壤碳密度变化呈现 4 种模式:持续增加(Dou et al.,2013;Wang et al.,2016)、不变(Sartori et al.,2007;周序力等,2018)、下降(Kirschbaum et al.,2008)、先减少后增加(Lu et al.,2013)。在生态系统碳密度垂直分配方面,随植被恢复,植被层碳密度的贡献增加,而土壤层碳密度的贡献下降(Zhu et al.,2017)。但目前的研究多针对人工林或温带地区的针叶林,有关亚热带森林生态系统碳密度及其垂直分配格局随植被恢复的变化仍少见报道(周序力等,2018)。因此,本研究用空间差异代替时间变化,在湘中丘陵区选取檵木+南烛+杜鹃灌草丛(LVR)、檵木+杉木+白栎灌木林(LCQ)、马尾松+柯+檵木针阔混交林(PLL)、柯+红淡比+青冈常绿阔叶林(LAG),代表亚热带地区不同植被恢复阶段的生态系统,设置固定样地,采用样地实测数据估算生态系统各层次的碳密度,旨在探讨以下 3 个问题:①植被层、凋落物层、土壤层及生态系统碳密度随植被恢复呈现怎样的变化趋势?②植被层、土壤层碳密度对生态系统碳密度的贡献随植被恢复如何变化?③植被层植物多样性及其生物量和土壤层碳含量的变化对生态系统碳密度有什么影响?从而为揭示植被恢复对森林生态系统碳汇功能的影响机制和分段实施森林生态系统碳库管理措施提供科学依据。

3.4.1　不同样地植被层、凋落物层、土壤层的碳含量

从表 3.13 可看出,在乔木层,干的碳含量最高,其次是枝,叶或根最低,PLL 各组分碳含量均高于 LAG;在灌木层,茎或枝的碳含量最高,其次是根,叶最低,LAG 叶、枝、根最低,LCQ 茎最高,PLL 叶最低;在草本层,地下部分碳含量高于地上部分,LVR、LCQ、PLL 地上、地下部分碳含量均高于 LAG。以上所述表明乔木层、灌木层、草本层各组分碳含量随植被恢复而变化。此外,植被层各组分碳含量表现为:乔木层＞灌木层＞草本层。PLL 未分解层、半分解层和已分解层凋落物的碳含量均为最高,其次是LAG,LCQ 最低;同一植被恢复阶段各分解层凋落物碳含量随凋落物的分解而下降。各土层碳含量随植被恢复而增加,其中 LAG 比 LVR、LCQ、PLL 分别增加 11.84～35.36 g/kg、10.50～28.09 g/kg 和 8.44～21.93 g/kg,分别提高了 289.36%～708.98%、144.13%～348.84%和 85.50%～166.47%,表明植被恢复显著提高土壤碳含量。不同植被恢复阶段土壤碳含量均随土层深度增加而下降,特别是从 0～10 cm 到 10～20 cm 土层显著下降($P < 0.05$)。

表 3.13　植被层、凋落物层和土壤层碳含量　　　　　　　　　　（单位：g/kg）

层次	项目	LVR	LCQ	PLL	LAG
乔木层	叶	—	—	467.82±46.08	414.7±44.70
	枝	—	—	570.54±26.77	429.35±34.24
	干	—	—	576.94±19.75	554.99±18.54
	根	—	—	527.76±14.71	398.59±19.18

续表

层次	项目	LVR	LCQ	PLL	LAG
灌木层	叶	442.32±34.37	434.67±39.99	414.44±40.69	361.49±42.09
	枝	547.08±18.30	540.94±19.92	555.11±17.93	517.06±41.74
	茎	554.35±18.03	572.84±23.20	552.52±18.19	554.99±18.54
	根	536.31±13.50	536.69±19.41	540.92±20.20	493.89±10.71
草本层	地上	428.74±21.61	398.03±30.41	436.11±17.90	311.67±38.39
	地下	514.46±39.70	513.87±23.47	512.78±17.28	439.78±41.97
凋落物层	未分解层	387.28±59.47	365.44±55.14	516.43±20.26	497.74±60.25
	半分解层	340.51±100.73	235.32±60.67	463.97±15.13	429.94±98.62
	已分解层	257.13±59.79	152.85±107.11	319.86±29.31	282.25±147.90
土壤层	0~10 cm	12.22±3.08	19.49±0.95	25.65±9.21	47.58±7.20
	10~20 cm	4.49±2.62	7.67±0.75	10.89±3.60	18.22±4.31
	20~30 cm	2.95±1.71	5.32±1.01	7.01±2.96	14.89±5.74
	30~40 cm	1.67±0.70	3.01±0.53	5.07±1.80	13.51±5.46

3.4.2　植被层碳密度

从表 3.14 可看出，植被层碳密度随植被恢复而增加，由 LVR 到 LAG 增加了 70.80 tC/hm^2，提高了 3630.77%，地上、地下部分分别增加了 61.91 tC/hm^2 和 8.89 tC/hm^2，分别提高了 5896.19% 和 987.78%。不同植被恢复阶段间的碳密度差异不同，从 LVR 到 LCQ，增加了 6.41 tC/hm^2，提高了 330.41%，地上、地下部分分别提高了 423.55% 和 222.22%；从 LCQ 到 PLL，增加了 61.92 tC/hm^2，提高了 741.68%，地上、地下部分分别提高了 1021.98% 和 211.38%；从 PLL 到 LAG，增加了 2.47 tC/hm^2，提高了 3.51%，地上、地下部分分别提高了 2.78% 和 8.42%。以上所述表明随植被恢复，植被层碳密度的积累速率先快后慢，地上、地下部分表现为异速增长。

表 3.14　植被层地上部分和地下部分的碳密度　　（单位：tC/hm^2）

恢复阶段	层次	地上部分碳储量	地下部分碳储量	合计	地上部分/地下部分
LVR	灌木层	0.57±0.37	0.46±0.38	1.03±0.74（52.82）	1.24
	草本层	0.48±0.25	0.44±0.45	0.92±0.70（47.18）	1.09
	合计	1.05（53.85）	0.90（46.15）	1.95（100）	1.17
LCQ	灌木层	5.17±3.98	2.56±1.67	7.73±5.61（92.46）	2.02
	草本层	0.29±0.07	0.34±0.25	0.63±0.22（7.54）	0.86
	合计	5.46（65.31）	2.90（34.69）	8.36（100）	1.88
PLL	乔木层	59.95±9.29	7.91±1.90	67.86±10.94（96.56）	7.58
	灌木层	0.71±0.44	0.57±0.49	1.28±0.94（1.82）	1.24
	草本层	0.60±0.16	0.54±0.24	1.14±0.40（1.62）	1.11
	合计	61.26（87.17）	9.03（12.83）	70.28（100）	6.78

续表

恢复阶段	层次	地上部分碳储量	地下部分碳储量	合计	地上部分/地下部分
LAG	乔木层	62.37±20.10	9.27±1.96	71.66±22.00（98.51）	6.73
	灌木层	0.34±0.14	0.21±0.10	0.55±0.23（0.76）	1.62
	草本层	0.25±0.04	0.27±0.06	0.54±0.05（0.74）	0.93
	合计	62.96（86.54）	9.79（13.46）	72.75（100）	6.43

注：括号内的数据为百分率（%）。

　　在 PLL、LAG 中，乔木层碳密度占植被层碳密度的比例最大（96.56%～98.51%），其次是灌木层（0.76%～1.82%），草本层最低（0.74%～1.62%），且 LAG 乔木层碳密度高于 PLL，而灌木层、草本层的低于 PLL；在 LVR、LCQ 中，灌木层碳密度占植被层碳密度的 52.82%～92.46%，草本层占 7.54%～47.18%，从 LVR 到 LCQ，灌木层所占比例明显增加，草本层所占比例明显下降（表 3.14）。以上所述表明乔木层、灌木层、草本层碳密度及其占植被层碳密度的比例随植被恢复阶段不同而变化。

3.4.3　凋落物层碳密度

　　如图 3.3 所示，凋落物层碳密度随植被恢复先增加后减少，从 LVR 到 PLL 持续增加，增加了 1.88 tC/hm²，提高了 671.43%；从 PLL 到 LAG，下降了 32.87%，且 PLL 与 LVR、LCQ、LAG 之间和 LAG、LCQ 与 LVR 之间差异显著（$P<0.05$）。各分解层凋落物碳密度随植被恢复的变化与凋落物层碳密度变化基本一致，不同植被恢复阶段间的差异显著（$P<0.05$）。半分解层凋落物碳密度（除 LCQ 外）占凋落物层碳密度的比例最高，但总体上不同分解层间差异不显著（$P>0.05$）。

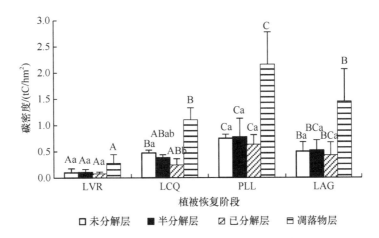

图 3.3　不同植被恢复阶段凋落物层碳密度

图中不同大写字母表示同一分解层不同植被恢复阶段间差异显著（$P<0.05$），不同小写字母表示同一植被恢复阶段不同分解层间差异显著（$P<0.05$）

3.4.4 土壤层碳密度

从图 3.4 可看出，各土层碳密度均随植被恢复而增加，且除 0～10 cm 土层 LVR 与 LCQ 外，同一土层不同植被恢复阶段间差异显著（$P<0.05$）。同一植被恢复阶段土壤碳密度随土壤深度增加而下降，0～10 cm 土层碳密度显著高于其他 3 个土层（$P<0.05$），除 LCQ 外，10～20 cm、20～30 cm、30～40 cm 土层之间差异不显著（$P>0.05$）。

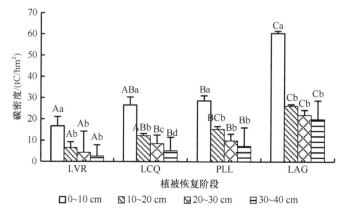

图 3.4　不同植被恢复阶段各土层的碳密度

图中不同大写字母表示同一土层不同植被恢复阶段间差异显著（$P<0.05$），不同小写字母表示同一植被恢复阶段不同土层间差异显著（$P<0.05$）

如图 3.5 所示，0～10 cm、0～20 cm、0～30 cm 和 0～40 cm 土层碳密度均随植被恢复而递增，且同一土层不同植被恢复阶段间差异显著（$P<0.05$）；从 LVR 到 LAG，0～40 cm 土壤层碳密度增加了 67.05 tC/hm²，提高了 182.05%，表明土壤储碳能力随植被恢复而显著提高，但不同植被恢复阶段间的增长速率不同，从 LVR 到 LCQ，0～10 cm、0～20 cm、0～30 cm 和 0～40 cm 土壤层碳密度增长了 35.06%～56.96%，从 LCQ 到 PLL 增长了 23.46%～32.27%，从 PLL 到 LAG 增长了 29.39%～45.55%，表现为快—慢—快的特征。此外，0～20 cm 土层碳密度占 0～40 cm 土层的 66.83%～77.26%，表明土壤碳主要储存于 0～20 cm 土层。

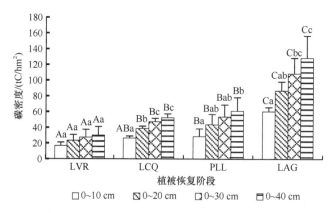

图 3.5　不同植被恢复阶段 4 个土壤深度的碳密度

3.4.5　生态系统碳密度的垂直分配格局

从图 3.6 可看出，生态系统碳密度随植被恢复而增加，从 LVR 到 LAG，增加了 139.02 tC/hm²，但不同植被恢复阶段的增长速率不同，从 LVR 到 LCQ 增加了 72.22%，从 LCQ 到 PLL 增加了 194.18%，从 PLL 到 LAG 增加了 23.82%，表现为先快后慢。各植被恢复阶段生态系统碳密度的垂直分配格局均表现为：0～40 cm 土层＞植被层＞凋落物层。0～40 cm 土层碳密度对生态系统碳密度的贡献率随植被恢复而下降，LVR、LCQ、PLL 和 LAG 分别为 94.29%、85.94%、49.63% 和 58.34%，植被层总体上呈增加趋势，分别为 4.99%、12.43%、48.87% 和 40.85%，凋落物层贡献率很小且变化不大，为 0.72%～1.64%。表明土壤层碳密度在生态系统碳密度中于植被恢复初期占支配地位，以后随植被恢复其支配地位下降，而植被层碳密度优势增大。此外，LVR、LCQ、PLL 和 LAG 地上碳密度与地下碳密度之比分别为 1/36.20、1/11.32、1/1.34 和 1/1.83。以上所述表明随植被恢复，地上碳密度与地下碳密度之比以及地上碳密度占生态系统碳密度比例在增大，而地下部分的占比在下降。

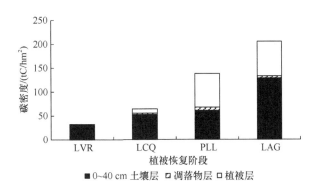

图 3.6　不同植被恢复阶段生态系统的碳密度

3.4.6　碳密度与物种多样性、植物密度、生物量和土壤碳含量、土壤密度的相关性

从表 3.15 可看出，生态系统、植被层和土壤层碳密度分别与 Shannon-Wiener 指数（除植被层外）、植被层生物量、土壤有机碳含量呈显著（$P<0.05$）或极显著正相关性（$P<0.01$），与木本植物密度、土壤密度的相关性不显著（$P>0.05$）。

表 3.15　碳密度与物种多样性指数、木本植物密度、植被层生物量和土壤有机碳含量、土壤密度的相关系数

碳密度	Shannon-Wiener 指数	木本植物密度	植被层生物量	土壤有机碳含量	土壤密度
生态系统	0.538*	0.316	0.937**	0.921**	−0.408
植被层	0.393	0.427	0.923**	0.786**	−0.513
土壤层	0.604*	0.371	0.793**	0.931**	−0.256`

注：* $P<0.05$；** $P<0.01$；$n=16$。

3.4.7 讨论

1. 植被恢复对生态系统各层次碳含量的影响

本研究中，PLL 乔木层各组分碳含量均高于 LAG，与马钦彦等（2002）的研究结果基本一致。乔木层、灌木层、草本层各组分碳含量的分布与郑帷婕等（2007）的研究结果基本一致。这表明植被层各组分碳含量与植物组成密切相关。同样，PLL 凋落物以针叶（马尾松）为主，LVR 以灌木和草本植物为主，LCQ 以落叶灌木为主，LAG 以常绿阔叶为主，因而 PLL 的未分解层凋落物碳含量高于 LVR、LCQ、LAG。研究表明，凋落物层碳含量随凋落物的分解而下降，与亚热带多种林分类型相比，以马尾松为优势树种的针阔混交林其凋落物层碳含量随凋落物分解下降速率最小（喻林华等，2016）。因此，LVR、LCQ、PLL、LAG 未分解层凋落物碳含量最高，已分解层最低，而 PLL半分解层、已分解层凋落物碳含量仍高于 LCQ、LAG。

有关本研究样地土壤碳含量随植被恢复而增加的机理在第 5 章详细讨论。

2. 植被恢复对植被层碳密度的影响

本研究中，植被层碳密度随植被恢复持续增加，与 Tremblay 和 Ouimet（2013）及 Wang 等（2016）的研究结果基本一致，这表明植被恢复对植被层碳密度有正向影响。在人为干扰停止 3~4 年后，形成生物量很低的灌草丛（LVR），其草本和灌木的生物量基本上各占一半，随着时间推移，灌木迅速生长和发育演替为灌木林（LCQ），生物量增加。到 PLL，乔木树种增多，乔木层形成，植物将更多生物量分配到地上，以获得更大生长空间和更多资源，同时生物量快速增加。到 LAG，耐阴阔叶树种增加，由于地上大部分空间已被阳性先锋树种占据，耐阴阔叶树种为增强对土壤养分、水分的竞争，加快地下部分的生长（Bloom et al.，1985）。与 PLL 相比，LAG 乔木层生物量增加不明显；同时随植被恢复林冠郁闭度增大，林下灌木、草本生物量下降（Sigurdsson et al.，2005）。因此，随植被恢复，植被层碳密度递增速率呈先快后慢的趋势，地上、地下部分碳密度表现为异速增长，乔木层、灌木层和草本层碳密度在植被层碳密度的地位发生变化。此外，随植被恢复，地上部分碳密度占植被层碳密度的比例增大，从 LVR 的 53.85%增到 LAG 的 86.54%；而地下部分呈下降趋势，从 46.15%降到 12.83%，地上部分与地下部分之比从 1.17 提高到 6.43（表 3.14），反映了植被恢复、生境改善对碳分配策略的影响（王亮等，2010）。

本研究中，已形成乔木层的 PLL、LAG 植被层碳密度显著低于同纬度原始林、经 30 多年天然更新的次生林（邸月宝等，2012）和 82 年生的亮叶青冈（*Cyclobalanopsis phanera*）林（周序力等，2018），也略低于中国常绿阔叶林、常绿落叶阔叶林的平均水平（周玉荣等，2000）。尽管以上不同林分间因年龄差异而导致植被层碳密度差异较大，但仍可说明本研究的 PLL、LAG 植被层碳密度处于较低水平，仍具有较大固碳潜力，可通过合理抚育管理来提高林分质量，从而提高植被层固碳能力。

3. 植被恢复对凋落物层、土壤层碳密度的影响

凋落物层碳密度主要取决于凋落物层现存量及其碳含量。有关凋落物层现存量随植被恢复的变化，当前有不同研究结果。黄宗胜等（2013）、马文济等（2014）的研究表明，由于人类砍伐干扰，大量凋落物，特别是细小枯枝滞留在地面，不易分解，恢复初期地表凋落物量最高，但地表凋落物量随次生演替显著降低。而周序力等（2018）的研究发现，凋落物层现存量随植被恢复而持续增加。此外，逯军峰等（2007）的研究表明，随林龄增大，凋落物层现存量增多，达到一定林龄后，植物种类增多，特别是阔叶树种增多，凋落物分解加快，此时凋落物层现存量开始下降。本研究样地凋落物层现存量从 LVR 到 PLL 持续增加，LAG 略有下降，但仍高于 LVR 和 LCQ（表 3.10），且 PLL 凋落物层碳含量最高，其次是 LAG，因而 PLL 凋落物层碳密度最高，其次是 LAG，LVR 最低。这表明凋落物层碳密度随植被恢复的变化与林分树种组成有关（Bradford & Kastendick，2010）。

本研究中，0～40 cm 土壤层碳密度随植被恢复持续增加，是植被因子（植物多样性、植被层生物量）和土壤因子（土壤碳含量）共同作用的结果（表 3.15）。但随植被恢复，土壤层碳密度的增加速率呈现快—慢—快的趋势，与植被层碳密度的变化不一致，可能与各植被恢复阶段植物组成及其生长发育特征有关。从 LVR 到 LCQ，草本植物多且生长周期短，死亡后快速腐解增加土壤碳输入，有利于土壤碳积累；从 LCQ 到 PLL，草本植物减少，灌木、乔木增加，其快速生长对土壤养分需求量增大，促使土壤有机质分解，土壤碳积累速率下降；从 PLL 到 LAG，凋落物层现存量增加，增加土壤碳输入，有利于土壤碳积累（Wang et al.，2016）。植被恢复过程中，植被层的形成和发育，会改变植被层生产力及土壤有机物质的积累和分解，进而影响土壤碳含量和密度。本研究中，各植被恢复阶段碳主要储存于 0～20 cm 土层。因此，减少人为干扰，促进植被恢复和保护植被层，保持土壤表层碳库稳定，增强土壤的固碳能力，对减缓大气 CO_2 浓度升高有重大意义。

4. 植被恢复对生态系统碳密度的影响

本研究中，生态系统碳密度随植被恢复而增加，与宫超等（2011）、黄宗胜等（2015）、Wang 等（2016）的研究结果基本一致，是由于植物多样性、植被层生物量和土壤碳含量随植被恢复而增加，有利于碳的储存（表 3.15），进一步验证了：树种丰富度、林龄增大能提高生态系统碳密度（Liu et al.，2018）。因此，通过采取合理的措施，促进植被恢复，增加树种多样性，是提高生态系统碳汇功能的重要途径。

本研究中，不同植被恢复阶段生态系统碳密度具有一致的垂直分配格局，即 0～40 cm 土壤层＞植被层＞凋落物层，与周玉荣等（2000）、Wang 等（2016）的研究结果基本一致。随植被恢复，植被层碳密度对生态系统碳密度的贡献增加，而土壤层的贡献减少，与 Wang 等（2016）、Zhu 等（2017）和周序力等（2018）的研究结果一致。

5. 不确定性

本研究中，调查了湘中丘陵区 4 个不同植被恢复阶段生态系统碳密度及其垂直分配格局，但仍存在不确定性及误差。主要原因是：①由于 LAG 禁止砍伐，估算其乔木层生物量时，利用 PLL 主要树种相对生长方程和 Ouyang 等（2016）、刘雯雯等（2010）建立的通用生长方程，可能会带来一定偏差；②由于 LCQ 未形成明显的乔木层，将所有木本植物生物量估算为灌木层生物量，可能导致 LCQ 灌木层生物量偏高，对研究结果的客观性有一定影响；③分析生态系统碳密度的垂直分配格局时，将根的碳密度计入植被层，可能与生态系统实际的碳密度垂直分配格局有一定偏差；此外，本研究仅测定了 0～40 cm 土壤层碳密度，基本上能反映植被恢复（凋落物和根系）对土壤层、生态系统碳密度的影响，但可能会导致土壤层、生态系统碳密度的估计偏低。

3.5 结　　论

随植被恢复，群落总生物量呈显著的指数函数增长（$P<0.05$），地上、地下部分生物量均表现为异速生长，LAG 与 PLL 乔木层生物量差异不显著（$P>0.05$），4 个群落灌木层生物量及其各器官、地上部分、地下部分生物量均呈先增加后下降的趋势，草本层生物量及其地上部分、地下部分生物量先下降再上升，凋落物层现存量总体上呈增加趋势；人为干扰的程度不同，群落生物量的空间分布格局不同，LVR 群落灌木层与草本层生物量相当，LCQ 群落灌木层生物量占明显优势，草本层生物量下降，PLL 和 LAG 群落乔木层生物量占绝对优势，灌木层、草本层和凋落物层生物量在群落总生物量的占比低于10%；群落总生物量与 Shannon-Wiener 指数呈显著的正相关关系（$P<0.05$），与土壤 SOC、TN、碱解氮、有效磷含量呈显著的正相关关系（$P<0.05$），这表明不同植被恢复阶段造成群落树种多样性、土壤养分含量的变化，是导致群落生物量变化的主要因素。

植被层、土壤层、生态系统碳密度随植被恢复而持续增加，其中植被层、生态系统碳密度的增长先快后慢，而土壤层则呈快—慢—快的特征；植被层碳密度对生态系统碳密度的贡献率从 4.99% 提高到 40.85%，而 0～40 cm 土壤层从 94.29% 降为 58.34%。不同植被恢复阶段生态系统碳密度垂直分配格局一致。植被层、土壤层、生态系统碳密度随树种多样性、植被层生物量和土壤碳含量增加而增加。为提高森林生态系统碳密度，在植被恢复的早、中期阶段，可通过采取合理的措施促进植被恢复，提高树种多样性、生物量和土壤碳含量，从而提高植被层和土壤层的碳密度；在植被恢复的后期阶段，要保护好植被层，以保证土壤碳含量持续增加。

主要参考文献

曹军, 张镜锂, 刘燕华. 2002. 近 20 年海南岛森林生态系统碳储量变化. 地理研究, 21(5): 551-560.

陈美高. 2006. 不同年龄马尾松人工林生物量结构特征. 福建林学院学报, 26(4): 332-335.

谌小勇, 田大伦, 彭元英, 等. 1993. 我国杉木人工林生物生产量研究概况//刘煊章. 森林生态系统定位研究. 北京: 中国林业出版社, 10-17.

程堂仁, 冯菁, 马钦彦, 等. 2007. 甘肃小陇山锐齿栎林生物量及其碳库研究. 北京林业大学学报, 29(S2): 209-215.

程小琴, 韩海荣, 康峰峰, 等. 2012. 山西油松人工林生态系统生物量、碳积累及其分布. 生态学杂志, 31(10): 2455-2460.

邸月宝, 王辉民, 马泽清, 等. 2012. 亚热带森林生态系统不同重建方式下碳储量及其分配格局. 科学通报, 57(17): 1553-1561.

丁圣彦, 宋永昌. 2003. 演替研究在常绿阔叶林抚育和恢复上的应用. 应用生态学报, 14(3): 423-426.

董利虎. 2015. 东北林区主要树种及林分类型生物量模型研究. 哈尔滨: 东北林业大学博士学位论文.

杜虎, 宋同清, 曾馥平, 等. 2013. 桂东不同林龄马尾松人工林的生物量及其分配特征. 西北植物学报, 33(2): 394-400.

范文义, 李明泽, 杨金明. 2011. 长白山林区森林生物量遥感估测模型. 林业科学, 47(10): 16-20.

方精云. 2000. 北半球中高纬度的森林碳库可能远小于目前的估算. 植物生态学报, 24(5): 635-638.

方精云, 陈安平. 2001. 中国森林植被碳库的动态变化及其意义. 植物学报, 43(9): 967-973.

方精云, 郭兆迪, 朴世龙, 等. 2007. 1981-2000 年中国陆地植被碳汇的估算. 中国科学 D 辑: 地球科学, 37(6): 804-812.

方精云, 刘国华, 徐嵩龄. 1996. 我国森林植被的生物量和净生产量. 生态学报, 16(5): 497-508.

方精云, 唐艳鸿, Son Y. 2010. 碳循环研究: 东亚生态系统为什么重要? 中国科学: 生命科学, 40(7): 561-565.

方晰. 2004. 杉木人工林生态系统碳贮量与碳平衡的研究. 长沙: 中南林业科技大学博士学位论文.

方晰, 田大伦, 项文化, 等. 2002. 第二代杉木中幼林生态系统碳动态与平衡. 中南林学院学报, 22(1): 1-6.

方晰, 田大伦, 项文化, 等. 2003a. 不同密度湿地松人工林中碳的积累与分配. 浙江林学院学报, 20(4): 374-379.

方晰, 田大伦, 胥灿辉. 2003b. 马尾松人工林生产与碳素动态. 中南林学院学报, 23(2): 11-15.

方运霆, 莫江明, 黄忠良, 等. 2003a. 鼎湖山马尾松、荷木混交林生态系统碳素积累和分配特征. 热带亚热带植物学报, 11(1): 47-52.

方运霆, 莫江明, 彭少麟, 等. 2003b. 森林演替在南亚热带森林生态系统碳吸存中的作用. 生态学报, 23(9): 1685-1694.

冯宗炜, 陈楚莹, 张家武, 等. 1982. 湖南会同地区马尾松林生物量的测定. 林业科学, 18(2): 127-134.

冯宗炜, 王效科, 吴刚. 1999. 中国森林生态系统的生物量和生产力. 北京: 科学出版社.

高阳, 金晶炜, 程积民, 等. 2014. 宁夏回族自治区森林生态系统固碳现状. 应用生态学报, 25(3): 639-646.

宫超, 汪思龙, 曾掌权, 等. 2011. 中亚热带常绿阔叶林不同演替阶段碳储量与格局特征. 生态学杂志, 30(9): 1935-1941.

光增云. 2007. 河南森林植被的碳储量研究. 地域研究与开发, 26(1): 76-79.

郭颖涛. 2015. 大兴安岭北部林区主要树种生物量和碳储量研究. 哈尔滨: 东北林业大学硕士学位论文.

郭兆迪, 胡会峰, 李品, 等. 2013. 1977～2008 年中国森林生物量碳汇的时空变化. 中国科学: 生命科学, 43(5): 421-431.

何宗明, 李丽红, 王义祥, 等. 2003. 33 年生福建柏人工林碳库与碳吸存. 山地学报, 21(3): 298-303.

侯一蕾, 赵正, 温亚利, 等. 2014. 湘西山区林业生态建设与经济发展的相互制约分析. 林业科学, 50(12): 131-138.

胡海清, 罗碧珍, 魏书精, 等. 2015. 小兴安岭 7 种典型林型林分生物量碳密度与固碳能力. 植物生态学报, 39(2): 140-158.

黄从德, 张健, 杨万勤, 等. 2008. 四川省及重庆市地区森林植被碳储量动态. 生态学报, 28(3): 966-975.

黄宗胜, 符裕红, 喻理飞. 2013. 喀斯特森林植被自然恢复中凋落物现存量及其碳库特征演化. 林业科学研究, 26(1): 8-14.

黄宗胜, 喻理飞, 符裕红, 等. 2015. 茂兰退化喀斯特森林植被自然恢复中生态系统碳吸存特征. 植物生态学报, 39(6): 554-564.

贾治邦. 2009. 中国森林资源报告——第七次全国森林资源清查. 北京: 中国林业出版社.

姜萍, 叶吉, 吴钢. 2005. 长白山阔叶红松林大样地木本植物组成及主要树种的生物量. 北京林业大学学报, 27(S2): 112-115.

焦秀梅. 2005. 湖南省森林植被碳贮量及地理分布规律. 长沙: 中南林学院硕士学位论文.

靳阿亮, 饶良懿, 李佳, 等. 2012. 华北落叶松人工林生物量实测分析. 广东农业科学, 39(12): 165-168.

巨文珍, 农胜奇. 2011. 森林生物量研究进展. 西南林业大学学报, 31(2): 78-83, 89.

蓝嘉川. 2014. 南亚热带杉木人工林近自然化改造对林分生物量及物种多样性的影响. 南宁: 广西大学硕士学位论文.

李斌, 方晰, 项文化, 等. 2013. 湖南省杉木林植被碳贮量、碳密度及碳吸存潜力. 林业科学, 49(3): 25-32.

李大岔. 2004. 福建柏与杉木、湿地松混交林分结构和生物量的研究. 福建林业科技, 31(4): 51-53.

李海奎, 雷渊才, 曾伟生. 2011. 基于森林清查资料的中国森林植被碳储量. 林业科学, 47(7): 7-12.

李克让, 王绍强, 曹明奎. 2003. 中国植被和土壤碳贮量. 中国科学 D 辑: 地球科学, 33(1): 72-80.

李默然, 丁贵杰. 2013. 贵州黔东南主要森林类型碳储量研究. 中南林业科技大学学报, 33(7): 119-124.

李平, 肖玉, 杨洋, 等. 2014. 天津平原杨树人工林生态系统碳储量. 生态学杂志, 33(3): 567-571.

李素敏, 田大伦, 闫文德, 等. 2011. 喀斯特地区城市杨树人工林碳贮量及其空间分布. 中南林业科技大学学报, 31(5): 140-145.

李文华. 1978. 森林生物生产量的概念及其研究的基本途径. 自然资源, (1): 71-92.

李鑫, 欧阳勋志, 刘琪璟. 2011. 江西省 2001-2005 年森林植被碳储量及区域分布特征. 自然资源学报, 26(4): 655-665.

李意德, 吴仲民, 曾庆波, 等. 1998. 尖峰岭热带山地雨林生态系统碳平衡的初步研究. 生态学报, 18(4): 371-378.

林思祖, 杨梅, 曹子林, 等. 2004. 不同强度人为干扰对马尾松地上部分生物量及生产力的影响. 西北植物学报, 24(3): 516-522.

刘恩, 王晖, 刘世荣. 2012. 南亚热带不同林龄红锥人工林碳贮量与碳固定特征. 应用生态学报, 23(2): 335-340.

刘刚, 朱剑云, 叶永昌, 等. 2010. 东莞主要森林群落凋落物碳储量及其空间分布. 山地学报, 28(1): 69-75.

刘国华, 傅伯杰, 方精云. 2000. 中国森林碳动态及其对全球碳平衡的贡献. 生态学报, 20(5): 733-740.

刘其霞, 常杰, 江波, 等. 2005. 浙江省常绿阔叶生态公益林生物量. 生态学报, 25(9): 2139-2144.

刘世荣, 王晖, 栾军伟. 2011. 中国森林土壤碳储量与土壤碳过程研究进展. 生态学报, 31(19): 5437-5448.

刘雯雯, 项文化, 田大伦, 等. 2010. 区域尺度杉木生物量通用相对生长方程整合分析. 中南林业科技大学学报, 30(4): 7-14.

刘之洲, 宁晨, 闫文德, 等. 2017. 喀斯特地区 3 种针叶林林分生物量及碳储量研究. 中南林业科技大学学报, 37(10): 105-111.

卢正茂, 吴江, 姜金波. 2010. 红松、白桦混交林土壤特征及林分生物量研究初报. 林业实用技术, (4): 15-16.

逯军峰, 王辉, 曹靖, 等. 2007. 不同林龄油松人工林枯枝落叶层持水性及养分含量. 浙江林学院学报, 24(3): 319-325.

吕晓涛, 唐建维, 何有才, 等. 2007. 西双版纳热带季节雨林的生物量及其分配特征. 植物生态学报, 31(1): 11-22.

马明, 王得祥, 刘玉民, 等. 2009. 秦岭火地塘林区天然油松林碳素空间分布规律. 西南大学学报(自然科学版), 31(3): 114-118.

马琪, 刘康, 张慧. 2012. 陕西省森林植被碳储量及其空间分布. 资源科学, 34(9): 1781-1789.

马钦彦, 陈遐林, 王娟, 等. 2002. 华北主要森林类型建群种的含碳率分析. 北京林业大学学报, 24(5/6): 96-100.

马炜, 孙玉军. 2009. 我国的森林生物量研究. 世界林业研究, 22(5): 71-76.

马文济, 赵延涛, 张晴晴, 等. 2014. 浙江天童常绿阔叶林不同演替阶段地表凋落物的 C: N: P 化学计量特征. 植物生态学报, 38(8): 833-842.

明安刚, 贾宏炎, 陶怡, 等. 2012. 桂西南 28 年生米老排人工林生物量及其分配特征. 生态学杂志, 31(5): 1050-1056.

宁晨. 2013. 喀斯特地区灌木林生态系统养分和碳储量研究. 长沙: 中南林业科技大学硕士学位论文.

潘维俦, 李利村, 高正衡, 等. 1978. 杉木人工林生态系统中的生物产量及其生产力的研究. 湖南林业科技, (5): 1-12.

裴艳辉, 李江. 2012. 云南省森林植被碳储量及其近 10 年动态变化. 中国水土保持科学, 10(3): 93-98.

漆良华, 彭镇华, 张旭东, 等. 2007. 退化土地植被恢复群落物种多样性与生物量分配格局. 生态学杂志, 26(11): 1697-1702.

任红玲, 唐晓玲. 2007. 近 24 年气温、降水对吉林省植被变化的影响. 地理科学, 27(S1): 39-46.

阮宏华, 姜志林, 高苏铭. 1997. 苏南丘陵主要森林类型碳循环研究: 含量与分布规律. 生态学杂志, 16(6): 17-21.

施文涛, 谢昕云, 刘西军, 等. 2015. 安徽大别山区杉木人工林乔木层生物量模型及碳贮量. 长江流域资源与环境, 24(5): 758-764.

宋熙龙, 毕君, 刘峰, 等. 2010. 木兰林管局白桦次生林生物量与碳储量研究. 北京林业大学学报, 32(6): 33-36.

孙清芳, 贾立明, 刘玉龙, 等. 2016. 中国森林植被与土壤碳储量估算研究进展. 环境化学, 35(8): 1741-1744.

孙玉军, 马炜, 刘艳红. 2015. 与物种多样性有关的长白落叶松人工林生物量. 生态学报, 35(10): 3329-3338.

覃连欢. 2012. 广西森林植被碳储量及价值估算研究. 南宁: 广西大学硕士学位论文.

覃林, 何友均, 李智勇, 等. 2011. 南亚热带红椎马尾松纯林及其混交林生物量和生产力分配格局. 林业科学, 47(12): 17-21.

陶玉华. 2012. 森林生态系统碳储量研究的意义及国内外研究进展. 现代农业科技, (9): 205, 212.

田杰, 于大炮, 周莉, 等. 2012. 辽东山区典型森林生态系统碳密度. 生态学杂志, 31(11): 2723-2729.

王兵, 杨清培, 郭起荣, 等. 2011. 大岗山毛竹林与常绿阔叶林碳储量及分配格局. 广西植物, 31(3): 342-348.

王长庭, 曹广民, 王启兰, 等. 2007. 青藏高原高寒草甸植物群落物种组成和生物量沿环境梯度的变化. 中国科学 C 辑: 生命科学, 37(5): 585-592.

王长庭, 龙瑞军, 曹广民, 等. 2008. 高寒草甸不同类型草地土壤养分与物种多样性: 生产力关系. 土壤通报, 39(1): 1-8.

王亮, 牛克昌, 杨元合, 等. 2010. 中国草地生物量地上–地下分配格局: 基于个体水平的研究. 中国科学: 生命科学, 40(7): 642–649.

王绍强, 周成虎. 1999. 中国陆地土壤有机碳库的估算. 地理研究, 18(4): 349-356.

王晓莉, 常禹, 陈宏伟, 等. 2014. 黑龙江省大兴安岭森林生物量空间格局及其影响因素. 应用生态学报, 25(4): 974-982.

王效科, 冯宗炜. 2000. 中国森林生态系统中植物固定大气碳的潜力. 生态学杂志, 19(4): 72-74.

王效科, 冯宗炜, 欧阳志云. 2001. 中国森林生态系统的植物碳储量和碳密度研究. 应用生态学报, 12(1): 13-16.

王新闯, 齐光, 于大炮, 等. 2011. 吉林省森林生态系统的碳储量、碳密度及其分布. 应用生态学报,

22(8): 2013-2020.

王伊琨, 赵云, 马智杰, 等. 2014. 黔东南典型林分碳储量及其分布. 北京林业大学学报, 36(5): 54-61.

吴春生, 刘苑秋, 魏晓华, 等. 2016. 亚热带典型森林凋落物及细根的生物量和碳储量研究. 西南林业大学学报, 36(5): 45-51.

吴君君, 杨智杰, 翁发进, 等. 2014. 米槠天然林和人工林土壤呼吸的比较研究. 环境科学, 35(6): 2426-2432.

吴庆标, 王效科, 段晓男, 等. 2008. 中国森林生态系统植被固碳现状和潜力. 生态学报, 28(2): 517-524.

郗婷婷, 李顺龙. 2006. 我国森林碳汇潜力分析//陈建成, 徐晋涛, 田明华. 中国林业技术经济理论与实践. 北京: 中国林业出版社, 88-94.

夏成财, 刘忠玲, 王庆成, 等. 2012. 16年生落叶松白桦纯林与混交林林分生长量及生物量对比. 东北林业大学学报, 40(10): 1-3.

解宪丽, 孙波, 周慧珍, 等. 2004. 不同植被下中国土壤有机碳的储量与影响因子. 土壤学报, 41(5): 687-699.

谢立红, 张荣涛. 2011. 黑龙江省森林碳汇估算及潜力分析. 国土与自然资源研究, (4): 88-89.

熊江波. 2015. 南亚热带五种人工林生物量和碳储量的研究. 南宁: 广西大学硕士学位论文.

徐伟强, 周璋, 赵厚本, 等. 2015. 南亚热带3种常绿阔叶次生林的生物量结构和固碳现状. 生态环境学报, 24(12): 1938-1943.

徐新良, 曹明奎. 2006. 森林生物量遥感估算与应用分析. 地球信息科学, 8(4): 122-128.

徐新良, 曹明奎, 李克让. 2007. 中国森林生态系统植被碳储量时空动态变化研究. 地理科学进展, 26(6): 1-10.

许善财. 2014. 武夷山地区马尾松天然次生林生物量结构特征. 武夷学院学报, 33(5): 10-13.

薛沛沛, 李彬, 王轶浩, 等. 2011. 三峡库区典型马尾松林生态系统碳分配格局研究. 四川林业科技, 32(6): 62-67.

杨超, 田大伦, 康文星, 等. 2011. 连栽14年生杉木林生态系统生物量的结构特征. 中南林业科技大学学报, 31(5): 1-6.

杨洪晓, 吴波, 张金屯, 等. 2005. 森林生态系统的固碳功能和碳储量研究进展. 北京师范大学学报(自然科学版), 41(2): 172-177.

杨丽韫, 罗天祥, 吴松涛. 2005. 长白山原始阔叶红松林不同演替阶段地下生物量与碳、氮贮量的比较. 应用生态学报, 16(7): 1195-1199.

杨清培, 李鸣光, 王伯荪, 等. 2003. 粤西南亚热带森林演替过程中的生物量与净第一性生产力动态. 应用生态学报, 14(12): 2136-2140.

杨万勤, 张健, 胡庭兴, 等. 2006. 森林土壤生态学. 成都: 四川科学技术出版社.

杨晓菲, 鲁绍伟, 饶良懿, 等. 2011. 中国森林生态系统碳储量及其影响因素研究进展. 西北林学院学报, 26(3): 73-78.

姚正阳, 刘建军. 2014. 西安市4种城市绿化灌木单株生物量估算模型. 应用生态学报, 25(1): 111-116.

叶金盛, 佘光辉. 2010. 广东省森林植被碳储量动态研究. 南京林业大学学报(自然科学版), 34(4): 7-12.

于贵瑞. 2003. 全球变化与陆地生态系统碳循环和碳蓄积. 北京: 气象出版社, 43-96.

俞艳霞, 张建军, 王孟本. 2008. 山西省森林植被碳储量及其动态变化研究. 林业资源管理, (6): 35-39.

俞月凤, 宋同清, 曾馥平, 等. 2013. 杉木人工林生物量及其分配的动态变化. 生态学杂志, 32(7): 1660-1666.

喻林华, 方晰, 项文化, 等. 2016. 亚热带4种林分类型枯落物层和土壤层的碳氮磷化学计量特征. 林业科学, 52(10): 11-21.

张德全, 桑卫国, 李曰峰, 等. 2002. 山东省森林有机碳储量及其动态的研究. 植物生态学报, 26(增刊): 93-97.

张俊. 2008. 兴安落叶松人工林群落结构、生物量与碳储量研究. 北京: 北京林业大学硕士学位论文.

张蔷, 李家湘, 徐文婷, 等. 2017. 中国亚热带山地杜鹃灌丛生物量分配及其碳密度估算. 植物生态学报, 41(1): 43-52.

张全智, 王传宽. 2010. 6 种温带森林碳密度与碳分配. 中国科学: 生命科学, 40(7): 621-631.

张胜. 2015. 湘中丘陵区 4 种森林生物量及分配特征. 长沙: 中南林业科技大学硕士学位论文.

张田田. 2012. 华北落叶松人工林生物量与碳储量的研究. 北京: 北京林业大学硕士学位论文.

张玮辛, 周永东, 黄倩琳, 等. 2012. 我国森林生态系统植被碳储量估算研究进展. 广东林业科技, 28(4): 50-55.

张治军, 王彦辉, 袁玉欣, 等. 2006. 马尾松天然次生林生物量的结构与分布. 河北农业大学学报, 29(5): 37-43.

赵景学, 陈晓鹏, 曲广鹏, 等. 2011. 藏北高寒植被地上生物量与土壤环境因子的关系. 中国草地学报, 33(1): 59-64.

赵敏, 周广胜. 2004. 中国森林生态系统的植物碳贮量及其影响因子分析. 地理科学, 24(1): 50-54.

赵士洞, 汪业勖. 2001. 森林与碳循环. 科学对社会的影响, (3): 38-41.

郑德祥, 廖晓丽, 李成伟, 等. 2013. 福建省森林碳储量估算与动态变化分析. 江西农业大学学报, 35(1): 112-116.

郑路, 卢立华. 2012. 我国森林地表凋落物现存量及养分特征. 西北林学院学报, 27(1): 63-69.

郑帷婕, 包维楷, 辜彬, 等. 2007. 陆生高等植物碳含量及其特点. 生态学杂志, 26(3): 307-313.

周建宇, 万道印, 李琳, 等. 2014. 红松人工林生物量的测定及其分析. 森林工程, 30(4): 50-53.

周琦全. 2012. 永春牛姆林自然保护区马尾松林生物量及碳储量研究. 福州: 福建农林大学硕士学位论文.

周序力, 蔡琼, 熊心雨, 等. 2018. 贵州月亮山不同演替阶段亮叶水青冈林碳储量及其分配格局. 植物生态学报, 42(7): 703-712.

周玉荣, 于振良, 赵士洞. 2000. 我国主要森林生态系统碳贮量和碳平衡. 植物生态学报, 24(5): 518-522.

Ahmed R, Siqueira P, Hensley S. 2013. A study of forest biomass estimates from lidar in the northern temperate forests of New England. Remote Sensing of Environment, 130(4): 121-135.

Ajtay G L, Ketner P, Duvigneaud P. 1979. Terrestrial primary production and phytomass//Bolin B, Degens E T, Kempe S, et al. The Global Carbon Cycle, Scope 13. Chichester: John Wiley & Sons, 129-182.

Ali A, Xu M S, Zhao Y T, et al. 2015. Allometric biomass equations for shrub and small tree species in subtropical China. Silva Fennica, 49(4): 1-10.

Álvarez-Martínez J M, Stoorvogel J J, Suárez-Seoane S, et al. 2010. Uncertainty analysis as a tool for refining land dynamics modelling on changing landscapes: a case study in a Spanish Natural Park. Landscape Ecology, 25(9): 1385-1404.

Anderson K. 2010. A climatologically based long-range fire growth model. International Journal of Wildland Fire, 19(7): 879-894.

Asner G P, Powell G V, Mascaro J, et al. 2010. High-resolution forest carbon stocks and emissions in the Amazon. Proceedings of the National Academy of Sciences of the United States of America, 107(38): 16738.

Barrufol M, Schmid B, Bruelheide H, et al. 2013. Biodiversity promotes tree growth during succession in subtropical forest. PLoS One, 8(11): e81246.

Bloom A J, Chapin F S III, Mooney H A. 1985. Resource limitation in plants—an economic analogy. Annual Review of Ecology and Systematics, 16(1): 363-392.

Bradford J B, Kastendick D N. 2010. Age-related patterns of forest complexity and carbon storage in pine and aspen-birch ecosystems of northern Minnesota, USA. Canadian Journal of Forest Research, 40(3): 401-409.

Brown S, Iverson L R. 1992. Biomass estimates for tropical forests. World Resource Review, 4(3): 366-384.

Brown S, Sathaye J, Cannell M, et al. 1996. Mitigation of carbon emissions to the atmosphere by forest management. Commonwealth Forestry Review, 75(1): 80-91, 109, 111-112.

Brown S L, Schroeder P E. 1999. Spatial patterns of aboveground production and mortality of woody biomass for eastern U. S. forests. Ecological Applications, 9(3): 968-980.

Brown S L, Schroeder P E, Kern J S. 1999. Spatial distribution of biomass in forests of the eastern USA. Forest Ecology and Management, 123(1): 81-90.

Cao M K, Woodward F I. 1998. Net primary and ecosystem production and carbon stocks of terrestrial ecosystems and their response to climate change. Global Change Biology, 4(2): 185-198.

Dixon R K, Solomon A M, Brown S, et al. 1994. Carbon pools and flux of global forest ecosystem. Science, 263(5144): 185-190.

Dong J R, Kaufmann R K, Myneni, R B, et al. 2003. Remote sensing estimates of boreal and temperate forest woody biomass: Carbon pools, sources, and sinks. Remote Sensing of Environment, 84(3): 393-410.

Dou X L, Deng Q, Li M, et al. 2013. Reforestation of Pinus massoniana alters soil organic carbon and nitrogen dynamics in eroded soil in south China. Ecological Engineering, 52: 154-160.

Esteban L S, Carrasco J E. 2006. Evaluation of different strategies for pulverization of forest biomasses. Powder Technology, 166(3): 139-151.

Fang J Y, Chen A P, Peng C H, et al. 2001. Changes in forest biomass carbon storage in China between 1949 and 1998. Science, 292(5525): 2320-2322.

Fang J Y, Wang G G. Liu G H, et al. 1998. Forest biomass of China: An estimate based on the biomass-volume relationship. Ecological Applications, 8(4): 1084-1091.

FAO. 2006. Global Forest Resource Assessment 2005: Progress towards Sustainable Forest Management. Rome: Food and Agriculture Organization of the United Nations.

François L M, Delire C, Warnant P, et al. 1998. Modelling the glacial-interglacial changes in the continental biosphere. Global and Planetary Change, 16-17: 37-52.

François L M, Goddéris Y, Warnant P, et al. 1999. Carbon stocks and isotopic budgets of the terrestrial biosphere at mid-Holocene and last glacial maximum times. Chemical Geology, 159(1/4): 163-189.

Friedlingstein P, Delire C, Müller J F. 1992. The climate induced variation of the continental biosphere: A model simulation of the last glacial maximum. Geophysical Research Letters, 19(9): 897-900.

Guiot J, Harrison S P, Prentice I C. 1993. Reconstruction of Holocene precipitation patterns in Europe using pollen and lake-level data. Quaternary Research, 40(2): 139-149.

Gustafson E J, Shvidenko A Z, Sturtevant B R, et al. 2010. Predicting global change effects on forest biomass and composition in south—central Siberia. Ecological Applications, 20(3): 700-715.

Haxeltine A, Prentice I C. 1996. BIOME3: An equilibrium terrestrial biosphere model based on ecophysiological constraints, resource availability, and competition among plant functional types. Global Biogeochemical Cycles, 10(4): 693-709.

Holdridge L R. 1947. Determination of world plant formations from simple climaic data. Science, 105(2727): 367.

Houghton R A. 2005. Aboveground forest biomass and the global carbon balance. Global Change Biology, 11(6): 945-958.

Houghton R A, Lawrence K T, Hackler J L, et al. 2001. The spatial distribution of forest biomass in the Brazilian Amazon: a comparison of estimates. Global Change Biology, 7(7): 731-746.

Kirschbaum M U F, Guo L B, Gifford R M. 2008. Observed and modelled soil carbon and nitrogen changes after planting a Pinus radiata stand onto former pasture. Soil Biology and Biochemistry, 40(1): 247-257.

Kolchugina T P, Vinson T S. 1993. Comparison of two methods to assess the carbon budget of forest biomes in the former Soviet Union. Water, Air, and Soil Pollution, 70: 207-221.

Körner C. 2000. Biosphere responses to CO_2 enrichment. Ecological Applications, 10(6): 1590-1619.

Lal R. 2004. Soil carbon sequestration impacts on global climate change and food security. Science, 304(5677): 1623-1627.

Lal R. 2005. Forest soils and carbon sequestration. Forest Ecology and Management, 220(1/3): 242-258.

Lehtonen A, Mäkipää R, Heikkinen J, et al. 2004. Biomass expansion factors (BEFs) for Scots pine, Norway spruce and birch according to stand age for boreal forests. Forest Ecology and Management, 188(1-3): 211-224.

Li D J, Niu S L, Luo Y Q. 2012. Global patterns of the dynamics of soil carbon and nitrogen stocks following afforestation: a meta-analysis. New Phytologist, 195(1): 172-181.

Li X, Wilson S D, Song Y. 1999. Secondary succession in two subtropical forests. Plant Ecology, 143(1): 13-21.

Lieth H. 1975. Modeling the primary productivity of the world//Lieth H, Whittaker R H. Primary Productivity of Biosphere. Heidelberg: Springer-Verlag, 237-263.

Liu X J, Trogisch S, He J S, et al. 2018. Tree species richness increases ecosystem carbon storage in subtropical forests. Proceedings of the Royal Society B: Biological Sciences, 285(1885): 20181240.

Lu N, Liski J, Chang R Y, et al. 2013. Soil organic carbon dynamics of black locust plantations in the middle Loess Plateau area of China. Biogeosciences, 10(11): 7053-7063.

Lü X T, Tang J W, Feng Z L, et al. 2009. Diversity and aboveground biomass of lianas in the tropical seasonal rain forests of Xishuangbanna, SW China. Revista De Biología Tropical, 57(1-2): 211-222.

Lüdeke M K B, Badeck F W, Otto R D, et al. 1994. The Frankfurt Biosphere Model: A global process-oriented model of seasonal and long-term CO_2 exchange between terrestrial ecosystems and the atmosphere. I. Model description and illustrative results for cold deciduous and boreal forests. Climate Research, 4: 143-166.

Luo Y J, Wang X K, Zhang X Q, et al. 2013. Variation in biomass expansion factors for China's forests in relation to forest type, climate, and stand development. Annals of Forest Science, 70(6): 589-599.

Marland G. 1988. The prospect of solving the CO_2 problem through global reforestation. United States: U. S. Department of Energy.

McCarthy M C, Enquist B J. 2007. Consistency between an allometric approach and optimal partitioning theory in global patterns of plant biomass allocation. Functional Ecology, 21(4): 713-720.

McConnaughay K D M, Coleman J S. 1999. Biomass allocation in plants: Ontogeny or optimality? A test along three resource gradients. Ecology, 80(8): 2581-2593.

Melillo J M, McGuire A D, Kicklighter D W, et al. 1993. Global climate change and terrestrial net primary production. Nature, 363(6426): 234-240.

Mokany K, Raison R J, Prokushkin A S. 2006. Critical analysis of root: shoot ratios in terrestrial biomes. Global Change Biology, 12(1): 84-96.

Myneni R B, Dong J, Tucker C J, et al. 2001. A large carbon sink in the woody biomass of Northern forests. Proceedings of the National Academy of Sciences of the United States of America, 98(26): 14784-14789.

Ni J. 2001. Carbon storage in terrestrial ecosystems of China: Estimates at different spatial resolutions and their responses to climate change. Climatic Change, 49(3): 339-358.

Ni J, Sykes M T, Prentice I C, et al. 2001. Modelling the vegetation of China using the process-based equilibrium terrestrial biosphere Model BIOME3. Global Ecology and Biogeography, 9(6): 463-479.

Nordin A, Högberg P, Näsholm T. 2001. Soil nitrogen form and plant nitrogen uptake along a boreal forest productivity gradient. Oecologia, 129(1): 125-132.

Olson J S, Watts J A, Allison L J. 1985. Major world ecosystem complexes ranked by carbon in live vegetation: a database. United States: Oak Ridge National Laboratory.

Ouyang S, Xiang W H, Wang X P, et al. 2016. Significant effects of biodiversity on forest biomass during the succession of subtropical forest in south China. Forest Ecology and Management, 372(41): 291-302.

Pan Y D, Birdsey R A, Fang J Y, et al. 2011. A large and persistent carbon sink in the world's forests. Science, 333(6045): 988-993.

Pan Y D, McGuire A D, Kicklighter D W, et al. 1996. The importance of climate and soils for estimates of net primary production: A sensitivity analysis with the terrestrial ecosystem model. Global Change Biology, 2(1): 5-23.

Pattison R R, Goldstein G, Ares A. 1998. Growth, biomass allocation and photosynthesis of invasive and native Hawaiian rainforest species. Oecologia, 117(4): 449-459.

Pei S F, Fu H, Wan C G. 2008. Changes in soil properties and vegetation following exclosure and grazing in degraded Alxa desert steppe of Inner Mongolia, China. Agriculture, Ecosystems & Environment, 124(1/2): 33-39.

Peng C H, Apps M J. 1997. Contribution of China to the global carbon cycle since the last glacial maximum: Reconstruction from palaeovegetation maps and an empirical biosphere model. Tellus, 49(4): 393-408.

Poorter H, Niklas K J, Reich P B, et al. 2012. Biomass allocation to leaves, stems and roots: Meta-analyses of interspecific variation and environmental control. New Phytologist, 193(1): 30-50.

Post W M, Emanuel W R, Zinke P J, et al. 1982. Soil carbon pools and world life zones. Nature, 298(5870): 156-159.

Sartori F, Lal R, Ebinger M H, et al. 2007. Changes in soil carbon and nutrient pools along a chronosequence of poplar plantations in the Columbia Plateau, Oregon, USA. Agriculture Ecosystems & Environment, 122(3): 325-339.

Sayer E J. 2006. Using experimental manipulation to assess the roles of leaf litter in the functioning of forest ecosystems. Biological Reviews, 81(1): 1-31.

Sedjo R A. 1993. The carbon cycle and global forest ecosystem. Water, Air, and Soil Pollution, 70(1): 295-307.

Sherry R A, Weng E S, Arnone Iii J A, et al. 2008. Lagged effects of experimental warming and doubled precipitation on annual and seasonal aboveground biomass production in a tallgrass prairie. Global Change Biology, 14(12): 2923-2936.

Sigurdsson B D, Magnusson B, Elmarsdottir A, et al. 2005. Biomass and composition of understory vegetation and the forest floor carbon stock across Siberian larch and mountain birch chronosequences in Iceland. Annals of Forest Science, 62(8): 881-888.

Tahvanainen T, Forss E. 2008. Individual tree models for the crown biomass distribution of Scots pine, Norway spruce and birch in Finland. Forest Ecology and Management, 255(3/4): 455-467.

Tremblay S, Ouimet R. 2013. White spruce plantations on abandoned agricultural land: are they more effective as C sinks than natural succession? Forests, 4(4): 1141-1157.

Wang C K, Gower S T, Wang Y H, et al. 2001. The influence of fire on carbon distribution and net primary production of boreal *Larix gmelinii* forests in north-eastern China. Global Change Biology, 7(6): 719-730.

Wang K B, Deng L, Ren Z P, et al. 2016. Dynamics of ecosystem carbon stocks during vegetation restoration on the Loess Plateau of China. Journal of Arid Land, 8(2): 207-220.

Wang X K, Zhuang Y H, Feng Z W. 1994. Carbon dioxide release due to change in land use in China mainland. Journal of Environmental Sciences, (3): 287-295.

Warnant P, François L M, Strivay D, et al. 1994. CARAIB: A global model of terrestrial biological productivity. Global Biogeochemical Cycles, 8(3): 255-270.

Whittaker R H, Likens G E. 1973. Primary Production: The Biosphere and Man. Human Ecology, 1(4): 357-369.

Winjum J K, Dixon R K, Schroeder P E. 1993. Forest management and carbon storage: an analysis of 12 key forest nations. Water, Air, and Soil Pollution, 70: 239-257.

Woodward F I, Smith T M, Emanuel W R. 1995. A global land primary productivity and phytogeography model. Global Biogeochemical Cycles, 9(4): 471-490.

Woodwell G M, Whittaker R H, Reiners W A, et al. 1978. The biota and the world carbon budget. Science, 199(4325): 141-146.

Xiang W H, Zhou J, Ouyang S, et al. 2016. Species-specific and general allometric equations for estimating tree biomass components of subtropical forests in southern China. European Journal of Forest Research, 135(5): 963-979.

Xie X L, Sun B, Zhou H Z, et al. 2004. Soil organic carbon storage in China. Pedosphere, 14(4): 491-500.

Zhou G S, Wang Y H, Jiang Y L, et al. 2002. Estimating biomass and net primary production from forest inventory data: A case study of China's Larix forests. Forest Ecology and Management, 169(1/2): 149-157.

Zhu J X, Hu H F, Tao S L, et al. 2017. Carbon stocks and changes of dead organic matter in China's forests. Nature Communications, 8(1): 151.

第4章　植被恢复对生态系统碳氮磷化学计量特征的影响

4.1　生态系统碳氮磷化学计量特征的研究概述

4.1.1　生态化学计量学的提出及其生态学意义

1925 年，Lotka 第一次将物理–化学系统的热力学定律应用于生物学，并提出化学计量比可以用于分析食物链关系。1958 年，Redfield 发现，海洋浮游生物具有特定碳（C）、氮（N）和磷（P）组成比率（摩尔比 106/16/1，被称为 Redfield 比率），而且这一比率受海洋环境和生物的相互作用调节。此后，许多研究者，特别是海洋生物学家开始关注这一新理论，并开展了大量相关的研究，使得生态化学计量学（ecological stoichiometry）理论得到进一步的发展。1982 年，Vitousek 明确了养分利用效率（单位土壤养分资源消耗量所获得的经济产量，反映了产量与土壤养分资源消耗量的关系）的定义，并逐渐成为生态系统生态学的一个中心概念。1986 年，Reiners 在总结前人研究成果的基础上，在文章"*Complementary models for ecosystems*"中首次提出了化学计量学理论在生态学中的应用，而且结合化学计量学基本原理，提出了生态学研究的理论模型。2000 年，Elser 等进一步完善了研究生态系统各组分化学元素比例关系和多种元素平衡的生态化学计量学理论，提出了生态化学计量学的概念，标志着生态化学计量理论得以完善（Elser，2000）。2003 年，Michaels 指出，生态化学计量学理论将不同尺度、不同生物群系和不同研究领域的生物学研究紧密联系起来。

生态化学计量学结合了生态学和化学计量学的基本原理，是研究生态过程中多种化学元素（主要是 C、N、P 元素）的比例关系（摩尔比或质量比）及其随生物与非生物因素变化的一门学科，涵盖个体、种群、群落、生态系统、景观及区域等各层次（Michaels，2003）。生态化学计量学理论认为，所有生物有机体由化学元素组成，生物有机体的特征及其对资源种类、数量的需求取决于生物有机体的化学元素计量比率（Schimel，2003）。因此，通过研究生物有机体化学组成元素比率的变化可以判断生物有机体生长、发育或者繁殖的限制性元素种类（曾德慧和陈广生，2005）。研究生态系统能量和多种元素平衡的"生态化学计量学"不仅能更好地揭示生态系统各组分（植物、凋落物、土壤）C、N、P 等元素比例关系的调控机制，帮助认识养分比例在生态系统功能过程中的作用，还对阐明生态系统 C、N、P 元素化学计量比的格局，揭示元素之间相互作用与制约的变化规律，实现自然资源的可持续利用具有重要的现实意义，而且为探究植物与土壤之间的 C、N、P 相关性及植物生长与养分供应的关系提供了更有效的手段（Ågren，2008）。目前，生态化学计量学作为一种新的生态学研究工具已经广泛应用于从分子到种群、群落及生态系统各个层次（Elser et al.，2000；Zhang et al.，2003），为研究各种化学元素在生物地球化学循环与生态过程中的规律及其之间的计量关系提供了一种综合的方法，成为当前全球变化生态学和生物地球化学循环研究的焦点和热点，受到国内外学者的广泛关注（Ågren & Weih，2012；李栎等，2016），并已深入生态学的各个层次（细胞、个体、种群、群落、生态系统）及区域等不同尺度（程滨等，2010）。

4.1.2 生态系统碳、氮、磷及其化学计量比的重要性

从生物学角度，C、N 和 P 是最重要的生命元素，是生物圈所有生命化学组成的基础（贺金生和韩兴国，2010），它们彼此之间的相互作用及其与外界环境的关系，在植物生长发育过程及各种生理调节机制中发挥着极其重要的作用，且彼此之间存在着密切的耦合关系（Reich et al.，2006），共同决定植物的生长发育过程和营养水平。植物通过光合作用固定的 C 不仅是构成植物体干物质的最主要构架元素，还是植物进行各种生理生化活动的底物和主要能量来源，属于基础性元素。N 和 P 则是植物体各种蛋白质和遗传物质（核酸）的重要组成元素（杨惠敏和王冬梅，2011），叶片中 N、P 含量与植物光合速率呈正相关关系（Reich & Oleksyn，2004）。由于自然界中 N 和 P 供应有限，因此 N 和 P 也是植物生长发育的主要限制性因素（Aerts & Chapin，1999）。在生态系统水平上，生物系统和非生物环境中的 C、N、P 组成决定了生态系统的主要生态功能过程（如物质循环和能量流动），共同决定生态系统的生产力。例如，群落冠层叶片 N 水平在一定程度上代表其光合能力和生态系统生产力，其 C/N 与凋落物分解速率呈显著的负相关关系，而土壤 C/N 与土壤有机质（碳）分解、土壤呼吸速率等过程密切相关。

无论是植物个体水平，还是生态系统水平，C、N、P 之间都存在相互作用，而且与其他元素相比，C、N、P 之间的耦合性更强（Ågren，2004；Knecht & Göransson，2004）。在植物个体水平上，植物叶片营养元素的比值不仅表征有机体的关键特征，还体现有机体对资源数量和种类的需求（Schimel，2003）。如植物叶片的 C/N、C/P 代表植物吸收、固 C 的能力，反映植物的生长速度，以及植物对 N、P 的利用效率，是重要生理指标；N/P 反映土壤养分元素与植物营养需求之间的动态平衡关系（吴统贵等，2010a），是决定群落结构和功能过程的关键性指标，可用于判断植物个体、群落和生态系统的 N、P 养分限制状况（Reich & Oleksyn，2004；曾德慧和陈广生，2005）。植物的生长速率随叶片 C/P、N/P 的降低而增加，对土壤资源的竞争能力增强，即生长速率假说（growth rate hypothesis）（Sterner & Elser，2002），将生物体元素比例与生物体的生命活动有机地联系起来。

在生态系统水平上，C、N、P 三者之间的比例关系制约着生态系统重要的生态过程（如物质循环、凋落物的分解）（d'Annunzio et al.，2008；Sardans et al.，2012a）和植物的生态策略，即反映植物对环境的适应能力。因此，研究其中一个元素在生态学过程中的作用，必须同时考虑其他元素的影响，研究生态系统尺度上各组分（植物、凋落物、土壤）C、N、P 含量及其生态化学计量比对认识生态系统的养分循环规律和系统稳定机制具有重要意义，有助于揭示植物对区域环境变化的适应特征以及 N/P 对生态系统健康的指示作用。

4.1.3　植物叶片碳、氮、磷含量及其化学计量比的研究

植物营养含量及 C、N、P 生态化学计量比通常能够反映植物对环境变化的响应策略，并在一定程度上可以成为环境营养条件的一种表征（Boerner，1984；McGroddy et al.，2004）。由于植物叶片具有更新快、营养含量高等特征，因而植物叶片的营养特征被认为最能反映植物的营养利用策略。也由于植物叶片的营养含量是开展众多有关叶营养特征研究的基础，因而受到广泛的关注。在陆地生态系统中，植物叶片养分含量及 C、N、P 生态化学计量比不仅受到遗传特性和生长期的影响，还容易受到气候因子和土壤环境等的影响。此外，由于土壤本底元素的异质性很强，因而植物叶片养分含量及其化学计量学特征变化多样。植物营养含量的种内和种间变异则反映了营养供应、植物特征和决定植物营养利用效率高低的生理机制的差异（杨惠敏和王冬梅，2011）。

1. 植物叶片碳、氮、磷含量的研究

研究表明，不同功能群落间植物叶片 C、N、P 含量差异很大，草本植物 C 含量低于灌木、乔木，即灌木、乔木可以合成和积累更多的有机物，形成更高的 C 含量（He et al.，2013）。而草本植物叶片 N、P 含量通常高于木本植物（He et al.，2008），表明短命、生长快速的草本植物 N、P 含量高于长命、生长缓慢的木本植物（Thompson et al.，1997；Güsewell & Koerselman，2002；Reich & Oleksyn，2004）。不同生活型间植物叶片养分含量也存在明显差异，通常落叶树叶片养分含量高于常绿树，阔叶树养分含量高于针叶树。珠江三角洲地区不同类型森林叶片 C、N、P 含量不同，针叶林叶片含有较多的 C、N 养分，而常绿阔叶林叶片中 P 含量较高（吴统贵等，2010b）。在草本植物中，不同发育系统的双子叶植物比单子叶植物具有更高的营养物质含量（Thompson et al.，1997）。初生、原始性状的植物营养物质含量较低。例如，常绿木本植物的营养物质含量一般比落叶植物或草本植物要低（Aerts，1996）；亲缘关系越远的植物，如蕨类植物与种子植物，N、P 含量差异越大；反之亦然，如被子植物中双子叶植物与单子叶植物（任书杰等，2007）。

低纬度地区植物叶片 P 含量显著低于高纬度地区，表明低纬度地区树种 P 吸收效率较低，这意味着与高纬度地区植物相比低纬度地区植物吸收同等单位 P 可生产更多的生物量（Aerts，1996；孙书存和陈灵芝，2001）。全球植物叶片 C、N、P 的平均含量分别为 461.6 g/kg、20.1 g/kg 和 1.8 g/kg（Elser et al.，2000）。Reich 和 Oleksyn（2004）研究发现，全球 452 个样点 1280 种陆生植物随纬度降低和年平均气温增加，叶片中的 N 和 P 含量降低，并提出温度–植物生理学假说（temperature-plant physiology hypothesis，TPPH）。中国区域 753 种常见陆生植物叶片 P 含量（1.21 g/kg）比 Elser 等（2000）的全球平均值低（Han et al.，2005），中国东部南北样带森林生态系统 102 个优势种植物叶片 C、N 和 P 含量分别为 374.1～646.5 g/kg、8.4～30.5 g/kg 和 0.6～6.2 g/kg，C、P 的平均含量（分别为 480.1 g/kg 和 2.0 g/kg）（任书杰等，2012）显著高于全球平均含量（Elser et al.，2000），而 N 平均含量（18.3 g/kg）（任书杰等，2012）显著低于全球平均

水平（Elser et al.，2000）。

  研究表明，天童山不同演替阶段阔叶林植物叶片的 N、P 含量变异较大，N 含量为 6.49～14.69 g/kg、P 含量为 0.66～1.13 g/kg，总体平均值 N 为 9.43 g/kg、P 为 0.86 g/kg，灌木层和乔木层中的 N 含量随演替的进行均呈现先高后低，再逐渐增高的趋势，演替后期的植物叶片 N 含量高于演替前期（高三平等，2007）。随演替的进行，长白山森林植物叶片的 N 含量明显增加，而 P 含量呈减少趋势（胡耀升等，2014）。但也有研究发现，植物叶片 N、P 的含量随演替呈减少趋势，但叶片 P 的显著性差异仅存在于演替的前期和中期（刘兴诏等，2010）。此外，还有研究表明，随植被恢复，土壤养分含量改变，植物养分表现出内稳态，即植物养分不随土壤环境变化而变化，多数显著的内稳态关系主要体现在植物叶片 N 和土壤 N 之间（蒋利玲等，2014；Zeng et al.，2017）。

  作为植物生长过程中不可或缺的元素，C、N 和 P 的组成及分配是相互联系的。研究表明，植物 C、N 和 P 含量的变化表现出明显的正相关关系（杨惠敏和王冬梅，2011），叶片 N 含量与 C 含量等速（Niklas & Cobb，2005；Yang & Luo，2011）或不等速变化（Niklas，2006），叶片 P 含量以 C 含量的 4/3 指数增长（Niklas，2006；Yang & Luo，2011），叶片 N 含量以 P 含量的 3/4（Niklas & Cobb，2005）、2/3（Wright et al.，2004）或 0.73（Reich & Oleksyn，2004）指数增长。因此，在植物的生长过程中，C、N 和 P 是协同变化的。

2. 植物叶片碳、氮、磷化学计量比的研究

  近年来，人们逐渐认识到化学计量学研究可以把生态实体的各个层次在元素水平上统一起来。因此，运用生态化学计量学方法研究生态系统 C、N、P 含量的区域分布规律成为一个新兴的生态学研究分支（李志安和彭少麟，2001）。关于植物的 C、N 和 P，特别是叶片的 C、N 和 P 的化学计量学已有了很多研究，也取得了一定的进展。研究发现，植物叶片的 C/N、C/P 是植物进行 C 储存、C 汇等循环过程的重要表征，代表吸收营养元素时所能同化 C 的能力，一定程度上反映该森林生态系统养分吸收消耗速率、植物对营养元素（N、P）的利用特征及不同生理生化条件下植物的生长速度（刘万德等，2010b），因此具有重要的生态学意义（Vitousek，1982；黄建军和王希华，2003；Wardle et al.，2004）。而植物叶片 N/P 与群落结构和功能有着密切的联系，由于在自然生态系统中，N、P 是限制植物生长的主要养分元素，因此植物叶片 N/P 临界值可以用来判断植物个体、群落和生态系统是受 N 还是 P 的限制（Niklas & Cobb，2005；Yang & Luo，2011），以及作为环境对植物生长的养分供应状况的指标（Aerts & Chapin，1999；Güsewell & Koerselman，2002）。在水生生态系统和湿地生态系统中，当植物叶片 N/P 高于 16 时，植物生长受 P 限制；当 N/P 低于 14 时，植物生长受 N 限制，当 N/P 在 14 和 16 之间时，植物生长受 N 和 P 共同限制（Koerselman & Meuleman，1996；Drenovsky & Richards，2004）。但 N/P 能否作为陆生生态系统营养元素的限制性阈值，实验和野外观测到的比值变化很大，很难以某个个体、群落或生态系统类型的 N/P 观测值作为阈值来衡量或评判所有的情况（高三平等，2007）。Güsewell（2004）综述了大量的研究结果后得出：N/P 低于 10 时，增加 N 可以提高植被的生物量，N/P 高于 20 时，增加 P 可以提高植被

的生物量，10<N/P<20 时，施肥对生物量的效果与 N/P 关系不明显。一般植物生长多受 P 限制，主要是由于土壤为植物提供可直接吸收利用的 P 相对于 N 更少（Güsewell，2004）。Zhang 等（2004）通过施肥试验验证了 N/P 可以用来判断生境养分的限制性。内蒙古草原草本植物的 N/P 临界值是 21 和 24，小于 21 时受 N 限制，大于 24 时受 P 限制。可见，目前关于陆地生态系统植物 N/P 临界值的研究尚有较大不足，森林生态系统更未有相关报道。

目前，国内外已有少量关于区域尺度上植物叶片 C、N 和 P 生态化学计量比的研究报道（Elser et al.，2000；Reich & Oleksyn，2004；Zhang et al.，2004；Han et al.，2005；郑淑霞和上官周平，2006；He et al.，2008；任书杰等，2012）。研究表明，全球植物叶片 N/P 平均值为 11.8（Elser et al.，2000）。随纬度的降低和年平均气温的增加，叶片 N/P 升高（Reich & Oleksyn，2004）。中国区域 753 种常见植物叶片 N/P 平均值为 14.4，高于全球平均值（Han et al.，2005），且随纬度升高而增加，主要是因为土壤 P 的缺失（He et al.，2008）。中国东部南北样带区域 102 个优势种树木叶片 C/N、C/P 和 N/P 分别为 14.1～64.1、70.9～838.6 和 1.5～21.2，C/N/P（质量比）为 313.9/11.5/1，与全球尺度相比，中国东部南北样带区域树木叶片 C 含量和 C/N 明显偏高，N 含量和 N/P 明显偏低，而 P 含量和 C/P 差异不大（任书杰等，2012）。不同地理环境导致的气候条件的差异是影响植物体生态化学计量比的重要因素（McGroddy et al.，2004）。

研究发现，同一区域内，植物叶片 C、N、P 化学计量比因植被类型、功能群、物种的差异而不同（Sterner & Elser，2002）。C_4 草本、针叶树和裸子植物叶片的平均 N/P 最低，为 13.0，蕨类植物最高，为 17.6，其他 11 个群组为 13.1～15.2，但总体上不同功能群间 N/P 差异不明显，变化范围很窄（Han et al.，2005）。草本植物叶片 N、P 含量明显高于木本植物（Han et al.，2005），因此，草本植物叶片 C/N、C/P 较低；豆科植物因具有固 N 能力，体内 N 含量较高，因而 C/N 低于非豆科植物，而 N/P 高于非豆科草本植物（Reich & Oleksyn，2004；Han et al.，2005）。黄土高原植物叶片 C/N、C/P 以乔木为最大，灌木次之，草本最小，而 N/P 无明显差别（Zheng & Shangguan，2007）。常绿阔叶林、常绿针叶林和落叶阔叶林叶片 C/N（分别为 39.9、48.1、30.8）（阎恩荣等，2008）均显著高于草原植物的 17.9（He et al.，2006）；而常绿针叶林和落叶阔叶林叶片 N/P（分别为 14.2 和 11.1）小于草原植物的 15.3，但常绿阔叶林 N/P（17.8）大于草原植物（He et al.，2008）。也有研究发现，植物叶片 C/N 除了在不同功能群（如草本和木本、豆科草类和非豆科草类等）间有明显变异外，其他情况下是非常保守的（McGroddy et al.，2004；Han et al.，2005）。Güsewell 和 Koerselman（2002）的研究也发现，不同物种具有较为相似的 N/P。甘露等（2008）研究表明，乔木、阔叶、被子和双子叶植物类群叶片 N/P 分别高于相对应的灌草、针叶、裸子和单子叶植物类群，而常绿和落叶、蕨类和种子、C_3 和 C_4 植物类群之间差异不显著。

随植被恢复而形成的不同功能性状的树种组成和结构（Xu et al.，2019），导致植物叶片养分含量及其化学计量比不同。然而，目前有关不同演替（恢复）阶段森林群落植物叶片 C、N、P 化学计量比的研究仅有少量报道。研究发现，南亚热带森林植物叶片 C/N 和 C/P 在演替中期达到最大值，N/P 随演替的进行逐渐增加，不同演替阶段的植

生长基本上受 P 的限制（刘兴诏等，2010）。中国云南普洱季风常绿阔叶林植物中 C/N
及 C/P 均为演替 30 年群落最高，而 N/P 则随演替呈增加趋势（刘万德等，2010a）。天
童山常绿阔叶林植物叶片 N/P 随演替先增大后减小再增大，演替初期植物生长的主要影
响因子是 N，演替中期受 N、P 共同限制，在演替后期则主要受 P 的限制（阎恩荣等，
2008；胡耀升等，2014）。而高三平等（2007）的研究发现，天童山阔叶林不同演替阶
段植物叶片 N/P 为 7.45～16.38，总体平均值为 11.17；演替后期的叶片 N/P 高于演替前
期，N/P 的变化趋势能较好地反映不同演替阶段的群落变化特征。内蒙古典型草原植物
叶片 C/N 和 N/P 随演替的进行而增加，严重退化阶段群落的植物生长总体上受 N 限制，
而恢复阶段则主要受 P 的限制（银晓瑞，2008）。长白山森林不同演替群落间的乔木层
化学计量比特征均有显著差异，灌木层除叶的 N/P 差异显著外，其他指标均无显著差异。
这表明不同演替（恢复）阶段森林群落植物叶片 C、N、P 化学计量比的研究结果仍存
在较大的不确定性。

4.1.4 凋落物层碳、氮、磷含量及其化学计量比的研究

枯枝落叶的凋落和分解是森林生态系统养分循环和能量流动的重要环节（Vogt et
al.，1986；Bloomfield et al.，1993），也是森林植物与土壤获得养分的主要途径，在维持
森林生态系统土壤养分，提高土壤肥力，稳定森林生态系统的物质循环、能量流动和养
分平衡等方面发挥重要的作用。因此，地表凋落物层是连接森林生态系统各组分能量流
动、物质循环、群落更新、C 库储存以及为动物、微生物提供生存环境等重要功能的"载
体"和"纽带"（Aber et al.，1998），在森林生态系统养分归还过程中具有显著而独特的
地位。研究表明，枯枝落叶归还土壤的 N、P 总量占土壤可利用 N、P 总量的 79%～87%
（Harmon et al.，1990；Chapin et al.，2011），土壤有机质和养分积累主要来自植物以枯
枝落叶形式的归还（马文济等，2014）。

1. 凋落物层碳、氮、磷含量特征

凋落物的养分含量在一定程度上反映了土壤养分的供应状况及植物养分的利用状
况。目前，对森林凋落物的研究主要集中在凋落物的数量、组成和动态特征
（Kamruzzaman et al.，2012；侯玲玲等，2013；郭婧等，2015）及其分解过程（Tang
et al.，2010；Hossain et al.，2011）、持水特性（常雅军等，2011）等方面，但对凋落
物的另一重要方面——不同分解层的 C、N、P 含量和其化学计量学特征及其随森林恢
复（演替）过程变化特征的研究仍很缺乏（Sardans et al.，2012a；马文济等，2014）。
凋落物层主要养分含量直接影响凋落物分解速率及养分归还速率，间接影响植物根系
的吸收，在陆地生态系统的养分循环中扮演重要角色。研究表明，由于高纬度和低温
的影响，北方森林土壤养分（N、P）相对丰富，森林凋落物养分（N、P）含量高于低
纬度地区（Reich & Oleksyn，2004）。坡度、坡向和坡位对凋落物层 C、P 含量具有
较大的直接影响，而裸岩率和演替阶段对凋落物层 N 含量具有较大的直接影响（潘
复静等，2011）。陕西黄土高原阳坡刺槐枯落叶 C、N、P 含量的变化范围分别为

318.34～428.01 g/kg、13.27～24.07 g/kg、1.66～2.57 g/kg；阴坡刺槐枯落叶 C、N、P 含量的变化范围分别为 306.70～433.68 g/kg、12.55～24.39 g/kg、1.62～2.99 g/kg；随纬度的升高，阳坡、阴坡枯落叶 C、N 含量均呈显著降低，而枯落叶 P 含量无明显差异（陈亚南等，2014）。不同演替阶段群落凋落物层 C、N、P 含量随植被正向演替而升高（潘复静等，2011；马文济等，2014）。不同演替阶段各分解层凋落物 C 含量表现出未分解层＞半分解层＞已分解层的趋势；N、P 含量在各演替阶段皆表现出已分解层＞半分解层＞未分解层的趋势（马文济等，2014）。随森林恢复和阔叶树比例增大，同一分解层凋落物 C 含量呈下降趋势，N、P（除已分解层外）含量大体呈增加趋势；C 含量随凋落物分解而下降；马尾松＋柯针阔混交林 N 含量表现为半分解层＞已分解层＞未分解层，杉木人工林、南酸枣落叶阔叶林、柯＋青冈常绿阔叶林表现为半分解层＞未分解层＞已分解层；南酸枣落叶阔叶林 P 含量表现为未分解层＞半分解层＞已分解层，杉木人工林、马尾松＋柯针阔混交林、柯＋青冈常绿阔叶林表现为半分解层最高，已分解层最低（除马尾松＋柯针阔混交林外）（喻林华等，2016）。

2. 植被恢复过程凋落物层碳、氮、磷化学计量比特征

森林植被恢复过程中，由于群落树种组成结构的变化，凋落物数量和组成也会发生明显的变化。在未受人为干扰或干扰较轻的森林群落，林下凋落物在林地逐渐积累，不仅改善了林地的生态环境条件，而且在一些小动物和微生物的分解作用下，凋落物被分解而释放的养分量增加，有利于提高和维持土壤肥力。目前，对凋落物层 C、N、P 化学计量比特征的研究仍少见报道。研究表明，不同地域不同林型，凋落物化学计量比不同（McGroddy et al.，2004）。长白山地区植物凋落物的 C/N、N/P、C/P 分别为 44、14.2 和 602（李雪峰等，2008），亚热带 4 种森林未分解层凋落物 C/N（39.63～57.67）（喻林华等，2016）与长白山次生针阔混交林凋落物初始 C/N（31～70）接近，而 C/P（1254.84～2342.64）、N/P（31.24～45.72）（喻林华等，2016）显著高于长白山次生针阔混交林凋落物初始 C/P（381～876）和 N/P（8.6～20.0）（李雪峰等，2008）。凋落物 N/P 随植被正向演替而增高，C/N 和 C/P 则相反，随之降低，体现了生态系统 C 含量和养分循环在不断优化（潘复静等，2011；马文济等，2014）。随森林植被恢复，阔叶树比例增大，凋落物层 C/N、C/P、N/P 逐渐下降，土壤层 C、N、P 含量增加，未分解层凋落物 C、N、P 含量及化学计量比对土壤层 C、N、P 含量影响显著（喻林华等，2016）。坡位、坡度、坡向等因素对不同养分计量比也有影响（潘复静等，2011）。陕西黄土高原阳坡刺槐枯落叶 C/N、C/P、N/P 平均值分别为 19.98、187.92、9.65，阴坡刺槐枯落叶分别为 20.70、190.67、9.36；随纬度升高，刺槐枯落叶 C/N、C/P、N/P 均无明显变化（陈亚南等，2014）。

凋落物化学计量比还受土壤养分供给和植物养分利用策略的影响，当土壤缺乏某种元素时，植物就会将枯枝老叶中的养分再吸收，导致凋落物中某种养分含量降低，化学计量比发生改变（Franklin & Ägren，2002）。未分解层凋落物的 C/N、C/P、N/P 与 0～10 cm 和 0～30 cm 土层 C（除 N/P 外）、N、P 含量呈显著负相关关系；整个凋落物层 C/N、C/P 与 0～10 cm 和 0～30 cm 土层 C（除 C/P 外）、N、P（除 C/P 外）含量呈显著

负相关关系，N/P 与 0～10 cm 和 0～30 cm 土层 C、N、P 含量的相关性不显著（喻林华等，2016）。此外，还有一些学者开展了凋落物分解过程中 C、N、P 生态化学计量比的动态变化及其与凋落物分解速率的关系的研究。研究表明，凋落物层的养分化学计量比与其分解速率有关，C/N 和 N/P 越低，分解速率越快（Gallardo & Merino, 1999；李雪峰等，2008）。凋落物分解过程是以 C 为主导的物质循环模式，随凋落物的分解，残留凋落物的 N、P 等养分发生积聚或释放，从而改变凋落物分解过程中的 C/N、C/P、N/P（Manzoni et al., 2010），在近潮沟生境和远潮沟生境，互花米草凋落物和短叶茳芏凋落物分解过程中 C/N 均呈现整体下降的趋势，C/P 和 N/P 均呈现先上升后下降的趋势，N是调节凋落物分解过程中 C/N 变化的关键因子，P 是调节凋落物分解过程中 C/P 和 N/P变化的关键因子（欧阳林梅等，2013）。也有研究发现，凋落物分解过程中，化学计量学性状变化明显：随枯落叶的分解，森林凋落叶 C/N 下降，而 C/P 和 N/P 升高，C/N 动态与凋落叶的分解速率呈负相关，N/P 动态与凋落叶分解速率呈极显著负二次函数关系，而 C/P 动态与凋落叶分解速率相关性均不显著（葛晓改等，2015）。

4.1.5 土壤碳、氮、磷含量及其化学计量比的研究

土壤是生态系统的重要组成部分，也是植物生长发育所需营养元素的主要来源。C、N、P 是主要的土壤养分元素，也是量化土壤肥力的重要指标，是植物生长发育不可或缺的基础条件。森林土壤 C 是气候变化的一种敏感性指示物，能够用来表示森林对气候变化的响应（肖辉林，1999），而 N 和 P 是植物生长所必需的矿物质营养元素，也是生态系统中常见的限制性养分元素（Elser et al., 2007；王绍强和于贵瑞，2008）。森林土壤生物地球化学循环中，C、N、P 是养分元素循环与转化的核心，调节和驱动整个森林生态系统的演替过程（Porazinska et al., 2003；Barot et al., 2007）。森林土壤 C、N、P含量之间存在紧密的关系，直接影响植物生长发育，在一定程度上调节了植物的 C/N 和C/P（阎恩荣等，2008）。森林土壤 C/N、C/P、N/P 可反映土壤内部的 C、N、P 循环及它们之间的动态平衡特征，是地貌、气候、植被等因子与植被类型和人类活动的综合结果（Dise et al., 1998；王绍强和于贵瑞，2008；Achat et al., 2013；）。此外，土壤 N、P的平衡状况强烈地影响生态系统 C 循环过程。因此，研究森林土壤 C、N、P 含量及其生态化学计量比，对深入了解森林生态系统养分循环过程、反馈机制及其对各种干扰的响应，实现森林生态系统服务功能的可持续管理具有重大的理论和实践意义（Schimel，2003；王绍强和于贵瑞，2008），也是全球气候变化研究的基本内容。

1. 植被恢复（或退化）对土壤有机碳、氮、磷含量的影响

土壤 C、N、P 是植物生长发育及物质循环过程重要的化学元素，其含量和分布状况对植物生长发育和养分吸收利用策略有很大影响（刘兴华等，2013）。随植被恢复或演替，群落物种组成发生改变，凋落物归还土壤的养分数量和质量也发生改变，从而影响土壤有机 C、N、P 等养分含量及其分配格局。通常认为，随森林的正向演替，植被类型及其群落组成结构变化有利于生物量的积累，增加土壤有机物质的输入，土壤 C、

N 和 P 含量增加。研究表明，由于木本植物有更多的凋落物归还土壤，且凋落物 C、N 含量较高（Paul et al.，2002；Zhao et al.，2015a），因而林地土壤 C、N 含量均高于草地（Li et al.，2016）。在热带地区，土地废弃后，次生林土壤有机质、养分的恢复通常很快（Knops & Timlna，2000），只需要 20 年左右，且这个阶段养分的增加速度和周转速率也是最高的（Brown & Lugo，1990），次生林土壤 C 含量在不到 20 年的时间内恢复到森林被砍伐干扰前的水平（Rhoades et al.，2000）。也有研究表明，受农业活动影响后，森林土壤要恢复到以前的水平需要较长的时间；人工林废弃后发生次生演替过程中，森林表层土壤 C 含量在前 10 年下降非常剧烈，要恢复到原始林的水平大概需要 50 年（Wadsworth et al.，1988）。湖南会同 7 年、17 年和 25 年生杉木人工林 0~60 cm 土壤有机 C 含量分别为 18.37 g/kg、14.20 g/kg 和 15.40 g/kg，全 N 含量分别为 1.57 g/kg、1.63 g/kg 和 1.80 g/kg，土壤全 P 含量分别为 0.33 g/kg、0.39 g/kg 和 0.38 g/kg，表明随造林年限增长，植被逐渐恢复，枯枝落叶残体开始积累，地被物的分解加速了土壤 C、N、P 含量的恢复（曹娟等，2015）。

研究表明，亚热带常绿阔叶林退化为次生林、灌丛、裸地和人工林后，土壤养分库和 C 库含量逐步递减（阎恩荣，2006）。温带和热带森林被砍伐后，土壤有机 C 含量平均减少 40%~50%，N 含量平均减少 8%（Guo & Gifford，2002）。植被退化导致土壤 N 矿化速率和硝化速率升高，土壤有效态 N 含量增加，如有效态 N 不能被植物有效吸收，则容易导致植物含 N 量降低（Neill et al.，1995）。森林退化初期，土壤可溶解 P 含量会增加（Garcia-Montiel et al.，2000），土壤有效 P 含量增加，但随时间推移，土壤全 P、有效 P 含量会显著降低（Juo & Manu，1996；阎恩荣等，2007）。热带亚热带森林植被退化导致土壤 P 含量降低，主要有两个原因：一是随地上植被类型的改变使得土壤 P 的可利用形式变化，二是砍伐或火烧等可导致土壤 P 从森林生态系统流失（阎恩荣，2006）。

2. 植被恢复（或退化）对土壤碳、氮、磷化学计量比的影响

由于 C、N、P 在循环过程中相互耦合，仅仅考虑 3 种养分元素含量的变异特点对了解土壤质量的变化是不够的，还需要进一步了解各元素含量之间的比例关系及其时空分异。研究表明，土壤 C、N、P 生态化学计量比也受到地貌、气候、植被等成土因子及人类经营活动的影响，因而土壤 C、N、P 生态化学计量比具有显著的空间异质性（王绍强和于贵瑞，2008）。研究发现，尽管土壤全 N 和有机 C 具有较大的空间变异性，但由于土壤全 N 和有机 C 的空间分布具有一致性，因此土壤 C/N 在整个空间内较为稳定，受气候的影响很小（Tian et al.，2010a）。但据土壤 C、N 储量计算，我国 C/N 平均值为 10.0~12.0（黄昌勇，2000），低于全球土壤 C/N 平均值（13.33）（Post et al.，1985）。由于 P 在赤道土壤中是主要的限制性元素，而 N 在高纬度土壤中是主要的限制性元素，因此土壤 N/P 随纬度的升高呈逐渐减小的趋势（Reich & Oleksyn，2004）。湿热地区 P 淋溶强烈，并且该区域的高生产力致使土壤 C 和 N 含量较高，导致 C/P、N/P 较高，而干冷地区则相反（张向茹等，2013）。黄土高原刺槐林土壤 C/N 随纬度的升高无明显的变化，而由于水热条件的影响，C/P、N/P 空间变异性较 C/N 大，随纬度的升高显著减

少，同时表层与表下层间有机 C 和全 N 的差异逐渐减小，致使表层与表下层间 C/P 和 N/P 的差异也随纬度升高而减小（张向茹等，2013）。

由于森林恢复（演替）导致土壤有机 C、全 N、全 P 含量发生变化，因而土壤 C/N、C/P、N/P 也随森林恢复（或演替）而发生变化。不少学者研究了森林植被演化（即恢复或退化）与利用管理的互作效应及其因果关系（Post et al.，1985；白荣，2012；罗亚勇等，2012）。研究表明，南亚热带森林土壤 N/P 随森林演替的进行呈现出明显升高的变化趋势，土壤 N 含量升高是演替过程中土壤 N/P 升高的重要原因，而演替过程中凋落物的归还和氮沉降是土壤 N 含量升高的主要原因（郑淑霞和上官周平，2006）。我国西南季风常绿阔叶林不同演替阶段土壤 C/N 无显著变化，N/P 和 C/P 则随演替进程呈下降趋势（Zhang et al.，2004）。黄土丘陵沟壑区不同植被区（森林区、森林草原区、草原区）土壤 C/N、C/P、N/P 都较稳定，C/N 为 5.65～12.57，平均值为 9.44；C/P 为 3.62～17.32，平均值为 8.15；N/P 为 0.43～1.38，平均值为 0.86（朱秋莲等，2013）。也有研究发现，土壤 C/P、N/P 随滇中高原典型植被演替的进行先升高后降低，在演替中期达到最大（白荣，2012）。而在高寒草甸生态系统，土壤 C/N、N/P 和 C/P 均随草甸的退化过程呈下降趋势（罗亚勇等，2012）；土壤 C、N、P 化学计量比因人为干扰程度的不同而发生改变（王维奇等，2010），且空间差异较大（阎恩荣等，2008）。人为干扰导致的森林退化不仅造成区域植被类型、群落物种组成及其空间分布格局发生根本性的变化（Hall et al.，2002），还使得土壤 C、N 的生物地球化学循环过程受到直接的影响（Fraterrigo et al.，2005），土壤的养分特征也发生明显的变化，更多的土壤 C 被释放到大气中（Luo et al.，2004），土壤 N、P、K 等养分元素则大量迁入大气和水体中，导致土壤有机 C、N、P 等养分含量下降，土壤 C、N、P 化学计量比随之改变。因此，土壤 C、N、P 化学计量比变化特征可能受土壤类型、群落植被动态特征和气候环境等多种因素影响，对生态系统生产力、碳汇潜力及对气候变化的响应机制具有重要作用。综观已有文献，目前有关随植被恢复，土壤 C、N、P 化学计量比变化特征的研究报道仍较少，特别是具有重要 C 汇和养分库贡献的亚热带常绿阔叶林植被恢复过程中，土壤有机 C 库和养分库特征的变化如何，一直以来缺乏系统而详细的科学研究，对亚热带森林树种组成的差异对土壤肥力演变规律、土壤有机 C 库的影响仍无法准确评估，对具体地点不同植被恢复阶段树种适应所在环境 N、P 养分限制性的重要机制以及不同森林类型土壤 C、N、P 生态化学计量比的研究仍比较欠缺（Sardans et al.，2012b；Achat et al.，2013）。此外，目前现有不同研究结果之间存在较大的差异。因此，关于亚热带森林植被恢复对土壤 C、N、P 含量及其化学计量比的影响还需要开展大量的研究。

4.1.6 植物叶片–凋落物–土壤碳、氮、磷含量及其化学计量比的关联性

生态化学计量学理论认为，有机体的特征及其对资源种类和数量的需求取决于体内的化学元素比值（Schimel，2003）。因此，有机体的化学计量比与外界环境的元素化学计量比之间形成了复杂的关系，一旦产生矛盾，生物的生长发育过程会受到影响，甚至引发种群进化路线的改变（Méndez & Karlsson，2005）。土壤为植物生长提供养分，当

土壤养分含量处于较低水平时，生态系统净初级生产力受到限制，植物生长缓慢，C/N 和 C/P 升高，植物对营养的利用率较高；反之，植物生长和蛋白质合成均最大化（Vitousek & Farrington，1997），C/N 和 C/P 降低（Ågren，2008）。而植物养分含量是植物在一定环境条件下吸收并积累的营养元素量，取决于植物的需求、土壤养分提供和气候等方面（陈灵芝等，1997；邢雪荣等，2000）。土壤限制性养分有效性、植物代谢速率和植物功能群共同影响叶片的化学计量模式，因此，不同区域植物叶片 C、N、P 化学计量比与环境的关系有所不同（Zhao et al.，2014）。而且土壤养分供应、枯枝落叶养分归还与植物养分需求之间相互影响（Ågren & Bosatta，1998），使得植物层、凋落物层、土壤层之间的关系更为复杂（Ladanai et al.，2010）。研究表明，如果土壤某种养分供给不足，植物吸收能力增强，将导致枯枝落叶中某种养分含量发生改变。土壤底物含量升高会使得新鲜凋落物和腐殖质的 N/P 升高（Wardle et al.，2004）。凋落物是养分从植物到土壤的基本载体，其动态交换可以实现并维持土壤养分和植物生长所需的元素比率之间的平衡（Hessen et al.，2004）。凋落物养分含量及其化学计量比与土壤养分含量和化学计量比显著相关（Yang et al.，2018），一方面，表明凋落物分解促使有机物质向土壤释放 N、P，从而影响土壤 C、N 和 P 含量及其化学计量比（Zhong et al.，2013），另一方面，表明土壤养分含量的变化影响植物对养分的利用策略，进而影响凋落物养分含量及其化学计量比。

近年来，随植物叶片 C、N、P 含量及其化学计量比研究的深入，许多研究者逐渐从仅仅关注生态系统某单一组分养分含量及其化学计量特征，趋向于探索生态系统不同组分养分化学计量比之间的关系，但多数研究主要关注不同组分养分含量及化学计量比的大小比较。研究表明，闽江河口地区植物和凋落物的 C、N 含量高于土壤，而 P 含量具有不确定性，与植物构件有关，而不同养分化学计量比在不同组分间表现不同（王维奇等，2011）。闽江河口稻田植物 C、N 含量高于土壤，P 含量低于土壤，而 C/N、C/P、N/P 则均为植物较高（马永跃和王维奇，2011）。也有涉及生态系统 3 个不同组分间关系的研究。研究发现，随植被恢复，土壤 C 含量升高，叶片 C 含量升高（Zhang et al.，2019）。土壤养分含量与植物叶片 N、P 含量及其光合速率密切相关（Hobbie & Vitousek，2000；Harrington et al.，2001）。内蒙古呼伦贝尔草原土壤 C、N、P 含量与植物群落叶片 C、N、P 含量无关（丁小慧等，2012a）。而该地区放牧地带，放牧活动对土壤和植物的化学计量比产生了一定影响，但植物会通过调整自身的养分利用策略来适应土壤条件（丁小慧等，2012b）。可见，国内关于植物–凋落物层–土壤层系统化学计量比关系的研究仍比较少见，且还不够深入，也不够成熟，限制了人们对陆地生态系统养分元素地球化学循环的理解（Zeng et al.，2017）。

4.1.7　生态系统碳氮磷化学计量特征的研究目的及意义

常绿阔叶林是我国亚热带地带性植被之一，分布最广，面积最大，类型复杂多样，但由于该地区农业耕作历史悠久，长期且频繁的人类干扰导致原始地带性植被——常绿阔叶林遭受不同程度的破坏，原生常绿阔叶林日益减少，取而代之的是大面积处于不同退化程度的次生林、灌木林、灌草丛和人工林等（王希华等，2005），甚至开垦为农用地，群落结构趋于简单化，水土流失日趋严重，蓄水能力和储藏养分能力减弱，土壤肥力下降等，对区域生态安全和可持续发展构成了严重威胁。为保护生物多样性和提升森林生态系统服务功能，促进森林植被恢复，我国政府实施了系列林业生态工程，该地区森林植被恢复迅速，形成了处于不同植被恢复阶段的多种次生林群落，组成树种增多，阔叶树比例增大，改变了森林凋落物的数量、组成及其季节动态（郭婧等，2015），也改变了细根生物量和生产力及其化学组成（Liu et al.，2014），群落组成结构趋向复杂也使得林内立地微环境明显改变。那么，随森林恢复，植物叶片、凋落物层、土壤层的 C、N、P 含量及其化学计量比是否会发生显著变化？植物叶片、凋落物层 C、N、P 含量及其化学计量比与土壤 C、N、P 含量及其化学计量比是否存在密切的关系？阐明这些问题将有助于准确认识植物、凋落物、土壤在森林生态系统 C、N、P 养分循环中的重要作用，揭示亚热带森林恢复过程中土壤肥力的形成和演变机制。

植被恢复涉及植物群落与土壤环境的协调发展，也因其能改善脆弱或退化生态系统养分循环、土壤质量而受到广泛关注（Xu et al.，2019）。随植被恢复，植物群落组成结构、土壤理化性质达到稳定状态（O'Brien & Jastrow，2013），生态系统各组分（植物、凋落物、土壤）C、N、P 含量及其循环调控着植物的生存发展和各种生态过程（Reich et al.，2006），其化学计量比反映植物组成动态与土壤养分之间的平衡（张萍等，2018）。因此，研究生态系统各组分 C、N、P 化学计量比随植被恢复的变化对理解各组分之间的养分关系及分配特征十分必要，有助于明确植被恢复过程中，植物群落随土壤环境变化的方向（Zhao et al.，2015b；Ren et al.，2016）。然而，近年来有关化学计量学的研究主要集中在单一器官或组分，仅有少量研究关注生态系统水平（He et al.，2008）；在植被恢复演替方面，当前的研究主要集中在各组分（叶片、凋落物、土壤）C、N、P 化学计量比的变化特征，涉及随植被恢复，叶片、凋落物、土壤系统化学计量比之间协同作用变化的研究仍比较少见，针对亚热带地区不同植被恢复阶段生态系统 C、N、P 含量及其化学计量特征研究仍未见报道。随植被恢复，植物是否会通过调整自身养分比例或养分利用效率来适应土壤理化性质的变化，是否会改变枯枝落叶的养分含量，C/N 是否更稳定，N/P 能否作为亚热带不同植被恢复阶段植物生长速率的判断依据，植物层、凋落物层与土壤层的 C、N、P 化学计量之间的关系如何？这些问题仍不十分清楚。因此，本部分以湘中山地丘陵区不同植被恢复阶段灌草丛（LVR）、灌木林（LCQ）、马尾松针阔混交林（PLL）、常绿阔叶林（LAG）为对象，运用生态化学计量学理论与方法，研究亚热带不同植被恢复阶段生态系统主要植物叶片、凋落物层、土壤层 C、N、P 含量及其化学计量特征，探讨随植被恢复，植物叶片、凋落物层、土壤层之间的关系，了解不同植被恢复阶段的植物在养分吸收、养分利用策略的异同，诊断不同植被恢复阶段林地土壤 C、N、P 含量特征，明晰不同植被恢复阶段林地土壤养分限制性，阐明植物、土壤系统之间的相互作用和反馈机制，有助于更深入地认识亚热带森林生态系统养分循环规律和系统稳定机制，为寻求科学有效的森林植被恢复途径和经营管理提供科学依据。

4.2　植物叶片–凋落物层–土壤碳氮磷化学计量的研究方法

4.2.1　植物叶片、凋落物层分析样品的采集、处理及测试分析方法

样地设置及 4 个植被恢复阶段的基本概况详见第 1 章 1.3.1 部分内容；样地植物群落调查详见 1.3.2 部分内容；4 个植物群落的基本特征及其主要树种组成见表 1.1。

根据不同植被恢复阶段植物群落的调查结果，确定每一块固定样地的优势植物，对每一种优势植物在相应固定样地边界外围选取 3 株长势良好，且胸径、树高与这种植物的平均胸径、平均树高接近的植株作为采集植物叶片的样株（1 株样株即 1 个重复）。在 10～11 月份落叶树落叶前采集植物叶片，灌木植物采集全株植物叶片混合样品，乔木树种用高枝剪采集东、南、西、北四个方向的中部叶片混合样品；草本植物沿着相应固定样地的 4 条边界分别设置 4 个 1 m × 1 m 的小样方，取同种植物的地上部分，每 1 个分析样品鲜重不少于 0.5 kg（如 1 块固定样地内某一种植物叶片分析样品不足 0.5 kg，就在相应固定样地的外围采集同种植物叶片补足 0.5 kg）。

凋落物层分析样品的采集详见第 2 章 2.2.6 部分内容。

植物叶片、凋落物层分析样品置于 80 ℃烘干至恒重，经植物粉碎机磨碎，过 60 目筛保存于样品瓶中，用于测定 C、N、P 及其他养分元素的含量和各项指标。

植物（包括凋落物层）样品中有机 C、全 N（N）、全 P（P）的测定详见第 2 章 2.2.7 部分内容。

4.2.2　土壤样品的采集、处理及测试分析

分别沿固定样地对角线均匀布设 3 个采样点，在每个采样点附近设置 1 个 1 m × 1 m 的小样方，于 4 月中旬（春季）、6 月底（夏季）、10 月底（秋季）、12 月底（冬季）采集土壤样品（与采集凋落物层分析样品同时进行）。在完成凋落物层分析样品采集后，在小样方内挖 1 个土壤剖面，均按 0～10 cm、10～20 cm、20～30 cm 和 30～40 cm 分层，沿土壤剖面从下至上采集土壤样品。

在室内，除去土壤样品动植物残体、石砾后，将同一块固定样地 3 个采样点同一土层土壤样品分别混合均匀，用四分法取约 2 kg 土壤样品（每个植被恢复阶段林地每一土层 4 个重复），自然风干后，过 2 mm、1 mm、0.25 mm 土壤筛保存于样品瓶中，备用于各项养分指标的测定。

土壤有机 C 用重铬酸钾—浓硫酸水合加热法测定，土壤全 N 用 KN580 全自动凯氏定氮仪法、全 P 用钼锑抗比色法（中国科学院南京土壤研究所，1978）测定。

4.2.3　数据统计分析

用 Excel 2010 统计各项指标平均值、标准差，并绘制图。用 SPSS 16.0 软件包中的单因素方差分析（One-way ANOVA）的 LSD 法比较不同植被恢复阶段主要植物叶片、

凋落物层、土壤各项指标的差异显著性（$P<0.05$），用 Pearson 法分析计算植物叶片、凋落物层、土壤各指标间的相关系数。

4.3 不同植被恢复阶段植物叶片碳、氮、磷化学计量特征

生态化学计量学研究认为，在植物个体水平上，C、N、P 等营养元素之间的相互作用及其与外界环境的相互作用共同决定植物生长发育过程和营养水平（姚红艳等，2013）。目前，关于植物叶片 C、N、P 含量及其化学计量比的研究主要集中在全球森林尺度（Aerts & Chapin，1999）、较大区域森林尺度、不同生态系统类型（任书杰等，2012）、不同植物功能群、不同植物生长阶段（李征等，2012）等方面。尽管植物叶片特征之间的关系在全球尺度和区域尺度上已有不少研究（Reich et al.，1999；Wright et al.，2004；He et al.，2006；Zheng & Shangguan，2007；He et al.，2008），但由于研究尺度、环境的不同，现有的研究结果差异很大（Güsewell，2004；赵俊峰等，2017），仍需要开展大量相关的具体研究。前人对亚热带退化林地植被恢复的研究主要集中在林分改造技术、造林技术（招礼军，2003）、林分结构特征（陆玉宝，2006）、土壤理化性质（张晓琴，2008；时雷雷，2012）等方面。然而，对处于不同植被恢复（或演替）阶段植物群落小尺度上的研究仍不多见（刘万德等，2010a；刘兴诏等，2010；银晓瑞等，2010），特别是对亚热带不同植被恢复阶段次生林小尺度上的研究更为少见，小尺度上植物叶片不同特征间是否也存在很强的协调性，小尺度上 N/P 是否也是植物叶片经济特征中的微弱因子等问题仍有待于深入研究。

研究表明，不同植被恢复（演替）系列植物 C、N、P 化学计量特征能够反映生态系统中的主要限制性元素及 N、P 等元素的指示作用（刘万德等，2010a；刘兴诏等，2010），从而为恢复群落的正确经营管理提供科学指导。此外，化学元素限制与物种组成更替具有密切的关系（Andersen et al.，2004），同一地点不同化学元素限制对植物群落的物种组成特征具有极强的选择作用（Elser，2000），进而影响群落的动态及生态系统生产力等功能特征（Andersen et al.，2004）。尽管 C、N、P 化学计量特征对恢复群落的经营管理具有重要意义，然而 C、N、P 化学计量特征是否在所有的演替（或恢复）系列群落中均具有相同的变化规律，其影响因素是否受植物群落的物种丰富度及个体多度影响还不清楚，对恢复群落还有哪些指示意义等问题的解决均需对 C、N、P 化学计量特征进行深入的研究。本节以湘中丘陵区不同植被恢复阶段植物群落（灌草丛、灌木林、针阔混交林、常绿阔叶林）为对象，探讨不同植被恢复阶段植物群落水平主要植物及共有植物叶片 C、N、P 含量及其化学计量特征，探讨群落水平 C、N、P 化学计量比与群落 Shannon-Wiener 指数、恢复阶段的相关性，揭示群落植物组成、植被恢复对群落植物叶片 C、N、P 化学计量比的影响，并通过群落共有种 C、N、P 化学计量特征随植被恢复的变化揭示植被恢复的影响机制，判断亚热带不同植被恢复阶段植物群落的主要限制性养分元素，为该地区森林植被恢复与重建提供科学理论依据。

4.3.1　群落主要植物叶片碳、氮、磷含量及其化学计量比

从表 4.1 可看出，不同植被恢复阶段植物叶片 C、N、P 含量分别为 347.83～435.81 g/kg、10.46～17.40 g/kg、0.42～0.74 g/kg。叶片 C 含量随植被恢复而增加，从 LVR 到 LAG，C 含量增加了 25.29%，且 LVR 与其他 3 个植被恢复阶段差异显著（$P<0.05$），而其他 3 个植被恢复阶段两两间差异不显著（$P>0.05$）。而 N、P 含量总体上随植被恢复而增加；从 LVR 到 LAG，N 含量增加了 66.35%，且 LVR、LCQ 与 PLL、LAG 差异显著（$P<0.05$），LVR 与 LCQ 差异显著（$P<0.05$），但 PLL 与 LAG 差异不显著（$P>0.05$）；从 LVR 到 LAG，P 含量增加了 52.38%，但与 C、N 含量排序不同，PLL 最高，LVR 最低，且 PLL 与 LVR、LCQ、LAG 差异显著（$P<0.05$），LVR 与 LAG、LCQ 差异显著（$P<0.05$），但 LCQ 与 LAG 差异不显著（$P>0.05$）。这表明植被恢复对植物叶片 C、N、P 影响显著，且随植被恢复，植物叶片 C、N、P 储存能力增强。

表 4.1　不同植被恢复阶段植物群落主要植物叶片 C、N、P 含量及其化学计量比

指标	LVR	LCQ	PLL	LAG
C /（g/kg）	347.83±28.11b	421.58±23.85a	427.01±15.61a	435.81±17.21a
N /（g/kg）	10.46±1.10c	13.84±1.08 b	15.90±1.66a	17.40±0.32a
P /（g/kg）	0.42±0.15c	0.61±0.03b	0.74±0.06 a	0.64±0.01b
C/N	33.25±4.57a	30.46±1.32 b	26.86±3.67bc	25.05±1.42c
C/P	924.31±333.04a	691.11±40.12b	582.99±65.84 b	680.95±48.35b
N/P	27.51±9.09 a	22.69±1.78ab	21.51±1.04 b	27.19±0.81 a

注：不同字母表示不同植被恢复阶段之间差异显著（$P<0.05$）。

不同植被恢复阶段植物叶片 C/N、C/P、N/P 分别为 25.05～33.25、582.99～924.31、21.51～27.51，其中 C/N、C/P 随植被恢复而下降，而 N/P 先下降再回升到恢复早期阶段的水平。C/N 的变化趋势为：LVR>LCQ>PLL>LAG，且 LVR 与 LCQ、PLL、LAG 差异显著（$P<0.05$），LCQ 与 LAG 差异显著（$P<0.05$），但与 PLL 差异不显著（$P>0.05$），LAG 与 PLL 之间差异也不显著（$P>0.05$）。LVR 的 C/P 最大，且与 LCQ、PLL、LAG 差异显著（$P<0.05$），而 LCQ、PLL、LAG 两两间差异不显著（$P>0.05$）。PLL 的 N/P 最低，与 LVR、LAG 差异显著（$P<0.05$），与 LCQ 差异不显著（$P>0.05$），LVR、LCQ、LAG 两两间差异不显著（$P>0.05$）。在 C/N、C/P、N/P 中，C/P 在不同植被恢复阶段变异最大（表 4.1）。这表明随植被恢复，群落主要植物固 C 能力和对 N、P 的利用率增强，受 P 的限制没有明显变化。

4.3.2　群落共有植物叶片碳、氮、磷含量及其化学计量比

从表 4.2 可以看出，植被恢复对同种植物叶片 C、N、P 含量及其化学计量比均有一定的影响。

表 4.2　群落共有植物叶片 C、N、P 含量及其化学计量比

共有物种	植被恢复阶段	C / (g/kg)	N / (g/kg)	P / (g/kg)	C/N	C/P	N/P
檵木 *Loropetalum chinense*	LVR	410.65±25.48 a	8.85±5.36 a	0.82±0.10 a	57.34±27.40 a	502.86±67.34 a	11.23±7.90 a
	LCQ	424.20±16.00 a	16.49±0.57b	0.86±0.05 a	25.73±0.30 b	494.15±29.35 a	19.21±1.31 b
	PLL	427.35±13.35 a	19.12±2.11 b	0.97±0.07 a	22.53±2.11 b	442.75±39.57 a	19.82±2.79 b
	LAG	402.16±25.60 a	17.83±2.06 b	0.67±0.12 b	22.72±2.10 b	608.70±92.26 b	26.67±1.79 c
杉木 *Cunninghamia lanceolata*	LVR	422.27±31.66 a	9.39±0.10 a	0.48±0.06 a	44.95±2.90 a	879.67±92.91 a	19.63±2.52 a
	LCQ	472.15±19.73 a	11.06±1.07 ab	0.53±0.03 ab	43.04±5.32 a	891.84±71.31 a	20.80±0.90 a
	LAG	452.95±7.92 a	14.57±0.24 c	0.64±0.04 b	31.10±0.62 b	708.34±34.01 b	22.80±1.53 b
木姜子 *Litsea pungens*	LVR	443.02±7.47 a	11.38±0.01 a	0.44±0.02 a	38.94±0.64 a	1003.85±51.23 a	25.78±1.17 a
	LCQ	458.70±13.11 a	23.48±1.91 b	0.77±0.19 b	19.66±2.17 b	621.08±59.26 b	32.29±11.18 b
	PLL	451.98±27.12 a	22.25±0.98 b	0.88±0.14 b	20.37±1.95 b	520.65±83.36 b	25.62±3.96 a
杜鹃 *Rhododendron simsii*	LVR	451.40±34.42 a	11.16±0.62 a	0.39±0.18 a	40.45±2.53 a	1399.9±78.41 a	35.01±2.27 a
	LCQ	422.80±51.34 a	15.16±2.43 b	0.64±0.14 b	28.74±8.25 b	697.40±22.72 b	23.94±1.80 b
	PLL	431.80±31.90 a	15.33±0.96 b	0.62±0.08 b	28.33±3.68 b	712.16±11.85 b	25.13±3.38 b
南烛 *Vaccinium bracteatum*	LVR	490.33±13.62 a	11.73±2.21 a	0.43±0.05 a	42.76±7.80 a	1147.9±65.81 a	27.58±6.77 a
	LCQ	496.03±1.79 a	13.01±0.6 ab	0.53±0.03 b	35.96±1.69 ab	945.37±59.39 b	26.32±1.89 ab
	LAG	440.34±16.88 b	15.35±1.27 b	0.69±0.06 c	28.88±2.86 b	645.41±50.29 c	22.61±3.41 b
菝葜 *Smilax china*	LCQ	410.34±12.93 a	23.08±1.30 a	0.94±0.04 a	17.84±1.51 ab	436.63±30.53 a	24.54±1.79 a
	PLL	449.35±20.64 a	22.11±0.23 a	1.05±0.02 b	20.32±0.80 a	429.29±17.88 a	21.13±0.23 b
	LAG	353.68±32.68 b	23.25±0.18 a	1.07±0.04 b	15.22±1.47 b	330.13±29.48 b	21.71±0.70 b
芒萁 *Dicranopteris dichotoma*	LVR	413.25±13.39 a	7.41±1.20 a	0.26±0.02 a	56.64±8.22a	1603.22±52.80 a	28.89±4.21 a
	LCQ	397.91±39.67 a	9.76±1.06 ab	0.41±0.18ab	41.36±8.51 ab	1097.21±51.5ab	26.22±3.16 ab
	PLL	430.14±24.33 a	11.98±3.31 b	0.55±0.05 b	37.30±7.63 b	785.93±30.03 b	21.76±2.75 b
芒 *Miscanthus sinensis*	LVR	426.87±22.07 a	9.36±5.55 a	0.26±0.15 a	54.68±23.01 a	2087.32±95.70 a	44.66±8.19 a
	LCQ	404.17±24.81 a	9.55±2.34 a	0.79±0.27 b	44.15±11.33 a	559.47±27.95 b	12.70±3.23 a
	PLL	442.08±10.08 a	7.48±0.13 a	0.39±0.01 a	59.13±0.67 a	1132.5±34.15 ab	19.16±0.65 b

注：同列不同字母表示同种植物不同植被恢复阶段之间差异显著（$P<0.05$）。

（1）檵木是 4 个群落的共有种。不同植被恢复阶段中，檵木叶片 C 含量差异不显著（$P>0.05$）；N 含量随植被恢复先升高再下降，且 LVR 与其他 3 个群落差异显著（$P<0.05$），但其他 3 个群落两两间差异不显著（$P>0.05$）；LAG 的 P 含量最低，且与其他 3 个群落差异显著（$P<0.05$），但其他 3 个群落两两间差异不显著（$P>0.05$）。随植被恢复，C/N 下降，且 LVR 与其他 3 个群落差异显著（$P<0.05$），其他 3 个群落两两间差异不显著（$P>0.05$）；C/P 随植被恢复先下降再升高，且 LAG 显著高于其他 3 个群落（$P<0.05$），其他 3 个群落间差异不显著（$P>0.05$）；N/P 随植被恢复而升高，LVR 与其他 3 个群落差异显著（$P<0.05$），PLL 与 LCQ 间无显著差异（$P>0.05$），但两者与 LAG 差异显著（$P<0.05$）。这表明随植被恢复，檵木同化 C 的能力、生长速率及其对 N、P 的利用效率下降，且受 P 的限制程度增大。

（2）杉木是 LVR、LCQ 和 LAG 的共有种。不同植被恢复阶段中，杉木叶片 C 含量

差异不显著（$P>0.05$）。由 LVR 到 LCQ，再到 LAG，N、P 含量依次增加。LAG 中 C/N、C/P 均显著低于另外两个群落（$P<0.05$）；尽管杉木叶片 N/P 在 3 个群落中差异不显著（$P>0.05$），但随植被恢复，杉木叶片 N/P 呈增加趋势，表明杉木在 LAG 同化 C 的能力以及对 N、P 的利用效率明显下降，受 P 的限制程度增大。

（3）木姜子是 LVR、LCQ、PLL 的共有种。在不同群落中，其叶片 C 含量的差异不显著（$P>0.05$）。LVR 的 N、P 含量最低，且与 LCQ、PLL 差异显著（$P<0.05$），但 LCQ 与 PLL 差异不显著（$P>0.05$）。C/N、C/P 随植被恢复而下降，且 LVR 与 LCQ、PLL 差异显著（$P<0.05$），LVR、PLL 中 N/P 与 LCQ 差异显著（$P<0.05$），但 LVR 与 PLL 间差异不显著（$P>0.05$）。这表明在 LVR 中，木姜子同化 C 的能力及其对 N、P 的利用效率最高，N 对木姜子的限制性弱，木姜子的生长明显受 P 的限制，其中在 LCQ 中受 P 限制性最高。

（4）杜鹃是 LVR、LCQ、PLL 的共有种，其叶片 C 含量在 3 个群落间无显著差异（$P>0.05$），N、P 含量随植被恢复而增加，且 LVR 与 LCQ、PLL 差异显著（$P<0.05$）。随植被恢复，C/N、C/P、N/P 总体上下降，且 LVR 与 PLL、LCQ 差异显著（$P<0.05$）。这表明随植被恢复，杜鹃同化 C 的能力、生长速率及其对 N、P 的利用效率下降，但 P 对杜鹃的限制程度下降。

（5）南烛是 LVR、LCQ 和 LAG 的共有种。LAG 中 C 含量最低，且与 LVR、LCQ 差异显著（$P<0.05$）；随植被恢复，N、P 含量增加。C/N、C/P、N/P 随植被恢复下降，且 LVR 与 LCQ（除 C/N、N/P 外）、LAG 差异显著（$P<0.05$）。表明随植被恢复，南烛受 P 的限制程度减小，但生长速率下降。

（6）菝葜是 LCQ、PLL、LAG 的共有种。PLL 的 C 含量最高，与 LAG 差异显著（$P<0.05$），但与 LCQ 差异不显著（$P>0.05$）；N 含量在 3 个群落间差异不显著（$P>0.05$）；LAG 的 P 含量最高，与 LCQ 差异显著（$P<0.05$），与 PLL 差异不显著（$P>0.05$）；PLL 中 C/N 显著高于 LAG（$P<0.05$），但与 LCQ 差异不显著（$P>0.05$）；C/P、N/P 随植被恢复下降，LCQ 与 PLL、LAG 的差异显著（$P<0.05$），但 PLL 与 LAG 的差异不显著（$P>0.05$）。

（7）在 LVR、LCQ、PLL 中，芒萁叶片 C 含量的差异不显著（$P>0.05$）；N、P 含量随植被恢复而增加，且 PLL 与 LVR 差异显著（$P<0.05$）；C/N、C/P、N/P 随植被恢复而下降，且 LVR 与 PLL 差异显著（$P<0.05$）；这表明随植被恢复，芒萁生长速率及其对 N、P 的利用效率下降。

（8）在 LVR、LCQ、PLL 中，芒叶片 C、N 含量、C/N、N/P 差异均不显著（$P>0.05$）；LCQ 的 P 含量显著高于 LVR、PLL（$P<0.05$）；C/P 随植被恢复下降，LVR 与 LCQ、PLL 差异显著（$P<0.05$），LCQ 与 PLL 差异不显著（$P>0.05$）。

以上分析表明，同一种植物在不同植被恢复阶段群落中，其叶片 C、N、P 含量及其化学计量比不尽相同，同种植物叶片 C 含量、C/N、C/P 基本上呈现出随植被恢复而下降的趋势，N/P 没有明显的变化规律，可能与植物的遗传特性及其生长的土壤肥力状况密切相关。

4.3.3 植物叶片碳、氮、磷含量之间及其与碳氮磷化学计量比的相关性

从表 4.3 可以看出，叶片 C、N、P 含量两两之间呈极显著的线性正相关关系（$P<0.01$），表明叶片 C、N、P 含量之间相互影响。C 含量与 C/N、C/P、N/P 呈极显著的线性负相关关系（$P<0.01$）；N 含量与 C/N、C/P 呈极显著的线性负相关关系（$P<0.01$），与 N/P 不存在显著相关性（$P>0.05$）；P 含量与 C/N、C/P、N/P 呈极显著的线性负相关关系（$P<0.01$），表明随植被恢复，叶片 C、P 含量增加，很可能是主导 C/N、C/P、N/P 下降的主要因素；N 含量增加很可能是主导 C/N、C/P 下降的主要因素，但不是 N/P 变化的主要因素。此外，C/N 与 C/P 呈极显著的正相关关系（$P<0.01$），与 N/P 不存在显著相关性；C/P 与 N/P 呈极显著的正相关关系（$P<0.01$），表明 C、N、P 化学计量比之间相互影响显著（表 4.3）。

表 4.3 植物叶片 C、N、P 含量之间及其与 C/N、C/P、N/P 之间的相关系数

项目	N	P	C/N	C/P	N/P
C	0.815**	0.772**	−0.788**	−0.785**	−0.430**
N	1	0.797**	−0.964**	−0.766**	0.210
P		1	−0.769**	−0.917**	−0.722**
C/N			1	0.817**	0.241
C/P				1	0.747**

注：*表示 $P<0.05$，**表示 $P<0.01$，$n=36$。下同。

4.3.4 植被恢复阶段、物种多样性指数对叶片碳、氮、磷含量及其化学计量比的影响

如表 4.4 所示，植被恢复阶段与植物叶片 C、N、P 含量呈显著（$P<0.05$）或极显著（$P<0.01$）正相关关系，与 C/N、C/P 呈极显著负相关关系（$P<0.01$），但与 N/P 相关性不显著（$P>0.05$）；群落 Shannon-Wiener 指数与植物叶片 C、N、P 含量及其化学计量比不存在显著相关性（$P>0.05$）。这表明随植被恢复，植物叶片 C、N、P 含量增加，C/N、C/P 下降，但群落 Shannon-Wiener 指数不是主要的影响因素。

表 4.4 植被恢复阶段、群落物种多样性指数与叶片 C、N、P 含量及其化学计量比之间的相关系数

项目	C	N	P	C/N	C/P	N/P
植被恢复阶段	0.803**	0.965**	0.670*	−0.979**	−0.897**	−0.002
Shannon-Wiener 指数	−0.514	0.474	0.303	−0.559	−0.472	−0.018

注：*表示 $P<0.05$，**表示 $P<0.01$，$n=12$。下同。

4.3.5 讨论

本研究中，4 个植被恢复阶段主要植物叶片平均 C 含量为 347.83～435.81 g/kg，明

显低于全球 492 种陆生植物叶片平均 C 含量（464.00 g/kg±32.1 g/kg）（Elser et al.，2000），低于亚热带浙江天童 32 种植物的 450 g/kg（黄建军和王希华，2003）和珠江三角洲 10 种常绿阔叶林树种叶片 C 含量平均值（481.59 g/kg±11.5 g/kg）（吴统贵等，2010b），也低于喀斯特峰丛洼地原生林植物叶片 C 含量（484.24 g/kg±7.03 g/kg）（俞月凤等，2014）及暖温带北京周边地区 358 种植物的几何平均数 451 g/kg（韩文轩等，2009）。N、P 作为植物最容易短缺的营养元素，是陆地生态系统的重要限制因子。本研究中，不同植被恢复阶段植物群落主要植物叶片平均 N 含量为 11.09～17.19 g/kg，低于全球植物叶片平均 N 含量（20.60 g/kg）和中国陆生植物叶片平均 N 含量（20.20 g/kg）（Elser et al.，2000），也低于全国的平均水平（18.6 g/kg）（Han et al.，2005）。而不同植被恢复阶段群落主要植物叶片平均 P 含量为 0.46～0.77 g/kg，远低于全球植物叶片平均 P 含量（1.99 g/kg），也低于中国陆生植物 P 的平均值（1.46 g/kg）（Elser et al.，2000）和全国的平均水平（1.21 g/kg）（Han et al.，2005）。但本研究区不同植被恢复阶段主要植物叶片 C、N、P 含量均处于中国东部南北样带森林生态系统 102 个优势种植物叶片 C（374.1～646.5 g/kg）、N（8.4～30.5 g/kg）和 P（0.6～6.2 g/kg）含量的变化范围（任书杰等，2012）。这表明研究区不同植被恢复阶段植物叶片 C、N、P 含量较低，可能是由于植物营养含量不仅随植物基因型的不同而变化，还可能随植物的地理分布、土壤状况、温度变化而有所不同（侯学煜，1982；陈灵芝等，1997）。

研究表明，植物营养含量反映了植物在一定生境下吸收和储存养分的能力，也在一定程度上反映了植物所处的生境条件（黄建军和王希华，2003）。光合速率较低的植物，生长较为缓慢，叶片 C 含量高，抗逆性相对较强（王凯博和上官周平，2011）。草本植物 C 含量低于灌木、乔木，因为灌木、乔木可以合成和积累更多的有机物（He et al.，2013）。本研究中，随植被恢复，叶片 C 含量增加，与 He 等（2013）的研究结果一致，与群落组成和结构随植被恢复的变化有关。研究发现，常绿乔木叶片寿命较长，需要积累更多的有机物质（如木质素等）构建保卫结构（秦海等，2010），植物体保持较高的 N、P 含量，有利于维持植被的生长代谢（Zeng et al.，2016），乔木的生长相较于草本需要更多的 N、P 来维持代谢。本研究中，随植被恢复，叶片 N 含量显著增加，可能是由于随植被恢复，生物量增加促使植物需要更多富含 N 的物质（如酶、运输蛋白质和氨基酸）参与代谢活动，叶片加大对 N 的吸收，使得叶片 N 含量增加（Qin et al.，2016）。由于亚热带丘陵红壤区土壤严重缺 P，随植被恢复，水土流失减弱，土壤养分（C、N、P）含量增加，植物 C、N、P 含量增加，可能是植物为适应环境的变化所表现出的特征。此外，不同植物叶片 N、P 含量表现差异可能是由于不同类型植物吸收养分的种类、数量及对养分的利用效率均存在差异（张珂等，2014），不同生活型植物对资源利用的不同（李鑫等，2015）。本研究中，不同植被恢复阶段植物叶片 N 含量（11.09～17.19 g/kg）明显高于 P 含量（0.46～0.77 g/kg），且 N 含量的变异系数低于 P 含量，表明植物对养分的吸收有选择性，不同植物对 P 的需求差异可能要大于其对 N 的需求差异（黄建军和王希华，2003）。随植被恢复，植物叶片 C、N、P 含量呈递增趋势，表明植被从灌草群落发展为灌木林、乔木林群落，秉承了从资源保守策略转变为资源快速获取策略的特性（Royer et al.，2010），以更好地适应环境的变化。

叶片是光合作用的核心器官，因而叶片的化学计量比能代表整株的状况（Sardans et al.，2016）。叶片 C/N、C/P 表征植物同化 C 的能力、植物的生长速率和营养利用效率，较低的 C/N、C/P 对应较高的生长速率（刘万德等，2010a）。叶片 C/N、C/P 分别与植物对 N 和 P 的利用效率即损失或储存单位养分所造成总有机物的损失量成反比（Vitousek，1982）。植被类型是影响植物 C/N 的主要因素（Schreeg et al.，2014）。研究发现，叶片 C/N 随植被恢复有 3 种不同的变化：下降（Zhao et al.，2015b；Cao & Chen，2017）、急剧增加（Yang & Luo，2011）、没有变化（Clinton et al.，2002）。本研究中，随植被恢复，叶片 C/N、C/P 呈下降趋势，可能是由于植物 C 同化和营养元素吸收的差异。通常认为 C 不是植物生长的限制因子，植物 C/N、C/P 主要受 N、P 含量的影响（Hedin，2004），叶片 N、P 含量随植被恢复显著增加，使得叶片 C/N、C/P 下降，而 LAG 叶片 P 含量略有所减少，因而其 C/P 升高，表明植物的生长速率随植被恢复而升高。本研究中，叶片 N/P 随植被恢复先下降再上升，与 Zeng 等（2017）的研究一致，可能是随植被恢复，叶片 N、P 含量增加，但从 LVR 到 PLL，叶片 P 含量增加幅度高于 N，而到 LAG，叶片 P 含量减少所致。这表明随植被恢复，植物受 P 的限制没有得到改善。研究表明，当叶片 N/P＞16 时，植物生长受 P 限制，当 N/P＜14 时，受 N 限制；当 14＜N/P＜16 时，受 N、P 共同限制（Koerselman & Meuleman，1996）。但也有研究发现，养分限制中 N 没有最大值（Güsewell & Koerselman，2002），当 P 含量＜1 g/kg 时只有 P 限制作用（Hector & Bagchi，2007）。本研究中，叶片 N/P（20～28）远远高于全球水平［12.7（Elser et al.，2000）或 13.8（Reich & Oleksyn，2004）］，是由于本研究林地土壤 N 含量相对高，而 P 含量相对低，也表明本研究区植物生长主要受 P 的限制。

本研究中，不同植被恢复阶段群落植物叶片 C/N、C/P 分别为 25.05～33.25 和 582.99～924.31，平均值分别为 30.97 和 793.04，均高于全球 C/N 和 C/P 的平均水平（分别为 22.5 和 232）（Elser et al.，2000）；C/N 与中国东部南北样带森林生态系统 102 个优势种叶片 C/N（29.1）相接近（任书杰等，2012），低于热带和温带森林叶片的 C/N（43.6）（Yang & Luo，2011），而 C/P 高于中国东部南北样带森林生态系统 102 个优势种叶片 C/P（313.91）（任书杰等，2012），低于热带和温带森林叶片的 C/P（1334.1）（McGroddy et al.，2004）。这表明亚热带植物群落比我国东部森林系统植物具有较低的 P 利用效率，与热带和温带森林相比，N、P 利用效率均较高。

本研究中，LVR 的 C/N、C/P 显著高于 LAG、PLL、LCQ，表明不同植被恢复阶段群落的 N、P 利用效率不同，也间接地表明不同植被恢复阶段植物在 N、P 需求量上有较大的差异。植物叶片 N/P 临界值可以作为判断环境对植物生长的养分供应状况的指标（阎恩荣等，2008）。研究表明，当植物叶片的 N/P 低于 14 时，植物生长主要受到 N 的限制作用，当 N/P 高于 16 时，植物生长主要受到 P 的限制，而介于 14 和 16 之间则主要受到 N、P 两种元素的共同限制（Drenovsky & Richards，2004）。本研究中，LVR、LCQ、PLL、LAG 植物叶片 N/P 均高于 16，且随植被恢复主要植物叶片 N/P 先上升后下降；此外，不同植被恢复阶段群落共有植物中除 LVR 中的檵木、LCQ 的芒草外，其他共有植物叶片 N/P 均大于 16。无论是从植物群落水平叶片 N/P 还是从个体水平叶片 N/P 来看，亚热带地区不同植被恢复阶段群落，植物的生长、发育主要受 P 限制。当然，影响植物叶片 N/P 大小的因素较为复杂，不同群落的养分限制状况同样受众多因素的影响，因此今后还需要利用其他辅助手段（如施肥、土壤改良等）来诊断植物叶片 N/P 特征与养分限制性的关系。

在植物代谢过程中，对 C 的固定需要大量蛋白酶（N 库）的参与，而蛋白酶的装配需要大量核酸（P 库）的复制（Sterner & Elser，2002）。本研究中，植物叶片 C、N、P 含量两两间呈显著正相关关系，与已有的研究报道（莫大伦和吴建学，1988；黄建军和王希华，2003；黄小波等，2016）基本一致。这表明高等陆生植物 C、N、P 计量的普遍规律：叶片 C 与 N 或 P 的正相关性以及 N 与 P 的正相关性（Sterner & Elser，2002）体现了植物固定 C 过程中，养分（N、P 等）利用效率的权衡策略（Aerts & Chapin，1999；Wright et al.，2004），也表明 N、P 两者具有高度的依存关系和耦合作用。而植物叶片 C/N、C/P 均与植物叶片 C、N、P 含量之间具有极显著的线性相关性，意味着 C/N、C/P 明显受 C、N、P 含量控制；而 N/P 与 C、P 含量呈极显著的线性负相关关系，表明 N/P 主要受 C、P 含量的控制，也表明植物叶片 C、N、P 含量是影响植物叶片 C/N、C/P、N/P 的重要因素。

4.4　凋落物层碳氮磷含量及其化学计量特征

凋落物的分解过程是森林生态系统养分循环、能量流动的基本过程（Vasconcelos & Luizão，2004），是地上植被与土壤之间物质交换的"枢纽"，也是森林土壤肥力的自然来源之一（Berg & Tamm，1991），对森林生态系统的有机质储存和养分循环起着重要的作用（金小麒，1991）。凋落物层是地上植物生长发育过程中产生并归还到地表形成的死有机物质，由未分解、半分解及已分解的凋落物组成，是森林生态系统的重要组成部分，其种类、储量和数量上的消长反映着群落间的差别和动态特征（廖军和王新根，2000）。因此，森林凋落物及其在地表形成的凋落物层是生态学、土壤学、生物地球化学的重要研究内容之一。然而，有关亚热带凋落物层现存量及其 C、N、P 随植被恢复的动态研究鲜有报道，对正确了解与认识随植被恢复，凋落物层及各分解层凋落物现存量如何演变，土壤 N、P 含量增加，凋落物层及其各分解层凋落物 C/N、C/P、N/P 是否发生相应的变化，凋落物层在生态系统物质循环过程中的作用是否增强等问题仍不十分清楚。因此，本节以湘中丘陵区处于不同植被恢复阶段的 4 个群落（灌草丛、灌木丛、针阔混交次生林和常绿阔叶林）作为一个恢复系列，比较研究不同植被恢复阶段林地凋落物层 C、N、P 化学计量的变化特征，为亚热带地区退化林地的植被恢复和管理提供科学依据。

4.4.1　凋落物层碳、氮、磷含量

如图 4.1 所示，4 个植物群落的凋落物层及未分解层、半分解层、已分解层平均 C 含量分别为 277.20～424.10 g/kg、371.71～502.73 g/kg、288.52～453.19 g/kg、171.36～316.38 g/kg，均以 PLL 为最高，LCQ 为最低，且 LVR 与 PLL 差异显著（$P<0.05$），但与 LCQ、LAG 差异不显著（$P>0.05$），LCQ、PLL、LAG 两两之间差异不显著（$P>0.05$）。

同一植被恢复阶段，C 含量均随凋落物的分解而下降，其中 LVR、LCQ、PLL 不同分解层两两之间差异显著（$P<0.05$），LAG 未分解层与半分解层、已分解层差异显著（$P<0.05$），但半分解层与已分解层差异不显著（$P>0.05$）。

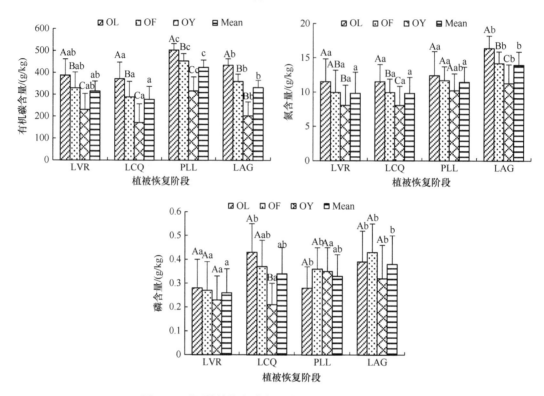

图 4.1　不同植被恢复阶段凋落物层碳、氮、磷含量

OL—未分解层；OF—半分解层；OY—已分解层；Mean—平均值；不同大写字母表示同一植被恢复阶段不同分解层之间差异显著（$P<0.05$），不同小写字母表示同一分解层不同植被恢复阶段之间差异显著（$P<0.05$）。下同

如图 4.1 所示，凋落物层及各分解层平均 N 含量总体上随植被恢复而增加，且 LAG 与 LVR、LCQ、PLL（除已分解层外）差异显著（$P<0.05$），而 LVR、LCQ、PLL 两两之间差异不显著（$P>0.05$）。同一植被恢复阶段 N 含量随凋落物的分解而下降，除 PLL 外，其他 3 个植被恢复阶段不同分解层两两之间差异显著（$P<0.05$）。凋落物层及各分解层平均 P 含量总体上随植被恢复而增加，且 LVR 与 LAG 差异显著（$P<0.05$），与 LCQ（除未分解层外）、PLL（除已分解层外）差异不显著（$P>0.05$），LCQ（除已分解层外）、PLL（除未分解层外）与 LAG 差异不显著（$P>0.05$）。LVR、LCQ 各分解层凋落物 P 含量随凋落物的分解而下降，而 PLL 半分解层 P 含量最高，未分解层最低，LAG 依次为：半分解层＞未分解层＞已分解层，LVR、PLL、LAG 不同分解层之间差异不显著（$P>0.05$），LCQ 未分解层与已分解层差异显著（$P<0.05$），但半分解层与未分解层、已分解层差异不显著（$P>0.05$）。

不同植被恢复阶段同一分解层凋落物的 C、N、P 含量均表现为 C＞N＞P，表明随植被恢复，同一分解层凋落物的 C、N、P 含量呈增加趋势（图 4.1）。

4.4.2　凋落物层碳氮磷化学计量比

从图 4.2 可以看出，凋落物层及各分解层 C/N 均表现为：PLL>LVR>LCQ>LAG，且 LVR、PLL 与 LCQ、LAG 差异显著（$P<0.05$），但 LVR 与 PLL 之间、LCQ 与 LAG 之间差异不显著（$P>0.05$）。同一植被恢复阶段，C/N 总体上随凋落物的分解而下降，与 C 含量的变化趋势基本一致，LVR、LCQ 不同分解层两两之间差异不显著（$P>0.05$），PLL、LAG 已分解层与未分解层、半分解层差异显著（$P<0.05$），而未分解层与半分解层差异不显著（$P>0.05$）。

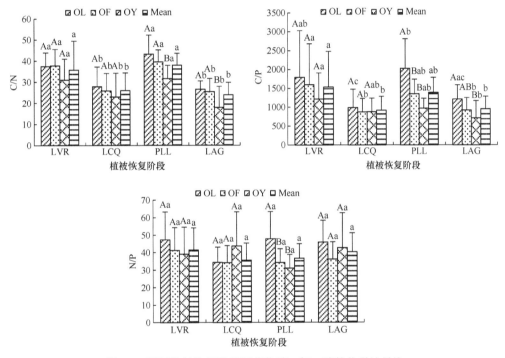

图 4.2　不同植被恢复阶段凋落物碳、氮、磷的化学计量比

如图 4.2 所示，凋落物层、半分解层、已分解层 C/P 均以 LVR 最大，其次为 PLL、LCQ 或 LAG 最小，且 LVR 与 LCQ（除已分解层外）、LAG 差异显著（$P<0.05$），与 PLL 差异不显著（$P>0.05$），LCQ、PLL、LAG 两两之间差异不显著（$P>0.05$）。未分解层 C/P 为：PLL>LVR>LAG>LCQ，且 PLL 与 LCQ、LAG 差异显著（$P<0.05$），与 LVR 差异不显著（$P>0.05$），LVR 与 LCQ 差异显著（$P<0.05$），而与 LAG 差异不显著（$P>0.05$），LCQ 与 LAG 差异不显著（$P>0.05$）。同一植被恢复阶段，C/P 随凋落物的分解而下降，LVR、LCQ 不同分解层两两之间差异不显著（$P>0.05$），PLL 未分解层与半分解层、已分解层差异显著（$P<0.05$），而半分解层与已分解层差异不显著（$P>0.05$）；LAG 未分解层与已分解层差异显著（$P<0.05$），而半分解层与未分解层、已分解层差异不显著（$P>0.05$）。

凋落物层、半分解层 N/P 为 LVR>LAG>PLL>LCQ，未分解层 N/P 为 PLL>LVR>

LAG>LCQ，已分解层 N/P 为 LCQ>LAG>LVR>PLL，但凋落物层及各分解层不同植被恢复阶段两两之间差异均不显著（$P>0.05$）。同一林地，LVR、PLL 的 N/P 随凋落物的分解而下降，LCQ、LAG 呈先下降再升高的趋势，但 4 个植被恢复阶段不同分解层之间（除 PLL 外）差异不显著（$P>0.05$）（图 4.2）。

4.4.3 凋落物层碳、氮、磷含量之间及其与碳、氮、磷化学计量比之间的相关性

由表 4.5 可以看出，地表凋落物层 C、N、P 含量两两间呈极显著的线性正相关关系（$P<0.01$），其中 N、P 含量之间的相关系数最高（相关系数为 0.648），表明凋落物层 C、N、P 含量之间具有高度的依存关系和耦合作用，特别是 N、P 含量之间。

表 4.5　凋落物层 C、N、P 含量之间及其与 C/N、C/P、N/P 之间的相关系数

项目	C	N	P	C/N	C/P	N/P
C	1	0.434*	0.347*	0.566**	0.357*	0.110
N		1	0.648**	−0.442**	−0.355*	0.062
P			1	−0.260*	−0.594**	−0.681**

注：*表示 $P<0.05$，**表示 $P<0.01$，$n=75$。下同。

从表 4.5 可以看出，凋落物层 C 含量与 C/N 呈极显著正相关（$P<0.01$），与 C/P 呈显著正相关（$P<0.05$），与 N/P 不存在显著相关性（$P>0.05$），表明随 C 含量的增加，C/N、C/P 呈显著上升趋势，N/P 无显著变化，不利于凋落物分解。凋落物层 N 含量与 C/N 呈极显著负相关（$P<0.01$），与 C/P 呈显著负相关（$P<0.05$），与 N/P 不存在显著相关性（$P>0.05$），表明随 N 含量的增加，C/N、C/P 呈显著下降趋势，N/P 无显著变化趋势，有利于凋落物分解。凋落物层 P 含量与 C/N 呈显著负相关（$P<0.05$），与 C/P、N/P 呈极显著负相关关系（$P<0.01$），表明随 P 含量的增加，C/N、C/P、N/P 呈显著下降趋势，促进凋落物的分解。

4.4.4 未分解层凋落物和叶片碳、氮、磷含量及其与两者化学计量比之间的相关性

Pearson 相关性分析结果（表 4.6）表明，未分解层凋落物 C 含量与植物叶片 N 含量呈极显著正相关关系（$P<0.01$）、与植物叶片 P 含量呈显著正相关关系（$P<0.05$），与 C/N 呈显著负相关关系（$P<0.05$），与植物叶片 C 含量、C/P、N/P 不存在显著相关性（$P>0.05$）；未分解层凋落物 N 含量与植物叶片 N 含量呈极显著正相关关系（$P<0.01$）、与植物叶片 P 含量呈显著正相关关系（$P<0.05$），与植物叶片 C 含量、C/N、C/P 呈极显著负相关关系（$P<0.05$），与植物叶片 N/P 不存在显著相关性（$P>0.05$）；未分解层凋落物 P 含量、C/N 与植物叶片 C、N、P 含量及其化学计量比均不存在显著相关性（$P>0.05$）；未分解层凋落物 C/P 仅与植物叶片 P 含量呈显著正相关关系（$P<0.05$），与植物叶片 C、N 含量及 C/N、C/P、N/P 均不存在显著相关性（$P>0.05$）；未分解层凋落物

N/P 仅与植物叶片 N、P 含量呈显著正相关关系（$P<0.05$），与植物叶片 C 含量及 C/N、C/P、N/P 均不存在显著相关性（$P>0.05$）。这表明植物叶片 N、P 含量显著影响凋落物的 C、N、P 含量，植物叶片 C/N、C/P 显著影响凋落物的 C、N 含量。

表 4.6　未分解层凋落物和叶片 C、N、P 含量之间及其与两者化学计量比之间的相关系数

植物叶片	未分解层凋落物					
	C	N	P	C/N	C/P	N/P
C	−0.221	−0.464**	−0.211	0.145	0.042	−0.090
N	0.413**	0.560**	−0.041	−0.059	0.270	0.378*
P	0.394*	0.319*	−0.165	0.106	0.388*	0.351*
C/N	−0.384*	−0.571**	−0.049	0.080	−0.195	−0.301
C/P	−0.299	−0.439**	0.041	0.043	−0.232	−0.288
N/P	−0.097	−0.040	0.140	−0.077	−0.210	−0.139

注：样品数为 39，*表示 $P<0.05$，**表示 $P<0.01$。下同。

4.4.5　讨论

由于针叶树具有特殊的养分获取方式，其针叶 C 含量较阔叶树高 1.6%～3.4%（马钦彦等，2002）；相反，针叶树针叶 N、P 含量普遍低于阔叶树（Liu et al.，2006）。本研究中，PLL 以马尾松为优势树种，凋落物以马尾松针叶为主，而 LVR 以草本植物为主，LCQ 以落叶灌木为主，LAG 以阔叶树为主，因而 PLL 未分解层凋落物 C 含量显著高于 LCQ、LAG；相反，其 N、P 含量低于 LCQ、LAG，这也是 PLL 未分解层凋落物 C/N、C/P 显著高于 LCQ、LAG 的原因。研究表明，凋落物 C 含量随凋落物的分解显著单调下降（李雪峰等，2008）。本研究中，不同植被恢复阶段凋落物层 C 含量随凋落物的分解而下降。但与多种林分类型相比，马尾松林凋落物层 C 含量随凋落物分解而下降的速率最小（李正才等，2008；喻林华等，2016）。因此，PLL 半分解层、已分解层凋落物 C 含量仍显著高于 LCQ、LAG，而 PLL 半分解层、已分解层 N、P 含量仅略高于 LCQ，仍低于 LAG，使得 PLL 半分解层、已分解层凋落物 C/N、C/P 仍高于 LCQ、LAG，特别是 C/N 显著高于 LCQ、LAG。

本研究中，C/N 基本上随植被恢复呈下降趋势，与马文济等（2014）的研究结果一致。研究发现，随植被恢复，凋落物 N/P 增加（Zeng et al.，2017）。而本研究中，随植被恢复，凋落物 N/P 有较大的波动，其中 PLL 最高，可能与凋落物 P 含量有关，同时，凋落物 N/P 的变化与 P 含量的变化一致（表 4.5）。研究表明，当凋落物 N/P＞25 时，其分解受到 P 限制（Güsewell & Verhoeven，2006）。本研究中，凋落物 N/P（30～45）明显高于 25，表明本研究区凋落物分解受到 P 限制。也由于 C、N 含量随凋落物分解而下降，但 C 含量下降幅度比 N 含量更为明显，因此，C/N 随凋落物的分解而下降，与 C 含量的变化趋势一致。由于未分解层凋落物 C/N、C/P 较高，凋落物分解过程中出现 N、P 富集现象或缓慢释放，从而导致半分解层、已分解层凋落物 N、P 含量仍维持较高的水平，C/P 大体上随凋落物的分解而下降。但由于不同植被恢复阶段凋落物 N、P 含量及其随凋落物分解的变化程度不同，因此，N/P 随凋落物分解没有呈现一致的变化趋势。

　　本研究中,4 个植被恢复阶段未分解层凋落物 N、P 含量分别为 11.53～16.39 g/kg、0.28～0.43 g/kg,高于全球衰老叶片 N 含量,低于全球衰老叶片 P 含量(Yuan & Chen,2009),与全球木本植物凋落叶 N、P 含量(10.9 g/kg、0.85 g/kg)(Kang et al.,2010)相比,也呈现高 N 含量,低 P 含量。此外,4 个植被恢复阶段未分解层凋落物的 C/N(26.57～43.18)与长白山次生针阔混交林凋落物初始的 C/N(31～70)接近,而 C/P(984.03～2026.60)、N/P(34.38～47.88)显著高于长白山次生针阔混交林凋落物初始的 C/P(381～876)和 N/P(8.6～20.0)(李雪峰等,2008)。这表明研究区植物生长发育明显受到 P 的限制,也可能是由于高纬度和低温的影响,北方森林土壤养分(N、P)相对丰富,森林凋落物 N、P 含量高于低纬度地区(Reich & Oleksyn,2004)。此外,不同地区植物群落类型及其组成树种的差异,可能也是不同地区凋落物层 C、N、P 含量及化学计量比不同的原因。

4.5　土壤有机碳、全氮、全磷含量及其化学计量特征

　　土壤和植被是森林生态系统的两大重要组成部分,两者之间通过凋落物的分解过程而发生紧密的联系。土壤养分特征决定着植物群落物种组成、结构及其动态特征,而植物群落的物种组成、结构是直接影响土壤理化性质的重要因素(Thompson et al.,1997)。随植被恢复,群落物种组成结构复杂化,土壤理化性质也发生显著的演变,因而土壤 C、N、P 化学计量比也将发生变化。目前,有关亚热带植被恢复过程中,土壤 C、N、P 含量及其化学计量比变化特征的研究仍少见报道,而且现有的研究结果也存在差异。因此,关于植被恢复对土壤养分及其化学计量比的影响还需要进行大量具体的研究。本节以湘中丘陵区 4 个不同植被恢复阶段植物群落:檵木+南烛+杜鹃灌草丛(LVR)、檵木+杉木+白栎灌木林(LCQ)、马尾松+柯+檵木针阔混交林(PLL)、柯+红淡比+青冈常绿阔叶林(LAG)作为一个恢复系列,比较研究不同植被恢复阶段土壤有机碳(C)、全氮(N)、全磷(P)含量及其化学计量比的变化特征,为该地区退化森林的植被恢复与重建及土壤养分管理提供科学根据。

4.5.1　土壤有机碳、全氮、全磷含量

　　从图 4.3 可以看出,同一土层有机 C 含量随植被恢复而增加。0～10 cm、10～20 cm 土层中,LVR、LCQ 与 PLL、LAG 差异显著($P < 0.05$),但 LVR 与 LCQ,PLL 与 LAG 差异不显著($P > 0.05$)。20～30 cm 土层,LVR 与 LCQ、PLL、LAG,PLL 与 LCQ、LAG 差异显著($P < 0.05$),但 LCQ 与 PLL 差异不显著($P > 0.05$)。30～40 cm 土层,LVR、LCQ、PLL 与 LAG,LVR 与 PLL 差异显著($P < 0.05$),但 LVR、PLL 与 LCQ 差异不显著($P > 0.05$)。各植被恢复阶段土壤有机 C 含量随土层深度增加而下降,呈"倒金字塔"分布模式,且土层间的差异性基本一致,但土层间的差异显著性随土层深度增加而减弱。

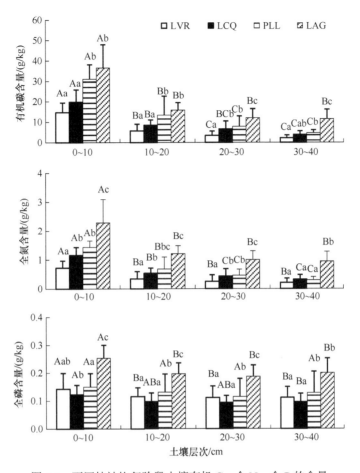

图 4.3　不同植被恢复阶段土壤有机 C、全 N、全 P 的含量

图中数据是 4 个季节的平均含量±标准差；不同小写字母表示同一土层不同植被恢复阶段之间差异显著（P<0.05），不同大写字母表示同一植被恢复阶段不同土层之间差异显著（P<0.05）

从图 4.3 可以看出，同一土层全 N 含量随植被恢复而增加。0~10 cm 土层，LAG 与其他 3 个植被恢复阶段差异显著（P<0.05），LVR 与 LCQ、PLL 差异显著（P<0.05），但 LCQ 与 PLL 之间差异不显著（P>0.05）。10~20 cm 土层中，LAG 与 LCQ、LVR 差异显著（P<0.05），与 PLL 差异不显著（P>0.05），LCQ、PLL 与 LVR 差异显著（P<0.05），但 PLL 与 LCQ 差异不显著（P>0.05）。20~30 cm 土层，LVR 与 LCQ、PLL、LAG 差异显著（P<0.05），LAG 与 PLL、LCQ 差异显著（P<0.05），但 PLL 与 LCQ 差异不显著（P>0.05）。30~40 cm 土层，LAG 与其他 3 个植被恢复阶段间差异显著（P<0.05），但 PLL、LCQ、LVR 两两间差异不显著（P>0.05）。不同植被恢复阶段土壤全 N 含量随土层深度增加而下降，呈"倒金字塔"的分布模式，且在不同土层间的差异性基本一致，但各土层间的差异显著性随土层深度增加而减弱。

同样，同一土层全 P 含量总体上随植被恢复而增加，各土层全 P 含量均表现为：LAG 最高，其次是 PLL，LCQ 最低，且 LCQ 与 LAG、PLL 差异显著（P<0.05），与 LVR 差异不显著（P>0.05），PLL 与 LAG（除 30~40 cm 土层外）、LVR（除 0~10 cm 土层外）差异显著（$P<0.05$）。不同植被恢复阶段 0～10 cm 土层全 P 含量显著高于其他 3 个土层（$P<0.05$），但其他 3 个土层间差异不显著（$P>0.05$），呈"圆柱体"的分布模式（图 4.3）。

以上分析表明植被恢复显著地提高了土壤有机 C、全 N、全 P 含量,特别是 0～10 cm 土层。

4.5.2 土壤有机碳、全氮、全磷化学计量比

从表 4.7 可以看出,同一土层 C/N 总体上随植被恢复而下降,0～10 cm、20～30 cm、30～40 cm 土层,不同植被恢复阶段间差异不显著（$P>0.05$）,仅 10～20 cm 土层中,LAG 最低,且与 PLL、LVR 差异显著（$P<0.05$）,与 LCQ 差异不显著（$P>0.05$）。不同植被恢复阶段 0～40 cm 土层平均 C/N 差异不显著（$P>0.05$）。不同植被恢复阶段 C/N 随土壤深度增加而下降,但 LVR、LCQ、PLL 各土层间的差异不显著（$P>0.05$）,LAG 的 0～10 cm 土层与 10～20 cm、20～30 cm、30～40 cm 土层差异显著（$P<0.05$）,但 10～20 cm、20～30 cm、30～40 cm 土层两两间差异不显著（$P>0.05$）。

表 4.7　不同植被恢复阶段土壤有机 C、全 N、全 P 化学计量比（平均值±标准差）

项目	恢复阶段	土壤层次 /cm				平均值
		0～10	10～20	20～30	30～40	
C/N	LVR	22.44±12.50Aa	20.01±9.34Ab	17.73±9.48Aa	13.67±7.65Aa	20.29±10.76a
	LCQ	17.71±6.75Aa	16.32±4.58Aab	17.03±7.52Aa	12.51±3.20Aa	16.51±5.33a
	PLL	21.52±3.35Aa	20.05±6.52Ab	16.61±4.85Aa	17.09±5.60Aa	19.80±3.59a
	LAG	16.52±2.89Aa	13.15±1.22Ba	11.85±1.60Ba	12.04±1.69Ba	14.08±1.14a
C/P	LVR	109.14±44.70Aa	59.51±51.43Ba	42.89±40.94 Ba	30.45±37.38Ba	61.96±37.34a
	LCQ	164.40±45.49Abc	90.24±29.88Bab	72.40±47.20BCa	40.74±17.74Cab	96.58±21.95b
	PLL	217.56±54.61Ab	103.64±33.26Bb	72.68±26.49Ca	46.84±22.40Cab	118.30±29.72b
	LAG	151.38±55.79Ac	84.69±27.26Bab	67.41±24.95Ba	63.33±31.28Bb	95.61±32.92b
N/P	LVR	5.32±2.44Aa	3.34±2.98Ba	2.54±2.24Ba	2.51±2.54Ba	3.43±2.23a
	LCQ	9.97±3.12Ab	6.01±2.81Bb	4.75±2.84BCb	3.48±1.63Ca	6.25±1.91b
	PLL	10.23±2.68Ab	5.53±2.05Bb	4.52±1.66BCab	3.13±2.10Ca	6.14±1.78b
	LAG	9.55±3.86Ab	6.48±2.08Bb	5.64±1.83Bb	5.18±2.36Bb	6.88±2.44b
C/N/P	LVR	109/5/1	59/3/1	43/3/1	30/3/1	62/3/1
	LCQ	164/10/1	90/6/1	72/5/1	41/3/1	97/6/1
	PLL	217/10/1	103/5/1	73/5/1	47/3/1	118/6/1
	LAG	151/10/1	85/6/1	67/6/1	63/5/1	96/7/1

注：不同大写字母表示同一植被恢复阶段不同土层之间差异显著（$P<0.05$）,不同小写字母表示同一土层在不同植被恢复阶段差异显著（$P<0.05$）。

同一土层 C/P 总体上随植被恢复而下降,0～10 cm 土层,LVR 与 LCQ、PLL、LAG,LCQ 与 LAG 差异显著（$P<0.05$）,但与 PLL 差异不显著（$P>0.05$）,PLL 与 LAG 差异显著（$P<0.05$）;10～20 cm 土层中,除 PLL 与 LVR 差异显著（$P<0.05$）外,不同

植被恢复阶段间差异不显著（$P>0.05$）；20～30 cm 土层，不同植被恢复阶段两两间差异不显著（$P>0.05$）；30～40 cm 土层，除 LAG 与 LVR 差异显著（$P<0.05$）外，不同植被恢复阶段间差异不显著（$P>0.05$）。LVR 的 0～40 cm 土层平均 C/P 与其余 3 个植被恢复阶段林地差异显著（$P<0.05$），其余 3 个植被恢复阶段间差异不显著（$P>0.05$）。不同植被恢复阶段 C/P 也随土壤深度增加而下降，且 0～10 cm 土层与其他 3 个土层差异显著（$P<0.05$），LVR、LAG 的 10～20 cm、20～30 cm、30～40 cm 土层间差异不显著（$P>0.05$），LCQ、PLL 的 10～20 cm 土层与 20～30 cm（除 LCQ 外）、30～40 cm 土层差异显著（$P<0.05$）。（表 4.7）。

同一土层 N/P 总体上随植被恢复而升高。在 0～10 cm、10～20 cm 土层 N/P 具有一致的变化规律，LVR 与其余 3 个植被恢复阶段差异显著（$P<0.05$），其余 3 个植被恢复阶段间差异不显著（$P>0.05$）；20～30 cm 土层，LVR 与 LAG、LCQ 差异显著（$P<0.05$），与 PLL 差异不显著（$P>0.05$），LAG、PLL、LCQ 间差异不显著（$P>0.05$）；30～40 cm 土层，LAG 与其余 3 个植被恢复阶段差异显著（$P<0.05$），但其余 3 个植被恢复阶段差异不显著（$P>0.05$）；LVR 土壤平均 N/P 与其余 3 个植被恢复阶段差异显著（$P<0.05$），其余 3 个植被恢复阶段之间差异不显著（$P>0.05$）。

N/P 随土壤深度增加而下降，LAG、LVR 变化规律一致，在 0～10 cm 土层与其余 3 个土层差异显著（$P<0.05$），而其余 3 个土层间差异不显著（$P>0.05$）；PLL、LCQ 的 0～10 cm 土层与其余 3 个土层差异显著（$P<0.05$），10～20 cm、20～30 cm 土层与 30～40 cm 土层差异显著（$P<0.05$），但 10～20 cm 土层与 20～30 cm 土层差异不显著（$P>0.05$）（表 4.7）。

不同植被恢复阶段同一土层 C/N/P 以 PLL 最高，其次 LCQ，LVR 最低，LAG、PLL、LCQ、LVR 0～40 cm 土层 C/N/P 平均值分别为 96/7/1、118/6/1、97/6/1、62/3/1。此外，土层 C/N/P 随土壤深度增加而下降（表 4.7）。

4.5.3　土壤有机碳、全氮、全磷含量之间及其化学计量比之间的相关性

从表 4.8 可以看出，土壤有机 C、全 N、全 P 两两间存在极显著的正相关性（$P<0.01$）。土壤有机 C、全 N 含量与 C/P、N/P 存在极显著的正相关性（$P<0.01$），有机 C 与 C/N 不相关（$P>0.05$），全 N、全 P 含量与 C/N 存在极显著的负相关性（$P<0.01$），全 P 含量与 C/P、N/P 不存在显著的相关性（$P>0.05$）。C/N 与 C/P 存在极显著的正相关性

表 4.8　土壤有机 C、全 N、全 P 含量与土壤 C/N、C/P、N/P 的相关系数

项目	有机 C	全 N	全 P	C/N	C/P	N/P
有机 C	1	0.9134**	0.4076**	0.0442	0.7921**	0.6922**
全 N		1	0.4479**	−0.1514**	0.6609**	0.7626**
全 P			1	−0.1135**	−0.0740	−0.0671
C/N				1	0.1275**	−0.1865**
C/P					1	0.8602**

注：样品数为 208，*表示 $P<0.05$，**表示 $P<0.01$。下同。

（$P<0.01$），与 N/P 存在极显著的负相关性（$P<0.01$），C/P 与 N/P 存在极显著的正相关性（$P<0.01$）。这表明土壤有机 C、全 N、全 P 含量之间密切相关，且随植被恢复相互促进；土壤 C、N 含量显著影响土壤 C/P、N/P，而土壤 N、P 含量显著影响土壤 C/N；也表明 C/N、C/P、N/P 对植被恢复响应的差异与土壤 C、N、P 的含量有重要的关系。

4.5.4　土壤有机碳、全氮、全磷含量及其化学计量比与土壤理化性质的相关性

从表 4.9 可以看出，SOC 与全 K、容重、pH 呈极显著的负相关性（$P<0.01$），与碱解 N、有效 P、速效 K 呈极显著的正相关性（$P<0.01$），与含水率无显著相关性（$P>0.05$）。全 N 与 pH、容重呈极显著负相关性（$P<0.01$），与碱解 N、有效 P、速效 K、含水率呈极显著正相关性（$P<0.01$），与全 K 无显著相关性（$P>0.05$）。全 P 与碱解 N、有效 P、含水率呈极显著的正相关性（$P<0.01$），与 pH、容重呈极显著的负相关性（$P<0.01$），与全 K、速效 K 无显著相关性（$P>0.05$）。C/N 与含水率呈显著负相关性（$P<0.05$），与全 K、碱解 N、有效 P、速效 K、pH、容重无显著相关性（$P>0.05$）。C/P、N/P 与全 K、pH、容重呈极显著负相关性（$P<0.01$），与碱解 N、有效 P、速效 K 呈极显著的正相关性（$P<0.01$），与含水率无显著相关性（$P>0.05$）。这表明随植被恢复，土壤有机 C、N、P 含量以及 C/P、N/P 增加可提高土壤碱解 N、有效 P、速效 K 含量，改善土壤结构。

表 4.9　土壤有机 C、全 N、全 P 含量及其化学计量比与土壤理化性质的相关系数

项目	全 K ($n=208$)	碱解 N ($n=208$)	有效 P ($n=208$)	速效 K ($n=208$)	pH ($n=208$)	容重 ($n=52$)	含水率 ($n=52$)
SOC	−0.1337**	0.8178**	0.3219**	0.4682**	−0.5670**	−0.6243**	0.2255
全 N	−0.0568	0.8637**	0.2977**	0.3605**	−0.5940**	−0.6255**	0.4114**
全 P	0.0401	0.36362**	0.1953**	−0.0443	−0.3855**	−0.4185**	0.7206**
C/N	0.0531	−0.0472	0.0226	0.0670	0.0763	0.1334	−0.3317*
C/P	−0.2163**	0.5542**	0.2235**	0.5602**	−0.3849**	−0.4100**	−0.1585
N/P	−0.1483**	0.5928**	0.1714**	0.4440**	−0.4139**	−0.4282**	−0.0262

4.5.5　土壤、植物叶片碳、氮、磷含量及其化学计量比之间的相关性

从表 4.10 可以看出，土壤层 C、N、P 含量与植物叶片 C、N 含量呈极显著的线性正相关性（$P<0.01$），与 P 含量呈线性正相关性，但仅土壤有机 C 含量与 P 含量呈极显著线性正相关性（$P<0.01$）。这表明土壤层 C、N、P 含量对植物叶片固 C 能力和吸收 N、P 能力起促进作用，可以通过提高土壤 C、N、P 含量促进植物固 C 和对 N、P 吸收，从而促进植物的生长和发育。

表 4.10　土壤有机 C、全 N、全 P 含量与植物叶片 C、N、P 含量及其化学计量比的相关系数

植物叶片	0～40 cm 土层平均值					
	C	N	P	C/N	C/P	N/P
C	0.790**	0.872**	0.850**	0.530	−0.390	−0.598*
N	0.907**	0.858**	0.651*	−0.411	0.872**	0.877**
P	0.630*	0.513	0.263	−0.134	0.860**	0.713**
C/N	−0.909**	−0.898**	−0.679**	0.538	−0.838**	−0.908**
C/P	−0.772**	−0.721**	−0.485	0.391	−0.837**	−0.821**
N/P	0.108	0.207	0.316	−0.226	−0.223	−0.028

注：土壤层平均值是 4 个土层的算术平均值，样品数为 16，*表示 $P<0.05$，**表示 $P<0.01$。下同。

　　土壤层 C、N、P 含量与植物叶片 C/N、C/P（除土壤层 P 含量外）呈极显著的线性负相关性（$P<0.01$），与 N/P 呈线性正相关性，但未达到显著水平（$P>0.05$）。这表明土壤层 C、N、P 含量对植物叶片 C/N、C/P 起抑制作用，对 N/P 起促进作用，但不显著（表 4.10）。

　　土壤 C/N 与植物叶片 C、N、P 含量无显著的相关性（$P>0.05$），土壤 C/P、N/P 与植物叶片 N、P 含量具有极显著的正相关性（$P<0.01$），而土壤 C/P 与 C 含量无显著的相关性（$P>0.05$），N/P 与 C 含量具有显著的负相关性（$P<0.05$）（表 4.10）。

　　土壤 C/N 与叶片 C/N、C/P、N/P 无显著的相关性（$P>0.05$），土壤 C/P、N/P 与植物叶片 C/N、C/P 具有极显著的负相关性（$P<0.01$），与 N/P 无显著的相关性（$P>0.05$）（表 4.10）。

4.5.6　土壤、凋落物层碳氮磷含量之间的相关性

　　从表 4.11 可以看出，0～10 cm 土层有机 C、全 N 含量与未分解层凋落物 C、N、P 含量无显著的相关性（$P>0.05$），与凋落物层 C 含量平均值呈显著的正相关性（$P<0.05$），与 N、P 含量平均值呈极显著的正相关性（$P<0.01$），P 含量与未分解层凋落物 C、N、P 含量、凋落物层 C、P 含量平均值无显著的相关性（$P>0.05$），仅与凋落物层 N 含量平均值呈极显著的正相关性（$P<0.01$）。

表 4.11　土壤有机 C、全 N、全 P 含量与凋落物层 C、N、P 含量的相关系数

凋落物层	项目	0～10 cm 土层			0～40 cm 土层（平均值）		
		C	N	P	C	N	P
未分解层	C	0.503	0.471	0.243	0.695**	0.605*	0.419
	N	0.527	0.519	0.016	0.682*	0.620	0.331
	P	0.393	0.507	0.307	0.326	0.442	0.436
凋落物层（平均）	C	0.624*	0.551*	0.267	0.804**	0.696**	0.531
	N	0.900**	0.926**	0.712**	0.909**	0.925**	0.781**
	P	0.740**	0.732**	0.341	0.703**	0.681*	0.500

　　0～40 cm 土层有机 C、全 N 与未分解层凋落物 C、N（除土壤 N 外）呈显著相

关性（$P<0.05$），与凋落物层 C、N 含量平均值呈显著（$P<0.05$）或极显著（$P<0.01$）的正相关性。0～40 cm 土层全 P 与未分解层凋落物 C、N、P 含量无显著相关性，仅与凋落物层 N 含量平均值呈极显著的正相关性（$P<0.01$）（表 4.11）。

4.5.7 土壤层碳、氮、磷含量与凋落物层碳、氮、磷化学计量比之间的相关性

从表 4.12 可以看出，0～10 cm 土层有机 C、全 N、全 P 含量以及 0～40 cm 土层有机 C、全 N、全 P 含量平均值与未分解层凋落物 C/N、C/P、N/P 以及凋落物层 C/N、C/P、N/P 平均值均无显著的相关性（$P>0.05$）。

表 4.12 土壤有机 C、全 N、全 P 含量与凋落物层 C/N、C/P、N/P 的相关系数

凋落物层	项目	0～10 cm 土层			0～40 cm 土层（平均值）		
		C	N	P	C	N	P
未分解层	C/N	0.345	0.308	0.278	0.488	0.410	0.330
	C/P	−0.139	−0.254	−0.252	0.030	−0.105	−0.265
	N/P	−0.289	−0.400	−0.366	−0.170	−0.279	−0.405
凋落物层（平均）	C/N	0.298	0.410	0.314	0.202	0.323	0.371
	C/P	0.413	0.492	0.415	0.381	0.458	0.484
	N/P	0.345	0.308	0.278	0.488	0.410	0.330

4.5.8 土壤层、凋落物层碳氮磷化学计量比之间的相关性

从表 4.13 可以看出，0～10 cm 土层 C/N 与未分解层凋落物 C/P、N/P 呈极显著正相关性（$P<0.01$），与凋落物层 C/N 平均值呈显著负相关性（$P<0.05$），除此之外，0～40 cm 土层 C/N、C/P、N/P 与地表凋落物层 C/N、C/P、N/P 无显著的相关性（$P>0.05$）。

表 4.13 土壤 C/N、C/P、N/P 与凋落物层 C/N、C/P、N/P 的相关系数

凋落物层	项目	0～10 cm 土层			0～40 cm 土层（平均值）		
		C/N	C/P	N/P	C/N	C/P	N/P
未分解层	C/N	0.232	0.265	0.190	0.157	0.455	0.348
	C/P	0.568**	−0.014	−0.214	0.312	0.400	0.157
	N/P	0.556**	−0.146	−0.336	0.283	0.212	0.002
凋落物层（平均）	C/N	−0.600*	0.212	0.398	−0.401	−0.109	0.125
	C/P	−0.391	0.281	0.407	−0.268	0.062	0.227
	N/P	0.232	0.265	0.190	0.157	0.455	0.348

4.5.9 讨论

森林植被恢复是决定土壤 C、N、P 含量变化的关键因素（Xu et al.，2018），但植被恢复对土壤不同养分元素含量的影响不一致。土壤有机 C 含量随植被恢复而增加。在

植被恢复过程中，土壤有机 C 含量表现为 LAG＞PLL＞LCQ＞LVR。究其原因是，凋落物及根系生物量是影响土壤 C 积累的重要因素，土壤 C 含量与凋落物量存在线性正相关关系（郭胜利等，2009）。随植被恢复，凋落物及根系生物量及其分泌物增加，增加了土壤 C 的输入（有关本研究样地土壤有机 C 含量随植被恢复而增加的机理将在第 5 章进行详细讨论，这里不作讨论）。

　　本研究中，土壤全 N 含量随植被恢复而增加，各土层全 N 含量表现为 LAG＞PLL＞LCQ＞LVR。首先，随植被恢复，植物群落物种组成改变，如物种丰富度增加，群落结构复杂化，地表裸露面积减少，土壤 N 通过淋溶、N$_2$O 释放和反硝化作用等而大量流失的情况得以减缓，植被固 N 能力提高，减缓土壤 N 含量的流失（孙明学等，2009；Tripathi & Singh，2009）。此外，土壤 N 来源虽多，但主要来源于土壤有机质，其有机形态占土壤全 N 的 80%以上，且与土壤有机 C 含量的比值为 1/10～12（贾月慧等，2005），土壤有机 C 含量与全 N 含量的消长趋势常常是一致的（吕国红等，2006），土壤全 N 含量与土壤有机 C 含量呈极显著的正相关关系（田昆等，2004）。本研究中，不同植被恢复阶段各土层全 N、有机 C 含量的变化趋势基本一致（图 4.3），且两者呈极显著的正相关关系（表 4.8）。

　　森林生态系统土壤 P 主要来源于岩石矿物缓慢的风化作用、大气沉降及地表径流，其次是凋落物的归还（刘兴诏等，2010）。土壤中 P 含量受到母质、气候、生物和土壤中的地球化学过程等因素的影响，不同类型生态系统土壤 P 含量的变化复杂多样，且有很大的差异（汪涛等，2008）。本研究中，4 个不同植被恢复阶段各土层全 P 含量为 0.094～0.25 g/kg，显著低于全国土壤全 P 含量（0.60 g/kg）（刘文杰等，2012），与南方亚热带森林土壤低 P 含量相符。土壤全 P 含量除受土壤母质及其成土作用的影响外，随植被恢复，树种组成增加，群落生物量（群落总生物量、根系生物量及地表凋落物层现存量）增加，土壤理化性质明显改善，土壤有机 C、N 含量增加，土壤全 P 含量增加，已被"土壤全 P 含量与土壤有机 C、全 N 含量呈极显著正相关性"所证实。表明植被因子（群落总生物量、根系生物量、凋落物层现存量）和土壤因子（有机 C、N）随植被恢复的变化对土壤全 P 含量影响显著，使土壤全 P 含量随植被恢复而增加。依据《中国土壤》土壤全 P 的分级标准，本研究区土壤 P 含量属低水平，表明土壤 P 供应不足，可能是当地植被生长、更新的限制性因素。因此，如何提高本地区森林土壤 P 有效性，促进森林更新恢复，提高森林生物产量是今后的研究重点。

　　土壤有机 C、全 N、全 P 含量在土壤剖面上的分布模式主要取决于 C、N、P 的来源。森林土壤有机 C、N 主要来源于凋落物、植物根系及其分泌物所形成的有机质，因此 C、N 首先在土壤表层积累，随土壤深度增加进入的有机质数量逐渐下降，因而表土层有机 C、全 N 含量高于深层土壤，呈"倒金字塔"的分布模式。本研究中，4 个不同植被恢复阶段 0～10 cm 土层全 P 含量略高于 10～20 cm、20～30 cm 土层，同一植被恢复阶段不同土层之间差异不显著，呈"圆柱体"的分布模式。究其原因可能是：①凋落物分解释放的 P 首先进入表土层并密集在表土层，使表土层全 P 含量增加；②土壤 P 主要来源于岩石风化，而岩石风化是一个漫长的过程，风化程度在 0～60 cm 土层中无明显的差异，因而土壤全 P 含量在土壤剖面上的变化不明显（白荣，2012）。

土壤 C/N 既是土壤质量的敏感指标，也是衡量土壤 C、N 营养平衡状况的指标，并且会影响土壤中有机 C 和全 N 的循环（张春华等，2011）。本研究中，4 个不同植被恢复阶段次生林有机 C 和全 N 含量呈显著正相关关系，在土壤剖面表现出一致的变化规律，主要是由于两种养分受凋落物养分的分解和归还的影响，同时 C 和 N 作为结构性成分，其积累和消耗过程存在相对固定的比值。本研究的 4 个不同植被恢复阶段土壤 C/N（17.20），均高于中国 C/N 平均值（11.9）和全球 C/N 平均值（13.33）（王绍强和于贵瑞，2008），可能是由于该区域土壤有机质具有较慢的矿化作用，且有机 C 的增幅较全 N 大，因此 C/N 较高。Bengtsson 等（2003）研究表明，土壤 C/N 与土壤有机质分解速率成反比，当 C/N 较高时，微生物需要输入 N 来满足它们的生长需求，而 C/N 较低时，超过微生物生长所需的 N 就会释放到土壤中。LAG 土壤 C/N 最低，土壤有机质的分解速率较高，土壤 N 含量也较高。土壤 C/N 在 LVR 中最高，与土壤中积累了大量 C 有关。

土壤 C/P 是衡量微生物矿化土壤有机质释放 P 或从环境中吸收固持 P 潜力的一个指标（张春华等，2011）。本研究中，4 个不同植被恢复阶段土壤 C/P 平均值为 88.58，高于中国土壤的 C/P（61）（Tian et al.，2010a）。贾宇等（2007）研究表明，当土壤 C/P>200 时，微生物体 C 大幅增加，微生物竞争土壤中的 P，会出现 P 的净固持；而当土壤 C/P<200 时，会出现土壤微生物体 C 的短暂增加和 P 的净矿化。本研究 4 个植被恢复阶段土壤 C/P 均明显低于 200，因此，本研究区域土壤微生物体 C 出现短暂增加。4 个不同植被恢复阶段土壤 C/P 大小顺序为 PLL>LCQ>LAG>LVR，LVR 的土壤 C/P 显著低于其余 3 个植被恢复阶段（P<0.05），可能是由于 LVR 土壤 P 矿化速率较慢，同时凋落物归还土壤的有机 C 较少，因此土壤 C/P 较小。

土壤 N/P 可用作 N 养分限制、饱和的诊断指标，指示植物生长过程中土壤营养成分的供应情况（张春华等，2011），但由于植物除从土壤吸收养分外，还可以从老叶凋落前的转移再分配以及空气中吸收部分养分，这表明土壤 N/P 并不能很好地反映生态系统养分限制状态。4 个不同植被恢复阶段土壤 N/P 由大到小为 LAG（6.88）>LCQ（6.25）>PLL（6.14）>LVR（3.43），且除 LVR 外，其余 3 个植被恢复阶段土壤 N/P 均大于我国土壤 N/P 平均值（5.2）（Tian et al.，2010b），加上研究地土壤 P 含量较低，表明研究地土壤 N 含量相对偏高，土壤 P 可能是一个重要的限制因子。土壤 N 含量相对偏高会使得土壤 P 有效性不足以平衡 N 的有效性，影响植物生长发育、生理功能及在生态系统中的循环特征（赵琼和曾德慧，2005；He et al.，2010），因此，在研究区域的可持续经营中适时适量提高土壤 P 的有效性对维持养分平衡具有重要意义。

土壤 C/N/P 是土壤有机质组成和质量的一个重要指标，也是确定土壤 C、N、P 矿化作用和固持作用的一个重要参数（马炜等，2011），主要受区域水热条件和成土作用的控制。土壤 C/N/P 空间变异性较大（王绍强和于贵瑞，2008）。本研究中，LVR、LCQ、PLL、LAG 0～40 cm 土层的 C/N/P 平均值明显高于我国土壤 C/N/P 平均值（60/5/1）（Tian et al.，2010a），这显示了研究区 4 个植被恢复阶段土壤 P 严重缺乏的生境中的固 C 优势。

植物 C、N 和 P 含量及其生态化学计量比是环境和植物共同作用的结果，特定的环境条件决定了植物特定的生长策略，植物为了适应环境因子的变化而调整养分含量及计量比。本研究中，随植被恢复，土壤 C 含量增加，叶片 C 含量增加，与 Zhang 等（2019）

的研究结果一致。同时，土壤 C 含量与叶片 N、P 含量呈显著正相关，表明随植被恢复，土壤有机质的积累和分解，释放出更多可利用性 N、P，促进叶片对 N、P 的吸收。此外，土壤 N 含量与叶片 C、N 含量呈显著正相关，表明随植被恢复，土壤 N 含量增加，有利于植物的生长发育，促进光合作用合成更多的有机物质。叶片 N 的变化决定着叶片 C/N 的变化，因此，土壤 C、N 含量与叶片 N 的正相关性可以解释土壤 C、N 含量与叶片 C/N 的负相关性。本研究中，土壤 C/P、N/P 与叶片 P 含量呈显著正相关，与叶片 C/P、N/P 呈显著负相关，可能是由于随植被恢复，土壤 C/P、N/P 增加，植物受 P 的限制更为明显，植物通过提高对 P 的吸收量（降低 P 的利用效率）来维持正常生理活动，这也是叶片 P 含量增加而 C/P、N/P 降低的原因之一。

本研究中，土壤 C、N 含量与凋落物 C、N 含量呈显著正相关，可能是由于随植被恢复，土壤 C、N 含量增加，更能满足植物对养分的需求，从而影响植物对养分的再吸收效率，进而影响凋落物的养分含量。因此，土壤 C、N 含量显著影响凋落物养分含量。此外，本研究中，土壤 C/N、C/P 和 N/P 与凋落物 C/N、C/P 呈显著正相关，与汪宗飞和郑粉莉（2018）、张萍等（2018）的研究结果略有不同，可能是由于凋落物 P 含量与土壤 P 含量的关系随研究区域和物种不同而存在差异，P 含量在凋落物和土壤之间存在显著负相关关系（张萍等，2018）或无相关性（聂兰琴等，2016）；也由于植物对养分的需求和归还由土壤养分含量和限制性元素共同控制（Güsewell & Verhoeven，2006；Chen et al.，2018），从叶片 N、P 含量及其化学计量比可知，土壤 C/N、C/P 和 N/P 高，表明土壤可利用性 N、P 含量低，植物为了维持生长，在组织凋落前转移了大部分养分，凋落物养分含量下降，凋落物 C/N、C/P 增加。

凋落物养分释放受多种因素影响（Hendricks et al.，2002；Fioretto et al.，2005），而且某些养分的释放量还与某些特别的因素相关（Melillo et al.，1989）。本研究中，土壤层 C、N、P 含量及其生态化学计量比与凋落物层 C/N、C/P、N/P 无显著的相关性，而凋落物层养分与土壤养分大体上呈极显著正相关性，表明森林凋落物是影响土壤养分的主要因素。

4.6　结　　论

植被恢复显著影响植物叶片、凋落物层和土壤的 C、N、P 含量及其化学计量比。不同组分 C、N、P 含量及其化学计量比随植被恢复的变化不完全一致，叶片 C/N、C/P 显著下降，叶片 C、N、P 含量和土壤 C、N 含量及 C/N、C/P、N/P 显著增加，凋落物层 C、N、P 含量及 C/N、C/P、N/P 波动较大。叶片与土壤间相关关系显著，其中叶片 C、N、P 含量与土壤 C、N（除 P 外）含量、C/N（除 C、N 外）、C/P、N/P 呈显著正相关关系，叶片 C/N 与土壤 C、N 含量、C/P、N/P，叶片 C/P 与土壤 C 含量、C/N、C/P，叶片 N/P 与土壤 C/N 均呈显著负相关关系，而凋落物层与叶片、土壤间的关系较弱。不同植被恢复阶段，植物生长受 P 限制。研究结果对深入理解亚热带植被恢复过程中，生态系统各组分（植物叶片、凋落物层、土壤）之间的养分循环和植物的适应策略具有重要意义。

主要参考文献

白荣. 2012. 滇中高原典型植被演替进程中的生态化学计量比特征研究. 昆明: 昆明理工大学硕士学位论文.

曹娟, 闫文德, 项文化, 等. 2015. 湖南会同 3 个林龄杉木人工林土壤碳、氮、磷化学计量特征. 林业科学, 51(7): 1-8.

常雅军, 陈琦, 曹靖, 等. 2011. 甘肃小陇山不同针叶林凋落物量、养分储量及持水特性. 生态学报, 31(9): 2392-2400.

陈灵芝, 黄建辉, 严昌荣. 1997. 中国森林生态系统养分循环. 北京: 气象出版社, 31-191.

陈亚南, 马露莎, 张向茹, 等. 2014. 陕西黄土高原刺槐枯落叶生态化学计量学特征. 生态学报, 34(15): 4412-4422.

程滨, 赵永军, 张文广, 等. 2010. 生态化学计量学研究进展. 生态学报, 30(6): 1628-1637.

丁小慧, 宫立, 王东波, 等. 2012. 放牧对呼伦贝尔草地植物和土壤生态化学计量学特征的影响. 生态学报, 32(15): 4722-4730.

丁小慧, 罗淑政, 刘金巍, 等. 2012. 呼伦贝尔草地植物群落与土壤化学计量学特征沿经度梯度变化. 生态学报, 32(11): 3467-3476.

甘露, 陈伏生, 胡小飞, 等. 2008. 南昌市不同植物类群叶片氮磷浓度及其化学计量比. 生态学杂志, 27(3): 344-348.

高三平, 李俊祥, 徐明策, 等. 2007. 天童常绿阔叶林不同演替阶段常见种叶片 N、P 化学计量学特征. 生态学报, 27(3): 947-952.

葛晓改, 曾立雄, 肖文发, 等. 2015. 三峡库区森林凋落叶化学计量学性状变化及与分解速率的关系. 生态学报, 35(3): 779-787.

郭婧, 喻林华, 方晰, 等. 2015. 中亚热带 4 种森林凋落物量、组成、动态及其周转期. 生态学报, 35(14): 4668-4677.

郭胜利, 马玉红, 车升国, 等. 2009. 黄土区人工与天然植被对凋落物量和土壤有机碳变化的影响. 林业科学, 45(10): 14-18.

韩文轩, 吴漪, 汤璐瑛, 等. 2009. 北京及周边地区植物叶的碳氮磷元素计量特征. 北京大学学报(自然科学版), 45(5): 855-860.

贺金生, 韩兴国. 2010. 生态化学计量学: 探索从个体到生态系统的统一化理论. 植物生态学报, 34(1): 2-6.

侯玲玲, 毛子军, 孙涛, 等. 2013. 小兴安岭十种典型森林群落凋落物生物量及其动态变化. 生态学报, 33(6): 1994-2002.

侯学煜. 1982. 中国植被地理及优势植物化学成分. 北京: 科学出版社.

胡耀升, 么旭阳, 刘艳红. 2014. 长白山森林不同演替阶段植物与土壤氮磷的化学计量特征. 应用生态学报, 25(3): 632-638.

黄昌勇. 2000. 土壤学. 北京: 中国农业出版社.

黄建军, 王希华. 2003. 浙江天童 32 种常绿阔叶树叶片的营养及结构特征. 华东师范大学学报(自然科学版), (1): 92-97.

黄小波, 刘万德, 苏建荣, 等. 2016. 云南普洱季风常绿阔叶林 152 种木本植物叶片 C、N、P 化学计量特征. 生态学杂志, 35(3): 567-575.

贾宇, 徐炳成, 李凤民, 等. 2007. 半干旱黄土丘陵区苜蓿人工草地土壤磷素有效性及对生产力的响应. 生态学报, 27(1): 42-47.

贾月慧, 王天涛, 杜睿. 2005. 3 种林地土壤碳和氮含量的变化. 北京农学院学报, 20(3): 63-66.

蒋利玲, 何诗, 吴丽凤, 等. 2014. 闽江河口湿地 3 种植物化学计量内稳性特征. 湿地科学, 12(3):

293-298.

金小麒. 1991. 华北地区针叶林下凋落物层化学性质的研究. 生态学杂志, 10(6): 24-29.

李栎, 王光军, 周国新, 等. 2016. 会同桢楠人工幼林土壤 C：N：P 生态化学计量的时空特征. 中南林业科技大学学报, 36(2): 96-100, 109.

李鑫, 曾全超, 安韶山, 等. 2015. 黄土高原纸坊沟流域不同植物叶片及枯落物的生态化学计量学特征研究. 环境科学, 36(3): 1084-1091.

李雪峰, 韩士杰, 胡艳玲, 等. 2008. 长白山次生针阔混交林叶凋落物中有机物分解与碳、氮和磷释放的关系. 应用生态学报, 19(2): 245-251.

李征, 韩琳, 刘玉虹, 等. 2012. 滨海盐地碱蓬不同生长阶段叶片 C、N、P 化学计量特征. 植物生态学报, 36(10): 1054-1061.

李正才, 徐德应, 杨校生, 等. 2008. 北亚热带 6 种森林类型凋落物分解过程中有机碳动态变化. 林业科学研究, 21(5): 675-680.

李志安, 彭少麟. 2001. 我国热带亚热带几种人工林体内营养结构特征. 生态学杂志, 20(4): 1-4, 27.

廖军, 王新根. 2000. 森林凋落量研究概述. 江西林业科技, (1): 31-34.

刘万德, 丁易, 臧润国, 等. 2010b. 海南岛霸王岭林区低海拔热带林群落数量分类与排序. 生态学杂志, 29(8): 1526-1532.

刘万德, 苏建荣, 李帅锋, 等. 2010a. 云南普洱季风常绿阔叶林演替系列植物和土壤 C、N、P 化学计量特征. 生态学报, 30(23): 6581-6590.

刘文杰, 陈生云, 胡凤祖, 等. 2012. 疏勒河上游土壤磷和钾的分布及其影响因素. 生态学报, 32(17): 5429-5437.

刘兴华, 陈为峰, 段存国, 等. 2013. 黄河三角洲未利用地开发对植物与土壤碳、氮、磷化学计量特征的影响. 水土保持学报, 27(2): 204-208.

刘兴诏, 周国逸, 张德强, 等. 2010. 南亚热带森林不同演替阶段植物与土壤中 N、P 的化学计量特征. 植物生态学报, 34(1): 64-71.

陆玉宝. 2006. 兴安落叶松天然林林分结构与生产力特征的研究. 呼和浩特: 内蒙古农业大学硕士学位论文.

吕国红, 周莉, 赵先丽, 等. 2006. 芦苇湿地土壤有机碳和全氮含量的垂直分布特征. 应用生态学报, 17(3): 384-389.

罗亚勇, 张宇, 张静辉, 等. 2012. 不同退化阶段高寒草甸土壤化学计量特征. 生态学杂志, 31(2): 254-260.

马钦彦, 陈遐林, 王娟, 等. 2002. 华北主要森林类型建群种的含碳率分析. 北京林业大学学报, 24(5/6): 96-100.

马炜, 陈奇伯, 卢炜丽, 等. 2011. 金安桥水电站弃渣场植被恢复物种多样性研究. 西北林学院学报, 26(4): 64-68.

马文济, 赵延涛, 张晴晴, 等. 2014. 浙江天童常绿阔叶林不同演替阶段地表凋落物的 C: N: P 化学计量特征. 植物生态学报, 38(8): 833-842.

马永跃, 王维奇. 2011. 闽江河口区稻田土壤和植物的 C、N、P 含量及其生态化学计量比. 亚热带农业研究, 7(3): 182-187.

莫大伦, 吴建学. 1988. 海南岛 86 种植物的化学成分特点及元素间的关系研究. 植物生态学与地植物学学报, 12(1): 51-62.

聂兰琴, 吴琴, 尧波, 等. 2016. 鄱阳湖湿地优势植物叶片–凋落物–土壤碳氮磷化学计量特征. 生态学报, 36(7): 1898-1906.

欧阳林梅, 王纯, 王维奇, 等. 2013. 互花米草与短叶茳芏枯落物分解过程中碳氮磷化学计量学特征. 生态学报, 33(2): 389-394.

潘复静, 张伟, 王克林, 等. 2011. 典型喀斯特峰丛洼地植被群落凋落物 C: N: P 生态化学计量特征. 生态学报, 31(2): 335-343.

秦海, 李俊祥, 高三平, 等. 2010. 中国 660 种陆生植物叶片 8 种元素含量特征. 生态学报, 30(5): 1247-1257.

任书杰, 于贵瑞, 姜春明, 等. 2012. 中国东部南北样带森林生态系统 102 个优势种叶片碳氮磷化学计量学统计特征. 应用生态学报, 23(3): 581-586.

任书杰, 于贵瑞, 陶波, 等. 2007. 中国东部南北样带 654 种植物叶片氮和磷的化学计量特征研究. 生态学报, 28(12): 2665-2673.

时雷雷. 2012. 海南尖峰岭热带山地雨林原始林土壤理化性质空间异质性研究. 北京: 中国林业科学研究院硕士学位论文.

孙明学, 贾炜玮, 吴瑶. 2009. 大兴安岭北部地区林火对土壤化学性质的影响. 东北林业大学学报, 37(5): 33-35.

孙书存, 陈灵芝. 2001. 东灵山地区辽东栎叶养分的季节动态与回收效率. 植物生态学报, 25(1): 76-82.

田昆, 常凤来, 陆梅, 等. 2004. 人为活动对云南纳帕海湿地土壤碳氮变化的影响. 土壤学报, 41(5): 681-686.

汪涛, 杨元合, 马文红. 2008. 中国土壤磷库的大小、分布及其影响因素. 北京大学学报(自然科学版), 44(6): 945-952.

汪宗飞, 郑粉莉. 2018. 黄土高原子午岭地区人工油松林碳氮磷生态化学计量特征. 生态学报, 38(19): 6870-6880.

王凯博, 上官周平. 2011. 黄土丘陵区燕沟流域典型植物叶片 C、N、P 化学计量特征季节变化. 生态学报, 31(17): 4985-4991.

王绍强, 于贵瑞. 2008. 生态系统碳氮磷元素的生态化学计量学特征. 生态学报, 28(8): 3937-3947.

王维奇, 徐玲琳, 曾从盛, 等. 2011. 河口湿地植物活体-枯落物-土壤的碳氮磷生态化学计量特征. 生态学报, 31(23): 7119-7124.

王维奇, 曾从盛, 钟春棋, 等. 2010. 人类干扰对闽江河口湿地土壤碳、氮、磷生态化学计量学特征的影响. 环境科学, 31(10): 2411-2416.

王希华, 阎恩荣, 严晓, 等. 2005. 中国东部常绿阔叶林退化群落分析及恢复重建研究的一些问题. 生态学报, 25(7): 1796-1803.

吴统贵, 陈步峰, 肖以华, 等. 2010b. 珠江三角洲 3 种典型森林类型乔木叶片生态化学计量学. 植物生态学报, 34(1): 58-63.

吴统贵, 吴明, 刘丽, 等. 2010a. 杭州湾滨海湿地 3 种草本植物叶片 N、P 化学计量学的季节变化. 植物生态学报, 34(1): 23-28.

肖辉林. 1999. 气候变化与土壤有机质的关系. 土壤与环境, 8(4): 300-304.

邢雪荣, 韩兴国, 陈灵芝. 2000. 植物养分利用效率研究综述. 应用生态学报, 11(5): 785-790.

阎恩荣. 2006. 常绿阔叶林退化过程中土壤的养分库动态及植物的养分利用策略. 上海: 华东师范大学博士学位论文.

阎恩荣, 王希华, 陈小勇. 2007. 浙江天童地区常绿阔叶林退化对土壤养分库和碳库的影响. 生态学报, 27(4): 1646-1655.

阎恩荣, 王希华, 周武. 2008. 天童常绿阔叶林演替系列植物群落的 N∶P 化学计量特征. 植物生态学报, 32(1): 13-22.

杨惠敏, 王冬梅. 2011. 草-环境系统植物碳氮磷生态化学计量学及其对环境因子的响应研究进展. 草业学报, 20(2): 244-252.

姚红艳, 陈琴, 肖冰雪. 2013. 植物生态化学计量学综述. 草业与畜牧, (2): 48-50.

银晓瑞. 2008. 草原和荒漠植物养分时空动态与化学计量学研究. 呼和浩特: 内蒙古大学硕士学位论文.

银晓瑞, 梁存柱, 王立新, 等. 2010. 内蒙古典型草原不同恢复演替阶段植物养分化学计量学. 植物生态学报, 34(1): 39-47.

俞月凤, 彭晚霞, 宋同清, 等. 2014. 喀斯特峰丛洼地不同森林类型植物和土壤 C、N、P 化学计量特征. 应用生态学报, 24(4): 947-954.

喻林华, 方晰, 项文化, 等. 2016. 亚热带 4 种林分类型枯落物层和土壤层的碳氮磷化学计量特征. 林业科学, 52(10): 11-21.

曾德慧, 陈广生. 2005. 生态化学计量学: 复杂生命系统奥秘的探索. 植物生态学报, 29(6): 1007-1019.

张春华, 王宗明, 任春颖, 等. 2011. 松嫩平原玉米带土壤有机质和全氮的时空变异特征. 地理研究, 30(2): 256-268.

张珂, 何明珠, 李新荣, 等. 2014. 阿拉善荒漠典型植物叶片碳、氮、磷化学计量特征. 生态学报, 34(22): 6538-6547.

张萍, 章广琦, 赵一娉, 等. 2018. 黄土丘陵区不同森林类型叶片–凋落物–土壤生态化学计量特征. 生态学报, 38(14): 5087-5098.

张向茹, 马露莎, 陈亚南, 等. 2013. 黄土高原不同纬度下刺槐林土壤生态化学计量学特征研究. 土壤学报, 50(4): 818-825.

张晓琴. 2008. 马尾松低效林改造对土壤理化性质与林分生物量的影响. 雅安: 四川农业大学硕士学位论文.

招礼军. 2003. 我国北方主要造林树种耗水特性及抗旱造林技术研究. 北京: 北京林业大学硕士学位论文.

赵俊峰, 肖礼, 安韶山, 等. 2017. 永利煤矿复垦区植物叶片和枯落物生态化学计量学特征. 生态学报, 37(9): 3036-3045.

赵琼, 曾德慧. 2005. 陆地生态系统磷素循环及其影响因素. 植物生态学报, 29(1): 153-163.

郑淑霞, 上官周平. 2006. 黄土高原地区植物叶片养分组成的空间分布格局. 自然科学进展, 16(8): 965-973.

中国科学院南京土壤研究所. 1978. 土壤理化分析. 上海: 上海科学技术出版社.

朱秋莲, 邢肖毅, 张宏, 等. 2013. 黄土丘陵沟壑区不同植被区土壤生态化学计量特征. 生态学报, 33(15): 4674-4682.

Aber J, McDowell W, Nadelhoffer K, et al. 1998. Nitrogen saturation in temperate forest ecosystems : hypotheses revisited. BioScience, 48(11): 921-934.

Achat D L, Bakker M R, Augusto L, et al. 2013. Phosphorus status of soils from contrasting forested ecosystems in southwestern *Siberia*: effects of microbiological and physicochemical properties. Biogeosciences, 10(2): 733-752.

Aerts R. 1996. Nutrient resorption from senescing leaves of perennials: Are there general patterns? Journal of Ecology, 84(4): 597-608.

Aerts R, Chapin F S III. 1999. The mineral nutrition of wild plants revisited: a re-evaluation of processes and patterns. Advances in Ecological Research, 30: 1-67.

Ågren G I. 2004. The C∶N∶P stoichiometry of autotrophs - theory and observations. Ecology Letters, 7(3): 185-191.

Ågren G I. 2008. Stoichiometry and nutrition of plant growth in natural communities. Annual Review of EcologyEvolutionand and Systematics, 39(1): 153-170.

Ågren G I, Bosatta E. 1998. Theoretical ecosystem ecology-understanding element cycles. New York: Cambridge University Press, 234.

Ågren G I, Weih M. 2012. Plant stoichiometry at different scales: element concentration patterns reflect environment more than genotype. New Phytologist, 194(4): 944-952.

Andersen T, Elser J J, Hessen D O. 2004. Stoichiometry and population dynamics. Ecology Letters, 7(9): 884-900.

Barot S, Ugolini A, Brikci F B. 2007. Nutrient cycling efficiency explains the long-term effect of ecosystem engineers on primary production. Functional Ecology, 21(1): 1-10.

Bengtsson G, Bengtson P, Månsson K F. 2003. Gross nitrogen mineralization, immobilization, and nitrification rates as a function of soil C/N ratio and microbial activity. Soil Biology and Biochemistry, 35(1): 143-154.

Berg B, Tamm C O. 1991. Decomposition and nutrient dynamics of litter in long-term optimum nutrition experiments. Scandinavian Journal of Forest Research, 6(1-4): 305-321.

Bloomfield J, Vogt K A, Vogt D J. 1993. Decay rate and substrate quality of fine roots and foliage of two tropical tree species in the Luquillo Experimental Forest, Puerto Rico. Plant and Soil, 150(2): 233-245.

Boerner R E J. 1984. Foliar nutrient dynamics and nutrient use efficiency of four deciduous tree species in relation to site fertility. Journal of Applied Ecology, 21(3): 1029-1040.

Brown S, Lugo A E. 1990. Tropical secondary forests. Journal of Tropical Ecology, 6(1): l-32.

Burns D A, Murdoch P S. 2005. Effects of a clearcut on the net rates of nitrification and N mineralization in a northern hardwood forest, Catskill Mountains, New York, USA. Biogeochemistry, 72(1): 123-146.

Cao Y, Chen Y M. 2017. Ecosystem C: N: P stoichiometry and carbon storage in plantations and a secondary forest on the Loess Plateau, China. Ecological Engineering, 105: 125-132.

Chapin F S III, Matson P A, Vitousek P M. 2011. Principles of Terrestrial Ecosystem Ecology. New York: Springer.

Chen L L, Deng Q, Yuan Z Y, et al. 2018. Age-related C: N: P stoichiometry in two plantation forests in the Loess Plateau of China. Ecological Engineering, 120: 14-22.

Clinton P W, Allen R B, Davis M R. 2002. Nitrogen storage and availability during stand development in a New Zealand *Nothofagus* forest. Canadian Journal of Forest Research, 32(2): 344-352.

D'Annunzio R, Zeller B, Nicolas M, et al. 2008. Decomposition of European beech (Fagus sylvatica) litter: combining quality theory and ^{15}N labelling experiments. Soil Biology and Biochemistry, 40(2): 322-333.

Dise N B, Matzner E, Forsius M.1998. Evaluation of organic horizon C: N ratio as an indicator of nitrate leaching in conifer forests across Europe. Environmental Pollution, 102(1): 453-456.

Drenovsky R E, Richards J H. 2004. Critical N: P values: Predicting nutrient deficiencies in desert shrublands. Plant and Soil, 259(1-2): 59-69.

Elser J J. 2000. Ecological stoichiometry: from sea to lake to land. Trends in Ecology and Evolution, 15(10): 393-394.

Elser J J, Bracken M E S, Cleland E E, et al. 2007. Global analysis of nitrogen and phosphorus limitation of primary producers in freshwater, marine and terrestrial ecosystems. Ecology Letters, 10(12): 1135-1142.

Elser J J, Sterner R W, Gorokhova E, et al. 2000. Biological stoichiometry from genes to ecosystems. Ecology Letters, 3(6): 540-550.

Fioretto A, Di Nardo C, Papa S, et al. 2005. Lignin and cellulose degradation and nitrogen dynamics during decomposition of three leaf litter species in a Mediterranean ecosystem. Soil Biology and Biochemistry, 37(6): 1083-1091.

Franklin O, Ågren G I. 2002. Leaf senescence and resorption as mechanisms of maximizing photosynthetic production during canopy development at N limitation. Functional Ecology, 16(6): 727-733.

Fraterrigo J M, Turner M G, Pearson S M, et al. 2005. Effects of past land use on spatial heterogeneity of soil nutrients in southern Appalachian forests. Ecological Monographs, 75(2): 215-230.

Gallardo A, Merino J. 1999. Control of leaf litter decomposition rate in a Mediterranean shrubland as indicated by N, P and lignin concentrations. Pedobiologia, 43(1): 64-72.

Garcia-Montiel D C, Neill C, Melillo J, et al. 2000. Soil phosphorus transformations following forest clearing for pasture in the Brazilian Amazon. Soil Science Society of America Journal, 64(5): 1792-1804.

Guo L B, Gifford R M. 2002. Soil carbon stocks and land use change: a meta analysis.Global Change Biology, 8(4): 345-360.

Güsewell S. 2004. N: P ratios in terrestrial plants: variation and functional significance. New Phytologist, 164(2): 243-266.

Güsewell S, Koerselman W. 2002. Variation in nitrogen and phosphorus concentrations of wetland plants. Perspectives in Plant Ecology, Evolution and Systematics, 5(1): 37-61.

Güsewell S, Koerselman W, Verhoeven J T A. 2003. Biomass N: P Ratios as Indicators of Nutrient Limitation for Plant Populations in Wetlands. Ecological Applications, 13(2): 372-384.

Güsewell S, Verhoeven J T A. 2006. Litter N: P ratios indicate whether N or P limits the decomposability of graminoid leaf litter. Plant and Soil, 287(1-2): 131-143.

Hall B, Motzkin G, Foster D R, et al. 2002. Three Hundred Years of Forest and Land-Use Change in Massachusetts, USA. Journal of Biogeography, 29(10-11): 1319-1335.

Han W X, Fang J Y, Guo D L, et al. 2005. Leaf nitrogen and phosphorus stoichiometry across 753 terrestrial plant species in China.New Phytologist, 168(2): 377-385.

Harmon M E, Ferrell W K, Franklin J F. 1990. Effects on carbon storage of conversion of old-growth forests to young forests. Science, 247(4943): 699-702.

Harrington R A, Fownes J H, Vitousek P M. 2001. Production and resource use efficiencies in N- and P-limited tropical forests: a comparison of responses to long-term fertilization. Ecosystems, 4: 646-657.

He J S, Fang J Y, Wang Z H, et al. 2006. Stoichiometry and Large-Scale Patterns of Leaf Carbon and Nitrogen in the Grassland Biomes of China. Oecologia, 149(1): 115-122.

He J S, Wang L, Flynn D F B, et al. 2008. Leaf Nitrogen: Phosphorus Stoichiometry across Chinese Grassland Biomes. Oecologia, 155(2): 301-310.

He Q, Blum R S, Haimovich A M. 2010. Noncoherent MIMO radar for location and velocity estimation: more antennas means better performance. IEEE Transactions on Signal Processing, 58(7): 3661-3680.

He Y J, Qin L, Li Z Y, et al. 2013. Carbon storage capacity of monoculture and mixed-species plantations in subtropical China. Forest Ecology and Management, 295: 193-198.

Hector A, Bagchi R. 2007. Biodiversity and ecosystem multifunctionality. Nature, 448(7150): 188-190.

Hedin L O. 2004. Global organization of terrestrial plant-nutrient interactions. Proceedings of the National Academy of Sciences of the United States of America, 101(30): 10849-10850.

Hendricks J J, Wilson C A, Boring L R. 2002. Foliar litter position and decomposition in a fire-maintained longleaf Pine wiregrass ecosystem. Canadian Journal of Forest Research, 32(6): 928-941.

Hessen D O, Ågren G I, Anderson T R, et al. 2004. Carbon sequestration in ecosystems: The role of stoichiometry. Ecology, 85(5): 1179-1192.

Hobbie S E, Vitousek P M. 2000. Nutrient limitation of decomposition in Hawaiian forests. Ecology, 81(7): 1867-1877.

Hossain M, Siddique M R H, Rahman M S, et al. 2011. Nutrient dynamics associated with leaf litter decomposition of three agroforestry tree species (*Azadirachta indica, Dalbergia sissoo*, and *Melia azedarach*) of Bangladesh. Journal of Forestry Research, 22(4): 577-582.

Juo A S R, Manu A. 1996. Chemical dynamics in slash-and-burn agriculture. Agriculture, Ecosystems & Environment, 58(1): 49-60.

Kamruzzaman M, Sharma S, Rafiqul Hoque A T M, et al. 2012.Litterfall of three subtropical mangrove species in the family Rhizophoraceae. Journal of Oceanography, 68(6): 841-850.

Kang H Z, Xin Z J, Berg B, et al. 2010. Global pattern of leaf litter nitrogen and phosphorus in woody plants. Annals of Forest Science, 67(8): 811.

Knecht M F, Göransson A. 2004. Terrestrial plants require nutrients in similar proportions. Tree Physiology, 24(4): 447-460.

Knops J M H, Tilman D. 2000. Dynamics of soil nitrogen and carbon accumulation for 61 years after agricultural abandonment. Ecology, 81(1): 88-98.

Koerselman W, Meuleman A F M. 1996. The vegetation N: P ratio: a new tool to detect the nature of nutrient limitation. Journal of Applied Ecology, 33(6): 1441-1450.

Ladanai S, Ågren G I, Olsson B A. 2010. Relationships between tree and soil properties in *Picea abies* and *Pinus sylvestris* forests in Sweden. Ecosystems, 13(2): 302-316.

Li C Z, Zhao L H, Sun P S, et al. 2016. Deep soil C, N, and P stocks and stoichiometry in response to land use patterns in the Loess Hilly Region of China.PLoS One, 11(7): e0159075.

Liu C, Xiang W H, Lei P F, et al. 2014. Standing fine root mass and production in four Chinese subtropical forests along a succession and species diversity gradient. Plant and Soil, 376(1-2): 445-459.

Liu C J, Berg B, Kutsch W, et al. 2006. Leaf litter nitrogen concentration as related to climatic factors in Eurasian forests. Global Ecology and Biogeography, 15(5): 438-444.

Luo Y Q, Su B, Currie W S, et al. 2004. Progressive nitrogen limitation of ecosystem responses to rising atmospheric carbon dioxide. Bioscience, 54(8): 731-739.

Manzoni S, Trofymow J A, Jackson R B, et al. 2010. Stoichiometric controls on carbon, nitrogen, and phosphorus dynamics in decomposing litter. Ecological Monographs, 80(1): 89-106.

McGroddy M E, Daufresne T, Hedin L O. 2004. Scaling of C: N: P stoichiometry in forests worldwide: implications of terrestrial redfield-type ratios. Ecology, 85(9): 2390-2401.

Melillo J M, Aber J D, Linkins A E, et al. 1989. Carbon and nitrogen dynamics along the decay continuum: Plant litter to soil organic matter. Plant and Soil, 115(2): 189-198.

Méndez M, Karlsson P S. 2005. Nutrient stoichiometry in *Pinguicula vulgaris*: nutrient availability, plant size, and reproductive status. Ecology, 86(4): 982-991.

Michaels A F. 2003. The ratios of life. Science, 300(5621): 906-907.

Neill C, Piccolo M C, Steudler P A, et al. 1995. Nitrogen dynamics in soils of forests and active pastures in the western Brazilian Amazon Basin. Soil Biology and Biochemistry, 27(9): 1167-1175.

Niklas K J. 2006. Plant allometry, Leaf nitrogen and phosphorus stoichiometry, and interspecific trends in annual growth rates. Annals of Botany, 97(2): 155-163.

Niklas K J, Cobb E D. 2005. N, P, and C stoichiometry of Eranthis hyemalis (Ranunculaceae) and the allometry of plant growth. American Journal of Botany, 92(8): 1256-1263.

O'Brien S L, Jastrow J D. 2013. Physical and chemical protection in hierarchical soil aggregates regulates soil carbon and nitrogen recovery in restored perennial grasslands. Soil Biology and Biochemistry, 61: 1-13.

Paul K I, Polglase P J, Nyakuengama J G, et al. 2002. Change in soil carbon following afforestation. Forest Ecology and Management, 168(1-3): 241-257.

Peri P L, Gargaglione V, Pastur G M. 2008. Above-and belowground nutrients storage and biomass accumulation in marginal *Nothofagus antarctica* forests in Southern Patagonia. Forest Ecology and Management, 255(7): 2502-2511.

Porazinska D L, Bardgett R D, Blaauw M B, et al. 2003. Relationships atthe aboveground below ground interface: plants, soil biota, and soilprocesses. Ecological Monographs, 73(3): 377-395.

Post W M, Pastor J, Zinke P J, et al. 1985. Global patterns of soil nitrogen storage. Nature, 317(6038): 613-616.

Qin J, Xi W M, Rahmlow A, et al. 2016. Effects of forest plantation types on leaf traits of *Ulmus pumila* and *Robinia pseudoacacia* on the Loess Plateau, China. Ecological Engineering, 97: 416-425.

Redfield A C. 1960. The biological control of chemical factors in the environment. Science Progress, 46: 205-221

Reich P B, Ellsworth D S, Walters M B, et al. 1999. Generality of leaf trait relationships: a test across six biomes. Ecology, 80(6): 1955-1969.

Reich P B, Oleksyn J. 2004. Global patterns of plant leaf N and P in relation to temperature and latitude. Proceedings of the National Academy of Sciences of the United States of America, 101(30): 11001-11006.

Reich P B, Tjoelker M G, Machado J L, et al. 2006. Universal scaling of respiratory metabolism, size and nitrogen in plants. Nature, 439(7075): 457-461.

Ren C J, Zhao F Z, Kang D, et al. 2016. Linkages of C: N: P stoichiometry and bacterial community in soil following afforestation of former farmland. Forest Ecology and Management, 376: 59-66.

Rhoades C C, Eckert G E, Coleman D C. 2000. Soil carbon differences among forest, agriculture, and secondary vegetation in lower montane Ecuador. Ecological Applications, 10(2): 497-505.

Royer D L, Miller I M, Peppe D J, et al. 2010. Leaf economic traits from fossils support a weedy habit for early angiosperms. American Journal of Botany, 97(3): 438-445.

Sardans J, Alonso R, Carnicer J, et al. 2016. Factors influencing the foliar elemental composition and stoichiometry in forest trees in Spain. Perspectives in Plant Ecology Evolution and Systematics, 18: 52-69.

Sardans J, Rivas-Ubach A, Peñuelas J. 2012a. The elemental stoichiometry of aquatic and terrestrial ecosystems and its relationships with organismic lifestyle and ecosystem structure and function: a

Review and perspectives. Biogeochemistry, 111(1-3): 1-39.

Sardans J, Rivas-Ubach A, Peñuelas J. 2012b. The C: N: P stoichiometry of organisms and ecosystems in a changing world: a review and perspectives. Perspectives in Plant Ecology, Evolution and Systematics, 14(1): 33-47.

Schimel D S. 2003. All life is chemical. Bioscience, 53(5): 521-524.

Schreeg L A, Santiago L S, Wright S J, et al. 2014. Stem, root, and older leaf N: P ratios are more responsive indicators of soil nutrient availability than new foliage. Ecology, 95(8): 2062-2068.

Sterner R W, Elser J J. 2002. Ecological Stoichiometry: The Biology of Elements from Molecules to the Biosphere. Princeton: Princeton University Press.

Tang J W, Cao M, Zhang J H, et al. 2010. Litterfall production, decomposition and nutrient use efficiency varies with tropical forest types in Xishuangbanna, SW China: a 10-year study. Plant and Soil, 335(1): 271-288.

Thompson K, Parkinson J A, Band S R, et al. 1997. A comparative study of leaf nutrient concentrations in a regional herbaceous flora. New Phytologist, 136(4): 679-689.

Tian H Q, Chen G S, Zhang C, et al. 2010a. Pattern and variation of C: N: P ratios in China's soils: a synthesis of observational data. Biogeochemistry, 98: 139-151.

Tian Y, Sun P, Wu H, et al. 2010b. Inactivation of *Staphylococcus aureus* and *Enterococcus faecalis* by a direct-current, cold atmospheric-pressure air plasma microjet. The Journal of Biomedical Research, 24(4): 264-269.

Tripathi N, Singh R S. 2009. Influence of different land uses on soil nitrogen transformations after conversion from an Indian dry tropical forest. Catena, 77(3): 216-223.

Vasconcelos H L, Luizão F J. 2004. Litter production and litter nutrient concentrations in a fragmented Amazonian landscape. Ecological Applications, 14(3): 884-892.

Vitousek P M. 1982. Nutrient Cycling and Nutrient Use Efficiency. The American Naturalist, 119(4): 553-572.

Vitousek P M, Farrington H. 1997. Nutrient limitation and soil development: experimental test of a biogeochemical theory. Biogeochemistry, 37: 63-75.

Vogt K A, Grier C C, Vogt D J. 1986. Production, turnover, and nutrient dynamics of above-and belowground detritus of world forests. Advances in Ecological Research, 15: 303-377.

Wadsworth G, Southard R J, Singer M J. 1988. Effects of fallow length on organic carbon and soil fabric of some tropical Udults. Soil Science Society of America Journal, 52(5): 1424-1430.

Wardle D A, Walker L R, Bardgett R D. 2004. Ecosystem properties and forest decline in contrasting long-term xhronosequences. Science, 305(5683): 509-513.

Wright I J, Reich P B, Westoby M, et al. 2004. The worldwide leaf economics spectrum. Nature, 428(6985): 821-827.

Xu C H, Xiang W H, Gou M M, et al. 2018. Effects of forest restoration on soil carbon, nitrogen, phosphorus, and their stoichiometry in Hunan, Southern China. Sustainability, 10(6): 1874.

Xu H W, Qu Q, Li P, et al. 2019. Stocks and stoichiometry of soil organic carbon, total nitrogen, and total phosphorus after vegetation restoration in the Loess Hilly Region, China. Forests, 10(1): 27.

Yang Y, Liu B R, An S S. 2018. Ecological stoichiometry in leaves, roots, litters and soil among different plant communities in a desertified region of Northern China. Catena, 166: 328-338.

Yang Y H, Luo Y Q. 2011. Carbon: nitrogen stoichiometry in forest ecosystems during stand development. Global Ecology and Biogeography, 20(2): 354-361.

Yuan Z Y, Chen H Y H. 2009. Global trends in senesced-leaf nitrogen and phosphorus. Global Ecology and Biogeography, 18(5): 532-542.

Zeng Q C, Li X, Dong Y H, et al. 2016. Soil and plant components ecological stoichiometry in four steppe communities in the Loess Plateau of China. Catena, 147: 481-488.

Zeng Q C, Liu Y, Fang Y, et al. 2017. Impact of vegetation restoration on plants and soil C: N: P stoichiometry on the Yunwu Mountain Reserve of China. Ecological Engineering, 109(A): 92-100.

Zhang L X, Bai Y F, Han X G. 2003. Application of N: P Stoichiometry to Ecology Studies. Acta Botanica

Sinica, 45(9): 1009-1018.

Zhang L X, Bai Y F, Han X G. 2004. Differential responses of N: P stoichiometry of *Leymus chinensis* and *Carex korshinskyi* to N additions in a steppe ecosystem in Nei Mongol. Acta Botanica Sinica, 46(3): 259-270.

Zhang W, Liu W C, Xu M P, et al. 2019. Response of forest growth to C: N: P stoichiometry in plants and soils during *Robinia pseudoacacia* afforestation on the Loess Plateau, China. Geoderma, 337: 280-289.

Zhao F Z, Kang D, Han X H, et al. 2015b. Soil stoichiometry and carbon storage in long-term afforestation soil affected by understory vegetation diversity. Ecological Engineering, 74: 415-422.

Zhao F Z, Sun J, Ren C J, et al. 2015a. Land use change influences soil C, N and P stoichiometry under 'Grain-to-Green Program' in China. Scientific Reports, 5: 10195.

Zhao N, He N P, Wang Q F, et al. 2014. The altitudinal patterns of leaf C: N: P stoichiometry are regulated by plant growth form, climate and soil on Changbai Mountain, China. PLoS One, 9(4): e95196.

Zheng S X, Shangguan Z P. 2007. Spatial Patterns of leaf nutrient traits of the plants in the Loess Plateau of China. Trees, 21(3): 357-370.

Zhong Z S, Song X L, Lu X G, et al. 2013. Ecological stoichiometry of carbon, nitrogen, and phosphorus in estuarine wetland soils: Influences of vegetation coverage, plant communities, geomorphology, and seawalls. Journal of Soils and Sediments, 13: 1043-1051.

第5章 植被恢复过程土壤有机碳库的积累和稳定性

5.1 研究概述

自工业革命以来，人类活动造成大气中 CO_2 等温室气体的含量大幅升高，导致全球气候变暖，已成为不争的事实。土壤作为陆地生态系统的重要组成部分，也是陆地生态系统最大的、最活跃的有机碳库。全球土壤储存 1400~1500 PgC（1 PgC=10^9 tC）的有机碳，约为大气碳库（760 PgC）的 2 倍，地上植被碳库（500~600 PgC）的 2~3 倍（Smith et al.，2008）。土壤有机碳（soil organic carbon，SOC）库的微小变化将显著引起 CO_2 等温室气体的产生与排放，影响陆地生态系统的碳收支平衡和碳循环过程，加剧全球气候变化（Ajami et al.，2016）。研究表明，地表 0~2 m 土层有机质含量增加 5%~15%，可以使大气 CO_2 含量降低 16%~30%（Dungait et al.，2012），因此作为一种长效、稳定的碳源物质，增加 SOC 密度和提高 SOC 稳定性被认为是减缓未来全球气候变化的有效途径，在维持全球碳平衡以及调节全球气候变化方面起着重要作用（Belay-Tedla et al.，2009）。可见，SOC 是陆地生态系统碳循环的关键组成部分（Zhang et al.，2008），与全球碳循环和气候变化紧密相关，研究 SOC 库积累及其稳定性的调控机制是预测地球未来气候变化的关键。

SOC 的形成与积累取决于碳的输入、转化及输出 3 个过程之间的动态平衡，是一个长期演变的过程。研究 SOC 库动态是研究 SOC 积累及其稳定性调控机制的关键之一。SOC 库动态包括释放和积累两个过程，其中 SOC 库的释放主要通过 SOC 矿化途径来实现（潘剑君等，2011），即在微生物作用下，SOC 分解为简单的有机分子，释放 CO_2 和无机养分，这一过程直接关系到温室气体的形成（Craine et al.，2010）与排放和土壤肥力及质量的保持（Chantigny et al.，1999），也反映 SOC 的稳定性和周转速度（吴建国等，2004，巩晟萱等，2015）。因此，研究 SOC 矿化特征不仅有助于揭示 SOC 释放调控机制及其稳定性，而且对科学管理土壤养分、有效控制大气 CO_2 含量升高以及应对全球气候变化具有重要意义。

至今，有关 SOC 积累及其稳定性机制的研究结果仍存在许多不确定性，主要原因之一是 SOC 组成和组分的复杂性（von Lützow et al.，2007）。SOC 是一个复杂的连续混合物，由多种有机碳组分构成，且各组分具有高度异质性（Blair & Crocker，2000；von Lützow et al.，2007）。根据 SOC 各组分的分解速率和周转时间，可分为：活性有机碳（active carbon，C_a）、缓效性碳（slow carbon，C_s）和惰性碳（recalcitrant carbon，C_r）（von Lützow et al.，2007；Tian et al.，2016）。其中，C_a 是易矿化，易被微生物利用的有机碳，C_r 是理化性质稳定且极难分解的有机碳，C_s 介于 C_a 和 C_r 两者之间。不同有机碳组分具有不同的含量和稳定性，代表着不同功能的有机碳库，对 SOC 稳定和大气碳保留有不同的影响，对外界因素的敏感性和响应程度也不同（Barreto et al.，2011；Lopez-Sangil & Rovira，2013）。此外，SOC 各组分之间关系密切，在一定情况下可以相互转化，这种转化过程也是碳循环中的重要过程（余健等，2014）。可见，单纯考虑单一组分的变化很难从整体上反映 SOC 的动态变化，而且限制了对 SOC 形成、积累和稳定机制的认识。因此，深入研究 SOC 组成及其对环境变化的响应规律是探讨 SOC 库动态变化、土壤质量演变趋势内在机制的重要途径，也是揭示 SOC 积累及其稳定机制的关键，已成为当前生态学、土壤学、环境科学领域的研究热点（潘剑君等，2011；王峰等，2012）。

植被变化是影响 SOC 库储存、积累和释放的重要因素（Wang et al.，2011；Zhao et al.，2015；Ramesh et al.，2015），对陆地生态系统碳循环过程产生深刻的影响。植被变化过程中，植物群落组成、植被类型和分布格局及其生产力的变化，显著改变凋落物的质量和数量（Ramesh et al.，2015）、根构型及其分泌物（Liu et al.，2014）和土壤微生物组成及其活动，不仅影响输入土壤的有机碳数量与质量，还影响 SOC 的矿化速率，进而影响 SOC 含量、密度及其组成和稳定性（Deng et al.，2013；Zhao et al.，2015）。此外，植被变化过程是与土壤环境相互适应的过程，植被类型改变必然引起土壤理化性质的变化，从而影响 SOC 的积累与释放。植被遭到严重破坏或转变为耕地都会导致 SOC 损失，而植被恢复可以使退化土壤重新吸存有机碳（谢锦升等，2006）。研究表明，植被恢复是森林生态系统固 C 过程中重要的潜在碳汇（Fang et al.，2001），是减缓大气 CO_2 含量升高的有效手段之一（谢锦升等，2006）。在特定的生物、气候条件下，SOC 随植被恢复演替到达相对稳定状态，SOC 状况可用于评价退化生态系统植被恢复效果（龚伟等，2008；戴全厚等，2008a）。因此，在全球气候变化背景下，如何恢复退化林地土壤的固碳能力已成为当代生态学和土壤学最关注的焦点和优先领域，也是中国亟待解决的重大战略性科学问题（谢锦升等，2006）。

近年来，植被恢复对 SOC 稳定性影响的研究备受关注（De Clercq et al.，2015；Chen et al.，2017）。中国亚热带地区水热条件优越，自然资源丰富，生态系统复杂多样，生物多样性高，是我国"两屏三带"的重要组成部分和重要的生态屏障区之一。同时，该区域不仅是我国典型的生态环境脆弱区之一，还是中国经济活动最活跃的地区。由于长期的人类干扰和集约的土地利用，加上地形复杂、气候多变，地带性常绿阔叶林遭到了严重的破坏，生物多样性下降和生态功能退化，水土流失严重、干旱和洪涝灾害频发，生态安全保障功能降低，对区域生态安全和可持续发展构成了严重威胁。为保护生物多样性和提升森林生态系统功能，20 世纪 90 年代以来，中国政府实施了天然林保护、退耕还林、长江中上游防护林体系建设等一系列林业生态工程，森林植被恢复迅速，极大地改善了该地区的生态环境。生态环境改善以后，准确评价植被恢复过程中 SOC 矿化特征及其各组分变化规律，探讨植被恢复 SOC 积累、稳定机制，对了解植被恢复过程中土壤质量变化、提高土壤固碳能力以及科学指导今后生态系统植被恢复工作具有重要科学意义。

5.1.1　植被恢复对土壤有机碳积累的影响

森林 SOC 主要分布在 1 m 深度的土壤层中，对环境变化和人类活动干扰比较敏感，受到诸多因素如地上植物群落组成结构（龚伟等，2008）、生物量（朱丽琴等，2017）等生物因素，地形（唐朋辉等，2016）、气候（Zak et al.，2008）、土壤理化性质（Grüneberg et al.，2013）及水热条件（Harrison-Kirk et al.，2013）等非生物因素的综合影响。其中，植被变化是影响 SOC 库储存和积累的重要因素（Wang et al.，2011；Zhao et al.，2015；Ramesh et al.，2015）。研究表明，自然植被遭到严重破坏或转变为农用地或者其他土地利用类型导致 SOC 损失（谢锦升等，2006），而植被恢复通过影响植被-土壤间的相互作用过程来增加土壤有机质的输入，改善土壤结构和质量，使得全球土壤因退化损失 SOC 的 60%~75% 又可重新固定（Lal，1999）。

研究表明，在温带地区，26 年的植被恢复（包括草地恢复为林地、农田恢复为林地等），SOC 含量增加了 8.6%~24.6%（Wang et al.，2011）。黄土丘陵区坡耕地植被恢复 0~23 年，SOC 含量快速增加，年增加速率达 4.81%，而恢复至 23~75 年 SOC 增加速率减缓，年增加速率仅为 0.25%（郭曼等，2010）。同样，SOC 含量随长白山白桦林演替逐渐增加，在阔叶红松（*Pinus koraiensis*）成熟林阶段 SOC 含量达到最大值（168.83 g/kg），之后趋于平稳状态，不同土层 SOC 含量增加幅度为 7.5%~239.39%（张雪等，2016）。弃耕农田恢复演替为长芒草次生草地，SOC 密度有不同程度的增加，最大增幅为 72%（李裕元等，2007）。太行山植被演替过程中，乔木群落阶段 SOC 密度分别比灌丛和草本阶段高出 35.27% 和 184.39%（赵勇等，2009）；灌木群落、先锋植物群落、顶极群落 SOC 密度比草地分别高出 7.69 tC/hm²、13.25 tC/hm²、14.45 tC/hm²（Deng et al.，2013）。植被恢复 20 年后，1 m 和 2 m 土层 SOC 密度分别增加 34.65 tC/hm² 和 43.02 tC/hm²（王征等，2010）。

亚热带地区，草地恢复为林地后，SOC 含量增加了 27%~59%（Gong et al.，2013）；灌草、灌丛和乔灌群落各土层 SOC 含量平均值比草坡群落各土层 SOC 含量平均值高出 26.95%、73.87% 和 118.52%（刘作云和杨宁，2015）；恢复 17 年的杉木林 0~20 cm 土层 SOC 含量是恢复 9 年杉木林的 2.18 倍（周国模和姜培坤，2004）；人工林恢复为天然林后，0~10 cm 土层 SOC 含量增加了 19.8%（Chen et al.，2004）；演替 40 年的次生林 SOC 平均含量比演替 20 年的高 56.3%（马少杰等，2010）；退化红壤区植被从裸地转变为草地、毛栗（*Castanea mollissima*）园、马尾松林后，1 m 土层 SOC 含量增加了 122%~200%，SOC 密度增加了 88%~195%（谢锦升等，2006）；浙江天童地区常绿阔叶林次生演替显著增加 SOC 含量，成熟常绿阔叶林比次生常绿阔叶林幼龄林和次生针叶林分别高出 24.62% 和 60.25%（孙宝伟等，2013）。喀斯特地区不同植被恢复阶段 SOC 含量、密度均为：早期阶段（草本、草灌阶段）＜中期阶段（灌丛灌木、灌乔过渡阶段）＜后期阶段（乔木、顶极阶段），其中后期阶段 SOC 密度比中期阶段和早期阶段分别高出 6.82%~52.16% 和 54.36%~127.73%（黄宗胜等，2013）。

热带地区，退耕还林后 SOC 含量增加了 20%~50%（Rhoades et al.，2000）。中国南部热带地区裸地恢复为林地后，不同坡位 SOC 含量均显著增加，其中缓坡 0~10 cm 和 10~20 cm 土层林地 SOC 含量比裸地分别高 112% 和 25%，陡坡 0~10 cm 和 10~20 cm 土层林地 SOC 含量比裸地分别高 412.90% 和 221.74%（Tang et al.，2010）。热带草原 SOC 以每年 0.4 tC/hm² 的速度流失，而草地造林后 SOC 以每年 0.9 tC/hm² 的速度增加，且 0~

60 cm 土层森林 SOC 密度（102 tC/hm²）显著高于草地（69 tC /hm²）（Silver et al.，2004）。原始林和次生林 1 m 土层 SOC 密度比草地分别高出 1.87% 和 9.35%（Marin-Spiotta et al.，2009）。林地 SOC 密度（72.7 tC/hm²）显著高于农用地（26.7 tC/hm²）（Awiti et al.，2008）。印度北部热带地区草地恢复为 34 年生人工林后，SOC 密度增加了 20%，34 年生人工林继续恢复为天然林后，SOC 密度增加了 34%（Nath et al.，2018）。

综上所述，植被破坏，SOC 含量和密度下降，植被恢复，SOC 含量和密度增加，主要是由于植被变化导致输入土壤有机质数量和质量变化。但无论是在温带地区还是热带、亚热带地区，随植被恢复，SOC 含量、密度均表现为逐渐增加趋势，但不同气候区，增加幅度不同。从高纬度的温带地区到中纬度的亚热带地区，随植被恢复，SOC 含量、密度增加幅度没有明显表现出增大或减少的趋势，但从中纬度的亚热带地区到低纬度的热带地区，植被恢复对 SOC 含量、密度的影响减弱，植被恢复对 SOC 库的影响呈现出一定的纬度地带性分布规律，可能与研究地区的气候、植被恢复年限和植被类型及土壤环境有关。

20 多年来，在生态系统尺度上，植被恢复对 SOC 积累影响的研究报道很多，但由于生态系统各因子之间相互作用的复杂性以及生物、非生物环境的异质性，森林 SOC 库的研究结果仍存在许多不确定性，特别是 SOC 库积累的影响因子方面。植被恢复或森林演替过程中，SOC 含量与土壤 P 含量（刘振花等，2009；孙伟军等，2013）、C/N（Jia et al.，2005；张雪等，2016）、水分（Jia et al.，2005；Deng et al.，2013）和 pH（Motavalli et al.，1995；Jia et al.，2005）、凋落物层现存量（黄宗胜等，2012；孙宝伟等，2013）等因子关系的研究结果仍存在较大差异。研究结果的不一致并不仅仅是某一个因子造成的，其他影响 SOC 周转的因素（如植被类型及其种群组成结构、土壤微生物数量及种群组成、土壤质地及其水热状况等）也是造成这种差异的重要原因。在影响机制方面，现有森林 SOC 动态的研究很少涉及森林 SOC 含量、密度与植被因子、土壤因子间的相互影响（王淑芳等，2002）。因此，研究 SOC 含量、密度与植被因子、土壤因子之间的关系，将有助于深入了解植被因子、土壤因子对 SOC 周转的影响方式，对于建立更加完善的 SOC 周转模型也是十分必要的。

5.1.2　土壤有机碳矿化的研究

SOC 矿化（即 SOC 分解释放 CO_2 的过程）是重要的地下生态学过程，反映 SOC 稳定性和周转速率（吴建国等，2004），关系到土壤养分的释放与供应及土壤质量的保持（Craine et al.，2010），也关系到温室气体的形成与排放，是土壤与大气间交换 CO_2 的重要过程（Tian et al.，2016），在全球碳循环与碳平衡中起着重要的作用。因此，研究 SOC 矿化及其对环境变化的响应不仅有助于认识 SOC 释放机制及其稳定性，而且对科学管理土壤碳库、有效控制全球气候变暖和准确评价土壤碳汇功能具有重要的科学意义。SOC 矿化的早期研究主要集中在土壤养分释放与供应方面（Davidson et al.，1987）。随全球气候变暖的日趋严重，陆地生态系统碳循环研究成为现代生态学的研究热点，SOC 矿化也备受关注，研究方法不断改进，定量研究更为准确（侯琳等，2006），研究重点和关键环节也发生改变，逐渐转移到 SOC 矿化特征、过程及其影响机制方面（Weintraub & Schimel，2003）。

1. 土壤有机碳矿化的研究方法

SOC 矿化研究方法是准确了解 SOC 动态和评估 SOC 库功能的基础和手段。目前，SOC 矿化研究方法主要有野外原位法、室内培养法、移地重填法和模型模拟法。

1）野外原位法

野外原位法是在野外原位直接测定 SOC 矿化释放 CO_2 量的方法。该方法已有较全面的综述（Jensen et al.，1996；魏书精等，2014）。最初人们主要采用 Li-8100 观测晴天 9:00～12:00 土壤 CO_2 释放量作为当天 SOC 矿化量水平，再以此外推估算 SOC 矿化量的月变化和年变化。目前，有研究者采用自主研发的自动观测系统进行观测，以弥补采用 Li-8100 观测的缺陷（Liang et al.，2003；Koskinen et al.，2014）。尽管野外原位法操作简单，可以直接获得土壤 CO_2 释放量，但很难将影响 SOC 矿化的关键因素（如温度、水分及两者的交互作用等）剥离和确定各因素的影响强度，而这些因素对预测 SOC 矿化对未来气候变化的响应具有重要的影响。此外，该方法还需要排除植物根系呼吸的影响作用，而且自动观测系统价格昂贵，要在大范围实现多点同时观测，所需成本高昂，故受到极大限制。

2）室内培养法

室内培养法是指在特定的温度、湿度条件下，培养土壤和测定土壤 CO_2 释放量。在培养过程中没有碳的输入，土壤温、湿度也得到很好的控制，土壤 CO_2 释放趋势和强度能较准确地反映不同温、湿度下 SOC 矿化动态。

根据土壤样品的采集方式，室内培养法又可分为两种方法：一种是原状土柱培养，即用 PVC 管采集原状土进行培养（Sun et al.，2013），该方法对土壤扰动相对较小，使土壤保持了一定的原状结构，但无法去除根系和解决土壤异质性问题，会导致测定值偏差出现；另一种是野外采集新鲜土壤样品，经室内去除根系和凋落物后过筛，混合均匀后进行培养（Rey et al.，2005），在一定程度上剔除了根系、凋落物的影响，使土壤较好地保持原位状态，但土壤团粒结构在土壤处理过程中受到了一定的破坏，会影响测定结果的精确性。

根据土壤 CO_2 释放量的测定方法，室内培养法又可分为碱液吸收法、色相气谱仪法和红外 CO_2 分析法。碱液吸收法用碱液（如 NaOH）吸收土壤释放的 CO_2，再用酸滴定剩余的碱量，从而计算土壤 CO_2 释放量，该方法操作简便，不需要复杂的仪器设备，费用低，可多样品重复测定，但不能在短时间内连续测定，且碱液用量对测定精度有一定的影响（Rey et al.，2005）。气相色谱法利用静态闭合箱收集气体，在一定时间间隔内抽取并补充箱内气体，用气相色谱仪测定抽取气体中的 CO_2 含量，建立 CO_2 含量与时间的线性回归方程，从而计算土壤 CO_2 释放量，该方法测定结果较精确，但取样时间间隔及取样时补充同体积气体可能会产生较大偏差。同时，取样数量较少，线性回归方程相关性较差（约为 0.90），使得该方法的使用和推广受限（Keller et al.，2005）。红外 CO_2 分析法用气体采集箱连接远红外气体分析仪，测定气箱中土壤 CO_2 释放量，能够连续观

测 CO_2 的动态变化，测定结果比碱液吸收法和气相色谱法准确，但所需仪器设备昂贵，且需要持续供电，对气路系统要求高，采集箱气体流通速度、箱室内外气压差均会影响测定结果（陈宝玉等，2009）。

3）移地重填法

移地重填法是指将土壤移回、重填后测定土壤 CO_2 释放量。具体操作为：野外测定原位各土层的紧实度，沿土壤剖面从上至下取回各土层，去除石块和根系，将各土层土壤分别混合均匀后，按土壤层原来的剖面层次结构从深土层至表土层填到土柱中，填土过程中压实、调节土壤紧实度，使其接近野外原位土壤的紧实度。将所有土壤样品置于同一块样方，可消除环境条件的差异，克服野外原位法和室内培养法的缺陷，但土壤结构受到了一定的破坏，且不能排除土壤湿度变化的影响（黄锦学等，2017）。

4）模型模拟法

由于 SOC 矿化过程复杂，不可能在所有条件（如气候）下进行长期试验。为此，人们试图根据已获得的数据，运用模型模拟不同条件下 SOC 矿化特征，预测土壤固碳潜力，目前主要有以下两种方法。

经验模型模拟法：利用模型模拟环境因子（如土壤温、湿度及两者的交互作用）对 SOC 矿化影响研究中，经验模型运用最广泛。指数模型（Mi et al.，2015）、线性模型（廖艳等，2011）、Arrhenius 模型（Craine & Gelderman，2011）、高斯模型（Tuomi et al.，2008）等常用于描述 SOC 矿化与温度的关系。其中指数模型应用最广，对不同地区、不同植被［森林（刘云凯等，2010；Suseela et al.，2011）、农田（林杉等，2014）、草地（Song et al.，2010；Zhang et al.，2015）］的拟合结果均达到显著水平。线性模型和二次多项式也常用于描述 SOC 矿化与土壤湿度的关系。其中，线性模型多用于拟合林地，且拟合效果较好（R 为 0.95～0.98）（Leirós et al.，1999），而二次多项式更适用于农用地（Zhang et al.，2015）和草地（Suseela et al.，2011），也可用二次多项式拟合林地，但不同林分类型的拟合效果不同。例如，二次多项式可以很好地拟合地中海橡树林（Rey et al.，2005），但用于拟合亚热带常绿阔叶林、杉木人工林和毛竹林时，仅杉木人工林达到显著水平（姜艳等，2010）。此外，双因素关系模型［指数—幂函数模型（杨玉盛等，2006；姜艳等，2010；向元彬等，2014）和多元多项式（Rey et al.，2005；Wang et al.，2010b）］能较好地拟合森林 SOC 矿化的变化趋势，拟合效果明显优于仅考虑土壤温度或湿度的单因素模型，但也有研究发现，拟合效果与仅考虑土壤温度的指数模型差别不大（余再鹏等，2014），甚至有所降低（郑威等，2017）。

一级动力学方程法：描述 SOC 矿化与 SOC 组分的关系时，常用一级动力学方程，包括单库、两库和三库动力学方程。短期培养实验中，SOC 矿化最先消耗活性有机碳组分，而缓效性碳和惰性碳相对比较难分解，需要更长的培养时间（杨开军等，2017）。因此，单库方程适用于描述短期内 SOC 矿化的动态特征。研究发现，单库一级动力学方程较好地拟合了祁连山森林、高寒草甸、干旱草原和荒漠草原 SOC 短期矿化动态过程（吴建国等，2007），比两库方程更适合（Butterly et al.，2011）。而两库和三库方程多用于模拟长期培养的 SOC 矿化动态。研究表明，在 160 d 的培养期内，两库方程具有更好的拟合效果（Alvarez & Alvarez，2000）。两库和三库方程均能很好地描述青藏高原冻土 90 d 内的 SOC 矿化动态（廖艳等，2011）。

2. 植被类型转变对土壤有机碳矿化的影响

植被通过直接控制其自身物质的"口味"和间接调节生物物质进入土壤的途径来影响 SOC 的积累与周转（Quideau et al.，2001），因而植被类型是影响陆地生态系统碳循环的重要因子。植被类型转变不仅影响 SOC 的输入数量和质量，而且显著改变 SOC 矿化机制和 CO_2 释放量（Merilä et al.，2010）。在全球气候变化背景下，植被类型转变对 SOC 库的影响备受关注，是当前全球气候变化的研究热点。

1）原始林转变为次生林、人工林以及森林转变为其他植被类型对 SOC 矿化的影响

研究发现，森林，特别是原始林通常具有较高的 SOC 矿化速率，如寒温带落叶松原始林 SOC 平均矿化速率和累积矿化量（C_m）分别比农用地高 24.14%～43.12%和 91.20%～13.17%（徐汝民等，2009）。黄土高原区天然次生林转变为农田和草地后，SOC 矿化速率分别降低 65%和 23%（吴建国等，2004）。亚热带常绿阔叶林转变为次生林、人工林、柑橘（*Citrus reticulata*）园和坡耕地后，SOC 矿化速率分别下降 32%、46%～48%、63%和 50%（Sheng et al.，2010）。格氏栲天然林 SOC 矿化速率分别为格氏栲人工林和杉木人工林的 1.3 倍和 2.7 倍（杨玉盛等，2006）。岩溶地区森林转变为灌丛、旱地和果园后，SOC 矿化速率显著下降，灌丛、旱地和果园不同土层 C_m 分别下降 30.4%～154.9%、127.0%～256.0%和 292.0%～373.4%（严毅萍等，2011）。川西亚高山天然林转变为云杉人工林后，SOC 矿化能力减弱（杨开军等，2017）。热带地区 3 种土地利用方式 SOC 矿化速率和累积释放量的大小依次均为森林＞果园＞农田（Jha et al.，2012）。智利南部 3 种土地利用类型 0～10 cm 土层 SOC 矿化速率表现为斜叶南水青冈（*Nothofagus obliqua*）林＞辐射松（*Pinus radiata*）人工林＞草地（Huygens et al.，2005）。加拿大白杨（*Populus × canadensis*）天然林 SOC 矿化速率和 C_m 均高于草地（Sun et al.，2013）。究其原因可能是：①原始林转变为次生林、人工林以及森林转变为农田或草地后，地上植被层生物量和地表新鲜凋落物量明显减少，导致 SOC 输入量下降（杨玉盛等，2006；杨开军等，2017）；②农用地和草地人为扰动（放牧和耕作）严重，土壤理化性质发生明显变化，养分流失，部分稳定 SOC 转变为易分解 SOC，直接或间接影响土壤微生物活性，从而降低 SOC 矿化速率；③可能与 SOC 的稳定性有很大关系（Nyberg et al.，2002）。这表明原始林转变为次生林、人工林以及森林转变为草地、农用地后，SOC 矿化速率下降，正是森林转变为其他植被类型后，SOC 密度下降及其生物活性改变的重要机制。

也有研究发现，巴西中部森林变成草地后，SOC 含量下降，但 SOC 矿化速率没有受到影响（Kanda et al.，2002）。这可能是草地耕作后施肥或其他原因所致，表明森林变成草地后对 SOC 矿化速率的影响也可能因其他因素不同而不同。

2）森林植被恢复演替对土壤有机碳矿化的影响

森林植被恢复是植被类型转变的典型，被认为是提高 SOC 库和缓解温室效应的有

效途径。森林植被恢复按恢复方式可分为自然恢复、人工促进的森林植被恢复和废弃地生态工程恢复 3 种。在这里仅讨论前面两种恢复方式对 SOC 矿化的影响。

自然恢复是指停止人为干扰后，完全依靠生态系统自身的恢复能力向地带性植被演替的模式。自然恢复过程中，植被类型不断演替，组成物种增加，结构趋于复杂，覆盖度升高，凋落物和根系生物量增加及其质量显著改善，不仅增加了 SOC 的输入量，影响 SOC 的含量和质量，而且改变了土壤理化性质及土壤微生物的数量和活性（Li et al.，2004），进而影响 SOC 矿化。研究表明，热带（Jiang et al.，2017）、亚热带（Song et al.，2017）和温带（张玲等，2017）地区，SOC 矿化速率及其 C_m 均随植被自然恢复演替显著升高。

人工促进的植被恢复是通过人工构建植被系统来促进森林植被恢复的，如退耕还林、草地造林以及裸地或采伐迹地人工造林等。首先，退耕还林（草）地、裸地造林直接或间接地改变地表植被和物质迁移、土壤结构和水分状况及土壤—植被间的相互作用过程，引起 SOC 周转速率的变化；其次，农用地或草地造林后，SOC 输入量增加，SOC 含量及其矿化速率升高；再次，部分易分解 SOC 转变成稳定 SOC 组分使 SOC 矿化速率又有所下降。研究表明，樟子松（*Pinus sylvestris*）人工林凋落物向土壤输入的活性 SOC 比草地多，因而退化草地营造樟子松人工林后，SOC 矿化速率提高（胡亚林等，2007）。同样，黄土高原退耕还林和农用地造林后，落叶松人工林 SOC 矿化速率升高 29%（吴建国等，2004），SOC 日均矿化量（0.69 mg/g/d）显著高于农用地（0.48 mg/g/d）（Zhao et al.，2008）。亚热带 4 种退耕还林模式 0～20 cm 土层可矿化 SOC 年平均含量（657.6mg/kg）显著高于弃耕地（556.6mg/kg）（刘苑秋等，2011）。但也有研究发现，由于草地细根和凋落物向土壤输入较多活性有机质，温带草地造林后 0～10 cm 土层 CO_2 释放量下降（Ross et al.，2002）。此外，由于测定时水田处于旱作期，土壤微生物活性不受水分限制，翻耕等人为活动将深土层土壤暴露于空气中，使得亚热带水稻田转变为常绿阔叶林和落叶阔叶林后，土壤 CO_2 释放量下降，其中，落叶阔叶林土壤 CO_2 平均释放量比水稻田下降 53.4%（Cui et al.，2013）。

杉木人工林凋落物质量比常绿阔叶林差，致使杉木人工林土壤可供微生物利用的碳源得不到有效补给（王清奎等，2007），SOC 矿化速率、C_m 均显著低于阔叶林（Yang et al.，2007b）。这表明自然恢复对 SOC 矿化的影响比人工恢复更为明显。但也有研究发现，天然常绿阔叶林与成熟杉木人工林 SOC 的矿化速率差别不大（邵月红等，2005）。此外，植被恢复年限对 SOC 矿化速率也有影响。马尾松人工林 SOC 矿化速率及 C_m 随恢复年限逐渐升高，恢复 31 年马尾松林 0～10 cm、60～80 cm 土层 C_m 分别是恢复 11 年马尾松人工林的 1.76、1.16 倍（张浩等，2016）。杉木人工林生长过程中，SOC 矿化速率升高（邵月红等，2005）。同样，杨树人工林恢复早期，土壤 CO_2 释放量低，随恢复年限增加，土壤 CO_2 释放量升高（Sun et al.，2015）。但也有研究发现，川西亚云冷杉人工林从 22 年生到 47 年生、65 年生，64 天的 C_m 表现为先升高后降低（杨开军等，2017）。随茶树（*Camellia sinensis*）人工林恢复年限增加，C_m 先升高后降低，主要是由于恢复 2～3 年凋落物量少，人为干扰增多使土壤团聚体遭到破坏，不利于土壤微生物生长，C_m 最低；9～10 年凋落物量大，土壤微生物活性增强，C_m 显著升高；16～17 年较难分解的 SOC 增多，N 含量下降，C/N 升高，pH 降低，不利于土壤微生物活动，C_m下降（Zhu et al.，2017）。这表明植被恢复对 SOC 矿化的影响十分复杂，同时受到生物因素、非生物因素的影响。也由于各因子及其之间相互作用的复杂性以及生物、非生物因素的异质性，植被恢复对 SOC 矿化影响的研究结果仍存在许多不确定性。

目前，植被恢复对 SOC 矿化影响的研究主要集中在人工促进的森林植被恢复方式，如退耕还林（Zhao et al.，2008；刘苑秋等，2011）、草地造林（Ross et al.，2002；胡亚林等，2007）、不同年龄人工林（Sun et al.，2015；张浩等，2016）或不同森林类型（杨开军等，2017），有关退化植被自然恢复对 SOC 矿化影响的研究仍少见报道。此外，现有研究的重点仍主要集中在随植被恢复，凋落物及根系数量和质量的变化，土壤理化性质改变，进而影响 SOC 矿化特征。然而，有关植被恢复过程中，生物多样性和生物量变化对 SOC 矿化影响的研究仍很少，亟待进一步研究。

3. 增温对土壤有机碳矿化的影响

温度是影响植物生长、发育和功能的重要环境因子，可通过调节陆地生态系统生物地球化学循环过程，影响 SOC 矿化过程。在全球变暖的背景下，SOC 矿化对温度升高的响应及其敏感性成为碳循环的主要研究内容和关键环节（Wagai et al.，2013）。有关增温对 SOC 矿化影响的研究报道不断涌现。

1）增温方式

当前研究使用的增温方式主要有两种：室内模拟增温和野外模拟增温。

室内模拟增温是利用恒温培养箱，在一定湿度条件下，设置温度梯度培养土壤，研究 SOC 矿化速率对增温的响应，剔除了根系、凋落物的影响，且有效地控制了其他影响因子（如土壤湿度），单纯考虑温度的影响，且操作简单、成本低，比较容易观测到 SOC 矿化速率随温度升高的变化趋势，因而是当前应用较为广泛的方法（Craine & Gelderman，2011；林杉等，2014；Pires et al.，2017），但在一定程度上破坏了土壤物理结构，容易因操作不当或培养时间的长短而产生较大误差。

与室内模拟增温相比，野外模拟增温可较好地保持生态系统的自然状态，能更为真实地反映温度变化的影响，是研究增温对 SOC 矿化影响的重要方法，对揭示陆地生态系统对气候变暖的响应规律有重要参考价值（孙宝玉和韩广轩，2016），但成本较高，需要长期维护管理，且野外环境因子复杂（如土壤异质性、土壤温湿度不断变化），无法排除根系和凋落物的影响，这些均限制了野外模拟增温的应用。野外模拟增温还可分为被动增温和主动增温。被动增温通过减少局部地区的空气漩涡和红外辐射，降低热量耗损、流失，以增加局部空气或土壤温度，主要包括两种方法：一是温室或开顶式气室法，该法要用透明板材在室外搭建一种封闭或半封闭系统，因其设计简单、运行成本和维护费用较低而应用于各种生态系统（Klein et al.，2005；Ren et al.，2010）。二是红外线反射器法，利用在夜间因地面和空气间存在温差，植被或地表以红外线的方式向外辐射释放热能这一特性，在植被或地表上方布设红外线反射膜或帘布，将红外线反射回地面以减少热量损失，达到增温的效果。主动增温是指额外增加系统内的加热源，通过直接输入热量达到增温效果，主要有土壤加热电缆和管道法、红外辐射器法。土壤加热电缆和管道法是指在土壤中埋设热电缆或管道,增加土壤或空气温度,通过连接自动调温器,监测土壤温度并调控电缆和管道的工作状态,使温度保持平稳,且对局部微气候影响较小(牛书丽等,2007)。红外辐射器法是指利用红外辐射加热器直接辐射土壤来增加土壤温度。

2)不同增温方式对土壤有机碳矿化的影响

随温度升高,SOC 矿化速率加快,C_m 增大(徐丽等,2013)。但 SOC 矿化速率和 C_m 因增温方式、增温幅度、植被类型不同而不同。

室内模拟增温研究表明,温度显著影响 SOC 的矿化。随温度升高,SOC 矿化速率加快,C_m 增大(Song et al.,2010;徐丽等,2013;Tian et al.,2016)。不同温度下,大兴安岭泥炭地 SOC 日均矿化速率依次为 5℃<10℃<15℃<20℃(Wang et al.,2010b);常绿阔叶林 35℃下培养初期(前 7 天)SOC 日均矿化速率分别是 5℃、15℃、25℃的 3.34 倍、2.6 倍和 2.06 倍(Wang et al.,2013)。增温幅度不同,SOC 矿化速率升高程度不同。从 9℃升高到 28℃,常绿阔叶林和杉木人工林 SOC 矿化速率升高 3.1~4.5 倍(王清奎等,2007)。从 5℃增至 15℃,泥炭地 0~10 cm 土层 SOC 矿化量增加 2.49~10.61 mg/g(Zhang et al.,2007)。增温幅度相同,不同植被类型的 C_m 增幅不同,从 15℃增至 25℃,亚热带水田增加 157.8%,林地增加 135%(刘燕萍等,2011),三江平原湿地增加 30%~210%(杨继松等,2008)。此外,SOC 矿化速率和 C_m 并不总是随温度升高而持续升高,只有在一定的温度范围内,温度升高才会加快 SOC 矿化速率(吴建国等,2007;Ci et al.,2015)。这是由于温度较低时,土壤微生物和酶没有被激活或激活缓慢,SOC 矿化速率较慢(徐丽等,2013);随温度升高,土壤微生物和酶活性增强(刘燕萍等,2011),促进 SOC 矿化;但当温度接近临界值或生理阈值时,土壤微生物数量和活性到达峰值,温度再升高也较难对其产生显著的影响(Janssens & Pilegaard,2003),一些酶活性还可能受到限制,甚至失活(Fang et al.,2001)。

野外原位增温研究表明,增温对 SOC 矿化速率有明显的促进作用(Sheng et al.,2010)。亚热带地区米老排(*Mytilaria laosensis*)和杉木人工林 SOC 矿化速率与土壤温度之间呈显著指数关系(余再鹏等,2014)。红外辐射加热器模拟增温,华山松(*Pinus armandii*)人工林 SOC 矿化速率随土壤温度升高而加快,平均增幅达 31.4%,主要与增温显著增加了土壤微生物生物量有关(熊沛等,2010)。但也有研究表明,野外增温对 SOC 矿化速率没有显著的影响(珊丹等,2009),可能与原位土壤湿度、养分、微生物及植物群落等因素的空间差异有关,因为这些因素不仅直接或间接地影响土壤 CO_2 产生和排放,还可能随温度的变化而发生相应的改变,在一定条件下,会对温度效应产生修饰、校正甚至掩盖作用(陈全胜等,2003)。因此,增温对 SOC 矿化影响的研究结果仍存在不确定性,除与增温方式有关外,可能还与植被类型及其生物、物理环境以及各因子间相互关系的复杂性有关。

4. 土壤有机碳矿化的其他主要影响因子

SOC 矿化联系生态系统内部及外部的物质循环,同时受到众多因素的综合影响,除植被、温度外,还受到土壤水分(Rey et al.,2005)、质地(Chen et al.,2015)、养分含量(李顺姬等,2010)、微生物区系和种类组成(Alvarez & Alvarez,2000)等因素的影响，这些因素之间还存在相互作用共同影响 SOC 矿化。

1）土壤水分

土壤含水量过低或过高均会影响土壤微生物和根呼吸，降低土壤微生物和酶活性，从而影响 SOC 矿化（Yang et al.，2011；王丹等，2013）。通常认为，在一定范围内，提高土壤水分可以增加微生物数量和提高酶活性，促进 SOC 矿化。研究表明，当土壤含水量低于田间持水量的 80%时，地中海土耳其栎树林 SOC 矿化速率随土壤含水量增加而加快（Rey et al.，2005）。在 30%～90%田间持水量时，农田 SOC 矿化速率随土壤含水量增加而加快（夏国芳等，2007）。低于 30%田间持水量时，桂西北棕色石灰土和红壤 SOC 矿化速率较小，但超过 65%田间持水量，SOC 矿化显著受到限制（黄媛等，2013）。也有研究发现，只有在干旱条件下，土壤水分才会显著影响 SOC 矿化（Fang et al.，2005）。因为干旱土壤湿润后，土壤团聚体被破坏，部分 SOC 失去物理保护（刘云凯等，2010），极大地激发微生物活性，从而显著促进 SOC 矿化（Borken & Matzner，2009），使 SOC 矿化速率剧增至原来的 2 倍多（Butterly et al.，2011）。但至今，SOC 矿化速率的最适宜水分条件仍没有一致结论。如地中海土耳其栎树林在 80%田间持水量时，SOC 矿化速率最高（Rey et al.，2005），大兴安岭泥炭地在 60%田间持水量时最高（Wang et al.，2010b），东北天然次生林在淹水处理下最高，而人工林在 75%田间含水量时最高（刘云凯等，2010），三江平原沼泽化草甸最适宜的土壤含水量约为 66%田间持水量（张文菊等，2005），可能是不同地区气候条件、植被类型、土壤环境及微生物类群、活性、数量及其可利用底物供给等存在较大差异所致。

2）土壤质地

土壤质地直接影响土壤持水性能、透气性、微生物活性及其存在状态，进而影响 SOC 矿化（Chen et al.，2015）。研究表明，SOC 矿化随土壤颗粒变小而减弱（Rovira & Vallejo，2002），SOC 矿化速率与土壤黏粒含量呈显著负相关关系（李忠佩和林心雄，2002；Setia et al.，2011）；土壤黏粒含量每增加 10%，CO_2 释放量将减少约 7.4 mg（黄耀等，2002）。质地黏重的土壤，孔隙度较小，透气性较差，好气性微生物活性受到抑制，SOC 矿化速率较低（李忠佩和林心雄，2002）。此外，土壤黏粒粒径小、比表面积和电荷密度大，能有效吸附有机质，形成稳定的团聚结构，对 SOC 有很好的保护作用（Chen et al.，2015），因而黏粒含量较高的土壤，SOC 矿化速率相对较低。这表明土壤质地是影响 SOC 含量及其周转速率的重要因子。但 Yang 等（2007a）研究发现，由于土壤黏粒主要通过影响黏土矿物、SOC 化学组成、微生物活性等影响 SOC 矿化，也由于室内培养使用的土壤量较少，土壤黏粒对 SOC 矿化的作用被其他因素所掩盖，中国温带和亚热带森林 SOC 矿化速率与土壤黏粒含量无显著相关性。

3）土壤养分含量

土壤养分，特别是碳（C）、氮（N）、磷（P）是土壤微生物矿化作用的限制性因素（李顺姬等，2010）。微生物可利用的土壤养分越充足，SOC 潜在矿化能力越大（李顺姬等，2010）。首先，SOC 作为矿化的底物，其含量和有效性直接影响土壤微生物和酶的活性，进而影响 SOC 矿化速率（Kirschbaum，2006）。研究表明，可矿化 SOC、SOC 矿化速率与 SOC 含量存在显著正相关性（严毅萍等，2011；刘苑秋等，2011；余再鹏等，

2014)。下土层 SOC 含量显著低于表土层，因此下土层 SOC 矿化速率远低于表土层（孙丽娟等，2011）。SOC 含量低是科尔沁沙地樟子松人工林 SOC 矿化速率低于其他地区的主要原因（王红等，2008）。此外，SOC 活性组分是土壤微生物生长和生物分解重要的能量来源，直接影响微生物组成及其活性，进而影响 SOC 矿化（韩成卫等，2007），如 Kalbitz 等（2003）研究发现，土壤微生物生物量碳、可溶性有机碳含量与 SOC 矿化呈显著正相关关系；韩成卫等（2007）发现去除土壤可溶性有机碳的农田 C_m 下降了 5.0%～7.5%。这表明 SOC 含量是影响 SOC 矿化的关键（李顺姬等，2010），而其活性组分是影响 SOC 矿化速率的重要因素（Kalbitz et al.，2003）。

许多学者开展了土壤 N 或 N 沉降（N 添加）对 SOC 矿化影响的研究，当前的研究结果有 3 种：促进、抑制或无影响（Månsson & Falkengren-Grerup，2003；Findlay，2005）。研究发现，草地 C_m 和土壤全 N 含量呈显著正相关关系（郝瑞军等，2009；徐丽等，2013）。添加 N 后，原本受 N 限制的土壤微生物组成改变，活性增强，分泌更多的酶，SOC 的矿化速率显著升高（Fog，1998；Berg，2000）。也有研究表明，SOC 矿化速率与土壤 N 含量呈弱的负相关关系（姜发艳等，2011）。在 N 充足的条件下，N 不是微生物的限制因子，添加 N 反而加剧 "N 饱和" 状态，而降低 SOC 矿化速率（杨明臻等，2012）；此外，外源 N 易与木质素或酚类化合物结合，生成更稳定的有机物，降低 SOC 的有效性，因而添加 N 后 SOC 矿化速率表现出不同程度的下降，降幅为 3%～9%（李忠佩和林心雄，2002），C_m 也下降（Setia et al.，2011），平均下降 2.11 mgC/g（黄耀等，2002）。研究还发现，在 SOC 含量较低时，SOC 矿化主要受 SOC 含量的限制（王红等，2008），因而添加 N 对 SOC 矿化无显著影响甚至没有影响（Vourlitis & Zorba，2007；方熊等，2012）。低剂量的 N 输入仅促进了高寒湿地和高寒草甸土壤微生物的内部代谢过程，对高寒湿地和高寒草甸 SOC 矿化影响不明显（白洁冰等，2011）。也有研究认为，由于 SOC 矿化主要受胞外酶浓度和酶动力学机制的影响，添加 N 不会减少胞外酶产生的碳消耗，也不会增加 SOC 矿化过程中的 C 回收，因而添加 N 对 SOC 矿化无影响，尽管 N 是限制微生物生长和活性的重要养分元素，但并不限制 SOC 矿化过程中酶动力学机制（Schimel & Weintraub，2003）。

目前，关于 P 对 SOC 矿化的影响仅有少量研究报道。研究表明，P 添加显著促进 SOC 的矿化，SOC 日均矿化速率与速效 P 呈显著的正相关性（Bradford et al.，2008；郝瑞军等，2009），CO_2 释放速率可升高 37%（Cleveland & Townsend，2006），且随 P 输入量增加，SOC 矿化速率、C_m 升高（刘德燕和宋长春，2008）。可能是由于 P 添加能显著提高细菌群落多样性，特别是增加促进 C 降解功能的微生物群落，提高 SOC 生物降解速率；同时 P 添加提高了速效 P 含量，为微生物提供速效养分，激发微生物和葡萄糖苷酶的活性（李霞等，2014）。但长期室内培养试验发现，P 添加对 SOC 矿化的促进作用主要发生在加入初期，P 添加一段时间后，促进作用减弱或消失或转变为抑制作用（吴回军和欧阳学军，2008）。Ouyang 等（2008）也发现，P 添加对鼎湖山 3 种森林 SOC 矿化影响也有类似的结果，认为在土壤缺 P 地区，P 添加使微生物活动不再受到限制，微生物多样性增加而促进 SOC 矿化。Galicia 和 García-Oliva（2004）指出，在雨季，植物生长需求和淋溶作用导致土壤有效养分流失，N、P 添加能显著影响微生物活力及其代谢活动，而在旱季，凋落物和根系死亡增加，SOC 输入量增加，N、P 添加对土壤微生物影响不大。Allen 和 Schlesinger（2004）也证实，土壤有效 P 含量较高地区，P 添加对 SOC 矿化及其底物可利用性可能没有显著的影响。可见，P 对 SOC 矿化的影响仍需要深入研究。

4）土壤微生物

土壤微生物是 SOC 的主要分解者，是养分循环转化的引擎，影响 SOC 矿化过程。在森林经营过程中，由于有效基质的数量、质量和基质降解效率的改变，土壤微生物群落组成和活性的变化导致土壤 SOC 库的改变或减少（Chatterjee et al.，2008）。因此，土壤微生物群落结构与土壤 SOC 利用之间的关系可以用来描述生态系统对森林经营实践的响应（Balser & Firestone，2005）。研究表明，不同气候条件下，微生物群落显著影响森林 SOC 矿化速率和 C_m（Tang et al.，2017），微生物群落结构的差异与 SOC 矿化速率的变化趋势相吻合，微生物数量高的土壤，CO_2 释放量也较高。土壤微生物对基质利用程度和代谢产物的差异，导致不同微生物种类对 SOC 矿化的影响不同（李梦雅等，2009）。一般认为，土壤细菌的同化效率低于真菌，细菌占优势的微生物群落比真菌占优势的微生物群落更有利于 SOC 矿化（Zhang et al.，2005）。低海拔土壤细菌和放线菌数量显著高于高海拔，因而低海拔 SOC 矿化速率高于高海拔（屈冉等，2010）。此外，土壤微生物活性是 SOC 分解的重要诱导因素（Liu，2013），SOC 矿化快慢是土壤微生物活性强弱的外在表现（窦晶鑫等，2009），土壤微生物活性增强会加快 SOC 矿化速率，两者间呈显著的正相关关系（Liu，2013）。

5.1.3　土壤有机碳组成及其稳定性的研究

SOC 稳定性是指在当前条件下，SOC 抵抗外界干扰、恢复至原有水平的能力，可反映土壤固 C 能力，直接关系到土壤是作为大气 CO_2 源还是汇，对维持全球 C 平衡具有重要意义。因此，随 SOC 研究的深入，SOC 积累及其稳定性机制受到人们的广泛关注，为当前土壤 C 循环的研究热点（Jha et al.，2012）。土壤稳定性机制（soil stability mechanisms）模型认为，SOC 稳定性取决于 3 个要素：SOC 的抗降解性、SOC 内部及其与外部环境的相互作用、土壤微生物对 SOC 的作用（Sollins et al.，1996）。

SOC 由多种有机碳组分构成，不同 SOC 组分来源不同，具有不同的生物稳定性和可降解性，在土壤中积累或丢失的速率不同，对土壤 C 的固定和大气 CO_2 滞留有不同的影响，对不同影响因素的响应也不尽相同（Iqbal et al.，2009）。此外，SOC 各组分之间还可能存在相互转化的平衡机制（Pandey et al.，2014）。当前，SOC 稳定性及其积累影响机制的研究结果仍存在许多不确定性，主要是对 SOC 组分和组成的复杂性认识不够。因此，研究 SOC 组分构成是探寻 SOC 稳定性、土壤固 C 能力及其积累机制的重要环节，也是揭示土壤质量演变内在机理及土壤 C 库动态机制的关键。

1. 土壤有机碳的分组方法

SOC 组分的物理、化学、生物稳定性决定了土壤的固 C 能力。当前 SOC 分组的方法一般分为：物理分组法、化学分组法和生物分组法（赵鑫等，2006）。

1）物理分组法

物理分组法主要通过物理性质来区分稳定性不同的 SOC 组分，常用方法有密度分组（或比重分组）、团聚体分组和粒径分组。

密度分组：主要依据土壤在一定比重（1.6～2.5 g/mL）溶液中的沉降分为轻组土壤和重组土壤，两者中的 SOC 相应分为重组有机碳、轻组有机碳。重组有机碳是与土壤黏土矿物紧密结合的有机碳，主要是土壤腐殖物质，分解速率较慢，是比较稳定的 SOC 组分，是 SOC 主要储存库（John et al.，2005）；轻组有机碳是新添加的、部分分解且未腐殖化的有机碳，主要是动植物残体、菌丝体、孢子、单糖、多糖等，更容易被微生物利用，是易分解的 SOC 组分（胡慧蓉等，2010）。这两种不同组分占 SOC 的百分比能有效地反映 SOC 稳定性，其中轻组有机碳/SOC 含量越低，SOC 稳定性越高（陈志杰等，2016；金奇等，2017）。

土壤团聚体组分主要分为微团聚体（<250 μm）和大团聚体（>250 μm），微团聚体主要由有机–无机复合体组成，大团聚体是作物根系和微生物菌丝体黏结微团聚体形成的（Beare et al.，1994）。

粒径分组：主要根据土壤颗粒的大小将 SOC 分为砂粒有机碳（粒径>50 μm）、粗粉砂粒有机碳（20～50 μm）、细粉砂粒有机碳（2～20 μm）、粗黏粒有机碳（0.2～2 μm）和细黏粒有机碳（<0.2 μm）（Christensen，2001）。其中>50 μm 砂粒有机碳被称为颗粒有机碳（particulate organic carbon，POC），主要存在于正在分解的植物残体和微生物体，被称为活性有机碳。粗粉砂粒有机碳既有少量植物残体，也有腐殖质；其他粒径更小的颗粒有机碳只有腐殖质或少量根系分泌物（胡慧蓉等，2010），将 2～50 μm 粉粒和<2 μm 黏粒有机碳统称为矿物结合态有机碳（mineral associated organic carbon，MAOC），是有机物最终分解的产物，周转期较慢且稳定，被认为是非活性有机碳。土壤颗粒越细，腐殖质的腐殖化程度越高，抗分解能力越强，稳定性越高（武天云等，2004）。当 SOC 变化时，砂粒有机碳变化较大，不利于土壤 C 稳定；粉粒有机碳和黏粒有机碳变化较小，有利于土壤 C 的保持（张国等，2011）。SOC 在不同粒径土壤颗粒中的分配比例反映了土壤中保护性和非保护性 SOC 的相对数量，SOC 在砂粒中的分配比例越大，在粉粒或黏粒中的分配比例越小，C 的固定和保护作用越弱，SOC 稳定性越差（朱锋等，2017）。

物理分组法因有利于了解 SOC 各组分物理性质的差异，且破坏性较小而逐渐受到重视。

2）化学分组法

化学分组法利用化学方法区分具有不同化学稳定性的 SOC 组分。20 世纪 60 年代以前，化学分组法主要利用酸碱溶解法将腐殖质分为胡敏素、胡敏酸和富里酸（武天云等，2004）。但由于这些组分较为稳定，对气候变化、植被类型和农业管理措施的响应不敏感，而且与有机质的动态变化及其质量相关性较小。因此，在 20 世纪 80 年代之后，对腐殖质类组分的研究逐渐减少（胡慧蓉等，2010）。目前，化学分组法主要有溶解有机碳测定法、氧化法和酸水解法。

溶解有机碳测定法（也称为水提取有机碳）主要依据 SOC 中活性较高的那部分 C

易溶于水或盐溶液，采用水或盐溶液提取该部分活性 SOC 组分。溶解有机碳测定法很多，至今还没有一个统一的标准。不同方法提取的溶解有机碳含量及其稳定性存在一定差异，如与冷水浸提法相比，热水提取的 SOC 含量较高，但稳定性较差（Landgraf et al.，2006）。

氧化法的原理是，SOC 在微生物和酶的作用下能快速氧化分解并释放 CO_2，可根据氧化的 SOC 量推算出 SOC 中活性较强、极不稳定的那部分 C 的含量。目前，常用的氧化剂主要有 $KMnO_4$ 和 $K_2Cr_2O_7$ 两种（武天云等，2004）。

酸水解法利用酸水解作用将 SOC 分为活性和惰性组分，其中酸水解的成分大部分是蛋白质、核酸、多糖等不稳定的 SOC 组分，而未水解的成分主要是木质素、脂肪、树脂、软木脂等较为稳定的 SOC 组分（张国等，2011）。该方法可用于衡量 SOC 惰性组分的多少（Paul et al.，2006）。

3）生物分组法

近年来，土壤中生物对有机残体的矿化过程越来越引起人们的关注。生物分组法通过一定方法测定能进行矿化的生物和被矿化的有机残体的生物量（如微生物生物量碳等），或利用将有机碳作为底物的反应来推断土壤中生物可利用的有机碳量（潜在可矿化碳）。微生物生物量碳和土壤矿化有机碳组分稳定性较差、活性较高。微生物生物量碳是指土壤中体积小于 5000 μm^3 的活的和死的微生物体内碳的总和。测定方法主要有氯仿熏蒸法和底物诱导法（张国等，2011）；土壤矿化有机碳是土壤微生物分解 SOC 释放的 CO_2 量（von Lützow et al.，2007）。生物分组法可以衡量 SOC 被生物利用的可能性和容量，能更准确地反映土壤微生物分解和利用 C 的能力。

Paul 等（1999）根据土壤微生物分解 SOC 释放的 CO_2 量，结合一级动力学方程和化学分组法中的酸水解法，将 SOC 分为 3 个不同的组分：活性碳库（active carbon pool，C_a）、缓效碳库（slow carbon pool，C_s）和惰性碳库（recalcitrant carbon pool，C_r）（von Lützow et al.，2007；Tian et al.，2016）。其中，C_a 由不稳定的有机碳（如单糖、有机酸、微生物及其代谢）组成，活性强、周转速率快（0.1~4.5 年），常作为 SOC 库变化和土壤潜在生产力的早期敏感指标（Laik et al.，2009；Dikgwatlhe et al.，2014）。C_s 主要由结构植物残基和物理稳定有机碳组成，具有较慢的周转速率，平均为 25~50 年（Cochran et al.，2007）。C_r 是储存在土壤中的腐殖质类物质，既包括主要成分为纤维素、半纤维素的正在腐解的植物残体，又包括与土壤矿质颗粒和团聚体结合的植物残体降解产物、根系分泌物和菌丝体，周转速率很慢，为 50~3000 年，有利于土壤固 C 和稳定性（Knorr et al.，2005）。SOC 各组分含量占 SOC 含量的百分比（即 SOC 各组分的分配比）也可以反映 SOC 组成和稳定性，C_a/SOC 越小（Yang et al.，2007a）或 C_r/SOC 越大（Wiesmeier et al.，2014；Liu et al.，2017），SOC 库越稳定。Collins 等（2000）、Paul 等（2001）、Fortuna 等（2003）分别采用微生物分组法结合酸水解法，将 SOC 分为 C_a、C_s 和 C_r，描述 SOC 库的变化趋势。研究表明，将 SOC 划分为 C_a、C_r 及介于两者之间的 C_s 是合理的（Paul et al.，2006；宋媛等，2013）。目前，该方法仍广泛用于研究森林（Tian et al.，2016；Yang et al.，2007a）、农田（Qian et al.，2013）等土地利用方式（Cochran et al.，2007；Schwendenmann & Pendall，2008；Iqbal et al.，2009；Jha et al.，2012）下的土壤

C 动态变化。

2. 植被类型变化对土壤有机碳组成及其稳定性的影响

植被通过影响凋落物数量和质量、根系（特别是细根）生物量、土壤微生物组成及其活性、土壤理化性质等因子，导致 SOC 含量的变化，必然影响 SOC 组分及其稳定性。不同 SOC 组分不仅具有不同的稳定性，而且对植被类型变化的响应和敏感程度不同。因此，研究植被类型变化对 SOC 组成及其稳定性的影响，深入揭示植被类型变化对 SOC 积累的影响机制，对科学指导亚热带地区森林植被恢复和现有森林可持续经营管理具有重要意义。

1）森林植被转变为其他植被类型对土壤有机碳组成及其稳定性的影响

不同土地利用方式导致植被类型及其植物组成、土壤性质及土壤微生物等差异较大，对 SOC 含量和质量及其分解速率的影响不同，使得不同土地利用方式下 SOC 组成及其稳定性不同。一般来说，林地转变为农业用地减少了 SOC 输入量，同时翻耕等农业活动对土壤扰动较大，降低了土壤团聚体的稳定性，而且将深层土壤暴露于外界，加速 SOC 的流失，导致 SOC 含量下降，SOC 各组分含量也随之下降。如岩溶区林地转变为旱地后，0～20 cm、20～40 cm 和 40～60 cm 土层 C_a、C_s 和 C_r 分别下降 69.77%～79.83%、49.88%～65.21% 和 42.83%～44.13%（严毅萍等，2012）；印度中部地区森林转变为农田，C_a、C_s 和 C_r 分别下降 51.39%～89.58%、65.67%～83.20% 和 63.89%～72.22%（Jha et al.，2012）。但也有研究发现（Iqbal et al.，2009），林地转变为农田过程中，C_a 和 C_s 均呈增加趋势，而 C_r 呈减小趋势，主要是由于不同土地利用类型下，植被化学组成差异显著，对 SOC 矿化速率产生不同影响。天然林转变为旱地后，SOC 含量下降主要是 C_s 含量下降所致，而 C_r 仅在 20～40 cm 土层表现出显著增加趋势，C_a 含量未表现出明显的变化趋势，主要原因是 C_a 是含量最低的组分，维持 C_a 周转的营养物质容易得到满足，且 SOC 分解时，有一部分 C_s 会转化为 C_a，导致 C_a 变化不明显；20～40 cm 土层黏粒含量随土地利用变化而升高，导致 C_r 含量升高（陈锦盈等，2008）。

当前关于森林植被转变为农田对 SOC 各组分分配比的影响在不同研究中有不同甚至相反的结果。杨慧等（2011）研究表明，林地 C_a/SOC 和 C_r/SOC 低于农田，C_s/SOC 高于农田。但 Iqbal 等（2009）的研究发现，林地转变为农田后 C_a/SOC 和 C_s/SOC 显著上升，C_r/SOC 显著下降，SOC 稳定性增加，有利于 SOC 积累。而严毅萍等（2012）、Jha 等（2012）的研究表明，森林转变为农用地，C_a/SOC 和 C_s/SOC 下降，C_r/SOC 升高，SOC 稳定性增加，有利于土壤固 C。

目前，有关森林植被转变为其他土地利用类型对 SOC 组成及其稳定性影响的研究报道仍较少，对不同研究得出不同的研究结果的原因和机理仍未完全清楚，但这些研究表明，森林植被转变为其他土地利用类型对 SOC 组成和稳定性的影响可能不是一个简单的过程，不同区域森林转变为其他土地利用类型可能会产生不同的后果，还需深入开展相关的研究。

2）植被恢复演替对土壤有机碳组成及其稳定性的影响

植被恢复演替是一个重要的环境变化过程，在这一过程中，凋落物分解和根系分泌物的变化不仅直接影响 SOC 组成及其存在状态，还可以通过改善土壤物理结构、提高土壤养分含量影响 SOC 各组分的含量和性质。近年来，有少数学者相继开展了植被恢复演替对 SOC 组成及其稳定性影响的研究。

从不同森林类型对 SOC 各组分含量的影响来看，在亚热带地区，常绿阔叶林 SOC 各组分含量均高于针叶林（杨丽霞等，2006）；而在温带地区，阔叶次生林不同土层 SOC 各组分均高于原始阔叶红松林（高菲等，2015），针叶林却高于针阔混交林（宋媛等，2013）。不同地区研究结果的不一致性，可能是由于不同地区不同植物群落凋落物性质、根系分泌物不同，导致 SOC 各组分含量的差异，因而还需分地域进行具体的深入研究。

退耕还林及荒地人工造林后 SOC 各组分含量均呈增加趋势，主要原因是在人工造林促进植被恢复过程中，生态系统物质循环由开放或半开放转变为封闭或半封闭，大量枯枝落叶和营养物质重新返回生态系统中，死地被物积累与分解逐渐增加，促使 SOC 各组分含量显著升高（戴全厚等，2008a）。此外，植被恢复年限或林龄对 SOC 各组分有一定影响。研究发现，SOC 各组分含量随马尾松人工林恢复年限的延长而升高，是因为随植被恢复年限的延长，植物残体、根系输入量增加，使土壤有机质增加，刺激微生物活动，增加了土壤活性有机质含量，同时，土壤结构得到改善，提高了土壤团聚体的稳定性，有利于土壤 C 的固持，增加了 C_s 和 C_r 含量（邓翠等，2017）。但也有研究表明（邵月红等，2005），不同林龄人工林表土层 C_a 大小排序为，中龄林＞成熟林＞幼龄林，C_s 为，幼龄林＞成熟林＞中龄林，C_r 为，成熟林＞中龄林＞幼龄林，可能是由于不同林龄植物凋落物质量和数量不同，输入土壤的有机碳质和量存在差异，导致 SOC 各组分的积累不同。

与人工造林植被相比，阔叶林土壤积累了更多的 C_r（邵月红等，2005；杨丽霞等，2006），但有关阔叶林和人工林土壤 C_a 和 C_s 含量比较研究的结果仍存在不确定性，如邵月红等（2005）研究表明，阔叶林 C_a 和 C_s 含量均低于人工林，但杨丽霞等（2006）的研究发现，阔叶林 C_a 含量与人工林差异较小，C_s 含量高于人工林。这表明不同植被恢复类型对 SOC 各组分含量的影响还存在较大的不确定性。

从 SOC 各组分比率来看，亚热带地区，C_a/SOC 和 C_s/SOC 表现为常绿阔叶林＜针叶林，C_r/SOC 为常绿阔叶林＞针叶林（杨丽霞等，2006）；温带地区 C_a/SOC 和 C_s/SOC 表现为针叶林＜针阔混交林，C_r/SOC 表现为：针叶林＞针阔混交林（宋媛等，2013）。针叶树种凋落物中难分解有机质较多，且研究区针叶林所处地形较为平缓、环境阴冷潮湿，有利于 C_r 积累，因此，与常绿阔叶林和针阔混交林相比，针叶林 SOC 稳定性更好，更利于土壤 C 的长期积累和固定（宋媛等，2013）。然而，这样的研究结果是个案还是某地区一般的规律性，亟待开展大量的实验研究进一步明确。

随人工植被恢复年限延长，C_a/SOC 呈下降趋势，C_s/SOC 呈上升趋势，C_r/SOC 无显著变化（邓翠等，2017）。也有研究表明，随林龄增加，表土层 C_a/SOC 和 C_s/SOC 呈下降趋势，C_r/SOC 呈上升趋势（杨丽霞等，2006）。可见，有关人工植被恢复年限对 SOC 各组分分配比率影响的研究结果不尽一致，目前，对产生这些差异的原因和机理尚未见详细报道。

与人工林相比，天然阔叶林 C_a/SOC 和 C_s/SOC 较小，但 C_r/SOC 较大（邵月红等，

2005；杨丽霞等，2006）。这表明天然植被恢复更有利于 SOC 的稳定，主要是 SOC 来源的质和量的差异造成的，但相关的机理还需深入研究。

3. 影响土壤有机碳组成及其稳定性的其他因子

SOC 组成和稳定性除受植被类型、组成和结构的影响外，还受到气候因子（如温度和降水）、土壤性质（如水分、质地、pH）等因子的影响。研究表明，气候因子（即温度和降水）是影响祁连山不同海拔 SOC 各组分含量的主要因素（朱凌宇等，2013）。土壤温度通过影响微生物的生理活性和数量（Reichstein et al.，2005；刘燕萍等，2011）来影响 SOC 各组分含量和稳定性，而土壤水分主要是通过影响土壤孔隙度、微生物群落和土壤养分的有效性，从而影响 SOC 各组分含量和稳定性（杨长明等，2004）；低温和潮湿环境更有利于 SOC 的积累和稳定（Wynn et al.，2006）。土壤质地对 SOC 组分和稳定性具有调控效应，土壤粉粒对土壤水分有效性和植被生长具有正效应，黏粒容易吸附 SOC，并与其结合形成复合体或团聚体，增强 SOC 的稳定性（陈锦盈等，2008；朱凌宇等，2013）。因而，土壤黏粒是造成 SOC 各组分含量差异的主要原因（Qian et al.，2013）。SOC 的周转与土壤 pH 密切相关，土壤 pH 通过影响土壤微生物数量和活性而影响 SOC 周转速率，进而影响 SOC 各组分含量和稳定性（Leifeld et al.，2008）。通常，土壤 pH 太大（>8.5）或太小（<5.5）都不适合微生物生长，阻碍微生物分解 SOC，从而改变 SOC 的稳定性（黄昌勇，2000）。但也有研究表明，土壤 pH 与 C_s 含量呈负相关关系，土壤 pH 升高会改善微生物生长条件，增强微生物活性，促进土壤 C_s 分解（Beheshti et al.，2012）。综上所述，不同地区不同植被恢复过程中，各因子对 SOC 组成和稳定性影响的研究结果仍不尽一致。

5.1.4　研究展望

（1）由于生态系统的复杂性和多样性，不同 SOC 矿化研究方法具有不同的优势和局限性，能否找到一种具有最广泛应用性的研究方法，一直是 SOC 矿化研究的热点问题。

（2）目前，植被恢复对 SOC 矿化影响的研究主要集中在退耕还林（Zhao et al.，2008；刘苑秋等，2011）、草地造林（胡亚林等，2007；Ross et al.，2002）、不同年龄人工林（张浩等，2016；Sun et al.，2015）或不同演替阶段的森林类型（杨开军等，2017），有关植被自然恢复对 SOC 矿化影响的研究报道仍不多见。此外，现有研究的重点仍主要集中在植被恢复导致凋落物、根系数量和质量的变化，土壤理化性质改变，进而影响 SOC 矿化。然而，有关植被恢复过程中，生物多样性和生物量变化对 SOC 矿化影响的研究报道仍较少，亟待进一步研究。

（3）至今，对比分析植被自然恢复和人工促进的植被恢复对 SOC 矿化影响的研究仍鲜有报道，也由于不同植被恢复方式下，环境因子的时空异质性及主导因素的不确定性，SOC 矿化的研究仍存在许多争议，有待进一步深入探讨。

（4）亚热带森林演替过程中，土壤微生物驱动 SOC 的形成和周转，且土壤微生物残留物是 SOC 库的重要来源，在长期土壤 C 固持方面起重要作用。植被从灌草丛恢复到灌木林，再到针叶林，最后恢复到常绿阔叶林，不同凋落物质量影响微生物底物利用效率及微生物群落组成，但 SOC 积累与微生物 C 固持功能之间的长期关联作用目前尚不清楚。

（5）Frey 等（2008）的研究表明，土壤微生物群落结构随土壤温度升高发生变化；而 Streit 等（2014）的研究发现，土壤增温不会改变土壤微生物群落组成，但会影响微生物的代谢活性。土壤微生物控制着 SOC 矿化过程，目前增温对 SOC 矿化影响的研究结果仍存在不确定性，且当前的主要结论主要基于温带森林或草原的研究，温度如何调控土壤微生物群落组成或改变微生物活性而影响 SOC 矿化过程仍需要进一步研究，特别是在热带和亚热带地区。

5.1.5　植被恢复过程中土壤有机碳库积累和稳定性的研究目的及意义

SOC 库动态变化与全球气候变化密切相关。SOC 库动态变化及其影响因素仍然是全球陆地生态系统 C 循环研究的热点问题和核心内容。中国亚热带作为中国陆地生态系统的重要组成部分，也是中国陆地森林的主要分布区之一。目前，该地区次生林正处于快速恢复时期，也由于人为干扰强度不同，形成了处于不同植被恢复阶段的多种次生植物群落。在特定的土壤类型和气候条件下，根据干扰强度和恢复程度及其物种组成的差异，沿着植被恢复演替梯度，这些次生植物群落可以划分为灌草丛、次生灌木林、针阔混交次生林、落叶常绿阔叶混交林和常绿阔叶林等不同植被恢复演替阶段（Xiang et al., 2016），为开展亚热带植被恢复研究提供了良好的场所。

随植被恢复演替，群落组成结构趋于复杂，生物量提高，凋落物、根系的数量和质量发生改变，直接影响土壤理化性质、微生物群落组成及其酶活性，从而改变 SOC 含量、组成及稳定性（朱丽琴等，2017）。尽管在生态系统尺度上，SOC 动态研究已有很多报道，但主要集中在不同植被类型之间或不同土地利用类型之间 SOC 库、活性有机碳库的差异，有关亚热带植被恢复对 SOC 积累和稳定性影响的研究仍未见报道，特别是植被恢复演替过程中植被因子和土壤因子相互作用对 SOC 库动态变化的综合影响研究更少，对阐明亚热带植被恢复对 SOC 库动态和土壤肥力演变的影响机制，准确评价该地区森林生态系统固 C 潜力及其在全球 C 循环中的重要性，预测该地区森林生态系统 SOC 对未来全球气候的响应仍有一定的局限性。因此，本研究采用空间差异替代时间序列的方法，根据人为干扰强度和植被恢复程度及群落树种组成，在湘中丘陵区选取地域相邻，土壤、气候条件基本一致，处于不同植被恢复阶段的 4 种植物群落：檵木+南烛+杜鹃灌草丛、檵木+杉木+白栎灌木林、马尾松+柯+檵木针阔混交林、柯+红淡比+青冈常绿阔叶林作为一个植被恢复演替序列，研究植被恢复过程林地 SOC 库积累特征及其稳定性的影响机制，揭示亚热带植被恢复演替过程土壤固 C 机制的演变过程及长期有效性，为亚热带乃至全国森林植被恢复和保护，为该区域森林土壤碳汇潜力评价和碳汇科学管理，为优化亚热带次生林固碳增汇服务的调控机制提供基础数据和科学依据。

5.2 土壤有机碳库积累和稳定性的研究方法

5.2.1 样地设置、样地植物群落调查及其生物量测定

样地设置及 4 个植被恢复阶段的基本概况详见第 1 章 1.3.1 部分内容；样地植物群落调查详见 1.3.2 部分内容；4 种植物群落的基本特征及其主要树种组成见表 1.1。

植物群落生物量的测定详见第 3 章 3.2.1 部分内容。4 种植物群落生物量及其空间分布格局详见第 3 章 "3.3 不同植被恢复阶段群落生物量的空间分布格局" 内容。

5.2.2 细根生物量的测定

采用土壤钻（内直径 10 cm、高 10 cm）钻取土芯的方法测定细根生物量（Liu et al., 2014）。2016 年 10 月，完成土壤分析样品采集后，以土壤采样点为中心，在 4 个不同方位（东、西、南、北）分别设置一个细根取样点（每块样地共布设 12 个取样点），按 0~10 cm、10~20 cm、20~30 cm、30~40 cm 分层钻取土芯，装入密封袋并带回实验室，置于−4 ℃低温保存。

在室内，将土芯放入水中泡软后，倒入 0.9 mm 土壤筛内，用水反复冲洗，除去根系粘连的土壤后，将根系分为 2 个径级（≤2 mm 和＞2 mm），测定细根（≤2 mm）鲜质量后放置在 75 ℃的烘箱中恒温烘干 48 h 至恒重，计算细根干重（g）和含水率。4 个植被恢复阶段的细根生物量如图 5.1 所示。

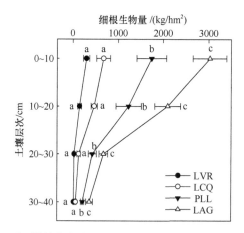

图 5.1 不同植被恢复阶段细根生物量（平均值±标准偏差）

图中不同字母表示不同植被恢复阶段之间差异显著（$P<0.05$）

5.2.3 凋落物层养分含量的测定

凋落物层分析样品中有机 C、全 N、全 P 含量的测定详见第 2 章 2.2.7 部分内容。凋落物层分析样品中木质素含量采用酸性洗涤纤维法（唐建等，2010）测定。

5.2.4　土壤原位温度、湿度的测定

土壤原位温度、湿度的测定详见第 2 章 2.2.3 部分内容。不同植被恢复阶段土壤基本水热状况详见第 2 章 2.3.4 和 2.3.5 部分内容。

5.2.5　土壤样品的采集与处理

土壤样品在样地连续天晴 1 周后，于 2016 年 4 月 12～15 日（春季）、6 月 27～29 日（夏季）、10 月 13～21 日（秋季）和 2017 年 1 月 13～15 日（冬季）完成采集。为保证土壤样品的一致性，每季采集土壤样品均在采样点（采样点的设置见第 2 章 2.2.9 部分内容）附近重新挖土壤剖面，按 0～10 cm、10～20 cm、20～30 cm、30～40 cm 分层，沿土壤剖面从下而上采集土壤样品（约 2.0 kg）。采集土壤样品的同时，用 200 cm³ 的环刀采集土壤测定土壤容重。

在室内，去除植物根系、石砾等杂物后，将同一样地内 3 个采样点相同土层的土壤样品等量混合为 1 个样品，每 1 个鲜土样品分成 2 份：1 份立即过 2 mm 土壤筛，置于 0～4℃低温保存，用于室内培养测定 SOC 矿化速率和土壤微生物生物量碳（B_C）、氮（B_N）、磷（B_P）。另 1 份置于室内自然风干后，再分成 4 份磨碎，分别过 2 mm、1 mm、0.25 mm、0.15 mm 土壤筛，分别用于测定土壤颗粒组成、pH、碱解氮（AN）、速效磷（AP）含量、SOC、全氮（TN）、全磷（TP）含量和土壤惰性碳（C_r）含量。

5.2.6　土壤有机碳、不同粒径土壤颗粒有机碳、惰性碳含量的测定

（1）土壤有机碳（SOC）用重铬酸钾—浓硫酸容量法测定。

（2）不同粒径土壤颗粒有机碳组分的测定采用超声波发生器清洗槽中超声分散（唐光木等，2010）方法测定：①称取过 2 mm 土壤筛的风干土壤样品 20.00 g，置于 300 mL 三角瓶，加入 150 mL 蒸馏水，超声分散 30 min，用蒸馏水反复淋洗，过 50 μm 的湿筛，留在 50 μm 湿筛上的土粒即为粒径>50 μm 的砂粒和部分轻组有机质，收集到已称重的烧杯中，烘干称重，计算出 20.00 g 土壤中>50 μm 粒径土壤颗粒的百分含量。②将土壤淋洗液收集到 1000 mL 量筒中，加蒸馏水到刻度线，用虹吸法测定 2～50 μm、<2 μm 粒径土壤颗粒的百分含量。③各级粒径土壤颗粒烘干、称重，计算出 20.00 g 土壤中 2～50 μm、<2 μm 粒径土壤颗粒的百分含量，随后研磨，测定不同粒径土壤颗粒的有机碳含量。每项指标取 4 块固定样地的算术平均值作为每一个植被恢复阶段土壤的最终测定结果。

（3）土壤惰性碳（C_r）采用酸水解法测定（Paul et al.，2006）：称取过 0.15 mm 土壤筛的烘干土样 1.00 g，置于消煮管，加入 20 mL 6 mol/L HCl，在 115℃下消煮 16 小时，待样品冷却后用蒸馏水洗至中性，再在 55℃下烘干，用重铬酸钾—浓硫酸容量法测定样品中的有机碳含量，即为 C_r 含量。

5.2.7 土壤有机碳矿化速率和累积矿化量的测定

SOC 矿化速率用室内恒温培养、碱液吸收酸滴定法（宋媛等，2013；Qian et al.，2013）测定。本研究中，SOC 矿化的测定包括 2 种处理：季节变化处理和增温处理。

（1）季节变化处理：由于土壤微生物分解 SOC 存在最优温度。一般认为，土壤微生物生长的最适宜温度为 25～35 ℃（Fang et al.，2001；沈征涛等，2013）。Lellei-Kovács等（2011）研究发现，在 0～50 ℃内土壤微生物分解 SOC 的最优温度为 35 ℃。因此，本研究测定 SOC 矿化速率的季节变化时，将培养温度设置为 35 ℃，用 4 个季节采集的土壤样品进行 94 d 培养。

（2）增温处理：当温度超过 40 ℃时，SOC 氧化作用剧烈，土壤吸附 CO_2 的能力降低，微生物和酶对温度的适应性也会发生改变，这些都会影响 SOC 矿化。纵观现有温度升高对 SOC 矿化影响的研究，培养温度大多设置在 0～40 ℃之间（Fang et al.，2001；徐汝民等，2009；Song et al.，2010；Wang et al.，2013；Pires et al.，2017），较少考虑SOC 矿化对较高温度（＞40 ℃）的响应（沈征涛等，2013）。对比分析不同温度下（温度＜40 ℃、温度＞40 ℃）SOC 矿化响应特征的研究报道相对缺乏。此外，本研究区冬季土壤平均温度主要分布在 8～15 ℃范围内。因此，本研究增温处理设置 4 种温度梯度，即 15 ℃、25 ℃、35 ℃和 45 ℃。采用春季采集的土壤样品，分别在 15 ℃、25 ℃、35 ℃和 45 ℃下进行 49 d 培养。

SOC 矿化速率测定的主要步骤：称取过 2 mm 土壤筛的新鲜土壤样品 50.00 g，置于带有橡皮塞的 500 mL 的广口瓶中，内置装有 10 mL 0.2 mol/L NaOH 溶液的 50 mL 塑料吸收瓶（保证在要求时间内能吸收完释放的 CO_2，并有少量盈余），用以吸收 SOC 矿化释放的 CO_2；用蒸馏水调节土壤含水量，保持土壤最大持水量的 60%；密封广口瓶，分批次置于恒温培养箱中培养。每个土壤样品同时测定 2 个平行样，用其平均值作为该土壤样品的最终测定值。

在培养的第 3 d、6 d、9 d、13 d、17 d、21 d、28 d、35 d、42 d、49 d、64 d、79 d、94 d 将吸收液取出并换上新的吸收瓶，再按上述方法继续培养，同时进行空白试验；在取出的 NaOH 吸收液中加入 3 mL 1.5 mol/L $BaCl_2$ 溶液，用酚酞作为指示剂（溶液呈红色），用 0.1 mol/L 的邻苯二甲酸氢钾（$C_6H_4COOHCOOK$，其化学性质较为稳定，不容易挥发，酸度较弱）滴定剩余的 NaOH 溶液（溶液呈无色为终点）。根据邻苯二甲酸氢钾的消耗量计算出 SOC 矿化量（即 CO_2‐C 的释放量，g/kg）。

5.2.8 土壤理化性质、微生物生物量的测定

土壤理化性质的测定详见第 2 章 2.2.9 部分内容。不同植被恢复阶段土壤理化性质的结果详见第 2 章 2.5.1 和 2.5.2 部分内容。

土壤 B_C、B_N、B_P 的测定详见第 2 章 2.2.9 部分内容。不同植被恢复阶段土壤 B_C、B_N、B_P 的结果详见第 2 章 2.5.3 部分内容。

5.2.9　数据统计分析

1. 各项指标的计算

（1）植物 Shannon-Wiener 指数计算公式详见第 1 章的"1. 物种多样性分析"部分内容。

（2）细根生物量用以下公式计算：

$$FB = \frac{FBM \times 10^{-1}}{\pi \times \left(d_s / 2\right)^2} \tag{5.1}$$

式中，FB 为细根生物量（kg/hm²）；FBM 为土芯细根干重（g）；d_s 为土钻内直径（cm），这里为 10 cm。

（3）各土层 SOC 密度（D_{SOC}）用以下公式计算：

$$D_{SOCi} = C_{SOCi} \times BD_i \times H_i \times 10^{-1} \tag{5.2}$$

式中，D_{SOCi} 为第 i 土层 SOC 密度（tC/hm²）；C_{SOCi} 为第 i 土层 SOC 含量（g/kg）；BD_i 为第 i 土层容重（g/cm³）；H_i 为第 i 土层厚度（cm）。

（4）不同粒径土壤颗粒有机碳含量及其分配比例按以下公式（唐光木等，2010）计算：

①不同粒径土壤颗粒有机碳含量（g/kg）=不同粒径土壤颗粒物中有机碳含量（g/kg）×不同粒径颗粒的百分含量（%）

②不同粒径土壤颗粒有机碳分配比例（%）=不同粒径土壤颗粒有机碳含量（g/kg）×100/SOC 含量（g/kg）

③MAOC 含量（g/kg）=粉粒土壤有机碳含量（g/kg）+ 黏粒土壤有机碳含量（g/kg）

④POC/MAOC=POC 含量（g/kg）/MAOC 含量（g/kg）

（5）各土层 SOC 矿化释放的 CO_2-C 量（g/kg）用如下公式计算：

$$CO_2\text{-}C = \frac{6 \times CH \times \left(V_0 - V\right)}{W \times q} \tag{5.3}$$

式中，6 为 CO_2 的摩尔质量转变为 C 的摩尔质量的转换系数；CH 为邻苯二甲酸氢钾（$C_6H_4COOHCOOK$）标准溶液浓度（mol/L）；V_0 为空白 NaOH 溶液所消耗的邻苯二甲酸氢钾溶液体积数（mL）；V 为土壤样品残留的 NaOH 溶液所消耗的邻苯二甲酸氢钾溶液体积数（mL）；W 为新鲜土壤样品质量（g）；q 为新鲜土壤质量转变为烘干土壤质量的转换系数。

（6）用一级动力学方程对不同季节 SOC 矿化数据进行拟合（Curtin et al.，2014），分析 SOC 矿化季节动态，一级动力学方程如下：

$$C_m = C_0 \left(1 - e^{-kt}\right) \tag{5.4}$$

式中，C_m 为 t 时刻的 SOC 累积矿化量（g/kg）；C_0 为潜在可矿化有机碳含量（g/kg）；k 为 SOC 矿化速率常数。

（7）目前，还没有能直接测定 SOC 中 C_a 和 C_s 含量的方法，为了能估算 SOC 中 C_a 和 C_s 的含量，本研究结合 SOC 矿化速率和 C_r 含量的测定数据，利用三库一级动力学方程，对 SOC 各库及其平均驻留时间（MRT）进行拟合（Jha et al.，2012），公式如下：

$$C_{\mathrm{SOC}t} = C_a e^{-k_a t} + C_s e^{-k_s t} + C_r e^{-k_r t} \tag{5.5}$$

式中，$C_{\mathrm{SOC}t}$ 为 t 时刻的 SOC 含量（g/kg）；C_a 和 k_a 为土壤活性碳含量（g/kg）及其分解速率（1/d）；C_s 和 k_s 为土壤缓效性碳含量（g/kg）及其分解速率（1/d）；C_r 和 k_r 为土壤惰性碳含量（g/kg）及其分解速率（1/d）。为消除实验室培养温度与田间实际温度之间的差异对 C_a、C_s、C_r 周转时间的影响，需要对其进行转换：

$$t_s = 2^{\left(\frac{25 - t_a}{10}\right)} \tag{5.6}$$

$$\mathrm{MRT}_{\mathrm{lab}} = \frac{\mathrm{MRT}_{\mathrm{field}}}{t_s} \tag{5.7}$$

$$k_r = 1/\mathrm{MRT}_{\mathrm{lab}} \tag{5.8}$$

式（5.6）～式（5.8）中，$\mathrm{MRT}_{\mathrm{lab}}$ 为实验室内 C_r 的平均驻留时间；$\mathrm{MRT}_{\mathrm{field}}$ 为田间 C_r 的平均驻留时间；t_s 为温度系数；t_a 为该地区的年平均温度（本研究区 t_a 为 17 ℃）。

k_a、k_s 和 k_r 与 MRT 是倒数关系，但由于 C_r 的平均驻留时间太长，不易获得，一般假定田间 C_r 的平均驻留时间为 1000 年（该值对 C_a 和 C_s 影响小，也不影响模型）。利用式（5.6）～式（5.8）计算出 k_r（为 4.77×10^{-6}/d），再基于 94 d 的土壤培养数据及已知数据，利用公式拟合出 C_a、k_a、k_s 的值（C_s 可用方程 $C_s = C_{\mathrm{SOC}} - C_a - C_r$ 代替以减少参数）。最后根据 $C_{\mathrm{SOC}} = C_s + C_a + C_r$，计算出 C_s。

（8）SOC 矿化速率与温度之间的关系采用指数模型拟合（Song et al.，2010）：

$$C_R = \alpha e^{\beta T} \tag{5.9}$$

式中，C_R 为 SOC 矿化速率；T 为培养温度；α 为基质质量，表示 0 ℃时土壤净碳矿化速率；β 为温度反应系数。

（9）SOC 矿化的温度敏感性用以下公式计算（Song et al.，2010）：

$$Q_{10} = e^{10\beta} \tag{5.10}$$

式中，Q_{10} 为 SOC 矿化的温度敏感系数，表示温度每升高 10 ℃时 SOC 矿化速率相应增加的倍数；β 同式（5.9）。

2. 数据统计分析

（1）用 Excel 2010 统计各项指标平均值、标准偏差。

（2）用 SPSS 22.0 统计软件进行以下数据统计分析：

①用单因素方差分析（ANOVA）的最小显著差数法（LSD，$P < 0.05$）检验群落生物量（群落总生物量、地上部分生物量、根系生物量、凋落物层现存量）、凋落物层养分特征（C、N、P 含量及 C/N、N/P、C/P）、土壤理化性质（容重、颗粒组成、pH、TN 含量、TP 含量、AN 含量、AP 含量、C/N、N/P、C/P、B_C、B_N、B_P）、土壤水热条件（温度、湿度）、C_{SOC}、D_{SOC}、SOC 矿化各项指标、SOC 各库及其分配比例的差异显著性；

②用 3 因素方差分析温度、土层、植被恢复阶段及其交互作用对 SOC 矿化速率、C_m 的影响；

③用 Pearson 相关系数分析各项指标之间的相关性；用重复测量设计的方差分析（repeated-measurement desige ANOVA）比较不同季节各植被恢复阶段不同土层 SOC 含量、C_m 的差异；

④由于 SOC 矿化释放的 C 量随培养时间增加而衰减，但不是直线下降，因此用倒数方程和指数方程分别对 SOC 矿化速率与培养时间的关系进行拟合。与指数方程相比，倒数方程的相关系数更大，能更准确地反映 SOC 矿化速率与培养时间的关系。因此，最终采用倒数方程描述 SOC 矿化速率与时间的关系；

⑤用一级动力学方程对不同季节 SOC 矿化数据进行拟合；

⑥用指数方程描述 SOC 矿化速率与温度变化的关系；

⑦用主成分分析方法分析研究地 C_{SOC}、D_{SOC}、C_m 变化的主要影响因子；

⑧用逐步回归分析对主成分分析得出的主要影响因子进行筛选，方程引入变量的标准为变量 F 值的 $P<0.05$，剔除变量的标准为 $P>0.1$，并采用统计量 t 对回归方程进行检验，从而筛选出对 C_{SOC}、D_{SOC}、SOC 矿化各项指标（C_m 和 C_m/SOC）、SOC 各组分（C_a、C_s 和 C_r）影响最大的因素；

⑨用通径分析法分析植被因子、土壤因子对土壤 C_{max}、C_m、C_0、k 季节动态变化的直接和间接影响的程度。

⑩用偏相关分析法分析 Q_{10} 与各土壤因子的关系，真实反映各土壤因子对 Q_{10} 的影响程度。

（3）运用 R-3.1.2 中 vegan、car 等进行方差分解分析和方差膨胀因子分析。用方差分解分析（variance partitioning analysis，VPA）衡量植被（群落生物量和凋落物层养分特征）和土壤（土壤理化性质）两类因子对 SOC 各库的影响程度；为了消除因子之间的强共线性的影响，在 VPA 分析之前，采用方差膨胀因子（variance inflation factor，VIF）对植被和土壤因子进行共线性检验，以 VIF<3 为标准去除共线性强的因子。

（4）利用 SAS 9.3 中的非线性回归对培养 94 d 的 SOC 矿化数据进行拟合，获得 SOC 各组分（C_a 和 C_s）数据。

（5）运用 SigmaPlot 12.5 软件制图。

5.3　植被恢复对土壤有机碳含量、碳密度的影响

森林植被恢复演替是森林生态系统固碳过程中重要的潜在碳汇（Fang et al.，2001）。在特定的生物、气候条件下，SOC 随植被恢复演替达到相对稳定状态，SOC 状况可用于评价森林植被恢复的效果（龚伟等，2008；戴全厚等，2008b）。然而，随植被恢复演替，SOC 库动态变化的研究尚相对缺乏，特别是植被因子和土壤因子相互作用对森林 SOC 库动态变化的综合影响研究更少，对阐明亚热带天然林保护与恢复、人工林经营对森林 SOC 库动态、土壤肥力演变的影响机制仍有一定的局限性。为此，本部分主要研究随植被恢复 C_{SOC}、D_{SOC} 的动态变化，分析植被因子、土壤因子共同作用对 SOC 库的

综合影响，探寻植被恢复过程 SOC 库动态变化的主要影响因子，揭示亚热带森林植被恢复演替对 SOC 库动态变化的影响机制，为该区域森林土壤碳汇潜力评价提供基础数据，为亚热带乃至全国森林植被恢复和保护提供科学依据。

5.3.1 土壤有机碳含量的变化

如图 5.2 所示，各土层 C_{SOC} 均随植被恢复呈增加趋势，且同一土层不同植被恢复阶段间差异显著（$P<0.05$），0～10 cm、10～20 cm 土层 LVR、LCQ 与 PLL、LAG 差异显著（$P<0.05$），但 LVR 与 LCQ，PLL 与 LAG 差异不显著（$P>0.05$）；20～30 cm、30～40 cm 土层 LVR 与 LCQ、PLL、LAG，LCQ、PLL 与 LAG 差异显著（$P<0.05$）；0～40 cm 土层，LAG 与 LVR、LCQ、PLL，PLL 与 LVR、LCQ 差异显著（$P<0.05$），其中 LAG 比 LVR、LCQ、PLL 分别增加 12.5 g/kg、9.3 g/kg 和 4.7 g/kg，分别提高了 248.5%、113.1%和 58.5%，表明植被恢复显著提高 C_{SOC}，增强土壤储碳能力。此外，不同植被恢复阶段 C_{SOC} 均随土壤深度增加而下降，且 0～10 cm 土层显著高于其他 3 个土层（$P<0.05$），表明土层对 C_{SOC} 也有一定的影响（图 5.2）。

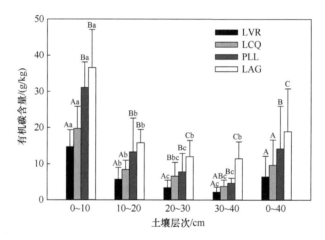

图 5.2　不同植被恢复阶段土壤有机碳的含量（4 个季节平均值±标准偏差）
图中不同大写字母表示同一土层不同植被恢复阶段之间差异显著（$P<0.05$），
不同小写字母表示同一植被恢复阶段不同土层之间差异显著（$P<0.05$）

5.3.2 土壤有机碳密度的变化

随植被恢复，各土层 D_{SOC} 变化趋势与 C_{SOC} 一致，同一土层不同植被恢复阶段 D_{SOC} 差异显著（$P<0.05$），且随土壤深度增加，不同植被恢复阶段之间的差异不减小。LVR、LCQ、PLL 和 LAG 0～40 cm 土层 D_{SOC} 分别为 36.83 tC/hm²、57.81 tC/hm²、71.37 tC/hm² 和 103.88 tC/hm²，LAG 比 LVR、LCQ 和 PLL 分别增加 67.05 tC/hm²、46.07 tC/hm² 和 32.51 tC/hm²，分别提高了 182.05%、79.68%和 45.55%（图 5.3），表明土壤储碳能力随植被恢复显著提高，且不随土壤深度增加而下降。

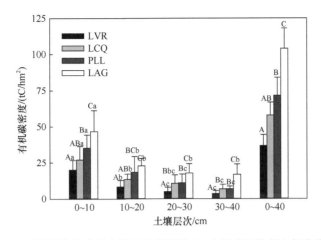

图 5.3 不同植被恢复阶段土壤有机碳密度（4 个季节平均值±标准偏差）

图中不同大写字母表示同一土层不同植被恢复阶段之间差异显著（$P<0.05$），

不同小写字母表示同一植被恢复阶段不同土层之间差异显著（$P<0.05$）

同一植被恢复阶段 D_{SOC} 均随土壤深度增加而下降，0～10 cm 土层显著高于其他 3 个土层（$P<0.05$），LVR、LCQ、PLL 和 LAG 0～20 cm 土层 D_{SOC} 分别占 0～40 cm 土层的 77.27%、70.16%、75.17%和 66.83%（图 5.3），表明 SOC 主要储存于 0～20 cm 土层中。

5.3.3 土壤有机碳含量、碳密度与植被因子、土壤因子的相关关系

分析结果（表 5.1）表明，C_{SOC} 与 Shannon-Wiener 指数、群落总生物量、地上部分生物量、根系生物量、凋落物层现存量、凋落物层 N 含量、凋落物层 P 含量呈显著（$P<0.05$）或极显著（$P<0.01$）正相关关系，与凋落物层 C/P 呈极显著负相关关系（$P<0.01$）。这表明 C_{SOC} 随植被恢复的变化受到植被因子的影响。

表 5.1 土壤有机碳含量及其密度与植被因子的 Pearson 相关系数

项目	Shannon-Wiener 指数	群落总生物量	地上部分生物量	根系生物量	凋落物层现存量	凋落物层C 含量	凋落物层N 含量	凋落物层P 含量	凋落物层 C/N	凋落物层 C/P	凋落物层 N/P
C_{SOC}	0.293*	0.479**	0.473**	0.478**	0.456**	0.162	0.459**	0.378**	−0.240	−0.279*	−0.0700
D_{SOC}	0.326*	0.476**	0.468**	0.495**	0.470**	0.102	0.496**	0.424**	−0.318	−0.348*	−0.0830

注：$n=52$，*表示 $P<0.05$，**表示 $P<0.01$。

表 5.2 表明，C_{SOC} 与土壤 TP、AP、C/N、C/P、N/P 以及<2 μm 黏粒百分含量呈显著（$P<0.05$）或极显著（$P<0.01$）正相关关系，与土壤 pH 和容重呈极显著负相关关系（$P<0.01$）。这表明 C_{SOC} 随植被恢复的变化受到土壤因子的影响。

表 5.2 土壤有机碳含量及其密度与土壤因子的 Pearson 相关系数

项目	容重	>50 μm 砂粒	2～50 μm 粉粒	<2μm 黏粒	pH	TP	AP	C/N	C/P	N/P
C_{SOC}	−0.678**	−0.246	0.027	0.637**	−0.666**	0.568**	0.727**	0.277*	0.792**	0.780**
D_{SOC}	−0.551**	−0.209	−0.007	0.623**	−0.623**	0.564**	0.752**	0.2430	0.796**	0.811**

注：$n=52$，*表示 $P<0.05$，**表示 $P<0.01$。

从表 5.1 和表 5.2 可以看出，D_{SOC} 与 Shannon-Wiener 指数、群落总生物量、地上部分生物量、根系生物量、凋落物层现存量、凋落物层 N 含量、凋落物层 P 含量、土壤 TP 含量、土壤 AP 含量、土壤 C/P、N/P 和＜2 μm 黏粒百分含量均呈显著（$P<0.05$）或极显著（$P<0.01$）正相关关系，与凋落物层 C/N、凋落物层 C/P、土壤 pH 和容重呈显著（$P<0.05$）或极显著（$P<0.01$）负相关关系。这表明 D_{SOC} 与 C_{SOC} 一样受到植被因子和土壤理化性质等诸多因子的影响。

5.3.4 土壤有机碳含量、碳密度影响因子的主成分分析

在自然条件下，生态系统中影响 C_{SOC}、D_{SOC} 的各环境因子之间具有较强的相关性，存在交互作用（杜虎等，2016）。为降低各因子间的多重共线性影响，明确各因子的影响程度，本研究通过主成分分析提取影响 C_{SOC}、D_{SOC} 变化的主要因子，分析结果如表 5.3 所示。

表 5.3 植被因子和土壤因子主成分载荷矩阵、特征值及贡献率

因子		主成分				
		1	2	3	4	5
植被因子	Shannon-Wiener 指数	0.687	−0.504	−0.200	−0.020	−0.259
	群落总生物量	0.877	0.247	−0.056	0.301	0.169
	地上部分生物量	0.862	0.279	−0.054	0.311	0.162
	根系生物量	0.913	0.132	−0.13	0.221	0.221
	凋落物层现存量	0.841	−0.247	0.112	0.180	0.079
	凋落物层 C 含量	0.281	0.562	0.149	0.708	0.001
	凋落物层 N 含量	0.786	−0.123	−0.232	−0.011	0.218
	凋落物层 P 含量	0.810	−0.360	−0.080	0.199	−0.263
	凋落物层 C/N	−0.522	0.625	0.241	0.501	−0.106
	凋落物层 C/P	−0.622	0.745	0.06	0.12	0.112
	凋落物层 N/P	−0.204	0.439	−0.3	−0.533	0.577
土壤因子	容重	−0.384	−0.614	−0.367	0.237	0.157
	＞50 μm 砂粒百分含量	−0.531	−0.57	0.549	0.187	0.078
	2～50 μm 粉粒百分含量	0.276	0.615	−0.65	−0.122	−0.098
	＜2 μm 黏粒百分含量	0.914	−0.023	0.174	−0.21	0.043
	pH	−0.575	−0.702	−0.204	0.159	0.195
	TP 含量	0.631	0.342	−0.248	−0.457	−0.291
	AP 含量	0.656	−0.095	0.482	−0.204	−0.187
	C/N	−0.244	0.446	0.616	−0.205	−0.273
	C/P	0.350	0.066	0.861	−0.155	0.191
	N/P	0.499	−0.120	0.720	−0.172	0.296
贡献率/%		40.533	18.984	15.113	8.953	4.995
累积贡献率/%		40.533	59.517	74.630	83.583	88.578

从表 5.3 可知，在所有主成分中特征值大于 1 的主成分有 5 个，其方差累积贡献率达到 88.58%，能反映不同因子对 C_{SOC}、D_{SOC} 影响的绝大部分信息。第 1 主成分与 <2 μm 黏粒百分含量、根系生物量、群落总生物量、地上部分生物量相关性较大，方差贡献率达 40.53%；第 2 主成分与凋落物层 C/P、土壤 pH 有较大相关性，方差贡献率为 18.98%；第 3 主成分与土壤 C/P 有关，方差贡献率为 15.11%；第 4 主成分与凋落物层 C 含量相关，方差贡献率为 8.95%；第 5 主成分与凋落物层 N/P 有关，方差贡献率为 5.00%。5 个主成分中，第 1、2、3 主成分反映的信息量占总信息量的 74.63%，可见，植被恢复过程中 C_{SOC}、D_{SOC} 的变化与土壤 <2 μm 黏粒百分含量、根系生物量、群落总生物量、地上部分生物量、凋落物层 C/P、土壤 pH、土壤 C/P、凋落物层 C 含量及其 N/P 的变化密切相关。

5.3.5　土壤有机碳含量、碳密度影响因子的逐步回归分析

为了揭示各因子对 C_{SOC}、D_{SOC} 影响的相对重要性，对主成分分析得到的主要影响因子进行逐步回归分析，并通过 t 检验和 F 检验。从表 5.4 可以看出，不同因子对 C_{SOC} 的影响不同。C_{SOC} 与土壤 C/P 呈正相关关系，与土壤 pH、凋落物层 C/P 呈负相关关系；调整判定系数（R^2）表明，土壤 C/P 对 C_{SOC} 的影响最大，其次是土壤 pH；第 3 个回归方程多元相关系数最大，能更准确反映植被恢复过程中植被和土壤因子对 C_{SOC} 的影响，该回归方程为 C_{SOC} = 0.101（土壤 C/P）–19.492（土壤 pH）–0.009（凋落物层 C/P）+ 105.516（R = 0.912，P<0.01），这表明植被恢复过程中，C_{SOC} 的变化主要是土壤 C/P、pH 和凋落物层 C/P 综合作用的结果。

表 5.4　土壤有机碳含量影响因子的逐步回归分析

因子	模型		
	1	2	3
土壤 C/P	0.141	0.111	0.101
土壤 pH		−17.073	−19.492
凋落物层 C/P			−0.009
常数项	−0.285	82.592	105.516
多元相关系数（R）	0.792	0.874	0.912
调整判定系数 R^2	0.620	0.755	0.820
F	84.203	79.603	78.584
P	0.000	0.000	0.000

如表 5.5 所示，各因子对 D_{SOC} 的影响存在差异。D_{SOC} 与土壤 C/P、<2 μm 黏粒百分含量呈正相关关系，与土壤 pH、凋落物层 C/P 呈负相关关系；从调整判定系数（R^2）可以看出，土壤 C/P 对 D_{SOC} 影响最大，其次为 <2 μm 黏粒百分含量，凋落物层 C/P 最小；第 4 个回归方程多元相关系数最大，对不同植被恢复阶段 D_{SOC} 变异性的解释程度更高，该回归方程为 D_{SOC} = 0.124×（土壤 C/P）+ 0.107×（<2 μm 黏粒百分含量）– 20.204×（土壤 pH）– 0.012×（凋落物层 C/P）+ 114.025（R = 0.916，P<0.01），表明 D_{SOC} 的变

化主要受到土壤 C/P、<2 μm 黏粒百分含量、pH 和凋落物层 C/P 的调控。

表5.5　土壤有机碳密度影响因子的逐步回归分析

因子	模型			
	1	2	3	4
土壤 C/P	0.172	0.141	0.127	0.124
<2 μm 黏粒百分含量		0.763	0.565	0.107
土壤 pH			−12.315	−20.204
凋落物层 C/P				−0.012
常数项	1.416	−4.094	57.112	114.025
多元相关系数（R）	0.796	0.865	0.889	0.916
调整判定系数（R^2）	0.626	0.739	0.776	0.825
F	86.325	73.058	60.022	61.066
P	0.000	0.000	0.000	0.000

5.3.6　讨论

1. 植被恢复对土壤有机碳含量的影响

SOC 主要来源于地上植被凋落物及其地下根系的分解和周转，而凋落物的分解速率及其地下根系的分布和周转因植被类型不同而异（Berger et al.，2002），故植被类型在很大程度上影响 SOC 库，也使得同一地区或同一气候条件下，不同植被类型之间 C_{SOC} 存在较大的差异（Deng et al.，2013；Zhao et al.，2015）。植被恢复演替是一个重要的环境变化过程，地上植被逐步变化，SOC 库也随之发生改变（Castro et al.，2010；江淼华等，2018）。随森林演替，温带森林 C_{SOC} 通过细根周转、根系分泌物、枯枝落叶积累和分解等途径得到提高（薛莲等，2009；张雪等，2016）。随植被恢复，土壤理化性质的变化也是影响 SOC 库的重要原因。研究表明，C_{SOC} 与土壤理化性质之间存在很好的相关性（Sá & Lal，2009）；土壤容重小，土壤质地疏松，有利于植物根系的延伸及地表水渗透，有利于 SOC 的积累（Sá & Lal，2009；Grüneberg et al.，2013）；黏粒百分含量高的土壤颗粒比表面积大，容易将 SOC 吸附到其表面形成复合体，增强 SOC 保持力，使 C_{SOC} 升高（李顺姬等，2010）；土壤 N 含量增加提高森林土壤对碳的固持能力（刘世荣等，2011）。本研究中，各土层 C_{SOC} 随植被恢复呈增加趋势，且同一土层不同植被恢复阶段差异显著（$P<0.05$）。究其原因可能是：①随植被恢复，群落植物种类增加，木本植物多样性指数增大（表1.4），群落总生物量及各组分生物量增加，地表凋落物层现存量增加（表3.10），凋落物层的质量有所改善（图4.2），SOC 来源增加。Pearson 相关性分析结果（表5.1）也证实，C_{SOC} 随群落 Shannon-Wiener 指数、群落总生物量、地上部分生物量、根系生物量、凋落物层现存量、凋落物层 N、P 含量的增加而增加，随凋落物层 C/N、C/P 的下降而增加。②随植被恢复，地表裸露面积减少，地表径流侵蚀减弱，减缓了 SOC 的损失；土壤环境质量逐渐改善和稳定，容重下降，<2 μm 黏粒百分含量

明显提高，有利于土壤微团聚体结构的形成，土壤保肥保水能力明显改善，土壤养分含量明显提高（表 2.15，表 2.16），SOC 固持和保护作用增强，这被 C_{SOC} 与土壤 TP、AP含量、C/N、C/P、N/P、<2 μm 黏粒百分含量呈显著（$P<0.05$）或极显著（$P<0.01$）正相关关系的分析结果所证实（表 5.2）。这表明 C_{SOC} 受到众多因素的影响，不仅受到群落植物组成、生物量、凋落物层现存量及其养分含量等植被因子的影响，还受到土壤养分含量、酸碱度、质地等土壤因子的影响。此外，灌草丛（LVR）、灌木林（LCQ）恢复至针阔混交林（PLL），各土层 C_{SOC} 显著增加；虽然恢复中期阶段 PLL 土壤表层（0～10 cm、10～20 cm）C_{SOC} 与恢复后期阶段 LAG 差异不显著，但随土壤深度增加，PLL与 LAG 的差异仍然显著，表明植被恢复过程中 SOC 的累积需要一个过程，在一定程度上可将马尾松针阔混交林（PLL）视为该地区植被恢复过程中一个重要的飞跃阶段，土壤恢复不一定滞后于地上植被恢复，表土层 SOC 库比深土层恢复更快。

尽管植被恢复过程中 C_{SOC} 与植被因子、土壤因子密切相关，但不同因子对 C_{SOC} 的影响不尽相同。研究表明，SOC 的储存在一定程度上由关键养分 N、P 有效性所调控，高的土壤 C/P 表征土壤 P 有效性较低，反映土壤 P 的缺乏，意味着土壤有机质分解较慢（曹娟等，2015），P 添加可促进 SOC 分解（Fisk et al.，2015），森林土壤 C/P 增大过程中，土壤 C 密度也有所增加（刘万德等，2010）。本研究中，土壤 C/P 对 C_{SOC} 影响最显著，C_{SOC} 随土壤 C/P 增加而增加（表 5.4）。尽管随植被恢复，土壤 P 含量增加，但土壤C/P 总体上仍呈增加趋势（表 4.7），意味着土壤 P 稀缺程度增大，微生物活性受到抑制，有机质分解速率缓慢，有利于 SOC 的积累（McKane et al.，1995；Herbert et al.，2003）。研究表明，C_{SOC} 与土壤 pH 呈显著负相关关系（刘景双等，2003；Jia et al.，2005），较低的土壤 pH 通常抑制微生物的活性和数量，从而减慢 SOC 分解速率，有利于 SOC 的积累（Chen et al.，2013）；凋落物 C/P 是影响凋落物分解速率的重要指标（Aerts，1997），较低的凋落物 C/P，能为微生物群落提供充足的养分和能源，从而提高微生物活性，促进凋落物的分解（尤龙辉等，2014），加快 SOC 的周转，不利于 SOC 储存（毕京东等，2016）。本研究中，土壤 pH、凋落物层 C/P 也显著影响 C_{SOC} 的变化（表 5.4），C_{SOC} 随土壤 pH、凋落物层 C/P 增加而下降。表明土壤 C/P、土壤 pH 和凋落物层 C/P 随植被恢复的变化对 C_{SOC} 产生显著影响，SOC 积累和存储与限制植物生长的 P 的供应有关（Herbert et al.，2003）。

在垂直分布上，C_{SOC} 随土层加深呈递减趋势，与大多数研究结果（戴全厚等，2008a；Zhao et al.，2015；朱丽琴等，2017）一致，主要是由于地表凋落物和植物根系分解形成的 SOC 首先进入土壤表层，使得表层 C_{SOC} 明显高于深层土壤。也由于发育于同一母质的深层土壤，受植物凋落物、根系的影响程度减小，使得不同植被恢复阶段之间 C_{SOC}的差异也随土壤深度增加而减小。

2. 植被恢复对 SOC 密度的影响

本研究中，4 个不同植被恢复阶段 0～40 cm 土层 D_{SOC} 为 36.83～103.88 tC/hm²，除LVR 外，LCQ、PLL、LAG 均处于中国各森林类型 D_{SOC}（44～264 tC/hm²）的变化范围（刘世荣等，2011）；除 LAG 外，LVR、LCQ、PLL 0～40 cm 土层 D_{SOC} 均低于三峡库区

11 种主要森林植被类型 0~40 cm 土层 D_{SOC}（9.00~160.00 tC/hm²）（陈亮中等，2007）；LVR、LCQ、PLL 与恢复后期 LAG 土壤碳汇功能仍存在较大差距，表明研究区森林土壤碳储存潜力大，促进森林植被恢复将显著提高研究区土壤碳的储存能力。

同一气候条件下，相同厚度土层 D_{SOC} 的变化取决于 C_{SOC} 和土壤容重。本研究中，随植被恢复，土壤容重下降，但不同植被恢复阶段之间差异不显著（表 2.12），表明土壤容重的差异不是植被差异所造成的，不同植被恢复阶段 D_{SOC} 差异不是土壤容重的差异所致，因而 D_{SOC} 主要取决于 C_{SOC}，各土层 D_{SOC} 随植被恢复的变化趋势与其 C_{SOC} 的变化一致。D_{SOC} 与 C_{SOC} 一样，也与植被因子（Shannon-Wiener 指数、群落总生物量、地上部分生物量、根系生物量、凋落物现存量、凋落物 N、P 含量、凋落物 C/N、C/P）（表 5.1）、土壤因子（土壤容重、<2 μm 黏粒百分含量、pH、TP 含量、AP 含量、C/P、N/P）（表 5.2）密切相关。这表明 D_{SOC} 随植被恢复的变化也是植被因子和土壤因子共同作用的结果。D_{SOC} 主要受土壤 C/P、pH、凋落物层 C/P、<2 μm 黏粒百分含量的影响（表 5.5），表明显著影响 C_{SOC} 的各因子也显著影响 D_{SOC}。

随土壤深度增加，环境因素（生物、非生物）的影响减弱，SOC 稳定性增强，C_{SOC} 下降，因而 D_{SOC} 也下降。研究表明，不同林分类型 0~10 cm 土层 D_{SOC} 最高，随土壤深度增加而下降（梁启鹏等，2010）；湖南省各森林类型 0~20 cm 土层 D_{SOC} 占 0~80 cm 土层的 28.25~64.07%（李斌等，2015）；青藏高原 7 种植被类型 0~20 cm 土层 SOC 平均贡献率为 43%（Liu et al.，2012）；喀斯特地区 0~20 cm 土层 D_{SOC} 占 0~100 cm 土层的 40.98%~73.11%（丁访军等，2012）。本研究中，不同植被恢复阶段 D_{SOC} 均随土壤深度增加而下降，SOC 主要储存于 0~20 cm 土层，表明 SOC 主要分布在土壤表层。因此，应加强地表植被层保护，减少人为活动干扰，促进植物群落恢复，维持土壤层 SOC 库稳定，对减缓大气 CO_2 浓度上升等方面有着重大的意义。

5.4　植被恢复对不同粒径土壤颗粒有机碳的影响

研究不同粒径土壤颗粒物理、化学和生物学特性的变化，探讨 SOC 的变化过程，被认为是一个很好的方法（安韶山等，2007）。近年来，一些研究者将 SOC 分组与土壤颗粒联系在一起（Arai & Tokuchi，2010），按 SOC 与砂粒（>53 μm）、粉粒（2~53 μm）、黏粒（<2 μm）等不同粒径土壤颗粒结合形式分组（von Lützow et al.，2007），并基于颗粒有机碳的分离，将 SOC 分为 POC 和 MAOC。研究表明，SOC 稳定性与土壤砂粒、粉粒和黏粒含量存在一定的联系（Janzen et al.，1992）。粉粒、黏粒是影响和控制土壤团聚体形成及稳定性的重要因素。POC/MAOC 在一定程度上反映 SOC 的质量和稳定程度（Puget et al.，2000；唐光木等，2010）。尽管国内外对 SOC 和粒径组分有机碳含量进行了一些研究，但主要研究土地利用变化和经营措施（如施肥、耕作和轮作、垦殖、人工造林等）对土壤碳库不同组分的影响及碳稳定机制（Arai & Tokuchi，2010；唐光木等，2010；Lin et al.，2011），有关森林演替（恢复或退化）对不同粒径土壤颗粒有机碳含量及其分布影响的研究仍少见报道，对揭示森林植被恢复或退化对森林 SOC 库的影响机制尚缺乏足够的数据。

近年来，不少学者对该地区不同林分土壤活性碳库（孙伟军等，2013）进行了研究，但主要集中在转化快、易损失的活性碳组分，反映 SOC 库数量的变化，但不能全面反映 SOC 库的稳定性和固碳过程。本部分采用土壤颗粒分级法研究植被恢复过程不同粒径土壤颗粒有机碳含量及其分布特征，探寻植被恢复过程植被因子、土壤因子的变化对 SOC 含量、结构和稳定性的影响，旨在阐明亚热带森林植被恢复对 SOC 库和土壤质量的影响机理，为亚热带乃至全国森林植被恢复提供科学依据。

5.4.1　不同粒径土壤颗粒有机碳含量的分布及变化

PLL、LAG 各土层 2～50 μm 粉粒有机碳含量最高。LAG 各土层粉粒有机碳含量与相应土层＞50 μm 砂粒、＜2 μm 黏粒有机碳含量差异显著（$P < 0.05$），而砂粒与黏粒差异不显著（$P > 0.05$）；PLL、LCQ、LVR 各土层粉粒有机碳含量与相应土层黏粒差异显著（$P < 0.05$），但与砂粒差异不显著（$P > 0.05$），砂粒有机碳含量普遍高于黏粒（表 5.6）。

表 5.6　不同植被恢复阶段不同粒径土壤颗粒有机碳含量（4 个季节平均值±标准偏差）

恢复阶段	土壤层次/cm	回收率/%	有机碳含量 / (g/kg)		
			＞50 μm 砂粒	2～50 μm 粉粒	＜2 μm 黏粒
LVR	0～10	99.17±1.77	6.82±2.89 Aa	6.04±2.97 Aa	1.83±0.81 Ab
	10～20	98.38±1.09	2.26±1.69 Aa	2.73±1.33 Aa	0.75±0.67 Ab
	20～30	99.22±1.05	1.35±1.27 Aa	1.64±0.90 Aa	0.43±0.28 Ab
	30～40	97.99±1.61	0.79±0.68 Aab	1.30±1.15 Aa	0.26±0.12 Ab
	平均值	98.69±1.38	2.81±1.63	2.93±1.59	0.82±0.47
LCQ	0～10	99.14±1.02	8.93±3.09 Aa	7.48±4.19 Aa	3.18±0.74 Bb
	10～20	98.87±1.53	3.20±1.83 ABa	3.30±1.97 Aa	1.83±0.88 Bb
	20～30	98.05±1.94	2.68±2.86 Aa	2.52±1.27 ABa	1.17±0.46 Ba
	30～40	97.99±1.87	1.23±0.41 ABab	1.57±0.75 Aa	0.83±0.67 Bb
	平均值	98.51±1.59	4.01±2.05	3.72±2.05	1.75±0.69
PLL	0～10	98.88±1.27	12.46±5.14 Ba	13.74±5.90 Ba	4.68±1.33 Cb
	10～20	98.99±1.04	5.20±6.22 Bab	6.16±3.77 Ba	1.93±0.94 Bb
	20～30	97.85±1.82	2.67±2.65 Aab	3.75±2.63 Ba	1.45±0.55 Bb
	30～40	98.89±2.01	1.36±0.40 Ba	2.26±1.02 Ab	1.11±0.71 Ba
	平均值	98.65±1.54	5.42±3.60	6.48±3.33	2.92±0.88
LAG	0～10	98.31±1.85	9.69±5.62 ABa	19.97±9.36 Cb	6.85±3.08 Da
	10～20	97.67±2.57	3.15±1.14 ABa	8.70±3.49 Cb	3.94±1.42 Ca
	20～30	98.21±1.49	2.40±0.95 Aa	7.51±4.15 Cb	2.27±0.56 Ca
	30～40	98.79±1.04	2.19±1.08 Ca	7.28±4.50 Bb	2.00±0.79 Ca
	平均值	98.25±1.74	4.36±2.20	10.87±5.38	3.77±1.46

注：不同大写字母表示不同植被恢复阶段同一粒径之间差异显著（$P < 0.05$），不同小写字母表示同一植被恢复阶段不同粒径之间差异显著（$P < 0.05$）。

　　同一土层同一粒径土壤颗粒有机碳含量随植被恢复而增加，且不同植被恢复阶段间差异显著（$P<0.05$），但随土壤深度增加，不同植被恢复阶段间的差异显著性降低。其中，同一土层不同植被恢复阶段黏粒有机碳含量的差异最大。从土层剖面来看，各植被恢复阶段不同粒径土壤颗粒有机碳含量的分布规律与 SOC 含量分布（图 5.2）相似，均随土层深度增加而降低。由 LVR 到 LCQ、PLL、LAG，0～40 cm 土层（4 个土层平均值）砂粒有机碳含量分别提高了 42.70%、92.88%、55.16%，粉粒有机碳含量分别提高了 26.96%、121.16%、270.99%，黏粒有机碳含量分别提高了 113.41%、256.10%、359.76%（表 5.6）。各粒径有机碳含量增加百分率随土壤深度增加没有明显的变化规律（表 5.6）。这表明随植被恢复，不同粒径土壤颗粒有机碳含量增加量增大，特别是在 0～10 cm 土层，对黏粒、粉粒土壤有机碳库影响明显，对 SOC 的固持与积累增强。

　　随植被恢复，不同粒径土壤颗粒有机碳含量变化明显。0～10 cm、10～20 cm 土层，从 LVR 到 LCQ，粉粒向砂粒有机碳含量转移，砂粒有机碳含量增加；从 LCQ 到 PLL，砂粒、粉粒有机碳含量变化相反，砂粒有机碳含量又重新转移到粉粒，使粉粒有机碳含量增加；从 PLL 到 LAG，由粉粒有机碳向黏粒有机碳转移，黏粒有机碳含量增加。20～30 cm、30～40 cm 土层，从 LVR 到 LCQ，粉粒有机碳向砂粒有机碳转移，砂粒有机碳含量增加；而恢复到 PLL、LAG 阶段，由砂粒有机碳向黏粒有机碳转移，黏粒有机碳含量增加（图 5.4）。这表明随植被恢复，黏粒有机碳含量稳定性显著增强。

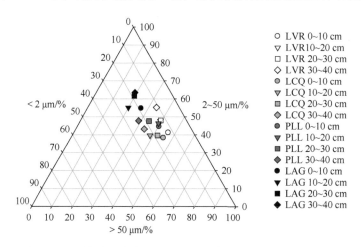

图 5.4　不同植被恢复阶段不同粒径土壤颗粒有机碳含量的分布

　　同一植被恢复阶段同一土层不同粒径土壤颗粒有机碳含量的分配比例存在较大的差异。LVR、LCQ、PLL 各土层粉粒有机碳的分配比例最大，为 40.07%～60.09%，其次是砂粒，为 19.55%～45.90%，黏粒最小，为 11.4%～32.14%，粉粒和砂粒有机碳的分配比例之和达 68% 以上，黏粒不足 33%。LAG 各土层也是粉粒有机碳的分配比例最大，为 48.65%～61.31%，其次是黏粒，为 16.63%～25.32%，砂粒最小，为 22.06%～27.67%，粉粒和黏粒的分配比例之和达 76% 以上，砂粒不足 30%（图 5.5）。这表明随植被恢复，SOC 在不同粒径土壤颗粒中的分布发生了变化，粉粒和黏粒有机碳是 LAG 林地 SOC 的主体，对 SOC 具有较强的固持和保护作用，而粉粒和砂粒有机碳则是 PLL、LCQ、LVR

林地 SOC 的主体,但随植被恢复,粉粒和黏粒有机碳在 SOC 中的分配比例增大,对 SOC 固持和保护作用增强。

各土层砂粒有机碳含量的分配比例均随植被恢复而下降,且同一土层不同植被恢复阶段间差异显著($P<0.05$);粉粒有机碳含量的分配比例总体上随植被恢复而下降,但不同植被恢复阶段间差异不显著($P>0.05$),而黏粒有机碳含量的分配比例则随植被恢复而上升,且不同植被恢复阶段间差异显著($P<0.05$)。由 LVR 经 LCQ、PLL 到 LAG,砂粒有机碳含量占 SOC 含量的比例分别下降了 18.85%、28.47%、38.94%,粉粒有机碳含量分别提高了 1.02%、0.24%、4.41%,黏粒有机碳含量分别提高了 46.23%、74.66%、86.23%(图 5.5)。这表明随植被恢复,砂粒有机碳的分配比例明显下降,粉粒和黏粒有机碳的分配比例明显升高,对 SOC 固持和保护作用增强,即 SOC 稳定性增强。

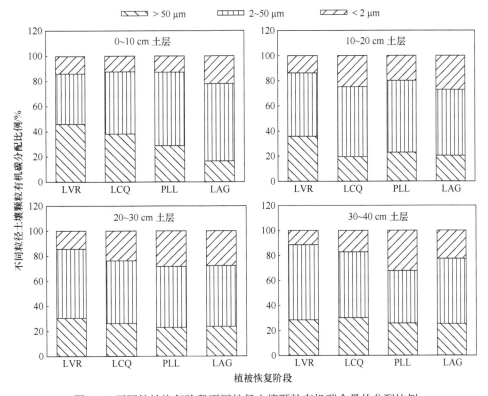

图 5.5　不同植被恢复阶段不同粒径土壤颗粒有机碳含量的分配比例

5.4.2　不同植被恢复阶段土壤颗粒有机碳/矿物结合态有机碳的变化

4 个植被恢复阶段 0~10 cm、10~20 cm、20~30 cm、30~40 cm 土层 POC/MAOC 分别在 39.63%~86.66%、27.00%~65.98%、28.19%~70.76%、26.44%~62.82%,总体上随植被恢复而下降,同一土层不同植被恢复阶段间差异显著($P<0.05$),从 LVR 到 LAG,0~10 cm、10~20 cm、20~30 cm、30~40 cm 土层 POC/MAOC 分别下降了 54.30%、58.97%、56.29% 和 50.43%。随土壤深度增加,POC/MAOC 总体呈下降趋势,但除 LVR 外,其他 3 个植被恢复阶段不同土层 POC/MAOC 差异不显著($P>0.05$)(表 5.7)。这

表明植被恢复、土壤深度对土壤固碳能力及 SOC 稳定性有显著的影响。

表 5.7　不同植被恢复阶段 POC/MAOC 的百分比（4 个季节平均值±标准偏差）　（单位：%）

土壤层次 /cm	LVR	LCQ	PLL	LAG
0～10	86.66±35.66 Aa	83.77±45.57 Aa	67.79±50.31 ABa	39.63±30.28 Ba
10～20	65.81±34.00 Ab	63.38±52.15 Ba	65.98±43.05 Ba	27.00±12.85 Ba
20～30	64.49±42.08 Ab	70.76±51.02 Ba	52.63±22.88 ABa	28.19±13.48 Ba
30～40	53.34±20.79 Ab	62.82±29.92 Ba	48.80±30.97 Ba	26.44±11.95 Ba
平均值	67.58±34.46	75.98±47.22	61.30±36.80	31.06±17.87

注：不同大写字母表示不同植被恢复阶段同一粒径之间差异显著（$P<0.05$），不同小写字母表示同一植被恢复阶段不同粒径之间差异显著（$P<0.05$）。

5.4.3　不同粒径土壤颗粒有机碳含量与植被因子、土壤因子的相关性

土壤粉粒、黏粒有机碳含量与地上部分生物量、根系生物量、群落总生物量、凋落物层现存量及其 N、P 含量呈极显著正相关关系（$P<0.01$），与凋落物层 C/N、C/P 呈显著（$P<0.05$）或极显著（$P<0.01$）负相关关系，与 Shannon-Wiener 指数、凋落物层 C 含量、凋落物层 N/P 不存在显著相关关系（$P>0.05$）；土壤砂粒有机碳含量与植被因子不存在显著相关关系（$P>0.05$）（表 5.8）。这表明植被恢复过程中，粉粒、黏粒有机碳含量受地上部分生物量、根系生物量、群落总生物量、凋落物层现存量及其 N、P 含量的影响。

表 5.8　土壤颗粒有机碳含量与植被因子、土壤因子的相关系数

	因子	>50 μm 砂粒	2～50 μm 粉粒	<2 μm 黏粒
植被因子	Shannon-Wiener 指数	0.032	0.265	0.214
	地上部分生物量	0.208	0.584**	0.520**
	根系生物量	0.179	0.598**	0.567**
	群落总生物量	0.21	0.589**	0.532**
	凋落物层现存量	0.267	0.494**	0.545**
	凋落物层 C 含量	0.186	0.126	0.159
	凋落物层 N 含量	0.139	0.573**	0.600**
	凋落物层 P 含量	0.167	0.425**	0.502**
	凋落物层 C/N	0.008	−0.340*	−0.349*
	凋落物层 C/P	−0.088	−0.329*	−0.389**
	凋落物层 N/P	−0.158	0.014	−0.082
土壤因子	容重	−0.647**	−0.640**	−0.596**
	pH	−0.565**	−0.676**	−0.594**
	SOC	0.894**	0.958**	0.927**
	TN 含量	0.756**	0.960**	0.951**
	TP 含量	0.324*	0.670**	0.554**
	AN 含量	0.641**	0.930**	0.921**
	AP 含量	0.617**	0.704**	0.718**
	C/N	0.491**	0.149	0.082
	C/P	0.884**	0.647**	0.692**
	N/P	0.786**	0.672**	0.757**

注：$n=52$，*表示 $P<0.05$，**表示 $P<0.01$。下同。

土壤砂粒有机碳含量与土壤 TN、TP、AN、AP、C/N、C/P、N/P、SOC 呈极显著（$P<0.01$）正相关关系，与土壤容重、pH 呈极显著（$P<0.01$）负相关关系。土壤粉粒、黏粒有机碳含量与土壤 TN、TP、AN、AP、C/P、N/P、SOC 呈极显著（$P<0.01$）正相关关系，与土壤容重、pH 呈极显著（$P<0.01$）负相关关系，与 C/N 不存在显著相关关系（$P>0.05$）（表 5.8）。这表明土壤因子对不同粒径土壤颗粒有机碳含量的影响明显。

5.4.4　不同粒径土壤颗粒有机碳含量影响因子的主成分分析

用主成分分析法提取影响不同粒径土壤颗粒有机碳的主要因子。从表 5.9 可以看出，土壤颗粒有机碳的主要因子中有 4 个主成分，它们特征值的方差累积贡献率达 83.72%，可以解释绝大部分不同因子对 SOC 含量的影响。第 1 主成分与群落总生物量、凋落物层 N 含量、土壤 SOC、TN、AN 含量相关性较大，方差贡献率达 44.07%；第 2 主成分与凋落物层 C/P、土壤 C/N 有较大相关性，方差贡献率为 18.68%；第 3 主成分与凋落物层 C 含量有关，方差贡献率为 12.39%；第 4 主成分与各影响因子关系不大。第 1、2 主成分反映的信息量总和是 62.74%，可见，随植被恢复，群落总生物量、凋落物层 C、N 含量、凋落物层 C/P、土壤 SOC、TN、AN 含量及其 C/N 对不同粒径土壤颗粒有机碳含量产生显著的影响。

表 5.9　植被因子与土壤因子主成分载荷矩阵、特征值及贡献率

因子		主成分			
		1	2	3	4
植被因子	Shannon-Wiener 指数	0.404	−0.540	−0.261	−0.163
	地上部分生物量	0.820	0.004	0.528	0.014
	根系生物量	0.806	0.032	0.545	0.011
	群落总生物量	0.851	−0.132	0.448	−0.047
	凋落物层现存量	0.789	−0.294	0.144	0.254
	凋落物层 C 含量	0.249	0.460	0.714	0.355
	凋落物层 N 含量	0.840	−0.371	0.221	−0.157
	凋落物层 P 含量	0.738	−0.469	0.129	0.231
	凋落物层 C/N	−0.485	0.693	0.401	0.29
	凋落物层 C/P	−0.574	0.720	0.293	−0.164
	凋落物层 N/P	−0.186	0.240	−0.005	−0.791
土壤因子	容重	−0.486	−0.658	0.039	0.145
	pH	−0.622	−0.589	−0.196	0.226
	SOC	0.822	0.407	−0.341	−0.023
	TN 含量	0.897	0.193	−0.300	−0.139
	TP 含量	0.617	0.093	0.072	−0.612
	AN 含量	0.842	0.209	−0.22	−0.174
	AP 含量	0.750	0.115	−0.298	0.175
	C/N	−0.100	0.742	−0.275	0.075
	C/P	0.548	0.492	−0.473	0.360
	N/P	0.666	0.243	−0.476	0.325
贡献率/%		44.067	18.677	12.390	8.588
累积贡献率/%		44.067	62.744	75.134	83.722

5.4.5 不同粒径土壤颗粒有机碳含量影响因子的逐步回归分析

植被因子、土壤因子与不同粒径土壤颗粒有机碳含量之间存在交互作用。通过逐步回归法进一步确定各因子与不同粒径土壤颗粒有机碳的关系，得到土壤砂粒有机碳与SOC、AN、凋落物层 N 含量等 3 个模型（表 5.10），且均呈极显著关系（$P<0.01$）。从表 5.10 可知，砂粒有机碳含量与 SOC 呈正相关关系，与土壤 AN、凋落物层 N 含量呈负相关关系；由调整系数（R^2）可知，SOC 对砂粒有机碳含量影响最大，其次是土壤AN；第 3 个回归方程多元相关系数最大，能更准确反映植被恢复过程中植被因子、土壤因子对砂粒有机碳含量的影响，该回归方程为：砂粒有机碳含量 $= 0.542 \times$ SOC $- 0.066 \times$（土壤 AN）$- 0.473 \times$（凋落物层 N）$+ 4.837$（$R=0.970$，$P<0.01$）。这表明土壤砂粒有机碳含量随植被恢复的变化主要是 SOC、AN 和凋落物层 N 含量共同作用的结果。

表 5.10　土壤砂粒有机碳含量影响因子的逐步回归分析

因子	模型		
	1	2	3
土壤有机碳（SOC）含量	0.329	0.571	0.542
土壤碱解氮（AN）含量		−0.090	−0.066
凋落物层 N 含量			−0.473
常数项	0.128	−0.290	4.837
多元相关系数（R）	0.894	0.956	0.970
调整判定系数 R^2	0.800	0.914	0.940
F	200.080	261.084	252.406
P	0.000	0.000	0.000

从表 5.11 可以看出，粉粒有机碳含量与土壤 SOC、TN、AN、根系生物量存在正相关性，与凋落物层 C 含量存在负相关性。由调整系数（R^2）可知，粉粒有机碳受 SOC 影响最大，其次是土壤水解 N（AN）。第 6 个回归方程多元相关系数最大，能更准确反映植被恢复过程中植被、土壤因子对粉粒有机碳含量的影响，该回归方程为：粉粒有机碳含量=

表 5.11　土壤粉粒有机碳含量影响因子的逐步回归分析

因子	模型					
	1	2	3	4	5	6
土壤有机碳（SOC）含量	8.939	0.246	0.256	0.313	0.347	0.368
土壤碱解氮（AN）含量		4.773	0.046	0.041	0.047	0.037
土壤全 N（TN）含量			2.303	0.999		
根系生物量				0.0001	0.0001	0.0001
凋落物层 C 含量						−0.008
常数项	−0.834	−0.690	−0.233	−0.457	−0.364	1.865
多元相关系数（R）	0.960	0.970	0.974	0.978	0.977	0.980
调整判定系数 R^2	0.921	0.942	0.950	0.956	0.955	0.961
F	586.216	394.919	301.545	252.546	339.885	287.424
P	0.000	0.000	0.000	0.000	0.000	0.000

$0.368 \times SOC + 0.037 \times （土壤 AN）+ 0.0001 \times 根系生物量 - 0.008 \times 凋落物层 C + 1.865（R=0.980，$ $P<0.01$），表明植被恢复过程中粉粒有机碳含量的变化主要是土壤 SOC、AN、根系生物量、凋落物层 C 含量共同作用的结果。

从表 5.12 可以看出，黏粒有机碳含量与土壤全氮（TN）、凋落物层 C 含量呈正相关关系。由调整系数（R^2）可知，黏粒有机碳含量受土壤 TN 含量影响最大，第 2 个回归方程多元相关系数最大，更能准确反映植被恢复过程中植被、土壤因子对黏粒有机碳含量的影响，该回归方程为：黏粒有机碳含量 = $2.992 \times$（土壤 TN）+ $0.003 \times$（凋落物层 C）－ 1.035（$R=0.955$，$P<0.01$），表明植被恢复过程中黏粒有机碳含量的变化主要是土壤 TN、凋落物层 C 含量共同作用的结果。

表 5.12　土壤黏粒有机碳含量影响因子的逐步回归分析

因子	模型	
	1	2
土壤全 N（TN）含量	3.013	2.992
凋落物层 C 含量		0.003
常数项	−0.168	−1.035
多元相关系数（R）	0.951	0.955
调整判定系数 R^2	0.904	0.912
F	472.278	255.175
P	0.000	0.000

5.4.6　讨论

土壤细颗粒对 SOC 的吸附能力高于粗颗粒（Berger et al.，2002）。本研究中，随植被恢复，SOC 含量增加的同时，SOC 在不同粒径土壤颗粒中的分布也发生了明显的变化，与现有的研究结果（王岩等，2000；Meng et al.，2012）相似。可能是由于植被恢复早期，地表覆盖率仍较低，地表径流使土壤中轻的（较低密度）和细的（包括黏粒和粉粒）有机组分优先迁移（何立谦等，2014），导致团聚体破坏和土壤分散，使在此之前受团聚体保护的 SOC 暴露在微生物和酶的作用下，导致 SOC 流失；随植被恢复，地表覆盖率升高，土壤侵蚀减弱，土壤表层恢复，促进土壤团聚体形成，SOC 来源增加，并与土壤团聚体结合形成复合体，减少 SOC 损失（Lal，1999），土壤黏粒和粉粒百分含量增加，固定在黏粒、粉粒上的 SOC 数量增加。因此，随植被恢复，SOC 的组成和含量差异明显。此外，研究发现，$<2~\mu m$ 黏粒有机碳含量明显高于砂粒、粉粒，表明土壤颗粒对 SOC 吸附作用随颗粒粒径减小而增强（唐光木等，2010；王岩等，2000），但由于土壤黏粒百分含量明显低于砂粒、粉粒，因而固定在黏粒上的 SOC 数量明显低于固定在砂粒、粉粒上的数量。

土壤 MAOC 约占 SOC 的 70%，是植物残体的最终分解产物，以木质素、腐殖质、多酚为主，腐殖化程度高，转化率较低（秦欣等，2012）。因此，微团聚体（黏粉粒）对 SOC 具有保护作用和固定作用（Hu et al.，2005）。土壤 POC 稳定性较低，易随环境变化而变化（Chen et al.，2010），被认为是 SOC 中的非保护性部分（刘明等，2008）。POC 分配比例越高，SOC 中不稳定部分越高，在受到自然因素和人类活动的影响后，SOC 中分解部分增多。本研究中，随植被恢复，POC 含量占 SOC 含量的比例下降，MAOC 的比例上升。这表明 LAG 更有利于土壤碳的存储，碳汇效应增强，随植被恢复，粒径较小的团聚体保护的有机碳增多。

一般来说，POC/MAOC 大，SOC 较易矿化、周转期较短或活性高，稳定性下降，POC/MAOC 小，SOC 较稳定，不易被生物分解和利用，有利于 SOC 储存（Iqbal et al.，2009）。随植被恢复，SOC 来源增加，SOC 含量升高（图 5.2），而且土壤黏粒百分含量增加，MAOC 含量表现为增加趋势。而 POC 作为 MAOC 的前一级产物，POC 输入量增加必然引起 MAOC 的增加；另一方面，由于植被恢复，土壤侵蚀下降，土壤黏粒、粉粒百分含量增加，MAOC 含量增加的幅度相对同一植被恢复阶段 POC 更大，导致 POC/MAOC 下降。这表明植被恢复既提高了 SOC 含量，也增强了 SOC 稳定性。

5.5 植被恢复对土壤有机碳矿化的影响

植被恢复是影响陆地生态系统 C 循环的重要因素，植被恢复过程中 SOC 矿化特征及其影响因素是陆地生态系统 C 循环的研究热点，有助于揭示 SOC 释放的驱动机制及其稳定性，为深入研究土壤固 C 能力的影响机制和估算土壤 C 平衡提供基础数据，而且对科学管理土壤养分，有效缓解全球气候变暖具有重要意义。为此，本部分用秋季采集的土壤样品，进行为期 94 d 的 SOC 矿化测定，探讨植被恢复过程中，SOC 矿化速率、C_m 及矿化率的变化规律，分析植被因子、土壤因子对 SOC 矿化过程的影响，揭示亚热带森林植被恢复过程 SOC 矿化特征及其与植被—土壤基质的协同变化规律，为提高森林土壤固 C 潜力和科学管理土壤 C 库提供科学依据。

5.5.1 不同植被恢复阶段土壤有机碳的矿化速率

由图 5.6 可知，不同植被恢复阶段 SOC 矿化速率随培养时间的变化基本一致，即 SOC 平均矿化速率在培养初期（第 3～17d）较高且快速下降，随后缓慢下降并逐渐趋于平稳。回归分析结果（表 5.13）表明，不同植被恢复阶段 SOC 矿化速率随培养时间的变化符合倒数方程，拟合效果均达到极显著水平（$P < 0.01$）。这表明 SOC 矿化速率具有培养初期较高、培养中后期降低并趋于平稳的阶段性特征，且不随植被恢复而有明显的改变。

同一土层同一培养时间，SOC 矿化速率随植被恢复而增大，且不同植被恢复阶段之间差异显著（$P < 0.05$）。0～10 cm 土层，LAG 与 LVR、LCQ、PLL 之间，LCQ、PLL 与 LVR 之间差异显著（$P < 0.05$），而 LCQ 与 PLL 差异不显著（$P > 0.05$）；10～20 cm、20～30 cm、30～40 cm 土层，LAG 与 LVR、LCQ、PLL 差异显著（$P < 0.05$），但 LVR、LCQ、PLL 两两之间差异不显著（$P > 0.05$）。这表明植被恢复显著影响 SOC 矿化速率，但影响程度随土层深度增加而减小（图 5.6）。此外，同一植被恢复阶段，同一培养时间 SOC 矿化速率均随土层深度增加而降低，且 0～10 cm 土层显著高于其他 3 个土层（$P < 0.05$），这表明表土层比深土层积累了更多的可供微生物利用的 C（图 5.6）。

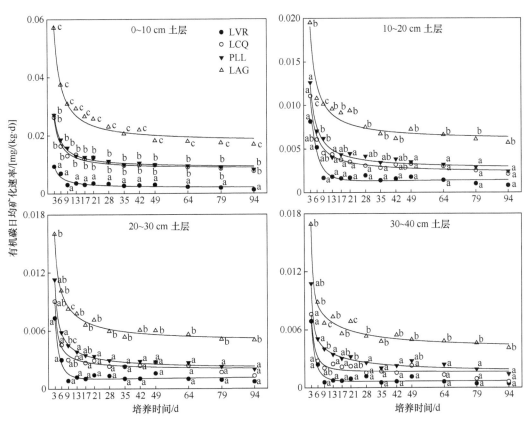

图 5.6　不同植被恢复阶段土壤有机碳的矿化速率

图中不同字母表示同一培养时间同一土层不同植被恢复阶段之间差异显著（$P<0.05$）

表 5.13　不同植被恢复阶段土壤有机碳矿化速率拟合

土壤层次 /cm	恢复阶段	回归方程	R^2	F	P
0～10	LVR	$y = 0.023/x + 0.002$	0.901	100.517	0.000
	LCQ	$y = 0.053/x + 0.008$	0.970	356.194	0.000
	PLL	$y = 0.056/x + 0.009$	0.985	747.054	0.000
	LAG	$y = 0.121/x + 0.018$	0.978	496.637	0.000
10～20	LVR	$y = 0.022/x + 0.001$	0.918	123.038	0.000
	LCQ	$y = 0.026/x + 0.002$	0.979	504.574	0.000
	PLL	$y = 0.029/x + 0.003$	0.976	455.176	0.000
	LAG	$y = 0.039/x + 0.006$	0.949	203.566	0.000
20～30	LVR	$y = 0.018/x + 0.000$	0.866	71.259	0.000
	LCQ	$y = 0.021/x + 0.002$	0.945	187.261	0.000
	PLL	$y = 0.027/x + 0.002$	0.982	602.893	0.000
	LAG	$y = 0.033/x + 0.005$	0.987	821.403	0.000
30～40	LVR	$y = 0.018/x - 1.878E^{-6}$	0.875	76.822	0.000
	LCQ	$y = 0.018/x + 0.001$	0.886	85.189	0.000
	PLL	$y = 0.026/x + 0.002$	0.967	318.004	0.000
	LAG	$y = 0.036/x + 0.004$	0.954	228.325	0.000

注：y 为土壤有机碳矿化速率，x 为培养时间。

5.5.2 不同植被恢复阶段土壤有机碳的累积矿化量

如图 5.7 所示，同一土层 C_m 均随植被恢复而升高，且不同植被恢复阶段之间差异显著（$P<0.05$）。0～10 cm 土层，LAG 显著高于 LVR、LCQ、PLL（$P<0.05$），分别高出 716.31%、112.38%、101.01%；LCQ、PLL 与 LVR 差异显著（$P<0.05$）；10～20 cm、20～30 cm、30～40 cm 土层，LAG 与 LVR、LCQ、PLL 之间，PLL 与 LVR 之间差异显著（$P<0.05$），其中 LAG 比 LVR、LCQ、PLL 分别高出 359.06%～515.25%、125.56%～232.61%、94.40%～105.74%。这表明植被恢复显著影响 C_m，但影响程度随土层深度增加而减小。此外，各植被恢复阶段 C_m 也受土壤深度的影响，均随土层深度增加而降低，且 0～10 cm 土层与其他 3 个土层差异显著（$P<0.05$）。

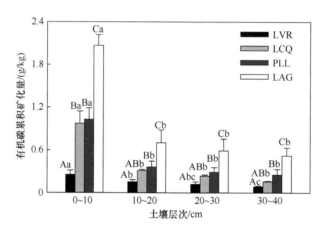

图 5.7 不同植被恢复阶段土壤有机碳的累积矿化量（平均值±标准偏差）

图中不同大写字母表示同一土层不同植被恢复阶段之间差异显著（$P<0.05$），不同小写字母表示同一植被恢复阶段不同土层之间差异显著（$P<0.05$）

5.5.3 不同植被恢复阶段土壤有机碳的矿化率

由图 5.8 可知，不同植被恢复阶段 0～10 cm、10～20 cm、20～30 cm、30～40 cm 土层 C_m/SOC 分别在 2.13%～4.99%、3.42%～4.18%、4.05%～4.64%、4.02%～5.64% 之间，随植被恢复，C_m/SOC 的变化因土层不同而异。0～10 cm 土层，C_m/SOC 随植被恢复先增大后减小，其中 LVR 显著低于 LCQ、PLL、LAG（$P<0.05$），而 LCQ、PLL、LAG 两两间差异不显著（$P>0.05$）；10～20 cm、20～30 cm、30～40 cm 土层，不同植被恢复阶段之间 C_m/SOC 差异不显著（$P>0.05$），但总体上呈现出随植被恢复而下降的趋势。这表明随植被恢复，C_m 和 SOC 含量具有不同的变化幅度。

从图 5.8 还可以看出，LVR、LCQ、PLL 的 C_m/SOC 大致上均随土层深度增加而上升，其中 LVR、LCQ 深土层显著高于表土层（$P<0.05$）；而 LAG 的 C_m/SOC 基本上随土层深度增加而下降，但不同土层两两之间差异不显著（$P>0.05$）。

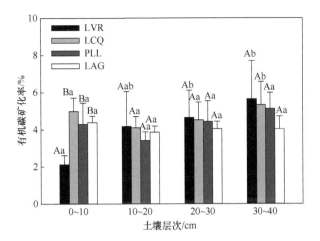

图 5.8 不同植被恢复阶段土壤有机碳的矿化率（平均值±标准偏差）

图中不同大写字母表示同一土层不同植被恢复阶段之间差异显著（$P<0.05$），不同小写字母表示同一植被恢复阶段不同土层之间差异显著（$P<0.05$）

5.5.4 土壤有机碳矿化与植被因子、土壤因子的相关性

分析结果（表 5.14）表明，C_m 与植物多样性、地上部分生物量、根系生物量、凋落物层 N、P 含量呈显著（$P<0.05$）或极显著（$P<0.01$）正相关关系，与凋落物层现存量、C 含量、木质素含量和凋落物层 C/N、C/P、N/P 值不存在显著的相关关系（$P>0.05$）。这表明植被恢复过程中，C_m 变化是多个植被因子综合作用的结果。

表 5.14 土壤有机碳累积矿化量、矿化率与植被因子的 Pearson 相关系数

项目	Shannon-Wiener 指数	地上部分生物量	根系生物量	凋落物层现存量	凋落物层 C 含量	凋落物层 N 含量	凋落物层 P 含量	凋落物层木质素含量	凋落物层 C/N	凋落物层 C/P	凋落物层 N/P
C_m	0.625*	0.818**	0.897**	0.539	0.269	0.669*	0.640*	0.397	0.098	−0.287	−0.490
C_m/SOC	−0.057	−0.150	−0.082	−0.075	0.051	0.171	0.137	0.016	0.010	−0.027	−0.155

注：$n=13$，*表示 $P<0.05$，**表示 $P<0.01$。

从表 5.15 可以看出，C_m 与土壤<2 μm 黏粒百分含量、SOC、TN、TP 含量、土壤 C/P、N/P 值呈显著（$P<0.05$）或极显著（$P<0.01$）正相关关系，与土壤 pH 呈极显著（$P<0.01$）负相关关系，与土壤容重、土壤 C/N 不存在显著的相关关系（$P>0.05$）。这表明植被恢复过程中，C_m 变化是多个土壤因子综合作用的结果。如表 5.14、表 5.15 所示，C_m/SOC 仅与土壤 C/N 呈显著（$P<0.05$）负相关关系，而与植被因子、土壤容重、pH、<2 μm 黏粒百分含量、土壤 C/P、土壤 N/P 不存在显著相关关系（$P>0.05$）。这表明植被恢复过程中 C_m/SOC 主要受土壤 C/N 的影响，植被因子、土壤容重、pH、<2 μm 黏粒百分含量、土壤 C/P、土壤 N/P 对 C_m/SOC 影响不明显。

表 5.15　土壤有机碳累积矿化量、矿化率与土壤因子的 Pearson 相关系数

项目	容重	<2 μm 黏粒百分含量	pH	SOC	TN	TP	C/N	C/P	N/P
C_m	−0.312	0.774**	−0.734**	0.971**	0.986**	0.595*	−0.315	0.653*	0.738**
C_m/SOC	0.154	−0.203	0.323	−0.320	−0.223	−0.172	−0.732**	−0.268	−0.096

注：n=13，*表示 $P<0.05$，**表示 $P<0.01$。TN，土壤全氮含量；TP，土壤全磷含量；C/N，土壤碳氮比；C/P，土壤碳磷比；N/P，土壤氮磷比。

5.5.5　土壤有机碳累积矿化量影响因子的主成分分析

由于与 C_m/SOC 相关性显著的因子较少，无法进行主成分分析。因此，在这里仅对与 C_m 相关性达到显著水平的因子（植物多样性、地上部分生物量、根系生物量、凋落物层 N、P 含量、凋落物层 N/P、土壤<2 μm 黏粒百分含量、pH、土壤 SOC、TN、TP 含量、土壤 C/P、N/P 值）进行主成分分析，提取影响 C_m 的主要因子。从表 5.16 可知，C_m 影响因子的第 1、2、3 主成分方差累积贡献率达到 87.17%，能反映不同因子对 C_m 影响效应的大部分信息。第 1 主成分与地上部分生物量、根系生物量、土壤 SOC、TN 含量有较大相关性，方差贡献率达 61.51%；第 2 主成分主要与土壤 TP 含量有关，方差贡献率为 14.97%；第 3 主成分与植物多样性、凋落物层 P 含量相关性较大，方差贡献率为 10.69%。

表 5.16　植被因子和土壤因子主成分载荷矩阵、特征值及贡献率

因子		主成分		
		1	2	3
植被因子	Shannon-Wiener 指数	0.639	−0.103	0.515
	地上部分生物量	0.883	−0.005	−0.410
	根系生物量	0.951	0.003	−0.212
	凋落物层 N 含量	0.763	0.320	0.094
	凋落物层 P 含量	0.651	−0.245	0.512
土壤因子	<2 μm 黏粒百分含量	0.711	−0.040	0.473
	pH	−0.782	0.261	−0.752
	有机碳（SOC）含量	0.947	−0.142	−0.084
	全氮（TN）含量	0.951	−0.158	0.043
	全磷（TP）含量	0.536	−0.823	−0.064
	C/P	0.697	0.675	−0.111
	N/P	0.767	0.613	0.073
贡献率/%		61.511	14.966	10.687
累积贡献率/%		61.511	76.477	87.165

5.5.6　土壤有机碳矿化影响因子的逐步回归分析

为定量分析各因子对 C_m 和 C_m/SOC 影响的程度大小，以主成分分析得到的指标（地上部分生物量、根系生物量、土壤 SOC、TN 含量、土壤 TP 含量、土壤 pH、植物多样性、凋落物层 P 含量）为自变量、C_m 为因变量，以土壤 C/N 为自变量、C_m/SOC 为因变量，分别进行逐步回归分析，通过回归方程的调整判定系数，量化各因子对 C_m 和 C_m/SOC 变异的相对重要性和综合解释能力，确定影响 C_m 和 C_m/SOC 的主要因子。结果（表 5.17）表明，土壤 TN 含量能够独立解释 C_m 变异的 96.9%，其次是根系生物量，两者合计能够解释 C_m 变异的 97.8%。C_m 与土壤 TN 含量、根系生物量的多元线性回归方程为：C_m=0.474×（土壤 TN）+ 0.000006×（根系生物量）+ 0.290（R=0.991，P<0.01）。土壤 C/N 可解释 C_m/SOC 变异的 49.4%，C_m/SOC 与土壤 C/N 的关系可用线性回归方程：C_m/SOC= - 0.302×（土壤 C/N）+ 8.717（R=0.732，P<0.01）表达。这表明植被恢复过程中，影响 C_m、C_m/SOC 的主导因子不相同。

表 5.17　土壤有机碳累积矿化量、矿化率影响因子的逐步回归分析

项目	模型	变量	回归方程	多元相关系数 R	调整判定系数 R^2	F	P
C_m	1	TN	C_m = 0.572 TN + 0.250	0.986	0.969	380.58	0.00
	2	RB	C_m=0.474 TN + 0.000006 RB + 0.290	0.991	0.978	273.56	0.00
C_m/SOC	1	土壤 C/N	C_m/SOC = −0.302 C/N +8.717	0.732	0.494	12.70	0.00

注：n=13。TN，土壤全氮含量；RB，根系生物量；土壤 C/N，土壤碳氮比。

5.5.7　讨论

1. 植被恢复对土壤有机碳矿化速率、累积矿化量的影响

地上植被是 SOC 的重要来源。随植物恢复，群落物种组成结构、地被物层、根系分布和细根数量与质量及林下微气候环境不断改变，导致 SOC 数量及质量和土壤微生物群落组成结构及其活性的差异，从而影响 SOC 矿化过程（Priha et al., 2001；张玲等，2017），进而影响土壤与大气之间的 CO_2 交换数量与过程。研究表明，植被恢复显著提高了 SOC 矿化速率（张浩等，2016）和 C_m（黄宗胜等，2012）。根系生物量较高的植物群落具有较高的土壤呼吸速率（Schaefer et al., 2009）。凋落物质量是影响 SOC 矿化的重要因素（周玉燕等，2011），SOC 矿化速率与凋落物 N 含量呈正相关关系（Iyamuremye et al., 2000）。本研究中，SOC 矿化速率和 C_m 均随植被恢复逐渐升高，且同一土层不同植被恢复阶段差异显著，表明随植被恢复，SOC 含量增加、质量改善，微生物生物量增多、分解活性增强。究其原因可能是：①随植被恢复，植物种类增加，群落组成结构趋于复杂化（表 1.1），植被覆盖度明显升高，根系生物量（图 3.1）和凋落物层现存量（表 3.10）显著增加，凋落物质量显著改善（图 4.2），不仅增加 SOC 输入量，而且提高了土壤微生物底物的可利用性，促进土壤微生物生长和活性，有利于 SOC 矿化和 C_m 的积累。相关性分析也表明，植物多样性、地上部分生物量、根系生物量、凋落物质量（凋落物 N、P 含量、N/P）显著影响 C_m（表 5.14）。②随植被恢复，土壤质地和养分含量变化显著影响 SOC 矿化（张玲等，2017）。其中，SOC 含量是影响 SOC 矿化的关键因子之一（Kuzyakov, 2011），SOC 含量越高，微生物分解代谢活动越旺盛，SOC 矿化速率越快

（杨开军等，2017），C_m 也越高（张浩等，2016）。土壤 N、P 是植物生长的重要养分，也是微生物活动的主要营养、能量来源，与 SOC 矿化呈显著正相关关系（Riffaldi et al.，2006）。土壤 pH 是影响微生物数量和活性的重要因子，pH 偏高对 SOC 矿化产生消极影响（李隽永等，2018）。本研究中，随植被恢复，土壤酸性增强（pH 下降），SOC、TN、TP 含量升高（表 2.15），SOC 矿化速率升高（图 5.6），C_m 随 SOC、TN、TP 含量、C/P、N/P 增加而增加（表 5.15）。这表明随植被恢复，C_m 不仅受植物多样性、地上部分生物量、根系生物量、凋落物 N、P 含量及 N/P 等植被因子的影响，而且与土壤 pH、SOC、TN、TP 含量及其 C/P、N/P 等土壤因子密切相关。此外，本研究中，土壤 TN 含量、根系生物量可解释 C_m 变异的 97.8%，其中土壤 TN 含量可独立解释 C_m 变异的 96.9%，表明在植被恢复过程中，土壤 TN 含量、根系生物量的变化是影响 SOC 滞留的重要因子。

　　本研究中，不同植被恢复阶段 SOC 矿化速率和 C_m 均随土层深度增加而下降，且 0～10 cm 土层显著高于其他 3 个土层（$P<0.05$）。其主要原因是：凋落物和根系是 SOC 矿化底物基质（SOC）的主要来源，凋落物分解产物、根系分泌物首先进入土壤表层，使表土层 SOC、养分含量较高、土壤微生物和酶活性较强，SOC 矿化速率较快、C_m 较大；而深土层 SOC、养分含量较低，微生物可利用底物有效性较低，导致 SOC 矿化作用较弱，SOC 矿化速率较慢、C_m 较小（宋媛等，2013；杨开军等，2017）。同时，不同植被恢复阶段深土层发育于同一母质，受凋落物、根系的影响较小，因而随土壤深度增加，各植被恢复阶段之间 SOC 矿化速率、C_m 的差异减小。

2. 植被恢复对土壤有机碳矿化率的影响

　　植被恢复过程中，SOC 含量及其矿化速率都在变化，但变化幅度不同，这些差异体现在 SOC 矿化率（C_m/SOC）的变化上。实际上，SOC 矿化率是从 SOC 含量角度来反映 SOC 矿化速率的，在一定程度上可以反映土壤固 C 能力及 SOC 的稳定性。该值越小，土壤固 C 能力越强，SOC 稳定性越高；反之，土壤固 C 能力越弱，SOC 稳定性越低（Ross et al.，2002；李杨梅等，2017）。本研究中，SOC 含量、C_m 随植被恢复而增加，尽管 C_m/SOC 在不同植被恢复阶段之间的差异不显著，但总体上还是呈现出随植被恢复而下降的趋势，表明 SOC 增加幅度大于 C_m，因此在一定程度上，植被恢复可增强土壤固 C 能力和提高 SOC 稳定性。此外，也表明用 C_m/SOC 表征 SOC 矿化速率时，植被对其影响的程度减小。究其原因可能是：随植被恢复，输入土壤的有机质增加使得 SOC 含量和 C_m 增加，但也由于部分易分解 SOC 转变为稳定 SOC 而使得矿化速率的增加幅度在一定程度上下降，因而 SOC 的增加幅度大于 C_m（吴建国等，2004）。在 0～10 cm 土层，LVR 的 C_m/SOC 显著低于其他 3 个植被恢复阶段，主要是因为：①LVR 植物种类少，且组成结构简单，生物量低（图 3.2）、SOC 输入量少，不利于 SOC 储存和稳定组分的形成（吴建国等，2004）；②LVR 地表大面积裸露，抗风化能力较弱，土壤养分流失严重（表 2.15），不仅导致土壤固 C 能力减弱，还使土壤中较为稳定的 SOC 转变为易分解的 SOC，从而增加 SOC 矿化和 C_m（吴建国等，2004）。这进一步说明地上植被遭到破坏后，土壤 SOC 分解加快、稳定性下降，不利于 SOC 的固持。在 0～10 cm、10～20 cm 土层，PLL 的 C_m/SOC 低于 LAG，表明 PLL 在 0～10 cm、10～20 cm 土层中可被微生物利用、矿化分解的 SOC 含量低于 LAG，可能是由于 PLL 地表凋落物层以硬质马尾松针叶为主，含有较多油脂，难以分解，而 LAG 地表凋落物层以阔叶为主，质量高、难分解物质较少，导致 PLL 的 SOC 活性低于 LAG（孙伟军等，2013）。同时由于凋落物形成的 SOC 最先进入土壤表层，使得 PLL 的 0～10 cm、10～20 cm 土层难以被微生物利用的 SOC 较多。

　　研究表明，在缺 N 条件下，土壤 C/N 高，普通腐生微生物（如细菌、真菌等）活性增强、繁殖快，矿化速率加快，产生大量的 CO_2，C_m/SOC 增加（刘朔等，2008）；但也有研究发现，土壤 C/N 高，微生物生长受到 N 限制，微生物活性下降，SOC 矿化速率和 C_m 较低，使得 SOC 中被矿化 C 减少，有利于 SOC 的储存（Xu et al.，2016）。本研究中，土壤 C/N 对 C_m/SOC 影响最显著，且 C_m/SOC 随土壤 C/N 上升而下降（表 5.17），其原因可能是：随植被恢复，SOC 增长幅度明显高于 TN（表 2.15），土壤 C/N 上升，在一定程度上有利于 SOC 的储存。

　　同一植被不同土层的 C_m/SOC 不同，不同恢复年限马尾松林深土层 C_m/SOC 显著高于表土层（张浩等，2016）。本研究中，LVR、LCQ、PLL 的 C_m/SOC 随土层深度增加大致上呈增大趋势，而 LAG 的 C_m/SOC 呈降低趋势（图 5.8）。可能是由于归还土壤有机质的量随土层加深而减少，微生物活性减弱，SOC 含量（图 5.2）、C_m（图 5.7）下降，植被恢复早期（LVR）和中期阶段（LCQ、PLL）SOC 含量下降幅度大于 C_m，而植被恢复后期（LAG）SOC 含量下降幅度小于 C_m。这表明植被恢复早期（LVR）和中期阶段（LCQ、PLL），SOC 稳定性随土层加深而减弱，植被恢复后期（LAG），SOC 稳定性随土层加深而增强，植被恢复过程中，与表土层相比，深土层 SOC 稳定性增强可能需要一个更长的过程。

5.6　植被恢复过程中土壤有机碳矿化的季节动态特征

　　国内现有森林 SOC 矿化研究主要集中在东北寒温带、西北高原温带（吴建国等，2007；王丹等，2013；高菲等，2015），而且这些研究主要针对某一季节采集的土壤样品（Wang et al.，2011），而有关亚热带退化森林植被自然恢复过程中，SOC 矿化季节变化特征的研究仍未见报道。为此，本部分采用室内 35 ℃恒温培养法，对春季、夏季、秋季和冬季采集的 0～10 cm、10～20 cm 土层土壤样品进行为期 94 d 的室内培养，测定不同植被恢复阶段不同季节 SOC 矿化速率和 C_m，运用一级动力学方程对 C_0 和 k 等参数进行拟合，分析最大矿化速率（C_{max}）、C_m、C_0、k 的季节动态及其与植物因子、土壤因子的关系，探讨不同植被恢复阶段 SOC 矿化过程的季节变化规律，旨在阐释植被恢复对 SOC 库稳定性的影响机制，为中国亚热带森林植被恢复及其土壤养分和 SOC 库的科学管理提供科学依据。

5.6.1　土壤有机碳含量的季节动态

　　由表 5.18 可知，不同植被恢复阶段、不同土层 SOC 含量差异极显著（$P < 0.01$），

但同一植被恢复阶段不同季节 SOC 含量差异不显著（P＞0.05），表明植被恢复阶段、土层深度对 SOC 含量的影响极显著。植被恢复与土层、季节变化的相互作用对 SOC 含量的影响极显著（P＜0.01）或显著（P＜0.05），表明不同土层或不同季节，植被恢复阶段 SOC 含量的差异性变化显著。

表 5.18　土壤有机碳含量重复测量设计的方差分析

统计值	因子						
	A	*B*	*C*	*A*×*B*	*A*×*C*	*B*×*C*	*A*×*B*×*C*
df	3	1	3	3	9	3	9
F	76.143	208.326	0.237	15.000	2.199	1.162	1.390
P	0.000	0.000	0.871	0.000	0.033	0.331	0.212

注：*df* 表示自由度；*A* 表示植被恢复阶段；*B* 表示土壤层次；*C* 表示季节变化；*A*×*B*、*A*×*C*、*B*×*C* 和 *A*×*B*×*C* 表示三者之间的交互作用。

不同植被恢复阶段同一土层 SOC 含量的季节变化节律不同，即使同一植被恢复阶段两个土层 SOC 含量的季节变化也不完全一致（图 5.9）。0～10 cm 土层，LVR 夏季最高，冬季最低；LCQ、LAG 秋季最高，春季或夏季最低；PLL 冬季最高，秋季最低；但除 LAG 外，PLL、LCQ、LVR 季节间的差异均不显著（P＞0.05）。10～20 cm 土层，LVR 从春季到冬季逐渐下降，LCQ、PLL 和 LAG 分别在冬季、夏季、秋季最高，在秋季或冬季

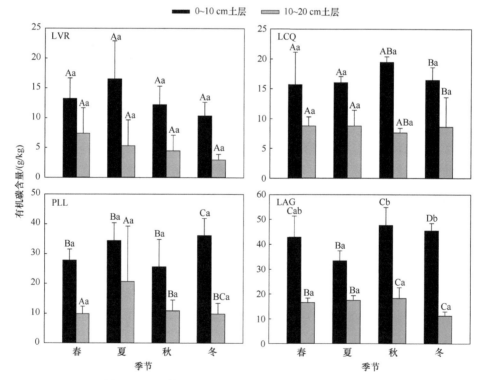

图 5.9　不同植被恢复阶段土壤有机碳含量的季节变化
图中不同大写字母表示同一季节同一土层不同植被恢复阶段之间差异显著（P＜0.05），
不同小写字母表示同一植被恢复阶段同一土层不同季节之间差异显著（P＜0.05）

最低, 但 4 个植被恢复阶段季节间的差异均不显著 ($P>0.05$)。这表明研究区不同植被恢复阶段 SOC 含量受到多种环境因素及植物生长节律的影响而呈现比较复杂的季节变化。

同一季节同一土层 SOC 含量随植被恢复而增加, 且不同植被恢复阶段之间差异显著 ($P<0.05$), 但 10~20 cm 土层不同植被恢复阶段之间的差异减小 (图 5.9), 表明植被恢复对 SOC 含量影响显著。

5.6.2　土壤有机碳矿化速率的季节动态

由图 5.10 可以看出, 不同植被恢复阶段同一土层 SOC 矿化速率的季节变化不一致,

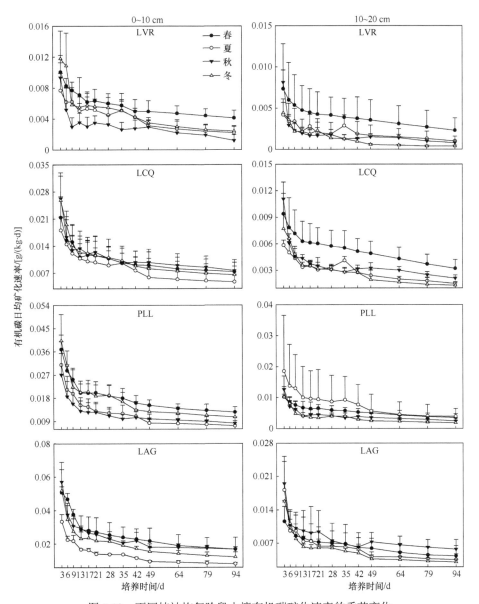

图 5.10　不同植被恢复阶段土壤有机碳矿化速率的季节变化

即使同一植被恢复阶段两个土层也不完全一致。0~10 cm 土层，LCQ 季节变化不明显，LVR、PLL、LAG 总体上春季较高，夏、秋季较低；10~20 cm 土层，LVR、LCQ 春季较高，夏、秋、冬季差异不明显，PLL 夏季较高，而春、秋、冬季差异不明显，LAG 季节变化不明显。

如图 5.10 所示，培养第 3 d 时，平均矿化速率最高，即为最大矿化速率（C_{max}），LVR 的 0~10 cm、10~20 cm 土层分别为 0.0077~0.0118 g/(kg·d)、0.0042~0.0082 g/(kg·d)，LCQ 分别为 0.0181~0.0258 g/(kg·d)、0.0059~0.0111 g/(kg·d)，PLL 分别为 0.0271~0.0402 g/(kg·d)、0.0102~0.0186 g/(kg·d)，LAG 分别为 0.0334~0.0571 g/(kg·d)、0.0116~0.0195 g/(kg·d)；从第 3 d 到第 9 d，矿化速率迅速下降；之后，矿化速率缓慢下降并趋于稳定，到第 94 d 时，LVR 0~10 cm、10~20 cm 土层 SOC 的矿化速率分别下降为 0.0012~0.0041 g/(kg·d)、0.0004~0.0023 g/(kg·d)，LCQ 分别为 0.0047~0.0076 g/(kg·d)、0.0015~0.0032 g/(kg·d)，PLL 分别为 0.0072~0.0125 g/(kg·d)、0.0018~0.0039 g/(kg·d)，LAG 分别为 0.0081~0.0168 g/(kg·d)、0.0030~0.0057 g/(kg·d)。这表明不同季节各植被恢复阶段 SOC 矿化速率均具有培养初期较高，随后下降并趋于平稳的阶段性特征，且这种阶段性特征不随季节变化而发生明显的改变。

同一季节、同一土层同一培养时段，SOC 矿化速率随植被恢复而增加，特别是培养初期不同植被恢复阶段差异显著（$P<0.05$），随培养的进行，植被恢复阶段之间差异减小（图 5.10）。这表明植被恢复对 SOC 矿化速率的影响显著，特别是培养初期。

5.6.3 土壤有机碳累积矿化量的季节变化

不同季节、不同植被恢复阶段、不同土层 C_m 差异极显著（$P<0.01$），而且两两之间、三者之间均存在极显著的交互作用（$P<0.01$），表明季节、植被恢复、土层深度对 C_m 的影响极其显著，且三者之间的交互作用对 C_m 的影响极其显著（表 5.19）。

表 5.19　土壤有机碳累积矿化量重复测量设计的方差分析

统计值	因子						
	A	B	C	$A\times B$	$A\times C$	$B\times C$	$A\times B\times C$
df	3	1	3	3	9	3	9
F	125.712	393.079	13.899	40.566	4.849	10.687	3.638
P	0.000	0.000	0.000	0.000	0.000	0.000	0.001

注：A，B，C，$A\times B$，$A\times C$，$B\times C$，$A\times B\times C$，同表 5.18。

如图 5.11 所示，无论是同一土层不同植被恢复阶段还是同一植被恢复阶段不同土层，C_m 的季节动态均有所不同。0~10 cm 土层，LVR、PLL 从春季到冬季先降低后升高，秋季最低，且与春、冬季差异显著（$P<0.05$）；LCQ、LAG 夏季最低，春、秋、冬季较高，LCQ 季节变化不显著（$P>0.05$），LAG 夏季与春、秋、冬季差异显著（$P<0.05$）。10~20 cm 土层，LVR、LCQ 从春季到冬季逐渐下降，春季与冬季差异显著（$P<0.05$）；PLL 夏季最高，与春、秋、冬季差异显著（$P<0.05$），冬季最低；LAG 冬季最低，但季

节变化不显著（$P>0.05$）。同一季节，同一土层 C_m 随植被恢复而升高，表明植被恢复对 C_m 影响显著。

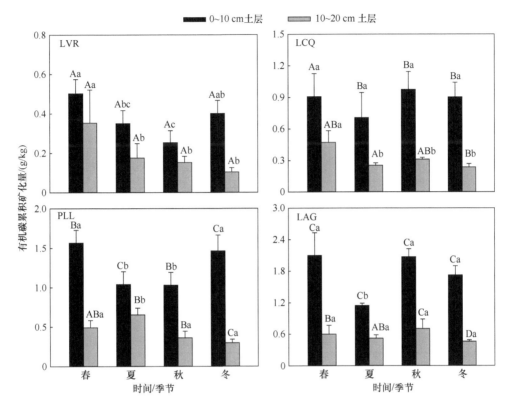

图 5.11　不同植被恢复阶段土壤有机碳累积矿化量的季节变化
图中不同大写字母表示同一季节同一土层不同植被恢复阶段之间差异显著（$P<0.05$），
不同小写字母表示同一植被恢复阶段同一土层不同季节之间差异显著（$P<0.05$）

5.6.4　土壤潜在可矿化有机碳含量的季节变化

从表 5.20 可以看出，一级动力学方程拟合 SOC 矿化动态均达到极显著水平（$P<0.01$）。各土层潜在可矿化 SOC 含量（C_0）的季节变化与相应土层 C_m 的季节动态（图 5.11）基本一致。0~10 cm 土层，各植被恢复阶段季节变化显著（$P<0.05$），C_0 在春季最高，在夏季（除 PLL 外）最低；10~20 cm 土层，各植被恢复阶段（除 PLL 外）季节变化显著（$P<0.05$），C_0 在春季最高，在冬季最低。同一季节，同一土层不同植被恢复阶段 C_0 差异显著（$P<0.05$），LAG 最高，其次是 PLL、LCQ，LVR 最低，表明植被恢复对土壤 C_0 含量影响显著。

0~10 cm 土层 C_0 占 SOC 的百分比（即 C_0/SOC）为 4.24%~9.17%，春季最高，夏季最低；10~20 cm 土层为 2.64%~10.07%，春季最高，冬季最低。同一季节，同一土层 C_0/SOC 随植被恢复而下降，表明随植被恢复，C_0 和 SOC 含量具有不同的变化幅度（表 5.20）。

表 5.20　不同植被恢复阶段土壤有机碳矿化的一级动力学参数

恢复阶段	土壤层次 /cm	季节	拟合参数			C_0/SOC /%
			C_0 / (g/kg)	k /d	R^2	
LVR	0~10	春	1.21±0.32 Aa	0.021±0.003 Aa	0.9951	9.17
		夏	0.85±0.03 Ab	0.015±0.003 Ab	0.9906	5.18
		秋	0.74±0.04 Ab	0.017±0.005 Aab	0.9932	6.02
		冬	0.76±0.12 Ab	0.019±0.001 Aab	0.9975	7.34
	10~20	春	0.74±0.09 Aa	0.018±0.016 Aa	0.9968	10.07
		夏	0.26±0.06 Ab	0.013±0.007 Aa	0.9972	4.93
		秋	0.24±0.07 Ab	0.015±0.002 Aa	0.9936	5.46
		冬	0.11±0.02 Ac	0.012±0.003 Aa	0.9955	3.55
LCQ	0~10	春	1.40±0.01 Aa	0.018±0.004 Aa	0.9976	8.95
		夏	0.80±0.07 Ab	0.015±0.003 Aa	0.9952	4.96
		秋	1.20±0.29 Ba	0.016±0.003 Aa	0.9963	6.18
		冬	1.18±0.03 Ba	0.018±0.002 Aa	0.9929	7.18
	10~20	春	0.78±0.08 Aa	0.014±0.002 Aa	0.9989	8.92
		夏	0.34±0.02 Abc	0.011±0.002 Aa	0.9971	3.87
		秋	0.41±0.04 Bb	0.013±0.003 Aa	0.9990	5.31
		冬	0.26±0.04 Bc	0.013±0.002 Aa	0.9944	3.04
PLL	0~10	春	2.46±0.09 Ba	0.016±0.002 Aa	0.9978	8.82
		夏	1.40±0.18 Bb	0.015±0.004 Aa	0.9982	4.07
		秋	1.28±0.24 Bb	0.013±0.002 Aa	0.9991	4.99
		冬	1.92±0.02 Cc	0.017±0.002 Aa	0.9994	5.30
	10~20	春	0.84±0.12 ABa	0.014±0.001 Aa	0.9985	8.53
		夏	0.66±0.62 Aa	0.012±0.002 Aa	0.9991	3.17
		秋	0.53±0.09 Ba	0.012±0.004 Aa	0.9983	4.88
		冬	0.28±0.03 Ba	0.010±0.003 Aa	0.9975	2.89
LAG	0~10	春	3.01±0.28 Ca	0.015±0.002 Aa	0.9955	7.03
		夏	1.41±0.03 Bb	0.011±0.003 Aa	0.9937	4.24
		秋	2.30±0.22 Cc	0.012±0.002 Aa	0.9988	4.82
		冬	2.24±0.21 Dc	0.014±0.004 Aa	0.9991	4.93
	10~20	春	1.01±0.09 Ba	0.011±0.003 Aa	0.9996	6.11
		夏	0.63±0.04 Ab	0.009±0.002 Aa	0.9994	3.64
		秋	0.85±0.07 Cc	0.010±0.006 Aa	0.9982	4.67
		冬	0.30±0.04 Bd	0.010±0.002 Aa	0.9984	2.64

注：不同大写字母表示同一季节同一土层不同植被恢复阶段之间的差异显著（$P<0.05$）；小写字母表示同一植被恢复阶段同一土层不同季节之间差异显著（$P<0.05$）。k 数值太小，因此小数点后保留三位小数。

从表 5.20 还可知，4 个植被恢复阶段 SOC 矿化速率常数（k）的变化范围较窄，0~10 cm 土层 4 个季节 k 为 0.011~0.021，10~20 cm 土层为 0.009~0.018，春季较高，夏、冬季较低，但 4 个季节之间的差异不显著（除 LVR 的春季与夏季外）。同一季节，同一土层不同植被恢复阶段 k 差异不显著（$P>0.05$），但总体上呈现出随植被恢复而减小的趋势。

5.6.5　土壤有机碳矿化各指标之间的关系

从表 5.21 可以看出，C_{max}、C_m 与 C_0 呈极显著正相关关系（$P<0.01$），而 C_{max} 与

C_m 呈极显著正相关关系（$P<0.01$），表明 C_0 对 C_{max}、C_m 影响显著，C_{max}、C_m 相互影响显著。k 与 C_{max}、C_m、C_0 相关性不显著（$P>0.05$），但与 C_0/SOC 呈极显著正相关关系，表明 C_0/SOC 对 SOC 矿化速率常数 k 影响显著。

表 5.21　土壤 C_{max}、C_m、C_0 含量，k 季节变化之间的相关系数

项目	C_m	C_0	k	C_0/SOC
C_{max}	0.981**	0.903**	0.043	−0.001
C_m		0.956**	0.108	0.129
C_0			0.296	0.341
k				0.724**

注：$n=32$，*表示 $P<0.05$，**表示 $P<0.01$；C_{max}，土壤有机碳的最大矿化速率。

5.6.6　土壤有机碳矿化季节变化的影响因子

利用通径分析探讨植物因子和土壤因子对土壤 C_{max}、C_m、C_0、k 的影响，结果如表 5.22 所示，凋落物层现存量、土壤 pH、SOC、TN、TP 含量、<2 μm 黏粒百分含量与 C_{max} 呈显著（$P<0.05$）或极显著（$P<0.01$）相关关系。对 C_{max} 直接通径系数较大的前 5 个因素依次为：SOC（0.642）＞土壤 pH（0.474）＞土壤 TN（0.464）＞土壤 C/N（0.319）＞土壤 TP（−0.234）；各因素通过 SOC、土壤 pH 对 C_{max} 的间接通径系数较大（分别为 0.260 和−0.875）；其他因素通过 SOC 对 C_{max} 的间接影响为正相关关系，通过土壤 pH 对 C_{max} 的间接影响为负相关，因而 SOC 与 C_{max} 的相关系数最大，土壤 pH 与 C_m 的相关关系相对较小。SOC 和土壤 pH 是 C_{max} 的主要影响因素。

表 5.22　植被因子和土壤因子对土壤 C_{max}、C_m、C_0 含量、k 的相关系数和通径系数

因变量	项目	LEB	LC	LN	LP	pH	SOC	TN	TP	C/N	土壤温度	土壤湿度	Clay
	相关系数	0.398*	0.246	0.301	0.268	−0.401*	0.902**	0.854**	0.696**	−0.208	−0.123	−0.037	0.494**
C_{max}	直接通径系数	−0.233	0.205	0.147	−0.201	0.474	0.642	0.464	0.234	−0.319	−0.135	−0.057	−0.078
	间接通径系数	0.631	0.041	0.154	0.469	−0.875	0.260	0.390	0.462	0.111	0.012	0.020	0.572
	相关系数	0.431*	0.282	0.307	0.335	−0.426*	0.905**	0.874**	0.630**	−0.286	−0.102	−0.077	0.491**
C_m	直接通径系数	−0.248	0.243	0.101	−0.250	0.522	0.654	0.495	0.067	−0.380	−0.131	−0.120	−0.023
	间接通径系数	0.679	0.039	0.206	0.585	−0.948	0.251	0.379	0.563	0.094	0.029	0.043	0.514
	相关系数	0.372*	0.308	0.263	0.337	−0.446*	0.846**	0.810**	0.535**	−0.354	−0.086	−0.117	0.454**
C_0	直接通径系数	−0.369	0.266	0.090	−0.513	0.494	0.720	1.033	−0.115	−0.624	−0.146	−0.092	0.103
	间接通径系数	0.741	0.042	0.173	0.850	−0.940	0.126	−0.223	0.650	0.270	0.060	−0.025	0.351
	相关系数	−0.381*	−0.053	−0.425*	−0.149	0.037	0.071	−0.071	−0.260	−0.016	−0.164	−0.026	−0.301
k	直接通径系数	−0.584	−0.143	−0.255	−0.394	0.165	0.576	0.195	−0.409	−0.745	−0.293	0.082	−0.013
	间接通径系数	0.203	0.090	−0.170	0.245	−0.128	−0.505	−0.266	0.149	0.730	0.129	−0.108	−0.288

注：$n=13$，*表示 $P<0.05$，**表示 $P<0.01$。LEB，凋落物层现存量；LC，凋落物层有机碳含量；LN，凋落物层全氮含量；LP，凋落物层全磷含量；TN，土壤全氮含量；TP，土壤全磷含量；C/N，土壤碳氮比；Clay，<2 μm 黏粒百分含量。

凋落物层现存量、土壤 pH、土壤 SOC、TN、TP 含量、<2 μm 黏粒百分含量与 C_m 呈显著（$P<0.05$）或极显著（$P<0.01$）相关关系。对 C_m 直接通径系数较大的前 5 个因素依次为：SOC（0.654）>土壤 pH（0.522）>土壤 TN（0.495）>土壤 C/N（0.380）>凋落物层 P 含量（-0.250）；各因素通过 SOC、土壤 pH 对 C_m 间接通径系数较大（分别为 0.251 和-0.948）。SOC 和土壤 pH 是 C_m 的主要影响因素。

C_0 与凋落物层现存量、土壤 pH、土壤 SOC、TN、TP 含量、土壤 C/N、<2 μm 黏粒百分含量均呈显著（$P<0.05$）或极显著（$P<0.01$）相关关系。对 C_0 影响较大的因素为：土壤 TN（1.033）>SOC（0.720）>土壤 C/N（-0.624）>凋落物层 P 含量（-0.513）>土壤 pH（0.494）。各因素通过土壤 TN 和 SOC 对 C_0 的间接通径系数也较大（分别为-0.223 和 0.126）。土壤 TN 和 SOC 是 C_0 的直接影响因素。

除凋落物层现存量和 N 含量外，k 与植被因子和土壤因子相关性均不显著（$P>0.05$）。对 k 的直接通径系数较大的前 5 个因素依次为：土壤 C/N（-0.745）>凋落物层现存量（-0.584）>SOC（0.576）>土壤 TP（-0.409）>凋落物层 P 含量（-0.394）。各因素通过土壤 C/N、SOC 对 k 的间接通径系数较大（分别为 0.730 和-0.505）。土壤 C/N 对 k 的影响为正效应，而 SOC 为负效应，两者的效应基本相互抵消，其他因素通过两者对 k 的间接影响亦是如此。因此，k 的直接影响因素是土壤 C/N 和 SOC，但从总效应来看，各因素对 k 的影响均较小。

C_{max}、C_m 和 C_0 的剩余通径系数较低，分别为 0.239、0.214 和 0.334（表 5.22），表明植被因子和土壤因子对 C_{max}、C_m 和 C_0 具有较大的影响。而 k 的剩余通径系数较大，为 0.634，表明除以上各项因素外，存在其他未被考虑的因素对 k 有较大影响。

5.6.7 讨论

1. 植被恢复对土壤有机碳含量季节变化的影响

研究表明，SOC 含量的季节变化是一个复杂过程，受季节温度、湿度及凋落物数量变化影响较为明显（汪伟等，2008；谭桂霞等，2014）。本研究中，不同植被恢复阶段同一土层或同一植被恢复阶段不同土层 SOC 含量的季节变化不尽相同，可能是由于：①研究区季节分明，夏、秋季降雨较多，温度、湿度较高，土壤微生物活性较强，凋落物分解转化较快，促进 SOC 积累，导致一些植被恢复阶段 SOC 含量在夏、秋季较高。②不同植被恢复阶段因植物组成不同，植物季节生长节律及土壤微生物类群组成等不同，导致 SOC 含量季节波动存在一定的差异。由于 SOC 含量季节变化微小，在短期内难以观测到其微小变化，特别是森林 SOC（Bolinder et al.，1999），因而除 LAG 外，PLL、LCQ、LVR 季节差异不显著。这表明林地 SOC 含量的季节变化是诸多因素（气候、植被、土壤理化性质及其生物学特性）综合影响的复杂过程。

2. 植被恢复对土壤有机碳矿化季节变化的影响

SOC 矿化过程是土壤中一个复杂的生物化学过程，影响因素众多。SOC 矿化速率是 SOC 矿化快慢的重要表征指标（吴建国等，2004），也是衡量微生物分解土壤有机质的指标（段正锋等，2009）。在恒定的温度、湿度条件下进行室内培养，SOC 矿化速率能反映不同林地 SOC 的有效性以及土壤环境因素的差异。本研究中，4 个植被恢复阶段不同季节 SOC 矿化速率随培养进程而下降，最后趋于相对稳定，可能与 SOC 性质及养分供给有关。在培养初期，土壤中简单易分解的活性有机物质（如淀粉、单糖等）较多，短期内给微生物提供较充足养分，微生物活性增强，SOC 矿化速率高且出现最大值；随培养进程，活性有机物质减少，养分供应成为限制微生物活动的关键因素，植被类型对 SOC 矿化速率的影响越来越小，SOC 矿化速率下降并趋于稳定（李顺姬等，2010；高菲等，2015）。相关性分析结果（表 5.21，表 5.22）表明，C_{max} 受 SOC、C_m、C_0、凋落物层现存量、土壤 pH、TN、TP、<2 μm 黏粒百分含量显著影响，而同一植被恢复阶段不同季节 SOC、C_m、C_0 含量差异显著（图 5.9，图 5.10，表 5.20），且随植被恢复，土壤酸性增强（表 2.14），SOC、C_m、C_0、土壤 TN、土壤 TP、<2 μm 黏粒百分含量增加（表 2.13，表 2.15，表 5.20），因而同一植被恢复阶段不同季节 C_{max} 存在一定的差异，C_{max} 随植被恢复而增大。此外，在众多影响因素中，SOC 和土壤 pH 是 C_{max} 的直接影响因子，而且剩余通径系数较低（表 5.22），表明 SOC 和 pH 的差异可能是不同植被恢复阶段土壤 C_{max} 及其季节变化节律差异的主要原因。

研究 SOC 矿化的季节变化可为土壤-大气碳循环的季节动态研究提供理论依据。目前，有关 SOC 矿化季节动态的研究仍较少。随植被类型的变化，群落树种组成、树种生长节律、凋落物数量和质量及其季节动态、土壤微生物类群组成、土壤水分、温度和有机质、养分输入量不同，导致不同植被 SOC 矿化及其季节变化的差异。本研究中，4 个植被恢复阶段同一土层或同一植被恢复阶段不同土层 SOC 矿化速率、C_m 的季节变化规律不尽一致，C_m 与凋落物层现存量、土壤 pH、SOC、TN、TP 含量、<2 μm 黏粒百分含量等指标呈显著或极显著相关关系，其中，土壤 SOC 含量和 pH 是 C_m 季节变化的主要直接影响因子（表 5.20）。这表明研究区 SOC 矿化过程的季节变化十分复杂，受多种因素的综合影响，特别是土壤 SOC 含量和 pH。

C_0 是土壤中可被分解的 SOC，可用于表征土壤生物有效性碳库的大小（Stanford & Smith，1972）。研究表明，土壤养分含量越高，微生物活性越高，土壤潜在矿化能力越强，C_0 越高（李顺姬等，2010）；土壤 pH 与 C_0 呈显著负相关关系（李隽永等，2018）。本研究中，4 个植被恢复阶段不同土层 C_0 总体上表现为春季高于夏季和冬季，可能是由于春季植物新叶萌发，老叶脱落，凋落物量增多，且冬季凋落物分解有限而大量残留在土壤中，此外，春季气温回升，促使凋落物、根系分泌物、死亡根系、土壤动物和微生物释放出大量活性碳，养分也得到补给，加上微生物活性未完全恢复，消耗养分和 SOC 仍较少，土壤积累较多的 C_0。相关性分析结果也表明，C_0 与凋落物层现存量、土壤 pH、SOC、TN、TP 含量、<2 μm 黏粒百分含量密切相关，表明不同植被恢复阶段 C_0 的季节变化是植被因子和土壤因子共同作用的结果。此外，本研究中，土壤 TN、SOC 对 C_0 直接通径系数大于其他因素，且其他因素通过这两个变量的间接通径系数也较大，是 C_0 的主要直接影响因素，表明土壤 N 源和 C 源丰富，显著提高 SOC 中可被微生物利用的 C。C_0/SOC 可表征 SOC 固存能力，当 SOC 含量变化不大时，C_0/SOC 下降，说明 SOC 活性组分比例减小，相对稳定组分比例增大，SOC 固存能力增强（Stanford & Smith，

1972)。本研究中，C_0/SOC 总体上随植被恢复而增大，且从春季较高，夏、冬季较低，表明随植被恢复，SOC 稳定组分占比增加，SOC 固存能力增强。而随季节变化，不同植被恢复阶段 SOC 组分的周转及 SOC 库的稳定性仍有待于进一步研究。

k 值也可反映 SOC 的稳定性和土壤固碳能力，k 值越小，SOC 越稳定，土壤固碳能力越强（张浩等，2016）。本研究中，尽管 4 个植被恢复阶段的 k 值在不同季节之间差异不显著，但总体上还是表现为春季较高，夏、冬季较低，表明春季 SOC 的稳定性较低，土壤固碳能力较弱，夏、冬季 SOC 的稳定性较高，土壤固碳能力较强。k 受多种因素的综合影响，但目前不同因子对 k 的影响仍没有统一的结论。如李顺姬等（2010）研究表明，k 受土壤养分、pH 及颗粒组成的影响较小。但也有研究发现，k 与 SOC 含量（马昕昕等，2012）、pH（尹云锋和蔡祖聪，2007；吴萌等，2016）、土壤（黏粒＋粉粒）百分含量（尹云锋和蔡祖聪，2007）、TN 含量（李隽永等，2018）呈显著或极显著的负相关关系。本研究中，k 与 SOC、C_m、C_0 之间均不存在显著相关性，但与 C_0/SOC 呈极显著正相关关系，表明土壤 C_0/SOC 较大，SOC 中易矿化分解的活性碳比例较大，SOC 稳定性较差，是导致春季土壤 k 值较大的重要原因之一。通径分析结果表明，土壤 SOC、C/N 对 k 值的直接通径系数远大于其他因素，且其他因素通过这两个变量的间接通径系数也较大，是 k 的主要直接影响因素，但由于土壤 SOC、C/N 对 k 的影响效应相反，相互抵消，各因子与 k 的相关系数较小。这表明 SOC 含量较高，则 SOC 矿化速率加快，但在缺 N 条件下，为缓解缺 N 的情况，微生物活性升高，SOC 矿化速率加快，可能也是引起春季土壤 k 值较大的直接原因。此外，k 的剩余通径系数较大，表明存在其他未考虑因素对 k 的影响较大，如微生物和酶活性等，有待进一步研究。

研究表明，培养温度、湿度是影响 SOC 矿化过程的重要因素（Saggar et al.，2001；Belay-Tedla et al.，2009），SOC 矿化速率与原位土壤温度呈显著正相关关系（王红等，2008；Gudasz et al.，2010），在一定范围内，SOC 矿化过程与土壤湿度存在显著正相关关系（Chow et al.，2006）。但也有研究发现，温度升高不会对 SOC 矿化产生影响，土壤 C 库不会因此而减小（Giardina & Ryan，2000）；小兴安岭两种森林类型 SOC 矿化量、C_0 含量与不同季节采样时的原位土壤温度无显著相关性（高菲等，2015）。可见，目前有关土壤温度、湿度对 SOC 矿化影响的研究中，不同的研究其结果也存在较大的差异。本研究中，在恒定温度、湿度下培养，C_{max}、C_m、C_0、k 与原位土壤温度和湿度均不存在显著相关性，其原因可能是土壤温度和水分主要通过改变土壤微生物活性来影响 SOC 矿化速率，但是微生物活性在不同季节的变化不仅仅受温度和水分的影响，还与 C 源的有效供给密切相关（郝瑞军等，2010），反映了 SOC 矿化与土壤温湿度间的复杂关系（Davidson et al.，1987；Wang et al.，2011），还有待于进一步研究。

综上，SOC 矿化的季节变化受各种物质和环境因子的综合影响，在这些因子的共同作用下 SOC 各组分发生复杂的变化。

5.7　植被恢复对土壤有机碳库积累及其稳定性的影响

鉴于 SOC 组成及其形态结构的复杂性，了解 SOC 各库的动态变化及其对环境变化的响应规律，是揭示森林 SOC 积累机制的关键。植被恢复是一个重要的环境变化过程。其中，地上植被组成和结构的改变，显著影响凋落物和根系的输入以及有机质的分解过程，同时地下 SOC 密度及其稳定性也会发生相应改变（Wang et al.，2010a；陈小梅等，2016）。亚热带植被恢复对 SOC 各组分（特别是 C_s 和 C_r 含量）产生怎样的影响，不同 SOC 组分在土壤 C 固存方面各发挥怎样的作用，目前尚缺乏研究报道。此外，不同 SOC 组分可能受到不同因素的影响。然而，在植被恢复过程中，调控 SOC 各组分含量的主要因素却鲜为人知。为此，本部分基于"5.5 植被恢复对 SOC 矿化的影响"94 d 室内 35 ℃恒温培养的 SOC 矿化数据及其 SOC、C_r 含量数据，利用式（5.5）"三库一级动力学方程"获取 SOC 的 C_a 和 C_s 组分含量数据，着重研究亚热带植被恢复过程 SOC 各组分的动态变化特征，探讨 SOC 各组分的主要影响因素，为揭示亚热带植被恢复过程 SOC 库积累机制及其稳定性，为准确估算该地区森林土壤固碳潜力提供数据支持和科学依据。

5.7.1 土壤有机碳及其各组分的含量

如图 5.12 所示，SOC 含量随植被恢复而增加，各土层均以 LAG（13.51～47.58 g/kg）最高，其次是 PLL（5.07～25.65 g/kg）、LCQ（3.01～19.49 g/kg），而 LVR（1.67～12.22g/kg）最低，且 LAG 与 PLL、LCQ、LVR 差异显著（$P<0.05$），但 PLL、LCQ、LVR 两两间差异均不显著（除 0～10 cm、10～20 cm 土层 PLL 与 LVR 外）（$P>0.05$）。

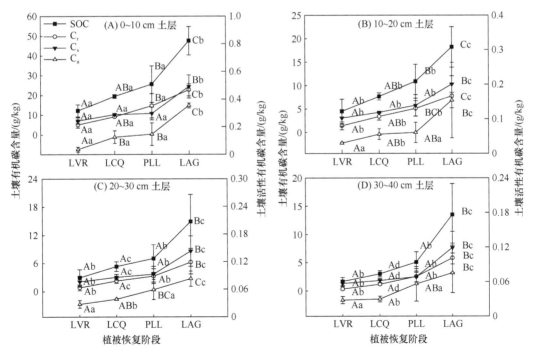

图 5.12 不同植被恢复阶段土壤有机碳及各组分含量

图中不同大写字母表示同一土层不同植被恢复阶段之间差异显著（$P<0.05$），
不同小写字母表示同一植被恢复阶段不同土层之间差异显著（$P<0.05$）

由图 5.12 可知，随植被恢复，C_a、C_s 和 C_r 含量也呈增加趋势。其中，0～10 cm 土层 LAG 的 C_a 含量显著高于其他 3 个植被恢复阶段（$P < 0.05$），LAG 比 PLL、LCQ、LVR 分别增加了 0.32g/kg、0.23g/kg、0.21 g/kg；10～20 cm、20～30 cm、30～40 cm 土层，LAG 与 LCQ、LVR 差异显著（$P < 0.05$），LAG 比 LCQ、LVR 分别增加了 0.05～0.12g/kg、0.04～0.10 g/kg，但 LAG 与 PLL 差异不显著（$P > 0.05$）。LAG 各土层 C_s 含量均显著高于 PLL、LCQ、LVR（$P < 0.05$），其中 0～10 cm、10～20 cm、20～30 cm、30～40 cm 土层，LAG 比 PLL、LCQ、LVR 分别增加了 4.54～13.65 g/kg、6.04～14.2 2g/kg、6.31～17.36 g/kg，但 PLL、LCQ、LVR 两两间差异均不显著（$P > 0.05$）。0～10 cm 土层，LAG、PLL 的 C_r 与 LCQ、LVR 差异显著（$P < 0.05$），其中，LAG 比 LCQ、LVR 分别增加了 13.64 g/kg、17.68 g/kg，但 LAG 与 PLL 之间，LCQ 与 LVR 之间差异不显著（$P > 0.05$）；10～20 cm 土层，LAG 与 LCQ、LVR，PLL 与 LVR 差异显著（$P < 0.05$），其中 LAG 比 LCQ、LVR 分别增加了 4.41 g/kg、6.37 g/kg，但 LAG 与 PLL 之间，LCQ 与 PLL、LVR 之间差异均不显著（$P > 0.05$）；20～30 cm、30～40 cm 土层，LAG 显著高于 PLL、LCQ、LVR（$P < 0.05$），LAG 比 PLL、LCQ、LVR 分别增加了 3.27 g/kg、4.65 g/kg、5.48 g/kg。这表明植被恢复不仅显著提高 SOC 含量，而且显著提高 SOC 各组分的含量。

SOC 及其各组分（C_a、C_s 和 C_r）含量均随土壤深度增加而下降，0～10 cm 土层显著高于其他 3 个土层（除 PLL、LCQ 的 C_a 外）（$P < 0.05$）。这表明 SOC 各组分含量也受土壤深度的影响，SOC 含量在土层上的变化与各组分含量的变化有关（图 5.12）。

5.7.2 土壤活性碳、缓效性碳和惰性碳含量占土壤有机碳含量的比例

从图 5.13 可看出，植被恢复过程中，SOC 各组分占 SOC 百分比的变化趋势不一致。C_a 含量占 SOC 含量的比例最小，4 个植被恢复阶段 C_a/SOC 仅为 0.30%～1.97%；不同土层 C_a/SOC 随植被恢复的变化趋势不完全一致，其中 0～10 cm 土层 C_a/SOC 总体上呈上升趋势，而 10～20 cm、20～30 cm、30～40 cm 土层呈下降趋势。LCQ 各土层 C_s/SOC（58.59%～79.55%）最高，LVR（52.50%～60.36%）、LAG（51.10%～57.83%）次之，PLL（43.16%～53.39%）最低，总体上随植被恢复呈下降趋势。各土层 C_r/SOC 随植被恢复的变化趋势与 C_s/SOC 相反，从 LVR 恢复至 PLL，C_r/SOC 从 18.48%～48.11%增至 46.90%～56.30%，从 PLL 恢复至 LAG，C_r/SOC 降至 41.58%～48.14%，总体上随植被恢复呈先升高后下降趋势。这表明相对稳定的 SOC 组分（C_s 和 C_r）占 SOC 的比例较高，特别是随植被恢复 C_r/SOC 升高，SOC 稳定性增强。

由图 5.13 可知，SOC 各组分占 SOC 的百分比也随土壤深度的变化而显著变化。其中，LCQ、LVR、PLL 的 C_a/SOC 随土层加深呈上升趋势，且深土层显著高于表土层（$P < 0.05$），而 LAG 的 C_a/SOC 呈下降趋势，且 4 个土层两两间差异均不显著。不同植被恢复阶段 C_s/SOC 均随土壤深度增加而提高，LCQ、LVR 深土层显著高于表土层，而 PLL、LAG 的 4 个土层两两间差异均不显著。随土层加深，LCQ、LVR 的 C_r/SOC 呈下降趋势，且深土层显著低于表土层，而 PLL、LAG 随土层加深呈先降低后升高的趋势，且各土

层间差异不显著。这表明植被恢复早期,随土层加深,土壤固碳能力减小、稳定性降低,恢复后期深土层固碳能力明显增强、稳定性提高。

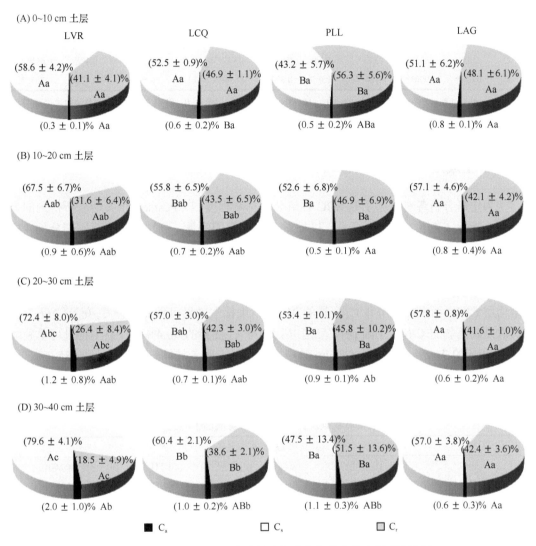

图 5.13　不同植被恢复阶段土壤有机碳各组分占总有机碳的比例

图中不同大写字母表示同一土层不同植被恢复阶段之间差异显著($P<0.05$),
不同小写字母表示同一植被恢复阶段不同土层之间差异显著($P<0.05$)

5.7.3　土壤有机碳及其各组分含量与植被因子、土壤因子的相关性

表 5.23 表明,SOC 及其各组分含量与植被多样性(除 C_s 外)、细根生物量、凋落物层现存量、凋落物层 N 含量、土壤<2 μm 黏粒百分含量均呈显著($P<0.05$)或极显著($P<0.01$)正相关关系,与凋落物层 C/N(除 C_r 外)、土壤 pH 均呈显著($P<0.05$)或极显著($P<0.01$)负相关关系。这表明植被恢复过程中,SOC 及其各组分含量的变化是植被因子和土壤因子等诸多因子综合作用的结果。

表 5.23　土壤有机碳及其各组分含量与植被因子和土壤因子的 Pearson 相关系数

项目	植被因子						土壤因子			
	H'	FB	LB	LC	LN	LC/LN	C/N	pH	BD	Clay
SOC	0.590*	0.879**	0.761**	−0.201	0.884**	−0.613*	−0.134	−0.790**	−0.397	0.751**
C_a	0.642*	0.907**	0.762**	−0.186	0.935**	−0.619*	−0.262	−0.759**	−0.420	0.759**
C_s	0.552	0.833**	0.681*	−0.308	0.864**	−0.652*	−0.135	−0.756**	−0.376	0.697**
C_r	0.610*	0.900**	0.824**	−0.077	0.877**	−0.549	−0.126	−0.801**	−0.406	0.785**

注：$n=13$，*表示 $P<0.05$，**表示 $P<0.01$。H'，Shannon-Wiener 指数；FB，细根生物量；LB，凋落物现存量；LC，凋落物层有机碳含量；LN，凋落物层全氮含量；LC/LN，凋落物层碳氮比；C/N，土壤碳氮比；BD，容重；Clay，<2 μm 黏粒百分含量。

5.7.4　土壤活性碳、缓效性碳和惰性碳含量影响因子的逐步回归分析

为定量分析各影响因子对 SOC 各组分的影响程度，以 Pearson 相关性分析得到的显著相关指标（表 5.23）为自变量，以 C_a、C_s、C_r 为因变量，分别进行逐步回归分析。根据回归方程调整判定系数（R^2），量化各因子对 SOC 各组分变异的相对重要性和综合解释率，确定影响 SOC 各组分的主要因子。

由调整判定系数（R^2）可知，细根生物量能够独立解释 C_a 变异的 80.7%，其次是凋落物层 C/N，两者共同解释 C_a 变异的 91.6%；细根生物量可独立解释 C_s 变异的 66.7%，其次是凋落物层 C/N、土壤 pH，三者共同解释 C_s 变异的 90.4%；细根生物量可单独解释 C_r 变异的 79.2%，其次是 <2 μm 黏粒百分含量，两者共同解释 C_r 变异的 85.0%。这表明植被恢复过程土壤 C_a、C_s、C_r 主要受到细根生物量的影响；此外，C_a、C_s、C_r 还受到不同因子的影响（表 5.24）。

表 5.24　土壤有机碳及其各组分含量影响因子的逐步回归分析

项目	变量	调整判定系数 R^2	F	P
C_a	FB	0.807	51.231	<0.001
	FB，LC/LN	0.916	66.055	<0.001
C_s	FB	0.667	25.014	<0.001
	FB，LC/LN	0.814	27.302	<0.001
	FB，LC/LN，pH	0.904	38.783	<0.001
C_r	FB	0.792	46.790	<0.001
	FB，Clay	0.850	35.008	<0.001

注：$n=13$。FB、LC/LN、pH、Clay 见表 5.23。

5.7.5　土壤活性碳、缓效性碳和惰性碳含量影响因子的变异分离

本研究仅考虑植被因子和土壤因子对 SOC 及其各组分变异的解释量，SOC 及其各组分含量的变化可分为 4 个部分：①植被因子单独作用导致的变化，与土壤因子无关；②土壤因子单独作用导致的变化，与植被因子无关；③植被因子和土壤因子交互作用导致的变化，可反映植被因子和土壤因子之间的相关或耦合强度。④不能由植被因子和土壤因子解

释的部分。分析结果（图 5.14）表明，植被因子解释了 SOC、C_a、C_s、C_r 变异的 6%～35%，土壤因子解释了 SOC、C_a、C_s、C_r 变异的 4%～15%，植被因子与土壤因子交互作用合计解释了 SOC 及其各组分变异的 46%～78%，未解释的部分占 3%～12%。可见，植被因子与土壤因子共同解释的部分远远大于植被因子或土壤因子单独解释的部分，表明植被恢复过程中，SOC 及其各组分的变异主要取决于植被因子和土壤因子的耦合作用。

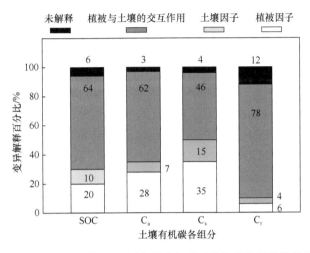

图 5.14　土壤因子和植被因子对土壤有机碳及各组分含量差异的贡献率

5.7.6　讨论

1. 植被恢复过程中土壤有机碳汇及其稳定性的变化规律

研究表明，草地恢复为林地后，SOC 含量从 29.10 g/kg 增加到 73.92 g/kg（Liu et al.，2015），有活性和稳定性的 SOC 组分均呈上升趋势（Zhao et al.，2015）；草地恢复为人工林和天然林不仅显著增加了 SOC 密度，还提高了 C_a 和 C_r 的含量（Nath et al.，2018），但植被恢复主要增加非活性 SOC 的含量（苏静等，2005）。Crow 等（2009）研究发现，增加的 SOC 主要以 C_r 的形式储存于土壤中，而 C_a 含量的变化较小。本研究中，SOC 及其各组分含量均随植被恢复而增加，且 SOC 各组分含量的增量不同，其中 C_a 含量的增量最小，为 0.02～0.32 g/kg，而 C_s 和 C_r 的增量相对较大，分别为 4.54～17.36 g/kg、2.72～17.68 g/kg，表明植被恢复过程中，SOC 库以较为稳定组分（C_s 或 C_r）的积累为主，植被恢复不仅促进 SOC 库的积累，而且提高了 SOC 库的稳定性，有利于 SOC 的固持，对减缓土壤 CO_2 释放具有重要意义。究其原因可能是：①SOC 各组分的来源和性质不同。C_a 主要来源于凋落物和根系输入的活性有机质（Crow et al.，2009），容易被土壤微生物利用、矿化并释放出 CO_2（Zhang et al.，2007；Jha et al.，2012）。本研究中，随植被恢复，SOC 矿化速率明显加快（图 5.6），土壤增加的 C_a 较快被微生物利用、分解，导致 C_a 增量较小，而 C_s 和 C_r 是相对稳定的 SOC 组分，较难被微生物利用，周转速度较慢（Cochran et al.，2007；Wiesmeier et al.，2014；Liu et al.，2017；Lian et al.，2018），导致 C_s 和 C_r 积累量较多（von Lützow et al.，2007）。②SOC 各组分之间关系密切，存在相互转化关系（余健等，2014）。研究表明，植被变化可通过调控输入土壤有机质的质量和数量来改变 SOC 及其活性组分的含量，也可通过改变土壤团聚体对 C 的物理保护作用影响 SOC 活性组分与非活性组分的转化过程（Hyvönen et al.，2007；龚伟等，2008；Pandey et al.，2014；邓翠等，2017）。本研究中，随植被恢复，凋落物层现存量（表 3.10）和细根生物量增加（图 5.1），输入土壤的有机质增多，SOC 及各组分含量均显著增加。当土壤 C_a 含量完全可以满足植被生长需求时，C_a 含量的增加幅度趋于稳定，并开始转化为 C_s 和 C_r，以较为稳定的组分储存于土壤中（戴全厚等，2008b）。本研究中，土壤<2 μm 黏粒百分含量也随植被恢复而增加（表 2.13），在一定程度上增强了团聚体对 SOC 的物理保护作用，有利于 C_a 转变为较为稳定的 SOC 组分。此外，凋落物量及细根生物量增加产生一种激发效应（Schimel & Weintraub，2003；Crow et al.，2009），提高有机质的输入量，促使有机质转化为较为稳定的 SOC 组分（Hyvönen et al.，2007）。

C_r/SOC 是衡量 SOC 生化质量的重要指标，可反映 SOC 的稳定程度，该值越大意味着 SOC 生化质量越差、稳定性越好，越有利于 SOC 积累（黄宗胜等，2013；高菲等，2015；Nath et al.，2018）。研究表明，牧场转变为耕地，土壤 C_r/SOC 从 49.40%增加到 66.30%（Liu et al.，2017）；中亚热带地区，林地土壤 C_r/SOC（73.88%）高于其他土地利用方式，如水稻田（45.22%）、果园（59.13%）和高地（36.46%）（Iqbal et al.，2009）。本研究结果与以上的研究结果基本一致，随植被恢复，C_r/SOC 增加，表明植被恢复过程中，SOC 稳定性增加，对土壤 C 库积累及其稳定性提高具有重要意义。但 PLL 的 C_r/SOC 高于 LAG，可能是由于 PLL 凋落物以马尾松针叶为主，含有较多木质素和油脂等难降解化合物，导致输入土壤中 C_r 占 SOC 比例较大（Crow et al.，2009）。

在垂直分布上，4 个植被恢复阶段 SOC 及其各组分含量主要分布在土壤表层，且随土层深度增加而降低，与王玺洋等（2016）研究结果一致。究其原因可能是：凋落物、根系和土壤微生物主要分布在表土层，凋落物和根系分解形成的有机物质首先进入表土层，使得表土层 SOC、C_a、C_s 和 C_r 含量较高；随土层加深，凋落物和根系输入的有机物质减少，微生物生物量也明显减少，导致 SOC、C_a、C_s 和 C_r 含量随土层深度增加而降低（Jha et al.，2012；Sun et al.，2014）。

2. 植被恢复过程中土壤有机碳及其各组分的影响因子

SOC 库的动态变化受气候、植被、土壤属性等多种因素的影响，在同一地区、同一气候条件下，植被恢复主要通过改变植被因子和土壤因子来促进 SOC 积累，增强 SOC 稳定性（Chen et al.，2004；Jia et al.，2005；Cochran et al.，2007；Deng et al.，2016；Li et al.，2016）。

植被是 SOC 的重要来源，植被类型变化改变了凋落物和根系数量及质量，使输入土壤的有机物质的数量和化学性质发生相应改变，进而影响了 SOC 含量和性质（Chen et al.，2004；Song et al.，2017；García-Díaz et al.，2018）。植被恢复过程中，凋落物和根系数量增加，不仅增加了 SOC 含量，而且提高了 SOC 稳定性（Castro et al.，2010；Yu et al.，2017）。此外，凋落物质量是控制凋落物养分释放、土壤 C 形成和积累的关键因素（Liu et al.，2015；Wang et al.，2016）。凋落物质量越高，养分归还速度越快，显著增加了 SOC 及各组分含量（Szanser et al.，2011）。本研究中，植被因子单独解释了 SOC 及其各组分变异的 6%～35%，随植被恢复，植物种类增加，植物多样性指数增大（表 1.4），凋落物层现存量增多（表 3.10），细根生物量提高（图 5.1），且凋落物质量明显改善（图 4.2），SOC 来源增加。分析结果（表 5.23）也表明，SOC 及其各组分含量随群落 Shannon-Wiener 指数、凋落物层现存量、细根生物量、凋落物 N 含量的增加而增加，随凋落物层 C/N 的下降而下降。这表明在植被恢复过程中，群落生物量和凋落物性质是调控 SOC 固持及其稳定性的重要因子。

本研究中，土壤因子单独解释了 SOC 及其各组分变异的 4%～10%，表明随植被恢复，土壤环境的变化也是影响 SOC 及其各组分的重要因子。究其原因可能是：SOC 库与土壤理化性质密切相关（Deng et al.，2016），随植被恢复，土壤理化性质变化影响生物有效基质的供应、土壤微生物群落结构（Kemmitt et al.，2006），从而影响 SOC 的分解和利用过程，进而影响 SOC 库大小及其稳定程度。土壤 N、P 是影响 SOC 生化性质及稳定性的重要因素（Kirkby et al.，2011）。黏粒能吸附和聚合有机分子，形成有机复合体，使 SOC 较难被微生物利用分解，增强 SOC 稳定性（Li et al.，2016；邓翠等，2017）。较低的土壤 pH 不利于土壤微生物繁殖和生长，导致微生物活性减弱，有利于 SOC 积累（Chen et al.，2004）。本研究中，随植被恢复，土壤<2 μm 黏粒百分含量增加，而土壤 pH 降低（表 5.6），且 SOC 及其各组分含量均随土壤<2 μm 黏粒百分含量增加而增大，随土壤 pH 下降而增大（表 5.23）。这表明植被恢复过程中，土壤理化性质改善也是 SOC 及其各组分含量增加的重要原因。此外，本研究中，土壤 C/N 与 SOC、C_a、C_s 和 C_r 之间不存在显著相关关系，表明在本研究区域，调节 SOC 含量及其组成的主要因素不是土壤质量，而是土壤养分总量。

本研究还发现，植被因子与土壤因子交互作用对 SOC 及其各组分变异的解释率远远高于单一因子的独立贡献（图 5.14），表明植被因子与土壤因子之间交互作用对 SOC 及其各组分的影响更大。因此，为更进一步揭示 SOC 的组成和动态变化，有关植被因子和土壤因子之间的耦合关系对 SOC 库及其各组分的影响，有待进一步研究。

尽管植被恢复过程中土壤 C_a、C_s、C_r 含量与植被因子、土壤因子的变化密切相关，但不同因子对 C_a、C_s 和 C_r 含量的影响不尽相同。本研究中，随植被恢复，细根生物量的变化是调控 C_a、C_s 和 C_r 含量的主要因子，其增加对土壤 C 固持、SOC 库的长期积累至关重要，主要与植物细根在 SOC 输入、输出中的作用有关（Richter et al.，1999；Hu et al.，2016）。凋落物和根系是 SOC 的主要来源，而细根生物量被认为是 SOC 最重要的来源（Hu et al.，2016；Robertson & Alongi，2016）。与植物凋落物相比，细根对 SOC 的影响更为明显（Rasse et al.，2005），通过根部进入土壤的有机质相当于凋落物的两倍（Robertson & Alongi，2016）。此外，植物细根缠绕作用产生大量团聚体，根系分泌物与土壤颗粒结合形成稳定物质，从而改变 SOC 矿化过程及 C 的稳定程度（向慧敏等，2015）。此外，本研究中，除受细根生物量影响外，不同 SOC 组分的次要控制因素存在一定差异。其中，凋落物 C/N 是影响 C_a、C_s 的重要因素，表明凋落物质量对 C_a、C_s 的作用明显高于凋落物现存量；土壤<2 μm 黏粒含量是 C_r 的次要主导指标，表明植被恢复过程中，土壤质地及其物理、化学保护机制在增加 C_r 含量和提高 SOC 稳定性方面发挥重要作用。

5.8 不同植被恢复阶段土壤有机碳矿化对温度变化的响应

SOC 矿化与气候变暖存在潜在的正反馈关系,温度的微小变化可能显著影响 SOC 矿化过程,改变土壤 C 汇功能和大气中 CO_2 的含量。SOC 矿化不仅受植被类型的影响,而且对环境温度的变化十分敏感(徐丽等,2013;李杰等,2014;Tian et al.,2017)。然而,有关 SOC 矿化对温度变化的响应至今仍没有一致的结论,温度对不同植被类型 SOC 矿化影响机制的研究报道仍不多。此外,SOC 矿化对温度变化的敏感程度(Q_{10})在时空变化上存在较大差异,可能与土壤理化性质等因素的空间异质性有关,然而除温度和培养时间外,还有哪些因素影响以及如何影响 Q_{10} 仍不明确(林杉等,2014)。为此,本部分采用室内恒温培养法,用春季采集的土壤样品,设置 4 种培养温度(15 ℃、25 ℃、35 ℃和45 ℃)进行为期 49 d 的 SOC 矿化测定,研究不同植被恢复阶段 SOC 矿化对温度升高的响应特征,探讨 Q_{10} 与土壤理化性质、微生物生物量的关系,为准确估测区域 SOC 库储量和不同时间尺度植被 C 源/汇功能及其应对气候变化,为亚热带森林生态系统的经营管理和植被恢复提供科学依据。

5.8.1 不同培养温度下土壤有机碳的矿化速率

由图 5.15 可知,培养期内,4 种温度下不同植被恢复阶段 SOC 矿化速率随时间的变化趋势基本一致,培养初期较高且快速下降,培养中后期缓慢下降并趋于稳定。SOC

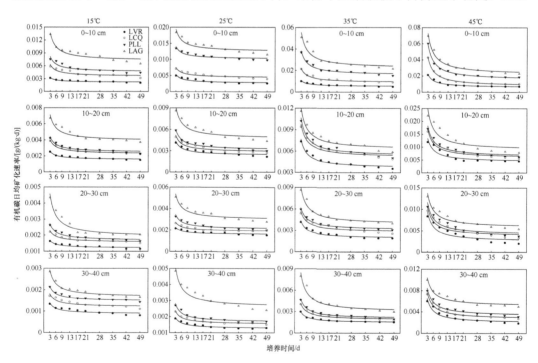

图 5.15 不同培养温度下土壤有机碳矿化速率随培养时间的动态变化

矿化速率与培养时间关系的拟合结果（表 5.25）表明，倒数方程能较好地反映 SOC 矿化速率随培养时间的变化特征（$P<0.01$），SOC 矿化阶段性特征不随植被恢复和培养温度变化而明显改变。但是，培养温度较低时，SOC 矿化速率在较短时间内达到稳定状态，培养温度较高时，SOC 矿化速率需要较长时间才达到稳定状态，且下降幅度随培养温度增高而增大。这表明培养温度显著影响 SOC 矿化速率随时间的变化规律，培养温度增高，SOC 矿化阶段性特征更为明显，维持较高矿化速率的时间更长，矿化速率下降幅度更加明显。

表 5.25　不同温度下土壤有机碳矿化速率与时间拟合函数

土壤层次 /cm	恢复阶段	回归方程			
		15 ℃	25 ℃	35 ℃	45 ℃
0～10	LVR	$y=0.0031/x+0.0022$ ($R^2=0.8542$, $P<0.01$)	$y=0.0078/x+0.0027$ ($R^2=0.8273$, $P<0.01$)	$y=0.0156/x+0.0053$ ($R^2=0.9031$, $P<0.01$)	$y=0.0481/x+0.0061$ ($R^2=0.9729$, $P<0.01$)
	LCQ	$y=0.0080/x+0.0036$ ($R^2=0.7895$, $P<0.01$)	$y=0.0094/x+0.0044$ ($R^2=0.8184$, $P<0.01$)	$y=0.0387/x+0.0090$ ($R^2=0.9520$, $P<0.01$)	$y=0.1065/x+0.0076$ ($R^2=0.9979$, $P<0.01$)
	PLL	$y=0.0010/x+0.0046$ ($R^2=0.8264$, $P<0.01$)	$y=0.0113/x+0.0102$ ($R^2=0.8435$, $P<0.01$)	$y=0.0670/x+0.0159$ ($R^2=0.9577$, $P<0.01$)	$y=0.1321/x+0.0153$ ($R^2=0.9938$, $P<0.01$)
	LAG	$y=0.0192/x+0.0072$ ($R^2=0.9016$, $P<0.01$)	$y=0.0206/x+0.0125$ ($R^2=0.8303$, $P<0.01$)	$y=0.0993/x+0.0223$ ($R^2=0.8772$, $P<0.01$)	$y=0.1522/x+0.0220$ ($R^2=0.9746$, $P<0.01$)
10～20	LVR	$y=0.0030/x+0.0016$ ($R^2=0.9039$, $P<0.01$)	$y=0.0058/x+0.0024$ ($R^2=0.8755$, $P<0.01$)	$y=0.0120/x+0.0037$ ($R^2=0.9534$, $P<0.01$)	$y=0.0271/x+0.0043$ ($R^2=0.8557$, $P<0.01$)
	LCQ	$y=0.0052/x+0.0023$ ($R^2=0.9427$, $P<0.01$)	$y=0.0069/x+0.0028$ ($R^2=0.8842$, $P<0.01$)	$y=0.0137/x+0.0052$ ($R^2=0.9406$, $P<0.01$)	$y=0.0328/x+0.0059$ ($R^2=0.9396$, $P<0.01$)
	PLL	$y=0.0058/x+0.0025$ ($R^2=0.9198$, $P<0.01$)	$y=0.0085/x+0.0032$ ($R^2=0.9341$, $P<0.01$)	$y=0.0159/x+0.0053$ ($R^2=0.9367$, $P<0.01$)	$y=0.0356/x+0.0064$ ($R^2=0.9394$, $P<0.01$)
	LAG	$y=0.0097/x+0.0039$ ($R^2=0.8786$, $P<0.01$)	$y=0.0133/x+0.0047$ ($R^2=0.8749$, $P<0.01$)	$y=0.0174/x+0.0063$ ($R^2=0.9339$, $P<0.01$)	$y=0.0479/x+0.0089$ ($R^2=0.8190$, $P<0.01$)
20～30	LVR	$y=0.0014/x+0.0012$ ($R^2=0.8233$, $P<0.01$)	$y=0.0020/x+0.0016$ ($R^2=0.7991$, $P<0.01$)	$y=0.0073/x+0.0019$ ($R^2=0.9296$, $P<0.01$)	$y=0.0205/x+0.0025$ ($R^2=0.8487$, $P<0.01$)
	LCQ	$y=0.0021/x+0.0016$ ($R^2=0.8998$, $P<0.01$)	$y=0.0025/x+0.0019$ ($R^2=0.8903$, $P<0.01$)	$y=0.0085/x+0.0028$ ($R^2=0.8830$, $P<0.01$)	$y=0.0204/x+0.0038$ ($R^2=0.8706$, $P<0.01$)
	PLL	$y=0.0031/x+0.0017$ ($R^2=0.9353$, $P<0.01$)	$y=0.0040/x+0.0021$ ($R^2=0.8640$, $P<0.01$)	$y=0.0091/x+0.0031$ ($R^2=0.9588$, $P<0.01$)	$y=0.0224/x+0.0041$ ($R^2=0.8770$, $P<0.01$)
	LAG	$y=0.0080/x+0.0019$ ($R^2=0.9316$, $P<0.01$)	$y=0.0071/x+0.0030$ ($R^2=0.8779$, $P<0.01$)	$y=0.0154/x+0.0039$ ($R^2=0.9489$, $P<0.01$)	$y=0.0240/x+0.0058$ ($R^2=0.9180$, $P<0.01$)
30～40	LVR	$y=0.0015/x+0.0088$ ($R^2=0.8049$, $P<0.01$)	$y=0.0020/x+0.0013$ ($R^2=0.9004$, $P<0.01$)	$y=0.0045/x+0.0015$ ($R^2=0.9760$, $P<0.01$)	$y=0.0137/x+0.0019$ ($R^2=0.9243$, $P<0.01$)
	LCQ	$y=0.0018/x+0.0012$ ($R^2=0.7964$, $P<0.01$)	$y=0.0025/x+0.0015$ ($R^2=0.9313$, $P<0.01$)	$y=0.0067/x+0.0019$ ($R^2=0.9520$, $P<0.01$)	$y=0.0116/x+0.0028$ ($R^2=0.9269$, $P<0.01$)
	PLL	$y=0.0021/x+0.0015$ ($R^2=0.9415$, $P<0.01$)	$y=0.0034/x+0.0017$ ($R^2=0.9280$, $P<0.01$)	$y=0.0082/x+0.0021$ ($R^2=0.9610$, $P<0.01$)	$y=0.0148/x+0.0027$ ($R^2=0.9671$, $P<0.01$)
	LAG	$y=0.0038/x+0.0017$ ($R^2=0.9550$, $P<0.01$)	$y=0.0075/x+0.0026$ ($R^2=0.8798$, $P<0.01$)	$y=0.0164/x+0.0030$ ($R^2=0.9447$, $P<0.01$)	$y=0.0159/x+0.0051$ ($R^2=0.9305$, $P<0.01$)

注：为显示不同方程间的差异，小数点后保留了 4 位数。y 为土壤有机碳矿化速率，x 为培养时间。

同一培养时间同一土层，SOC 矿化速率随培养温度升高而增大，但增大幅度因植被恢复阶段的不同而异，从 15 ℃到 45 ℃，LVR、LCQ、PLL 和 LAG 的 SOC 矿化速率分别增加了 0.0009～0.0181 g/(kg·d)、0.0016～0.0371 g/(kg·d)、0.0017～0.0528 g/(kg·d)、0.0033～0.0563 g/(kg·d)，增幅分别为 73.91%～574.60%、112.50%～631.82%、116.28%～701.33%、110.17%～422.25%（图 5.15）。这表明温度升高促进 SOC 矿化，且随植被恢复，温度变化对 SOC 矿化速率的影响更明显。

由图 5.15 可知，同一培养时间同一植被恢复阶段，各土层 SOC 矿化速率也随培养温度升高而升高，但增幅随土层深度增加而降低，不同植被恢复阶段 0～10 cm、10～20 cm、20～30 cm、30～40 cm 土层 SOC 矿化速率分别增加了 0.0049～0.0563 g/(kg·d)、0.0032～0.0155 g/(kg·d)、0.0009～0.0068 g/(kg·d)、0.0010～0.0047 g/(kg·d)，增幅分别为 177.48%～701.33%、110.17%～375.25%、73.91%～415.38%、116.27%～350.84%。这表明温度升高对表土层 SOC 矿化的影响更明显。

从表 5.26 可以看出，不同培养温度、不同土层、不同植被恢复阶段 SOC 矿化速率差异极显著（$P<0.01$），两两之间和三者之间均存在显著交互效应（$P<0.01$），表明培养温度、土层、植被恢复阶段以及三者之间的交互作用对 SOC 矿化速率影响显著。

表 5.26　温度、土层、植被恢复阶段及其交互作用对土壤有机碳矿化速率、累积矿化量的影响分析

因素	SOC 矿化速率			SOC 累积矿化量（C_m）		
	df	F	P	df	F	P
A	3	155.472	0.000	3	107.368	0.000
B	3	312.536	0.000	3	101.45	0.000
C	3	92.638	0.000	3	33.439	0.000
A×B	9	31.277	0.000	9	23.869	0.000
A×C	9	5.937	0.000	9	5.808	0.000
B×C	9	31.456	0.000	9	11.609	0.000
A×B×C	27	3.008	0.000	27	3.035	0.000

注：A、B、C 分别代表温度、土层深度、植被恢复阶段，A×B、A×C、B×C 和 A×B×C 则表示它们间的交互作用。

5.8.2　不同培养温度下土壤有机碳的累积矿化量

随培养时间延长，不同培养温度、不同土层 4 个植被恢复阶段 SOC 累积矿化量（C_m）的变化趋势基本一致，即培养初期快速增加，培养后期缓慢增加，且增加速度随植被恢复而加快，随土层深度增加而减慢（图 5.16）。这表明伴随培养进程，不同培养温度下 C_m 也呈现出一定的阶段性特征。

从图 5.16 还可以看出，同一培养时间不同植被恢复阶段 4 个土层 C_m 随培养温度升高而增加，在 45 ℃达到最高。从整个培养期来看，随温度上升，同一土层 C_m 均随植被恢复而增大。不同土层 C_m 对温度升高的响应强度不同，随培养温度升高，C_m 的增量因土层深度增加而减小。

由表 5.26 可知，不同培养温度、不同土层、不同植被恢复阶段 C_m 差异极显著

（$P<0.01$），两两之间和三者之间均存在显著交互效应（$P<0.01$），表明培养温度、土层、植被恢复阶段以及三者之间的交互作用对 C_m 影响显著。

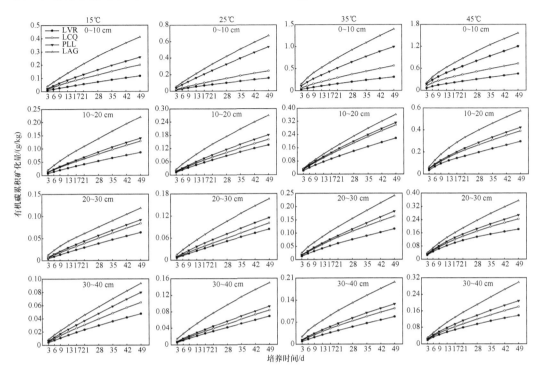

图 5.16　不同培养温度下土壤有机碳累积矿化量随培养时间的动态变化

如图 5.17 所示，同一植被恢复阶段同一土层，C_m 均随培养温度升高而增加，且不同培养温度间差异显著（$P<0.05$）。0～10 cm 土层，同一植被恢复阶段的 45 ℃、35 ℃与 25 ℃、15 ℃差异显著（$P<0.05$），从 15 ℃到 45 ℃，LVR、LCQ、PLL、LAG 的 C_m分别增加 0.34 g/kg、0.53 g/kg、0.94 g/kg、1.15 g/kg。10～20 cm 土层，LVR 的 45 ℃与15 ℃差异显著（$P<0.05$），LCQ（除 35 ℃与 25 ℃外）、PLL、LAG 的 45 ℃、35 ℃与25 ℃、15 ℃差异显著（$P<0.05$），从 15 ℃到 45 ℃，LVR、LCQ、PLL、LAG 的 C_m 分别增加 0.12 g/kg、0.26 g/kg、0.28 g/kg、0.34 g/kg。20～30 cm 土层，4 个植被恢复阶段的 45℃与 35℃（除 LCQ 外）、25 ℃、15 ℃差异显著（$P<0.05$），35 ℃与 25 ℃（除 LAG外）、15℃差异显著（$P<0.05$），从 15 ℃到 45 ℃，LVR、LCQ、PLL、LAG 培养 49 d的 C_m 分别增加 0.12 g/kg、0.16 g/kg、0.18 g/kg、0.24 g/kg。30～40 cm 土层，LVR 的 45 ℃与 35 ℃、25 ℃、15 ℃差异显著（$P<0.05$）；LCQ 的 45 ℃与 35 ℃、25 ℃、15 ℃，35 ℃与 15 ℃间差异显著（$P<0.05$）；PLL 的 45 ℃、35 ℃与 25 ℃、15 ℃差异显著（$P<0.05$）；LAG 的 45 ℃、35 ℃、25 ℃、15 ℃两两间差异显著（$P<0.05$）。从 15 ℃到 45 ℃，LVR、LCQ、PLL、LAG 的 C_m 分别增加了 0.09 g/kg、0.12 g/kg、0.13 g/kg、0.20 g/kg。这表明温度升高对 C_m 有显著的促进作用，且这种促进作用随植被恢复而增强，随土层深度增加而减弱。

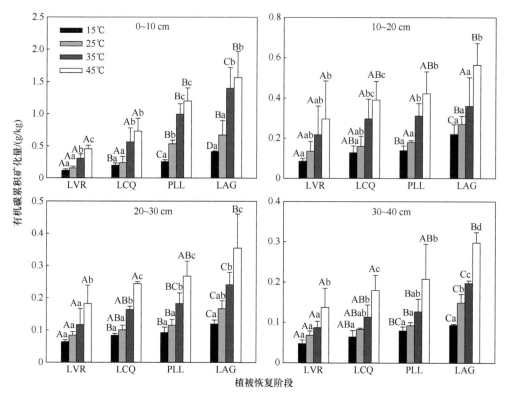

图 5.17　不同培养温度下不同植被恢复阶段土壤有机碳的累积矿化量
图中不同大写字母表示同一土层同一温度不同植被恢复阶段之间差异显著（$P<0.05$），
不同小写字母表示同一土层同一植被恢复阶段不同温度之间差异显著（$P<0.05$）

从图 5.17 可以看出，同一土层同一培养温度，C_m 均随植被恢复而增加，不同植被恢复阶段间差异显著（$P<0.05$）；但随温度升高，不同植被恢复阶段之间的差异减小。0～10 cm 土层，培养温度在 15 ℃时 LVR、LCQ、PLL、LAG 两两间差异显著（$P<0.05$）；分别在 25 ℃、35 ℃、45 ℃时 LAG 与 LCQ、LVR 之间，PLL 与 LCQ、LVR 之间差异显著（$P<0.05$）。10～20 cm 土层，分别在 15 ℃、25 ℃LAG 与 PLL、LCQ、LVR 差异显著（$P<0.05$）；在 35 ℃时不同植被恢复阶段两两间差异均不显著（$P>0.05$）；在 45 ℃时 LAG 与 LVR 差异显著（$P<0.05$）。30～40 cm 土层，分别在 15 ℃、45 ℃时 LAG 与 PLL、LCQ、LVR 差异显著（$P<0.05$），分别在 25 ℃、35 ℃时 LAG 与 LCQ、LVR 差异显著（$P<0.05$）。

5.8.3　土壤有机碳矿化的温度敏感性

对不同植被恢复阶段各土层 SOC 矿化速率与培养温度之间的关系进行拟合，结果（图 5.18）表明，在培养温度 15～45℃范围内，不同植被恢复阶段各土层 SOC 矿化速率均随培养温度升高而呈显著的指数函数上升趋势（$R^2 = 0.4841～0.6725$，$P<0.01$，$n = 52$），表明指数模型能很好地描述 SOC 矿化速率与培养温度之间的关系。

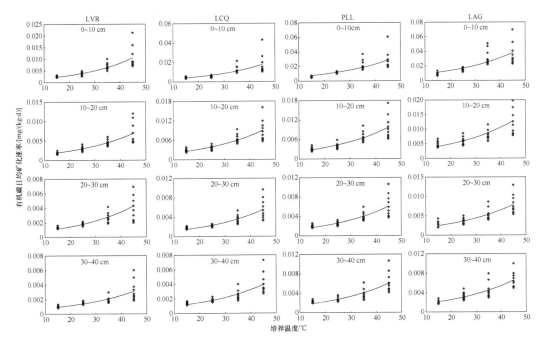

图 5.18 土壤有机碳矿化速率与培养温度的指数关系

图中 n=52，**表示 P＜0.01

如图 5.19 所示，不同土层 Q_{10} 为 1.45～1.65，但除 0～10 cm 土层，LVR 与 PLL、LAG 差异显著（P＜0.05）外，其他土层 4 个植被恢复阶段两两间差异均不显著（P＞0.05），但总体上仍呈现出随植被恢复而下降的趋势。这表明在一定程度上植被恢复可降低 Q_{10}，降低 SOC 矿化对温度变化的敏感性。不同植被恢复阶段 Q_{10} 均随土层深度增加而下降，不同土层间的差异因植被恢复阶段不同而异，LVR 的 0～10 cm、20～30 cm 土层显著高于 10～20 cm、30～40 cm 土层（P＜0.05），但 0～10 cm 与 20～30 cm 之间，10～20 cm 与 30～40 cm 土层之间差异不显著（P＞0.05）；LCQ 中的 0～10 cm 土层与 10～20 cm、

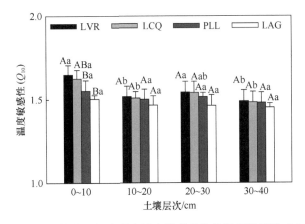

图 5.19 不同植被恢复阶段土壤有机碳矿化的温度敏感性（Q_{10}）

图中不同大写字母表示同一土层不同植被恢复阶段之间差异显著（P＜0.05），
不同小写字母表示同一植被恢复阶段不同土层之间差异显著（P＜0.05）

30～40 cm 土层差异显著（$P<0.05$），10～20 cm、20～30 cm、30～40 cm 土层两两间差异均不显著（$P>0.05$）。PLL 和 LAG 各土层间两两差异均不显著（$P>0.05$）。这表明 SOC 矿化对温度变化的敏感性随土层深度增加而下降，且随植被恢复，土层间 Q_{10} 的差异减小（图 5.19）。

5.8.4　Q_{10} 与土壤因子的相关性分析

偏相关分析法分析结果（图 5.20）表明，Q_{10} 与土壤 TN 和 B_C 含量分别呈极显著（$P<0.01$）和显著（$P<0.05$）的正相关关系，与土壤容重（BD）、TP 和 B_P 含量之间均呈显著（$P<0.05$）或极显著（$P<0.01$）的负相关关系，与土壤 pH、SOC、C_r、B_N、<2 μm 黏粒百分含量不存在显著的相关关系（$P>0.05$）。这表明植被恢复过程中，Q_{10} 主要受土壤 TN、B_C、BD、TP 和 B_P 含量的影响。

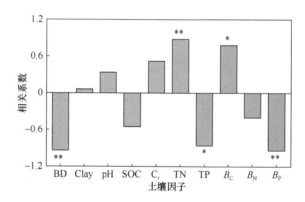

图 5.20　Q_{10} 与土壤因子的 Pearson 相关系数

图中 $n=16$，*表示 $P<0.05$，**表示 $P<0.01$。BD，土壤容重；Clay，<2 μm 黏粒百分含量；pH，土壤 pH；TN，土壤全氮含量；TP，土壤全磷含量；B_C，土壤微生物生物量碳；B_N，土壤微生物生物量氮；B_P，土壤微生物生物量磷；C_r，土壤惰性碳含量

5.8.5　讨论

1. 不同培养温度下土壤有机碳矿化的规律

在室内培养条件下，土壤湿度保持恒定，同时排除了凋落物等外界环境因素的干扰，SOC 矿化速率反映 SOC 矿化对温度的依赖性及 CO_2 生产潜力（王丹等，2013；黄锦学等，2017；Pires et al.，2017）。本研究中，不同培养温度下 SOC 矿化速率和 C_m 的变化特征基本一致，与已有的研究结果（徐丽等，2013；赵玉皓等，2018）基本一致，表明 SOC 矿化的基本特征不随温度升高而改变，其原因可能是：在恒定温度和湿度条件下，SOC 质量变化是调节 SOC 矿化速率随培养时间下降的主导因素（Pires et al.，2017），即培养初期土壤中易分解有机物质较多，SOC 质量较高，能为微生物提供充足的养分，维持较高的微生物活性，SOC 快速矿化，C_m 快速上升；随培养时间延长，土壤中易分解有机物质减少，SOC 质量下降，微生物活动受到限制，SOC 矿化速率降低，C_m 上升

速度减慢（姜发艳等，2011）。

　　本研究中，不同植被恢复阶段 SOC 矿化速率随培养温度升高而明显升高，且维持较高 SOC 矿化速率的时间更长，下降幅度更加明显，表明温度升高促进 SOC 矿化，不利于 SOC 的积累。可能是由于温度较低时，SOC 矿化主要依赖易分解的 SOC。因此，尽管在培养初期 SOC 矿化速率较高，但维持较高 SOC 矿化速率的时间较短，很快下降至一个较平稳的状态；而温度较高时，可能较大程度地刺激微生物的活动和活性，不仅使易分解的 SOC 快速分解，也促进难分解 SOC 的分解，显著提高培养初期 SOC 矿化速率，并使得较高 SOC 矿化速率维持更长的时间。因此随培养温度升高，SOC 矿化速率加快，特别是培养初期。高温培养下培养初期的 SOC 矿化速率较高，导致培养中后期 SOC 矿化速率下降幅度更为明显（刘煜等，2013）。

2. 土壤有机碳矿化对温度的响应

　　SOC 矿化受多种生物和非生物因子的综合影响，其中温度和水分是 SOC 矿化的关键调控因子。SOC 矿化的变化主要是由温度和湿度引起的（王丹等，2013；赵玉皓等，2018）。本研究区年降水量为 1412～1559 mm，表明研究地雨水充沛，且在培养过程中将土壤含水量保持在土壤最大持水量的 60%，此时 SOC 矿化和微生物呼吸作用十分活跃。因而，本研究设计了土壤湿度相对一致且水分充裕的实验条件。在 15～45 ℃温度范围内，不同植被恢复阶段 SOC 矿化速率和 C_m 均随温度升高而升高，表明温度显著影响 SOC 矿化速率和 C_m。可能是由于在低温培养时，土壤微生物激活缓慢甚至没有被激活，酶活性也较低，土壤释放的 CO_2 主要来源于易分解的 SOC 矿化，导致 SOC 矿化速率较慢、C_m 较低；而培养温度升高增强了土壤微生物和酶的活性，促进难分解 SOC 的矿化（Bais et al.，2006），从而提高 SOC 的矿化速率和 C_m。

　　本研究中，随植被恢复，温度升高对 SOC 矿化速率的促进作用更加明显（图 5.15），C_m 上升趋势也更加明显（图 5.16、图 5.17），表明在增温条件下，植被恢复显著影响 SOC 矿化，气候变暖对植被恢复早期阶段产生的正反馈效应大于植被恢复后期阶段，并被温度与植被恢复之间存在交互作用（表 5.25）证实。一方面是由于随植被恢复，植物种类增加，特别是阔叶树比例增大，凋落物质量显著改善，SOC 不仅含量增加，而且质量得到改善，活性 C 源得到补充，微生物分解活动增强，从而促进 SOC 矿化（植被恢复对 SOC 矿化的影响机理详见本书 "5.5 植被恢复对 SOC 矿化的影响"）。另一方面是由于调控 SOC 矿化的主要因素（如 SOC 数量与质量、土壤养分、土壤微生物和酶的数量与活性等）随温度的变化而发生改变（黄锦学等，2017；Song et al.，2018），促进 SOC 矿化和 C_m 的积累。

　　本研究中，温度升高对各植被恢复阶段 SOC 矿化速率、C_m 的促进作用随土层加深而减弱，表明随温度升高表土层释放更多 CO_2。其原因可能是表土层 SOC 含量、营养物质、微生物生物量高于深土层（图 5.2、表 2.15、表 2.16 和表 2.17），导致温度升高对表土层 SOC 矿化影响更显著，因此，土层与温度之间也存在交互作用（表 5.26）。

3. 土壤有机碳矿化的温度敏感性及其影响因子

　　温度敏感性（Q_{10}）能真实反映 SOC 矿化与温度的关系（Fissore et al.，2013）。Q_{10}

越大，SOC 矿化对温度的变化越敏感（Xu et al.，2010）。不同植被类型 SOC 矿化对温度变化的敏感性不同。与组成结构复杂的植物群落相比，组成结构简单的植物群落更易受外界的影响，对气候变化的敏感性更高（齐丽彬等，2008）。如长白山次生针阔混交林 Q_{10} 大于原始针阔混交林（王丹等，2013），武夷山不同植被类型中，常绿阔叶林各土层 Q_{10} 最低（1.27~1.42），针叶林次之（1.30~1.49），高山草甸（1.34~1.76）最高（Xu et al.，2010）。本研究中，不同植被恢复阶段 Q_{10} 为 1.45~1.65，尽管差异较小，但总体上呈现出随植被恢复而降低的趋势（图 5.19），表明随植被恢复，植物种类增加，群落组成结构趋于复杂化，郁闭度升高，SOC 质量升高，在一定程度上降低了 SOC 矿化对温度升高的敏感程度；也表明在全球气候变暖的背景下，亚热带植被恢复不仅有利于 SOC 库的积累（江淼华等，2018），还降低了 SOC 矿化的温度敏感性，进而减少 SOC 排放量。

不同植被恢复阶段 Q_{10} 存在一定的差异，可能与多种因素的综合影响有关。研究表明，土壤底物数量及质量对 Q_{10} 影响显著（Fissore et al.，2013；Schütt et al.，2014），其中，土壤 TN 是微生物分解有机质的主要限制因素之一，与 Q_{10} 呈显著正相关关系（Pang et al.，2015）；土壤孔隙度越大，透气性越好，Q_{10} 也越高（Tjoelker et al.，2001；李杰等，2014）。土壤微生物是 SOC 矿化的动力，也是决定 Q_{10} 的内在因子，微生物数量和结构特征显著影响 Q_{10}（Kemmitt et al.，2008），土壤 B_C 与 Q_{10} 之间存在显著的线性关系（张金波等，2005）。本研究中，Q_{10} 与土壤 TN、B_C 呈显著正相关关系，与土壤 BD、TP 和 B_P 呈显著负相关关系，表明 Q_{10} 受多种因素影响。植被恢复过程中，Q_{10} 随土壤 TN、B_C 含量增加而升高，而土壤 BD、TP 和 B_P 对 Q_{10} 具有突出的抑制作用，可能与本研究区土壤缺 P 限制微生物生长有关。

本研究中，不同植被恢复阶段 Q_{10} 均随土层深度增加而降低，与 Pang 等（2015）和 Song 等（2018）的研究结果基本一致，可能与土壤养分、微生物在土层上的垂直分布有关。表土层微生物生物量较高（表 2.17），随温度升高，微生物活动增强，且表土层 SOC、养分含量较高（表 2.15），能为微生物代谢活动提供充足的营养和能量，使得表土层 SOC 矿化对温度升高更加敏感。因此，采取适当的措施，保护现有森林植被和促进森林植被恢复，加强林地表土层的保护，增强林地 SOC 对外界环境变化的抵抗力，是提高林地土壤 C 汇功能的重要途径。

5.9 结 论

5.9.1 植被恢复对土壤有机碳含量、碳密度的影响

各土层 C_{SOC} 随植被恢复而递增，0~40 cm 土层，LAG 分别比 LVR、LCQ、PLL 增加 12.45 g/kg、9.31 g/kg 和 4.74 g/kg，提高了 248.53%、113.14%和 58.46%，但 LAG 表土层（0~10 cm、10~20 cm 土层）与 PLL 差异不显著。各土层 D_{SOC} 也随植被恢复呈增加趋势，0~40 cm 土层，LAG 分别比 LVR、LCQ、PLL 增加 67.12 tC/hm^2、46.13 tC/hm^2 和 32.47 tC/hm^2，提高了 181.96%、79.73%和 45.64%，同一土层不同植被恢复阶段之间差异显著，且不同植被恢复阶段之间的差异不随土壤深度增加而减小。C_{SOC}、D_{SOC} 随土

层深度增加而递减。表明随植被恢复，土壤固 C 能力显著增强，特别是表土层比深土层更为显著。因此，通过加强地表植被保护和恢复，可提高和维持森林土壤固 C 能力。

C_{SOC}、D_{SOC} 受到植被因子（群落植被组成、生物量、凋落物层现存量及其养分特征）和土壤因子（BD、<2 μm 黏粒百分含量、pH、TP、AP、C/N、C/P、N/P）共同影响。其中，显著影响 C_{SOC} 的因子依次为土壤 C/P、土壤 pH、凋落物层 C/P，显著影响 D_{SOC} 的因子依次为土壤 C/P、<2 μm 黏粒百分含量、土壤 pH、凋落物层 C/P。因而植被恢复过程中，土壤 C/P、土壤黏粒和 pH、凋落物层 C/P 的变化可作为反映亚热带植被恢复过程 SOC 变化的指标。

5.9.2 植被恢复对不同粒径土壤颗粒有机碳含量的影响

植被恢复过程中，不同粒径土壤颗粒有机碳的分布发生了明显的变化，同一土层同一粒径土壤颗粒有机碳含量呈增加趋势，且不同植被恢复阶段间差异显著。随植被恢复，砂粒有机碳的分配比例下降，粉粒、黏粒有机碳的分配比例明显升高，对 SOC 固持和保护作用加强；不同粒径土壤颗粒有机碳主要由粉粒有机碳向黏粒有机碳转移，黏粒有机碳含量增加；土壤 POC/MAOC 从 LVR 到 LCQ 上升了 9.12%，从 LCQ 到 PLL 下降了 23.96%，从 PLL 到 LAG 下降了 97.34%，土壤 POC/MAOC 总体上随植被恢复呈下降趋势，SOC 稳定性上升。

5.9.3 植被恢复对土壤有机碳矿化的影响

不同植被恢复阶段 SOC 矿化速率随培养时间变化具有明显的阶段性，即培养初期（第 3～17 d），SOC 矿化速率较高，之后逐渐下降并趋于相对平稳状态，且这种阶段性特征不随植被恢复而有明显的改变。倒数方程能较为准确地反映 SOC 矿化速率与培养时间的关系。

随植被恢复，SOC 矿化速率和 C_m 呈增加趋势，C_m/SOC 总体上呈下降趋势。这表明植被恢复显著影响 SOC 矿化的过程，有利于土壤固 C。随土层深度增加，SOC 矿化速率和 C_m 呈下降趋势，LVR、LCQ、PLL 的 C_m/SOC 呈增加趋势，LAG 的 C_m/SOC 呈下降趋势。这表明土壤深度显著影响 SOC 矿化，深土层土壤 C 库的恢复程度明显滞后于表土层，深土层固 C 能力和 SOC 稳定性的升高需要一个较长的过程。

植被恢复过程中，土壤 TN 含量和根系生物量（RB）是调控 C_m 的最主要因子，而调控 C_m/SOC 的最主要因子则是土壤 C/N。此外，其他植物因子（如植物多样性、地上部分生物量、细根生物量、凋落物层 N、P 含量及其 N/P）和土壤因子（如土壤 pH、SOC、TN、TP 含量、C/P、N/P）也是导致不同植被恢复阶段 C_m 差异的原因。可见，亚热带地区森林植被恢复过程土壤与大气之间 CO_2 交换过程受土壤养分含量和 RB 影响较大，植被恢复有利于促进土壤固 C。

5.9.4 植被恢复过程土壤有机碳矿化的季节动态特征

无论是不同植被恢复阶段还是同一植被恢复阶段不同土层 SOC 含量、SOC 矿化速率、C_m、C_0、C_0/SOC 和 k 的季节变化不完全一致。LVR、LCQ、PLL、LAG（除 0～10 cm 土层外）各土层 SOC 含量均无明显的季节变化。0～10 cm 土层，除 LCQ 外，LVR、PLL、LAG 的 SOC 矿化速率随季节变化明显，春季较高，夏、秋季较低；10～20 cm 土层，除 LAG 外，LVR、LCQ、PLL 的 SOC 矿化速率在春、夏季较高，在秋、冬季较低。0～10 cm 土层，LVR、PLL 的 C_m 从春季到冬季先降低后升高，而 LCQ、LAG 在春、秋、冬季较高，在夏季最低；10～20 cm 土层，LVR、LCQ 从春季到冬季逐渐下降，PLL 夏季最高，冬季最低，LAG 无明显的季节变化。0～10 cm 土层，各植被恢复阶段 C_0 均为春季最高，夏季（除 PLL 外）最低；10～20 cm 土层，各植被恢复阶段 C_0 春季最高，冬季最低。各植被恢复阶段 0～10 cm、10～20 cm 土层 C_0/SOC 分别为 4.24%～9.17%、2.64%～10.07%，且春季较高，夏、冬季较低。0～10 cm、10～20 cm 土层 k 为 0.011～0.021 d、0.009～0.018 d，春季较高，夏、冬季较低。这表明不同植被恢复阶段 SOC 含量、SOC 矿化速率、C_m、C_0、C_0/SOC 和 k 的季节变化比较复杂。此外，随植被恢复，SOC 矿化速率、C_m 和 C_0 含量显著升高，而 C_0/SOC 和 k 减小，表明 SOC 稳定组分比例增加，SOC 固存能力增强。

SOC 矿化过程受到植物群落组成结构、植物生长节律、凋落物性质、SOC 含量及其性质、土壤理化性质等多种因素的综合影响，其中 C_{max}、C_m 季节变化的直接影响因素为 SOC 和土壤 pH，C_0 的为土壤 TN 和 SOC，k 的为 SOC 和土壤 C/N，表明 SOC 矿化季节变化与不同季节的土壤养分含量、酸碱度及土壤质量有紧密的联系。此外，C_{max}、C_m 与 C_0 呈极显著正相关关系，表明植被恢复过程中，C_0 含量增加显著提高 C_{max}、C_m。

5.9.5 植被恢复对土壤有机碳库积累及其稳定性的影响

植被恢复显著提高 SOC、C_a、C_s 和 C_r 含量，其中 C_a、C_s、C_r 分别增加了 0.02～0.32 g/kg、4.54～17.36 g/kg、2.72～17.68 g/kg。这表明 SOC 库以较为稳定组分（C_s 或 C_r）的积累为主，植被恢复不仅促进土壤 C 库的积累，也提高了土壤 C 库的稳定性，有利于土壤 C 的固持。

不同植被恢复阶段 C_a/SOC、C_s/SOC、C_r/SOC 分别为 0.30%～1.97%、43.16%～79.55%、18.48%～56.30%。随植被恢复，C_a/SOC、C_s/SOC 下降，而 C_r/SOC 升高，表明 SOC 库中，C_a/SOC 较小，而 C_s/SOC、C_r/SOC 较大，植被恢复在一定程度上增强了 SOC 的稳定性。不同植被恢复阶段 SOC、C_a、C_s 和 C_r 含量均随土壤深度增加而下降，而 C_a/SOC、C_s/SOC、C_r/SOC 随土层深度的变化规律不一致。这表明 SOC、C_a、C_s 和 C_r 主要分布在土壤表层，在植被恢复早期，随土层加深，土壤固 C 能力减弱、稳定性降低，恢复后期深土层的固 C 能力明显增强、稳定性升高。

植被因子、土壤因子及两者交互作用分别解释了 SOC、C_a、C_s 和 C_r 变异的 6%～35%、4%～15%、46%～78%。SOC、C_a、C_s 和 C_r 含量与植被多样性（除 C_s 外）、FB、凋落物

层现存量、凋落物层 N 含量、<2 μm 黏粒百分含量均呈显著或极显著正相关关系，与凋落物层 C/N（除 C_r 外）、土壤 pH 均呈显著或极显著负相关关系。但不同因子对 C_a、C_s 和 C_r 的影响不同。其中，FB 是调控 SOC 各组分含量的主要因子，可解释 C_a、C_s 和 C_r 变异的 66.7%～79.2%；凋落物 C/N 是影响 C_a、C_s 的重要因素，而 <2 μm 黏粒百分含量是影响 C_r 的次要主导指标。这表明植被恢复过程中，SOC 及其各组分含量的变化是植被因子和土壤因子等因子综合作用的结果，其中 FB、凋落物质量和土壤质地在调控 SOC 各组分含量、提高 SOC 稳定性方面发挥重要作用。

5.9.6　不同植被恢复阶段土壤有机碳矿化对温度变化的响应

不同培养温度下 SOC 矿化速率的变化趋势均表现为：培养初期较高且快速下降，培养中后期缓慢下降并趋于平稳。随培养温度升高，SOC 矿化速率达到平稳状态所需时间延长，下降幅度增大。指数模型能很好地描述 SOC 矿化速率与培养温度之间的关系。

温度升高影响 SOC 矿化速率和 C_m，从 15 ℃增至 45 ℃，LVR、LCQ、PLL 和 LAG 的 SOC 矿化速率分别增加了 0.0009～0.0181 g/(kg·d)、0.0016～0.0371 g/(kg·d)、0.0017～0.0528 g/(kg·d)、0.0033～0.0563 g/(kg·d)，C_m 分别增加了 0.09～0.34 g/kg、0.12～0.53 g/kg、0.13～0.94 g/kg、0.20～1.15 g/kg。这表明增温对 SOC 矿化速率和 C_m 的影响随植被恢复而增强，随土层加深而减小。

不同土层 Q_{10} 为 1.45～1.65，总体上随植被恢复而下降，植被恢复在一定程度上降低了 SOC 矿化对温度升高的敏感程度，提高了 SOC 的稳定性；土层深度增加降低了 SOC 矿化对温度升高的敏感程度，且随植被恢复，土层间 Q_{10} 的差异减小。植被恢复过程中 Q_{10} 受多种因素影响，其中土壤 BD、N、P 含量、B_C、B_P 是主要的影响因素。因此，全球气候变暖背景下，应通过合理经营措施促进森林植被恢复，改善土壤肥力，提高养分供应能力，降低 SOC 库对温度变化的敏感性，减少 SOC 的排放，增加土壤 C 汇功能。

主要参考文献

安韶山, 张玄, 张扬, 等. 2007. 黄土丘陵区植被恢复中不同粒级土壤团聚体有机碳分布特征. 水土保持学报, 21(6): 109-113.

白洁冰, 徐兴良, 宋明华, 等. 2011. 温度和氮素输入对青藏高原三种高寒草地土壤碳矿化的影响. 生态环境学报, 20(5): 855-859.

毕京东, 李玉霖, 宁志英, 等. 2016. 科尔沁沙地优势植物叶凋落物分解及碳矿化：凋落物质量的影响. 中国沙漠, 36(1): 85-92.

曹娟, 闫文德, 项文化, 等. 2015. 湖南会同 3 个林龄杉木人工林土壤碳、氮、磷化学计量特征. 林业科学, 51(7): 1-8.

陈宝玉, 王洪君, 杨建, 等. 2009. 土壤呼吸组分区分及其测定方法. 东北林业大学学报, 37(1): 96-99.

陈锦盈, 孙波, 李忠佩, 等. 2008. 不同土地利用类型土壤有机碳各库大小及分解动态. 水土保持学报, 22(1): 91-95.

陈亮中, 谢宝元, 肖文发, 等. 2007. 三峡库区主要森林植被类型土壤有机碳储量研究. 长江流域资源与环境, 16(5): 640-643.

陈全胜, 李凌浩, 韩兴国, 等. 2003. 温带草原 11 个植物群落夏秋土壤呼吸对气温变化的响应. 植物生态学报, 27(4): 441-447.

陈小梅, 闫俊华, 林媚珍, 等. 2016. 南亚热带森林植被恢复演替中土壤有机碳组分及其稳定性. 地球科学进展, 31(1): 86-93.

陈志杰, 韩士杰, 张军辉. 2016. 土地利用变化对漳江口红树林土壤有机碳组分的影响. 生态学杂志, 35(9): 2379-2385.

戴全厚, 刘国彬, 薛萐, 等. 2008a. 不同植被恢复模式对黄土丘陵区土壤碳库及其管理指数的影响. 水土保持研究, 15(3): 61-64.

戴全厚, 刘国彬, 薛萐, 等. 2008b. 黄土丘陵区封禁对土壤活性有机碳与碳库管理指数的影响. 西北林学院学报, 23(4): 18-22.

邓翠, 吕茂奎, 曾敏, 等. 2017. 红壤侵蚀区植被恢复过程中土壤有机碳组分变化. 水土保持学报, 31(4): 178-183.

丁访军, 潘忠松, 周凤娇, 等. 2012. 黔中喀斯特地区 3 种林型土壤有机碳含量及垂直分布特征. 水土保持学报, 26(1): 161-164.

窦晶鑫, 刘景双, 王洋, 等. 2009. 三江平原草甸湿地土壤有机碳矿化对 C/N 的响应. 地理科学, 29(5): 773-778.

杜虎, 曾馥平, 宋同清, 等. 2016. 广西主要森林土壤有机碳空间分布及其影响因素. 植物生态学报, 40(4): 282-291.

段正锋, 傅瓦利, 甄晓君, 等. 2009. 岩溶区土地利用方式对土壤有机碳组分及其分布特征的影响. 水土保持学报, 23(2): 109-114.

方熊, 刘秀菊, 张德强, 等. 2012. 降水变化、氮添加对鼎湖山区主要森林土壤有机碳矿化和土壤微生物碳的影响. 应用与环境生物学报, 18(4): 531-538.

高菲, 姜航, 崔晓阳. 2015. 小兴安岭两种森林类型土壤有机碳库及周转. 应用生态学报, 26(7): 1913-1920.

龚伟, 胡庭兴, 王景燕, 等. 2008. 川南天然常绿阔叶林人工更新后土壤碳库与肥力的变化. 生态学报, 28(6): 2536-2545.

巩晟萱, 王丹, 戴伟, 等. 2015. 不同生长时期丝栗栲林下土壤有机碳含量及矿化特征. 水土保持通报, 35(5): 59-63.

郭曼, 郑粉莉, 安韶山, 等. 2010. 植被自然恢复过程中土壤有机碳密度与微生物量碳动态变化. 水土保持学报, 24(1): 229-232.

韩成卫, 李忠佩, 刘丽, 等. 2007. 去除溶解性有机质对红壤水稻土碳氮矿化的影响. 中国农业科学, 40(1): 107-113.

郝瑞军, 李忠佩, 车玉萍, 等. 2009. 水田和旱地土壤有机碳矿化规律及矿化量差异研究. 土壤通报, 40(6): 1325-1329.

郝瑞军, 李忠佩, 车玉萍. 2010. 好气和淹水处理间苏南水稻土有机碳矿化量差异的变化特征. 中国农业科学, 43(6): 1164-1172.

何立谦, 张维宏, 张永升, 等. 2014. 土下微膜覆盖与灌水管理对冬小麦水分利用与物质生产效果的影响. 作物学报, 40(11): 1980-1989.

侯琳, 雷瑞德, 王得祥, 等. 2006. 森林生态系统土壤呼吸研究进展. 土壤通报, 37(3): 589-594.

胡慧蓉, 马焕成, 罗承德, 等. 2010. 森林土壤有机碳分组及其测定方法. 土壤通报, 41(4): 1018-1024.

胡亚林, 曾德慧, 范志平, 等. 2007. 半干旱区沙质退化草地造林对土壤质量的影响. 应用生态学报, 18(11): 2391-2397.

黄昌勇. 2000. 土壤学. 北京: 中国农业出版社.

黄锦学, 熊德成, 刘小飞, 等. 2017. 增温对土壤有机碳矿化的影响研究综述. 生态学报, 37(1): 12-24.

黄耀, 刘世梁, 沈其荣, 等. 2002. 环境因子对农业土壤有机碳分解的影响. 应用生态学报, 13(6): 709-714.

黄媛, 苏以荣, 梁士楚, 等. 2013. 桂西北典型土壤有机碳矿化对碳酸钙与水分含量的响应. 生态学杂志, 32(10): 2695-2702.

黄宗胜, 符裕红, 喻理飞. 2013. 喀斯特森林植被自然恢复过程中土壤有机碳库特征演化. 土壤学报, 50(2): 306-314.

黄宗胜, 喻理飞, 符裕红. 2012. 喀斯特森林植被自然恢复过程中土壤可矿化碳库特征. 应用生态学报, 23(8): 2165-2170.

江淼华, 吕茂奎, 林伟盛, 等. 2018. 生态恢复对红壤侵蚀地土壤有机碳组成及稳定性的影响. 生态学报, 38(13): 4861-4868.

姜发艳, 孙辉, 林波, 等. 2011. 川西亚高山云杉人工林恢复过程中土壤有机碳矿化研究. 土壤通报, 42(1): 91-97.

姜艳, 王兵, 汪玉如, 等. 2010. 亚热带林分土壤呼吸及其与土壤温湿度关系的模型模拟. 应用生态学报, 21(7): 1641-1648.

金奇, 吴琴, 钟欣孜, 等. 2017. 鄱阳湖湿地水位梯度下不同植物群落类型土壤有机碳组分特征. 生态学杂志, 36(4): 1180-1187.

李斌, 方晰, 李岩, 等. 2015. 湖南省森林土壤有机碳密度及碳库储量动态. 生态学报, 35(13): 4265-4278.

李杰, 魏学红, 柴华, 等. 2014. 土地利用类型对千烟洲森林土壤碳矿化及其温度敏感性的影响. 应用生态学报, 25(7): 1919-1926.

李隽永, 窦晓琳, 胡印红, 等. 2018. 城市不同地表覆盖类型下土壤有机碳矿化的差异. 生态学报, 38(1): 112-121.

李梦雅, 王伯仁, 徐明岗, 等. 2009. 长期施肥对红壤有机碳矿化及微生物活性的影响. 核农学报, 23(6): 1043-1049.

李顺姬, 邱莉萍, 张兴昌. 2010. 黄土高原土壤有机碳矿化及其与土壤理化性质的关系. 生态学报, 30(5): 1217-1226.

李霞, 田光明, 朱军, 等. 2014. 不同磷肥用量对水稻土有机碳矿化和细菌群落多样性的影响. 土壤学报, 51(2): 360-372.

李杨梅, 贡璐, 解丽娜. 2017. 塔里木盆地北缘绿洲不同土地利用方式下土壤有机碳含量及其碳矿化特征. 水土保持通报, 37(3): 216-221.

李裕元, 邵明安, 郑纪勇, 等. 2007. 黄土高原北部草地的恢复与重建对土壤有机碳的影响. 生态学报, 27(6): 2279-2287.

李忠佩, 林心雄. 2002. 瘠薄红壤中有机物质的分解特征. 生态学报, 22(8): 1224-1230.

梁启鹏, 余新晓, 庞卓, 等. 2010. 不同林分土壤有机碳密度研究. 生态环境学报, 19(4): 889-893.

廖艳, 杨忠芳, 夏学齐, 等. 2011. 青藏高原冻土土壤呼吸温度敏感性和不同活性有机碳组分研究. 地学前缘, 18(6): 85-93.

林杉, 陈涛, 赵劲松, 等. 2014. 不同培养温度下长期施肥水稻土的有机碳矿化特征. 应用生态学报, 25(5): 1340-1348.

刘德燕, 宋长春. 2008. 磷输入对湿地土壤有机碳矿化及可溶性碳组分的影响. 中国环境科学, 28(9): 769-774.

刘景双, 杨继松, 于君宝, 等. 2003. 三江平原沼泽湿地土壤有机碳垂直分布特征研究. 水土保持学报, 17(3): 5-8.

刘明, 陶洪斌, 王璞, 等. 2008. 华北平原水氮优化条件下不同种植制度的水分效应研究. 水土保持学报, 22(2): 116-120.

刘世荣, 王晖, 栾军伟. 2011. 中国森林土壤碳储量与土壤碳过程研究进展. 生态学报, 31(19):

5437-5448.

刘朔, 袁渭阳, 李贤伟, 等. 2008. 不同草本层三倍体毛白杨根际与非根际土壤化学特性及其对 C/N 的影响. 水土保持研究, 15(2): 107-110.

刘万德, 苏建荣, 李帅锋, 等. 2010. 云南普洱季风常绿阔叶林演替系列植物和土壤 C、N、P 化学计量特征. 生态学报, 30(23): 6581-6590.

刘燕萍, 唐平, 卢茜, 等. 2011. 温度和土地利用变化对土壤有机碳矿化的影响. 安徽农业科学, 39(7): 3896-3927.

刘煜, 胡小飞, 陈伏生, 等. 2013. 马尾松和苦槠林根际土壤矿化和根系分解 CO_2 释放的温度敏感性. 应用生态学报, 4(6): 1501-1508.

刘苑秋, 王芳, 柯国庆, 等. 2011. 江西瑞昌石灰岩山区退耕还林对土壤有机碳的影响. 应用生态学报, 22(4): 885-890.

刘云凯, 张彦东, 孙海龙. 2010. 干湿交替对东北温带次生林与落叶松人工林土壤有机碳矿化的影响. 水土保持学报, 24(5): 213-217.

刘振花, 陈立新, 王琳琳. 2009. 红松阔叶混交林不同演替阶段土壤活性有机碳的研究. 土壤通报, 40(5): 1088-1103.

刘作云, 杨宁. 2015. 衡阳紫色土丘陵坡地不同植被恢复阶段土壤化学与微生物性质. 生态环境学报, 24(4): 595-601.

马少杰, 李正才, 周本智, 等. 2010. 北亚热带天然次生林群落演替对土壤有机碳的影响. 林业科学研究, 23(6): 845-849.

马昕昕, 许明祥, 杨凯. 2012. 黄土丘陵区刺槐林深层土壤有机碳矿化特征初探. 环境科学, 33(11): 3893-3900.

牛书丽, 韩兴国, 马克平, 等. 2007. 全球变暖与陆地生态系统研究中的野外增温装置. 植物生态学报, 31(2): 262-271.

潘剑君, 郝珑存, 孟静娟. 2011. 中国土壤有机碳分解特征研究初报. 土壤, 43(4): 505-514.

齐丽彬, 樊军, 邵明安, 等. 2008. 黄土高原水蚀风蚀交错带不同土地利用类型土壤呼吸季节变化及其环境驱动. 生态学报, 28(11): 5428-5436.

秦欣, 刘克, 周丽丽, 等. 2012. 华北地区冬小麦–夏玉米轮作节水体系周年水分利用特征. 中国农业科学, 45(19): 4014-4024.

屈冉, 李俊生, 肖能文, 等. 2010. 土壤微生物对不同植被类型土壤呼吸速率影响的研究. 华北农学报, 25(3): 196-199.

珊丹, 韩国栋, 赵萌莉, 等. 2009. 控制性增温和施氮对荒漠草原土壤呼吸的影响. 干旱区资源与环境, 23(9): 106-112.

邵月红, 潘剑君, 孙波. 2005. 不同森林植被下土壤有机碳的分解特征及碳库研究. 水土保持学报, 19(3): 24-28.

沈征涛, 施斌, 王宝军, 等. 2013. 土壤有机质转化及 CO_2 释放的温度效应研究进展. 生态学报, 3(10): 3011-3019.

宋媛, 赵溪竹, 毛子军, 等. 2013. 小兴安岭 4 种典型阔叶红松林土壤有机碳分解特性. 生态学报, 33(2): 443-453.

苏静, 赵世伟, 马继东, 等. 2005. 宁南黄土丘陵区不同人工植被对土壤碳库的影响. 水土保持研究, 12(3): 50-52.

孙宝伟, 杨晓东, 张志浩, 等. 2013. 浙江天童常绿阔叶林演替过程中土壤碳库与植被碳归还的关系. 植物生态学报, 37(9): 803-810.

孙宝玉, 韩广轩. 2016. 模拟增温对土壤呼吸影响机制的研究进展与展望. 应用生态学报, 27(10): 3394-3402.

孙丽娟, 曾辉, 郭大立. 2011. 鼎湖山亚热带常绿针阔叶混交林凋落物及矿质氮输入对土壤有机碳分解的影响. 应用生态学报, 22(12): 3087-3093.

孙伟军, 方晰, 项文化, 等. 2013. 湘中丘陵区不同演替阶段森林土壤活性有机碳库特征. 生态学报, 33(24): 7765-7773.

谭桂霞, 刘苑秋, 李莲莲, 等. 2014. 退化红壤区不同类型人工林土壤活性有机碳及其季节变化. 江西农业大学学报, 36(2): 434-440.

唐光木, 徐万里, 盛建东, 等. 2010. 新疆绿洲农田不同开垦年限土壤有机碳及不同粒径土壤颗粒有机碳变化. 土壤学报, 47(2): 279-285.

唐建, 海维燕, 邱忠平, 等. 城市生活垃圾中木质素含量测定方法的优化. 安徽农业科学, 2010, 38(27): 15206-15207.

唐朋辉, 党坤良, 王连贺, 等. 2016. 秦岭南坡红桦林土壤有机碳密度影响因素. 生态学报, 36(4): 1030-1039.

汪伟, 杨玉盛, 陈光水, 等. 2008. 罗浮栲天然林土壤可溶性有机碳的剖面分布及季节变化. 生态学杂志, 27(6): 924-928.

王丹, 吕瑜良, 徐丽, 等. 2013. 水分和温度对若尔盖湿地和草甸土壤碳矿化的影响. 生态学报, 33(20): 6436-6443.

王峰, 王义祥, 江福英, 等. 2012. 氮肥施用对柑橘果园土壤有机碳矿化的影响. 中国农学通报, 28(1): 273-278.

王红, 范志平, 邓东周, 等. 2008. 不同环境因子对樟子松人工林土壤有机碳矿化的影响. 生态学杂志, 27(9): 1469-1475.

王清奎, 汪思龙, 于小军, 等. 2007. 常绿阔叶林与杉木林的土壤碳矿化潜力及其对土壤活性有机碳的影响. 生态学杂志, 26(12): 1918-1923.

王淑芳, 王效科, 欧阳志云. 2002. 密云水库上游流域土壤有机碳和全氮密度影响因素研究. 环境科学, 33(3): 946-951.

王玺洋, 于东升, 廖丹, 等. 2016. 长三角典型水稻土有机碳组分构成及其主控因子. 生态学报, 36(15): 4729-4738.

王岩, 杨振明, 沈其荣. 2000. 土壤不同粒级中 C、N、P、K 的分配及 N 的有效性研究. 土壤学报, 37(1): 85-94.

王征, 刘国彬, 许明祥. 2010. 黄土丘陵区植被恢复对深层土壤有机碳的影响. 生态学报, 30(14): 3947-3952.

魏书精, 罗碧珍, 魏书威, 等. 2014. 森林生态系统土壤呼吸测定方法研究进展. 生态环境学报, 23(3): 504-514.

吴回军, 欧阳学军. 2008. 磷添加对南亚热带森林土壤有机碳氮矿化影响的培养实验研究. 广东林业科技, 24(6): 6-14.

吴建国, 艾丽, 苌伟. 2007. 祁连山中部四种典型生态系统土壤有机碳矿化及其影响因素. 生态学杂志, 26(11): 1703-1711.

吴建国, 张小全, 徐德应, 等. 2004. 六盘山林区几种土地利用方式对土壤有机碳矿化影响的比较. 植物生态学报, 28(4): 530-538.

吴萌, 李忠佩, 冯有智, 等. 2016. 长期施肥处理下不同类型水稻土有机碳矿化的动态差异. 中国农业科学, 49(9): 1705-1714.

武天云, Schoenau J J, 李凤民, 等. 2004. 土壤有机质概念和分组技术研究进展. 应用生态学报, 15(4): 717-722.

夏国芳, 张雷, 魏湜, 等. 2007. 温度与土壤水分对有机碳分解速率的影响. 中国生态农业学报, 15(4): 57-59.

向慧敏, 温达志, 张玲玲, 等. 2015. 鼎湖山森林土壤活性碳及惰性碳沿海拔梯度的变化. 生态学报, 35(18): 6089-6099.

向元彬, 黄从德, 胡庭兴, 等. 2014. 华西雨屏区巨桉人工林土壤呼吸对模拟氮沉降的响应. 林业科学, 50(1): 21-26.

谢锦升, 杨玉盛, 解明曙, 等. 2006. 植被恢复对侵蚀退化红壤碳吸存的影响. 水土保持学报, 20(6): 95-98, 123-123.

熊沛, 徐振锋, 林波, 等. 2010. 岷江上游华山松林冬季土壤呼吸对模拟增温的短期响应. 植物生态学报, 34(12): 1369-1376.

徐丽, 于书霞, 何念鹏, 等. 2013. 青藏高原高寒草地土壤碳矿化及其温度敏感性. 植物生态学报, 37(11): 988-997.

徐汝民, 李忠佩, 车玉萍, 等. 2009. 土地利用方式转变后灰色森林土有机碳矿化的温度响应特征. 应用生态学报, 20(5): 1020-1025.

薛萐, 刘国彬, 潘彦平, 等. 2009. 黄土丘陵区人工刺槐林土壤活性有机碳与碳库管理指数演变. 中国农业科学, 42(4): 1458-1464.

严毅萍, 曹建华, 杨慧, 等. 2012. 岩溶区不同土地利用方式对土壤有机碳碳库及周转时间的影响. 水土保持学报, 26(2): 144-149.

严毅萍, 曹建华, 尹辉, 等. 2011. 典型岩溶区不同土地利用方式对土壤有机碳储量及其矿化速率的影响. 水土保持通报, 31(5): 13-17.

杨长明, 杨林章, 颜廷梅, 等. 2004. 不同养分和水分管理模式对水稻土质量的影响及其综合评价. 生态学报, 24(1): 63-701.

杨慧, 张连凯, 曹建华, 等. 2011. 桂林毛村岩溶区不同土地利用方式土壤有机碳矿化及土壤碳结构比较. 中国岩溶, 30(4): 410-416.

杨继松, 刘景双, 孙丽娜. 2008. 温度、水分对湿地土壤有机碳矿化的影响. 应用生态学报, 27(1): 38-42.

杨开军, 杨万勤, 贺若阳, 等. 2017. 川西亚高山 3 种典型森林土壤碳矿化特征. 应用与环境生物学报, 23(5): 851-856.

杨丽霞, 潘剑君, 苑韶峰. 2006. 森林土壤有机碳库组分定量化研究. 土壤通报, 37(2): 241-243.

杨明臻, 林衣东, 韩文炎. 2012. 施氮对茶园土壤基础呼吸的影响. 土壤通报, 43(6): 1355-1360.

杨玉盛, 陈光水, 谢锦升, 等. 2006. 格氏栲天然林与人工林土壤异养呼吸特性及动态. 土壤学报, 43(1): 53-61.

尹云锋, 蔡祖聪. 2007. 不同类型土壤有机碳分解速率的比较. 应用生态学报, 18(10): 2251-2255.

尤龙辉, 叶功富, 陈增鸿, 等. 2014. 滨海沙地主要优势树种的凋落物分解及其与初始养分含量的关系. 福建农林大学学报(自然科学版), 43(6): 585-591.

余健, 房莉, 卞正富, 等. 2014. 土壤碳库构成研究进展. 生态学报, 34(17): 4829-4838.

余再鹏, 黄志群, 王民煌, 等. 2014. 亚热带米老排和杉木人工林土壤呼吸季节动态及其影响因子. 林业科学, 50(8): 7-14.

张国, 曹志平, 胡婵娟. 2011. 土壤有机碳分组方法及其在农田生态系统研究中的应用. 应用生态学报, 22(7): 1921-1930.

张浩, 吕茂奎, 江军, 等. 2016. 侵蚀红壤区植被恢复对表层与深层土壤有机碳矿化的影响. 水土保持学报, 30(1): 244-249.

张金波, 宋长春, 杨文燕. 2005. 不同土地利用下土壤呼吸温度敏感性差异及影响因素分析. 环境科学学报, 25(11): 1537-1542.

张丽敏, 徐明岗, 娄翼来, 等. 2014. 土壤有机碳分组方法概述. 中国土壤与肥料, (4): 1-6.

张玲, 张东来, 毛子军. 2017. 中国温带阔叶红松林不同演替系列土壤有机碳矿化特征. 生态学报, 37(19): 6370-6378.

张文菊, 童成立, 杨钙仁, 等. 2005. 水分对湿地沉积物有机碳矿化的影响. 生态学报, 25(2): 249-253.

张雪, 韩士杰, 王树起, 等. 2016. 长白山白桦林不同演替阶段土壤有机碳组分的变化. 生态学杂志,

35(2): 282-289.

赵鑫, 宇万太, 李建东, 等. 2006. 不同经营管理条件下土壤有机碳及其组分研究进展. 应用生态学报, 2006, 17(11): 2203-2209.

赵勇, 吴明作, 樊巍, 等. 2009. 太行山丘陵区群落演替进程中碳储量变化特征. 水土保持学报, 23(4): 208-212.

赵玉皓, 张艳杰, 严月, 等. 2018. 亚热带退化红壤区森林恢复类型土壤有机碳矿化对温度的响应. 生态学报, 38(14): 5056-5066.

郑威, 何峰, 谭一波, 等. 2017. 两种石漠化区退耕林型的土壤呼吸及模型模拟. 生态科学, 36(5): 138-143.

周国模, 姜培坤. 2004. 不同植被恢复对侵蚀型红壤活性碳库的影响. 水土保持学报, 18(6): 68-70.

周玉燕, 贾晓红, 赵昕, 等. 2011. 不同植被配置下土壤碳矿化潜力. 生态学杂志, 30(11): 2442-2448.

朱锋, 李萌, 薛生国, 等. 2017. 自然风化过程对赤泥团聚体有机碳组分的影响. 生态学报, 37(4): 1174-1183.

朱丽琴, 黄荣珍, 段洪浪, 等. 2017. 红壤侵蚀地不同人工恢复林对土壤总有机碳和活性有机碳的影响. 生态学报, 37(1): 249-257.

朱凌宇, 潘剑君, 张威. 2013. 祁连山不同海拔土壤有机碳库及分解特征研究. 环境科学, 4(2): 668-675.

Aerts R. 1997. Climate, leaf litter chemistry and leaf litter decomposition in terrestrial ecosystems: A triangular relationship. Oikos, 79: 439-449.

Ajami M, Heidari A, Khormali F, et al. 2016. Environmental factors controlling soil organic carbon storage in loess soils of a subhumid region, northern Iran. Geoderma, 281: 1-10.

Allen A S, Schlesinger W H. 2004. Nutrient limitations to soil microbial biomass and activity in loblolly pine forests. Soil Biology and Biochemistry, 36(4): 581-589.

Alvarez R, Alvarez C R. 2000. Soil organic matter pools and their associations with carbon mineralization kinetics. Soil Science Society of America Journal, 64(1): 184-189.

Arai H, Tokuchi N. 2010. Soil organic carbon accumulation following afforestation in a Japanese coniferous plantation based on particle-size fractionation and stable isotope analysis. Geoderma, 159(3-4): 425-430.

Awiti A O, Walsh M G, Kinyamario J. 2008. Dynamics of topsoil carbon and nitrogen along a tropical forest–cropland chronosequence: Evidence from stable isotope analysis and spectroscopy. Agriculture Ecosystems and Environment, 127(3-4): 265-272.

Bais H P, Weir T L, Perry L G, et al. 2006. The role of root exudates in rhizosphere interactions with plants and other organisms. Annual Review of Plant Biology, 57(1): 233-266.

Balser T C, Firestone M K. 2005. Linking microbial community composition and soil processes in a California annual grassland and mixed-conifer forest. Biogeochemistry, 73: 395-415.

Barreto P A B, Gama-Rodrigues E F, Gama-Rodrigues A C, et al. 2011. Distribution of oxidizable organic C fractions in soils under cacao agroforestry systems in Southern Bahia, Brazil. Agroforestry Systems, 81(3): 213-220.

Beare M H, Hendrix P F, Cabrera M L, et al. 1994. Aggregate-protected and unprotected organic matter pools in conventional- and no-tillage soils. Soil Science Society of America Journal, 58(3): 787-795.

Beheshti A, Raiesi F, Golchin A. 2012. Soil properties, C fractions and their dynamics in land use conversion from native forests to croplands in northern Iran. Agriculture Ecosystems and Environment, 148: 121-133.

Belay-Tedla A, Zhou X H, Su B, et al. 2009. Labile, recalcitrant, and microbial carbon and nitrogen pools of a tallgrass prairie soil in the US Great Plains subjected to experimental warming and clipping. Soil Biology and Biochemistry, 41(1): 110-116.

Berg B. 2000. Litter decomposition and organic matter turnover in northern forest soils. Forest Ecology and Management, 133(1-2): 13-22.

Berger T W, Neubauer C, Glatzel G. 2002. Factors controlling soil carbon and nitrogen stores in pure stands of Norway spruce (*Picea abies*) and mixed species stands in Austria. Forest Ecology and Management, 159(1): 3-14.

Blair N, Crocker G J. 2000. Crop rotation effects on soil carbon and physical fertility of two Australian soils. Australian Journal of Soil Research, 38(1): 71-84.

Bolinder M A, Angers D A, Gregorich E G, et al. 1999. The response of soil quality indicators to conservation management. Canadian Journal of Soil Science, 79(1): 37-45.

Borken W, Matzner E. 2009. Reappraisal of drying and wetting effects on C and N mineralization and fluxes in soils. Global Change Biology, 15(4): 808-824.

Bradford M A, Fierer N, Reynolds J F. 2008. Soil carbon stocks in experimental mesocosms are dependent on the rate of labile carbon, nitrogen and phosphorus inputs to soils. Functional Ecology, 22(6): 964-974.

Butterly C R, Mcneill A M, Baldock J A, et al. 2011. Rapid changes in carbon and phosphorus after rewetting of dry soil. Biology & Fertility of Soils, 47(1): 41-50.

Caravaca F, Lax A, Albaladejo J. 2004. Aggregate stability and carbon characteristics of particle-size fractions in cultivated and forested soils of semiarid Spain. Soil and Tillage Research, 78(1): 83-90.

Castro H, Fortunel C, Freitas H. 2010. Effects of land abandonment on plant litter decomposition in a Montado system: relation to litter chemistry and community functional parameters. Plant Soil, 333(1): 181-190.

Chantigny M H, Angers D A, Prévost D, et al. 1999. Dynamics of soluble organic C and C mineralization in cultivated soils with varying N fertilization. Soil Biology and Biochemistry, 31(4): 543-550.

Chatterjee A, Vance G F, Pendall E, et al. 2008. Timber harvesting alters soil carbon mineralization and microbial community structure in coniferous forests. Soil Biology and Biochemistry, 40(7): 1901-1907.

Chen C R, Xu Z H, Mathers N J. 2004. Soil carbon pools in adjacent natural and plantation forests of subtropical Australia. Soil Science Society of America Journal, 68(1): 282-291.

Chen C, Hu K L, Li H, et al. 2015. Three-dimensional mapping of soil organic carbon by combining kriging method with profile depth function. PLoS One, 10(6): e0129038.

Chen S T, Huang Y, Zou J W, et al. 2013. Mean residence time of global topsoil organic carbon depends on temperature, precipitation and soil nitrogen. Global and Planetary Change, 100(1): 99-108.

Chen S Y, Zhang X Y, Sun H Y, et al. 2010. Effects of winter wheat row spacing on evapotranpsiration, grain yield and water use efficiency. Agricultural water management, 97(8): 1126-1132.

Chen Z J, Geng S C, Zhang J H, et al. 2017. Addition of nitrogen enhances stability of soil organic matter in a temperate forest. European Journal of Soil Science, 68(2): 189-199.

Chow A T, Tanji K K, Gao S D, et al. 2006. Temperature, water content and wet-dry cycle effects on DOC production and carbon mineralization in agricultural peat soils. Soil Biology & Biochemistry, 38(3): 477-488.

Christensen B T. 2001. Physical fractionation of soil and structural and functional complexity in organic matter turnover. European Journal of Soil Science, 52(3): 345-353.

Ci E, Al-Kaisi M M, Wang L G, et al. 2015. Soil organic carbon mineralization as affected by cyclical temperature fluctuations in a karst region of southwestern china. Pedosphere, 25(4): 512-523.

Cleveland C C, Townsend A R. 2006. Nutrient Additions to a Tropical Rain Forest Drive Substantial Soil Carbon Dioxide Losses to the Atmosphere. Proceedings of the National Academy of Sciences of the United States of America, 103(27): 10316-10321.

Cochran R L, Collins H P, Kennedy A, et al. 2007. Soil carbon pools and fluxes after land conversion in a semiarid shrub-steppe ecosystem. Biology and Fertility of Soils, 43(4): 479-489.

Collins H P, Elliott E T, Paustian K, et al. 2000. Soil carbon pools and fluxes in long-term corn belt agroecosystems. Soil Biology and Biochemistry, 32(2): 157-168.

Craine J M, Fierer N, Mclauchlan K K. 2010. Widespread coupling between the rate and temperature sensitivity of organic matter decay. Nature Geoscience, 3(12): 854-857.

Craine J M, Gelderman T M. 2011. Soil moisture controls on temperature sensitivity of soil organic carbon decomposition for a mesic grassland. Soil Biology and Biochemistry, 43(2): 455-457.

Crow S E, Lajtha K, Bowden R D, et al. 2009. Increased coniferous needle inputs accelerate decomposition of soil carbon in an old-growth forest. Forest Ecology and Management, 258(10): 2224-2232.

Cui J, Zhang R J, Bu N S, et al. 2013. Changes in soil carbon sequestration and soil respiration following afforestation on paddy fields in north subtropical China. Journal of Plant Ecology, 6(3): 240-252.

Curtin D, Beare M H, Scott C L, et al. 2014. Mineralization of soil carbon and nitrogen following physical disturbance: a laboratory assessment. Soil Science Society of America Journal, 78(3): 925-935.

Davidson E A, Galloway L F, Strand M K. 1987. Assessing available carbon: Comparison of techniques across selected forest soils1. Communications in Soil Science and Plant Analysis, 18(1): 45-64.

De Clercq T, Heiling M, Dercon G, et al. 2015. Predicting soil organic matter stability in agricultural fields through carbon and nitrogen stable isotopes. Soil Biology and Biochemistry, 88: 29-38.

Deng L, Wang K B, Chen M L, et al. 2013. Soil organic carbon storage capacity positively related to forest succession on the Loess Plateau, China. Catena, 110: 1-7.

Deng L, Wang K B, Tang Z S, et al. 2016. Soil organic carbon dynamics following natural vegetation restoration: Evidence from stable carbon isotopes (δ^{13}C). Agriculture Ecosystems and Environment, 221: 235-244.

Dikgwatlhe S B, Kong F L, Chen Z D, et al. 2014. Tillage and residue management effects on temporal changes in soil organic carbon and fractions of a silty loam soil in the North China Plain. Soil Use and Management, 30(4): 496-506.

Dungait J A J, Hopkins D W, Gregory A S, et al. 2012. Soil organic matter turnover is governed by accessibility not recalcitrance. Global Change Biology, 18(6): 1781-1796.

Fang C M, Smith P, Moncrieff J B, et al. 2005. Similar response of labile and resistant soil organic matter pools to changes in temperature. Nature, 433(7021): 57-59.

Fang C, Moncrieff J B. 2001. The dependence of soil CO_2 efflux on temperature. Soil Biology and Biochemistry, 33(2): 155-165.

Fang J Y, Chen A P, Peng C H, et al. 2001. Changes in forest biomass carbon storage in China between 1949 and 1998. Science, 292(5525): 2320-2322.

Findlay S E G. 2005. Increased carbon transport in the Hudson River: Unexpected consequence of nitrogen deposition? Frontiers in Ecology and the Environment, 3(3): 133-137.

Fisk M, Santangelo S, Minick K. 2015. Carbon mineralization is promoted by phosphorus and reduced by nitrogen addition in the organic horizon of northern hardwood forests. Soil Biology and Biochemistry, 81: 212-218.

Fissore C, Giardina C P, Kolka R K. 2013. Reduced substrate supply limits the temperature response of soil organic carbon decomposition. Soil Biology & Biochemistry, 67: 306-311.

Fog K. 1998. The effect of added nitrogen on the rate of decomposition of organic matter. Biological Reviews, 63(3): 433-462.

Fortuna A, Harwood R R, Paul E A. 2003. The effects of compost and crop rotations on carbon turnover and the particulate organic matter fraction. Soil Science, 168(6): 434-444.

Frey S D, Drijber R, Smith H, et al. 2008. Microbial biomass, functional capacity, and community structure after 12 years of soil warming. Biology and Biochemistry, 40(11): 2904-2907.

Galicia L, García-Oliva F. 2004. The effects of C, N and P additions on soil microbial activity under two remnant tree species in a tropical seasonal pasture. Applied Soil Ecology, 26(1): 31-39.

García-Díaz A, Marqués M J, Sastre B, et al. 2018. Labile and stable soil organic carbon and physical improvements using groundcovers in vineyards from central Spain. Science of the Total Environment, 621: 387-397.

Giardina C P, Ryan M G. 2000. Evidence that decomposition rates of organic carbon in mineral soil do not vary with temperature. Nature, 404(6780): 858-861.

Gong X, Liu Y Q, Li Q L, et al. 2013. Sub-tropic degraded red soil restoration: Is soil organic carbon build-up limited by nutrients supply. Forest Ecology and Management, 300: 77-87.

Grüneberg E, Schöning I, Hessenmöller D, et al. 2013. Organic layer and clay content control soil organic carbon stocks in density fractions of differently managed German beech forests. Forest Ecology and Management, 303: 1-10.

Gudasz C, Bastviken D, Steger K, et al. 2010. Temperature-controlled organic carbon mineralization in lake sediments. Nature, 466(7305): 478-481.

Harrison-Kirk T, Beare M H, Meenken E D, et al. 2013. Soil organic matter and texture affect responses to dry/wet cycles: Effects on carbon dioxide and nitrous oxide emissions. Soil Biology & Biochemistry, 57: 43-55.

Herbert D A, Williams M, Rastetter E B. 2003. A model analysis of N and P limitation on carbon accumulation in Amazonian secondary forest after alternate land-use abandonment. Biogeochemistry, 65(1): 121-150.

Hounkpatin O K L, Felix O D H, Bossa A Y, et al. 2018. Soil organic carbon stocks and their determining factors in the Dano catchment (Southwest Burkina Faso). Catena, 166: 298-309.

Hu C S, Delgado J A, Zhang X Y, et al. 2005. Assessment of groundwater use by wheat (*Triticum aestivum* L.) in the Luancheng Xian region and potential implications for water conservation in the Northwestern China plain. Journal of Soil and Water Conservation, 60(2): 80-88.

Hu Y L, Zeng D H, Ma X Q, et al. 2016. Root rather than leaf litter input drives soil carbon sequestration after afforestation on a marginal cropland. Forest Ecology and Management, 362: 38-45.

Huygens D, Boeckx P, van Cleemput O, et al. 2005. Aggregate and soil organic carbon dynamics in South Chilean Andisols. Biogeosciences, 2(2): 159-174.

Hyvönen R, Ågren G I, Linder S, et al. 2007. The likely impact of elevated $[CO_2]$, nitrogen deposition, increased temperature and management on carbon sequestration in temperate and boreal forest ecosystems: a literature review. New Phytologist, 173(3): 463-480.

Iqbal J, Hu R G, Lin S, et al. 2009. Carbon dioxide emissions from Ultisol under different land uses in mid-subtropical China. Geoderma, 152(1-2): 63-73.

Iyamuremye F, Gewin V, Dick R P, et al. 2000. Carbon, nitrogen and phosphorus mineralization potential of native agroforestry plant residues in soils of Senegal. Arid Soil Research and Rehabilitation, 14(4): 359-371.

Janssens I A, Pilegaard K. 2003. Large seasonal changes in Q_{10} of soil respiration in a beech forest. Global Change Biology, 9(6): 911-918.

Janzen H H, Campbell C A, Brandt S A, et al. 1992. Light-fraction organic matter in soils from long-term crop rotations. Soil Science Society of America Journal, 56(6): 1799-1806.

Jensen L S, Mueller T, Tate K R, et al. 1996. Soil surface CO_2 flux as an index of soil respiration in situ: a comparison of two chamber methods. Soil Biology and Biochemistry, 28(10-11): 1297-1306.

Jha P, De A, Lakaria B L, et al. 2012. Soil carbon pools, mineralization and fluxes associated with land use change in vertisols of central India. National Academy Science Letters, 35(6): 475-483.

Jia G M, Cao J, Wang C Y, et al. 2005. Microbial biomass and nutrients in soil at the different stages of secondary forest succession in Ziwulin, northwest China. Forest Ecology and Management, 217(1): 117-125.

Jiang L, Ma S H, Zhou Z, et al. 2017. Soil respiration and its partitioning in different components in tropical primary and secondary mountain rain forests in Hainan Island, China. Journal of Plant Ecology, 10(5): 791-799.

John B, Yamashita T, Ludwig B, et al. 2005. Storage of organic carbon in aggregate and density fractions of silty soils under different types of land use. Geoderma, 128(1-2): 63-79.

Kalbitz K, Schmerwitz J, Schwesig D, et al. 2003. Biodegradation of soil-derived dissolved organic matter as related to its properties. Geoderma, 113: 273-291.

Kanda K, Miranda C H B, Macedo C M. 2002. Carbon and nitrogen mineralization in soils under agro-pastoral systems in subtropical central Brazil. Soil Science and Plant Nutrition, 48(2): 179-184.

Keller J K, Bridgham S D, Chapin C T, et al. 2005. Limited effects of six years of fertilization on carbon mineralization dynamics in a Minnesota fen. Soil Biology and Biochemistry, 37(6): 1197-1204.

Kemmitt S J, Lanyon C V, Waite I S, et al. 2008. Mineralization of native soil organic matter is not regulated by the size, activity or composition of the soil microbial biomass—A new perspective. Soil Biology & Biochemistry, 40(1): 61-73.

Kemmitt S J, Wright D, Goulding K W T, et al. 2006. pH regulation of carbon and nitrogen dynamics in two agricultural soils. Soil Biology & Biochemistry, 38(5): 898-911.

Kirkby C A, Kirkegaard J A, Richardson A E, et al. 2011. Stable soil organic matter: A comparison of C: N: P: S ratios in Australian and other world soils. Geoderma, 163(3): 197-208.

Kirschbaum M U F. 2006. The temperature dependence of organic-matter decomposition—Still a topic of debate. Soil Biology and Biochemistry, 38(9): 2510-2518.

Klein J A, Harte J, Zhao X Q. 2005. Dynamic and complex microclimate responses to warming and grazing manipulations. Global Change Biology, 11(9): 1440-1451.

Knorr W, Prentice I C, House J I, et al. 2005. Long-term sensitivity of soil carbon turnover to warming. Nature, 433(7023): 298-301.

Koskinen M, Minkkinen K, Ojanen P, et al. 2014. Measurements of CO_2 exchange with an automated chamber system throughout the year: challenges in measuring night-time respiration on porous peat soil. Biogeosciences, 11(2): 347-363.

Kuzyakov Y. 2011. How to link soil C pools with CO_2 fluxes? Biogeosciences, 8(6): 1523-1537.

Laik R, Kumar K, Das D K, et al. 2009. Labile soil organic matter pools in a calciorthent after 18 years of afforestation by different plantations. Applied Soil Ecology, 42(2): 71-78.

Lal R. 1999. Soil management and restoration for C sequestration to mitigate the accelerated greenhouse effect. Progress in Environmental Science, 1: 307-326.

Landgraf D, Leinweber P, Makeschin F. 2006. Cold and hot water-extractable organic matter as indicators of litter decomposition in forest soils. Journal of Plant Nutrition and Soil Science, 169(1): 76-82.

Leifeld J, Zimmermann M, Fuhrer J. 2008. Simulating decomposition of labile soil organic carbon: Effects of pH. Soil Biology and Biochemistry, 40(12): 2948-2951.

Leirós M C, Trasar-Cepeda C, Seoane S, et al. 1999. Dependence of mineralization of soil organic matter on temperature and moisture. Soil Biology and Biochemistry, 31(3): 327-335.

Lellei-Kovács E, Kovács-Láng E, Botta-Dukát Z, et al. 2011. Thresholds and interactive effects of soil moisture on the temperature response of soil respiration. European Journal of Soil Biology, 47(4): 247-255.

Li D F, Gao G Y, Lü Y H, et al. 2016. Multi-scale variability of soil carbon and nitrogen in the middle reaches of the Heihe River basin, northwestern China. Catena, 137: 328-339.

Li Y Q, Xu M, Sun O J, et al. 2004. Effects of root and litter exclusion on soil CO_2 efflux and microbial biomass in wet tropical forests. Soil Biology & Biochemistry, 36(12): 2111-2114.

Lian Z L, Jiang Z J, Huang X P, et al. 2018. Labile and recalcitrant sediment organic carbon pools in the Pearl River Estuary, southern China. Science of the Total Environment, 640-641: 1302-1311.

Liang N S, Inoue G, Fujinuma Y. 2003. A multichannel automated chamber system for continuous measurement of forest soil CO_2 efflux. Tree Physiology, 23(12): 825-832.

Lin P S, Ouyang C T, Shang Z H, et al. 2011. Red soil aggregate and its organic carbon distribution under different land use in mountainarea of northeast Guangdong. Tropical Geography, 31(4): 362-367.

Liu C, Xiang W H, Lei P F, et al. 2014. Standing fine root mass and production in four Chinese subtropical forests along a succession and species diversity gradient. Plant and Soil, 376(1-2): 445-459.

Liu H S. 2013. Thermal response of soil microbial respiration is positively associated with labile carbon content and soil microbial activity. Geoderma, 193-194: 275-281.

Liu S J, Zhang W, Wang K L, et al. 2015. Factors controlling accumulation of soil organic carbon along vegetation succession in a typical karst region in Southwest China. Science of the Total Environment, 521-522: 52-58.

Liu W J, Chen S Y, Qin X A, et al. 2012. Storage, patterns, and control of soil organic carbon and nitrogen in the northeastern margin of the Qinghai-Tibetan Plateau. Environmental Research Letters, 7(3): 035401.

Liu X, Li L H, Qi Z M, et al. 2017. Land-use impacts on profile distribution of labile and recalcitrant carbon in the Ili river valley, northwest China. Science of the Total Environment, 586: 1038-1045.

Lopez-Sangil L, Rovira P. 2013. Sequential chemical extractions of the mineral-associated soil organic matter: An integrated approach for the fractionation of organo-mineral complexes. Soil Biology and Biochemistry, 62: 57-67.

Månsson K F, Falkengren-Grerup U. 2003. The effect of nitrogen deposition on nitrification, carbon and nitrogen mineralisation and litter C: N ratios in oak (*Quercus robur* L.) forests. Forest Ecology and Management, 179(1-3): 455-467.

Marin-Spiotta E, Silver W L, Swanston C W, et al. 2009. Soil organic matter dynamics during 80 years of reforestation of tropical pastures. Global Change Biology, 15(6): 1584-1597.

Mathers N J, Mao X A, Xu Z H, et al. 2000. Recent advances in the application of ^{13}C and ^{15}N NMR spectroscopy to soil organic matter studies. Australian Journal of Soil Research, 38(4): 769-787.

McKane R B, Rastetter E B, Melillo J M, et al. 1995. Effects of Global change on carbon storage in tropical forests of South America. Global Biogeochemical Cycles, 9(3): 329-350.

Meng Q F, Sun Q P, Chen X P, et al. 2012. Alternative cropping systems for sustainable water and nitrogen use in the North China plain. Agriculture, Ecosystems & Environment, 146(1): 93-102.

Merilä P, Malmivaara-Lämsä M, Spetz P. 2010. Soil organic matter quality as a link between microbial community structure and vegetation composition along a successional gradient in a boreal forest. Applied Soil Ecology, 46(2): 259-267.

Mi J, Li J J, Chen D M, et al. 2015. Predominant control of moisture on soil organic carbon mineralization across a broad range of arid and semiarid ecosystems on the Mongolia plateau. Landscape Ecology, 30(9): 1683-1699.

Motavalli P P, Palm C A, Parton W J, et al. 1995. Soil pH and organic C dynamics in tropical forest soils: Evidence from laboratory and simulation studies. Soil Biology & Biochemistry, 27(12): 1589-1599.

Nath A J, Brahma B, Sileshi G W, et al. 2018. Impact of land use changes on the storage of soil organic carbon in active and recalcitrant pools in a humid tropical region of India. Science of the Total Environment, 624: 908-917.

Nyberg G, Ekblad A, Buresh R, et al. 2002. Short-term patterns of carbon and nitrogen mineralisation in a fallow field amended with green manures from agroforestry trees. Biology and Fertility of Soils, 36(1): 18-25.

Ouyang X J, Zhou G Y, Huang Z L, et al. 2008. Effect of N and P addition on soil organic C potential mineralization in forest soils in South China. Journal of Environmental Sciences, 20(9): 1082-1089.

Pandey D, Agrawal M, Bohra J S, et al. 2014. Recalcitrant and labile carbon pools in a sub-humid tropical soil under different tillage combinations: A case study of rice-wheat system. Soil and Tillage Research, 143: 116-122.

Pang X Y, Zhu B, Lü X T, et al. 2015. Labile substrate availability controls temperature sensitivity of organic carbon decomposition at different soil depths. Biogeochemistry, 126: 85-98.

Paul E A, Collins H P, Leavitt S W. 2001. Dynamics of resistant soil carbon of Midwestern agricultural soils measured by naturally occurring ^{14}C abundance. Geoderma, 104: 239-256.

Paul E A, Harris D, Collins H P, et al. 1999. Evolution of CO_2 and soil carbon dynamics in biologically managed, row-crop agroecosystems. Applied Soil Ecology, 11(1): 53-65.

Paul E A, Morris S J, Conant R T, et al. 2006. Does the acid hydrolysis-incubation method measure meaningful soil organic carbon pools? Soil Science Society of America Journal, 70(3): 1023-1035.

Pires C V, Schaefer C E R G, Hashiguchi A K, et al. 2017. Soil organic carbon and nitrogen pools drive soil C-CO_2 emissions from selected soils in Maritime Antarctica. Science of the Total Environment, 596-597: 124-135.

Post W M, Kwon K C. 2000. Soil carbon sequestration and land-use change: Processes and potential. Global Change Biology, 6(3): 317-327.

Priha O, Grayston S J, Hiukka R, et al. 2001. Microbial community structure and characteristics of the organic matter in soils under *Pinus sylvestris*, *Picea abies* and *Betula pendula* at two forest sites. Biology and Fertility of Soils, 33(1): 17-24.

Puget P, Chenu C, Balesdent J. 2000. Dynamics of soil organic matter associated with particle-size fractions of water-stable aggregates. European Journal of Soil Science, 51(4): 595-605.

Qian H Y, Pan J J, Sun B. 2013. The relative impact of land use and soil properties on sizes and turnover rates of soil organic carbon pools in Subtropical China. Soil Use and Management, 29(4): 510-518.

Quideau S A, Chadwick O A, Trumbore S E, et al. 2001. Vegetation control on soil organic matter dynamics. Organic Geochemistry, 32(2): 247-252.

Ramesh T, Manjaiah K M, Mohopatra K P, et al. 2015. Assessment of soil organic carbon stocks and fractions under different agroforestry systems in subtropical hill agroecosystems of Northeast India. Agroforestry Systems, 89(4): 677-690.

Rasse D P, Rumpel C, Dignac M F. 2005. Is soil carbon mostly root carbon? Mechanisms for a specific stabilisation. Plant and Soil, 269: 341-356.

Reichstein M, Bahn M, Ciais P, et al. 2013. Climate extremes and the carbon cycle. Nature, 500(7462): 287-295.

Reichstein M, Subke J A, Angeli A C, et al. 2005. Does the temperature sensitivity of decomposition of soil organic matter depend upon water content, soil horizon, or incubation time?. Global Change Biology, 11: 1754-1767.

Ren F, Zhou H K, Zhao X Q, et al. 2010. Influence of simulated warming using OTC on physiological-biochemical characteristics of Elymus nutans in alpine meadow on Qinghai-Tibetan Plateau. Acta Ecologica Sinica, 30(3): 166-171.

Rey A, Petsikos C, Jarvis P G, et al. 2005. Effect of temperature and moisture on rates of carbon mineralization in a Mediterranean oak forest soil under controlled and field conditions. European Journal of Soil Science, 56(5): 589-599.

Rhoades C C, Eckert G E, Coleman D C. 2000. Soil carbon differences among forest, agriculture, and secondary vegetation in Lower Montane Ecuador. Ecological Applications, 10(2): 497-505.

Richter D D, Markewitz D, Trumbore S E, et al. 1999. Rapid accumulation and turnover of soil carbon in a re-establishing forest. Nature, 400(6739): 56-58.

Riffaldi R, Saviozzi A, Cardelli R, et al. 2006. Sulphur mineralization kinetics as influenced by soil properties. Biology and Fertility of Soils, 43(2): 209-214.

Robertson A I, Alongi D M. 2016. Massive turnover rates of fine root detrital carbon in tropical Australian mangroves. Oecologia, 180(3): 841-851.

Ross D J, Tate K R, Scott N A, et al. 2002. Afforestation of pastures with *Pinus radiata* influences soil carbon and nitrogen pools and mineralisation and microbial properties. Soil Research, 40(8): 1303-1318.

Rovira P, Vallejo V R. 2002. Mineralization of carbon and nitrogen from plant debris, as affected by debris size and depth of burial. Soil Biology and Biochemistry, 34(3): 327-339.

Sá J C M, Lal R. 2009. Stratification ratio of soil organic matter pools as an indicator of carbon sequestration in a tillage chronosequence on a Brazilian Oxisol. Soil & Tillage Research, 103(1): 46-56.

Saggar S, Yeates G W, Shepherd T G. 2001. Cultivation effects on soil biological properties, microfauna and organic matter dynamics in Eutric Gleysol and Gleyic Luvisol soils in New Zealand. Soil and Tillage Research, 58: 55-68.

Schaefer D A, Feng W T, Zou X M. 2009. Plant carbon inputs and environmental factors strongly affect soil respiration in a subtropical forest of southwestern China. Soil Biology & Biochemistry, 41(5): 1000-1007.

Schimel J P, Weintraub M N. 2003. The implications of exoenzyme activity on microbial carbon and nitrogen limitation in soil: a theoretical model. Soil Biology and Biochemistry, 35(4): 549-563.

Schütt M, Borken W, Spott O, et al. 2014. Temperature sensitivity of C and N mineralization in temperate forest soils at low temperatures. Soil Biology & Biochemistry, 69: 320-327.

Schwendenmann L, Pendall E. 2008. Response of soil organic matter dynamics to conversion from tropical forest to grassland as determined by long-term incubation. Biology and Fertility of Soils, 44(8): 1053-1062.

Setia R, Marschner P, Baldock J, et al. 2011. Relationships between carbon dioxide emission and soil properties in salt-affected landscapes. Soil Biology and Biochemistry, 43(3): 667-674.

Sheng H, Yang Y S, Yang Z J, et al. 2010. The dynamic response of soil respiration to land-use changes in subtropical China. Global Change Biology, 16(3): 1107-1121.

Silver W L, Kueppers L M, Lugo A E, et al. 2004. Carbon sequestration and plant community dynamics following reforestation of tropical pasture. Ecological Applications, 14(4): 1115-1127.

Smith P, Fang C M, Dawson J J C, et al. 2008. Impact of global warming on soil organic carbon. Advances in Agronomy, 97: 1-43.

Sollins P, Homann P, Caldwell B A.1996. Stabilization and destabilization of soil organic matter: mechanisms and controls. Geoderma, 74: 65-105.

Song M H, Jiang J, Cao G M, et al. 2010. Effects of temperature, glucose and inorganic nitrogen inputs on carbon mineralization in a Tibetan alpine meadow soil. European Journal of Soil Biology, 46(6): 375-380.

Song X Z, Kimberley M O, Zhou G M, et al. 2017. Soil carbon dynamics in successional and plantation forests in subtropical China. Journal of Soils and Sediments, 17(9): 2250-2256.

Song Y Y, Song C C, Hou A X, et al. 2018. Effects of temperature and root additions on soil carbon and nitrogen mineralization in a predominantly permafrost peatland. Catena, 165: 381-389.

Stanford G, Smith S J. 1972. Nitrogen mineralization potentials of soils. Soil Science Society of America Journal, 36(3): 465-472.

Streit K, Hagedorn F, Hiltbrunner D, et al. 2014. Soil warming alters microbial substrate use in alpine soils. Global Change Biology, 20(4): 1327-1338.

Sun S H, Liu J J, Chang S X. 2013. Temperature sensitivity of soil carbon and nitrogen mineralization: Impacts of nitrogen species and land use type. Plant and Soil, 372(1-2): 597-608.

Sun S Q, Bhatti J S, Jassal R S, et al. 2015. Stand age and productivity control soil carbon dioxide efflux and organic carbon dynamics in poplar plantations. Soil Science Society of America Journal, 79(6): 1638-1649.

Sun Z Y, Ren H, Schaefer V, et al. 2014. Using ecological memory as an indicator to monitor the ecological restoration of four forest plantations in subtropical China. Environmental Monitoring and Assessment, 186(12): 8229-8247.

Suseela V, Conant R T, Wallenstein M D, et al. 2011. Effects of soil moisture on the temperature sensitivity of heterotrophic respiration vary seasonally in an old-field climate change experiment. Global Change Biology, 18(1): 336-348.

Szanser M, Ilieva-Makulec K, Kajak A, et al. 2011. Impact of litter species diversity on decomposition processes and communities of soil organisms. Soil Biology & Biochemistry, 43(1): 9-19.

Tang X Y, Liu S G, Liu J X, et al. 2010. Effects of vegetation restoration and slope positions on soil aggregation and soil carbon accumulation on heavily eroded tropical land of Southern China. Journal of Soils and Sediments, 10(3): 505-513.

Tang Z X, Sun X L, Luo Z K, et al. 2017. Effects of temperature, soil substrate, and microbial community on carbon mineralization across three climatically contrasting forest sites. Ecology and Evolution, 8(2): 879-891.

Tian Q X, He H B, Cheng W X, et al. 2016. Factors controlling soil organic carbon stability along a temperate forest altitudinal gradient. Scientific Reports, 6(1): 18783.

Tian Q X, Wang X G, Wang D Y, et al. 2017. Decoupled linkage between soil carbon and nitrogen mineralization among soil depths in a subtropical mixed forest. Soil Biology & Biochemistry, 109: 135-144.

Tjoelker M G, Oleksyn J, Reich P B. 2001. Modelling respiration of vegetation: evidence for a general temperature-dependent Q_{10}. Global Change Biology, 7(2): 223-230.

Trigalet S, Gabarrón-Galeote M A, Van Oost K, et al. 2016. Changes in soil organic carbon pools along a chronosequence of land abandonment in southern Spain. Geoderma, 268: 14-21.

Tuomi M, Vanhala P, Karhu K, et al. 2008. Heterotrophic soil respiration—Comparison of different models describing its temperature dependence. Ecological Modelling, 211(1): 182-190.

von Lützow M, Kögel-Knabner I, Ekschmitt K, et al. 2007. SOM fractionation methods: relevance to functional pools and to stabilization mechanisms. Soil Biology and Biochemistry, 39: 2183-2207.

Vourlitis G L, Zorba G. 2007. Nitrogen and carbon mineralization of semi-arid shrubland soil exposed to long-term atmospheric nitrogen deposition. Biology and Fertility of Soils, 43(5): 611-615.

Wagai R, Kishimoto-Mo A W, Yonemura S, et al. 2013. Linking temperature sensitivity of soil organic matter decomposition to its molecular structure, accessibility, and microbial physiology. Global Change Biology, 19(4): 1114-1125.

Wang G B, Zhou Y, Xu X, et al. 2013. Temperature Sensitivity of Soil Organic Carbon Mineralization along an Elevation Gradient in the Wuyi Mountains, China. PLoS One, 8(1): e53914.

Wang H, Hall C A S. 2004. Modeling the effects of Hurricane Hugo on spatial and temporal variation in primary productivity and soil carbon and nitrogen in the Luquillo Experimental Forest, Puerto Rico. Plant and Soil, 263: 69-84.

Wang H, Liu S R, Mo J M, et al. 2010a. Soil organic carbon stock and chemical composition in four plantations of indigenous tree species in subtropical China. Ecological Research, 25(6): 1071-1079.

Wang H, Liu S R, Wang J X, et al. 2016. Differential effects of conifer and broadleaf litter inputs on soil organic carbon chemical composition through altered soil microbial community composition. Scientific Reports, 6(1): 27097.

Wang X W, Li X Z, Hu Y M, et al. 2010b. Effect of temperature and moisture on soil organic carbon mineralization of predominantly permafrost peatland in the Great Hing'an Mountains, Northeastern China. Journal of environmental Sciences (English Edition), 22(7): 1057-1066.

Wang Y F, Fu B J, Lü Y H, et al. 2011. Effects of vegetation restoration on soil organic carbon sequestration at multiple scales in semi-arid Loess Plateau, China. Catena, 85: 58-66.

Weintraub M N, Schimel J P. 2003. Interactions between Carbon and Nitrogen Mineralization and Soil Organic Matter Chemistry in Arctic Tundra Soils. Ecosystems, 6(2): 129-143.

Wiesmeier M, Schad P, von Lützow M, et al. 2014. Quantification of functional soil organic carbon pools for major soil units and land uses in southeast Germany (Bavaria). Agriculture Ecosystems & Environment, 185: 208-220.

Wynn J G, Bird M I, Vellen L, et al. 2006. Continental-scale measurement of the soil organic carbon pool with climatic, edaphic, and biotic controls. Global Biogeochemical Cycles, 20(1): GB1007.

Xiang W H, Zhou J, Ouyang S, et al. 2016. Species-specific and general allometric equations for estimating tree biomass components of subtropical forests in southern China. European Journal of Forest Research, 135: 963-979.

Xu X, Shi Z, Li D J, et al. 2016. Soil properties control decomposition of soil organic carbon: Results from data-assimilation analysis. Geoderma, 262: 235-242.

Xu X, Zhou Y, Ruan H H, et al. 2010. Temperature sensitivity increases with soil organic carbon recalcitrance along an elevational gradient in the Wuyi Mountains, China. Soil Biology & Biochemistry, 42(10): 1811-1815.

Yang H, Cao J H, Zhang L K, et al. 2011. Pool sizes and turnover of soil organic carbon of farmland soil in Karst area of Guilin. Journal of Northeast Agricultural University (English Edition), 18(1): 39-45.

Yang L, Pan J, Shao Y, et al. 2007a. Soil organic carbon decomposition and carbon pools in temperate and sub-tropical forests in china. Journal of Environmental Management, 85(3): 690-695.

Yang Y S, Chen G S, Guo J F, et al. 2007b. Soil respiration and carbon balance in a subtropical native forest and two managed plantations. Plant Ecology, 193(1): 71-84.

Yu P J, Han K X, Li Q, et al. 2017. Soil organic carbon fractions are affected by different land uses in an agro-pastoral transitional zone in northeastern china. Ecological Indicators, 73: 331-337.

Zak D R, Holmes W E, Burton A J, et al. 2008. Simulated atmospheric NO$_3$-deposition increases soil organic matter by slowing decomposition. Ecological Applications, 18(8): 2016-2027.

Zhang W, Parker K M, Luo Y, et al. 2005. Soil microbial responses to experimental warming and clipping in a tallgrass prairie. Global Change Biology, 11(2): 266-277.

Zhang X H, Li L Q, Pan G X. 2007. Topsoil organic carbon mineralization and CO$_2$ evolution of three paddy soils from south china and the temperature dependence. Journal of Environmental Sciences, 19(3): 319-326.

Zhang Y, Guo S, Zhao M, et al. 2015. Soil moisture influenced the interannual variation in temperature sensitivity of soil organic carbon mineralization in the Loess Plateau. Biogeosciences Discussions, 12(2): 1453-1474.

Zhang Y, Zhao Y C, Shi X Z, et al. 2008. Variation of soil organic carbon estimates in mountain regions: A case study from Southwest China. Geoderma, 146: 449-456.

Zhao M X, Zhou J B, Kalbitz K. 2008. Carbon mineralization and properties of water-extractable organic carbon in soils of the south Loess Plateau in China. European Journal of Soil Biology, 44(2): 158-165.

Zhao Y G, Liu X F, Wang Z L, et al. 2015. Soil organic carbon fractions and sequestration across a 150-yr secondary forest chronosequence on the Loess Plateau, China. Catena, 133: 303-308.

Zhu R H, Zheng Z C, Li T X, et al. 2017. Dynamics of soil organic carbon mineralization in tea plantations converted from farmland at Western Sichuan, China. PLoS One, 12(9): e0185271.

第6章 不同植被恢复阶段土壤磷库组成及其有效性

6.1 亚热带森林土壤磷有效性及其影响因素的研究进展

磷（phosphorus，P）是林木生长代谢过程中不可缺少的营养元素，与氮（N）、钾（K）、钙（Ca）、镁（Mg）统称为大量元素，以多种形式参与林木的各种生命活动过程，深刻影响林木的生长和发育。林木生长所需的 P 主要来源于土壤，土壤中 P 的丰缺及其供应能力直接影响森林生态系统的生产水平。我国土壤全磷（TP）含量很低，为 170～1090 mg/kg，大多为 430～660 mg/kg（冯晨，2012），为林木生长和森林生态系统净初级生产力形成的关键限制性因子之一（Wissuwa，2003；Wang et al.，2010）。从长远看，施加 P 肥不仅不是解决土壤"缺 P"的理想途径，反而使得全球面临 P 资源危机和水体 P 污染的双重挑战。首先，P 矿资源匮乏，全球 P 矿将在今后的 60～80 年内被消耗殆尽（Vance，2001）。其次，土壤缺 P 主要是土壤缺乏植物可吸收利用的 P，即土壤有效 P（AP）供应不足，而施加到土壤中的 P 大量以无效态被固定，当季利用率很低，一般仅为 10%～25%（寇长林等，1999），而有 75%～90%积累在土壤中，容易被淋溶造成水体污染。因此，提高土壤 P 的有效性，充分利用土壤中潜在的 P 资源，是从根本上解决土壤缺 P 难题的重要途径，对实现农林业可持续发展具有重要的理论价值和广阔的应用前景。

土壤 P 有效性直接影响土壤微生物的活动，进而影响森林生态系统的演替动态和群落物种组成及其结构。我国亚热带地区自然条件优越，树种组成丰富，森林类型多样，生产潜力大，是我国重要的森林土壤资源和木材生产基地，但该地区土壤 TP 含量低，为 200～300 mg/kg，而且由于该地区土壤以酸性红壤为主，土壤 pH 低于 6，富含 Fe、Al 氧化物，对 P 吸附固定强烈，AP 含量极低（张鼎华等，2001），为一级缺 P 区（张福锁等，2007），因而土壤缺 P 对该地区森林生态系统生产力和重要生态过程的限制性更为明显（李杰等，2011；Lin et al.，2012），是该地区森林经营管理和植被恢复面临的首要问题（詹书侠等，2009）。与温带森林不同，亚热带森林生产力受土壤 P 的限制比 N 更为严重（Wardle，2009）。因此，研究亚热带森林土壤 P 的有效性及其影响因素，揭示亚热带森林土壤 P 有效性的调控机制，寻找提高森林土壤 P 有效性的途径，高效利用土壤中潜在的 P 资源，对解决我国亚热带森林可持续经营和生态恢复所面临的经济、环境和资源问题具有重大的科学意义。

6.1.1 磷在土壤—植物系统中的循环与转化过程

土壤—植物系统中，P 循环与转化过程是指 P 在土壤、植物、动物和微生物之间的转化过程，如图 6.1 所示（黄昌勇，2000），主要包括：①植物、土壤微生物吸收、固定土壤 AP，再以有机 P（动植物残体）形态归还土壤；②土壤有机 P 经微生物分解矿化为无机 P，再被植物、土壤微生物重新吸收利用；③土壤固定态 P 经微生物转化为 AP；④土壤黏粒和铁、铝氧化物对无机 P 的吸附、解吸、溶解、沉淀。换言之，生态系统 P 循环转化过程主要包括 P 的输入、输出以及 P 在生态系统土壤–植物之间、不同营养级生物之间、生物体内和土壤系统内部的迁移转化。

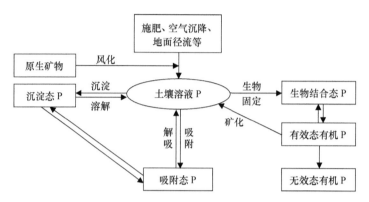

图 6.1　土壤–植物系统中磷循环过程图解（改自黄昌勇，2000）

　　土壤不同形态 P 之间的转化及植物对土壤 P 的吸收利用是生态系统 P 循环转化过程的重点。土壤原生矿物磷灰石和次生磷酸盐通过各种风化过程转化为 AP，供植物吸收利用。动植物残体有机 P 经微生物分解矿化为 AP，再被植物、微生物吸收或被土壤吸附固定，或转化为植物难以利用的无效态 P。在 P 循环转化过程中，土壤微生物起重要的作用：一方面，通过生物固定作用，将一部分 AP 固定，成为植物可直接利用的 P（生物固持作用）；另一方面，通过矿化作用，微生物分泌多种低分子量的有机酸、释放质子（H^+），磷酸酶催化土壤有机质或动植物残体中的 P 水解成 AP，供植物吸收利用。而植物对土壤 P 的利用效率取决于植物自身的遗传特性（基因型），包括对土壤 P 的活化、吸收和同化利用能力，以及对土壤 P 含量变化的响应和 P 的周转率（赵琼和曾德慧，2005）。这表明 P 在土壤–植物系统中的循环转化过程由土壤物理、化学、生物过程及植物自身的遗传特性共同控制。

　　由于森林生态系统 P 主要来源于土壤岩石磷矿物的风化作用和植物残体，外界来源（施肥、空气沉降、地表径流）很少；也由于 P 在土壤中溶解性低、移动性差，P 的输出量通常也很低，因此森林生态系统 P 循环与碳（C）、N 循环不同，主要是生态系统内土壤—植物之间的生物化学循环，系统中的生态过程控制着 P 的动态。

6.1.2　土壤磷有效性及其与土壤磷化学分级的关系

　　土壤 P 有效性是生态系统 P 循环的关键，是指土壤 P 库中能为植物吸收利用的部分，包括土壤中水溶性的磷酸盐以及能释放磷酸盐的各种形态无机 P 和有机 P，由土壤理化性质和生物因素共同调节（孙桂芳等，2011），表征土壤 P 的直接供应水平，也是评价土壤供 P 能力的重要指标。土壤 P 总是以多种形态存在，且土壤中不同形态 P 的来源及其对植物的有效性不同（Bol et al., 2016），因此土壤不同形态 P 的有效性不同。

由于直接测定土壤 P 各形态化合物很困难，目前主要采用土壤 P 化学分级方法测定土壤 P 各形态含量及其构成比例，来研究土壤 P 的有效性（沈善敏，1998；Yang & Post，2011）。因此，土壤 P 化学分级是研究陆地生态系统 P 循环转化的核心，也是研究土壤 P 有效性的关键。采用适合的土壤 P 化学分级方法研究土壤 P 的形态构成比例，对揭示亚热带森林土壤 P 有效性、循环转化过程及评估土壤 P 流失风险具有重要的意义（向万胜等，2004）。

土壤 P 化学分级是采用不同强度化学提取剂，分级提取土壤化学组成相近或分解矿化能力较为接近的一类无机 P 或有机 P 化合物，并划为同一组分（向万胜等，2004），是目前表征土壤 P 分级形态的重要方法，其目的是评价土壤 P 库的大小及其有效性。土壤 P 化学分级最早是 20 世纪初 Fraps 对 P 的分级，多年来人们试图采用各种化学浸提剂将土壤不同形态 P 提取出来，研究它们在土壤中的转化过程及各形态 P 的有效性。至今，已有多种不同的土壤 P 分级方法，但由于不同研究者采用的土壤 P 分级方法不同，对土壤 P 形态的描述不尽一致，而且不同分级方法具有不同的优缺点。

1. 土壤无机磷的分级

土壤无机 P 占土壤 TP 的 50%～80%，但大部分无机 P 以难溶性 P 存在，因此有效活化土壤中难溶性无机 P 是提高土壤 P 有效性的重要途径。无机 P 包括残存在土壤中含 P 的原生矿物（磷灰石）和次生的各种无机磷酸盐及磷酸根离子，后者又可以分为两类：与 Fe、Al 或 Ca 结合的化合态 P 和吸附在黏土矿物或有机物表面的吸附态 P。

20 世纪 30 年代，人们开始土壤无机 P 分级研究，但直到 1957 年张守敬和 Jackson 才提出较适合酸性和中性土壤无机 P 的分级体系，真正形成一个比较完整的分级体系（丁怀香和宇万太，2008）。该分级体系根据正磷酸盐所结合的主要阳离子，将土壤无机 P 分为易溶态 P、磷酸铝盐（Al-P）、磷酸铁盐（Fe-P）、磷酸钙盐（Ca-P）和闭蓄态 P（O-P）。这一分级体系的提出极大地推动了土壤 P 化学分级领域的研究进程（张林等，2009）。

由于张守敬和 Jackson 提出的无机 P 分级体系不能很好地区分石灰性土壤不同形态的磷酸钙盐（Ca-P），因而随后一些学者对该分级体系进行了改进。1971 年，根兹布勒革根据无机 P 的溶解度、结晶度及其对植物的有效性，将土壤无机 P 划分为五级：Ca-PⅠ、Ca-PⅡ、Ca-PⅢ、Fe-P 及 Al-P，较适用于石灰性土壤无机 P 的分级。1984 年，顾益初等（1984）针对石灰性土壤磷酸钙盐所占比例较大的特点，提出了适用于中性和石灰性土壤无机 P 的分级体系：①按溶解度和有效性将土壤 Ca-P 再分为三级，即 Ca_2-P（磷酸二型钙）、Ca_8-P（磷酸八型钙）和 Ca_{10}-P（磷石灰型）；②用混合型浸提剂提取磷酸铁盐，大大简化了操作过程，而且能将土壤 Al-P、Fe-P 和 O-P 较好地分离出来（顾益初等，1984），是目前国内进行石灰性或中性土壤无机 P 分级的最佳方法（谢林花等，2004）。

2. 土壤有机磷的分级

土壤有机 P 化合物主要有磷酸肌醇、磷脂、核酸、少量的磷蛋白和磷酸糖及微生物生物量 P（B_P）等，占土壤 TP 的 20%～50%，是重要的土壤 P 资源，也是森林植物 P 的重要来源，与土壤 P 供应能力关系密切，在 P 含量较低或 P 固定严重的土壤，有机 P 的作用更大，但必须经过微生物降解、矿化才能为植物吸收利用，因此如何有效地利用土壤有机 P 资源一直是人们关注的问题。20 世纪 60 年代，人们开始土壤有机 P 分级研究。1978 年，Bowman 和 Cole 提出了土壤有机 P 分级方法，根据土壤有机 P 的稳定性分为活性、中等活性、中稳性、高稳定性 4 种组分，适用于监测土壤有机 P 的生物有效性，已成为研究土壤有机 P 组分及土壤 P 供应能力的常用方法（孙桂芳等，2011），为人们全面认识土壤有机 P 提供了依据。

但由于土壤有机 P 的分级方法主要是间接法，如高温灼烧法或浸提法，都不够准确，如活性有机 P 中没有包含微生物生物量 P，且先酸后碱的浸提顺序导致中等活性有机 P 含量偏高，可能导致稳定性有机 P 含量偏低（张林等，2009）。因此，土壤有机 P 的分级仍然是研究土壤有机 P 化合物转化过程中的一个较为薄弱的环节（孙桂芳等，2011）。此外，自 Bowman 和 Cole 提出土壤有机 P 分级方法以来，土壤有机 P 分级的研究报道增多，但主要集中在土壤有机 P 分级方法以及应用土壤有机 P 分级方法研究不同地区农用地土壤（Sharpley & Smith，1985；李和生等，1997；冯跃华等，2001；刘世亮等，2002）和草地土壤（Dalal，1980；裴海昆，2002）各形态有机 P 含量及其与 AP、磷酸酶活性的关系，而有关森林土壤有机 P 分级的研究仍少见报道。

3. Heldey 土壤磷分级方法及其改进

1982 年，Heldey 等源于土壤 P 化学分级原理，通过连续添加不同化学浸提剂，逐级分离土壤 P，提出了土壤 P 连续浸提法，即 Hedley 土壤 P 分级法。该方法依据土壤不同形态 P 生物有效性的强弱将土壤 P 分为 7 大类：树脂交换态 P（Resin-P）、$NaHCO_3$ 提取态 P（$NaHCO_3$-P）、微生物细胞 P（B_P）、NaOH 溶性 P（NaOH-P）、团聚体内 P（Sonicate-P）、磷灰石型 P（HCl-P）、残留 P（Residual-P）。其中 $NaHCO_3$-P、NaOH-P 包括无机态和有机态两部分，克服了张守敬和 Jackson P 分级法的缺陷，能较好地提取土壤中活性较高的 P 组分，兼顾了无机 P 和有机 P 的分级，同时量化了土壤 B_P（Hedley et al.，1982）。此后，Guppy 等（2000）对 Hedley 的 P 连续分级法进行了改进。Guppy 改进后的 Hedley 分级法对 P 的回收率可达 95%，且操作更简便、适用性广、费用较低（孙桂芳等，2011），是目前国内外公认的较为合理、较具有说服力的土壤 P 分级方法（Katsaounos et al.，2007）。

一般地，土壤某一形态 P 与 AP 的相关性越显著，则认为该形态 P 的有效性越高，对土壤 AP 的贡献越大（吕家珑，2003）。通过 Hedley 土壤 P 分级法提取的各形态 P 与 AP 存在一定关系，因此，Hedley 分级法是目前研究土壤各形态 P 有效性的最常用和最有效的方法。但至今土壤各形态 P 的生物有效性仍不十分清楚，而且各形态 P 之间具有不同程度的相关性，各形态 P 含量差异较大，对土壤 P 有效性的贡献及方式受到土壤母岩、微生物活动、理化性质和 Fe、Al 氧化物含量等一系列非生物与生物因素的共同调节（文亦芾和艾有群，2005）。尽管 Hedley 土壤 P 分级法在亚热带森林土壤 P 形态及其转化研究方面也取得了一定的进展（詹书侠等，2009），但由于亚热带红壤特性和土壤 P

有效性研究方法不够成熟，P 有效性体系还不够完善，目前的研究仍多沿用传统的 P 分级方法。此外，大量研究和多年的生产实践发现，尽管亚热带森林土壤 AP 含量非常低，但森林植物对土壤 AP 的吸收利用能力较强，用一般的化学浸提方法测定土壤 AP 的含量很难准确地反映土壤 P 的实际供应能力及植物对土壤不同形态 P 的利用状况。

6.1.3　亚热带森林土壤磷有效性的研究

20 世纪 90 年代初，人们注意到林木根际对土壤 P 的活化、吸收利用以及林地土壤 P 的状况与农业用地土壤明显不同，不同树种根际生物化学过程的差异对土壤 P 活化、吸收利用等的机制可能也不尽相同。我国亚热带长江以南雨水丰沛，气候湿润温和，淋溶作用强烈，发育成 Fe、Al 氧化物含量丰富的酸性红壤，具有独特的理化性质，如酸性较强、黏粒含量高等，土壤 P 特征明显不同于温带地区，不仅土壤 TP 含量低，而且土壤 AP 含量极低（张福锁等，2007；李杰等，2011）。研究表明，无施肥历史的亚热带森林土壤 TP、AP 含量分别在 600 mg/kg 和 3.00 mg/kg 以下（莫江明，2005；詹书侠等，2009；张鼎华等，2011；彭建勤等，2016），处于缺 P 或极缺 P 水平（全国土壤普查办公室，1992）。

与此同时，人们也注意到林分生物产量与土壤 P 含量密切相关。近 20 年来，一些学者陆续开展亚热带典型森林土壤 P 有效性的研究，但结果不尽一致。如杉木林生长过程中，土壤酸化加剧，磷酸铝盐含量和储量呈下降趋势，Ca-P 是杉木林土壤 AP 的主要来源（Chen，2003），杉木人工林连栽导致林地土壤表层 Al-P 和 Ca-P 含量下降（Ding & Chen，1995；Yu & Zhang，1995）。但近年来的研究发现，土壤有机 P 与 AP 呈极显著相关关系，是湖南会同杉木人工林土壤 AP 的主要来源（曹娟等，2014）。由于土壤微生物活动减弱，大量 NaHCO$_3$-Po 转化为 NaOH-Po，致使能被微生物矿化的有机 P 库下降，进而导致林地土壤 P 有效性下降（张教林等，2000）。也有研究表明，在较长时间内，NaHCO$_3$-P 较为稳定，NaOH-P 是最重要的 AP 来源之一（詹书侠等，2009）。而林开淼等（2014）研究发现，土壤 AP 与 NaHCO$_3$-Pi 和 NaOH-Pi 不存在显著的相关关系，而与 NaHCO$_3$-Po 和 NaOH-Po 呈显著相关关系，与 Resin-P 呈极显著相关关系，土壤有机 P 明显影响土壤 P 的有效性，直接用 NaHCO$_3$-Pi 和 NaOH-Pi 含量表征土壤 AP 含量不够科学，Resin-P 可作为亚热带森林土壤 P 生物有效性的指标。可见，亚热带森林土壤 P 形态特征及其与土壤 AP 的关系仍不确定。

不同森林土壤各形态 P 含量差异较大，且不同形态 P 之间的转化及其对 P 有效性的贡献受森林类型、林龄、土壤微环境、母岩、理化性质、微生物活动及大气 N 沉降等一系列生物与非生物因素共同调控。其中，林龄是影响土壤各形态 P 含量的一个重要因素。马尾松人工林从幼龄林到成熟林，土壤 TP 含量呈波状变化，但土壤 NaHCO$_3$-P 没有显著先增加后降低（李渊等，2014）。杉木人工林生长过程中，磷酸铝盐含量和储量呈下降趋势（Chen，2003），从 7 年生幼龄林到 25 年生近熟林，土壤 TP 含量先升高后降低（曹娟等，2014）。这表明林龄对土壤 P 含量的影响仍存在较大的不确定性。

研究表明，随森林演替（或恢复），土壤 TP、AP 的含量下降，逐渐成为林木生长的限制性元素，遵循成土序列上原生演替的经典理论假设（Wardle，2009）。南亚热带森林土壤磷酸酶活性随正向演替逐渐升高，森林受 P 限制程度增大，特别是季风林受 P 限制更为明显（Huang et al.，2013）。但也有研究表明，亚热带丘陵红壤区森林演替初级阶段 P 限制明显强于 N，土壤 N、P 供应随森林演替可以逐步得到优化而实现协调供应（詹书侠等，2009）。在演替序列上，森林土壤微生物和化学过程密切配合，共同维持潜在和活性 AP 组分的含量，特别是演替后期原始老龄林的潜在生物 AP 含量显著升高，土壤 P 循环更加活跃而高效，表明亚热带森林演替不遵循成土序列上原生演替的经典理论假设，未必一定导致土壤 P 有效性下降（Zhang et al.，2016）。森林土壤 TP 随森林恢复而下降，可能是由于随林木生长，生物量增加，将 P 固定在植物体，导致土壤 TP 下降而形成 P 限制。而土壤 AP 随森林恢复而增加，是由于人类干扰停止后，林分得到充分发展，凋落物和根系死亡量增加，更多的有机质或更深土层流失量减少（Feng et al.，2017）。这些研究结果的不一致性也表明在森林生态系统演替序列上，森林土壤 P 有效性的研究结果仍存在较大的不确定性，是个案还是某地区一般性的规律仍需要开展大量的研究予以验证。

此外，研究表明，在阔叶林或针阔混交林中，由于阔叶凋落物分解迅速，表土层 P 较为丰富，深土层 P 匮乏而呈现出垂直空间异质性的低 P 胁迫；在针叶纯林中，由于针叶凋落物分解缓慢、养分周转慢，表土层、深土层均严重缺 P，而形成空间同质性低 P 胁迫（杨青等，2011；杨青等，2012；Zhang et al.，2013a）。因此，开展林木营养学研究还需要重视不同森林土壤 P 环境（Zhang et al.，2013b）。然而，当前有关林木 P 利用效率的遗传改良，主要以土壤 P 均匀分布为前提，忽视了森林土壤低 P 胁迫类型及严重程度各异的特点（杨青等，2011）。

6.1.4 影响森林土壤磷形态转化及其有效性的因素

土壤 P 只有转化为水溶性或弱酸溶性的无机 P 形态（PO_4^{3-}、HPO_4^{2-}、$H_2PO_4^-$）才能被植物吸收利用，而土壤 P 转化为无机 P 形态过程，实质上是土壤吸附、固定的 P 释放和磷酸盐矿物的溶解过程，包括有机 P 矿化、吸附态 P 解吸、无机 P 溶解以及迁移过程中与土壤其他组分间相互反应等（孙桂芳，2010）。因此，影响土壤 P 转化及其有效性的因素十分复杂，凡影响土壤 P 化学过程的各种因素都会影响土壤不同形态 P 之间的转化及其生物有效性，主要包括自然因素（如土壤母质、土壤理化性质、土壤微生物、植被类型）和人为因素（如施肥、耕作等）。

1. 自然因素对土壤磷有效性的影响

1）土壤母质

土壤 P 主要源于矿物岩石（钙磷灰石和氟磷灰石）的风化。在地球化学过程中，P 有一定的迁移能力，伴随土壤成土过程，磷灰石经风化作用释放出植物可利用的 P，其中一部分被植物和微生物吸收利用并固定，再以有机 P 形态归还土壤，经微生物矿化转化为无机 P 供植物再次吸收利用，在这一循环转化过程中，土壤中植物可吸收利用的 P 含量逐渐下降,而有机 P 和闭蓄态 P 含量增加,是导致土壤 P 缺乏的重要因素之一。研究表明,含 P 原生矿物主要来源于岩浆岩中含 P 矿物的风化,其中以基性岩 P 含量最高,其次是中性岩,而酸性岩最低(盛学斌和孙建中,1995)。因此,由不同母岩发育形成的土壤,无机 P 含量不同。由于母岩磷灰石矿物都是磷酸三钙的复合体,因此风化程度越高的自然土壤,Ca-P 含量越低(但是 Ca-P 含量越低,并不意味着风化程度越高)。随土壤发育,Ca-P 逐渐被 Al-P、Fe-P 取代,P 有效性发生变化(邱燕和张鼎华,2003)。在发育时间长、风化程度高的湿润热带、亚热带土壤中,土壤 P 长期流失导致土壤 AP 逐渐衰竭,生态系统逐渐退化(Peltzer et al.,2010;Walker et al.,2010)。研究还发现,磷肥施入风化低的土壤,P 有效性明显高于风化高的土壤(Guo & Yost,1998)。土壤母质含有花岗岩、正长岩、玄武岩等矿物时,发育形成的土壤含有大量 P 等元素,非常适于植物生长,但其 P 含量多少需要考虑土壤的发育阶段(孙向阳,2005)。

2)土壤理化性质

(1)土壤质地及黏土矿物组成。

砂质土中,土壤颗粒大,比表面积小,吸附保持养分能力弱。相反,黏质土中,土壤颗粒细小,比表面积大,吸附保持养分能力强。研究表明,黏粒是土壤吸持 P 的主要基质,黏粒含量及其黏土矿物组成显著影响土壤 P 供应能力(李祖荫,1992)。不同黏土矿物类型,对无机 P 的吸持作用显著不同,从而影响无机 P 的有效性(袁东海等,2005)。一般说来,1/1 型黏土矿物对 P 的吸附能力大于 2/1 型黏土矿物,Fe、Al 氧化物和水化氧化物对 P 的吸附能力最强,主要是吸附作用和沉淀作用(沈乒松和张鼎华,2005);2/1 型黏土矿物、游离碳酸钙等与 P 反应生成磷酸钙盐,最后转化成难溶性的磷灰石,因此钙的存在直接影响土壤 P 的有效性,但游离碳酸钙等对 P 的吸持力较弱,吸附容量也较小(袁东海等,2005)。

(2)土壤 pH。

土壤 pH 直接影响土壤 P 的存在形态、溶解性、迁移转化及其固定程度(夏凤禹等,2009),从而影响土壤 P 的有效性(Du et al.,2005),是调控土壤 P 形态和含量的最重要因子。土壤 pH 对 P 有效性的影响取决于土壤离子和矿物的含量,包括可以与磷酸根离子竞争络合和吸附位点的阴离子的含量,可以与磷酸根结合的 Fe^{3+}、Al^{3+}、Mn^{2+} 的含量(Hinsinger,2001)。研究表明,土壤 pH 为 6.5~7.5 时,磷酸盐的固定作用较弱,土壤 P 的有效性最高。当 pH 低于 6.5 时,随 pH 降低,特别是土壤 pH 低于 5 时,磷酸盐易被土壤 Fe、Al、Mn 氧化物表面吸附固定,或者与土壤中游离 Al^{3+} 化合沉淀,土壤 P 的有效性下降;当 pH 高于 7.5 时,随 pH 升高,特别是 pH 高于 8 时,交换性 Ca^{2+} 和 $CaCO_3$ 含量较高,磷酸根与 Ca^{2+} 形成难溶性的重过磷酸钙 [$Ca(H_2PO_4)_2 \cdot CaHPO_4$],土壤 P 的有效性下降。

此外,土壤 pH 还通过影响 H_3PO_4 的解离而间接影响土壤 P 的有效性(袁东海等,2005),土壤 pH 升高,H_3PO_4 解离成 $H_2PO_4^-$、HPO_4^{2-}、PO_4^{3-},与土壤游离 Fe^{3+}、Al^{3+}、Mn^{2+}、Ca^{2+} 结合形成牢固程度不同的产物。研究表明,白浆土施用石灰,土壤 pH 升高,促进土壤 Fe-P、Al-P 中的 P 释放，土壤 AP 含量升高（李法云和高子勤，1999）。不同土壤类型可溶性 P 含量与土壤 pH 的相关性不同（沈乒松和张鼎华，2005）。土壤 pH 为 4~6.5 时，可溶性 P 含量与 pH 呈正相关关系，pH 为 6.5~8.3 时，可溶性 P 含量与土壤 pH 呈负相关关系（Parfitt，1979）。这表明土壤 P 有效性只存在于一个很小的 pH 范围内。

（3）土壤水分及氧化–还原状况。

土壤水分是土壤许多物理、化学和生物学过程的必要条件，也是影响土壤 P 有效性的一个极为重要的环境因子。土壤水分能改变土壤氧化还原条件，使土壤 pH 上升或下降，导致土壤 Fe、Al 氧化物（Fe-P、Al-P）形态和磷酸钙盐（Ca-P）溶解度变化，直接影响土壤 P 的吸附和释放过程，导致土壤 P 有效性改变（肖辉林和郑习健，2000）。研究表明，土壤无机 P 含量与土壤水分含量呈负相关关系，是由于土壤水分含量升高，促进微生物活动，而土壤干燥则引起微生物死亡，导致土壤 B_P 的释放（Magid & Nielsen，1992；肖辉林和郑习健，2000；Chen，2003）。酸性土壤淹水后，pH 上升，活性 Fe、Al 氧化物沉淀，减少 P 的固定，是土壤 AP 增加的重要原因（夏建国等，2011）。火烧 11 年后土壤 TP 含量、AP 供给速率与土壤水分含量呈显著正相关关系（孔健健等，2017）。此外，土壤水分含量升高，有利于 P 迁移流动，导致土壤 AP 含量空间分布格局的变化。研究发现，白浆土根际土壤 AP 含量随土壤含水量升高而增加，而非根际土壤 AP 含量却轻微下降，是由于土壤含水量升高，磷酸根离子由非根际土壤向根际土壤扩散的量增加（李法云和高子勤，1999）。

土壤氧化还原状况主要通过改变土壤中与磷酸根结合的阳离子价态和有机质分解过程及其产物，来影响土壤 P 有效性。一般说来，在酸性或中性土壤中，氧化环境可降低土壤 P 有效性，而还原环境（如水淹环境）可间接改变 Fe 和 Mn 离子的价态，降低土壤对 P 的固定，使土壤中难溶性磷化合物活化，促进 P 释放，从而提高土壤 P 的有效性（沈乒松和张鼎华，2005）。

（4）土壤有机质含量。

土壤有机质分解过程中，除自身释放 P 外，还产生多种有机酸（包括腐殖酸），对土壤矿质有一定的溶解能力，促进土壤风化，对土壤 P 形态的转化产生极为显著的影响，有利于土壤 P 有效化。研究表明，土壤 TP、AP 含量与有机质呈显著正相关关系（李法云和高子勤，1999；彭建勤等，2016）。土壤有机质含量增加可为土壤微生物提供更多能源，从而提高土壤磷酸酶活性，促进土壤有机 P 化合物矿化，因而有机质含量增加可以提高土壤 AP 含量（Allison & Vitousek，2005）。然而也有研究认为，在亚热带成熟森林土壤表层 P 有效性可能随土壤有机质的持续积累而降低，对深层土壤 P 含量的影响还有待于进一步研究（Huang et al.，2012）。

土壤有机质是微生物矿化的基质，在 AP 含量低的土壤中，基质 C/N 和 C/P 对土壤 AP 的供应起关键性作用。其中，基质 C/P 调控微生物矿化和固定之间的平衡，进而调控土壤 AP 的供应；当 C/P 低于 200 时，微生物生长受 C 限制，由于 P 源充足，P 固持将下降，表现为净矿化，当 C/P 高于 300 时，微生物生长因受 P 限制而处于缺 P 状态，矿化出的 P 将迅速被固持（即固持速率大于矿化速率），表现为净生物固持（Gahoonia &

Nielsen，1992）。

　　3）土壤微生物

　　微生物是联结地上群落和地下群落各个组分相互作用的重要纽带，是驱动土壤 P 生物地球化学循环的引擎，调控土壤难溶性无机 P 活化和有机 P 矿化过程（图 6.2）。土壤中 40%以上微生物种群具有将难溶性 P 转化为植物可利用 P 的能力，但作用机理仍不十分清楚。一般认为，微生物通过分泌多种低分子量的有机酸（如柠檬酸、葡萄糖酸、草酸和琥珀酸等）或者通过呼吸作用释放无机酸或质子（H^+）降低土壤 pH，使难溶性无机磷酸盐溶解，有机酸还作为螯合剂与土壤 Ca^{2+}、Fe^{2+}、Fe^{3+}、Al^{3+} 等阳离子螯合而释放 P，抑制过饱和溶液生成，以及 P 的化学沉淀（Thakur et al.，2014）；微生物通过分泌磷酸酶、植酸酶等催化水解有机 P，产生能被植物直接吸收的磷酸盐。此外，微生物生长繁殖过程中，能利用自身溶解或矿化的一部分 P 组建其细胞成分，形成微生物 P 库，而 B_P 库周转与 P 的供应有直接关系，当土壤 AP 增加时，有更多 P 被同化到植物体内，B_P 提高；相反，土壤 AP 耗竭时，B_P 被迫释放，供给植物吸收利用。微生物大约可以固定整个土壤 20%～30%的有机 P，其固定量比 C、N 的固定量都高，而且 B_P 的周转比 B_C、B_N 都快，比无机 P 更容易被植被吸收利用。

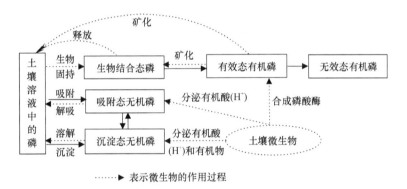

图 6.2　土壤微生物参与土壤磷转化过程的示意图

　　从土壤中分离出的许多细菌和真菌能溶解包括磷石灰在内的难溶性无机 P 化合物（谢林花等，2004）。真菌如黑曲霉、简易青霉、金黄青霉等能有效地溶解难溶性 $AlPO_4$（Illmer et al.，1995）。根际微生物（解 P 细菌）不仅能溶解难溶性磷酸盐，还能分解有机 P 化合物（王恒威等，2012），能够加速土壤有机 P 矿化与无机 P 积累（赵小蓉等，2001；王光华等，2003）。土壤菌根（主要是 VA 菌根）的活动对土壤 P 转化和对 P 保持以及缓冲能力维持很重要。如菌根的菌丝对磷酸盐的亲和力大，可以显著增加植物对 P 吸收面积，菌丝还可以酸化周围环境，产生螯合或在交换过程中实现对 P 的活化作用（张宝贵和李贵桐，1998），从而促进难溶性矿物磷溶解（赵琼和曾德慧，2005）。研究表明，当土壤磷酸盐含量低时，菌根对植物生长的影响特别明显。对缺 P 土壤中施加磷肥后，植物可利用的 P 增加，土壤 VA 菌根的数量减少（Koide & Schreiner，1992）。微生物矿化有机 P 的过程是土壤 P 能够被循环利用的关键（谭鑫，2009）。土壤微生物分泌的磷酸酶是一种诱导酶，其活性不仅与微生物活动有关，而且在很大程度上受土壤供 P 和植物需求之间的平衡调控(图 6.2)。在可利用无机 P 缺乏,处于 P "饥饿"状态下,微生物分泌一系列无机 P 缺乏诱导基因表达的磷酸酶,催化有机物酯类物质与 PO_4^{3-} 结合,将有机磷酸盐水解为可吸收利用的无机 P(Li et al.,2009;Neal et al.,2017)。这表明微生物在土壤 P 转化过程中扮演着重要的角色(Fan et al.,2018),因此应更多关注微生物在土壤 P 转化过程中的调控作用。

4)植被类型

不同植被类型由于物种组成、生态适应性的差异,对土壤 P 的活化不同,使得土壤 P 的形态及其有效性存在明显的差异。研究表明,阔叶罗汉松林、牧场和在原牧场上生长了 19 年的次生林相同深度土壤 TP、有机 P 和无机 P 含量均以原始次生林最低,而 B_P 没有显著差异(Ross et al.,1999)。同一地区不同植被类型土壤 P 含量不同。在川西亚高山林线过渡带及邻近植被,从流石滩草甸→林线过渡带→冷杉林过渡,土壤 TP、AP 呈增加趋势(齐泽民等,2009)。不同地形及不同森林类型,不同森林演替阶段对土壤 TP 以及 P 有效性无明显的影响(詹书侠等,2009;何加林等,2009)。随植被恢复演替,土壤 TP 和无机 P 含量呈下降趋势,而有机 P 含量则呈上升趋势(苏少华,2008)。不同人工种植的植被类型对土壤 P 形态组成及其有效性有显著影响(江利平等,2012)。

植物根系对土壤 P 形态的转变有诱导作用,但不同植物的影响不同。研究表明,由于植物根系分泌多种有机和无机物质(主要包括低分子量有机酸、还原糖和氨基酸、磷酸酶、H^+ 等)对植物生长微区进行改造(秦胜金等,2006),导致根际土壤 P 的形态与非根际土壤差异明显。根系分泌物有的直接作用于土壤,改变土壤性质如酸化土壤或加速有机 P 矿化,如有机酸能通过消除土壤 P 的吸附位点而抑制土壤对 P 的吸附(胡红青等,1999),有的则间接通过土壤微生物产生作用,增强微生物活性。在多种根系分泌物中,质子、有机酸和酸性磷酸酶降低土壤 pH,促进难溶性磷酸盐的溶解,对土壤 P 有效化起重要的调节作用(樊明寿和张福锁,2001)。

2. 人为因素对森林土壤 P 有效性的影响

森林土壤 P 主要来源于成土母质和动植物有机残体,但与人类生产活动也有一定的关系(鲁如坤,2000)。当前,影响土壤 P 有效性的人为因素主要有施肥和耕作。其中,施肥是土壤 P 的一个重要来源,对土壤 P 有效性的影响主要表现在两个方面:一是直接增加土壤 AP 含量,供植物当季利用,同时促进速效态向缓效态转化(甄清香和邵煜庭,1994)。研究表明,长期施用磷肥、氮磷钾或与有机肥料混施,TP、无机 P、有机 P 均有不同程度的累积,AP 含量也有所升高(Bolland et al.,1989;林继雄等,1995)。二是改变土壤微生物群落和磷酸酶活性,加快土壤有机 P 的分解矿化。长期施用有机肥可以促进土壤 P 的解吸,显著降低土壤对 P 的吸附,土壤无机 P 向有效态转化,增加土壤 P 有效态组分的供应强度及其供应容量,从而提高土壤 P 有效性(马艳梅,2006)。但是,当施用的有机肥含 P 极低(即 C/P 高)时,其分解过程中将会发生微生物对土壤 AP 的同化作用(固持),从而起到净生物固持作用,而不是净矿化作用(Shenoy & Kalagudi,2005;Yu et al.,2006)。在此种情况下,微生物和植物将会相互竞争土壤中的 AP（Bardgett，2005）。此外，磷肥的残效期很长，一次施用磷肥后，其后效可以持续十年以上，从而显著扩大土壤中的 AP 库（林继雄等，1995）。但施肥过量，作物并不能持续增产，随磷肥和有机肥的用量增加，土壤 Olsen-P、水溶性 P、生物性 AP、土壤 P 的吸附饱和度以及土壤灌溉滞留水中可溶性 P 含量均显著增加，明显增加土壤积累 P 的潜在风险（刘建玲等，2007）。

耕作会对土壤 P 有效性产生一定的影响，主要通过增加土壤透气性和保水性，提高土壤微生物活性，促进土壤有机 P 矿化，间接地影响土壤 P 的有效性。

6.1.5　研究展望

土壤 P 有效性的研究始终是森林生态系统 P 循环研究的核心。目前，人们对森林土壤 P 的研究多数主要还是关注 TP、AP 含量的常规分析，对土壤 P 有效性转化特征及其驱动机制的研究主要集中在农业用地土壤（Föhse et al.，1991；沈宏等，2001），且仍处于初始阶段，有关森林土壤 P 有效性转化驱动机制仍缺乏关注（耿燕等，2011；王恒威等，2012）。与耕作的农业用地土壤相比，森林土壤缺乏精耕细作，很少施肥，因而土壤缺 P 胁迫程度更为严重、更为复杂（Hodge，2004；de Kroon，2007）。此外，与 N、K 在土壤中的行为不同，P 在土壤中容易被 Fe、Al、Ca、Mn 离子固定而无效化，进一步降低 P 在土壤中的移动性。目前，仅有少量研究关注少数优势树种根际土壤 P 的活化（Wu et al.，2013），根际土壤 P 有效性的变化机制仍缺乏研究。至今，有关亚热带森林土壤 P 有效性转化机制，以及随森林恢复演替［树种组成更为丰富，结构更复杂，地上生物体固定的 P 增加，土壤 TP 下降（Feng et al.，2017）］，土壤 P 的限制性是否更为加剧等问题仍不清楚（Block et al.，2013；Huang et al.，2013；Zhang et al.，2013a），但土壤 AP 含量低一直是该地区植物生长的主要限制因子之一。特别值得关注的是，P 对生态系统的限制作用不仅直接限制植物生长，还可能对系统内的其他生态过程（如土壤微生物活性和 C、N 矿化过程等）产生影响，从而深刻影响着森林生态系统的生产力、稳定性及其服务功能（Cleveland et al.，2002；Sundareshwar et al.，2003）。近 20 年来，全球变化（大气 CO_2 浓度增加、大气 N 沉降加剧、土地利用方式改变），导致土壤理化性质变化，加剧土壤 AP 供应不足，土壤 C/P、N/P 失调，不能平衡土壤 N 有效性（Asner et al.，2001），不仅使 P 成为亚热带森林生态系统林木生长和重要生态过程的限制因子（Delgado-Baquerizo et al.，2013；Dijkstra & Adams，2015），还可能会使 P 也成为北方温带森林生态系统的限制因子。

此外，亚热带森林土壤 P 大多以不可利用形态存在。据估算，南方亚热带森林土壤 P 的现存量若全部处于可利用状态，将足够该地区森林生长 50 年以上（沈乒松和张鼎华，2005），但如何将土壤中迟效性的 P 转化为可利用的有效态是当前所面临的难题。因此，深入研究并揭示森林土壤 P 转化过程及其驱动机制，进而调控关键影响因子提高土壤 P 的有效性，是解决南方森林土壤缺 P 问题的重要途径，对未来农林业的可持续发展和 P 矿资源的可持续利用具有重要意义。

随着土壤 P 循环研究方法的发展，同位素示踪法和核磁共振（nuclear magnetic

resonance，NMR）波谱分析技术得到广泛应用。近年来，一些学者采用同位素（^{32}P、^{33}P）示踪技术研究 P 在植物个体不同器官之间的迁移转化。由于同位素（^{32}P、^{33}P）示踪技术的动态监测功能，通过施用同位素标记肥料，研究生态系统不同组分在 P 循环中的相对作用（Kellogg & Bridgham，2003）。张林等（2009）和 Zhang 等（2014）利用 ^{31}P 核磁共振（^{31}P-NMR）波谱技术直接鉴定土壤有机 P 的组成。随 NMR 波谱技术的应用，对土壤有机 P 的分级研究将会有所突破（尹逊霄等，2005）。

土壤 P 形态及其相互转化关系直接影响土壤 P 有效性，而这一过程受到微生物的调控作用（图 6.2）。尽管采用土壤 P 分级方法可以观测不同 P 组分含量的变化，但难以直接阐明不同 P 组分之间的转化过程。即使采用 ^{31}PNMR 和放射性 ^{31}P 示踪技术，也难以解析微生物在不同 P 组分间生物转化过程的直接作用。近年来，磷酸盐氧同位素（$\delta^{18}O_P$）技术成为追踪土壤 P 来源及其生物循环的有效手段（Gross et al.，2015；Roberts et al.，2015）。该技术的应用是基于在地表正常温度和 pH 条件下，PO_4^{3-} 中 P-O 键稳定性很高，在没有生物参与下，不与周围环境发生氧同位素交换；而生物过程能打断 P-O 键促使 PO_4^{3-} 与周围环境交换氧同位素，且微生物优先吸收 ^{16}O，导致 ^{18}O 富集，从而改变 $\delta^{18}O_P$ 比值（O'Neil et al.，2003）。不同土壤 P 库来源不同或土壤生物群落的影响程度不同，它们的 $\delta^{18}O_P$ 可能不同；此外，$\delta^{18}O_P$ 主要来源于外界输入的无机 P、生物体周转平衡和有机 P 分解释放的无机 P。因而，$\delta^{18}O_P$ 可作为土壤不同 P 源、有效性及其相互转化的理想示踪剂，且土壤 $\delta^{18}O_P$ 的变化还可以反映微生物在土壤不同形态 P 循环转化的直接作用，为揭示土壤 P 生物周转过程提供新的途径。

6.2　土壤磷组成及其有效性的研究方法

6.2.1　样地设置、植物群落调查及其生物量的测定

样地设置及植物群落调查详见第 1 章 1.3.1 和 1.3.2 部分内容。4 个植被恢复阶段植物群落的基本特征及其主要树种组成详见表 1.1。

不同植被恢复阶段植物群落生物量的测定详见第 3 章 3.2.2 部分内容。4 个植被恢复阶段植物群落生物量详见第 3 章 "3.3 不同植被恢复阶段群落生物量的空间分布格局"的图 3.2 和表 3.11。

6.2.2　凋落物层现存量及其养分含量的测定

凋落物层现存量及其养分含量的测定详见第 2 章 2.2.6 和 2.2.7 部分内容；凋落物层现存量及其养分含量详见第 2 章 "2.4 不同植被恢复阶段凋落物及其养分特征"的 2.4.4 和 2.4.6 部分内容

6.2.3　土壤分析样品的采集、处理

于 2016 年 4 月 12～15 日（春季）、6 月 27～29 日（夏季）、10 月 13～21 日（秋季）

和 2017 年 1 月 13～15 日（冬季）采集土壤样品。在每一固定样地对角线均匀设置 3 个采样点，在样地连续晴天 1 周后采集土壤样品，采样时清理采样点附近地表面植物和凋落物后，挖掘土壤剖面，按 0～10 cm、10～20 cm、20～30 cm、30～40 cm 分层沿土壤剖面从下至上采集土壤，同时用 200 cm³ 的环刀采集土壤，测定土壤容重。在室内，将同一固定样地的 3 个采样点相同土层混合为 1 个土壤样品（取约 2 kg），除去土壤样品中动、植物残体和石砾等杂质，混匀，自然风干后，磨细过 2 mm、1 mm、0.25 mm、0.15 mm 土壤筛，储存备用。取 4 块固定样地的算术平均值作为每个植被恢复阶段每个季节的最终测定结果。

6.2.4　土壤不同形态磷的测定

土壤不同形态 P 含量采用 Tiessen 等（1983）改进后的 Hedley 土壤 P 分级方法测定，使用化学强度逐步增强的浸提剂重复测试 2.0 g 风干土壤样品，操作流程如图 6.3 所示。

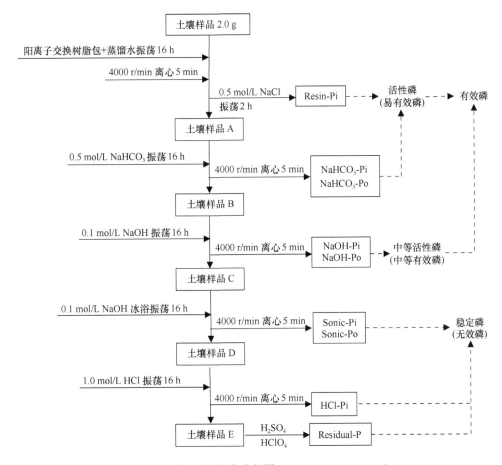

图 6.3　土壤 P 分级操作流程图（Tiessen et al.，1983）

将土壤 P 分为 6 个分级组分：树脂交换态 P（Resin-Pi）用 1.0 g 阳离子交换树脂包

和 0.5 mol/L 的 NaCl 溶液提取；NaHCO$_3$ 提取态 P（NaHCO$_3$-P，包括 NaHCO$_3$-Pi 和 NaHCO$_3$-Po），用 0.5 mol/L NaHCO$_3$ 溶液提取；NaOH 溶性 P（NaOH-P，包括 NaOH-Pi 和 NaOH-Po）用 0.1 mol/L NaOH 溶液提取；土壤团聚体内 P（超声 P，Sonic-P，包括 Sonic-Pi 和 Sonic-Po），在冰浴上用 0.1 mol/L NaOH 溶液提取；磷灰石型 P（HCl-Pi，用 1.0 mol/L HCl 溶液提取）和残留 P（Residual-P）。上述浸提液使用连续流动分析仪测定磷酸根的含量。每个土壤样品平行测定 2 次，取平均值作为该样品的最终测定结果。

本研究中，没有测定 Sonic-P，对 Residual-P 采用单独的测定方法，即用 H$_2$SO$_4$-HClO$_4$ 消煮法。根据植物对 P 的吸收与利用的难易程度，将 6 个 P 组分划分为 3 个主要组分：Resin-Pi 和 NaHCO$_3$-P 为易有效 P，也称为活性 P；NaOH-P 为中等有效 P，也称为中等活性 P；HCl-Pi 和 Residual-P 为无效 P，也称为稳定 P。

6.2.5　土壤理化性质的测定

土壤理化性质的测定详见第 2 章 2.2.9 部分内容。

6.2.6　数据处理、统计分析

（1）总无机磷（TPi）含量为各形态无机磷（Pi）含量之和；总有机磷（TPo）含量为各形态有机磷（Po）含量之和；TP 为易有效 P、中等有效 P 和无效 P 之和；AP 为易有效 P 和中等有效 P 之和；P 有效性［土壤 P 的供应强度或土壤 P 活化系数（PAC）］为 AP 含量占 TP 含量的百分比例（Xiao et al.，2012）。本研究中，采用土壤 AP 含量的季节平均值占土壤 TP 含量的季节平均值的百分比来表示不同植被恢复阶段土壤 P 有效性。

（2）用 Excel 2010 统计各项指标的平均值、标准偏差，所有数据均为平均值±标准偏差。

（3）用 SPSS 22.0 软件包中的单因素方差分析（One-way ANOVA）的最小显著差数法（LSD，$P<0.05$）分析不同植被恢复阶段、不同土层 TP、AP、TPi、TPo 及 P 各组分含量的差异显著性，用 Pearson 法分析各指标之间的相关性；用主成分分析方法分析影响研究地 TP、AP 变化的主要影响因子以及影响 AP 的主要 P 各组分；用逐步回归分析对主成分分析得出的主要影响因子进行筛选，方程引入变量的标准为变量 F 值的 $P<0.05$，剔除变量的标准为 $P>0.1$，并采用统计量 t 对回归方程进行检验，从而筛选出对 TP、AP 影响最大的因素以及对 AP 影响最大的 P 各组分；用重复测量设计的方差分析（repeated measurement desige ANOVA）的方法分析植被类型、土壤深度、季节变化对土壤 TP、AP 含量的影响。

（4）运用 SigmaPlot 10.0 软件制图。

6.3　不同植被恢复阶段土壤全磷、有效磷含量的比较

土壤 TP 含量在一定程度上可以反映土壤 P 库大小及其潜在的供 P 能力，当土壤 TP 含量低于 800～1000 mg/kg 时，将会出现供 P 不足（王树力，2006）。土壤 AP 是生态系

统 P 循环过程的关键，其含量由土壤理化性质和生物因素共同调节，表征土壤 P 的直接
供应水平。随植被恢复，群落树种组成趋于复杂，生物量提高，凋落物量、细根数量和
质量发生改变，直接影响土壤理化性质和微生物群落组成及其酶活性。本节以湘中丘陵
区地域毗邻、环境条件（母岩、土壤）基本一致，处于不同植被恢复阶段的 4 个植被类
型：檵木+南烛+杜鹃灌草丛（LVR）、檵木+杉木+白栎灌木林（LCQ）、马尾松+柯+檵木
针阔混交林（PLL）、柯+红淡比+青冈常绿阔叶林（LAG）为对象，比较研究不同植被
恢复阶段土壤 TP、AP 含量的差异及其季节动态，探讨亚热带地区土壤 TP、AP 含量随
植被恢复的动态变化，为明确随植被恢复亚热带森林土壤 P 限制性的变化及森林生态系
统可持续经营管理和植被恢复提供科学依据。

6.3.1　土壤全磷含量的分布及其季节变化

如表 6.1 所示，不同植被恢复阶段、不同土层、不同季节之间土壤 TP 含量差异
极显著（$P<0.01$），表明植被恢复阶段、土壤层次、季节变化显著影响土壤 TP 含量。
而植被恢复阶段和土壤层次，植被恢复阶段和季节变化，土壤层次和季节变化以
及植被恢复阶段、土壤层次和季节变化的交互作用对土壤 TP 含量的影响均不显
著（$P>0.05$）。这表明不同植被恢复阶段土壤 TP 含量的差异显著性不随土壤层次、
季节的变化而改变。

表 6.1　土壤 TP 含量变化的重复测量设计的方差分析

统计值	因子						
	A	B	C	$A×B$	$A×C$	$B×C$	$A×B×C$
df	3	3	3	9	9	9	27
F	43.982	10.039	9.164	0.507	0.835	0.300	0.562
P	0.000	0.000	0.000	0.868	0.585	0.974	0.959

注：A、B、C 分别代表植被恢复阶段、土壤层次、季节变化，$A×B$、$A×C$、$B×C$ 和 $A×B×C$ 则表示三者之间的交互作用。
下同。

如图 6.4 所示，同一植被恢复阶段各土层 TP 含量呈现出"单峰型"的季节变化节
律，除 LAG 的 0～10 cm 土层外，均表现为夏高冬低（或秋低），且同一植被恢复阶段
同一土层（除 LCQ、LAG 的 0～10 cm 土层和 LAG 的 20～30 cm 土层外）最高与最低
之间差异显著（$P<0.05$）。与 10～20 cm、20～30 cm 土层相比，0～10 cm、30～40 cm
土层 TP 含量的季节波动幅度较大，表明季节变化对土壤 TP 含量影响显著。

同一季节同一土层不同植被恢复阶段土壤 TP 含量均表现为：LAG 最高，其次是
PLL，LCQ 或 LVR 最低，且 LAG 与 LCQ、LVR（除夏季外）差异显著（$P<0.05$），且
随土壤深度增加，不同植被恢复阶段之间的差异没有明显的改变，表明植被恢复对土壤
TP 含量影响显著（图 6.4）。

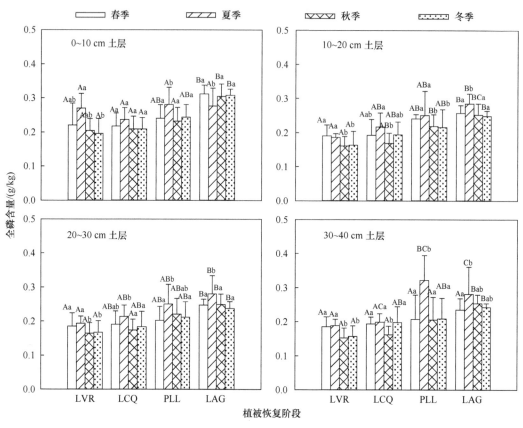

图 6.4　不同植被恢复阶段土壤全磷含量的季节变化（平均值±标准误差）

图中不同大写字母表示同一季节同一土层不同植被恢复阶段之间差异显著（P<0.05），
不同小写字母表示同一植被恢复阶段同一土层不同季节之间差异显著（P<0.05）

6.3.2　土壤有效磷含量的分布及其季节变化

　　土壤 AP 含量的变化与土壤 TP 含量的变化既有相似之处，也有其自身的特点。如表 6.2 所示，不同植被恢复阶段、不同土层、不同季节之间土壤 AP 含量差异极显著（P<0.01），表明植被恢复阶段、土壤层次、季节变化显著影响土壤 AP 的含量。植被恢复阶段、土壤层次、季节变化两两交互作用（除植被恢复阶段与土壤层次交互作用外）以及三者共同交互作用对土壤 AP 含量的影响极显著（P<0.01）（表 6.2），表明植被恢复阶段之间土壤 AP 含量的差异不随土壤层次的变化而改变，但随季节变化而改变，且季节变化对土壤 AP 含量的影响随土壤层次的变化而改变。

表 6.2　土壤有效磷含量变化的重复测量设计的方差分析

统计值	因子						
	A	B	C	$A \times B$	$A \times C$	$B \times C$	$A \times B \times C$
df	3	3	3	9	9	9	27
F	19.320	24.013	27.948	0.774	3.262	4.480	1.922
P	0.000	0.000	0.000	0.640	0.001	0.000	0.008

如图 6.5 所示，各植被恢复阶段土壤 AP 含量随季节变化而呈现出较显著的波动，无论是同一土层（特别是在 0～10 cm 土层）不同植被恢复阶段还是同一植被恢复阶段不同土层土壤 AP 含量的季节变化节律不尽相同。在 0～10 cm 土层，LVR 夏、冬季高，春、秋季低，LCQ 表现为夏季最高，春、秋、冬季较低，PLL 夏、秋季较高，春、冬季较低，LAG 夏、秋、冬季较高，春季最低，且除 LAG 外，其他 3 种植被恢复阶段不同季节之间差异显著（$P<0.05$）；在 10～20 cm 土层，LVR 不同季节之间差异不显著（$P>0.05$），LCQ、PLL 表现为夏季最高，春季最低，LAG 表现为冬季最高，春季最低，且 LCQ、PLL、LAG 不同季节之间差异显著（$P<0.05$）；在 20～30 cm 土层，LVR 秋季最高，夏季最低，LCQ、LAG 呈冬季最高，春季最低，PLL 夏、冬季较高，春季最低，且 LCQ、LAG 不同季节之间差异显著（$P<0.05$），而 LVR、PLL 差异不显著（$P>0.05$）；在 30～40 cm 土层，LVR、LCQ、PLL 表现为冬季最高，春季最低，LAG 表现为秋季最高，春季最低，且 4 个植被恢复阶段不同季节之间差异显著（$P<0.05$）。

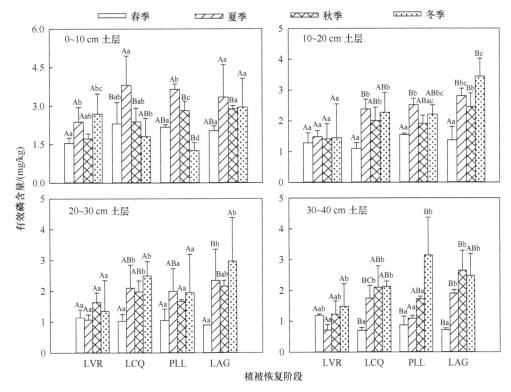

图 6.5　不同植被恢复阶段土壤有效磷含量的季节变化（平均值±标准误差）
图中不同大写字母表示同一季节同一土层不同植被恢复阶段之间差异显著（$P<0.05$），
不同小写字母表示同一植被恢复阶段同一土层不同季节之间差异显著（$P<0.05$）

不同植被恢复阶段同一季节同一土层 AP 含量夏、冬季差异较大，而春、秋季较小；但不同植被恢复阶段同一土层 AP 含量在同一季节的变化不完全随植被恢复而逐渐增加。0～10 cm 土层，春、夏季以 LCQ 最高，LVR 最低，秋、冬季以 LAG 最高，秋季 LVR 最低，冬季 PLL 最低；10～20 cm、20～30 cm 土层，除春季外，其余 3 个季节随植被恢复而逐渐增加；30～40 cm 土层，除春、冬季外，夏、秋季随植被恢复而逐渐增加（图 6.5）。

这表明土壤 AP 含量对外界环境（植被、土层、季节）的变化比较敏感，也说明土壤 AP 含量因采集土壤样品的季节不同而异。因此，比较不同植被恢复阶段土壤 AP 含量时，必须注明采集土壤样品的时间尺度，否则有可能会得出不同的结论。

为此，本研究采用 4 个季节的平均值来比较不同植被恢复阶段土壤 AP 含量的差异。如图 6.6 所示，各土层 AP 含量均以 LAG 最高，LVR 最低，总体上随植被恢复而增加，且 LAG 与 LVR、LCQ（除 20～30 cm 土层外）、PLL（除 10～20 cm、20～30 cm 土层外）差异显著（$P<0.05$），但 LCQ 与 PLL 差异不显著（$P>0.05$）。

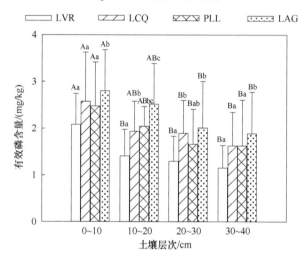

图 6.6　不同植被恢复阶段土壤有效磷的含量（平均值±标准误差）
图中不同大写字母表示同一植被恢复阶段不同土层之间的差异显著（$P<0.05$），
不同小写字母表示同一土层不同植被恢复阶段之间的差异显著（$P<0.05$）

6.3.3　土壤磷有效性

从图 6.7 可以看出，不同植被恢复阶段各土层 P 有效性为 0.71%～1.14%，同一土层不同植被恢复阶段之间差异均不显著（$P>0.05$）。随土层深度的增加，P 有效性逐渐降低，但同一植被恢复阶段不同土层间的差异也不显著（$P>0.05$）。

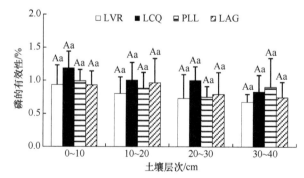

图 6.7　不同植被恢复阶段土壤磷的有效性
图中不同大写字母表示同一植被恢复阶段不同土层之间的差异显著（$P<0.05$），
不同小写字母表示同一土层不同植被恢复阶段之间的差异显著（$P<0.05$）

6.3.4　土壤全磷、有效磷含量与植被因子的相关性

Pearson 相关性分析结果（表 6.3）表明，土壤 TP 与群落生物量（群落总生物量、地上部分生物量、根系生物量、凋落物层现存量）、凋落物层 N、P 含量呈极显著（$P<0.01$）或极显著（$P<0.01$）正相关性，与凋落物层 C/N、C/P 呈极显著（$P<0.01$）负相关性，但与 Shannon-Wiener 指数、凋落物层 C 含量及其 N/P 不存在显著相关性（$P>0.05$）；土壤 AP 与群落生物量呈显著（$P<0.05$）或极显著（$P<0.01$）正相关性，但与 Shannon-Wiener 指数、凋落物层 C、N、P 含量及其 N/P、C/N、C/P 不存在显著相关性（$P>0.05$）。这表明土壤 TP、AP 含量受群落生物量（群落总生物量、地上部分生物量、根系生物量、凋落物层现存量）显著的影响；此外，土壤 TP 含量还受凋落物层养分（N、P）含量及其 C/N、C/P 的影响。

表 6.3　土壤 TP、AP 含量与植被因子之间的相关系数

项目	Shannon-Wiener 指数	群落总生物量	地上部分生物量	根系生物量	凋落物层						
					现存量	C	N	P	C/N	C/P	N/P
TP	0.126	0.577**	0.579**	0.549**	0.445**	0.051	0.482**	0.458**	−0.436**	−0.449**	−0.108
AP	0.106	0.483**	0.481**	0.483**	0.375*	−0.129	0.051	0.004	−0.12	−0.046	0.071

注：*表示 $P<0.05$，**表示 $P<0.01$，$n=16$。

6.3.5　土壤全磷、有效磷含量与土壤理化性质的相关性

如表 6.4 所示，土壤 TP、AP 含量与土壤<2 μm 黏粒百分含量、SOC、全 N、水解 N 呈极显著（$P<0.01$）的正相关关系，AP 与速效 K 呈显著（$P<0.05$）的正相关关系；TP、AP 的含量与土壤 pH 呈显著（$P<0.05$）或极显著（$P<0.01$）的负相关关系，TP、AP 与全 K 不存在显著的相关性（$P>0.05$），TP 与速效 K 不存在显著的相关性（$P>0.05$）。这表明土壤黏粒百分含量、全 N、水解 N 含量、pH 对土壤 TP、AP 含量影响显著，且速效 K 含量对土壤 AP 含量影响显著。

表 6.4　土壤 TP、AP 含量与土壤理化性质的相关系数

项目	<2 μm 黏粒百分含量	pH	SOC	全 N	全 K	水解 N	速效 K
TP	0.850**	−0.636**	0.790**	0.867**	−0.093	0.841**	0.173
AP	0.823**	−0.520*	0.843**	0.865**	−0.489	0.778**	0.594*

注：*表示 $P<0.05$，**表示 $P<0.01$，$n=16$。

6.3.6　土壤全磷、有效磷含量影响因子的主成分分析

在自然条件下，生态系统中影响土壤 P 含量的植被因子、土壤理化性质之间具有较强的相关性，且存在交互作用，不能独立体现出各环境因子对土壤 P 的贡献大小。为降低各因子间的多重共线性影响，明确各因子的影响程度，本研究通过主成分分析从植被因子、土壤理化性质中提取影响土壤 TP、AP 含量的主要环境因子。分析结果如表 6.5 所示，所有主成分中特征值大于 1 的主成分有 6 个，其方差累积贡献率达到 80.73%，

能反映植被因子、土壤理化性质对土壤 P 影响的绝大部分信息。第 1 主成分与 SOC 含量、全 N 含量、水解 N 含量、土壤 N/P 和 C/P、群落生物量、地上部分生物量、根系生物量相关性较大,方差贡献率为 33.82%;第 2 主成分与凋落物层 C/P 与 C/N 有较大的相关性,方差贡献率为 14.14%;第 3 主成分与土壤速效 K 含量、>50 μm 砂粒百分含量、2~50 μm 粉粒百分含量有关,方差贡献率为 12.78%;第 4 主成分与凋落物层 C 含量和 N/P 有关,方差贡献率为 8.02%;第 5 主成分与土壤全 K 含量、凋落物层现存量有关,方差贡献率为 7.60%;第 6 主成分与土壤 C/N 有关,方差贡献率为 4.36%。6 个主成分中,第 1、2、3 主成分反映的信息量占总信息量的 60.74%。因此,可以认为土壤因子中的土壤有机 C、TN、水解 N 含量、N/P、C/P、全 K、>50 μm 砂粒百分含量、2~50 μm 粉粒百分含量,和植被因子中的群落生物量、地上部分生物量、根系生物量、凋落物层 C/P 与 C/N 是影响土壤 TP、AP 含量的主要因子。

表 6.5 各环境因子的主成分载荷矩阵、特征值及贡献率

因子		主成分					
		1	2	3	4	5	6
土壤因子	容重	−0.540	−0.478	−0.026	0.210	0.267	0.053
	pH	−0.686	−0.175	0.089	0.457	0.139	0.027
	SOC 含量	0.801	0.346	0.412	0.002	−0.156	−0.047
	全 N 含量	0.890	0.095	0.316	−0.019	−0.165	−0.089
	水解 N 含量	0.796	0.186	0.234	−0.032	−0.133	−0.091
	全 K 含量	0.038	−0.295	−0.196	−0.014	−0.426	0.643
	速效 K 含量	0.201	0.009	0.658	0.052	−0.087	0.379
	C/N	−0.200	0.543	0.110	0.103	−0.098	0.509
	C/P	0.702	0.383	0.513	−0.009	−0.119	−0.030
	N/P	0.835	0.060	0.413	−0.063	−0.115	−0.089
	>50 μm 砂粒百分含量	−0.492	−0.067	0.680	0.063	0.424	0.067
	2~50 μm 粉粒百分含量	0.277	−0.003	−0.699	−0.213	−0.537	−0.032
	<2 μm 黏粒百分含量	0.564	0.176	0.009	0.374	0.257	−0.092
植被因子	Shannon-Wiener 指数	0.334	−0.299	0.033	0.446	−0.220	0.217
	地上部分生物量	0.761	0.155	−0.455	0.145	0.300	0.114
	根系生物量	0.788	0.060	−0.422	0.252	0.240	0.116
	群落生物量	0.768	0.142	−0.453	0.161	0.293	0.115
	凋落物层现存量	0.574	−0.023	−0.044	0.495	0.423	0.073
	凋落物层 C 含量	0.277	0.259	−0.331	−0.582	0.453	0.126
	凋落物层 N 含量	0.609	−0.582	−0.197	0.002	−0.061	−0.067
	凋落物层 P 含量	0.561	−0.622	0.064	−0.399	0.193	0.104
	凋落物层 C/N	−0.350	0.753	−0.058	−0.332	0.271	0.167
	凋落物层 C/P	−0.429	0.828	−0.189	0.065	−0.026	−0.002
	凋落物层 N/P	−0.280	0.469	−0.288	0.546	−0.352	−0.184
贡献率/%		33.82	14.14	12.78	8.02	7.60	4.36
累积贡献率/%		33.82	47.96	60.74	68.76	76.37	80.73

注:n(样本数)=212,下同。

6.3.7　土壤全磷、有效磷含量影响因子的逐步回归分析

为了找到对土壤 P 影响最大的因子，利用逐步回归方法对主成分分析得到的影响因子进行筛选，得到土壤 TP 与土壤 TN、土壤 N/P、凋落物层现存量、>50 μm 砂粒百分含量、2～50 μm 粉粒百分含量、凋落物 N/P 的 6 个回归模型（表 6.6），且各模型均达到了极显著水平（$P<0.01$）。从表 6.6 可以看出，不同因子对土壤 TP 含量的影响不同，土壤 TP 含量与土壤 TN、凋落物层现存量呈正相关关系，与土壤 N/P、>50 μm 砂粒百分含量、2～50 μm 粉粒百分含量、凋落物 N/P 呈负相关关系；调整判定系数（R^2）表明，土壤 TN 对 TP 的含量影响最大，贡献率达到 38.7%；土壤 N/P、凋落物层现存量、>50 μm 砂粒百分含量、2～50 μm 粉粒百分含量、凋落物层 N/P 对 TP 含量的贡献率分别为 30.6%、2.8%、0.9%、1.3%、0.8%。第 6 个回归方程的相关系数最大，能更准确地反映各影响因子对土壤 TP 含量的影响，表明亚热带森林土壤 TP 含量的变化是不同环境因子综合影响的结果。

表 6.6　土壤全磷（TP）含量影响因子的逐步回归分析

因子	模型					
	1	2	3	4	5	6
土壤全 N 含量	54.427	203.768	193.848	178.266	171.971	172.233
土壤 N/P		−45.478	−44.469	−40.702	−39.730	−40.693
凋落物层现存量			0.030	0.030	0.019	0.017
土壤>50 μm 砂粒百分含量				−0.367	−1.496	−1.686
土壤 2～50 μm 粉粒百分含量					−1.165	−1.304
凋落物层 N/P						−0.517
常数项	178.695	211.983	199.881	215.312	325.371	363.876
多元相关系数（R）	0.390	0.696	0.725	0.736	0.749	0.758
调整判定系数（R^2）	0.387	0.693	0.721	0.730	0.743	0.751
F	131.715	206.444	21.137	8.388	10.604	7.589
P	0.001	0.001	0.001	0.001	0.001	0.001

注：$n=212$。

同样，得到土壤 AP 含量与土壤有机 C、凋落物层 C 的 2 个回归模型，如表 6.7 所示，2 个影响因子对土壤 AP 的影响存在差异，土壤 AP 含量与土壤有机 C 呈显著正相关关系，与凋落物层 C 含量呈负相关关系。从调整判定系数（R^2）可以看出，土壤有机 C 对土壤 AP 含量影响最大，贡献率达到 18.0%，而凋落物层 C 含量的贡献率仅为 0.8%，表明土壤 AP 含量的变化主要受到土壤有机 C、凋落物层 C 含量的调控。

表 6.7　土壤有效磷（AP）影响因子的逐步回归分析

因子	模型	
	1	2
土壤有机 C 含量	0.033	0.035
凋落物层 C 含量		−1.978
常数项	1.526	2.173
多元相关系数（R）	0.151	0.146
调整判定系数（R^2）	0.180	0.172
F	35.841	22.048
P	0.001	0.001

注：$n = 212$。

6.3.8　讨论

1. 植被恢复对土壤全磷、有效磷含量的影响

在植物营养元素中，P 是风化地壳中迁移能力最小的元素，其含量和分布与成土母质、植被类型、土地利用方式等密切相关。研究表明，土壤 P 活化是一个受多种因素影响、复杂且缓慢的生物化学过程（姜勇等，2008），如植被类型（Huang et al.，2013）、人为活动（黄文娟等，2009）、土壤微生物（秦胜金等，2006）、土壤母质、理化性质（文亦芾和艾有群，2005）、气候（唐晓鹿和范少辉，2010）等。其中，植被类型和季节变化对土壤 TP、AP 含量影响显著（胡斌，2013）。森林凋落物归还量可能是影响土壤 TP、AP 含量的主要原因之一（Lajtha & Schlesinger，1988；莫江明，2005）。伴随植被演替进展，树种组成增加，凋落物量增加，土壤有机 C 含量增大，土壤微生物 C 源增加，土壤 P 矿化作用增强，土壤 TP 含量增加（Huang et al.，2013），土壤中更多的 AP 续存（彭建勤等，2016），且光照条件改变，群落的封闭性增强，植物归还到土壤的 P 增加，且 P 的流失减少（程瑞梅等，2010；杨小燕等，2014）。本研究中，植被恢复、土层深度、季节变化对土壤 TP、AP 含量的影响极显著，且同一土层 TP 各季节含量和 AP 季节平均含量均随植被恢复而增加，且与群落生物量（包括群落总生物量、地上部分生物量、根系生物量、凋落物层现存量）、凋落物层 N、P 含量呈极显著正相关关系，与凋落物层 C/N 和 C/P 呈极显著负相关关系（表 6.3），与土壤 <2 μm 黏粒百分含量、土壤有机 C、TN 含量呈显著正相关关系（表 6.4），表明土壤 TP、AP 含量除了受土壤母质及其成土作用的影响，随植被恢复，树种组成增加（表 1.1），群落生物量增加（表 3.11），土壤理化性质明显改善，土壤有机 C（表 3.13）、N 含量的增加（表 2.15），土壤 TP 含量增加，土壤 P 矿化作用增强，AP 含量也增加；同时表明植被因子（群落总生物量、根系生物量、凋落物层现存量）和土壤因子（SOC、N、PH）随植被恢复的变化是土壤 TP、AP 含量变化的主要影响因子。

研究表明，湖南会同不同年龄杉木人工林土壤 TP 含量与 AP 含量呈极显著正相关

关系（曹娟等，2014）。但也有研究表明，由于土壤 P 形态的多样性和反应的复杂性以及生态系统的自我调节作用，土壤 AP 含量与 TP 含量不一定具有显著的相关性（Lajtha & Schlesinger，1988）。本研究中，各土层 TP、AP 含量随植被恢复的变化趋势基本一致，且两者呈极显著线性正相关关系（相关系数为 0.376，$P<0.01$，$n=208$）。这表明研究区林地土壤 AP 与 TP 密切相关，土壤 AP 含量随 TP 含量的增加而显著提高。本研究中，不同植被恢复阶段林地土壤 TP、AP 含量分别处于湖南省土壤 TP（100～9700 mg/kg）、AP（0.2～117.8 mg/kg）含量的变化范围内（湖南省农业厅，1989），但不同植被恢复阶段土壤 TP 含量低于 400 mg/kg，明显低于中国土壤 TP（600 mg/kg）的平均含量（Cao et al.，2012），与 Zhang 等（2005）的研究结果基本一致，表明本研究区林地土壤 P 水平较低，P 供应不足。对照第二次全国土壤普查土壤 TP、AP 含量分级标准（全国土壤普查办公室，1992），本研究区林地土壤 TP 含量为 5 级（200～400 mg/kg），处于稍缺 P 水平，而 AP 含量为 6 级（<3 mg/kg），处于极缺 P 水平。研究表明，当土壤 P 的供应强度（PAC）低于 2% 时，土壤 TP 很难转换成 AP，土壤 P 的有效性极低（曹娟等，2014）。在本研究中，不同植被恢复阶段林地土壤 PAC 明显低于 2%（仅为 0.71%～1.14%），表明本研究区林地土壤 P 资源不仅极度匮乏，潜在的供 P 能力严重不足，而且土壤 P 很难转化为 AP，是研究区林木生长发育的限制性因子。

2. 季节变化对土壤全磷、有效磷含量的影响

林地土壤理化性质容易受到环境因子（如气温、降雨、凋落物归还量、土壤微生物数量和种类等）的影响（Kellogg & Bridgham，2003）。季节变化通过影响土壤温度、水分，进而影响土壤微生物群落结构和酶活性（夏汉平等，1997），再影响土壤各种养分含量的变化。研究发现，土壤 TP 含量的季节变化表现为，夏季最高，其次是冬、春季，秋季最低，而 AP 含量基本上为，秋季>春季>冬季>夏季（Zhang et al.，2016）。在高温雨季，土壤 TP 含量显著高于低温旱季，AP 含量也表现出相似的季节动态（Kellogg & Bridgham，2003）。也有研究表明，夏季（生长季）是植物生长需要养分最多的季节，植物从土壤中吸取各种养分维持生长，因此林地各土层 TP、AP 的质量分数基本为生长季（6～8 月）略微低于春（5 月）、秋（9 月）两季（李南洁等，2017）。本研究中，不同植被恢复阶段林地土壤 TP 含量基本表现为夏季最高，其次是春季，冬季或秋季最低，而不同植被恢复阶段各土层 AP 含量的季节变化规律基本表现为夏、冬季普遍较高，春、秋季普遍较低。究其原因，可能是土壤 P 来源于凋落物的归还和岩石的风化，即使春、夏季为植物生长旺盛季节，从土壤吸收大量的养分，但春末夏初许多植物新叶萌发、老叶脱落，凋落物量增多（刘宏伟等，2010），凋落物归还量较高（郭婧等，2015），而且此时雨水明显增多，气温也大幅度升高，微生物大量繁殖，酶活性升高，凋落物分解释放 P，部分被土壤固定的 P 得以释放，因此土壤 TP、AP 含量仍较高（李南洁等，2017）；进入秋季，雨水明显减少，土壤固 P 作用加强，加上夏季植物生长吸收了大量 AP，故秋季土壤 TP、AP 含量明显下降；而冬季气温降低，植物进入休眠状态，微生物活性下降，对土壤 AP 吸收、固定减少，土壤 AP 含量升高。

目前,有关土壤 TP、AP 含量季节变化的研究报道仍较少。此外,影响土壤 TP、AP 含量季节变化的因素也很多,因此有关林地土壤 TP、AP 含量季节变化的机制仍有待于进一步探讨。

6.4 不同植被恢复阶段林地土壤磷库特征

研究表明,不同土壤类型、不同植被类型土壤不同形态 P 含量、构成比例及其有效性差异很大(Ivanoff et al.,1998)。近 20 年来,中国亚热带地区森林植被恢复迅速,随植被恢复,群落植物组成、生物量及其土壤特性发生了变化(项文化和方晰,2018),导致土壤 P 有效性的变化。但在森林恢复演替序列上,土壤 P 有效性变化的研究结果仍存在不一致性。在土壤严重缺 P 背景下,亚热带森林土壤 P 库组成特征将随植被恢复如何变化,植物组成及其多样性对土壤 P 赋存形态及其构成有怎样的影响,随植被恢复,土壤 P 的限制性是否加剧等问题仍缺乏研究(Huang et al.,2013;Zhang et al.,2013a),亚热带森林土壤 P 有效性随植被恢复的演变机制仍不清楚。采用适宜的土壤 P 分级方法,对土壤不同形态 P 含量及其构成比例进行准确描述是揭示植被恢复对土壤 P 有效性影响机制的重要手段。因此,本节采用经 Tiessen 等(1983)改进后的 Hedley 土壤 P 分级法,研究亚热带丘陵区不同植被恢复阶段(灌草丛、灌木林、马尾松针阔混交林、常绿阔叶林)林地土壤各形态 P 含量及其构成比例,揭示森林植被恢复对亚热带丘陵红壤区土壤 P 有效性的影响机制,为探寻提高亚热带森林土壤 P 有效性的途径和促进植被恢复提供科学依据。

6.4.1 土壤无机磷各组分的含量及其构成比例

从表 6.8 可以看出,同一土层总无机磷(TPi)含量随植被恢复而增加,且不同植被恢复阶段之间差异显著($P < 0.05$),从 LVR 到 LAG,0~10cm、10~20cm、20~30cm 和 30~40 cm 土层 TPi 含量分别增加了 20.28 mg/kg、11.86 mg/kg、11.61 mg/kg、13.05 mg/kg,分别提高了 87.43%、64.51%、68.76%、82.02%,表明植被恢复提高了土壤 TPi 含量。

如表 6.8 所示,Pi 各组分含量随植被恢复的变化规律不同,根据其变化趋势可将 Pi 各组分的变化分为两种类型。①积累型:主要包括 NaHCO$_3$-Pi、NaOH-Pi、HCl-Pi,同一土层不同植被恢复阶段之间(除 0~10 cm 土层 NaOH-Pi 外)差异显著($P < 0.05$)。其中,从 LVR 恢复到 LAG,0~10 cm、10~20 cm、20~30 cm 和 30~40 cm 土层 NaHCO$_3$-Pi 含量分别增加了 8.97 mg/kg、3.28 mg/kg、2.64 mg/kg、2.57 mg/kg,分别提高了 330.99%、150.66%、124.82%、143.64%,NaOH-Pi 含量分别增加了 7.25 mg/kg、7.74 mg/kg、8.30 mg/kg、9.10 mg/kg,分别提高了 45.11%、66.44%、82.64%、94.83%,HCl-Pi 分别增加了 3.10 mg/kg、2.20 mg/kg、2.04 mg/kg、1.83 mg/kg,分别提高了 189.02%、134.14%、118.60%、110.91%。②稳定型:主要有 Resin-Pi,随植被恢复,Resin-Pi 含量基本上保持在 2.42~3.71mg/kg,同一土层不同植被恢复阶段之间差异不显著($P > 0.05$)。

表 6.8　不同植被恢复阶段土壤无机磷各组分的含量　　　　　　（单位：mg/kg）

无机磷组分	恢复阶段	土壤层次 /cm			
		0～10	10～20	20～30	30～40
Resin-Pi	LVR	2.76±1.13Aa　（11.88）	2.92±1.68Aa　（15.86）	3.01±1.72Aa　（17.82）	2.87±1.42Aa　（18.05）
	LCQ	3.66±0.82Aa　（11.69）	2.69±1.04Aa　（9.25）	2.85±1.21Aa　（10.33）	2.62±1.13Aa　（9.40）
	PLL	3.34±0.96Aa　（8.99）	2.85±1.14Aa　（9.80）	2.66±0.97Aa　（9.89）	2.63±1.07Aa　（10.04）
	LAG	3.71±1.09Aa　（8.53）	2.64±1.00Aa　（8.71）	2.92±0.98Aa　（10.25）	2.42±1.22Aa　（8.36）
NaHCO$_3$-Pi	LVR	2.71±0.61Aa　（11.69）	2.18±0.82Aa　（11.83）	2.12±0.63Aa　（12.53）	1.79±0.52Aa　（11.26）
	LCQ	4.22±1.26Aab　（13.49）	3.13±0.89Aab　（10.77）	3.00±1.13Aa　（10.89）	2.69±1.50Aa　（9.67）
	PLL	7.06±1.64Ab　（18.98）	4.10±1.27Bbc　（14.13）	3.24±0.81Bab　（12.03）	3.26±1.13Bab　（12.44）
	LAG	11.69±3.79Ac　（26.88）	5.45±1.30Bc　（18.03）	4.76±1.37Bb　（16.69）	4.37±0.83Bb　（15.07）
NaOH-Pi	LVR	16.08±5.02Aa　（69.33）	11.65±2.43Aa　（63.37）	10.04±2.86Ba　（59.46）	9.60±2.31Ba　（60.31）
	LCQ	17.47±4.08Aa　（55.84）	17.28±3.85Aab　（59.51）	15.80±3.95Aab　（57.35）	15.51±3.06Ab　（55.64）
	PLL	23.02±8.14Aa　（61.89）	19.40±5.37Ab　（66.67）	18.34±5.58Ab　（68.12）	17.45±4.25Ab　（66.63）
	LAG	23.33±3.46Aa　（53.68）	18.32±4.31Ab　（60.57）	17.05±4.29Ab　（59.85）	18.70±4.69Ab　（64.56）
HCl-Pi	LVR	1.64±0.90Aa　（7.09）	1.64±0.82Aa　（8.93）	1.72±0.69Aa　（10.19）	1.65±0.58Aa　（10.37）
	LCQ	5.94±1.76Ab　（18.99）	5.95±2.41Ab　（20.48）	5.90±2.30Ab　（21.42）	7.05±3.67Ab　（25.29）
	PLL	3.77±0.77Ac　（10.14）	2.71±0.88Aac　（9.31）	2.68±0.81Aa　（9.95）	2.85±0.98Aa　（10.89）
	LAG	4.74±0.45Abc　（10.91）	3.84±0.54Abc　（12.70）	3.76±0.78Ba　（13.21）	3.48±0.64Ba　（12.01）
TPi	LVR	23.19±5.40Aa　（100）	18.39±1.89Aa　（100）	16.88±2.24Ba　（100）	15.92±1.71Ba　（100）
	LCQ	31.29±4.42Aab　（100）	29.04±5.03Ab　（100）	27.55±4.77Ab　（100）	27.88±5.30Ab　（100）
	PLL	37.20±8.82Abc　（100）	29.05±6.21Ab　（100）	26.92±6.35Bb　（100）	26.19±5.94Bb　（100）
	LAG	43.47±3.59Ac　（100）	30.25±3.72Bb　（100）	28.49±3.99Bb　（100）	28.97±4.07Bb　（100）

注：不同大写字母表示同一植被恢复阶段不同土层之间差异显著（$P<0.05$），不同小写字母表示同一土层不同植被恢复阶段之间差异显著（$P<0.05$）；括号内的数据为百分比（%）。下同。

　　同一土层，LVR、PLL、LAG 林地 Pi 各组分含量占其 TPi 含量的百分比依次为 NaOH-Pi＞NaHCO$_3$-Pi＞Resin-Pi＞HCl-Pi，LCQ 林地为 NaOH-Pi＞HCl-Pi＞NaHCO$_3$-Pi ＞Resin-Pi。这表明植被恢复提高了林地土壤活性 NaHCO$_3$-Pi、中等活性 NaOH-Pi 和稳定态 HCl-Pi 含量，研究区林地土壤 Pi 主要由中等活性 NaOH-Pi 组成，而活性 NaHCO$_3$-Pi 和 Resin-Pi 含量较低，TPi 含量随植被恢复而增加主要是 NaOH-Pi、NaHCO$_3$-Pi、HCl-Pi 含量的升高所致。

　　同一植被恢复阶段，TPi 及其各组分含量总体上随土壤深度增加而降低，TPi 含量（除 LCQ 林地外）、LVR 的 NaOH-Pi、PLL 的 NaHCO$_3$-Pi、LAG 的 NaHCO$_3$-Pi 和 HCl-Pi 含量不同土层之间差异显著（$P<0.05$），其他植被恢复阶段的 Pi 各组分含量差异不显著（$P>0.05$）（表 6.8）。

6.4.2　土壤有机磷各组分的含量及其构成比例

　　从表 6.9 可以看出，同一土层总有机磷（TPo）含量随植被恢复而增加，且不同植被恢复阶段间差异显著（$P<0.05$），从 LVR 到 LAG，0～10 cm、10～20 cm、20～30 cm 和

30～40 cm 土层分别增加了 47.03 mg/kg、41.01 mg/kg、45.51 mg/kg、45.93 mg/kg，分别提高了 107.23%、193.37%、304.15%、373.33%，表明植被恢复提高了土壤 TPo 含量。

表 6.9　不同植被恢复阶段林地土壤有机磷各组分的含量　　　（单位：mg/kg）

有机磷组分	恢复阶段	土壤层次 /cm			
		0～10	10～20	20～30	30～40
NaHCO₃-Po	LVR	8.57±3.14Aa（19.54）	5.01±2.01ABa（23.61）	5.04±2.54ABa（33.69）	4.30±1.52Ba（34.97）
	LCQ	14.29±3.16Aab（28.36）	9.43±2.90ABa（26.06）	9.16±3.64Bab（27.19）	7.60±2.57Ba（27.45）
	PLL	16.74±3.81Ab（24.27）	10.09±4.65Bab（19.04）	8.26±3.20Ba（17.64）	7.32±2.13Ba（18.81）
	LAG	25.91±4.21Ac（28.51）	15.63±3.76Bb（25.13）	14.02±4.26Bb（23.19）	12.87±5.18Bb（22.11）
NaOH-Po	LVR	35.29±14.22Aa（80.46）	16.20±6.76Ba（76.39）	9.92±5.96Ba（66.31）	8.00±4.76Ba（65.03）
	LCQ	36.10±3.77Aa（71.64）	26.75±5.72Ba（73.94）	24.55±7.84Bab（72.81）	20.09±5.56Bab（72.55）
	PLL	52.24±8.52Ab（75.73）	42.90±10.32ABb（80.96）	38.57±15.61ABbc（82.36）	31.58±14.85Bc（81.19）
	LAG	64.97±4.80Ab（71.49）	46.59±8.22Bb（74.87）	46.44±9.58Bc（76.81）	45.36±14.34Bc（77.89）
TPo	LVR	43.86±16.69Aa（100）	21.21±8.49Ba（100）	14.96±8.37Ba（100）	12.30±5.40Ba（100）
	LCQ	50.40±6.96Aa（100）	36.17±6.77Ba（100）	33.71±9.66Bab（100）	27.69±4.74Bab（100）
	PLL	68.98±11.42Ab（100）	52.99±14.86ABb（100）	46.83±18.48ABbc（100）	38.89±16.12Bbc（100）
	LAG	90.88±4.77Ac（100）	62.22±11.05Bc（100）	60.47±13.13Bc（100）	58.23±18.75Bc（100）

　　如表 6.9 所示，同一土层 NaHCO₃-Po、NaOH-Po 含量随植被恢复而增加，且不同植被恢复阶段之间差异显著（$P<0.05$），从 LVR 到 LAG，0～10 cm、10～20 cm、20～30 cm 和 30～40 cm 土层 NaHCO₃-Po 含量分别增加了 17.34 mg/kg、10.63 mg/kg、8.98 mg/kg、8.57 mg/kg，分别提高了 202.38%、212.27%、178.17%、199.16%，NaOH-Po 含量分别增加了 29.69 mg/kg、30.38 mg/kg、36.52 mg/kg、36.52 mg/kg，分别提高了 84.12%、187.54%、368.17%、467.01%，属于快速积累型。同一土层不同植被恢复阶段 NaOH-Po 含量及其占 TPo 的百分比明显高于 NaHCO₃-Po。这表明植被恢复提高土壤 NaHCO₃-Po、NaOH-Po 含量，研究区林地土壤 TPo 主要由中等活性 NaOH-Po 组成，TPo 含量随植被恢复增加主要是 NaOH-Po 的增加所致。同一植被恢复阶段 TPo 及其各组分含量随土壤深度增加而降低，且同一植被恢复阶段不同土层间差异显著（$P<0.05$）。

6.4.3　土壤残留磷的含量

　　从图 6.8 可以看出，不同植被恢复阶段 0～10 cm、10～20 cm、20～30 cm、30～40 cm 土层 Residual-P 含量分别为 134.40～166.44 mg/kg、127.55～168.47 mg/kg、128.57～164.65 mg/kg、130.04～166.04 mg/kg，同一土层 Residual-P 含量随植被恢复先减少再增加，LCQ 最低，LAG 最高，且同一土层不同植被恢复阶段之间差异显著（$P<0.05$），从 LVR 恢复到 LAG，0～10 cm、10～20 cm、20～30 cm 和 30～40 cm 土层分别增加了 32.04 mg/kg、40.93 mg/kg、36.07 mg/kg、40.51 mg/kg，分别提高了 23.84%、32.09%、28.06%、31.15%。这表明 Residual-P 属于缓慢积累型，植被恢复对土壤 Residual-P 的积累有一定促进作用。同一植被恢复阶段不同土层 Residual-P 含量差异不显著（$P>0.05$）。

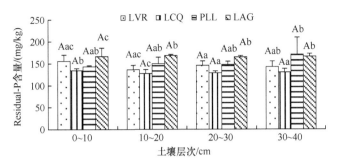

图 6.8　不同植被恢复阶段土壤残留磷的含量

图中不同大写字母表示同一植被恢复阶段不同土层之间差异显著（$P<0.05$），
不同小写字母表示同一土层不同植被恢复阶段之间差异显著（$P<0.05$），下同

6.4.4　土壤不同形态磷的组成比例

从表 6.10 可以看出，不同植被恢复阶段林地土壤 5 种形态 P 含量占 TP 的百分比差异明显，依次为 Residual-P＞NaOH-P＞NaHCO$_3$-P＞HCl-P＞Resin-P。其中，活性有效态 P 组分（Resin-P，NaHCO$_3$-P 两者之和）占 TP 的百分比最低，仅为 4.53%～14.19%，中等活性 P 组分（NaOH-P）占 10.30%～30.17%，而稳定迟效态 P 组分（Residual-P 和 HCl-P

表 6.10　不同植被恢复阶段土壤不同形态磷的组成比例　　　　（单位：%）

P 组分	恢复阶段	土壤层次 /cm			
		0～10	10～20	20～30	30～40
Resin-P	LVR	1.24	1.66	1.69	1.68
	LCQ	1.69	1.39	1.50	1.41
	PLL	1.34	1.23	1.20	1.12
	LAG	1.23	1.01	1.15	0.96
NaHCO$_3$-P	LVR	5.06	4.09	4.03	3.57
	LCQ	8.57	6.51	6.41	5.55
	PLL	9.54	6.12	5.20	4.49
	LAG	12.50	8.08	7.40	6.81
NaOH-P	LVR	23.03	15.85	11.24	10.30
	LCQ	24.79	22.84	21.25	19.18
	PLL	30.17	26.86	25.72	20.81
	LAG	29.36	24.87	25.04	25.30
HCl-P	LVR	0.74	0.93	0.97	0.97
	LCQ	2.75	3.09	3.11	3.80
	PLL	1.51	1.17	1.21	1.21
	LAG	1.58	1.47	1.48	1.37
Residual-P	LVR	69.94	77.47	82.07	83.48
	LCQ	62.20	66.17	67.73	70.06
	PLL	57.44	64.63	66.67	72.38
	LAG	55.33	64.56	64.92	65.57

两者之和）最高，为 56.07%～87.28%。这表明研究区林地土壤 P 库以稳定迟效态 P 为主，其次是中等活性 P。同一土层 Resin-P，HCl-P 含量占 TP 的百分比随植被恢复无明显变化，而 NaOH-P，NaHCO$_3$-P 明显增加，Residual-P 下降。这表明植被恢复提高土壤活性 P 和潜在活性 P 的比例，降低稳定迟效态 P 的比例，有利于提高土壤 P 的有效性。

6.4.5　土壤无机磷、有机磷和残留磷的组成比例

如表 6.11 所示，同一土层不同植被恢复阶段 Residual-P 含量占 TP 的百分比最大，为 55.33%～83.48%，但随植被恢复而下降，不同植被恢复阶段之间差异最大；TPo 含量占 7.20%～30.21%，随植被恢复而增加，不同植被恢复阶段之间差异较大；TPi 含量占 9.32%～15.07%，随植被恢复先增加后减小，不同植被恢复阶段之间差异不大。表明研究区林地土壤 P 库以 Residual-P 和 Po 为主，土壤 P 库的分配比例随植被恢复而变化。同一植被恢复阶段土壤 TPo 含量占 TP 的百分比随土层深度增加而降低，TPi 的百分比也降低，但变化不大，而 Residual-P 的百分比逐渐增加。

表 6.11　不同植被恢复阶段土壤无机磷、有机磷、残留磷的分配比例　　　（单位：%）

P 形态	恢复阶段	土壤层次 /cm			
		0～10	10～20	20～30	30～40
TPi	LVR	10.40	10.46	9.50	9.32
	LCQ	14.48	15.07	14.51	15.02
	PLL	14.91	12.53	12.16	11.12
	LAG	14.45	11.59	11.24	11.44
TPo	LVR	19.66	12.07	8.42	7.20
	LCQ	23.32	18.77	17.76	14.92
	PLL	27.65	22.85	21.16	16.51
	LAG	30.21	23.84	23.84	22.99
Residual-P	LVR	69.94	77.47	82.07	83.48
	LCQ	62.20	66.17	67.73	70.06
	PLL	57.44	64.63	66.67	72.38
	LAG	55.33	64.56	64.92	65.57

6.4.6　土壤各形态磷含量之间的相关性

如表 6.12 所示，TPi 与 TPo 呈极显著的相关性（$P < 0.01$），表明土壤 TPi 与 TPo 相互影响，相互转化。TPi、TPo 与各形态 P（除 Resin-Pi 外）呈显著（$P < 0.05$）或极显著（$P < 0.01$）正相关性，其中，与 NaHCO$_3$-P、NaHCO$_3$-Pi、NaHCO$_3$-Po、NaOH-P、

NaOH-Pi、NaOH-Po 的相关系数达 0.733 以上，表明 TPi、TPo 与各形态 P 关系密切，且 NaHCO₃-P、NaHCO₃-Pi、NaHCO₃-Po、NaOH-P、NaOH-Pi、NaOH-Po 对土壤 TPi、TPo 含量影响较大。Resin-Pi 仅与 NaHCO₃-Pi、NaOH-Pi 呈显著相关性（$P<0.05$），表明土壤 Resin-Pi 含量主要与 NaHCO₃-Pi、NaOH-Pi 之间相互影响。NaHCO₃-P、NaHCO₃-Pi、NaHCO₃-Po、NaOH-P、NaOH-Pi、NaOH-Po、HCl-Pi（除 Residual-P 外）、Residual-P 两两间呈显著（$P<0.05$）或极显著（$P<0.01$）的正相关性，表明研究区不同植被恢复阶段土壤各形态 P 之间相互影响，相互转化。

表 6.12 土壤 P 各组分之间的相关系数

相关性	TPi	TPo	Resin-Pi	NaHCO₃-P	NaHCO₃-Pi	NaHCO₃-Po	NaOH-P	NaOH-Pi	NaOH-Po	HCl-Pi
TPi	1									
TPo	0.818**	1								
Resin-Pi	0.027	−0.033	1							
NaHCO₃-P	0.777**	0.856**	0.060	1						
NaHCO₃-Pi	0.669**	0.610**	0.157*	0.795**	1					
NaHCO₃-Po	0.733**	0.859**	0.018	0.964**	0.615**	1				
NaOH-P	0.864**	0.975**	−0.086	0.764**	0.561**	0.760**	1			
NaOH-Pi	0.922**	0.788**	−0.184**	0.626**	0.438**	0.632**	0.882**	1		
NaOH-Po	0.797**	0.986**	−0.048	0.771**	0.573**	0.763**	0.986**	0.792**	1	
HCl-Pi	0.583**	0.330**	−0.093	0.377**	0.192**	0.412**	0.331**	0.416**	0.284**	1
Residual-P	0.184**	0.288**	−0.121	0.236**	0.143*	0.251**	0.287**	0.255**	0.283**	−0.099

注：n（样本数）=212，*为 $P<0.05$ 水平上显著相关，**为 $P<0.01$ 水平上极显著相关，下同。

6.4.7 土壤各形态磷含量与植被因子之间的相关性

如表 6.13 所示，土壤各形态 P（除 Resin-Pi 和 Residual-P 外）与树种多样性指数呈极显著正相关性（$P<0.01$）。土壤各形态 P（除 Resin-Pi、HCl-Pi 外）与地上生物量、根系生物量、群落生物量呈极显著正相关性（$P<0.01$）。土壤各形态 P（除 Resin-Pi、Residual-P 外）与凋落物层现存量呈显著（$P<0.05$）或极显著（$P<0.01$）正相关性；土壤各形态 P（除 HCl-Pi 外）与凋落物层 C 含量不存在显著相关性（$P>0.05$）；土壤各形态 P 与凋落物层 N（除 Resin-Pi、NaHCO₃-P、NaOH-P、Residual-P 外）、P（除 Resin-Pi、NaHCO₃-P、Residual-P 外）含量呈显著（$P<0.05$）或极显著（$P<0.01$）正相关性；土壤各形态 P（除 Resin-Pi、NaHCO₃-Pi 和 Residual-P 外）与凋落物层 C/N、C/P 呈显著（$P<0.05$）或极显著（$P<0.01$）负相关性，土壤 Resin-Pi 与凋落物层 N/P 呈极显著（$P<0.01$）正相关性，土壤 Pi、NaOH-Pi 和 HCl-Pi 与凋落物层 N/P 呈极显著负相关性（$P<0.01$），而其他形态 P 与凋落物层 N/P 不存在显著相关性（$P>0.05$）。这表明地上植被因子（Shannon-Wiener 指数、生物量、凋落物层现存量、凋落物层养分含量及质量）对林地土壤各形态 P 含量影响显著。

表 6.13　土壤各形态 P 含量与植被因子之间的相关系数

项目	Shannon-Wiener 指数	群落生物量	地上部分生物量	根系生物量	凋落物层现存量	凋落物层 C	凋落物层 N	凋落物层 P	凋落物层 C/N	凋落物层 C/P	凋落物层 N/P
TPi	0.638**	0.734**	0.637**	0.631**	0.702**	−0.127	0.526*	0.642**	−0.741**	−0.637**	−0.624**
TPo	0.654**	0.703**	0.753**	0.735**	0.691**	−0.108	0.631**	0.626**	−0.629**	−0.638**	−0.307
Resin-Pi	−0.225	−0.325	−0.240	−0.334	−0.352**	−0.227	0.221	−0.107	−0.302	0.251	0.642**
NaHCO₃-P	0.638**	0.658**	0.662**	0.681**	0.657**	−0.428	0.655**	0.634**	−0.671**	−0.653**	−0.289
NaHCO₃-Pi	0.639**	0.657**	0.641**	0.724**	0.630**	0.152	0.347	0.283	−0.304	−0.308	−0.018
NaHCO₃-Po	0.624**	0.741**	0.687**	0.680**	0.642**	−0.307	0.692**	0.647**	−0.651**	−0.681**	−0.277
NaOH-P	0.636**	0.678**	0.697**	0.691**	0.723**	−0.113	0.627**	0.631**	−0.672**	−0.634**	−0.341
NaOH-Pi	0.627**	0.649**	0.652**	0.628**	0.691**	−0.152	0.367	0.649**	−0.510*	−0.642**	−0.625**
NaOH-Po	0.630**	0.781**	0.734**	0.702**	0.673**	0.183	0.642**	0.624**	−0.628**	−0.670**	−0.239
HCl-Pi	0.625**	0.341	0.321	0.347	0.637**	−0.628**	0.647**	0.638**	−0.634**	−0.652**	−0.653**
Residual-P	−0.341	0.634**	0.672**	0.624**	0.417	0.247	0.352	0.247	−0.317	−0.219	−0.306

注：*表示 $P<0.05$，**表示 $P<0.01$，$n=16$。

6.4.8　土壤各形态磷含量与土壤因子之间的相关性

如表 6.14 所示，林地土壤容重、pH 与土壤各形态 P 之间均呈显著（$P<0.05$）或极显著（$P<0.01$）负相关性，与 HCl-Pi 呈极显著正相关性（$P<0.01$），与 Resin-Pi 不存在相关性（$P>0.05$）。土壤各形态 P（除 Resin-Pi 和 HCl-Pi 外）与土壤>50 μm 砂粒百分含量呈极显著负相关性（$P<0.01$），HCl-Pi 与土壤>50 μm 砂粒百分含量呈极显著的正相关性（$P<0.01$）；TPo、NaOH-P、NaOH-Po 和 Residual-P 与土壤 2~50 μm 粉粒百分含量呈显著（$P<0.05$）或极显著（$P<0.01$）正相关性，HCl–Pi 与土壤 2~50 μm 粉粒百分含量呈极显著的负相关性（$P<0.01$）；各形态 P（除了 Resin-Pi 外）与土壤<2 μm

表 6.14　土壤各形态 P 与土壤理化性质之间的相关系数

项目	容重	>50 μm 砂粒百分含量	2~50 μm 粉粒百分含量	<2 μm 黏粒百分含量	pH	SOC	全 N	水解 N	全 K	速效 K	土壤 C/N	土壤 C/P	土壤 N/P
TPi	−0.333**	−0.124	−0.074	0.500**	−0.270**	0.643**	0.618**	0.474**	−0.048	0.452**	−0.031	0.500**	0.485**
TPo	−0.490**	−0.368**	0.158*	0.544**	−0.506**	0.745**	0.751**	0.599**	−0.041	0.396**	−0.045	0.604**	0.617**
Resin-Pi	−0.003	0.028	−0.020	−0.022	0.038	0.108	0.036	0.096	0.166*	0.033	0.069	0.104	0.011
NaHCO₃-P	−0.446**	−0.279**	0.080	0.513**	−0.447**	0.832**	0.870**	0.778**	−0.059	0.363**	−0.081	0.685**	0.743**
NaHCO₃-Pi	−0.419**	−0.249**	0.068	0.464**	−0.336**	0.750**	0.721**	0.733**	−0.096	0.207**	−0.002	0.618**	0.595**
NaHCO₃-Po	−0.408**	−0.257**	0.071	0.480**	−0.452**	0.773**	0.834**	0.707**	−0.037	0.376**	−0.100	0.636**	0.719**
NaOH-P	−0.477**	−0.346**	0.140*	0.532**	−0.466**	0.677**	0.661**	0.494**	−0.037	0.409**	−0.022	0.538**	0.527**
NaOH-Pi	−0.371**	−0.186**	0.011	0.445**	−0.312**	0.530**	0.503**	0.315**	−0.025	0.434**	−0.009	0.395**	0.380**
NaOH-Po	−0.488**	−0.382**	0.177*	0.533**	−0.494**	0.692**	0.680**	0.529**	−0.039	0.379**	−0.025	0.558**	0.549**
HCl-Pi	0.217**	0.317**	−0.409**	0.212**	0.183**	0.146*	0.194**	0.111	−0.104	0.318**	−0.139*	0.102	0.166*
Residual-P	−0.267**	−0.481**	0.382**	0.272**	−0.326**	0.158*	0.232**	0.202**	0.018	−0.236**	−0.060	−0.023	0.070

注：n（样本数）=212，*表示 $P<0.05$ 水平上显著相关，**表示 $P<0.01$ 水平上极显著相关，下同。

黏粒百分含量均呈极显著（$P < 0.01$）的正相关性。土壤各形态 P（除 Resin-Pi、Residual-P 外）与土壤有机 C、TN、水解 N（除 HCl-Pi 外）、速效 K、土壤 C/P（除 HCl-Pi 外）、土壤 N/P 均呈显著（$P < 0.05$）或极显著（$P < 0.01$）的正相关性，但与全 K、土壤 C/N（除 HCl-Pi 外）不存在相关性（$P > 0.05$）。而 Resin-Pi 与土壤养分（除全 K 外）之间不存在相关性。Residual-P 与土壤有机 C、TN、水解 N 呈显著（$P < 0.05$）或极显著（$P < 0.01$）正相关性，与速效 K 呈极显著的负相关性（$P < 0.01$）。这表明土壤各形态 P 含量明显受到土壤理化性质的影响，土壤颗粒组成对土壤各形态 P 含量有显著影响，其中 < 2 μm 黏粒含量越高，对土壤 P 固持能力越强，各形态 P 也与土壤有机 C、TN、水解 N、速效 K、土壤 C/P 和土壤 N/P 有显著耦合关系。

6.4.9　土壤不同形态磷与有效磷之间的相关性

如表 6.15 所示，整个研究区 4 个植被恢复阶段土壤各形态 P（除 Residual-P 外）与 AP 呈极显著正相关性（$P < 0.01$），其中 TPi、TPo、NaOH-P、NaOH-Po 与 AP 相关系数较大。这表明研究区林地土壤各形态 P（除 Residual-P 外）对土壤 AP 含量影响显著，但不同形态 P 的有效性不同，其中 TPi、TPo、NaOH-P、NaOH-Po 有效性较高。

表 6.15　不同植被恢复阶段土壤有效磷与不同形态磷的相关系数

磷组分	植被恢复阶段				
	研究区（$n=256$）	LVR（$n=64$）	LCQ（$n=64$）	PLL（$n=64$）	LAG（$n=64$）
TPi	0.485**	0.394**	0.420**	0.482**	0.206
TPo	0.457**	0.429**	0.444**	0.338**	0.281*
Resin-Pi	0.265**	0.122	0.430**	0.284*	0.396**
NaHCO₃-P	0.402**	0.362**	0.538**	0.311*	0.140
NaHCO₃-Pi	0.342**	0.369**	0.431**	0.347**	0.074
NaHCO₃-Po	0.380**	0.256*	0.466**	0.248*	0.150
NaOH-P	0.462**	0.437**	0.374**	0.375**	0.295*
NaOH-Pi	0.410**	0.320**	0.303*	0.403**	0.183
NaOH-Po	0.455**	0.439**	0.389**	0.334**	0.322**
HCl-Pi	0.237**	−0.065	0.190	0.345**	−0.067
Residual-P	0.014	0.024	0.294*	−0.245	0.072

注：n 为样本数；*表示 $P < 0.05$ 水平上显著相关，**表示 $P < 0.01$ 水平上极显著相关。

从不同植被恢复阶段看，土壤各形态 P 与 AP 的相关性有一定的差异。在 LVR，土壤各形态 P（除 Resin-Pi、HCl-Pi、Residual-P 外）与 AP 呈显著（$P < 0.05$）或极显著（$P < 0.01$）正相关性，其中 TPo、NaOH-P、NaOH-Po 与 AP 相关系数较大；在 LCQ，土壤各形态 P（除 HCl-Pi 外）与 AP 呈显著（$P < 0.05$）或极显著（$P < 0.01$）正相关性，其中 NaHCO₃-P、NaHCO₃-Po 与 AP 相关系数较大；在 PLL，土壤各形态 P（除 Residual-P 外）与 AP 呈显著（$P < 0.05$）或极显著（$P < 0.01$）正相关性，其中 TPi、NaOH-Pi 与 AP 相关系数较大；在 LAG，土壤 P 中仅 TPo、Resin-Pi、NaOH-P、NaOH-Po 与 AP 呈显著（$P < 0.05$）或极显著（$P < 0.01$）正相关性，其中 Resin-Pi、NaOH-Po 与 AP 的相关系数较大（表 6.15）。这表明不同植被恢复阶段土壤各形态 P 的有效性不同。

在自然条件下，由于土壤各形态 P 之间具有较强的相关性（表 6.12）。为降低各形态 P 间的多重共线性，明确各形态 P 的有效性，用主成分分析方法提取影响土壤 AP 的主要组分，并对其进行逐步回归分析。分析结果（表 6.16）表明，影响整个研究区林地土壤 AP 的主要形态 P 为 Resin-P、NaOH-Pi、NaOH-Po，拟合方程为 $y = 0.24$ Resin-P + 0.04 NaOH-Pi + 0.01 NaOH-Po（$R^2 = 0.302$，$P = 0.000$）。但不同植被恢复阶段影响土壤 AP 的主要形态 P 不同，影响 LVR 土壤 AP 的主要形态 P 为 NaHCO$_3$-Pi 和 NaOH-Po，拟合方程为 $y = 0.20$NaHCO$_3$-Pi + 0.02 NaOH-Po（$R^2 = 0.238$，$P = 0.000$）。影响 LCQ 土壤 AP 的主要形态 P 为 Resin-P 和 NaHCO$_3$-Po，拟合方程为 $y = 0.30$ Resin-P +0.09NaHCO$_3$-Po（$R^2 = 0.352$，$P = 0.000$）。影响 PLL 土壤 AP 的主要形态 P 为 NaOH-Pi，拟合方程为 $y = 0.05$NaOH-Pi（$R^2 = 0.145$，$P = 0.004$）。影响 LAG 土壤 AP 的主要形态 P 为 Resin-P、NaOH-Po 和 HCl-P，拟合方程为 $y = 0.27$ Resin-P+0.03NaOH-Po - 0.35 HCl-P（$R^2 = 0.263$，$P = 0.001$）。在所有植被恢复阶段，Residual-P 未进入回归方程，4 个植被恢复阶段的比较表明，Resin-P、NaOH-Pi、NaOH-Po 是影响土壤 AP 的主要形态，是土壤 AP 的主要来源。

表 6.16　土壤有效磷含量与各形态磷的逐步回归分析

恢复阶段	逐步回归系数							R^2	P
	Resin-P	NaHCO$_3$-Pi	NaHCO$_3$-Po	NaOH-Pi	NaOH-Po	HCl-P	残留磷		
研究区	0.24	—	—	0.04	0.01	/	—	0.302	0.000
LVR	/	0.20	—	—	0.02	/	—	0.238	0.000
LCQ	0.30	/	0.09	—	—	/	—	0.352	0.000
PLL	/	—	—	0.05	—	/	/	0.145	0.004
LAG	0.27	/	—	—	0.03	−0.35	/	0.263	0.001

注："/"标记代表主成分分析中所剔除因子，未带入逐步回归分析；"—"标记代表逐步回归分析所剔除因子。

6.4.10　讨论

1. 植被恢复对土壤无机磷、有机磷的影响

经 Tiessen 等修正后的 Hedley 土壤 P 分级体系，将土壤 Pi 分为 4 种组分，其中 Resin-Pi 和 NaHCO$_3$-Pi 为活性 Pi，NaOH-Pi 为中等活性 Pi，HCl-Pi 为稳定 Pi（Tiessen et al.，1983）。本研究中，随植被恢复，土壤 TPi 及 Pi 各组分（除 Resin-Pi 外）含量增加，Pi 各组分含量占 TPi 的百分比也增加，且 NaHCO$_3$-Pi、NaOH-Pi、HCl-Pi 含量与群落 Shannon-Wiener 指数、群落生物量呈显著正相关性（表 6.13），与土壤容重、pH 呈显著负相关性，与土壤有机 C、TN、水解 N、速效 K 含量，土壤 C/P、N/P 呈显著正相关性（表 6.14）。NaOH-Pi 含量及其占 TPi 的百分比最大，表明随植被恢复，群落生物量增加，土壤理化性质改善有利于 NaHCO$_3$-Pi、NaOH-Pi、HCl-Pi 积累，土壤 Pi 库以中等活性 NaOH-Pi 为主，活性 Resin-Pi 和 NaHCO$_3$-Pi 含量较低，与已有的研究结果基本一致（Shenoy & Kalagudi，2005）。

NaOH-Pi 是一个缓慢循环的 P 库，可以在短期（几天或几个月）内作为潜在的活性 P 源（Yang and Post，2011），被认为是短期到中期 AP 的良好指标，很容易转化为活性 P（Richter et al.，2006）。此外，NaOH-Pi 主要是从土壤有机成分（即腐植酸）和一些非

晶态铁铝（Al）化合物、一些结晶铁（Fe）矿物中提取的（Cross & Schlesinger，2001）。本研究中，沿植被恢复梯度，NaOH-Pi 含量显著增加，可能是因为：①NaOH-Pi 与土壤有机质（碳）的积累密切相关（Malik & Khan，2012）；②与亚热带酸性红壤 pH 低于 6 且富含有 Fe、Al 氧化物（Shenoy & Kalagudi，2005；Tiessen et al.，1983）有关。随植被恢复，树种增加和常绿阔叶树种比例增大（表 1.1），群落生物量增加（表 3.11），凋落物层养分含量及其质量提高（图 4.1 和图 4.2），促进土壤有机质（碳）（表 3.13）、全 N、水解 N、速效 K 的积累（表 2.15，表 2.16），不仅为土壤微生物提供了充足的碳源，而且土壤有机质中含有大量的 P，有足够的有机基质供微生物分解，从而促进相当一部分 Po 矿化并释放到 NaOH-P 库中（Zhang et al.，2016）。此外，在 pH 低于 6 的酸性红壤中，Po 矿化形成的磷酸根离子很快与土壤 Fe、Al 氧化物表面游离的离子化合形成溶解度较低的磷酸盐，导致更多的 P 被土壤 Fe、Al 氧化物固定（Niederberger et al.，2019）。

　　土壤活性 Pi（NaHCO₃-Pi 和 Resin-Pi）是最具生物活性的组分（Zhang et al.，2011），主要来源于土壤溶液，是由微生物系统控制的，如自由的土壤微生物、微生物生物量的有机磷矿化固定化（Yang et al.，2015）和通过化学反应的矿物磷解吸（Costa et al.，2016）。同时，土壤活性 Pi 容易被 Fe、Al 矿物快速吸收，转化为次生无机磷；也可被土壤微生物固定化，随后转化为有机磷（Liebisch et al.，2014）。随植被恢复，4 种植物群落土壤活性 Pi 含量维持在一个很低的水平，可能与两种机制有关。首先，植物对 P 的需求量随树种和乔木数量的增加而增加，尤其是常绿阔叶树种在恢复梯度上的比例增加，导致更多的 P 从土壤向森林转移（Huang et al.，2013；Zhang et al.，2019），P 以 Fe、Al 磷酸盐的形式固定或吸附在氧化物表面（Shang et al.，1992）。随植被恢复，土壤 pH 和 SOC 含量增加，但 pH 仍低于 6（表 2.14），促进土壤活性 Pi 转化为更稳定的无机磷和有机磷（Turner & Blackwell，2013），也是中等活性 P 和稳定性 P 随植被恢复而增加的原因之一（Malik & Khan，2012；Niederberger et al.，2019）。

　　经 Tiessen 等（1983）修正后的 Hedley 的土壤 P 分级体系中，Po 主要包括 NaHCO₃-Po、NaOH-Po。其中 NaHCO₃-Po 主要是易于矿化的可溶 Po，NaOH-Po 为中稳定态，由腐殖酸和褐菌素等组成。本研究中，随植被恢复，土壤 Po、NaHCO₃-Po、NaOH-Po 含量明显增加，但 NaHCO₃-Po、NaOH-Po 含量占其 Po 的百分比没有明显的变化，且 Po、NaHCO₃-Po、NaOH-Po 与群落 Shannon-Wiener 指数、群落生物量和凋落物层 N、P 含量呈显著正相关关系，与凋落物层 C/N、N/P 呈显著负相关关系（表 6.14），与土壤容重、pH 呈显著负相关关系，与土壤 SOC、全 N、水解 N、速效 K 含量，土壤 C/P、N/P 呈显著正相关关系（表 6.15）。这表明随植被恢复，有利于 Po、NaHCO₃-Po、NaOH-Po 积累。也可能是由于 NaHCO₃ 浸提的 Po 为活性 Po，一般是一些小分子物质，如核糖核酸、核苷酸、甘油磷酸盐等（Bowman & Cole，1978），可被微生物迅速降解为可利用态而被植物吸收，或由于亚热带红壤具有含量较高的 Fe、Al 离子，可溶性 Po 能快速固定成溶解度较低的 NaOH-Po，从而引起土壤 Po 固定，因而 NaHCO₃-Po 含量维持在一个较低水平。不同植被恢复阶段土壤 NaOH-Po 含量及其占 Po 的百分比明显高于 NaHCO₃- Po，其原因可能与前面 NaOH-Pi 积累较明显相似，表明土壤潜在活性 Po 含量较高，可以作为该地区长期的 P 来源。本研究中，不同植被恢复阶段土壤 Po 含量均高于 Pi 含量，且随植被恢复，Po 的增幅也明显高于 Pi，主要是随植被恢复，SOC 含量明显升高（图 5.2），使得土壤 Po 含量较高（Bowman & Cole，1978）。土壤 Po 含量与 SOC 含量的相关性分析结果也证实了这一点。也可能是由于根系和真菌活动，促进 Pi 向 Po 转变，提高了土壤易分解态 Po 含量（林开淼等，2014）。

2. 植被恢复对土壤磷库组成的影响

Pi 是植物生长发育所需 P 的主要来源，一般占 TP 的 60%～80%（秦胜金等，2007）。本研究中，土壤 Pi 含量仅占 TP 的 9.32%～15.07%，明显偏低。究其原因可能是：①尽管土壤 Pi 含量随植被恢复而增加，但由于随植被恢复，树种增加和乔木树种比例增加，生物量增大，生长快，生长周期长对土壤活性 Pi 的吸收加快，导致土壤 Pi 下降；此外，当凋落物层 C/P、N/P 较高（图 4.2），凋落物分解过程中不但不发生 Po 的净矿化作用，反而会发生微生物对土壤有效态 Pi 的同化作用，Po 的矿化速率下降，导致 Pi 含量降低。②研究区高温多雨，生物分解及淋溶作用强烈，导致土壤 Pi 流失。③红壤具有较高含量的 Fe、Al 离子，对 Pi 吸附、固定作用强，导致土壤 Residual-P 含量增加，经 Tiessent 等改进后的 Hedley（Tiessen et al.，1983）土壤 P 分级方法中，Pi 没有包括 Residual-P 中的 Pi，导致 Pi 占 TP 的百分比偏低。

土壤 Po 是生物活动造成有机物质的积累而形成，一般占 TP 的 10%～15%（秦胜金等，2007），但受生物作用的影响，草地、森林土壤 TPo 占 TP 比例达 20%～50%（Joergensen et al.，1995）。研究表明，随成土过程中的生物活动，土壤有机物不断聚积，Po 含量增加（Cross & Schlesinger，1995）；森林更新后土壤 TPo 含量会有所上升，主要原因是凋落物的归还（Frizano et al.，2002）。本研究中，随植被恢复，土壤有机质（碳）含量增加（辜翔等，2018），土壤 TPo 含量及其占 TP 的百分比提高，各土层 TPo 占 TP 的 7.20%～30.21%，表明植被恢复显著提高土壤 P 库中 Po 的组成比例。

Residual-P 是相对稳定、难以被植物利用的 P，包括 Pi 和 Po 两个部分。研究表明，中亚热带红壤中的 P 主要以闭蓄态 P 存在，Residual-P 含量占 TP 的百分比可达到 54%（张福锁等，2007）。本研究中，Residual-P 含量占 TP 的 55.33%～83.48%。这表明研究区林地土壤 P 以 Residual-P 为主。

3. 土壤各形态磷的有效性

土壤 P 有效性主要取决于土壤 P 的存在形态，土壤 P 有效性表征土壤 P 的直接供应水平，也是评价土壤供 P 能力的重要指标，因而土壤 A 有效性是生态系统 P 循环研究的关键。长期以来，人们主要采用土壤 AP 含量作为判断土壤 P 有效性丰缺的指标，而南方红壤区林地土壤 AP 含量非常低，很难反映红壤实际的供 P 能力。土壤中的 P 总以多种形态存在，不同形态 P 的来源均不同，对植物的有效性不同（Bol et al.，2016）。Hedley 土壤各形态 P 与 AP 存在一定关系，一般认为，土壤某形态 P 与 AP 的相关性越显著，则该形态 P 的有效性越大，对土壤 AP 的贡献也越大（吕家珑，2003）。但如前面所述（本章 6.1 部分），目前有关亚热带森林土壤各形态 P 与土壤有效性关系的研究结果存在许多不确定性。本研究中，土壤各形态 P 与 AP 基本上呈正相关性（表 6.15），从整个研究区来看，Resin-P、NaOH-Pi、NaOH-Po 是影响土壤 AP 的主要形态，是研究区林地土壤 AP 的主要来源（表 6.16）。但从不同植被恢复阶段来看，土壤各形态 P 与 AP 的相关性不同，且影响土壤 AP 的主要形态 P 也不同（表 6.16），与现有的研究结果（詹书侠等，2009；张教林等，2000；郭海超等，2012；林开淼等，2014）不一致。因此，森林土壤各形态 P 的特征及其对土壤 P 有效性影响的研究还有待进一步加强，特别是不同形态 P 与土壤 P 有效性的转化机理。

6.5　不同植被恢复阶段土壤不同形态磷含量的季节动态

植物生长有明显的季节变化规律，对土壤养分的吸收利用也会呈现相应的季节变化规律；另一方面，植物根系生理活动能促进土壤 Po 矿化，而土壤 Po 矿化以及凋落物（包括植物根系）分解受温度、水分、植物物候等诸多因素的影响，因此，土壤各形态 P 含量存在一定的季节变化特征。由于不同生态系统的主要 P 源、土壤自身特性及不同地区气候因子的差异，有关土壤各形态 P 含量的季节动态的研究结果仍存在不确定性。Magid 和 Nielsen（1992）的研究表明，土壤活性 Po 含量夏高冬低，土壤 AP 的供应以及不同形态 P 含量随环境因子、土壤养分的季节变化而呈现出显著的季节变化，而 Gyaneshwar 等（2002）的研究却得出相反的结论。此外，Kiedrzyńska 等（2008）研究表明，不同植被类型土壤 P 含量有明显的季节特征。苏莹莹（2012）的研究也表明，环太湖不同林带植被土壤 P 含量不同，且存在明显的季节动态，季节和植被类型对土壤 P 含量影响显著。本节主要探究不同植被恢复阶段（灌草丛、灌木林、马尾松针阔混交林、常绿阔叶林）林地土壤各形态 P 含量的季节动态特征，为深入认识亚热带植被恢复对生态系统磷循环的影响机制及森林植被经营管理和恢复提供科学依据。

6.5.1　土壤无机磷各组分含量的季节变化

分析结果（表 6.17）表明，不同植被恢复阶段土壤 Pi 各组分（除 Resin-Pi 外）含量的差异极显著（$P<0.001$）；同样，不同季节土壤 Pi 各组分含量的差异也达到极显著水平（$P<0.001$）。这表明植被恢复、季节变化对土壤 Pi 各组分含量影响显著。植被恢复阶段与季节变化交互作用对 Resin-Pi、NaHCO$_3$-Pi 和 HCl-Pi 含量的影响极显著（$P<0.001$），但对 NaOH-Pi、TPi 含量的影响不显著（$P>0.05$），表明不同植被恢复阶段土壤 Resin-Pi、NaHCO$_3$-Pi 和 HCl-Pi 含量的差异显著性随季节变化而变化，而 NaOH-Pi、TPi 含量的差异显著性不随季节变化而改变。

表 6.17　不同植被恢复阶段和季节变化对土壤无机 P 各组分含量影响的方差分析

无机磷组分	植被恢复阶段			季节变化			植被恢复阶段×季节变化		
	df	F	P	df	F	P	df	F	P
Resin-Pi	3	0.077	0.972	3	60.789	0.000	9	6.105	0.000
NaHCO$_3$-Pi	3	104.652	0.000	3	27.657	0.000	9	4.872	0.000
NaOH-Pi	3	23.998	0.000	3	26.369	0.000	9	1.104	0.364
HCl-Pi	3	117.184	0.000	3	34.332	0.000	9	7.593	0.000
TPi	3	48.768	0.000	3	19.363	0.000	9	1.347	0.217

从图 6.9 可以看出，同一植被恢复阶段土壤 Pi 各组分含量的季节变化规律不一致，同一组分在不同植被恢复阶段的季节变化也不一致。

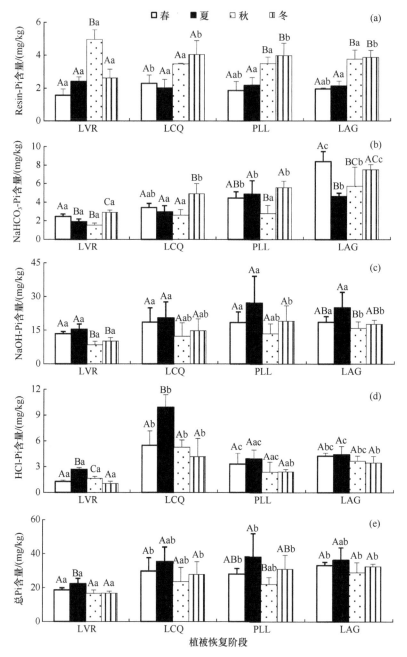

图 6.9　土壤无机磷及其各组分含量的季节变化

图中不同大写字母表示同一植被恢复阶段不同季节差异显著（$P<0.05$），
不同小写字母表示同一季节不同植被恢复阶段差异显著（$P<0.05$）。下同

（1）Resin-Pi 含量的季节变化：如图 6.9（a）所示，不同植被恢复阶段土壤 Resin-Pi 含量的季节变化不一致，在 LVR 表现为：秋季＞冬季＞夏季＞春季，且不同季节之间

差异显著（$P<0.05$）；在 LCQ 冬季最高，其次是秋季，夏季最低，但季节之间差异不显著（$P>0.05$）；PLL 和 LAG 冬季最高，其次是秋季，春季最低，季节之间差异显著（$P<0.05$）。LVR、LCQ、PLL、LAG 不同季节波动范围分别为 1.57～4.97 mg/kg、2.01～4.04 mg/kg、1.86～3.97 mg/kg、1.91～3.92 mg/kg，其中 LVR 季节波动幅度最大，LAG 最小。不同植被恢复阶段土壤 Resin-Pi 含量的变化也因季节不同而异，冬、春季表现为 LCQ 最高，PLL 和 LAG 次之，LVR 最低，且不同植被恢复阶段之间差异显著（$P<0.05$）；夏、秋季则表现为 LVR 最高，PLL 和 LAG 次之，LCQ 最低，但不同植被恢复阶段之间差异不显著（$P>0.05$）。

（2）NaHCO₃-Pi 含量的季节变化：如图 6.9（b）所示，不同植被恢复阶段土壤 $NaHCO_3$-Pi 含量的季节变化基本一致，冬季普遍较高，夏秋季普遍较低，且不同季节之间差异显著（$P<0.05$）。LVR、LCQ、PLL、LAG 季节变化范围分别为 1.53～2.91 mg/kg、2.60～4.91 mg/kg、2.78～5.57 mg/kg、4.63～8.39 mg/kg，其中 LAG 季节波动幅度最大，LVR 最小。不同植被恢复阶段土壤 $NaHCO_3$-Pi 含量变化均表现为 LAG＞PLL＞LCQ＞LVR，且差异显著（$P<0.05$），其中春季差异最大。

（3）NaOH-Pi 含量的季节变化：如图 6.9（c）所示，不同植被恢复阶段土壤 NaOH-Pi 含量的季节变化比较一致，夏季最高，其次是春、冬季，秋季最低，且 LVR、LAG 不同季节之间差异显著（$P<0.05$），但 LCQ、PLL 差异不显著（$P>0.05$）。LVR、LCQ、PLL、LAG 季节变化范围分别为 8.51～15.37 mg/kg、12.26～20.47 mg/kg、13.51～27.18 mg/kg、15.87～25.12 mg/kg，其中 PLL 季节波动最大，LVR 最小。不同植被恢复阶段土壤 NaOH-Pi 含量变化也因季节不同而异，春、秋季表现为，LAG 最高，PLL 和 LCQ 次之，LVR 最低，且秋季差异显著（$P<0.05$），但春季差异不显著（$P>0.05$）；夏、冬季表现为，PLL 最高，LAG 和 LCQ 次之，LVR 最低，且冬季差异显著（$P<0.05$），但夏季差异不显著（$P>0.05$）。

（4）HCl-Pi 含量的季节变化：如图 6.9（d）所示，不同植被恢复阶段土壤 HCl-Pi 含量的季节变化比较一致，夏季最高，春、秋季次之，冬季最低，且 LVR、LCQ 不同季节之间差异显著（$P<0.05$），但 LAG、PLL 不同季节之间差异不显著（$P>0.05$）。LVR、LCQ、PLL、LAG 季节波动范围分别为 1.06～2.68 mg/kg、4.17～9.91 mg/kg、2.37～3.92 mg/kg、3.46～4.44 mg/kg，其中 LCQ 季节波动幅度最大，LVR 最小。4 个季节不同植被恢复阶段 HCl-Pi 含量均表现为 LCQ＞LAG＞PLL＞LVR，且差异显著（$P<0.05$）。

（5）TPi 含量的季节变化：如图 6.9（e）所示，不同植被恢复阶段土壤 TPi 含量的季节变化基本一致，夏季最高，其次是春、冬季，秋季最低，其中 LVR 不同季节之间差异显著（$P<0.05$），而 LCQ、PLL、LAG 差异不显著（$P>0.05$）。LVR、LCQ、PLL、LAG 季节变化范围分别为 16.64～22.35 mg/kg、23.60～35.34 mg/kg、22.14～38.13 mg/kg、29.02～36.31 mg/kg，其中 PLL 季节波动幅度最大，LVR 最小。不同植被恢复阶段 TPi 含量也因季节不同而异，春、秋、冬季 LAG 最高，PLL 和 LCQ 次之，LVR 最低，且不同植被恢复阶段之间差异均显著（$P<0.05$）；夏季 PLL 最高，LAG 和 LCQ 次之，LVR 最低，且不同植被恢复阶段之间差异显著（$P<0.05$）。

6.5.2 土壤有机磷各组分含量的季节变化

分析结果（表 6.18）表明，不同植被恢复阶段、不同季节土壤 Po 各组分含量差异极显著（$P<0.001$），表明植被恢复、季节变化对土壤 Po 各组分含量影响显著；而植被恢复阶段与季节变化的交互作用对土壤 $NaHCO_3$-Po 影响显著（$P<0.05$），而对 NaOH-Po 和 TPo 影响不显著（$P>0.05$）。这表明不同植被恢复阶段土壤 $NaHCO_3$-Po 含量的差异显著性随季节变化而变化，而 NaOH-Po、TPo 含量的差异显著性不随季节变化而变化。

表 6.18 不同植被恢复阶段和季节变化对土壤有机 P 各组分及 Residual-P 含量影响的方差分析

影响因子	植被恢复阶段			季节变化			植被恢复阶段×季节变化		
	df	F	P	df	F	P	df	F	P
$NaHCO_3$-Po	3	130.872	0.000	3	52.212	0.000	9	2.275	0.020
NaOH-Po	3	75.273	0.000	3	20.285	0.000	9	1.467	0.165
TPo	3	96.008	0.000	3	26.036	0.000	9	1.242	0.274
Residual-P	3	11.658	0.000	3	1.165	0.325	9	0.672	0.734

从图 6.10 可以看出，同一植被恢复阶段土壤有机 P 各组分含量的季节变化不同，同一组分在不同植被恢复阶段季节变化也不完全一致。

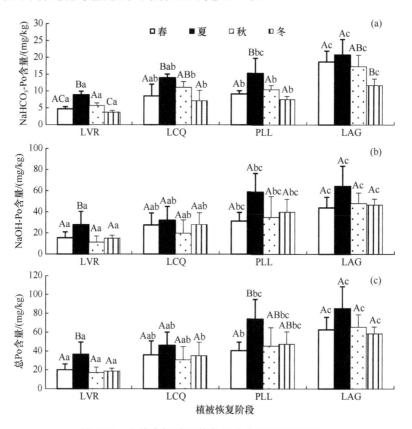

图 6.10 土壤有机磷及其各组分含量的季节变化

（1）NaHCO$_3$-Po 含量的季节变化：如图 6.10（a）所示，不同植被恢复阶段 NaHCO$_3$-Po 含量的季节变化基本一致，均表现为：夏季最高，秋、春季次之，冬季最低，且不同季节之间差异显著（$P<0.05$）。LVR、LCQ、PLL、LAG 不同季节波动范围分别为 3.68～8.84 mg/kg、7.10～13.97 mg/kg、7.49～15.32 mg/kg、11.70～20.76 mg/kg，其中 LAG 季节波动幅度最大，LVR 最小。4 个季节不同植被恢复阶段土壤 NaHCO$_3$-Po 含量的变化均表现为 LAG 最高，PLL、LCQ 次之，LVR 最低，且差异显著（$P<0.05$）。

（2）NaOH-Po 含量的季节变化：如图 6.10（b）所示，不同植被恢复阶段土壤 NaOH-Po 含量的季节变化不一致。LVR、LCQ 表现为，夏季最高，春季、冬季次之，秋季最低，且 LVR 不同季节之间差异显著（$P<0.05$），而 LCQ 不同季节之间差异不显著（$P>0.05$）；PLL、LAG 表现为，夏季最高，冬季、秋季次之，春季最低，且不同季节之间差异均不显著（$P>0.05$）。LVR、LCQ、PLL、LAG 不同季节波动范围分别为 11.31～27.81 mg/kg、19.70～32.19 mg/kg、31.45～58.83 mg/kg、44.11～64.29 mg/kg，其中 PLL 季节波动幅度最大，LCQ 最小。4 个季节不同植被恢复阶段 NaOH-Po 含量变化排序均为 LAG＞PLL＞LCQ＞LVR，且差异显著（$P<0.05$）。

（3）TPo 含量的季节变化：如图 6.10（c）所示，不同植被恢复阶段土壤 TPo 含量的季节变化与 NaOH-Po 含量基本一致。LVR、LCQ、PLL、LAG 不同季节波动范围分别为 17.01～36.65 mg/kg、30.76～46.16 mg/kg、40.59～74.15 mg/kg、58.54～85.05 mg/kg，其中 PLL 季节波动幅度最大，LCQ 最小。4 个季节不同植被恢复阶段 TPo 含量由高到低排序与 NaOH-Po 含量一致，且差异均显著（$P<0.05$）。

6.5.3　土壤残留磷含量的季节变化

分析结果（表 6.18）表明，不同植被恢复阶段土壤 Residual-P 差异极显著（$P<0.001$）；而不同季节 Residual-P 差异不显著（$P>0.05$）；植被恢复阶段与季节变化的交互作用对 Residual-P 的影响不显著（$P>0.05$）。这表明植被恢复对土壤 Residual-P 含量的影响显著，但季节变化对其影响不显著，不同植被恢复阶段土壤 Residual-P 的差异显著性不随季节变化而变化。

如图 6.11 所示，不同植被恢复阶段土壤 Residual-P 含量的季节变化不一致。在 LVR、LCQ、PLL 表现为，春、夏季较高，秋、冬季较低；而 LAG 表现为，秋、冬季较高，春、夏季较低，但不同季节之间的差异均不显著（$P>0.05$）。LVR、LCQ、PLL、LAG 不同季节波动范围分别为 135.82～156.91 mg/kg、124.01～135.25 mg/kg、141.50～163.63 mg/kg、159.52～170.71 mg/kg，其中 PLL 季节波动幅度最大，LAG 最小。不同植被恢复阶段土壤 Residual-P 含量的变化也因季节不同而异，春、秋、冬季均表现为，LAG 最高，LVR、PLL 次之，LCQ 最低，且差异均显著（$P<0.05$）；夏季表现为，PLL 最高，LAG、LVR 次之，LCQ 最低，但差异不显著（$P>0.05$）。

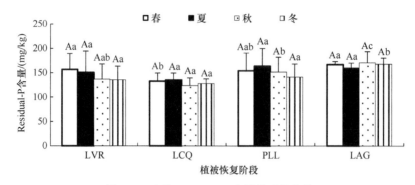

图 6.11 土壤 Residual-P 含量的季节变化

6.5.4 讨论

1. 季节变化对土壤无机磷及其各组分含量的影响

经 Tissen 改进后的 Hedley 土壤 P 分级体系中,Resin-Pi 属于活性游离态 AP(图 6.2)。研究表明,土壤 Resin-Pi 即使被植物迅速吸收也能够及时得到补充,因为土壤 Resin-Pi 含量不仅取决于它的来源,即土壤中 Resin-Pi 含量除与土壤本身 AP 库大小有关外,还与植物对 Resin-Pi 的吸收速率和 B_P 的释放速率有关(Tiessen et al.,1983)。不同植被恢复阶段土壤 Resin-Pi 含量在秋、冬季较高,在春、夏季较低。

NaHCO₃-Pi 也是活性 AP 组分,不同植被恢复阶段土壤 NaHCO₃-Pi 含量冬季普遍较高,夏、秋季普遍较低。究其原因可能是:①秋、冬季大多数植物从夏季旺盛生长转变为缓慢生长或停止生长,冬季基本处于休眠状态,对游离态的 P 吸收缓慢或不吸收,导致秋、冬季游离态 AP 含量比春、夏季高。②在春、夏季不仅植物生长需要大量的游离态 AP,土壤微生物也随土壤温度升高而大量繁殖和生长,需要更多游离态 AP,导致土壤游离态 AP 含量下降。由于 LVR 主要以草本植物为主,仅有少量灌木,秋季许多草本植物枯萎死亡,因而秋季土壤 Resin-Pi 含量增加。③由于 PLL、LAG 有较多乔木树种和地表覆盖物,土壤温度和水分条件基本相似,因此土壤 Resin-Pi 含量的季节变化比较一致(李志安等,2003)。

改进后的 Hedley 土壤 P 分级体系中,NaOH-Pi 属于中等活性 P(图 6.2),不同植被恢复阶段土壤 NaOH-Pi 含量的季节变化一致,均为夏高秋低,且季节间波动比较大;而稳定无效态 HCl-Pi 表现为夏季最高,秋、冬季比较低。正如前面所说,亚热带红壤区夏季高温多雨,土壤风化作用强,微生物作用增强,凋落物分解速率提高,促进土壤 Po 矿化,但同时生物富集作用导致硅酸盐矿物分解强烈,使得铁、铝等氧化物聚集,引起土壤 P 循环减慢,使得大量易矿化 P 向稳定态 P 转化(李庆逵,1983),导致土壤 NaOH-Pi 和稳定无效态 HCl-Pi 含量夏季较高。植被恢复初期,HCl-Pi 含量季节波动较大,植被恢复中后期,HCl-Pi 含量季节波动较小,表明 HCl-Pi 含量的季节变化受植被的影响主要在植被恢复初期。

不同植被恢复阶段土壤 TPi 含量的季节变化与 NaOH-Pi、HCl-Pi 含量的季节变化基本一致,表明 TPi 含量的季节变化主要是由 NaOH-Pi、HCl-Pi 含量的季节变化所致。

2. 季节变化对土壤有机磷及其各组分含量的影响

土壤 Po 各组分含量的季节变化不同,但 TPo 及 NaHCO₃-Po、NaOH-Po 含量均表现为夏季最高。尽管夏季是植物生长旺盛的季节,消耗较多的土壤 P,但由于夏季高温多雨,微生物活性高,凋落物分解速率高,土壤 P 得到不断补充,因此土壤 NaHCO₃-Po、NaOH-Po 含量仍维持在较高的水平。除 LVR 外,其他 3 个植被恢复阶段土壤 NaOH-Po 含量季节波动较小。LVR、LCQ 土壤 TPo 含量季节波动与 NaOH-Po 含量相似,表明 TPo 含量的季节变化主要是由 NaOH-Po 含量的季节变化所致。

3. 季节变化对土壤残留磷含量的影响

LVR、LCQ、PLL 土壤 Residual-P 含量春、夏季较高,而 LAG 则秋、冬季较高,但不同植被恢复阶段季节波动不大,表明季节变化对土壤 Residual-P 含量的影响不明显。4 个植被恢复阶段中,LAG 土壤 Residual-P 含量春、秋、冬季均为最高,夏季则为 PLL 最高,而 LCQ 各季节均为最低,且除夏季外,其他 3 个季节不同植被恢复阶段之间差异显著。

6.6　结　　论

1. 植被类型、土层深度、季节变化对土壤 TP、AP 含量的影响显著,且同一土层各季节的 TP 含量、AP 平均含量随植被恢复而增加。不同植被恢复阶段各土层 TP 含量均呈现出"单峰形"的季节变化规律,除 LAG 的 0~10 cm 土层外,均表现为夏季最高,其次春季较高,冬季或秋季最低;不同植被恢复阶段各土层 AP 含量的季节变化规律不完全一致,基本表现为夏、冬季高,春、秋季低。森林土壤 TP、AP 含量的季节变化是一个多种因素综合影响的复杂过程。

不同植被恢复阶段地上部分生物量、根系生物量、凋落物层现存量及土壤 SOC、全 N 含量和 pH 的变化显著影响土壤 TP、AP 含量。因此,应遵循植被恢复进程,根据植被发育和发展状况,通过合理的森林经营管理(如增加群落树种多样性,减少人为干扰,提高群落各组分生物量,改善土壤理化性质),提高土壤 TP、AP 含量,降低土壤 P 对植物生长的限制性。

2. 随植被恢复,NaHCO₃-Pi、NaOH-Pi、HCl-Pi 属于快速积累型,Resin-Pi 属于稳定型,Pi 含量增加,不同植被恢复阶段土壤 Pi 以中等活性 NaOH-Pi 为主;土壤 NaHCO₃-Po、NaOH-Po 含量属于快速积累型,Po 含量增加,不同植被恢复阶段土壤 Po 以中等活性 NaOH-Po 为主;Residual-P 含量先减少后增加,属于缓慢积累型,TP 含量也增加。

NaOH-P、NaHCO₃-P 含量占 TP 的百分比随植被恢复而明显升高,Residual-P 下降。这表明植被恢复提高了土壤活性 P 和潜在活性 P 的比例,降低了稳定态、迟效态 P 的比例,有利于提高土壤 P 的有效性。随植被恢复,同一土层 Po 含量占 TP 的百分比增加,Pi 变化不大,而 Residual-P 下降,土壤 P 库以 Residual-P 和 Po 为主。随植被恢复,群落树种组成、生物量、凋落物层养分含量及其质量的变化对土壤 TP 及其各形态含量的影响显著,导致土壤 P 库组成比例的变化。

主要参考文献

曹娟, 闫文德, 项文化, 等. 2014. 湖南会同不同年龄杉木人工林土壤磷素特征. 生态学报, 34(22): 6519-6527.

程瑞梅, 肖文发, 王晓荣, 等. 2010. 三峡库区植被不同演替阶段的土壤养分特征. 林业科学, 46(9): 1-6.

丁怀香, 宇万太. 2008. 土壤无机磷分级及生物有效性研究进展. 土壤通报, 39(3): 681-685.

樊明寿, 张福锁. 2001. 植物磷吸收效率的生理基础. 生命科学, 13(3): 129-131, 128.

冯晨. 2012. 持续淋溶条件下有机酸对土壤磷素释放的影响及机理研究. 沈阳: 沈阳农业大学博士学位论文.

冯跃华, 张杨珠, 黄运湘, 等. 2001. 湖南省主要类型水稻土有机磷形态分级研究. 湖南农业大学学报(自然科学版), 27(1): 24-28.

耿燕, 吴漪, 贺金生. 2011. 内蒙古草地叶片磷含量与土壤有效磷的关系. 植物生态学报, 35(1): 1-8.

辜翔, 张仕吉, 刘兆丹, 等. 2018. 中亚热带植被恢复对土壤有机碳含量、碳密度的影响. 植物生态学报, 42(5): 595-608.

顾益初, 蒋柏藩, 鲁如坤. 1984. 风化对土壤粒级中磷素形态、转化及其有效性的影响. 土壤学报, 21(2): 134-143.

郭海超, 周杰, 罗雪华, 等. 2012. 海南胶园不同母质发育砖红壤磷素形态特征研究. 热带作物学报, 33(10): 1724-1730.

郭婧, 喻林华, 方晰, 等. 2015. 中亚热带4种森林凋落物量、组成、动态及其周转期. 生态学报, 35(14): 4668-4677.

何加林, 曹洪麟, 张燕婷, 等. 2009. 广西木论喀斯特森林土壤养分水平与植被及地形的关系. 热带亚热带植物学报, 17(5): 502-509.

胡斌. 2013. 黄土高原旱作农田地膜覆盖下土壤磷素转化、有机质矿化及土壤生态化学计量学特征. 兰州: 兰州大学博士学位论文.

胡红青, 贺纪正, 李学垣, 等. 1999. 有机酸对酸性土壤吸附磷的影响. 华中农业大学学报, 16(1): 37-42.

湖南省农业厅. 1989. 湖南土壤. 北京: 农业出版社.

黄昌勇. 2000. 土壤学. 北京: 中国农业出版社.

黄敏, 吴金水, 黄巧云, 等. 2003. 土壤磷素微生物作用的研究进展. 生态环境, 12(3): 366-370.

黄文娟, 刘菊秀, 唐旭利, 等. 2009. 鼎湖山5种森林土壤的无机氮和有效磷含量. 应用与环境生物学报, 15(4): 441-447.

江利平, 黄绍虎, 杨万勤, 等. 2012. 华西雨屏区几种人工植被类型对土壤磷库的影响. 四川农业大学学报, 30(3): 283-286.

姜勇, 庄秋丽, 张玉革, 等. 2008. 东北玉米带农田土壤磷素分布特征. 应用生态学报, 19(9): 1931-1936.

孔健, 张亨宇, 荆爽. 2017. 大兴安岭火后演替初期森林土壤磷的动态变化特征. 生态学杂志, 36(6): 1515-1523.

寇长林, 王秋杰, 任丽轩, 等. 1999. 小麦和花生利用磷形态差异的研究. 土壤通报, 30(4): 181-184.

李法云, 高子勤. 1999. 白浆土-植物系统营养物质转化机制及其有效性研究 Ⅳ. 环境条件对土壤磷素有效性的影响. 应用生态学报, 10(5): 579-582.

李和生, 王林权, 赵春生. 1997. 小麦根际磷酸酶活性与有机磷之关系. 西北农业大学学报, 25(2): 47-50.

李杰, 石元亮, 陈智文. 2011. 我国南方红壤磷素研究概况. 土壤通报, 42(3): 763-768.

李南洁, 曾清苹, 何丙辉, 等. 2017. 缙云山柑橘林土壤微生物磷脂脂肪酸(PLFAs)及酶活性的季节变化特征. 环境科学, 38(1): 309-317.

李庆逵. 1983. 中国红壤. 北京: 科学出版社.

李渊, 宫渊波, 苏宏伟, 等. 2014. 川南不同林龄马尾松人工林土壤磷素变化特征. 东北林业大学学报, 42(6): 63-67, 113.

李志安, 邹碧, 曹裕松, 等. 2003. 南方典型丘林退化荒坡土壤养分特征分析. 生态学报, 23(8): 1648-1656.

李祖荫. 1992. 关于石灰性土壤固磷强度与固磷基质问题. 土壤通报, 23(4): 190-193.

林继雄, 林葆, 艾卫. 1995. 磷肥后效与利用率的定位试验. 土壤肥料, (6): 1-5.

林开淼, 郭剑芬, 杨智杰, 等. 2014. 不同林龄人促天然更新林土壤磷素形态及有效性分析. 中南林业科技大学学报, 34(9): 6-11.

刘宏伟, 陈立新, 马海娟, 等. 2010. 凉水自然保护区主要森林类型土壤磷季节动态及有效性. 东北林业大学学报, 38(4): 62-65.

刘建玲, 廖文华, 张作新, 等. 2007. 磷肥和有机肥的产量效应与土壤积累磷的环境风险评价. 中国农业科学, 40(5): 959-965.

刘世亮, 介晓磊, 李有田, 等. 2002. 作物根际土壤有机磷的分组及有效性研究. 河南农业大学学报, 36(1): 27-31.

鲁如坤. 2000 土壤农业化学分析方法. 北京: 中国农业科技出版社.

吕家珑. 2003. 农田土壤磷素淋溶及其预测. 生态学报, 23(12): 2689-2701.

马艳梅. 2006. 长期施肥对白浆土磷吸附与解吸的影响. 中国土壤与肥料, (4): 40-42.

莫江明. 2005. 鼎湖山退化马尾松林、混交林和季风常绿阔叶林土壤全磷和有效磷的比较. 广西植物, 25(2): 186-192.

裴海昆. 2002. 不同草甸植被类型下土壤有机磷类型及含量探讨. 土壤, 34(1): 47-50.

彭建勤, 林成芳, 洪慧滨, 等. 2016. 中亚热带森林更新方式对土壤磷素的影响. 生态学报, 36(24): 8015-8024.

齐泽民, 王开运, 张远彬, 等. 2009. 川西亚高山林线过渡带及邻近植被土壤性质. 生态学报, 29(12): 6325-6332.

秦胜金, 刘景双, 王国平. 2006. 影响土壤磷有效性变化作用机理. 土壤通报, 37(5): 1012-1016.

秦胜金, 刘景双, 王国平, 等. 2007. 三江平原不同土地利用方式下土壤磷形态的变化. 环境科学, 28(12): 2777-2782.

邱燕, 张鼎华. 2003. 南方酸性土壤磷素化学研究进展. 福建稻麦科技, (9): 14-17.

全国土壤普查办公室. 1992. 中国土壤普查技术. 北京: 农业出版社.

沈宏, 施卫明, 王校常. 2001. 不同作物对低磷胁迫的适应机理研究. 植物营养与肥料学报, 7(2): 172-177.

沈兵松, 张鼎华. 2005. 酸性土壤无机磷研究进展. 福建林业科技, 32(1): 75-78.

沈善敏. 1998. 中国土壤肥力. 北京: 中国农业出版社.

盛学斌, 孙建中. 1995. 关于土壤磷素研究的现状与趋向. 环境科学进展, 3(2): 11-21.

苏少华. 2008. 黄土高原丘陵区土壤磷素及其组成对植被恢复过程的响应. 杨凌: 西北农林科技大学硕士学位论文.

苏莹莹. 2012. 环太湖林带磷素时空变异及土壤吸附作用研究. 南京: 南京林业大学硕士学位论文.

孙桂芳. 2010. 改性木质素和有机酸类物质对土壤磷有效性的影响. 北京: 中国农业科学院博士学位论文.

孙桂芳, 金继运, 石元亮. 2011. 土壤磷素形态及其生物有效性研究进展. 中国土壤与肥料, (2): 1-9.

孙向阳. 2005. 土壤学. 北京: 中国林业出版社.

谭鑫. 2009. 青藏高原东缘高寒地区土壤磷素空间分布应用研究. 成都: 四川师范大学硕士学位论文.

唐晓鹿, 范少辉. 2010. 土壤磷有效性研究进展//中国林学会. 第九届中国林业青年学术年会论文摘要集. 北京: 中国林学会, 133.

王光华, 赵英, 周德瑞, 等. 2003. 解磷菌的研究现状与展望. 生态环境, 12(1): 96-101.

王恒威, 许明祥, 王爱国, 等. 2012. 黄土丘陵区土壤磷有效性与植物适应性研究. 西北农林科技大学学报(自然科学版), 40(7): 1-7.

王树力. 2006. 不同经营类型红松林对汤旺河流域土壤性质的影响. 水土保持学报, 20(2): 90-93.

文亦芾, 艾有群. 2005. 南方红壤磷素化学研究进展和展望. 云南农业大学学报, 20(4): 534-538, 547.

夏凤禹, 魏胜利, 周胜利. 2009. 土壤磷素形态及其有效化途径的研究进展. 林业勘查设计, 3: 65-67.

夏汉平, 余清发, 张德强. 1997. 鼎湖山 3 种不同林型下的土壤酸度和养分含量差异及其季节动态变化特性. 生态学报, 17(6): 645-653.

夏建国, 仲雨猛, 曹晓霞. 2011. 干湿交替条件下土壤磷释放及其与土壤性质的关系. 水土保持学报, 25(4): 237-242.

向万胜, 黄敏, 李学垣. 2004. 土壤磷素的化学组分及其植物有效性. 植物营养与肥料学报, 10(6): 663-670.

项文化, 方晰. 2018. 亚热带次生林群落结构与土壤特征. 北京: 科学出版社.

肖辉林, 郑习健. 2000. 土壤温度上升对某些土壤化学性质的影响. 土壤与环境, 9(4): 316-321.

谢林花, 吕家珑, 张一平, 等. 2004. 长期施肥对石灰性土壤磷素肥力的影响 II. 无机磷和有机磷. 应用生态学报, 15(5): 790-794.

杨青, 张一, 周志春, 等. 2011. 异质低磷胁迫下马尾松家系根构型和磷效率的遗传变异. 植物生态学报, 35(12): 1226-1235.

杨青, 张一, 周志春, 等. 2012. 低磷胁迫下不同种源马尾松的根构型与磷效率. 应用生态学报, 23(9): 2339-2345.

杨小燕, 范瑞英, 王恩姮, 等. 2014. 典型黑土区不同水土保持林表层土壤磷素形态及有效性. 应用生态学报, 25(6): 1555-1560.

尹逊霄, 华珞, 张振贤, 等. 2005. 土壤中磷素的有效性及其循环转化机制研究. 首都师范大学学报(自然科学版), 26(3): 95-101.

袁东海, 张孟群, 高士祥, 等. 2005. 几种粘土矿物和粘粒土壤吸附净化磷素的性能和机理. 环境科学, 24(1): 7-11.

詹书侠, 陈伏生, 胡小飞, 等. 2009. 中亚热带丘陵红壤区森林演替典型阶段土壤氮磷有效性. 生态学报, 29(9): 4673-4680.

张宝贵, 李贵桐. 1998. 土壤生物在土壤磷有效化中的作用. 土壤学报, 35(1): 104-111.

张鼎华, 林开淼, 李宝福. 2011. 杉木、马尾松及其混交林根际土壤磷素特征. 应用生态学报, 22(11): 2815-2821.

张鼎华, 叶章发, 罗水发. 2001. 福建山地红壤磷酸离子($H_2PO_4^-$)吸附与解吸附的初步研究. 山地学报, 19(1): 19-24.

张福锁, 崔振岭, 王激清, 等. 2007. 中国土壤和植物养分管理现状与改进策略. 植物学通报, 24(6): 687-694.

张教林, 陈爱国, 刘志秋. 2000. 定植 3, 13, 34 年热带胶园的土壤磷素形态变化和有效性研究. 土壤, 32(6): 319-322.

张林, 吴宁, 吴彦, 等. 2009. 土壤磷形态及其分级方法研究进展. 应用生态学报, 20(7): 1775-1782.

赵琼, 曾德慧. 2005. 陆地生态系统磷素循环及其影响因素. 植物生态学报, 29(l): 153-163.

赵小蓉, 林启美, 孙焱鑫, 等. 2001. 玉米根际与非根际解磷细菌的分布特点. 生态学杂志, 20(6): 62-64.

甄清香, 邵煜庭. 1994. 施磷肥对土壤磷素形态转化和有效性的影响. 甘肃农业大学学报, 29(4): 392-395.

Allison S D, Vitousek P M. 2005. Responses of extracellular enzymes to simple and complex nutrient inputs. Soil Biology and Biochemistry, 37(5): 937-944.

Antoun H. 2012. Beneficial microorganisms for the sustainable use of phosphates in agriculture. Procedia Engineering, 46(3): 62-67.

Asner G P, Townsend A R, Riley W J, et al. 2001. Physical and biogeochemical controls over terrestrial ecosystem responses to nitrogen deposition. Biogeochemistry, 54(1): 1-39.

Bardgett R D. 2005. The Biology of Soil: A Community and Ecosystem Approach. London: Oxford University Press.

Block C E, Knoepp J D, Fraterrigo J M. 2013. Interactive effects of disturbance and nitrogen availability on phosphorus dynamics of southern Appalachian forests. Biogeochemistry, 112(1-3): 329-342.

Bol R, Julich D, Brödlin D, et al. 2016. Dissolved and colloidal phosphorus fluxes in forest ecosystems—an almost blind spot in ecosystem research. Journal of Plant Nutrition and Soil Science, 179(4): 425-438.

Bolland M D A, Weatherley A J, Gilkes R J. 1989. The long-term residual value of rock phosphate and superphosphate fertilizers for various plant species under field conditions. Fertilizer Research, 20(2): 89-100.

Bowman R A, Cole C V. 1978. An exploratory method for fractionation of organic phosphorus from grassland soils. Soil Science, 125(2): 95-101.

Cao N, Chen X P, Cui Z L, et al. 2012. Change in soil available phosphorus in relation to the phosphorus budget in China. Nutrient Cycling in Agroecosystems, 94(2-3): 161-170.

Chen H J. 2003. Phosphatase activity and P fractions in soils of an 18-year-old Chinese fir (*Cunninghamia lanceolata*) plantation. Forest Ecology and Management, 178(3): 301-310.

Cleveland C C, Townsend A R, Schmidt S K. 2002. Phosphorus limitation of microbial processes in moist tropical forests: evidence from short-term laboratory incubations and field studies. Ecosystems, 5(7): 680-691.

Costa M G, Gama-Rodrigues A C, de Moraes Gonçalves J L, et al.2016. Labile and non-labile fractions of phosphorus and its transformations in soil under eucalyptus plantations, Brazil. Forests, 7(1): 15.

Cross A F, Schlesinger W H. 1995. A literature review and evaluation of the Hedley fractionation: Applications to the biogeochemical cycle of soil phosphorus in natural ecosystems. Geoderma, 64(3-4): 197-214.

Cross A F, Schlesinger W H. 2001. Biological and geochemical controls on phosphorus fractions in semiarid soils. Biogeochemistry, 52: 155-172.

Dalal R C. 1980. 土壤有机磷. 土壤科学进展, (4): 15-28.

de Kroon H. 2007. ECOLOGY: How do roots interact? Science, 318(5856): 1562-1563.

Delgado-Baquerizo M, Maestre F T, Gallardo A, et al. 2013. Decoupling of soil nutrient cycles as a function of aridity in global drylands. Nature, 502(7473): 672-676.

Dijkstra F A, Adams M A. 2015. Fire eases imbalances of nitrogen and phosphorus in woody plants. Ecosystems, 18(5): 769-779.

Ding Y X, Chen J L. 1995. Effect of continuous plantation of Chinese fir on soil fertility. Pedosphere, 5(1): 57-66.

Du Z Y, Zhou J M, Wang H Y, et al. 2005. Effect of nitrogen fertilizers on movement and transformation of phosphorus in an acid soil. Pedosphere, 15(4): 424-431.

Fan Y X, Lin F, Yang L M, et al. 2018. Decreased soil organic P fraction associated with ectomycorrhizal fungal activity to meet increased P demand under N application in a subtropical forest ecosystem. Biology and Fertility of Soils, 54(1): 149-161.

Feng C, Ma Y, Fu S L, et al. 2017. Soil carbon and nutrient dynamics following cessation of anthropogenic disturbances in degraded subtropical forests. Land Degradation & Development, 28(8): 2457-2467.

Föhse D, Claassen N, Jungk A. 1991. Phosphorus efficiency of plants Ⅱ. Significance of root radius, rot hairs and action-anion balance for phosphorus, influx in seven plant species. Plant and Soil, 132(2): 261-272.

Frizano J, Johnson A H, Vann D R, et al. 2002. Soil phosphorus fractionation during forest development on landslide scars in the Luquillo Mountains. Puerto Rico[1]. Biotropica, 34(1): 17-26.

Gahoonia T S, Nielsen N E. 1992. The effects of root-induced pH changes on the depletion of inorganic and organic phosphorus in the rhizosphere. Plant and Soil, 143(2): 185-191.

Gross A, Turner B L, Wright S J, et al. 2015. Oxygen isotope ratios of plant available phosphate in lowland tropical forest soils. Soil Biology and Biochemistry, 88: 354-361.

Guo F M, Yost R S. 1998. Partitioning soil phosphorus into three discrete pools of differing availability[1]. Soil Science, 163(10): 822-833.

Guppy C N, Menzies N W, Moody P W, et al. 2000. A simplified, sequential, phosphorus fractionation method. Communications in Soil Science and Plant Analysis, 31(11): 1981-1991.

Gyaneshwar P, Kumar G N, Parekh L J, et al. 2002. Role of soil microorganisms in improving P nutrition of Plants// Adu-Gyamfi J J. Food Security in Nutrient-Stressed Environments: Exploiting Plants' Genetic Capabilities. Developments in Plant and Soil Sciences, vol 95. Dordrecht: Springer, 133-143.

Hedley M J, Stewart J W B, Chauhan B S. 1982. Changes in inorganic and organic soil phosphorus fractions induced by cultivation practices and by laboratory incubations. Soil Science Society of America Journal, 46(5): 970-976.

Hinsinger P. 2001. Bioavailability of soil inorganic P in the rhizosphere as affected by root-induced chemical changes: a review. Plant and Soil, 237(2): 173-195.

Hodge A. 2004. The plastic plant: root responses to heterogeneous supplies of nutrients. New Phytologist, 162(1): 9-24.

Huang W J, Liu J X, Wang Y P, et al. 2013. Increasing phosphorus limitation along three successional forests in southern China. Plant and Soil, 364: 181-191.

Huang W J, Zhou G Y, Liu J X. 2012. Nitrogen and phosphorus status and their influence on aboveground production under increasing nitrogen deposition in three successional forests. Acta Oecologica, 44(10): 20-27.

Illmer P, Barbato A, Schinner F. 1995. Solubilization of hardly-soluble $AlPO_4$ with P-solubilizing microorganisms. Soil Biology and Biochemistry, 27(3): 265-270.

Ivanoff D B, Reddy K R, Robinson S. 1998. Chemical fractionation of organic phosphorus in selected histosols[1]. Soil Science, 163(1): 36-45.

Joergensen R G, Kübler H, Meyer B, et al. 1995. Microbial biomass phosphorus in soils of beech (*Fagus sylvatica* L.) forests. Biology and Fertility of Soils, 19(2): 215-219.

Katsaounos C Z, Giokas D L, Leonardos I D, et al. 2007. Speciation of phosphorus fractionation in river sediments by explanatory data analysis. Water Research, 41(2): 406-418.

Kellogg L E, Bridgham S D. 2003. Phosphorus retention and movement across an ombrotrophic-minerotrophic peatland gradient. Biogeochemistry, 63(3): 299-315.

Kiedrzyńska E, Wagner I, Zalewski M. 2008. Quantification of phosphorus retention efficiency by floodplain vegetation and a management strategy for a eutrophic reservoir restoration. Ecological Engineering, 33(1): 15-25.

Koide R T, Schreiner R P. 1992. Regulation of the vesicular-arbuscular mycorrhizal symbiosis. Annual Review of Plant Physiology and Plant Molecular Biology, 43: 557-581.

Lajtha K, Schlesinger W H. 1988. The biogeochemistry of phosphorus cycling and phosphorus availability along a desert soil chronosequence. Ecology, 69(1): 24-39.

Li Y T, Rouland C, Benedetti M, et al. 2009. Microbial biomass, enzyme and mineralization activity in relation to soil organic C, N and P turnover influenced by acid metal stress. Soil Biology and Biochemistry, 41(5): 969-977.

Liebisch F, Keller F, Huguenin-Elie O, et al. 2014. Seasonal dynamics and turnover of microbial phosphorusin a permanent grassland. Biology and Fertility of Soils, 50(3): 465-475.

Lin C F, Larsen E I, Larsen G R, et al. 2012. Bacterially mediated iron cycling and associated biogeochemical processes in a subtropical shallow coastal aquifer: implications for groundwater quality. Hydrobiologia, 696(1): 63-76.

Magid J, Nielsen N E. 1992. Seasonal variation in organic and inorganic phosphorus fractions of temperate-climate sandy soils. Plant and Soil, 144(2): 155-165.

Malik M A, Khan K S, 2012. Phosphorus fractions, microbial biomass and enzyme activities in some alkaline calcareous subtropical soils. African Journal of Biotechnology, 11(21): 4773-4781.

Neal A L, Rossmann M, Brearley C, et al. 2017. Land-use influences phosphatase gene microdiversity in soils. Environmental Microbiology, 19(7): 2740-2753.

Niederberger J, Kohler M, Bauhus J. 2019. Distribution of phosphorus fractions with different plant availability in German forest soils and their relationship with common soil properties and foliar P contents. Soil, 5(2): 189-204.

O'Neil J R, Vennemann T W, McKenzie W F. 2003. Effects of speciation on equilibrium fractionations and rates of oxygen isotope exchange between $(PO_4)_{aq}$ and H_2O. Geochimica et Cosmochimica Acta, 67(17): 3135-3144.

Parfitt R L. 1979. Anion adsorption by soils and soil materials. Advances in Agronomy, 30: 1-50.

Peltzer D A, Wardle D A, Allison V J, et al. 2010. Understanding ecosystem retrogression. Ecological Monographs, 80(4): 509-529.

Richardson A E. 2007. Making microorganisms mobilize soil phosphorus//Velázquez E, Rodríguez-Barrueco C. First International Meeting on Microbial Phosphate Solubilization. Developments in Plant and Soil Sciences, vol 102. Dordrecht, Dordrecht: Springer, 85-90.

Richter D D, Allen H L, Li J W, et al. 2006. Bioavailability of slowly cycling soil phosphorus: major restructuring of soil P fractions over four decades in an aggrading forest. Oecologia, 150(2): 259-271.

Roberts K, Defforey D, Turner B L, et al. 2015. Oxygen isotopes of phosphate and soil phosphorus cycling across a 6500 year chronosequence under lowland temperate rainforest. Geoderma, 257-258: 14-21.

Ross D J, Tate K R, Scott N A, et al. 1999. Land-use change: effects on soil carbon, nitrogen and phosphorus pools and fluxes in three adjacent ecosystems. Soil Biology and Biochemistry, 31(6): 803-813.

Shang C, Stewart J W B, Huang P M. 1992. pH effect on kinetics of adsorption of organic and inorganic phosphates by short-range ordered aluminum and iron precipitates. Geoderma, 53(1-2): 1-14.

Sharpley A N, Smith S J. 1985. Fractionation of inorganic and organic phosphorus in virgin and cultivated soils. Soil Science Society of America Journal, 49(1): 127-130.

Shenoy V V, Kalagudi G M. 2005. Enhancing plant phosphorus use efficiency for sustainable cropping. Biotechnology Advances, 23(7-8): 501-513.

Sundareshwar P V, Morris J T, Koepfler E K, et al. 2003. Phosphorus limitation of coastal ecosystem processes. Science, 299(5606): 563-565.

Thakur D, Kaushal R, Shyam V. 2014. Phosphate solubilising microorganisms: role in phosphorus nutrition of crop plants-a review. Agricultural Reviews, 35(3): 159-171.

Tiessen H, Stewart J W B, Moir J O. 1983. Changes in organic and inorganic phosphorus composition of two grassland soils and their particle size fractions during 60-90 years of cultivation. Journal of Soil Science, 34(4): 815-823.

Turner B L. Blackwell M S A. 2013. Isolating the influence of pH on the amounts and forms of soil organic phosphorus. European Journal of Soil Science, 64(2): 249-259.

Vance C P. 2001. Symbiotic nitrogen fixation and phosphorus acquisition. Plant nutrition in a world of declining renewable resources. Plant Physiology, 127(2): 390-397.

Walker L R, Wardle D A, Bardgett R D, et al. 2010. The use of chronosequences in studies of ecological succession and soil development. Journal of Ecology, 98(4): 725-736.

Wang Y P, Law R M, Pak B. 2010. A global model of carbon, nitrogen and phosphorus cycles for the terrestrial biosphere. Biogeosciences , 7(7): 2261-2282.

Wardle D A. 2009. Aboveground and belowground consequences of long-term forest retrogression in the timeframe of millennia and beyond//Wirth C, Gleixner G, Heimann M. Old-Growth Forests: Function, Fate and value. Ecological Studies (Analysis and Synthesis), vol 207. Berlin Heidelberg: Springer, 193-209.

Wissuwa M. 2003. How do plants achieve tolerance to phosphorus deficiency? Small causes with big effects. Plant Physiology, 133(4): 1947-1958.

Wu Y H, Zhou J, Yu D, et al. 2013. Phosphorus biogeochemical cycle research in mountainous ecosystems. Journal of Mountain Science, 10(1): 43-53.

Xiao R, Bai J H, Gao H F, et al. 2012. Spatial distribution of phosphorus in marsh soils of a typical land/inland water ecotone along a hydrological gradient. Catena, 98: 96-103.

Yang K, Zhu J J, Gu J C, et al. 2015. Changes in soil phosphorus fractions after 9 years of continuous nitrogen addition in a *Larix gmelinii* plantation. Annals of Forest Science. 72(4): 435-442.

Yang X J, Post W M. 2011. Phosphorus transformations as a function of pedogenesis: a synthesis of soil phosphorus data using Hedley fractionation method. Biogeosciences, 8(10): 2907-2916.

Yu S, He Z L, Stoffella P J, et al. 2006. Surface runoff phosphorus (P) loss in relation to phosphatase activity and soil P fractions in Florida sandy soils under citrus production. Soil Biology and Biochemistry, 38(3): 619-628.

Yu Y C, Zhang H C. 1995. Effects of different types of Chinese fir stands on Nutrient states of soils. Pedosphere, 5(1): 45-55.

Zhang C, Tian H Q, Liu J Y, et al. 2005. Pools and distributions of soil phosphorus in China. Global Biogeochemical Cycles, 19(1): GB1020.

Zhang G N, Chen Z H, Zhang A M, et al. 2014. Influence of climate warming and nitrogen deposition on soil phosphorus composition and phosphorus availability in a temperate grassland, China. Journal of Arid Land, 6(2): 156-163.

Zhang H Z, Shi L L, Wen D Z, et al.2016. Soil potential labile but not occluded phosphorus forms increase with forest succession. Biology and Fertility of Soils, 52(1): 41-51.

Zhang L, Wu Y, Wu N, et al. 2011. Impacts of vegetation type on soil phosphorus availability and fractions near the alpine timberline of the Tibetan plateau. Polish Journal of Ecology, 59: 307-316.

Zhang Y H, Xu X L, Li Z W. et al. 2019. Effects of vegetation restoration on soil quality in degraded karst landscapes of southwest China. The Science of the total environment, 650(2): 2657-2665.

Zhang Y, Zhou Z C, Yang Q. 2013a. Genetic variations in root morphology and phosphorus efficiency of Pinus massoniana under heterogeneous and homogeneous low phosphorus conditions. Plant and Soil, 364: 93-104.

Zhang Y, Zhou Z C, Yang Q. 2013b. Nitrogen (N) deposition impacts seedling growth of Pinus massoniana via N: P ratio effects and the modulation of adaptive responses to low P (phosphorus). PLoS ONE, 8(10): e79229.

第 7 章　不同植被恢复阶段氮磷循环关键过程及其耦合协调性

7.1　研　究　概　述

7.1.1　生态系统氮磷循环及两者的耦合关系

森林生态系统养分循环是生物赖以生存和发展的基础，与生态系统生产力、可持续性及其稳定性密切相关。氮（N）是氨基酸、蛋白质的基本组成元素，是植物生长发育必不可少的、也是最易耗竭的矿质营养元素（Fowler et al.，2013），被称为"生命元素"。自然界中大部分 N 不能被植物直接吸收利用，因此 N 是植物生长发育的主要限制性养分之一（Kieloaho et al.，2016）。N 循环包括输入、吸收、存留或归还、输出 4 个过程，对森林生态系统的发展、全球气候变暖的减缓具有重要作用。如图 7.1 所示，进入生态系统的 N 绝大部分通过干、湿（大气降水、植物滞尘）沉降，极少部分通过生物固 N 作用（张慧东，2017）；植物对可利用 N 吸收同化后，一部分用于构建植物自身的蛋白质、核酸及叶绿素等生命物质以维持正常代谢活动（Qin et al.，2016），再通过凋落物归还土壤，另一部分通过食物链传递到各级消费者；土壤 N 经过矿化、硝化等转化过程，一方面持续为植物提供有效 N 源（DeLuca et al.，2009），另一方面通过地表径流、地下淋溶、气体排放等过程向外输出（Pajares & Bohannan，2016）。自然森林生态系统 N 循环趋于封闭式循环，流失极少（尤作亮，1992）。不同环境（气候、植被类型、土地利

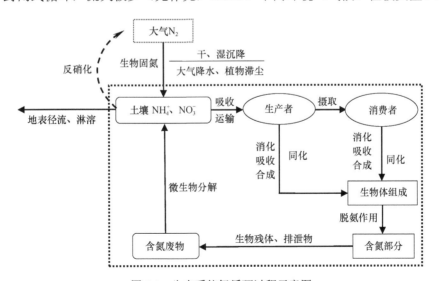

图 7.1　生态系统氮循环过程示意图

用类型）影响下，N 循环过程的微小变化直接关系到生物多样性保护与维持（王强等，2010）、温室气体排放（Koponen et al.，2004）、固 C 潜力提升（李德军等，2018）等生态服务功能。因此，研究森林生态系统 N 循环过程及其调控机制，有助于制定科学有效的 N 管理措施，为提高森林生态系统生产力和稳定性提供科学依据。

同样，磷（P）也是植物生长发育不可或缺的营养元素，以多种方式参与植物体内重要的化合物组成及各种生理代谢过程（Malik & Khan，2012），并与 N 一起通过影响植物光合作用、呼吸作用和土壤有机质分解等过程实现与碳（C）循环的耦合（卢少勇等，2016）。而土壤中 95%～99% 的 P 难以被植物直接吸收利用，因此 P 也是植物生长发育的主要限制性因子。由于研究方法的局限性，现有的森林生态系统养分循环研究主要集中在 N 循环（赵琼和曾德慧，2005）。近年来的研究发现，P 对初级生产力的限制作用大于 N（Vitousek et al.，2010），在控制植物生长发育、维持生态系统服务方面的重要性日益突出并受到越来越广泛的关注（Elser et al.，2009）。与温带及北方森林相比，热带、亚热带森林土壤发育高度风化，更容易受土壤 P 的限制（Gao et al.，2014）。如图 6.1 所示，P 循环包括输入、输出及生态系统内部（植被－土壤）的迁移转化过程。P主要来源于母质岩石风化，以径流为主的垂直和横向迁移（Buendía et al.，2010；Chapin et al.，2011）。但长期的 P 输入和输出比例远低于生态系统内部的年通量，几乎可以忽略不计（Sohrt et al.，2017），因此短时间尺度 P 循环一直以生态系统内部的迁移转化为主（陈美领等，2016），植物对 P 吸收利用和土壤 P 转化是森林生态系统 P 循环的研究重点（赵琼和曾德慧，2005）。植物从原生矿物风化直接吸收获得 P，在低 P 胁迫下，一部分 P 被植物从衰老器官中再吸收利用（Lang et al.，2016；Lang et al.，2017），另一部分则以凋落物形式（有机 P）归还土壤（Sohrt et al.，2017）。土壤有机 P 经过矿化、吸附、溶解、固定等过程（Tiessen et al.，1984；Walbridge et al.，1991），持续为植物供应或储存于土壤中，形成生态系统内部生物化学 P 循环（Lang et al.，2016）。P 在植被与土壤间的迁移转化受到植物自身遗传特性（对土壤 P 活化、吸收和同化）和土壤生物学、理化性质共同影响（Turner et al.，2013）。因此，如何维持较充足的有效 P 供应和生态系统 P 循环，是目前森林生态系统经营管理的热点问题。

从分子到生态系统水平，N、P 都具有功能耦合性（Ågren et al.，2012），影响着生物生长、呼吸和分解及生态系统的生物地球化学循环（Peñuelas et al.，2012）。N、P 独立或共同限制着植被生产力，N、P 循环间具有密切的耦合关系（Chapin et al.，2011），N、P 间相互作用可改变植物养分吸收模式（Schleuss et al.，2020）。当 N、P 含量共同增加时，植物群落表现出对 N、P 协同的生长反应，即将过量的元素投入限制元素的获取中，直到两种元素达到平衡状态，同等限制植物的生长（Elser et al.，2007）。植物利用土壤 N 合成磷酸酶以促进有机 P 矿化，植物对土壤无机 P 的活化及吸收取决于有效 N 状态（Spohn，2016）。而土壤 P 含量增加可以促进叶片蛋白质合成，从而提高植物对 N 的需求和吸收（Güsewell，2004）。土壤 N、P 含量协同增加可能还会改变根系性状，提高细根生物量，进而促进植物对养分的吸收（Yuan & Chen，2012）。N/P 是 N、P 耦合关系的重要指标，不仅指示植物养分限制性（Koerselman & Meuleman，1996），还反映土壤养分供需状况（Zhao et al.，2015a），以及植被组成动态与土壤养分之间的平衡（Zhang et al.，2018a）。N/P 变化显著影响土壤 N、P 养分含量，植物生长发育，群落组成和结构及生态系统服务等（Zhang et al.，2013a）。因此，研究 N、P 循环间的耦合和协调发展机制，对制定森林生态系统养分管理以及应对全球变化的有效措施具有重要的科学意义。

7.1.2　植被恢复与生态系统氮磷循环的关系

植被恢复过程中，植被和土壤协同发展是森林生态系统演替发展的重要机制，两者间的养分循环共同促进植物群落的构建和发展。植被恢复早期，土壤资源是主要的限制因素（van der Maarel & Franklin，2013），土壤养分富集、空间再分配显著影响植物生长、繁殖、分布、演替及其净初级生产力（Alday et al.，2012）。植被恢复后期，植被生物量积累促进土壤有机 C 和养分积累（Gu et al.，2019）。施肥试验（Chang & Turner，2019）和森林演替序列（Huang et al.，2017）的研究表明，土壤水分、养分是调节植被发育的关键因素，而植被生长发育反过来驱动土壤形成、发育和肥力保持（Huang et al.，2018）。然而，植物群落组成结构和土壤性质随植被恢复而变化（Zhang et al.，2019b），且两者间的养分迁移转化随植被恢复而变化（Huang et al.，2015），直接关系到植被与土壤间养分的迁移和再分配（Yang & Luo，2011）。因此，阐明植被恢复过程中植被与土壤间养分循环过程及其调控机制，对促进植被恢复和生态系统服务具有重要意义。

植被恢复过程中，植被类型更替，群落组成和结构趋于复杂化，植物对 N、P 吸收利用方式、生物量积累以及凋落物数量和质量的变化显著影响土壤质地和肥力，导致生态系统 N、P 积累转化过程改变（Xiao et al.，2017；Xu et al.，2018）。演替早期 N 表现为积累，森林 N 循环各项指标在 3～70 年演替期间持续增强（Davidson et al.，2007）。随演替进展，N 积累速率减慢，演替后期，N 输入输出基本平衡，趋于封闭式循环（尤作亮，1992）。然而最近的研究发现，热带地区经过约 50 年的次生演替后，N 循环从相对封闭状态（低 N 输入、低 N 损失）转变为相对开放状态（高 N 输入、高 N 损失）（Hedin et al.，2009），巴西大西洋森林 N 循环在演替早期迅速恢复，仅经过 20 年就达到干扰前的 N 循环状态，但在 20～50 年演替期间 N 循环各项指标无显著变化（Winbourne et al.，2018）。这些研究结果表明，在不同环境条件下随植被恢复演替，森林生态系统 N 循环过程差异很大甚至相反，反映了森林 N 循环的复杂性及植被恢复对土壤物理、化学、生物性质的多重影响。

植物养分策略假设认为，随植被恢复演替 P 循环趋于"加强"：演替早期 P 循环为开放式，演替后期趋于封闭式（Odum，1969）。研究发现，生态系统 P 库随演替的变化速率可能取决于土壤母质（Laliberté et al.，2013），母质中 P 储量调控植物对 P 的吸收利用策略，即植物根据土壤 P 含量而表现出 P 获取或 P 回收策略（Lang et al.，2016；Lang et al.，2017）。富 P 土壤中，植物通过 P 获取策略将 P 从土壤矿物转移到生物地球化学 P 循环；低 P 土壤中，植物主要通过回收策略利用有机来源 P，尽可能地减少生物地球化学循环 P 损失，加强 P 循环（Lang et al.，2017）。这表明土壤 P 的供应水平影响植物对 P 的吸收利用机制，进而影响生态系统 P 循环过程。最近的研究表明，长期的植被恢复促进植物群落发育，改善土壤缺 P 状况（Zhang et al.，2019b），可能会促使植物对 P 的吸收利用由回收策略逐渐转变为获取策略（Yan et al.，2006）。

植被恢复不仅影响 N、P 各自的循环过程，还可能影响 N、P 之间的耦合关系，因此生态系统 N、P 循环过程一直是植被恢复演替研究的核心（刘顺等，2017）。研究表明，N、P 循环随植被恢复逐步优化且两者协调发展，主要体现在生态系统 N、P 积累、归还、转化过程及两者之间的耦合（詹书侠等，2009）。植物 N、P 含量随群落恢复演替的变化呈现 3 种趋势：递增（Zhang et al.，2019a）、先下降后增加（刘万德等，2010）、递减（刘兴诏等，2010），而且 N、P 之间的波动趋势基本一致，反映了植物不仅适应因群落演替而产生的环境变化，而且能稳定其生长发育的基本特征（Sterner & Elser，2002）。植物 N、P 含量的协同变化可能会影响凋落物 N、P 含量间的关系（赵畅等，2018）。研究发现，随林分发展，凋落物 N、P 含量间呈显著正相关关系（姜沛沛等，2016），影响凋落物质量及其分解速率（Yang et al.，2018），进而影响土壤养分的有效性及其供应（Zhang et al.，2017）。森林类型、生境条件调控凋落物的数量和质量，进而显著影响土壤理化性质和肥力（左巍等，2016）。土壤 N、P 供应随群落恢复演替而递增，且 N、P 有效性指标之间存在正相关或负相关关系，反映土壤有效 N、P 的供应随群落演替是一个逐步协调过程（詹书侠等，2009）。土壤 N、P 协同发展与植物对 N、P 平衡吸收策略密切相关，植物通过调整 N、P 吸收比例适应土壤 N、P 供应因植被恢复的变化（秦海等，2010）。随植被恢复，土壤 N、P 对植物群落的限制性作用发生转换（Wardle et al.，2004）。植被恢复早期，N/P 较低，植物主要受 N 限制，植被恢复后期，N/P 增加，植物主要受 P 限制（Zeng et al.，2017a）。植被恢复过程中 N、P 循环变化具有高度复杂性，且两者转化过程之间关系紧密，仅考虑单一过程的 N、P 变化很难反映整体水平的规律和机制。因此，系统地研究植被恢复过程 N、P 循环及其耦合与平衡关系，不仅有助于明确各组分之间养分关系及分配特征，准确揭示生态系统 N、P 循环过程随植被恢复的变化规律及其响应机制（Zhang et al.，2018a），而且对促进退化森林生态系统结构与功能的恢复，科学制定植被恢复与重建措施具有重要的现实意义。

7.1.3　植被恢复对生态系统氮磷储量垂直分配格局的影响

生态系统各组分（植被层、凋落物层、土壤层）之间 N、P 的分配及其耦合关系调控着植物生长发育、土壤养分积累与转化和水土保持等生态过程（Reich et al.，2006）。生态系统 N、P 储存直接关系到生态环境质量的改善。因此，研究生态系统 N、P 垂直分配格局随植被恢复的变化，不仅能准确评估生态系统 N、P 固持提升速率，有助于揭示生态系统 N、P 循环随植被恢复的演变规律，对提高生态系统生产力和稳定性也具有深远影响。

植被恢复是提升生态系统 N、P 固持的有效措施，能够显著增加植被层和土壤层 N、P 的输入（詹书侠等，2009）。然而由于生态系统 N、P 储量及其分配格局受诸多因素（气候、植被类型、立地条件、恢复年限）的影响（刘顺等，2017），随植被恢复，生态系统 N、P 储量呈现出 4 种变化模式：显著递增（王博等，2019）、无显著变化（Feng et al.，

2017）、显著下降（赵威等，2018；Xu et al.，2018）、先增加后下降（Xu et al.，2019）；随植被恢复或林分发展，生态系统 N、P 储量的垂直分配格局主要表现为：植被层的贡献增加，土壤层的贡献下降（王博等，2019）。由于森林恢复过程的长周期性和复杂性，现有的研究主要关注植物活跃器官（叶、根）或生态系统某一组分（植被、土壤）的 N、P 分配，且多数是针对人工林或温带地区的森林生态系统，有关亚热带森林生态系统 N、P 储量及其垂直分配格局随植被恢复变化的研究仍少见报道。

1. 植被层氮磷的分配与积累

植物 N、P 含量及储量不仅反映植物对 N、P 的需求和利用，而且影响森林生态系统生产力的持续性和稳定性（Reich et al.，2006）。植物各器官生理机能不同，显著影响 N、P 在各器官的分配（郑欣颖，2018）。植物地上活体，特别是叶片是植物最重要的营养器官，承担光合、蒸腾、吸收、储存等关键生理功能，需要保持较高的 N、P 含量（Sardans et al.，2016），因而叶片 N、P 含量普遍高于其他器官（Zhang et al.，2018a；Zhao et al.，2019）。随植被恢复，植被类型更替可能会导致植物具有不同的资源分配策略，如草灌植物群落，植物将更多的营养物质分配到地上部分；而灌木或乔木植物群落，植物更倾向于优先分配到叶片（Zhang et al.，2018b）。

生态系统恢复会引起植物生长 N、P 限制性因子的转换（Wardle et al.，2004）。随植被恢复，P 对植物的限制作用增强，从而引起植物养分利用策略的改变，降低叶片 P 含量以适应低 P 胁迫（Mason et al.，2012）。扩散 - 竞争模型表明，随植被恢复，植物降低各器官 N、P 含量，增强对养分的竞争优势（Laliberté et al.，2012）。但也有研究发现，植物各器官 N、P 含量随植被恢复先减后增（刘万德等，2010）或递增（Zhang et al.，2019a）。可见，植物 N、P 含量对植被恢复的响应不仅与植物生理特性、养分获取策略及土壤有效 N、P 含量显著相关（Royer et al.，2010；Qin et al.，2016），还可能受到其他因素的影响，导致植被恢复过程中植物 N、P 含量变化的复杂性和不确定性。

植被层 N、P 储量及其垂直分配格局很大程度上受植物各器官生物量的影响，而植物各器官生物量分配比例与植物种类、体型大小密切相关（赵威等，2018）。天然次生林和原生林植被层 N、P 储量主要分布在树干（徐丽和何念鹏，2020）。而山杜英和鳞锥人工林的分配主体是枝（林婉奇等，2019），火力楠和樟树人工林则以叶为主（郑欣颖，2018）。可能是由于人工林树种较为单一，成林快，养分和生物量集中在活跃器官，天然次生林和原生林树种组成和结构较复杂，养分竞争激烈，植物通过增加树高和胸径以获取更多的光照和生长空间，因此生物量分布以树干为主（Cheng et al.，2011）。

随植被恢复，物种种类和多样性显著增加，加剧地上部分对光照资源和地下根系对土壤资源的竞争，树木个体生长及其形态结构（胸径和树高）改变（Cheng et al.，2011；Li et al.，2017）。随胸径和树高增加，植物可拦截和积累更多细小物质和凋落物，促进植被层生物量的积累（Li et al.，2017）。因而植被层 N、P 储量随植被恢复而递增（王博等，2019）。但由于植物生长、养分分配及植物-土壤协同作用的复杂性和差异性，不同植被恢复阶段植被层 N、P 固存速率存在较大差异（赵哈林等，2006）。目前，植被恢复过程中植被层 N、P 储量动态变化及其垂直分配格局的研究主要集中在荒漠化沙地（王博等，2019）、灌草丛（王启基等，2005）、灌木林（杜有新等，2010），有关亚热带不同植被恢复阶段植被层 N、P 储量垂直分配格局的研究鲜有报道，相关机理仍有待于深入研究。

2. 凋落物层氮磷的分配与积累

凋落物层作为连接植物与土壤的"纽带"，是生态系统养分循环的重要储库，通过分解将植物吸收的养分归还土壤（Cao & Chen，2017）。凋落物层 N、P 含量影响养分归还的质量和速率，同时改善土壤理化性质和提高根系水肥吸收能力（左巍等，2016）。凋落物层 N、P 含量与林分树种组成密切相关（Xu & Hirata，2005）。由于针叶树 N、P 含量普遍低于阔叶树（Liu et al.，2006），因此针叶林凋落物层 N、P 含量也低于阔叶林。随植被恢复，优势物种更替、物种多样性增加、林分郁闭度增大显著改变凋落物层物质来源和质量、微生物群落结构及活性、光照强度降低、温度下降等，从而影响凋落物层 N、P 含量及其空间分布（马文济等，2014）。研究发现，植被恢复过程中，凋落物层及各分解层 N、P 含量显著增加（马文济等，2014），凋落物质量提高，分解速率加快，更有利于养分释放，养分循环进一步优化（赵畅等，2018）。根据凋落物的分解程度，凋落物层可划分为未分解层、半分解层和已分解层。由于不同分解层凋落物的分解程度不同，因而各分解层 N、P 含量不同，但同一林地 N、P 含量不一定随凋落物的分解而下降。凋落物分解过程中，只有当 C/N<25，N 才开始释放，当 C/P<700 或 N/P<16，P 才释放（Moore et al.，2006），即当凋落物初始 N、P 含量足够高可满足微生物分解活动要求时，则没有富集过程，各分解层 N、P 含量随着凋落物分解而下降。反之，各分解层 N、P 含量随凋落物分解而呈现波动不定的变化。

凋落物层及其各分解层 N、P 储量主要取决于凋落物层及其各分解层的现存量和 N、P 含量。植被恢复过程中，凋落物层现存量取决于群落物种特性和物种组成（马文济等，2014）。随植被恢复，物种多样性增加，植物生活型比例改变，乔木树种比例增大，凋落物量显著增加（阎恩荣等，2008）；而且群落物种组成及垂直层次趋于复杂化，显著改善立地微气候，加快凋落物的分解（马文济等，2014）。因此，凋落物层的现存量处于不断积累和分解的动态过程中，当凋落物分解量显著高于积累量时，凋落物层 N、P 储量随植被恢复而下降（马文济等，2014）；而当积累量远远高于分解量时，凋落物层 N、P 储量趋于增加（郑路和卢立华，2012）。凋落物分解速率提高促使已分解层凋落物 N、P 储量高于未分解层、半分解层的趋势随植被恢复更为显著（马文济等，2014）。然而，现有的研究主要关注年凋落物量、组成及其分解随植被恢复的变化规律（Zhang et al.，2013b），较少涉及凋落物层 N、P 含量和储量对植被恢复的响应（马文济等，2014）。

3. 土壤层氮磷的分配与积累

土壤 N、P 含量是衡量土壤肥力及其供应能力的关键指标，可反映植被和土壤的恢复程度（王艳丽等，2019），关系到群落发展和养分循环过程，也是度量植被恢复可持续发展的关键性指标之一（彭建勤等，2016）。由于受到气候（徐丽和何念鹏，2020）、地形（Tian et al.，2018）、土地利用方式（Li et al.，2016a）和植被类型（Zhang et al.，

2014）的影响，土壤 N、P 含量在时空尺度上存在异质性。在区域尺度下，中国自然植被带土壤全 N 含量由北至南（依次为温带荒漠带、温带草原带、暖温带阔叶落叶带、亚热带常绿阔叶林带）呈先下降后增加的空间分布特征，而由于 P 是一种沉积性矿物，在土壤中迁移率很低，因而全 P 含量空间变异性不大（卢同平等，2017）。生态系统尺度下，随土层加深，N 含量显著降低，呈"倒金字塔"分布模式，而 P 含量变化不大，呈"圆柱体"分布模式（Yang & Luo，2011）。可能是土壤 N、P 来源不同所致：N 主要来源于凋落物及大气 N 沉降，且表土层通气状况和水热条件良好，微生物活动旺盛，N 首先在表土层积累，随后通过淋溶作用逐渐向下层迁移扩散（王艳丽等，2019）；而 P 的来源相对固定和稳定，主要来源于岩石漫长的风化过程，且在 0~60 cm 土层中风化程度差异较小，土层空间分布较稳定和均匀（刘兴诏等，2010）。但也有研究发现，阔叶林土壤 P 含量随土层加深显著下降（张泰东等，2017），可能是林分类型及环境因素的影响所致。

植被盖度、植物类型及群落组成结构显著影响土壤 N、P 含量（Zhang et al.，2014）。随植被恢复，植被类型更替及其群落组成结构复杂化，生物量积累，土壤有机物质输入量增加，有助于土壤有机物质的积累及微生物生物量和活性的提高（Xiao et al.，2017），从而提高土壤 N、P 含量（Zhao et al.，2015b）。但也有研究表明，土壤 P 含量随植被演替或恢复持续下降，成为限制生态系统初级生产力的主要因子（Feng et al.，2017），可能是群落生物量增加使植物吸收并储存更多的 P，同时提高衰老器官 P 的回收和再利用，凋落物 P 含量降低，导致土壤 P 含量下降（Vitousek et al.，2010）。这表明植被恢复过程中，由于植物生长规律、养分吸收利用策略的差异性和复杂性，导致土壤 N、P 含量的研究结果仍存在很多不确定性。

土壤 N、P 储量直接影响植物净初级生产力（Batjes，2014）。随植被恢复，物种组成和群落结构的变化直接影响凋落物积累和微生物活性，导致土壤层 N、P 储量发生变化（Tang et al.，2014）。库布齐东段荒漠生态系统（王博等，2019）、亚热带森林生态系统（Xu et al.，2018）土壤层 N 储量随植被恢复显著增加；但豫西丘陵坡耕地土壤层 N 储量整体上随弃耕年限而下降，降低幅度接近 1 倍（赵威等，2018）。研究结果的不一致性可能与退化程度和植被恢复措施不同有关。至今，关于植被恢复对土壤层 P 储量影响的研究仍鲜有报道，仅有 Xu 等（2018）进行了相关研究，发现土壤层 P 储量随植被恢复显著下降。这些研究结果仅代表个案或某一地区的一般规律，对于不同区域植被恢复过程土壤层 N、P 储量的变化是否产生不同结果，以及产生不同结果的原因及机理仍需要深入开展相关研究。

7.1.4　植被恢复过程氮磷归还及其耦合特征

凋落物分解 N、P 归还土壤成为植物根部养分来源的重要途径，也是生态系统 N、P 转化和循环的关键过程（Veen et al.，2018）。凋落物分解每年释放的养分可以满足森林群落生长所需养分的 69%~87%（Warning & Schlesinger，1985），而凋落物分解速率决定土壤养分供应能力和生态系统生产力（宋新章等，2009）。凋落物分解受到生物因素和非生物因素共同驱动（Dale et al.，2015），包括基质质量（凋落物物理结构和化学组成）、土壤养分可利用性（Chen et al.，2016；Trogisch et al.，2016）和分解者群落（细菌、真菌等）（Jia et al.，2015；García-Palacios et al.，2016）。随植被恢复，优势物种特性与土壤养分的变化可引起凋落物化学组成的改变（Veen et al.，2018）。此外，随植被恢复，群落结构和组成复杂化，群落内立地微气候改善，微生物数量、活性和群落组成改变（马文济等，2014），进而影响凋落物分解和养分释放。因此，探讨凋落物分解过程及其养分释放、归还随植被恢复的动态变化将有助于预测生态系统养分循环的形成和恢复机制。

1. 凋落物分解过程氮磷释放

植物吸收的 N、P 元素 90% 以上来源于凋落物分解（Chapin et al.，2011），凋落物分解过程 N、P 释放对维持植物生长发育、土壤肥力和 N、P 循环具有重要作用（赵晶等，2016）。凋落物分解过程中，N、P 含量动态反映凋落物分解的速率及养分释放模式（施昀希等，2018）。由于凋落物分解受到环境水热条件、微生物活性和林分类型共同调控，凋落物分解过程 N、P 含量的变化呈现 3 种模式：先升高后下降（左巍等，2016）、升高（赵畅等，2018）和下降（谌贤等，2017）。先升高后下降模式的产生是由于分解初期凋落物物理破碎和快速淋溶致使 N、P 养分随降雨流失（葛晓敏等，2017），但此时期凋落物 N、P 含量不足以维持微生物的分解活动，微生物通过吸收土壤 N、P 满足其需求，且固持量远大于消耗量，导致凋落物 N、P 含量升高；分解后期，微生物种类和数量减少，且凋落物 N、P 含量足以满足其生存需求，单纯的消耗促使凋落物 N、P 含量下降（谌贤等，2017；施昀希等，2018）。升高模式的产生是由于凋落物分解过程中有机 C、可溶性糖等物质的快速流失，加快凋落物质量损失，而 N、P 释放滞后于质量的损失，导致凋落物 N、P 含量的相对增加（赵畅等，2018）。下降模式主要出现在热带、亚热带地区（马文济等，2014；赵畅等，2018），是由于温暖湿润的气候和丰沛的雨水不仅加强 N、P 的淋溶作用，还提高微生物的活性，从而加快凋落物的分解和 N、P 释放（Zhang et al.，2018c）。可见，N、P 含量随凋落物分解的动态变化受到周围环境对其补充和再释放的协同影响，主要与养分迁移和分解者群落活动规律的共同作用有关（Parsons & Congdon，2008）。稳定的环境和活跃的微生物活动是养分释放的关键（Wu，2018）。土壤微生物附着到凋落物的同时，固持凋落物以外的"外来"养分影响凋落物的 N、P 含量（Parsons & Congdon，2008）。低质量的凋落物（低 N 或低 P）分解前，土壤微生物必须从土壤吸收额外的 N、P 合成体内的蛋白质（Hodges，2010），直到养分含量满足其需求时才开始分解凋落物（Aponte et al.，2012）。

植被类型显著影响凋落物分解过程 N、P 含量的动态（郭剑芬等，2006）。凋落物初始质量（C/N、木质素）越低，凋落物分解越快，有利于 N、P 的释放（谌贤等，2017）。不同植被凋落物的主要化学成分差异较大（Xu & Hirata，2005），阔叶林凋落物初始 C、木质素含量低，而针叶林初始 C、木质素含量高（潘思涵等，2019），导致凋落物分解过程 N、P 释放存在明显的差异。研究表明，青藏高原东部 2 种森林植物凋落物 N 残留量随凋落物分解先富集后释放，而 P 残留量的变化模式不同，禾本科植物随凋落物分解持续释放 P，乔木植物则先富集后释放（He et al.，2016）；另一研究也发现，青藏高原东部 4 种乔、灌木凋落物 P 残留量的变化模式均先富集后释放，且分解 2 年后初始 P 含量损失 46%～92%（Peng et al.，2018）。而大兴安岭 2 种植物凋落物分解过程 N 残留量均先升高后下降再升高，而 P 残留量表现不一致，禾本科植物随凋落物分解呈富集模式，灌木植物保持稳定基本不变模式（Song et al.，2018）。温带地区曼哈顿附近草原植物凋落物 N、P 含量在分解前 2 年均表现为富集模式（Seastedt，1988），而希腊北部草原植物凋落物分解过程 N 含量为富集，P 含量为释放（Koukoura，1998）。滇中常绿阔叶林凋落物 N 残留率随凋落物分解呈释放 - 富集 - 释放模式，分解 1 年后最终为释放模式，P 残留率随分解总体上表现为富集模式（郑兴蕊等，2020）；浙江天童国家森林公园混合凋落物处理研究发现，随凋落物分解，N 总体上表现为富集模式，P 则总体上呈释放模式（Guo et al.，2019a）。综上所述，同一地区或不同地区凋落物分解过程 N、P 释放模式不一致，表明物种特性是决定凋落物分解和养分释放的关键因素（Cornwell et al.，2008）。

植被恢复可能通过许多潜在因素和过程影响凋落物分解过程 N、P 的动态模式（Zhang et al.，2013b），包括群落组成和结构复杂化（Yang et al.，2010）、土壤肥力改善（Uselman et al.，2007）、植物生长养分需求增加（Yang et al.，2010）等，显著改变凋落物数量、质量及林内微气候（陶楚等，2015）。研究表明，漓江流域岩溶区 3 个植被恢复阶段凋落物分解过程 N、P 残留量呈现不同的动态模式：灌木阶段 N 残留量先富集后释放，乔灌阶段总体上富集，乔木阶段先释放后富集；P 残留量总体上先释放后富集，但分解 1 年后乔灌阶段 P 含量较初始分解有所增加（即富集），而灌木、乔木阶段减少（即释放）（覃扬浍等，2017）。小兴安岭地区不同演替阶段混合凋落物 N、P 残留率差异显著，顶极阶段低于初期和中期阶段，表明随植被恢复，N、P 释放速率加快，有利于生态系统 N、P 循环的形成和恢复（陈金玲等，2010）。但海南铜鼓岭保护区 2 个演替阶段（灌木林和常绿季雨矮林）N、P 的释放规律无显著差异，N 均为富集 - 释放模式，P 均为直接释放模式（陶楚等，2015）。这些研究结果的差异可能归因于复杂的植被发展趋势、生物或非生物因子对植被恢复的响应和相互作用（Zhang et al.，2013b），然而作用机制尚未明确。

2. 凋落物分解过程氮磷耦合特征

凋落物 C、N、P 化学计量比是反映凋落物质量的重要指标，决定有机物质的可分解性和分解者对其养分的可利用性，从而影响凋落物分解（Wang et al.，2017a）。研究表明，凋落物分解速率和养分释放模式与凋落物的 C/N 和 C/P 密切相关（Zechmeister-Boltenstern et al.，2015）。凋落物初始 C/N、C/P 或 N/P 阈值影响微生物养分的有效性和可及性，决定凋落物分解过程 N、P 的释放或富集（Manzoni et al.，2010）。凋落物净 N 释放的 C/N 为 33～48（Moore et al.，2011），而 P 释放阈值为 C/P＜700 或 N/P＜16（Moore et al.，2006），凋落物 N、P 初始含量越高，越有利于 N、P 的释放。然而，关于 N/P 对凋落物分解速率的影响以及 N、P 失衡引起微生物群落组成变化的研究鲜有报道（Peñuelas et al.，2013）。最近的研究发现，凋落物 N/P 对微生物驱动凋落物腐烂过程有重要的指示作用（Song et al.，2020），显著影响相关微生物群落在凋落物营养动态中的相对重要性（Güsewell & Gessner，2009）。凋落物具有较高 N/P，分解速度较慢，可能是 P 限制了凋落物分解过程微生物的代谢活性（Guo et al.，2019a），适宜的 N/P 可以缓解土壤微生物 N、P 的限制（Zechmeister-Boltenstern et al.，2015）。凋落物 N/P 初始值可以预测凋落物分解过程 N、P 的矿化规律（Marklein et al.，2016）。凋落物 N/P 增加可能是 P 矿化比 N 矿化更快速所致（Van Huysen et al.，2016）。在全球范围内，凋落物 N/P 高于凋落物净矿化率，表明 P 矿化速率（相对于 N）更快，特别是在针叶树种占主导地位的温带地区更为明显（Marklein et al.，2016）。此外，凋落物 N/P 还能预测土壤养分对植物生长的限制类型，N/P 越高，表明受 P 的限制作用越强（Güsewell & Verhoeven，2006）。

N/P 随凋落物分解不断变化，持续影响凋落物分解速率和养分释放（Attiwill & Adams，1993）。研究表明，随凋落物分解，N/P 呈小幅度下降，主要是由于 N、P 参与植物正常生理过程，且受外界环境影响程度差异较小，保持高度一致的变化，因此 N/P 相对稳定（Zheng & Shangguan，2007）。但最近的研究发现，N/P 随凋落物分解显著下降（Song et al.，2018）或显著升高（Van Huysen et al.，2016）。这表明凋落物分解过程 N/P 的变化模式多样而复杂，凋落物 N、P 的释放动态不仅受凋落物 N/P 显著影响，还可能间接受到影响 N/P 变化的其他因素（凋落物类型、分解者群落组成等）的制约。

凋落物分解过程 N、P 耦合还体现在 N、P 释放或矿化过程两者的相互关系。研究发现，凋落物 N、P 释放显著相关，凋落物分解过程 N、P 动态可能存在相互影响（Xu & Hirata，2005）。凋落物 N/P 初始较高，在凋落物分解后期，N 动态与 P 动态呈显著正相关性，而凋落物 N/P 初始较低，相关性不显著（Xu & Hirata，2005）。凋落物分解过程 N、P 净矿化量之间也具有较强的相关性，表明 N、P 循环之间存在显著的耦合作用（Marklein et al.，2016）。

植被恢复过程，优势植物物种及生活型比例显著变化，伴随土壤微生物食物网功能（调节植物－凋落物分解）和土壤养分循环的变化，凋落物化学组成差异显著（Veen et al.，2018）。研究表明，亚顶极群落（常绿阔叶林）凋落物 N/P 高于演替中期群落（落叶林）（Kang et al.，2010），全球尺度常绿阔叶林凋落物 N/P 为 20.1，落叶林为 13.2（Wright et al.，2004）；中国亚热带常绿阔叶林凋落物 N/P 为 18.6，落叶林凋落物 N/P 为 11.5（阎恩荣等，2010），表明从演替中期到演替顶极，凋落物分解由 N 限制转变为 P 限制，可能与常绿阔叶树种比落叶树种具有更高的 P 再吸收效率，以减少 P 的流失有关（Aerts & Chapin，1999）。还有研究发现，灌木阶段凋落物 N/P 与凋落物分解和养分释放显著相关，而乔灌、乔木阶段无显著相关性（覃扬浍等，2017）。总的说来，现有的研究主要集中在凋落物 N/P 随植被恢复的变化及其对凋落物分解的影响，有关植被恢复对凋落物分解过程 N、P 释放或富集模式间相互关系的影响仍未见研究报道，对揭示生态系统养分归还过程对植被恢复的响应机制仍存在一定的局限性。

7.1.5　植被恢复过程土壤氮磷积累、转化及其耦合

植被恢复与土壤养分变化的协同关系是生态学研究热点之一，也是当前森林植被恢

复与重建必须考虑和面对的重要问题（Guo et al.，2019b）。随植被恢复，群落组成和结构，凋落物数量和性质改变，导致土壤性质（温度、水分、pH、养分及微生物群落组成和活性）改变（Ushio et al.，2008），进而影响凋落物分解和养分归还速率，调控土壤 N、P 的积累和转化（王涛等，2019）。因此，研究植被恢复过程土壤 N、P 积累、转化及其主要影响因素，可为准确评估植被恢复效果，阐明植被恢复对土壤 N、P 有效性的影响机制提供科学依据。

有关植被恢复过程土壤 N、P 积累的研究已在前面"土壤层氮磷的分配与积累"进行分析。

1. 土壤氮磷的转化

土壤不同形态 N、P 间的转化是 N、P 循环的重要过程，关系到土壤 N、P 的供给能力及其有效性的维持和植物养分吸收利用策略（DeLuca et al.，2009）。目前，对土壤 N、P 形态间的转化及其相对组成随植被恢复的变化认识不足，不仅阻碍了植物对土壤有效养分变化响应能力的预测，同时制约了森林生态系统的可持续经营与管理（Huang et al.，2017）。

土壤可溶性 N 是反映土壤 N 状况的敏感指标，主要包括无机 N［铵态 N（NH_4^+-N）、硝态 N（NO_3^--N）］和可溶性有机 N（SON，氨基酸和酰胺类化合物）（Chen et al.，2005）。NH_4^+-N 和 NO_3^--N 是土壤最主要和最常见的有效 N 形态（Lang et al.，2018）。由于植物生长主要依赖于对无机 N 的吸收利用，植被恢复过程土壤 NH_4^+-N 和 NO_3^--N 含量增加缓慢（Weigelt et al.，2005）。研究发现，SON 也是最活跃的 N 组分之一（Zhong & Makeschin，2003）。随植被恢复，土壤 SON 含量增加，可能是土壤有机质积累和微生物生物量随植被恢复而提高所致（Zhong & Makeschin，2003）。NO_3^--N 和 SON 的高流动性可能通过淋溶或径流而造成土壤 N 高损失（Zhao et al.，2016a）。而碱解有机 N（HON，蛋白质和多肽）和微生物生物量 N（B_N）通常是潜在的可利用 N 源，有利于土壤 N 的维持（Roberts et al.，2009）。其中，HON 水解后可转化为氨基酸和核酸（Owen & Jones，2001），而 B_N 主要来源于对 NH_4^+-N 和 NO_3^--N 的固定，微生物死后，微生物生物量中的 N 可能以氨基酸形式进入 SON 库（Xing et al.，2010），即 B_N 的快速周转可以释放有效 N（Churchland et al.，2010）。

土壤 P 以有机和无机形态存在，具有不同的行为、迁移率和生物有效性（如活性 P、中度活性 P、稳定 P）（Wang et al.，2017b）。活性 P 主要包括树脂 P（Resin-Pi）和 $NaHCO_3$-P，主要来源于土壤溶液中自由的微生物及其生物量中矿化和固定的有机 P 和磷矿物的化学解吸（Yang et al.，2015）。同时，活性 P 迅速被铝、铁矿物吸附转化为次生无机 P，也能被微生物固定，转化为有机 P。中度活性 P（主要是 NaOH-P）在短期内（数天或数月）可作为活性 P 的潜在来源（Yang & Post，2011），在短期内为植物提供 P 源（Yang & Post，2011）。当土壤有效 P 不足时，稳定 P（HCl-Pi、残留 P）通过解吸作用将 P 释放到土壤溶液中（Costa et al.，2016）。微生物生物量 P（B_P）也是一种潜在的有效 P 源，即微生物将固定的 P 释放到土壤 $NaHCO_3$-Po 库中，调控有效 P（活性 P）的供应（Turner et al.，2013）。

土壤各形态 N、P 的相对组成主要受土壤中同时发生的 N、P 转化过程调控（Zhang et al.，2016b；Cheng et al.，2019）。植被恢复加速植被对养分的需求和微生物周转，更多的无机 N、P 被植物或微生物吸收和固定，转化为有机 N、P 库（Xing et al.，2010），因而随植被恢复，土壤无机 N 占全 N、无机 P 占全 P 的百分比减少，而有机 N 占全 N、有机 P 占全 P 的百分比增加（Xing et al.，2010）。这表明植被恢复过程中，土壤不同形态 N、P 间的转化不仅具有高度相关性和一致性（Gao et al.，2015），还可能同时发生。此外，土壤各形态 N、P 含量和组成比例还受其他多种因素（土壤理化性质、微生物等）的影响（Lang et al.，2016）。随植被恢复，一方面林内微环境（温度、湿度等）改善，微生物数量和活性提高，土壤氨化、矿化速率加快，土壤 N、P 含量增加（陈伏生等，2009）；另一方面，凋落物数量增加及其质量改善，为微生物提供充足的养分，降低 N、P 固化率（Karasawa & Takahashi，2015），同时刺激植物根系和微生物分泌酶，催化有机 N、P 的分解和释放（刘旭军等，2019），显著改变 N、P 形态间的相对组成比例。因此，量化土壤不同形态 N、P 的分配比例及其影响因素，可为揭示土壤 N、P 有效性随植被恢复的变化及其调控机制，为植被恢复与重建提供科学依据。然而，目前有关土壤 N、P 形态转化及其组成比例的影响机制研究主要集中在气候（陈伏生等，2009）、土地利用类型（Maranguit et al.，2017；Li et al.，2018）、凋落物（刘旭军等，2019）、施肥（Wu et al.，2019；Pradhan et al.，2021）等方面，有关植被恢复影响土壤 N、P 形态转化趋势的研究仍少见报道。

2. 土壤氮磷积累转化过程的耦合关系

土壤 N、P 积累转化过程不仅受植物吸收利用、凋落物分解归还、土壤理化性质及微生物活动等外在因素的影响，还受养分元素间的协同或拮抗作用的影响（Rietra et al.，2017）。近年来的研究发现，施 P 肥可促进土壤硝化和氨化作用（Mehnaz et al.，2019），增加土壤活性 N 库（NH_4^+-N 和 NO_3^--N）积累，降低稳定 N 库（矿物态 N）的含量，而残留态 N（惰性 N）库无显著变化（张洋，2017），表明施 P 肥可促进稳定 N 库向活性 N 库转化，在调控土壤 N 形态转化和积累方面起积极作用；此外，施 P 肥后土壤有效 P 含量增加，诱导植物"根系效应"发生，促使植物根系分泌大量含 N 有机分子，改变有机 N 库各组分的比例（Erro et al.，2009）。施 N 肥可以促进植物、微生物产生大量胞外磷酸酶，加快分离土壤有机物中的磷酸键，从而增加土壤有效 P 的含量，但对土壤不同形态 P 的影响不同，降低土壤活性 P（NaHCO₃-P）含量，显著增加中度活性 P（NaOH-P）含量，而残留 P 库无显著变化（Chen et al.，2018a），表明施 N 肥可影响活性、中度活性和残留 P 库间的转化。此外，施 N 肥还可能改变土壤微生物活性及其群落结构，促使有机 P 矿化为无机 P（Kritzler & Johnson，2010）。目前，土壤 N、P 间相互作用的研究主要集中在施肥试验方面，但有关植被恢复过程中土壤 N、P 积累转化及两者间相互作用的研究仍少见报道。

随植被恢复，植物群落发展和土壤性质改善（Zhang et al.，2019b），可能引起土壤养分间相互关系的变化，进而改变土壤养分状况，调节土壤生态功能。因此，关注土壤 N、P 转化及其供应能力随植被恢复变化的同时，还应关注 N、P 间的耦合关系及其响应机制（詹书侠等，2009）。少数研究发现，亚热带森林群落演替过程中，土壤 NO_3^--N、矿质 N 与 $NaHCO_3$-P、NaOH-P、土壤团聚体内 P（超声 P）、酸性 P 呈显著正相关性（詹书侠等，2009）。由农用地转变为森林，土壤不同形态 N、P 间的相关性显著升高（耿若楠，2017）。可见，随植被恢复，土壤不同形态 N、P 之间可能存在协调发展趋势，促使土壤 N、P 耦合效应增强。

3. 土壤氮磷积累转化及其耦合关系的主要影响因素

植被恢复过程土壤 N、P 积累转化是一个复杂的生态过程，与土壤 N、P 输入和输出密切相关。因此，影响土壤 N、P 输入和输出的因素都可能影响土壤 N、P 积累转化，主要包括：植被因素（凋落物、根系及其分泌物）和土壤因素（理化性质、微生物）。

1）植被因素

植被物种组成及其结构对土壤的影响主要通过凋落物、根系及其分泌物来实现。凋落物是养分在植物与土壤之间迁移转化的基本载体，其动态变化可以实现并维持土壤养分和植物生长所需养分比率之间的平衡（Hessen et al.，2004），被认为是森林土壤生态系统物质和能量的主要来源。凋落物数量和质量调控凋落物的分解，促使有机物质向土壤释放养分，从而影响土壤 N、P 含量（Zhang et al.，2013c；Zhang et al.，2017；Yang et al.，2018）。凋落物量的积累一方面提供充足的基质，促进植物残体层的形成（曹成有等，2007）；另一方面改善微生物的生长繁殖空间环境，提高凋落物层微生物生物量和活性，进而提高有机质的分解速率，有利于 N、P 的释放（Che et al.，2018）。凋落物 N、P 含量高可使微生物活性增强，缩短分解周期（赵畅等，2018），提高凋落物分解和养分释放的速率，是促进土壤 N、P 积累以及维持其稳定性的主要机制。

细根生长及其周转是土壤 N、P 库增加的重要途径（乔阳，2020）。表土层通气状况和水热条件较好，细根周转快，为微生物生长和繁殖提供有利条件，对表土层养分的吸收和固定产生积极影响（赵彤等，2013）。但也有研究发现，随土层加深，细根生物量降低，对 N、P 的吸收量下降，导致深土层 N、P 含量高于表土层（章宪等，2014）。此外，根系分泌物（糖类、氨基酸、酶等）可以调节根际环境，促进根际土壤养分活化与供应，主要机制包括两方面：①根系分泌的有机酸促使土壤胶体表面养分解吸作用，通过螯合、酸化等途径使难溶物质转化为有效养分；根系释放的高分子黏质具有较强的黏着力使土壤颗粒固定，促进有机 C 形成，改变土壤理化性质，间接影响土壤 N、P 含量（李懿和杨子松，2020）。②根系分泌物为根际微生物提供充足的养分，提高微生物活性，促进养分转化，提高土壤养分的供应水平（乔阳，2020）。此外，根系分泌物还能诱导根际发生正激发效应，加快土壤有机质分解，调控土壤 N、P 的供应（孙悦等，2014）。

2）土壤因素

土壤水分通过影响微生物活性，进而影响土壤 N、P 含量（Hicks et al.，2003）。土壤水分充足有利于厌氧环境形成，一方面间接促进生物固 N 作用，提高土壤 N 的固持能力（陈洁等，2020）；另一方面加速有机 P 矿化和扩散，提高土壤 P 溶解量（Hu et al.，2016）。而土壤水分不足会抑制微生物活性，甚至导致微生物死亡，促使微生物生物量

N、P释放到土壤中（周星梅等，2009）。土壤水分过多或过少，则土壤N、P供应和维持能力均显著下降（陈伏生等，2009）。

土壤质地主要通过影响有机质与黏粒的结合、好氧微生物的活动，对土壤N、P积累转化过程产生作用（赵婷等，2018）。土壤质地越好，阳离子交换量越高，对NH_4^+离子、有机P的吸附固定作用越大，土壤保肥、供肥能力越强（赵婷等，2018）。由于黏土和壤土的孔隙较小，对有机质有较强的物理保护作用，因此黏粒含量高的土壤有机质矿化速率低于黏粒含量低的土壤（Rakhsh et al.，2020），黏土和壤土对N、P固持能力较强于砂土。此外，土壤质地对土壤透气性、含水量及氧化还原电位有重要影响，间接影响土壤N、P的转化（张金波和宋长春，2004）。

土壤pH主要通过影响土壤理化性质和微生物活性来影响土壤N、P的变化。低pH有利于提高土壤渗透性和孔隙度，促进团聚体形成，对土壤N、P的积累和维持有积极作用（Bienes et al.，2016）。低pH还会释放更多的交换性铁、铝及铁铝氧化物（Zhang et al.，2016b），不仅有助于吸附溶解有机质中的P或难降解的P，还可快速吸附土壤溶液中溶解的无机P，将其转化为较为稳定的P（McGroddy et al.，2008；Planavsky et al.，2010）。然而，土壤pH降低可能会导致微生物自养硝化速率下降，加剧N的淋溶作用（Zhang et al.，2018c），同时限制微生物对土壤P的矿化，减缓土壤P循环过程（Carrino-Kyker et al.，2016）。在适宜的土壤pH环境下，微生物数量和种类增加，提高微生物生物量，促进土壤N、P的矿化和固持（Aciego Pietri & Brookes，2009）。

土壤有机质作为土壤养分库和质量指标，持续影响土壤理化性质和生物特性（Bienes et al.，2016）。有机质富集意味着土壤肥力和质量的改善，且大部分土壤理化性质与有机质含量呈显著正相关性（Li et al.，2016b），如土壤全N含量与有机质呈显著正相关性（倪银霞等，2015），土壤有机质含量增加可为微生物生长和繁殖提供大量的底物和能量，提高微生物生物量和活性，促进土壤N增加（Cheng et al.，2019）。此外，较短时间内，有机质分解、矿化是森林土壤P输入的主要途径之一（陈美领等，2016）。除自身释放P外，土壤有机质积累还可以产生大量有机酸，溶解土壤难溶性磷酸盐（方晰等，2018），增强磷酸酶活性，促进有机P矿化，从而提高土壤P含量（Allison & Vitousek，2005）。

微生物是驱动土壤养分生物地球化学循环的引擎，直接参与土壤有机质的分解、腐殖质的形成和养分积累、转化及供应各个过程（Baldrian，2017）。土壤微生物丰度、种类组成及其分泌的酶等调控土壤N、P的矿化和固定，有利于土壤肥力维持（乔阳，2020）。研究表明，微生物群落数量、多样性对土壤全N、全P含量有显著的正向促进作用（李懿和杨子松，2020）。许多特定功能基因的微生物种群（自生固氮菌、根瘤菌、假单胞杆菌、芽孢杆菌、土壤杆菌等）直接参与土壤N、P的积累转化过程，与N、P的固持和矿化密切相关（孙儒泳等，2002）。微生物分泌的脲酶、磷酸酶正向影响土壤全N、全P含量（张美曼等，2020），催化吸附在矿物质和有机质中的N、P分解和转化，持续补充土壤N、P（陈洁等，2020），表明微生物在土壤N、P转化过程中扮演着重要的角色。此外，微生物还是土壤活性养分的储存库，能准确及时地反映土壤环境质量的变化（Turner et al.，2013）。当土壤N、P过度消耗时，微生物将释放其储存的N、P，作为有效N、P补给归还土壤（Zhang et al.，2016b）。

7.1.6　植被恢复过程氮磷吸收利用及其耦合特征

长期进化过程中，植物在生理生化方面形成了多种较强的逆境适应机制，如通过主动调整养分需求策略以适应环境的波动（曾德慧和陈广生，2005）。叶片和细根是植物吸收和输送养分的重要器官，其养分含量、吸收策略与土壤养分供给直接相关（Miyamoto et al.，2016）。因此，从机制上预测叶片生理生化调节能力对土壤 N、P 供应变化的响应，量化细根养分与土壤 N、P 转化动态的关系，探讨植物养分吸收利用策略对土壤 N、P 耦合的响应机理，对阐明植物 N、P 吸收利用对土壤 N、P 有效性变化的响应至关重要（Zhang et al.，2016b）。

1. 植物细根对氮磷的吸收

传统上认为，植物主要吸收无机 N 形态（即 NH_4^+-N 和 NO_3^--N）（Weigelt et al.，2005）；细根对 NH_4^+-N 和 NO_3^--N 的吸收由植物对 N 源的亲和力、植物生理适应性及对最丰富 N 源的偏好共同决定（Cui & Song，2007）；NO_3^--N 更容易被细根吸收（Miller & Cramer，2004），细根主要从土壤活性 P 库吸收 P（Malik & Khan，2012）。但是近年来，越来越多的研究对这些观点提出了质疑，发现 SON 对细根养分的重要性（Zhang et al.，2019b），植物对环境条件具有持续适应和自我调节的有效养分保存机制，细根对土壤不同形态 N、P 有明显的选择性吸收作用（Brant & Chen，2015），随植物生长，养分需求增加，其他土壤 N 形态（如 HON 和 B_N）、P 形态（如 NaOH-P、HCl-P 和 B_P）在微生物强烈而积极的作用下，也转化成为植物可吸收的有效 N、P 形态（Huang et al.，2015）。在贫瘠土壤，草本和灌木群落细根主要从潜在的可矿化 N 库获取 N（Huang et al.，2015），从土壤主要 P 形态中获取 P（Yang & Post，2011；Malik & Khan，2012），而且细根通过改善养分吸收能力以适应土壤 N、P 有效性的剧烈波动（López-Bucio et al.，2003），随土壤无机 N 和活性 P 减少，植物扩展细根和增强细根结构复杂性，更多地吸收其他有效 N、P 形态，从而提高细根 N、P 含量（Yuan & Chen，2012）。但也有研究表明，土壤 N、P 形态变化对细根 N、P 含量无显著影响（Walch-Liu et al.，2001）。

随森林群落恢复演替，土壤 N、P 形态组成变化可能会刺激细根从其他潜在的 N、P 库获取 N、P，以适应土壤微生物对养分的激烈竞争（Huang et al.，2017）。植被恢复促进森林植物发育，改善土壤理化性质（Zhang et al.，2019b），影响土壤 N、P 的积累、转化和再分配，进而影响植物细根对 N、P 的吸收（Yu et al.，2011；宁秋蕊等，2016）。然而，目前有关细根养分获取对土壤 N、P 形态转化及其相对组成变化的响应研究仍少见报道（Brackin et al.，2015）。因此，随植被恢复和土壤 N、P 组成变化，细根是采取改变吸收策略以适应土壤 N、P 形态的变化，还是保持稳定吸收策略以适应土壤 N、P 形态的变化仍不确定，为预测植物对这一环境变化的响应，必须了解细根养分吸收策略对土壤 N、P 有效性变化的响应机制。

2. 植物氮磷的利用策略

植物养分利用策略可以反映植物养分含量和土壤环境的共同进化过程（Killingbeck，1996），特别是植物叶片养分含量是表征土壤养分供应能力的重要指标（Reich & Oleksyn，2004）。植物养分利用效率（nutrient use efficiency，NUE）是植物使用单位养分新生产的生物量，可以反映植物对土壤养分（如 N、P）的利用和适应状况（Chapin，1980）。养分再吸收效率（nutrient reabsorption efficiency，NRE）是植物从衰老器官重吸收养分构建新生组织再利用的效率，是植物最重要的养分保存机制之一，也是植物的一个重要养分利用策略（Wang & Moore，2014），是植物长期适应养分贫瘠环境的一种进化机制（Aerts & Chapin，1999）。土壤养分充足时，叶片养分含量较高，NUE、NRE 较低，植物通过吸收土壤养分满足生长需求（曾昭霞等，2015），即采用"资源消耗"策略；而土壤养分不足时，叶片养分含量低，NUE、NRE 高，植物通过较低的养分吸收量和存留量生产更多生物量，即采用"节约保守"策略，是植物适应贫瘠土壤的重要竞争策略（Grime，2001）。

植物对落叶前 N 的 NRE 随群落恢复演替而降低，恢复演替早期土壤缺 N，植物通过提高 N 的 NRE 满足其对 N 的需求（Zeng et al.，2017a）。在 P 限制条件下，植物叶片 P 的 NRE 普遍高于 N 的 NRE（Zeng et al.，2017b），且 P 的 NRE 随森林演替的变化因物种不同而异，主要表现为 3 种模式：递增、下降或先增加后下降（Yan et al.，2006）。植物内稳态（homeostasis）是植物在变化的环境中保持自身化学组成稳定的能力（Koojiman，1995）。其中，植物养分内稳态可反映各养分的平衡状态，以及植物对环境变化的适应策略（Yu et al.，2011）。随植被恢复，土壤养分含量改变，植物养分表现出内稳态，即植物养分含量不随土壤环境变化而变化，多数显著的内稳态关系主要体现在植物叶片 N 和土壤 N 之间（Zeng et al.，2017a）。然而，叶片 N、P 吸收利用策略的复杂性及生境的异质性导致研究结果的不一致性（Reich & Oleksyn，2004）。目前，关于植物生长对 N、P 协同效应的响应机制仍缺乏深入理解（Schleuss et al.，2020），在植被恢复对植物养分利用策略影响研究方面仍存在许多不确定性。根据 Odum 植物养分策略假说，从早期的草地、灌木群落演替到晚期的森林群落，早期阶段植物养分的 NRE 较低、损失率较高，晚期阶段生态系统趋于成熟，植物养分截留和保存能力增强（Odum，1969）。但近年来的研究发现，中国东南部地区亚热带常绿阔叶林演替过程中，植物养分利用策略与 Odum 植物养分策略假说相反，即由早期的"保守消耗"策略转变为演替晚期的"资源消耗"策略（Zeng et al.，2017b）。

3. 植物氮磷吸收利用过程的耦合特征

植物 N、P 间耦合关系尤为重要（Zhao et al.，2016b），可促进植物 N、P 吸收，调节植物体内养分平衡及其对环境变化的适应策略（Schleuss et al.，2020）。在生理上，植物代谢过程 N、P 具有紧密的相互依赖性（Rivas-Ubach et al.，2012）。全球尺度下，植物叶片 N、P 含量密切相关（Wright et al.，2004），可能是由于植物对 N、P 的协同生长反应，即将过量的元素投入限制性元素的获取中，直到植物生长同时受这两种元素的限制（Elser et al.，2007）。研究表明，N 的 NRE 与叶片 P 含量之间，P 的 NRE 与叶片 N

含量之间呈正相关关系（Yan et al.，2015），证实了 Han 等（2013）提出的相对再吸收假说：当植物叶片 P 含量较高时，植物受 N 限制，通过提高 N 的 NRE 满足植物对 N 的需求，反之亦然。可能的解释是：植物生长既依赖于单一养分的供应，也依赖于养分之间的平衡关系（Han et al.，2013）。此外，异速生长反映了植物生长发育过程有机体内两种属性（如 N、P 含量）之间的变化规律（韩文轩和方精云，2008）。研究表明，从局部到全球，叶片 N、P 含量间的异速生长指数相似，表明随环境变化，叶片 N、P 异速生长关系在一定程度上表现出较强的稳定性和一致性（Zhao et al.，2016b）。但也有研究发现，草本植物 N、P 的异速生长关系沿着环境梯度发生显著变化，而木本植物各器官 N、P 含量的比例保持稳定（Zhao et al.，2016b），主要是由于草本植物具有生长迅速，叶片 N、P 含量高，生活史较短等特点（Adler et al.，2014）。

植物对 N、P 的吸收还可能依赖于与 N、P 利用效率的相互关系，主要体现在固 N 作用和有机 P 矿化两个方面（Schleuss et al.，2020）。生物固 N 伴随能量的高消耗和合成 ATP 所需 P 的增加，因而固 N 率通常随 P 利用率的升高而增加（Reed et al.，2011）；而催化有机 P 矿化的胞外酶含有 N，因而有机 P 的调控取决于 N 的有效性，意味着植物可以利用 N 合成磷酸酶来促进植物对 P 的吸收（Spohn，2016；Schleuss et al.，2020）。但研究发现，热带、亚热带森林生物固 N 作用并不一定因高 P 利用效率而增强或减弱（Hedin et al.，2009），可能是由于在 N 丰富而 P 缺乏的生态系统中，固 N 作用不受 P 有效性的限制（Zheng et al.，2020），表明植被或土壤类型可能决定了植物 N、P 吸收耦合关系的强弱及其作用机制。植物 N/P 对 N、P 有效性的变化和对环境的适应性起关键的指示作用，不可避免地影响植物的生长速率和初级生产力（Yan et al.，2015）。基于生长速率假说，叶片 N/P 低的植物生长迅速，对土壤资源的竞争能力高于叶片 N/P 高的植物，特别是在贫瘠的土壤环境中（Zhang et al.，2019a）。

植被恢复过程中，植物丰富度持续增加，土壤 N、P 供应能力提高，植物 N、P 吸收的耦合关系因树种功能类型不同可能发生显著的变化（Yan et al.，2006）。研究发现，不同演替阶段植物 N、P 的 NRE 间均呈显著正相关关系（Zeng et al.，2017b），表明植物 N、P 吸收随植被恢复的变化具有较强的同步性。此外，植物 N/P 随植被恢复显著升高，P 限制性增强，恢复后期植物 P 的 NRE 更高（Zeng et al.，2017b）。但也有研究发现，不同植被恢复阶段植物 N/P 无显著差异（Zeng et al.，2017a）。这些研究结果不一致的机理尚不清楚，且相关规律是否适用于其他地区还有待深入研究。

7.1.7　研究展望

由于植被恢复过程的长周期性及其演变方向的高度复杂性，在揭示植被恢复过程土壤 N、P 循环及其耦合协调性的变化规律及影响机制方面，未来迫切需要开展以下研究：

1. 加强不同气候区、不同土壤类型森林生态系统磷循环及调控机理的研究

土壤 N、P 积累转化是森林生态系统 N、P 循环的关键过程，而且 N、P 之间存在密切的耦合关系。现有的森林生态系统养分循环研究主要集中于 N 循环。而近年来的研

究发现，P 对生态系统初级生产力的限制作用大于 N（Vitousek et al.，2010），与温带和北方森林相比，热带、亚热带森林土壤发育高度风化，更容易受土壤 P 的限制（Gao et al.，2014）。至今，仅有少量的研究关注了森林生态系统 P 循环，而对 N、P 循环之间的耦合关系仍缺乏关注。模拟研究 P 循环过程对理解自然 P 限制地区（Yang et al.，2014）或 N 沉降加剧 P 限制地区（Peñuelas et al.，2013）的生态系统响应十分重要，但 P 循环的全球数据集稀缺且具有高度不确定性，未来 P 限制是否会加剧、发展趋势如何等问题仍不清楚（Zhang et al.，2011）。因此，需要加强不同气候区、不同土壤类型森林生态系统 P 循环的研究，为模拟研究 P 循环过程提供基础数据。

2. 加强森林植被恢复演替对土壤氮磷积累转化及两者耦合关系影响机制的研究

随森林植被恢复，群落组成和结构复杂化，植物生长规律及 N、P 吸收利用策略发生改变，N 循环逐渐趋于开放（Winbourne et al.，2018），P 循环趋于封闭（Hedin et al.，2009），N、P 循环变化的趋势及其高度复杂性是否会改变植被恢复过程养分限制格局，N、P 耦合效应趋于加强或解耦等问题至今未有定论。特别是植被-土壤的协同作用推动着退化森林的成功恢复（Chen et al.，2020），单一研究土壤 N 或 P 的积累转化难以反映整体水平的变化机制，未来应结合植物，凋落物 N、P 迁移转化及 N、P 间的耦合平衡等方面进行系统研究，为退化森林生态系统养分循环的恢复提供更深层次的科学依据。

3. 加强全球变化对土壤氮磷积累转化及两者耦合关系影响的研究

全球变化（温度升高，大气 N、P 沉降增加）背景下（李洁和薛立，2017；方华军等，2019），将持续改变土壤环境和养分元素之间的平衡性，最终影响物种多样性和生态系统功能的维持（付伟等，2020）。N、P 沉降通过增加土壤可溶性 N、P 含量，提高微生物生物量，改变微生物群落组成，从而影响土壤 N、P 转化过程（Liu et al.，2012；李洁和薛立，2017）。目前，人们更多关注 N 沉降对森林土壤 N、P 有效性的影响（陈洁等，2020），而有关土壤 N、P 间的耦联和平衡关系对 N、P 沉降的响应研究仍相对缺乏（Fleischer et al.，2019；Peng et al.，2019）。N 沉降对土壤 N、P 积累转化过程及其有效性变化的影响仍存在很大的不确定性（李洁和薛立，2017；Peng et al.，2019），容易导致土壤 N/P 失调，加剧土壤 P 限制（Alberty，2005），进而破坏 N、P 循环间的协调发展关系。P 沉降对森林土壤影响的研究也存在分歧，以往研究多针对单一土壤生态过程，例如土壤 N、P 有效性（李洁和薛立，2017）、微生物组成和活动（Liu et al.，2012）、酶活性（Jing et al.，2016）等，很少关注不同土壤生态过程间的关联和互馈响应。特别值得关注的是，N、P 沉降引起 N、P 交互作用变化，不仅直接改变土壤主要限制因子的相对重要性，还可能影响土壤 C 储存、转化过程和稳定性特征（方华军等，2019；付伟等，2020）。因此，了解土壤 N、P 及其交互作用对 N、P 沉降的响应机制，有助于合理利用 N、P 沉降所带来的土壤有效养分，减轻或避免其负面效应，对全球变化背景下未来农林生态系统的可持续发展和养分的高效协调利用具有重要意义。

4. 加强生态系统氮磷循环功能耦合综合模型的建立和完善

目前，大多数陆地生态系统生物地球化学模型，如 TRIPLEX（Zhou et al.，2005）、CENTURY（Parton et al.，1987）被广泛应用于模拟预测 C、N 循环功能耦合。但这些模型通常不包括生物 P 矿化作用，同时未考虑 N、P 循环的耦合效应（Wang et al.，2007），因此，在模拟高度风化和较强 P 吸附能力土壤的有机质分解过程时可能会出现偏差（Gijsman et al.，1996）。此外，少数 N、P 循环拟合模型表明，N、P 的耦合效应使土壤 C 吸收量显著低于未引入 N、P 循环耦合关系的模型（Goll et al.，2012），意味着忽略 N、P 限制作用可能会高估土壤 C 吸存潜力。近年来，已有研究提出一种新的陆地生态系统模型——QUINCY v1.0，应用于 N、P 循环耦合来预测陆地生物圈对全球变化的响应（Thum et al.，2019）。也有学者将 P 循环引入 JSBACH（Jena Scheme for Biosphere-Atmosphere Coupling in Hamburg）（Goll et al.，2012）、CASA（Carnegie-Ames-Stanford Approach）模型校准 C 循环（Randerson et al.，1997），预测较长或较短时间尺度上 N、P 循环间相互作用及养分限制的变化（Wang et al.，2007；Goll et al.，2012），并取得了较好效果。因此，随综合模型的应用和完善，N、P 循环的功能耦合研究将会有所突破。同时，基于生态系统 N、P 循环的耦合关系对准确估算土壤 C 吸存潜力、预测陆地生物圈对全球变化响应的重要性，未来的研究应加强 N、P 循环功能耦合综合模型的建立和完善，特别是将 N、P 循环间的相互作用与 C 循环功能联系起来。

7.1.8　土壤系统氮磷循环及其耦合关系的研究目的及意义

N 和 P 是影响森林生态系统生产力的主要养分元素，生态系统 N、P 循环过程及其耦合关系直接影响植被恢复进程。此外，随植被恢复，植物群落组成和结构复杂化，生物量快速积累，林内微环境改善，直接影响植物养分吸收利用、凋落物分解养分归还及土壤养分供应过程，显著改变植被-土壤系统养分的循环（Xiao et al.，2017；Xu et al.，2018）。目前，有关亚热带植被恢复对 N、P 循环过程影响的研究主要集中在单一组分，如植物养分吸收特性（Zeng et al.，2017b）、土壤养分有效性特征（詹书侠等，2009）、凋落物分解动态（覃扬浍等，2017）等，涉及植物-凋落物-土壤系统 N、P 循环演变特征的研究鲜有报道，如何有效建立多因子综合系统以探讨 N、P 循环过程中两者之间的耦合关系对植被恢复的响应，仍有待进一步深入，特别是对揭示亚热带森林生态系统养分循环的调控机理，预测生态系统养分循环的形成和恢复机制仍存在一定的局限性，限制了人们对森林生态系统养分元素生物地球化学循环的认识和理解。为此，本研究采用以空间变化代替时间序列的方法，按照亚热带森林群落自然演替进程，根据植被恢复程度及其群落树种组成，在湘中丘陵区选取地域相邻、环境条件（立地、气候和土壤）基本一致，处于不同植被恢复时期的 4 种植物群落：灌草丛、灌木林、马尾松针阔混交林、常绿阔叶林作为一个植被恢复序列，研究植物-凋落物-土壤系统 N、P 循环的演变模式，基于植被恢复过程 N 循环富集，P 循环从开放转变为封闭的变化格局，探讨 N、P 耦合强度的演化及其对 N、P 循环的影响机制，为制定森林生态系统可持续经营、养分管理以及应对全球变化的有效措施,为促进亚热带森林植被生态恢复、提升森林生态系统生态服务水平和稳定性提供科学依据。

7.2 生态系统氮磷循环及其耦合协调性的研究方法

7.2.1 样地设置、样地植物群落调查及其生物量的测定

样地设置及 4 个植被恢复阶段的基本概况详见第 1 章 1.3.1 部分内容;样地植物群落调查详见 1.3.2 部分内容;4 个植物群落的基本特征及其主要树种组成见表 1.1。

植物群落生物量的测定详见第 3 章 3.2.1 部分内容;4 个植物群落生物量及其空间分布格局详见第 3 章 3.3 部分内容。

7.2.2 植被层、凋落物层分析样品的采集与分析方法

在中国亚热带地区,季节划分采用气候学统计法以公历 3~5 月为春季,6~8 月为夏季,9~11 月为秋季,12 月至次年 2 月为冬季。为了避免偶然性,本研究于 2016 年 4 月中旬、6 月底、10 月下旬、2017 年 1 月中旬采集植被层、凋落物层分析样品,取 4 次采样测定结果的平均值作为最终数据。

在 LVR 固定样地,沿着对角线均匀设置 3 个 1 m × 1 m 样方,采集样方内所有灌木、草本植物,按叶、枝、干(茎)、根分类后,将同一样地 3 个样方同种器官等比例混合为 1 个样品。根据群落调查结果,确定 LCQ、PLL 和 LAG 每块固定样地树高≥1.5 m 的优势树种,对该固定样地的每种优势树种在样地外围分别选取 12 株长势良好的平均标准木。每种优势树种每次采集 3 株平均标准木的植物样品,按上、中、下 3 个部位的东、西、南、北 4 个方向采集各株平均标准木的叶、枝、干、根样品;树高<1.5 m 灌木及草本植物地上部分采集同 LVR,再将同一样地内草本植物、灌木和乔木优势树种同一器官按生物量折算比例混合为 1 个样品。

凋落物层现存量的测定和分析样品的采集详见第 2 章 2.2.6 部分内容。

植被层、凋落物层有机 C、全 N、全 P 含量的测定详见第 2 章 2.2.7 部分内容。

7.2.3 年凋落物量的测定

不同植被恢复阶段群落年凋落物量的测定详见第 2 章 2.2.4 部分内容。

7.2.4 凋落物分解过程碳、氮、磷含量的测定

凋落物分解速率详见第 2 章 2.2.5 部分内容。

分解袋取回后,去除分解袋外面的其他物质,倒出分解袋内的凋落物,仔细清除泥沙、细根,置于烘箱 65 ℃恒温烘干至恒重,测定干重后,经植物粉碎机粉碎,过 0.25 mm 筛后保存备用,用于测定凋落物分解过程 C、N、P 含量。

凋落物有机 C、全 N、全 P 含量的测定详见第 2 章 2.2.7 部分内容。

7.2.5　土壤样品的采集、处理及测试分析

1. 土壤样品的采集与处理

同样，为了避免偶然性，分别于 2018 年 1 月（冬季）、4 月（春季）、7 月（夏季）、10 月（秋季）采集土壤样品，取 4 次采样测定的平均值作为最终的数据。沿着每块固定样地对角线均匀设置 3 个采样点，每次采集土壤样品均在采样点附近，清除地表植物和凋落物后，挖掘土壤剖面，沿着土壤剖面自下而上按 0～10 cm、10～20 cm、20～30 cm 和 30～40 cm 分层采集土壤样品。同时，用 200 m³ 的环刀采集土壤，用于测定土壤容重和含水量。

将同一块固定样地 3 个采样点同一土层的土壤样品等比例充分混合均匀为 1 个土壤样品（约 2.0 kg），去除砾石、植物残体等杂质，过 2 mm 土壤筛后，将每个土壤样品分为 2 份：1 份储存于 4℃冰箱中，用于测定土壤 NH_4^+-N、NO_3^--N、总可溶性 N（total soluble N，TSN）和微生物生物量；另 1 份放室内自然风干后，研碎分别过 2 mm、1 mm、0.25 mm、0.15 mm 土壤筛储存。过 2 mm 土壤筛的用于测定土壤颗粒组成、pH、交换性盐基总量、速效 P 含量，过 1 mm 土壤筛的用于测定碱解 N 含量，过 0.25 mm 土壤筛的用于测定土壤有机 C、全 N、全 P 含量，过 0.15 mm 土壤筛的用于土壤 P 分级，测定 Resin-Pi、$NaHCO_3$-Po、NaOH-Po、$NaHCO_3$-Pi、NaOH-Pi、HCl-Pi 含量。

2. 土壤样品的测试分析

1）土壤理化性质的测定

不同植被恢复阶段土壤理化性质的测定方法详见第 2 章 2.2.9 部分内容，不同植被恢复阶段土壤理化性质详见第 2 章 2.5.1 和 2.5.2 部分内容。

2）土壤 N 各形态含量测定

土壤 NH_4^+-N 和 NO_3^--N 含量用浸提法（Jones & Willett，2006）测定：采用 2 mol/L KCl 浸提（液土比 5/1），室温振荡 1 小时后过滤，浸提液用微量连续流体式自动化学分析仪（Astoria 公司，美国）测定。TSN 含量用 0.5 mol/L K_2SO_4 溶液浸提（液土比 4/1），高速离心后过滤，浸提液用连续流动分析仪测定。

HON 含量根据碱解 N、无机 N（NH_4^+-N 和 NO_3^--N）含量计算；SON 含量根据 TSN 含量、无机 N（NH_4^+-N 和 NO_3^--N）含量计算，计算公式如下：

$$C_{HON} = C_{HN} - C_{Ni} \tag{7.1}$$

$$C_{SON} = C_{TSN} - C_{Ni} \tag{7.2}$$

式中，C_{HON} 为 HON 含量（mg/kg）；C_{HN} 为碱解 N 含量（mg/kg）；C_{Ni} 为无机 N 含量（mg/kg）；C_{SON} 为 SON 含量（mg/kg）；C_{TSN} 为 TSN 含量（mg/kg）。

3）土壤 P 各形态含量测定

采用经 Tiessen 等修正后的 Hedley P 分级方法测定（Tiessen et al.，1983）土壤 Resin-Pi、$NaHCO_3$-Po、$NaHCO_3$-Pi、NaOH-Po、NaOH-Pi、HCl-Pi 含量（方法操作流程

详见第 6 章 6.2.4 的图 6.3）。

　　4）土壤微生物生物量 C、N、P 的测定

　　土壤 B_C、B_N、B_P 的测定详见第 2 章 2.2.9 部分内容。不同植被恢复阶段土壤 B_C、B_N、B_P 详见第 2 章 2.5.3 部分内容。

7.2.6　细根样品的采集及其氮、磷含量的测试分析

　　细根的选取依据直径≤2 mm 标准，采用 Liu 等（2014）提出的方法进行采集。在前面所述的土壤采样点直径 1 m 范围内，分别于 4 个不同方位（东、西、南、北）设置细根采样点。去除土壤表面腐殖质层后，采用土钻（高 10 cm、直径 10 cm）钻取 0～20 cm 土层土芯。大致去除土壤、石砾后，将每个土壤采样点 4 个方向细根样品混合均匀，随后将同一固定样地 3 个土壤采样点的细根混合样品等比例混合均匀后装袋，带回实验室进行处理。

　　将细根分析样品于去离子水浸泡软化后，用蒸馏水反复清洗，直至彻底清除附着在细根上的土壤和残留物。经 75℃烘箱恒温烘干 72 h 至恒重后，采用球磨仪（Mixer Mill MM 400，Retsch Gmb H 公司，德国）研磨，过 0.15 mm 筛后保存备用，用于测定 N、P 含量。

　　细根全 N 含量、全 P 含量的测定与前面植被层、凋落物层有机 C、全 N、全 P 含量的测定相同。不同植被恢复阶段细根全 N、全 P 含量的测定结果如表 7.1 所示。

表 7.1　不同植被恢复阶段 0～20 cm 土层细根全 N、全 P 含量（平均值±标准差，$n = 4$）

指标	LVR	LCQ	PLL	LAG
全 N /（g/kg）	3.09±0.36C	4.94±0.72B	5.34±0.69 B	8.79±0.72A
全 P /（g/kg）	0.18±0.01C	0.32±0.03B	0.30±0.01B	0.43±0.04A

　　注：不同大写字母代表同一化学性质不同植被恢复阶段之间差异显著（$P<0.05$）。

7.2.7　数据处理及统计分析

1. 各项指标的计算

　　1）植物（包括凋落物、细根）、土壤样品的有机 C、全 N、全 P 含量用单位质量的含量（g/kg 或 mg/kg）表示，C/N、C/P、N/P 为质量比。

　　2）为准确反映植物（包括凋落物、细根）、土壤各项指标的年平均情况，采用算术平均法计算各指标的季节平均值。同时，考虑到土壤各指标土层间的变异较大，采用加权平均法计算土壤各指标的土层平均值，计算公式如下：

$$f_i = \frac{x_i}{\sum\limits_{i=1}^{n} x_i} \times 100\% \qquad (7.3)$$

$$x_0 = \sum\limits_{i=1}^{n} \left(x_i \times f_i \right) \qquad (7.4)$$

式中，n 为土层数；f_i 为第 i 土层各指标值占 n 个土层总和的百分比；x_i 为第 i 土层各指

标值；x_0 为各指标加权平均值。

3）最大最小值归一化法

采用最大最小值归一化法（Jain et al.，2005）对原始数据进行无量纲化处理，计算公式如下：

$$x' = \frac{x - x_{\mathrm{Min}}}{x_{\mathrm{Max}} - x_{\mathrm{Min}}} \tag{7.5}$$

式中，x' 为标准化数据；x 为原始数据；x_{Min}、x_{Max} 分别为同一指标原始数据组内最小值、最大值。

4）植被层、凋落物层 N、P 储量

植被层、凋落物层 N、P 储量根据其 N、P 含量与生物量（或现存量）估算，公式如下：

$$V_i = \frac{C_{V_i} \times B_{V_i}}{10^6} \tag{7.6}$$

$$L_j = \frac{C_{L_j} \times B_{L_j}}{10^6} \tag{7.7}$$

式中，V_i、L_j 分别为植被层 i 器官、凋落物层 j 分解层 N（P）储量（kg/hm²）；C_{V_i}、C_{L_j} 分别为植被层 i 器官、凋落物层 j 分解层 N（P）含量（g/kg）；B_{V_i}、B_{L_j} 分别为植被层 i 器官、凋落物层 j 分解层生物量（kg/hm²）。

5）0～40 cm 土壤层 N、P 储量

土壤层 N、P 储量根据土壤 N、P 含量、容重和土层厚度估算，公式：

$$S_i = \frac{C_i \times \mathrm{BD}_i \times D_i}{10} \tag{7.8}$$

式中，S_i 为土壤层第 i 土层 N（P）储量（kg/hm²）；C_i 为土壤层第 i 土层 N（P）含量（g/kg）；BD_i 为土壤层第 i 土层容重（g/cm³）；D_i 为土壤层第 i 土层厚度（cm）。

生态系统 N、P 储量为植被层、凋落物层和土壤层 N、P 储量之和。

6）凋落物 N、P 剩余含量

凋落物 N、P 剩余含量根据凋落物剩余质量及其 N、P 含量计算（He et al.，2016），公式如下：

$$R_t = M_t \times C_t \tag{7.9}$$

式中，R_t 为分解 t 时间后凋落物 N（P）剩余含量；M_t 为分解 t 时间后凋落物剩余质量（g）；C_t 为分解 t 时间后凋落物 N（P）含量（g/kg）。

7）凋落物 N、P 月释放率、年释放率

凋落物 N、P 月释放率根据下面的公式（He et al.，2016）计算：

$$L_t = \frac{R_{t-1} - R_t}{R_{t0}} \times 100/D_t \tag{7.10}$$

式中，L_t 为凋落物 N 月释放率（%）；R_{t-1} 为分解 t–1 个月后凋落物 N（P）剩余含量；R_t 为分解 t 个月后凋落物 N（P）的剩余含量；R_{t0} 为初始 N（P）剩余含量；D_t 为分解 t 个月后采样与前一次采样相隔的时间（月）。

凋落物 N、P 年释放率为分解一年内各月释放率之和。

8）凋落物年分解 N、P 归还量

凋落物分解 1 年后的 N、P 年归还量根据下面的公式（廖利平等，1999）估算：

$$Y_a = Y_0 \times \frac{M_a}{M_0} \tag{7.11}$$

$$R_a = Y_0 \times C_0 - Y_a \times C_a \tag{7.12}$$

式中，R_a 为凋落物分解 1 年后的 N、P 年归还量（kg/hm²）；Y_0 为年凋落物量（t/hm²·a）；Y_a 为分解 1 年后年凋落物量残留量（t/hm²·a）；M_0 为凋落物初始质量（g）；M_a 为分解 1 年后凋落物剩余质量（g）；C_0 为凋落物初始 N（P）含量（mg/kg）；C_a 为分解 1 年后凋落物 N（P）含量（mg/kg）。

9）异速生长关系

异速生长一般采用常用公式（Niklas，1994）计算，公式如下：

$$y = ax^b \tag{7.13}$$

式中，x、y 是生物属性，a、b 均为常数。在实际研究中，异速生长关系函数通常以对数形式表示，公式（韩文轩和方精云，2008）如下：

$$\log y = b \log x + \log a \tag{7.14}$$

式中，$\log a$ 为直线的截距，b 为斜率，即异速生长指数。

10）养分利用效率

养分利用效率（NUE）采用 Chapin 指数（Chapin III，1980）计算，公式如下：

$$\text{NUE} = \frac{M}{A_i} = \frac{M}{M \times C_i} = \frac{1}{C_i} \tag{7.15}$$

式中，NUE 为养分利用效率；M 为植被生物量（kg/hm²）；A_i 为植物 i 养分储量（kg/hm²）；C_i 为植物 i 养分含量（mg/kg）。

11）N、P 再吸收效率

叶片 N、P 的再吸收效率计算公式（Milla et al.，2005）如下：

$$\text{NRE} = \frac{(C_L - C_F)}{C_L} \times 100\% \tag{7.16}$$

式中，NRE 为养分再吸收效率（%）；C_L 为植物叶片 N（或 P）含量（mg/kg）；C_F 为凋落物 N（或 P）含量（mg/kg）。

12）植物内稳态

植物内稳态常用以下线性回归方程（Koojiman，1995）拟合：

$$y = kx + c \tag{7.17}$$

式中，x 为土壤 N、P 含量（mg/kg）；y 为植物 N、P 含量（mg/kg）；k 为斜率；c 为常数。当 $k \neq 0$ 时，表示植物体该养分含量内稳态弱，随土壤环境变化而变化；当 $k = 0$ 时，则表示植物体该养分具有绝对的内稳态，不受土壤环境变化的影响（Sterner & Elser，2002）。

13）土壤有效 N、P 含量

土壤有效 N、P 含量采用加权法计算，公式如下：

$$C_A = \sum_{j=1}^{n}(a_j \times C_j) \tag{7.18}$$

式中，C_A 为土壤有效 N（P）含量（g/kg）；n 为偏最小二乘回归拟合结果中对细根 N（P）含量影响显著的 N（P）形态个数；a_j 为偏最小二乘回归拟合结果中第 j 个影响显著的 N（P）形态偏回归系数；C_j 为第 j 个影响显著的 N（P）形态含量（g/kg）。

2. 数据统计分析

（1）用 Microsoft Excel Package（Office 2010）统计各项指标平均值和标准偏差，进行常规计算。

（2）用 SigmaPlot 12.0 和 R 4.0.1（R Core Team，2020）中 ggplot2 和 ggtern 制图。

（3）采用 SPSS 19.0 单因素方差分析中 Tukey's Honestly Significant Difference（HSD）法进行显著性（$P < 0.05$）检验。

（4）用 R 4.0.1 中 Smart 包拟合标准化主轴回归（SMA）关系（包括植被层、凋落物层、土壤层全 N 与全 P 含量的关系，凋落物 N、P 年释放率之间和年归还量之间的关系，细根 N、P 含量之间的关系，叶片 N、P 含量间的异速生长关系，叶片 N、P 利用效率之间、再吸收效率之间的关系，土壤全 N/P、有效 N/P 分别与细根 N、P 含量的关系）。

（5）用 R 4.0.1 中 lavaan 包构建结构方程模型（包括凋落物初始 C、N、P 含量及 C/N、C/P、N/P 对 N、P 年释放率和年归还量的影响，凋落物分解过程 C/N、C/P、N/P 变化对衰减常数（k）、N 月释放率和 P 月释放率的影响，植物、凋落物、土壤 N/P 对植物 N、P 含量、利用效率和再吸收效率的影响）。

（6）用 R 4.0.1 中 lm 函数进行线性回归分析（包括植被恢复与土壤 N、P 各形态含量及比例的关系，植物叶片 N、P 内稳态）。

（7）用 R 4.0.1 中 Corrplot 包绘制 Pearson 相关性图（包括土壤 N、P 形态之间的相关关系，土壤全 N、全 P 与各环境因子之间的相关关系）。

（8）用 SPSS 19.0 因子分析中最大方差法进行主成分分析（包括土壤 N、P 积累过程影响因子（土壤因素和植被因素）的提取，养分积累转化各过程及整体 N、P 子系统耦合协调性评价指标权重的计算）。

（9）用 R 4.0.1 中 MASS 包、ridge 包进行岭回归分析（土壤全 N、全 P 与环境因子的关系）。

（10）用 MATLAB（R2018a，MathWorks 公司，美国）中 xlsread 函数进行灰色关联度分析（细根 N、P 含量与土壤各 N、P 形态含量的关联度排序）。

（11）用 R 4.0.1 中 pls 包进行偏最小二乘回归拟合（细根 N、P 含量与土壤不同形态 N、P 含量的关系）。

（12）用 R 4.0.1 中 vegan 包的 varpart 函数进行方差分解分析（养分循环关键过程 N、P 综合指数独立及其交互作用对植物群落发展和土壤肥力的相对贡献率）。

7.3 不同植被恢复阶段生态系统氮磷储量的垂直分配格局

生态系统各组分（植被层、凋落物层、土壤层）之间 N、P 的分配及其反馈关系调控着植物的生长发育、土壤养分循环和水土保持等关键生态过程（Reich et al.，2006），特别是 N、P 耦合关系决定着生态系统生产力和生态功能的维持（Reich et al.，2006）。研究表明，由于受到诸多因素（如气候、植被类型、恢复年限等）的综合影响，随植被恢复，生态系统及其各组分 N、P 储量的动态变化趋势及其垂直分配格局存在较大差异（Yang & Luo，2011）。因此，研究生态系统及其各组分 N、P 含量的耦合关系及其储量的垂直分配格局随植被恢复的变化，对剖析不同植被恢复阶段植物生长发育及生态系统的生态过程十分必要。然而，由于森林恢复过程的长周期性和复杂性，现有的研究主要关注植物活跃器官（如叶、根）或某一组分（如植物、土壤）的 N、P 分配，且主要集中在结构简单的人工林或温带地区的针叶林，有关亚热带森林生态系统 N、P 储量及其垂直分配格局随植被恢复变化的研究仍少见报道，特别是将植被层、凋落物层、土壤层作为一个系统，探讨其 N、P 动态及其耦合关系的研究未见报道，植被恢复对生态系统各组分 N、P 耦合关系及其储量分配的影响如何仍然不是很确定。为此，本部分采用样地实测数据估算生态系统各组分的 N、P 储量，着重研究不同植被恢复阶段生态系统植被层、凋落物层、土壤层 N、P 含量及其储量的垂直分配格局，剖析随植被恢复生态系统各组分 N、P 含量及其耦合关系，以及生态系统各组分 N、P 储量及其垂直分配格局的变化趋势，为研究植被恢复过程生态系统 N、P 分配策略和建立 N、P 耦合模型提供基础数据，为准确估算森林植被恢复养分固定潜力和制定有效的养分管理措施提供科学依据。

7.3.1 植被层、凋落物层、土壤层全氮与全磷的含量

1. 植被层全氮、全磷含量

植物各器官全 N、全 P 含量因植被恢复阶段不同而异。随植被恢复，植物各器官全 N、全 P 含量的平均值显著增加（$P<0.05$）。同一植被恢复阶段同一器官全 N 含量均高于全 P 含量，表明植物生长发育需要更多 N（图 7.2）。

叶、枝、根全 N 含量总体上随植被恢复增加，LAG 叶（17 404.1 mg/kg）、枝（8879.2 mg/kg）、根（8791.4 mg/kg）全 N 含量最高，且叶在不同植被恢复阶段间差异显著，枝 LVR、PLL 与 LCQ、LAG 间差异显著，根 LVR、LAG 与 LCQ、PLL 间差异显著（$P<0.05$）；干全 N 含量随植被恢复呈下降趋势，LVR 最高（8285.1mg/kg），与其他恢复阶段差异显著（$P<0.05$）。同一植被恢复阶段叶全 N 含量最高，除 LVR 外，干全 N 含量最低，且不同器官间差异显著（$P<0.05$）（图 7.2）。

随植被恢复，各器官全 P 含量呈现出不同的变化。PLL 叶（738.2 mg/kg）、LAG 根（432.0 mg/kg）全 P 含量最高，且不同植被恢复阶段间差异显著（$P<0.05$）；LCQ 枝全 P 含量（530.5 mg/kg）最高，但不同植被恢复阶段间差异不显著（$P>0.05$）；干全 P 含量最大值（293.1 mg/kg）出现在 PLL，最小值（192.4 mg/kg）出现在 LCQ，且两者间

差异显著（$P<0.05$）。LCQ、PLL 和 LAG 叶全 P 含量显著高于其他器官（$P<0.05$），其次为枝、根、干；LVR 枝全 P 含量最大，其次为叶、干、根，且叶、枝与干、根间差异显著（$P<0.05$）（图 7.2）。

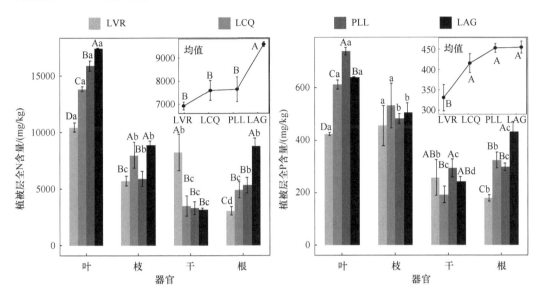

图 7.2　不同植被恢复阶段植被层全 N、全 P 的含量（平均值±标准差，$n=16$）

图中，折线图为 4 个植被恢复阶段植物不同器官全 N、全 P 含量的平均值±标准差。不同大写字母代表同一器官不同植被恢复阶段之间差异显著（$P<0.05$），不同小写字母代表同一植被恢复阶段不同器官之间差异显著（$P<0.05$）

2. 凋落物层全氮、全磷含量

凋落物层全 N、全 P 含量的平均值总体上随植被恢复显著增加（$P<0.05$）（图 7.3）。

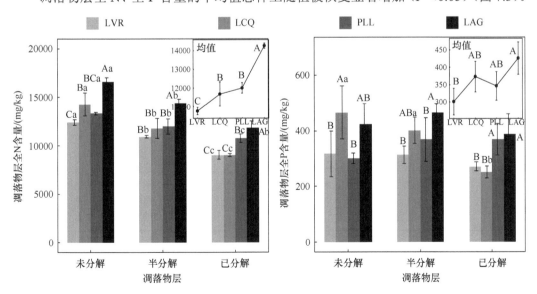

图 7.3　不同植被恢复阶段凋落物层全 N、全 P 的含量（平均值±标准差，$n=16$）

图中折线图为 4 个植被恢复阶段凋落物不同分解层全 N、全 P 含量的平均值±标准差。不同大写字母代表同一分解层不同植被恢复阶段间差异显著（$P<0.05$），不同小写字母代表同一植被恢复阶段不同分解层间差异显著（$P<0.05$）

随植被恢复，未分解层、半分解层、已分解层全 N 含量总体上呈增加趋势，LAG（分别为 16 563.6 mg/kg、14 374.5 mg/kg、11 855.0 mg/kg）显著高于其他植被恢复阶段（$P<0.05$）；同一植被恢复阶段，各分解层全 N 含量均表现为未分解层＞半分解层＞已分解层，且不同分解层间差异显著（$P<0.05$）（图 7.3）。

未分解层全 P 含量 LCQ 最高（465.5 mg/kg），与 LVR、PLL 差异显著（$P<0.05$）；半分解层、已分解层全 P 含量总体上随植被恢复增加，LAG 半分解层（465.7 mg/kg）、已分解层（387.3 mg/kg）全 P 含量最高，且与 LVR、LCQ（除半分解层外）、PLL（除已分解层外）差异显著（$P<0.05$）。LVR、LCQ 各分解层全 P 含量的大小排序为，未分解层＞半分解层＞已分解层，PLL 为，已分解层＞半分解层＞未分解层，LAG 为，半分解层＞未分解层＞已分解层，但各分解层间差异不显著（$P>0.05$）（图 7.3）。

3. 土壤层全氮、全磷含量

随植被恢复，土壤全 N、全 P 含量的平均值呈增加趋势，且不同植被恢复阶段全 N 含量之间、LAG 全 P 含量与 LVR、LCQ 之间差异显著（$P<0.05$）（图 7.4）。不同土层全 N 含量总体上随植被恢复增加，LAG 4 个土层（0～10 cm、10～20 cm、20～30 cm、30～40 cm）全 N 含量（分别为 2246.6 mg/kg、1095.8 mg/kg、1097.1 mg/kg、1145.0 mg/kg）显著高于其他植被恢复阶段（$P<0.05$），LVR 显著低于其他植被恢复阶段（$P<0.05$），分别为 788.7 mg/kg、358.0 mg/kg、307.2 mg/kg、341.0 mg/kg（图 7.4）。

LAG 0～10 cm（302.0 mg/kg）、10～20 cm（261.9 mg/kg）、20～30cm（255.1 mg/kg）土层全 P 含量最高，且与 LVR、LCQ 差异显著（$P<0.05$）；30～40 cm 土层全 P 含量最大值在 PLL（256.3 mg/kg），显著高于 LVR、LCQ（$P<0.05$）（图 7.4）。

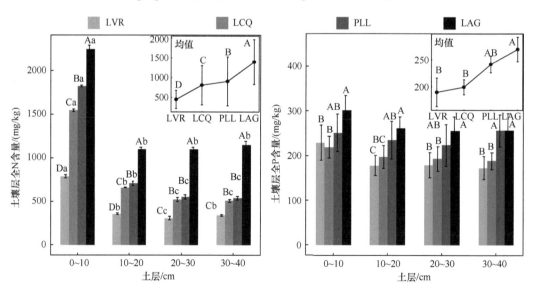

图 7.4　不同植被恢复阶段土壤层全 N、全 P 的含量（平均值±标准差，$n=16$）

图中折线图显示 4 个植被恢复阶段不同土层全 N、全 P 含量的平均值±标准差。不同大写字母代表同一土层不同植被恢复阶段之间差异显著（$P<0.05$），不同小写字母代表同一植被恢复阶段不同土层之间差异显著（$P<0.05$）

土壤全 N 含量在土壤剖面上呈倒三角形分布，且 0～10 cm 土层与其他土层差异显著（$P<0.05$）；全 P 含量在土壤剖面上呈圆柱形分布，不同土层之间无显著差异（$P>0.05$）（图 7.4）。这表明土壤 N、P 的来源存在差异。

7.3.2　植被层、凋落物层、土壤层全氮与全磷含量的相关性

相关性分析（图 7.5）显示，植被层、凋落物层、0～40 cm 土壤层全 N、全 P 含量两两之间均呈显著正相关关系（$P<0.05$）。其中，植被层全 N 含量与凋落物层全 N 含量、土壤层全 N 含量之间，植被层全 P 含量与土壤层全 N 含量之间，凋落物层全 N 含量与土壤层全 N 含量之间，凋落物层全 P 含量与土壤层全 N 含量之间，土壤层全 N 含量与全 P 含量之间具有较强的相关性。

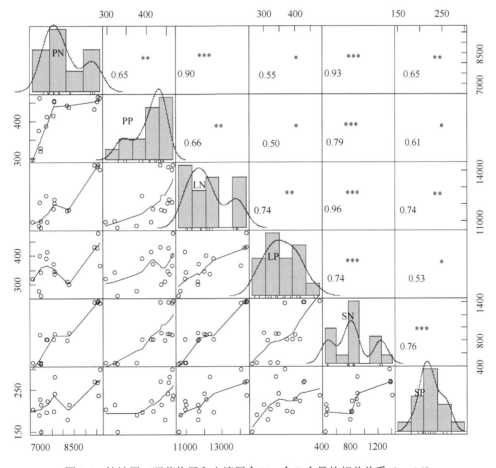

图 7.5　植被层、凋落物层和土壤层全 N、全 P 含量的相关关系（$n=16$）

图中，PN 为植被层全 N 含量；PP 为植被层全 P 含量；LN 为凋落物层全 N 含量；LP 为凋落物层全 P 含量；SN 为土壤层全 N 含量；SP 为土壤层全 P 含量。各项指标之间的显著相关性以皮尔逊相关系数和星号表示（*表示 $P<0.05$，**表示 $P<0.01$，***表示 $P<0.001$）

植被层、凋落物层、0～40 cm 土壤层全 N 与全 P 含量之间均呈极显著线性协同增

长关系（$P<0.001$）（图 7.6），表明不同植被恢复阶段植被层、凋落物层、土壤层全 N 与全 P 含量之间存在显著的线性回归关系。

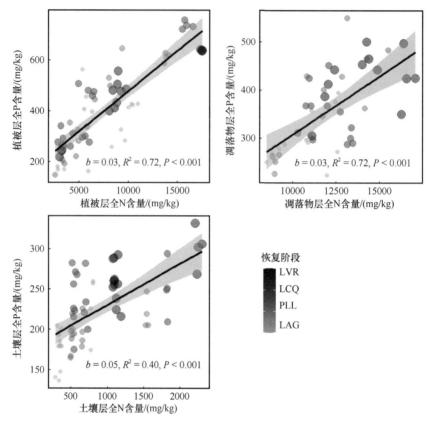

图 7.6　植被层（$n=64$）、凋落物层（$n=48$）、土壤层（$n=64$）全 N 与全 P 含量的相关关系
图中 b 代表斜率；R^2 代表一元线性回归的调整决定系数；P 代表显著性水平

7.3.3　植被层、凋落物层、土壤层全氮与全磷的储量

1. 植被层全氮、全磷储量

　　植被层全 N（$16.8\sim857.4$ kg/hm^2）、全 P（$0.9\sim49.9$ kg/hm^2）储量随植被恢复而增加，且 LVR、LCQ 与 PLL、LAG 差异显著（$P<0.05$）；全 N 储量随植被恢复的增长速率表现为慢–快–快的特征，而全 P 储量则表现为慢–快–慢的特征；地上部分（叶、枝、干）全 N、全 P 储量从 LVR 到 LAG 分别提高了 5850.0%和 7201.8%，地下部分（根）分别提高了 3497.4%和 2847.4%，表明地上、地下部分全 N、全 P 储量均表现为异速增长（图 7.7）。

　　随植被恢复，各器官全 N 储量总体上呈增加趋势，PLL 叶全 N 储量（161.3 kg/hm^2）最高，且与 LVR、LCQ 差异显著（$P<0.05$）；LAG 枝（228.3 kg/hm^2）、干（277.0 kg/hm^2）、根（216.2 kg/hm^2）的全 N 储量最高，且枝、根与其他植被恢复阶段之间，干与 LVR、LCQ 之间差异显著（$P<0.05$）（图 7.7）。同样，随植被恢复，各器官全 P 储量总体上增加，PLL 叶（7.5 kg/hm^2）、干（21.4 kg/hm^2）全 P 储量最高，叶与其他植被恢复阶段差

异显著，干与 LVR、LCQ 差异显著（$P<0.05$）；LAG 枝（13.2 kg/hm²）、根（10.6 kg/hm²）全 P 储量最高，且与 LVR、LCQ、PLL（除枝外）之间差异显著（$P<0.05$）（图 7.7）。

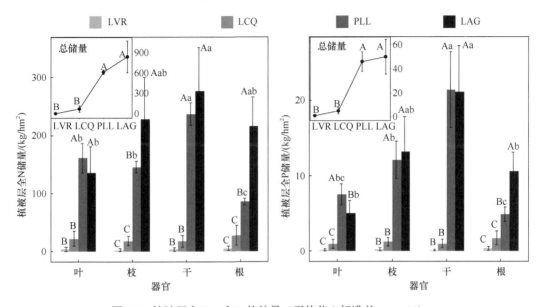

图 7.7　植被层全 N、全 P 的储量（平均值±标准差，$n=16$）

图中折线图为 4 个植被恢复阶段植物不同器官 N、P 储量的总量±标准差。不同大写字母代表同一器官
不同植被恢复阶段之间差异显著（$P<0.05$），不同小写字母代表同一植被恢复阶段不同器官之间差异显著（$P<0.05$）

随植被恢复，植物地上部分（叶、枝、干）全 N、全 P 储量分别占植被层全 N、全 P 储量的百分比例均先升高后略有所下降，其中，叶呈下降趋势，枝呈升高趋势，干呈先升高后下降趋势；地下部分（根）则先下降后升高。LVR、LCQ 根全 N、全 P 储量占植被层的比例最高，但各器官之间差异不显著（$P>0.05$）；PLL、LAG 干全 N、全 P 储量占植被层的比例最高，且与其他器官间差异显著（$P<0.05$）（图 7.8）。

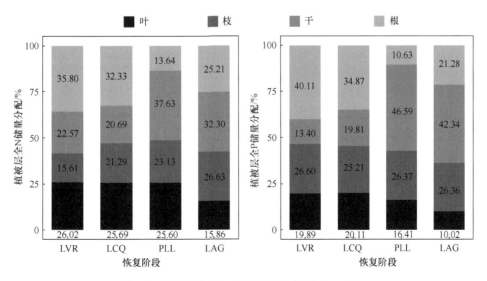

图 7.8　植被层全 N、全 P 储量的分配（$n=16$）

2. 凋落物层全氮、全磷储量

随植被恢复，凋落物层全 N（9.7～53.7 kg/hm²）、全 P（0.3～1.6 kg/hm²）储量先升高后下降，两者的增长速率表现为快–慢–慢的特征（图 7.9）。LVR 各分解层全 N 储量显著低于其他植被恢复阶段（$P<0.05$），LCQ、PLL、LAG 间各分解层差异均不显著（$P>0.05$）（图 7.9）。同样，LVR 各分解层全 P 储量显著低于其他植被恢复阶段（$P<0.05$），LCQ 未分解层（0.6 kg/hm²）、半分解层（0.7 kg/hm²）全 P 储量最高，且未分解层与 PLL、LAG 差异显著（$P<0.05$）；PLL 已分解层全 P 储量最大（0.7 kg/hm²），且与 LCQ 差异显著（$P<0.05$）（图 7.9）。同一植被恢复阶段不同分解层凋落物全 N、全 P 储量差异不显著（$P>0.05$）（图 7.9）。

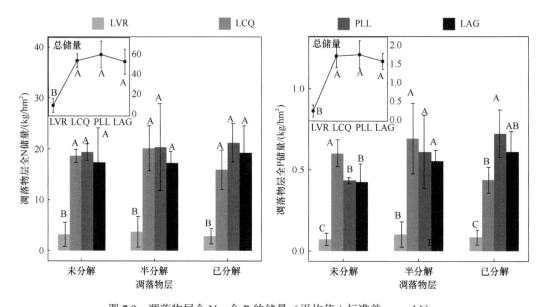

图 7.9　凋落物层全 N、全 P 的储量（平均值±标准差，$n=16$）

图中，折线图显示 4 个植被恢复阶段凋落物不同分解层 N、P 储量的总量±标准差。不同小写字母代表同一植被恢复阶段不同分解层之间差异显著（$P<0.05$），不同大写字母代表同一分解层不同植被恢复阶段之间差异显著（$P<0.05$）

随植被恢复，未分解层凋落物全 N 储量占凋落物层全 N 储量的比例变化不大，半分解层下降，已分解层升高；LVR、LCQ 半分解层的比例最大（36.83%～38.24%），PLL、LAG 已分解层的比例最大（分别为 34.86%、35.8%）（图 7.10）。随植被恢复，未分解层、半分解层全 P 储量占凋落物层全 P 储量的比例先升高后下降，而已分解层则先下降后升高；LVR 半分解层全 P 储量占凋落物层全 P 储量的比例最大（39.4%），LCQ 半分解层的比例最大（39.9%），PLL、LAG 已分解层的比例最大（38.5%～40.9%）（图 7.10）。

3. 土壤层全氮、全磷储量

随植被恢复，0～40 cm 土壤层全 N（2579.1～7726.1 kg/hm²）、全 P（1104.7～1509.2 kg/hm²）储量显著增加（$P<0.05$），全 N 储量的增长速率表现出快—慢—快的特征，而全 P 储量则表现为慢—慢—快的特征（图 7.11）。随植被恢复，各土层全

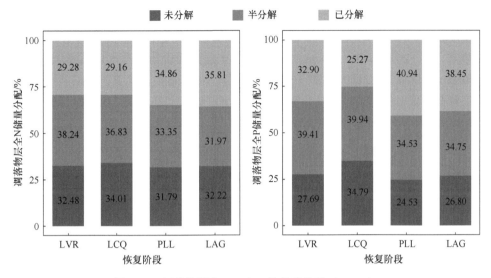

图 7.10　凋落物层全 N、全 P 储量的分配（$n = 16$）

N 储量总体上呈增加趋势，且 LAG 与 LVR、LCQ、PLL 差异显著，LCQ、PLL 与 LVR 差异显著（$P < 0.05$）（图 7.11）。同样，各土层全 P 储量总体上随植被恢复而增加，LVR 与 LAG（除 0～10 cm 土层外）差异显著（$P < 0.05$），与 LCQ、PLL（除 30～40 cm 土层外）差异均不显著（$P > 0.05$）（图 7.11）。

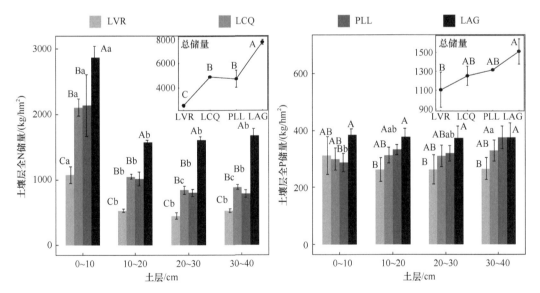

图 7.11　土壤层全 N、全 P 的储量（平均值±标准差，$n = 16$）

图中折线图显示 4 个植被恢复阶段土壤不同土层 N、P 储量的总量±标准差。不同小写字母代表同一植被恢复阶段不同土层之间差异显著（$P < 0.05$），不同大写字母代表同一土层不同植被恢复阶段之间差异显著（$P < 0.05$）

随植被恢复，0～10 cm、10～20 cm 土层全 N 储量占 0～40 cm 土壤层全 N 储量的比例先升高后下降，PLL 最高；20～30 cm、30～40 cm 土层先下降后升高，LAG 最高（图 7.12）。4 个植被恢复阶段土壤全 N 储量总体上随土层深度增加呈倒三角形分布（图

7.11），0～10 cm 土层（37.2%～45.1%）显著高于其他土层（$P<0.05$）（图 7.12）。同样，随植被恢复，0～10 cm 土层全 P 储量占 0～40 cm 土壤层全 P 储量的比例先下降后升高，LVR 最高，10～20 cm、20～30 cm、30～40 cm 土层则表现为先升高后下降，10～20 cm、30～40 cm 土层以 PLL 最大，20～30 cm 土层以 LCQ 最大。LVR、LAG 不同土层全 P 储量差异不显著（$P>0.05$）；PLL 30～40 cm 土层最高（28.5%），且 30～40 cm 与 0～10 cm 土层之间差异显著（$P<0.05$）（图 7.12）。

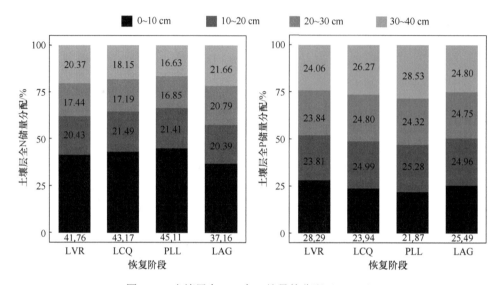

图 7.12 土壤层全 N、全 P 储量的分配（$n=16$）

7.3.4 生态系统全氮、全磷储量的垂直分配格局

随植被恢复，生态系统全 N 储量呈增加趋势，从 LVR 到 LAG 增加了 6031.5 kg/hm², 提高了 231.5%，且 LAG 与 LVR、LCQ、PLL 差异显著（$P<0.05$），LCQ、PLL 与 LVR 差异显著（$P<0.05$）。不同植被恢复阶段全 N 储量的增长速率不同，从 LVR 到 LCQ 提高了 93.0%，从 LCQ 到 PLL 提高了 8.0%，从 PLL 到 LAG 提高了 59.1%，表现为快—慢—快的增长趋势（图 7.13）。生态系统全 P 储量随植被恢复而增加，从 LVR 到 LAG，增加了 454.7 kg/hm²，提高了 41.1%，且 LAG 与 LVR、LCQ 差异显著（$P<0.05$）。不同植被恢复阶段全 P 储量的增长速率差异较小，LVR 到 LCQ、LCQ 到 PLL、PLL 到 LAG 分别提高了 13.8%、8.2%、14.6%（图 7.13）。

不同植被恢复阶段生态系统全 N 主要存储于土壤中，0～40 cm 土壤层全 N 储量占生态系统全 N 储量的 87.27%～98.99%，但随植被恢复总体上呈下降趋势；其次为植被层，占生态系统全 N 储量的 0.064%～11.61%，总体上随着植被恢复而提高；而凋落物层占比最小，仅占 0.4%～1.1%，随植被恢复先提高后下降（图 7.14）。同样，0～40 cm 土壤层全 P 储量占生态系统全 P 储量的 96.5%～99.9%，总体上随植被恢复而下降；其次为植被层，占生态系统全 P 储量的 0.1%～3.4%，随着植被恢复而提高；凋落物层占比最低，仅为 0.02%～0.1%，随植被恢复变化不大（图 7.14）。

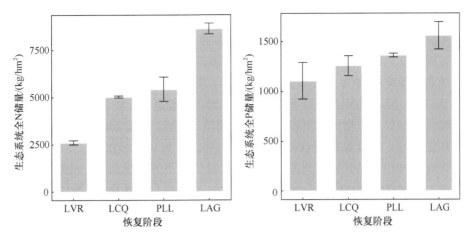

图 7.13　不同植被恢复阶段生态系统全 N、全 P 的储量（平均值±标准差，$n = 16$）

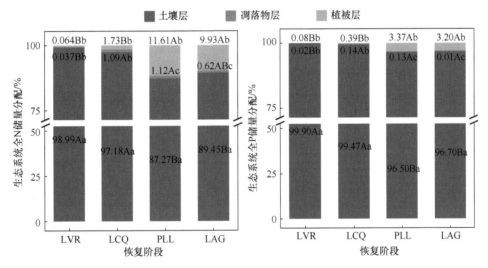

图 7.14　植被层、凋落物层、土壤层全 N、全 P 储量的分配格局（$n = 16$）

图中，不同小写字母代表同一植被恢复阶段不同组分（植物、凋落物、土壤）之间差异显著（$P < 0.05$），
不同大写字母代表同一组分（植物、凋落物、土壤）不同植被恢复阶段之间差异显著（$P < 0.05$）

随植被恢复，土壤 N、P 逐渐向植被层迁移，且 N 的迁移作用比 P 明显，LVR、LCQ、PLL 和 LAG 地上（植被层、凋落物层）全 N 储量与地下（土壤）全 N 储量之比分别为 1/97.5、1/34.5、1/6.7 和 1/8.5，地上全 P 储量与地下全 P 储量之比分别为 1/954.7、1/187.1、1/27.6 和 1/29.3。这表明地上全 N、全 P 储量占生态系统全 N、全 P 储量的比例随植被恢复增加，而地下部分的比例下降（图 7.14）。

7.3.5　讨论

1. 植被恢复对生态系统各层次全氮、全磷含量的影响

研究发现，常绿乔木叶片寿命较长，需要积累更多的有机物质（如木质素等）构建

保卫结构（秦海等，2010）。植物体保持较高的 N、P 含量，有利于维持植物的生长代谢（Zeng et al.，2016），乔木生长比草本需要更多的 N、P。随植被恢复，植物 N、P 含量递增，表明从灌草群落发展到灌木林、乔木林群落，植物秉承了从资源保守策略转变为资源快速获取策略的特性（Royer et al.，2010），更好地适应环境的变化。本研究中，随植被恢复，叶、枝、根 N 含量显著增加（图 7.2），可能是由于随植被恢复，植物组成变化和生物量增加促使植物需要更多富含 N 的物质（如酶、运输蛋白质和氨基酸）参与代谢活动，促进叶、根对 N 的吸收和利用，使得叶、根 N 含量增加（Qin et al.，2016）。而枝作为连接叶和根养分运输的主要器官，其 N 含量更容易受到叶、根的影响，叶、根 N 含量增加促使植物通过向枝分配和转移部分 N 以维持自身代谢，更好地适应外界环境的变化（Zhao et al.，2019）。土壤 N 含量随植被恢复增加（图 7.4），能更大程度地满足植物生长的需求，也进一步解释了植物叶、枝、根 N 含量的变化（Wang et al.，2015）。干 N 含量随植被恢复下降可能是由于受到植物器官活性及养分分配的影响，草本植物由于生长迅速且周期较短，木质部不发达，仅依靠叶进行代谢活动不能满足其生长需求，因此草本植物通过干储藏养分以适应贫瘠的土壤环境（Zhang et al.，2018b）；灌木和乔木叶、根发达，代谢活性高，而干组成和结构稳定，活性相对较低，植物将干中的 N 分配到叶、根部位来维持生长代谢活动（Zhao et al.，2019）。

由于亚热带丘陵红壤区土壤严重缺 P，不同植被类型对 P 的吸收和利用策略不同（Yan et al.，2006；Zeng et al.，2017b）。本研究中，PLL 优势树种马尾松生长快速，但凋落物分解缓慢（刘颖等，2009），在低 P 土壤环境中，通过提高 P 吸收量和再吸收效率以维持正常生理代谢（宁秋蕊等，2016），可能是 PLL 叶、干 P 含量高于其他植被恢复阶段的原因。本研究地的相关研究也表明，土壤有效 P 含量是影响 LCQ 生物量的主要因素（Chen et al.，2020），在低 P 土壤环境下灌木可能通过增加枝 P 的储存量满足叶、根的生长需求，导致 LCQ 枝 P 含量高于其他植被恢复阶段。根 P 含量随植被恢复增加（图 7.2），与现有的研究结果（Tang et al.，2018）基本一致，反映了植被恢复过程根系的增殖和植物代谢的加快（Yuan & Chen，2012），主要原因可能是植物必须通过根系吸收大量的 P 分配到富含 P 的核糖体 RNA（rRNA）中，以满足随植被恢复生物量和生长速率增加对蛋白质合成的高需求（生长速率假说）（Sterner & Elser，2002）。除 LVR 枝 P 含量高于其他器官外，其他各植被恢复阶段叶、枝、根依次具有较高的 N、P 含量，与全球尺度植物养分分配格局（Zhang et al.，2018b）基本一致，表明不同植被类型可能具有不同的资源分配策略，灌草群落倾向于将营养物质分配到枝上，而灌木或乔木群落更多地分配到叶片上（Zhang et al.，2018b）。

凋落物养分含量明显受到群落优势植物及其凋落物组成的影响（Yang & Luo，2011；Xu et al.，2018）。本研究中，随植被恢复，凋落物层 N、P 含量显著增加（图 7.3），与现有研究结果（郑路和卢立华，2012；马文济等，2014）基本一致，可能是不同植被恢复阶段植物对 N、P 的再吸收利用策略及凋落物组成不同所致（Yang & Luo，2011；Xu et al.，2018）。此外，当凋落物 N、P 含量分别低于 7000 mg/kg、500 mg/kg 时，表明凋落物 N、P 被叶片完全吸收；而 N、P 含量分别高于 10 000 mg/kg、800 mg/kg，则表明没有被完全吸收（Killingbeck，1996；Yang et al.，2018）。本研究中，未分解层凋落物 N 含量（12 401～

16 564 mg/kg）高于 10 000 mg/kg、P 含量（300～466 mg/kg）低于 500 mg/kg，表明不同植被恢复阶段凋落物 N 均未被叶完全吸收，而 P 被完全吸收。可能是由于研究区林地土壤 N 较为丰富，而 P 较为缺乏，植物通过提高对 P 的再吸收利用水平以适应土壤 P 匮乏，导致叶对 N、P 的再吸收策略不同。各分解层凋落物 N、P 含量随凋落物分解的变化特征与其释放模式相关（施昀希等，2018）。本研究中，各植被恢复阶段 N 含量从未分解层到已分解层逐渐下降，可能是由于研究区气候温暖湿润，雨量充沛，导致 N 淋溶作用强烈（方晰等，2018）。不同植被恢复阶段 P 含量的分解规律不一致。由于恢复早期植被覆盖度低，雨水冲刷作用强烈，养分更易于淋溶（方晰等，2018），因此 LVR、LCQ 全 P 含量随凋落物分解程度增大而下降（图 7.2），而 PLL 随凋落物分解而增加，LAG 先增加后下降（图 7.3），与郑路和卢立华（2012）的研究结果基本一致，除受植被类型影响外，P 限制也是 P 随凋落物分解先富集后释放的原因之一（陈金磊等，2020）。

　　森林恢复是影响土壤 N、P 含量变化的关键因素（Xu et al.，2018）。土壤全 N、全 P 含量随植被恢复而增加（图 7.4），可能是由于受到树种组成、年凋落物产量、凋落物分解过程养分释放及土壤有机碳积累的综合影响（Zhang et al.，2019a），随植被恢复，植物多样性（表 1.4）和生物量增加（表 3.11），凋落物 N、P 归还量和土壤有机碳含量增加（Gu et al.，2019），土壤 N、P 含量增加。本研究中，土壤 N、P 含量在土壤剖面上呈不同模式分布（图 7.4），可能是土壤 N、P 来源不同（刘兴诏等，2010）所致。土壤 N 主要来源于凋落物（包括根系）分解形成的土壤有机质和大气 N 沉降，主要受土壤有机质富集和共生固氮的影响（Chen et al.，2020），N 在土壤表层密集后，通过淋溶作用逐渐向下层土壤迁移扩散，而 P 主要来源于岩石风化作用，在 0～60 cm 土壤层中差异较小，在各土层的分布较为均匀（刘兴诏等，2010）。因此土壤 N 含量在土壤剖面上呈"倒三角形"分布，而土壤 P 含量呈"圆柱状"分布。

2. 植被恢复对生态系统各层次全氮与全磷含量耦合关系的影响

　　植物体 N、P 含量变化具有协同性，是植物适应环境的基本特征之一，也是群落演替过程中植物能够稳定生长和发育的有力保障（Sterner & Elser，2002）。本研究中，不同植被恢复阶段，植物 N、P 含量之间呈显著正相关关系（图 7.5，图 7.6），表明植物 N、P 随植被恢复的变化具有相对一致性，反映了植被恢复过程植物对 N、P 吸收的相对稳定性。究其原因可能是：亚热带地区森林土壤 N 资源丰富，P 资源匮乏，P 是植物生长发育的主要限制因子（Gao et al.，2014），植物不仅按照一定比例吸收和利用 N、P 养分，且保持其在体内的相对平衡以适应土壤 P 的缺乏（秦海等，2010）。此外，研究发现，亚热带地区植物高固 N 量可以提高其对 P 的获取能力（Houlton et al.，2008）。本研究中，植物体 N 含量高于 P 含量（图 7.2），证实了植物对 N 的高需求和储存提高了 P 吸收量。

　　植物对 N、P 的吸收利用决定了凋落物 N、P 含量，植物 N、P 协同变化可能会影响凋落物 N、P 含量间的关系（赵畅等，2018）。本研究中，凋落物层 N、P 含量之间呈显著正相关关系（图 7.5，图 7.6），表明随植被恢复，凋落物 N 含量升高会促进 P 含量升高，且 N、P 的归还和分解具有相对稳定的比例。此外，作为养分输入和输出端，植物和凋落物 N、P 间协同增长的斜率接近（植被层：$b = 0.03$；凋落物层：$b = 0.03$）（图

7.6)，表明植物养分吸收-归还系统的稳定性（刘兴诏等，2010）。凋落物层 N 含量的增加速率明显高于 P 含量（图 7.6），可能与本研究地植物生长受到 P 限制有关，在低 P 胁迫下，植物通过提高对衰老器官 P 的重吸收以维持正常生理活动（Hu et al.，2018）。因此，随植被恢复，植物对 P 的吸收量显著低于 N（图 7.2）。

　　土壤 P 的供应限制植物对 N 的固定速率，土壤 P 含量增加，植物 N 固定速率增大，从而通过凋落物归还显著提高土壤 N 输入量（Vitousek et al.，2010）。反之，土壤 N 的增加刺激植物根系分泌更多磷酸酶，促进土壤有机物中的酯磷键分解，从而提高土壤 P 含量（Spohn，2016）。本研究中，土壤层 N、P 含量与植被层 N、P 含量两两之间呈显著正相关关系，土壤 N、P 含量之间呈显著正相关关系（图 7.5，图 7.6），表明土壤 N、P 含量的变化对植被层 N、P 含量具有显著的正效应，土壤 N、P 含量随植被恢复同向增加，而且两者之间具有显著的相互促进作用。此外，研究发现，土壤 N、P 对环境变化的响应不同步，土壤 P 含量的变化滞后于 N，具有相对稳定性（王维奇等，2010）。本研究中，土壤 N、P 线性拟合斜率较低（$b = 0.05$）（图 7.6），表明随植被恢复，土壤 P 含量的变化滞后于 N。究其原因，可能是：土壤 N 主要来源于凋落物的归还（刘兴诏等，2010），这在凋落物层全 N 含量与土壤 N 含量呈显著正相关关系中也有体现（图 7.5）。此外，凋落物层全 N 含量显著高于全 P 含量（图 7.3），表明凋落物对土壤 N 的归还大于 P；而土壤 P 主要来源于岩石的风化，随植被恢复的变化小于 N（图 7.4）。

3. 植被恢复对生态系统各层次全氮、全磷储量的影响

　　研究表明，植被层 N、P 储量很大程度上取决于植被层生物量（赵威等，2018）。本研究中，LVR 植被主要为草本植物，生物量低，随植被恢复，出现灌木和矮小乔木，生物量增加；PLL 优势树种以生长快速的先锋乔木树种（马尾松）为主，通过增加树高以获得更多的光照和生长空间（Cheng et al.，2011），生物量显著增加且主要分配到地上部分；到 LAG，地上部分形成稳定的群落结构（Peng et al.，2012），与 PLL 相比，生物量增加不明显，植物主要通过增加地下根系生物量以适应土壤资源的激烈竞争（Li et al.，2017）。因此，随植被恢复，植被层 N、P 储量显著递增，与王博等（2019）和杜有新等（2010）的研究结果基本一致，且 P 储量递增速率随生物量变化呈慢—快—慢一致的变化趋势，但地上、地下部分 N、P 储量均表现为异速增长（图 7.7）。而 N 储量与生物量变化不完全一致，为先慢后快，可能是由于叶片寿命较长的常绿乔木需要积累更多的有机物质来构建防御系统（秦海等，2010），通过吸收更多的 N 参与光合、呼吸等重要代谢活动（Reich & Oleksyn，2004），因此，与 PLL 相比，LAG 植物 N 含量得到显著提高（图 7.2）。这表明植被层 N 储量主要受群落生物量和植物 N 含量共同影响。地上部分 N、P 储量分别占植被层 N、P 储量的比例均随植被恢复先升高后下降，而地下部分呈相反趋势，表明植物群落趋于稳定，地上特征（胸径、树高等）进入缓慢生长阶段（Chen et al.，2020），植物将 N、P 从根系向地上部分转移的能力逐渐降低，表明植物对 N、P 的分配策略随植被恢复发生变化。

　　凋落物层 N、P 储量主要受凋落物层现存量及其 N、P 含量影响（陈金磊等，2020）。林分树种组成是影响凋落物层现存量的重要因素（马文济等，2014）。本研究中，从 LVR

到 PLL，凋落物层现存量显著升高，到 LAG 略有下降。尽管 PLL、LAG 年凋落物量无显著差异（陈金磊等，2020），但以马尾松为优势树种的针阔混交林凋落物仍以针叶为主，质地较硬，C/N 高，分解速率较慢，而常绿阔叶林树种多样性丰富，凋落物以阔叶树叶为主，含水量大，且 C/N 较低，易于破碎和分解，因此，LAG 凋落物层现存量低于 PLL（陈金磊等，2020）。本研究中，凋落物层 N、P 储量随植被恢复先升高后下降（图 7.9），与凋落物层现存量的变化一致，但与凋落物层 N、P 含量的变化不一致（图 7.3），表明凋落物层 N、P 储量主要与凋落物层现存量有关。此外，半分解层凋落物 N 储量占凋落物层 N 储量的比例随植被恢复下降，未分解层、半分解层 P 储量占比先升高后下降，而已分解层 N、P 储量占比变化总体上呈升高趋势（图 7.10），表明随植被恢复，凋落物层 N、P 养分逐渐转移到腐殖质层，也可能由于凋落物分解过程中产生的化合物与 N、P 发生螯合作用，N、P 难以释放且被大量固持在已分解层中（Kavvadias et al.，2001）。

植被恢复是提高土壤 N、P 固持的重要措施。本研究中，0～40 cm 土壤层 N、P 储量随植被恢复显著增加（图 7.11），与 Xu 等（2018）的研究结果基本一致，可能是受到凋落物分解、根系分泌物、土壤质地、微生物活性等多个因素的共同影响：①随植被恢复，群落树种组成复杂化，多样性增加，凋落物量增大（陈金磊等，2020），土壤有机物质和养分的输入量增加（Bi et al.，2018）；其次，根系生物量的增加（李尚益等，2018）将会使根系分泌物增加，有利于土壤 N、P 积累（李怡和韩国栋，2011）。②土壤有机质的积累降低土壤容重和 pH，有利于土壤团聚体的形成和微生物活性的提高（Chen et al.，2020），增强土壤稳定能力和减少养分流失（Bienes et al.，2016）。土壤层 N 储量递增速率呈快—慢—快特征，而 P 储量呈先慢后快特征，与植被层 N、P 储量变化不一致（图 7.7，图 7.11），可能与植被恢复过程不同植物群落对 N、P 的吸收利用及归还策略的差异有关。从 LVR 到 LCQ，优势种草本植物生长期短，枯死后快速分解释放养分，土壤 N 积累速率较快，而由于植被恢复早期土壤 P 含量低（图 7.4），灌木林生物量大量积累对限制性 P 的需求量增加，土壤 P 积累速率较慢；从 LCQ 到 PLL，乔木树种增多，生物量显著增加，植物对土壤养分需求量增大，且 PLL 马尾松凋落物 N、P 含量低且分解较慢，减缓了土壤 N、P 积累；从 PLL 到 LAG，群落结构和组成以常绿阔叶树种为主，凋落物分解速率加快，有利于 N、P 的归还。本研究中，0～10 cm、10～20 cm 土层 N 储量占 0～40 cm 土壤层 N 储量的比例随植被恢复先升高后下降，20～30 cm、30～40 cm 土层先下降后升高，表明随植被恢复，土壤层 N 储量逐渐向深土层迁移和淋溶（刘兴诏等，2010）；而 0～10 cm 土层 P 储量占比先下降后升高，其余土层相反，是由于土壤层 P 储量的分布可能受植物对限制性养分的需求和岩石风化作用共同影响（唐立涛等，2019）。不同植被恢复阶段土壤层 N 储量出现"聚表"现象，主要存储于 0～10 cm 土层，因此，促进植被恢复，以提高土壤 N 固存潜力和保持土壤表层 N 库的稳定性。

4. 植被恢复对生态系统全氮、全磷储量垂直分配格局的影响

本研究中，生态系统 N、P 储量随植被恢复增加（图 7.13），与周曙仡聃和黄文娟（2014）的研究基本一致。土壤层 N、P 储量所占比例最大，但随植被恢复而下降，到 LAG 略有增加，其次为植被层，且随植被恢复而升高，在 LAG 有所下降（图 7.14），

表明土壤层是各植被恢复阶段生态系统重要的 N、P 存储库,但随植被恢复,土壤层的 N、P 逐渐迁移到植被层,即植被层 N、P 积累主要通过土壤 N、P 的转移来实现;可能是由于 LAG 群落趋于稳定后,植物对 N、P 的需求达到"饱和"状态(Chen et al.,2020),通过向土壤进行反馈以维持养分循环平衡。生态系统 N 储量的递增速率与土壤层 N 储量一致,验证了占比最大的土壤层 N 储量对生态系统 N 分配格局起决定性作用(Quideau et al.,2001)。本研究中,PLL、LAG 生态系统 N 储量(5429~8637 kg/hm²)低于亚热带湿润地区常绿阔叶林生态系统 N 储量(12 870 kg/hm²)(徐丽和何念鹏,2020),生态系统 P 储量(1362~1561 kg/hm²)远低于喀斯特峰丛次生林和原生林(1609~2121 kg/hm²)(俞月凤等,2015)、亚热带马尾松林和天然林(3730~3950 kg/hm²)(林开淼,2015)生态系统全 P 储量,主要原因在于土壤层储量的差异较大,对亚热带湿润地区常绿阔叶林(徐丽和何念鹏,2020)、马尾松林和天然林(林开淼,2015)测定了 0~100 cm 土壤层的储量,而本研究仅测定了 0~40 cm 土壤层的储量,主要是为了反映植被恢复(凋落物和根系)对土壤层、生态系统全 N、全 P 储量的影响,但会导致土壤层、生态系统全 N、全 P 储量的估计偏低。

7.4 不同植被恢复阶段土壤氮磷积累过程的影响因素

土壤 N、P 积累显著影响植物生长和群落演替(Alday et al.,2012),对退化森林生态系统的植被恢复与重建具有关键性的作用。土壤 N、P 含量取决于土地利用类型(Li et al.,2016a)、植被类型(Zhang et al.,2014)、土壤内在性质(张伟等,2013)、凋落物输入的质量和数量(Berg & McClaugherty,2014)等因素,特别是这些因素在植被恢复过程中的协同发展,决定了土壤 N、P 的发展方向和积累速率(Zhang et al.,2019a)。随植被恢复,植被类型及其群落组成结构变化有利于生物量的积累、凋落物养分特征和微生物活性的变化,增加土壤有机物质的输入,促进土壤质地改善和养分积累(Xiao et al.,2017),从而提高土壤 N、P 含量(Zhao et al.,2015b)。因此,了解土壤因素(土壤理化性质、微生物生物量)和植被因素(根系生物量、细根 N 和 P 含量、凋落物养分)及其协同作用对土壤 N、P 积累过程的影响,对植被恢复过程土壤养分的调控和管理具有重要意义。为此,本部分通过系统分析土壤因子(土壤理化性质、微生物生物量)和植被因子(根系生物量及其养分含量、凋落物养分特征)对土壤 N、P 含量的影响,明确植被恢复过程土壤 N、P 含量变化的主控因子及作用机理,揭示环境因子随植被恢复的协同演化对土壤 N、P 积累的影响机制,为亚热带植被恢复和土壤养分管理提供科学依据。

7.4.1 土壤氮磷积累过程影响因子的提取

结果(图 7.15)表明,土壤全 N 含量与土壤>50 μm 砂粒百分含量、交换性盐基总量呈显著负相关关系($P<0.05$),与土壤含水量、凋落物 P 含量、凋落物 C 含量、细根 P 含量、细根 N 含量、土壤<2 μm 黏粒百分含量、B_C、B_N、B_P、土壤有机 C、根系生物量呈显著($P<0.05$)或极显著正相关关系($P<0.01$),其中与细根 N 含量(0.96)、

B_C（0.95）、B_P（0.95）、细根 P 含量（0.94）的相关性最强。土壤全 P 含量与土壤>50 μm 砂粒百分含量、容重、pH 呈极显著负相关关系（$P<0.01$），与土壤含水量、2~50 μm 粉粒百分含量、细根 P 含量、细根 N 含量、<2 μm 黏粒百分含量、B_N、B_P、土壤有机 C、根系生物量呈显著（$P<0.05$）或极显著正相关关系（$P<0.01$），与土壤有机 C（0.85）、黏粒百分含量（0.83）的相关系数最高。

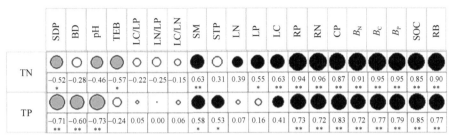

图 7.15　植被恢复过程土壤全 N、全 P 与各环境因子的相关关系（$n=16$）

图中 TN—土壤 N 含量；TP—土壤全 P 含量；BD—容重；SM—含水量；SDP—>50 μm 砂粒百分含量；STP—2~50 μm 粉粒百分含量；CP—<2 μm 黏粒百分含量；pH—酸碱度；SOC—土壤有机碳含量；TEB—交换性盐基总量；B_C—微生物生物量 C；B_N—微生物生物量 N；B_P—微生物生物量 P；LC—凋落物 C 含量；LN—凋落物 N 含量；LP—凋落物 P 含量；LC/LN—凋落物碳氮比；LC/LP—凋落物碳磷比；LN/LP—凋落物氮磷比；RB—根系生物量；RN—细根 N 含量；RP—细根 P 含量。*表示 $P<0.05$，**表示 $P<0.01$，圆形大小与相关系数成比例

　　利用主成分分析提取土壤因素与植被因素中的主要因子（表 7.2）。根据特征值>1 和累计贡献率>85%筛选出 4 个主成分，同时选取载荷矩阵系数绝对值>0.7 的指标作为主要因子（Armstrong，1967），结果（表 7.2）表明，土壤因素与植被因素累计解释了 95.4% 的变化。其中第 1 主成分包含土壤含水量、<2 μm 黏粒百分含量、有机 C、根系生物量、细根 N 含量、细根 P 含量、B_C、B_N、B_P，反映了土壤质地和肥力特征、根系功能性状和微生物特征，且所提取因子之间有明显相关性；第 2 主成分提取了土壤容重、pH、凋落物 N 含量、凋落物 P 含量、凋落物 C/N、凋落物 C/P，反映了土壤水肥保持能力和与 N、P 有关的凋落物质量特征，表明土壤水肥保持与凋落物 N、P 相关特征密切相关；第 3 主成分提取了凋落物 C 含量、凋落物 N/P；第 4 主成分未提取出主要因子。

表 7.2　土壤因素和植被因素主成分分析的载荷矩阵、特征值和贡献率（$n=16$）

因子		主成分			
		1	2	3	4
土壤因子	容重	−0.44	**0.73**	0.16	0.43
	含水量	**0.70**	−0.50	−0.35	0.29
	>50 μm 砂粒百分含量	−0.63	0.49	0.53	0.23
	2~50 μm 粉粒百分含量	0.43	−0.59	−0.64	−0.17
	<2 μm 黏粒百分含量	**0.89**	0.16	0.15	−0.27
	pH	−0.62	**0.72**	0.11	0.17
	有机 C	**0.92**	−0.25	0.18	−0.10
	交换性盐基总量	−0.50	−0.33	0.44	−0.59

续表

因子		主成分			
		1	2	3	4
土壤因子	微生物生物量 C	**0.95**	0.09	0.28	0.02
	微生物生物量 N	**0.88**	0.26	0.35	−0.04
	微生物生物量 P	**0.94**	0.11	0.23	0.10
植被因子	凋落物 C	0.60	0.08	**0.70**	0.26
	凋落物 N	0.27	**0.86**	0.26	−0.28
	凋落物 P	0.43	**0.81**	−0.37	−0.03
	凋落物 C/N	−0.05	**−0.82**	0.16	0.52
	凋落物 C/P	−0.11	**−0.73**	0.65	0.15
	凋落物 N/P	−0.17	−0.41	**0.84**	−0.24
	根系生物量	**0.94**	−0.16	0.04	0.08
	细根 N	**0.95**	0.17	−0.10	0.16
	细根 P	**0.90**	0.37	0.08	−0.03
特征值		9.37	5.15	3.21	1.35
方差贡献率/%		46.87	25.76	16.04	6.73
累积方差贡献率/%		46.87	72.63	88.67	95.40

注：加粗数据表示载荷矩阵系数绝对值>0.7。

7.4.2 土壤氮磷积累过程主控因子分析

基于主成分分析提取的主要因子，同时考虑因子间的多重共线性，利用岭回归分析进一步拟合了土壤 N、P 含量与环境因子的相关关系。结果（表 7.3）显示，回归模型分别解释了土壤全 N、全 P 含量的 98%、80%，且均达到显著水平（$P<0.01$ 或 $P<0.001$），表明拟合效果较好。植被恢复过程中，土壤全 N 含量的主控因子为土壤含水量、凋落物 C 含量、凋落物 C/P、凋落物 N/P、B_C、B_P，表明土壤水肥保持能力（含水量）、凋落物质量、微生物生物量协同促进土壤 N 的积累。土壤 P 含量的主控因子为土壤容重、<2 μm 黏粒百分含量、有机 C 含量、凋落物 C 含量、凋落物 N 含量、凋落物 C/N、细根 P 含量、B_C、B_N，表明植被恢复过程中土壤 P 的积累主要受到土壤水肥保持能力（容重、黏粒百分含量）、有机质（土壤有机 C）、凋落物质量、细根性状和微生物生物量的协同作用。

表 7.3 土壤全 N、全 P 与环境因子的岭回归结果（$n=16$）

因变量（y）	因子（自变量）（x）	回归系数	因子显著水平	模型显著水平	模型调整决定系数（R^2）
土壤全 N 含量	土壤含水量	15.83	<0.05*		
	凋落物 C	1.36	<0.01**		
	凋落物 C/P	−0.15	<0.001***	<0.001***	0.98
	凋落物 N/P	−1.15	<0.01**		
	土壤微生物生物量 C	2.58	<0.001***		
	土壤微生物生物量 P	25.51	<0.05*		

续表

因变量（y）	因子（自变量）（x）	回归系数	因子显著水平	模型显著水平	模型调整决定系数（R^2）
土壤全 P 含量	土壤容重	−8.60	<0.05*		
	<2 μm 黏粒百分含量	4.75	<0.001***		
	土壤有机碳	3.39	<0.01**		
	凋落物 C	−0.26	<0.05*		
	凋落物 N	−1.96	<0.05*	<0.05*	0.80
	凋落物 C/N	1.49	<0.05*		
	细根 P	0.15	<0.01**		
	土壤微生物生物量 C	−0.45	<0.001***		
	土壤微生物生物量 N	1.30	<0.001***		

注：环境因子对土壤全 N、全 P 含量的显著影响以 P 值和星号表示（*表示 $P<0.05$，**表示 $P<0.01$，***表示 $P<0.001$），表中仅显示显著影响因子。

7.4.3　讨论

1. 植被因素、土壤因素对土壤氮磷积累的影响

土壤 N、P 积累转化是一个复杂的生态过程，受诸多环境因素的影响。同一气候、立地条件下，植被恢复过程中植被因素和土壤因素的动态变化调控着土壤 N、P 的输入和输出，进而影响土壤 N、P 的积累（张伟等，2013；Berg & McClaugherty，2014；Zhang et al.，2014；Li et al.，2016a）。

凋落物和根系是土壤 N、P 的主要输入来源。凋落物的数量和质量调控着凋落物的分解和养分释放，显著影响土壤 N、P 积累转化（Zhang et al.，2017；Yang et al.，2018）。本研究中，土壤全 N 含量与凋落物 C、P 含量呈显著正相关关系（图 7.15），主要机制可能是：随植被恢复，凋落物 C、P 含量增加，为微生物提供充足的可利用 C、P 源，提高微生物活性，缓解微生物代谢 P 限制，进而加快凋落物分解和 N 释放速率（Berg，2014；Parton et al.，2007）。细根生长及其周转也是调控土壤 N、P 积累过程的重要因子（Martínez et al.，2016）。本研究中，细根生物量和细根 N、P 含量显著影响土壤全 N、全 P 含量（图 7.15），究其原因可能是：①随植被恢复，细根生物量的提高有利于根系分泌物释放，一方面通过解吸附、螯合、酸化等作用促使土壤难溶物质转化为有效 N、P，同时固定更多土壤颗粒促进有机 C 形成，改善土壤理化性质，提高土壤 N、P 保蓄能力（李怡和韩国栋，2011；李懿和杨子松，2020）；另一方面提高根际微生物可利用养分的有效性，改变微生物群落结构及其养分转化能力，诱导根际产生正激发效应，加快微生物新陈代谢和土壤腐殖质分解，有利于土壤 N、P 积累（孙悦和徐兴良，2014；乔阳，2020；李懿和杨子松，2020）。②随植被恢复，植物 N、P 需求量增大，细根 N、P 含量增加，且周转速率加快，细根死亡后 N、P 输入量显著升高（张秀娟等，2005）；同时为微生物生长和繁殖提供充足的 N、P，促进微生物的吸收和固定，对土壤 N、P 积累和固持产生积极影响（赵彤等，2013）。

本研究中，土壤全 N、全 P 含量与土壤含水量、黏粒百分含量、有机 C 含量、B_C、

N、P 呈显著正相关关系，与土壤砂粒百分含量呈显著负相关关系（图 7.15）。这表明土壤环境随植被恢复的变化也是驱动土壤 N、P 积累的重要因素。究其原因可能是：随植被恢复，土壤含水量升高有利于厌氧环境形成，提高微生物活性，促进 N、P 固定和矿化作用，增强土壤 N、P 固持能力（Hicks et al.，2003；Hu et al.，2016；陈洁等，2020）；土壤黏粒百分含量升高，砂粒百分含量下降，对有机质的物理保护增强，降低土壤有机质矿化速率，提高对 N、P 吸附固定作用（周星梅等，2009；Rakhsh et al.，2020）；土壤有机 C 逐渐积累，意味着微生物生长和繁殖所需底物和能量增加，微生物生物量和活性明显升高，有机质分解、矿化作用增强，土壤 N、P 来源增加（陈美领等，2016；Li et al.，2018；Cheng et al.，2019）；群落生物量积累，促使植物对养分需求增加，土壤 N、P 消耗速率加快，作为潜在的养分资源库，微生物生物量 N、P 快速转化，释放更多的有效 N、P 归还土壤（Xing et al.，2010；Zhang et al.，2016b）。

此外，交换性盐基总量对土壤全 N，土壤容重、pH 对土壤全 P 有负向影响（图 7.15）。可能是由于：①随植被恢复，交换性盐基总量升高，盐基离子（K^+、Na^+、Ca^+、Mg^+）增加，对硝酸根（NO_3^-）离子吸附固定作用增强，促进土壤 N 积累及稳定性维持（周星梅等，2009）。②土壤容重、pH 随植被恢复下降，土壤渗透性和孔隙度升高，促进团聚体形成，有利于土壤 P 积累和固持（Bienes et al.，2016）；pH 下降还有助于交换性铁、铝及铁铝氧化物释放，加快有机质 P 或难降解 P 溶解和土壤溶液中无机 P 的吸附，并逐渐转化为较为稳定的 P（Planavsky et al.，2010）。

综上，植被因素和土壤因素是影响土壤 N、P 积累转化的主导因素，表明随植被恢复，土壤 N、P 积累过程受诸多因素的综合调控而发生复杂的变化。此外，土壤 N、P 积累的影响因素有所差异，可能与 N、P 来源差别有关（刘兴诏等，2010）。

2. 环境因子对土壤氮、磷积累的协同作用

本研究中，随植被恢复，各环境因素相互影响，且协同发展（表 7.2），表明土壤 N、P 积累转化是环境因素协同调控的复杂过程。土壤全 N 含量受凋落物 C、凋落物 C/P、凋落物 N/P、土壤含水量、B_C 和 B_P 的交互作用影响（表 7.3）。究其原因可能是：随植被恢复，凋落物 C/P、N/P 下降，凋落物易分解组分比例增加（韩其晟等，2012），湿润的土壤条件（较高含水量）可以影响易分解组分的淋溶作用和提高微生物数量及活性（如微生物生物量）（Lavelle，2000），从而促进凋落物分解和养分释放（郭剑芬等，2006）。此外，土壤含水量增加对群落物种组成及丰度有重要影响，间接改善凋落物质量（如凋落物 C 含量、凋落物 C/P、N/P）（Straková et al.，2010）。这表明植被恢复过程中，凋落物质量、土壤水肥保持能力和微生物活性对土壤 N 积累发挥重要作用。

除受凋落物、土壤微生物影响外，土壤 P 的积累还受细根性状、土壤母质和其他理化性质的综合影响（Yang & Post，2011）。本研究中，土壤全 P 含量随凋落物 C、凋落物 N、凋落物 C/N、细根 P 含量、土壤容重、黏粒百分含量、有机 C、B_C 和 B_N 的协同变化而变化（表 7.3）。主要原因是：凋落物是土壤有机 C 的重要来源（Liu et al.，2015；Gu et al.，2019），随植被恢复，凋落物 C/N 下降（表 2.2），凋落物分解速率加快，促进凋落物 C、N 释放，一方面提高土壤有机 C 含量，有利于形成土壤团聚体，改善土壤质

地（如降低容重，提高黏粒百分含量）（Bienes et al.，2016）；另一方面，土壤有机 C 积累和细根 P 含量升高有利于 B_C 增加，进一步增强微生物活性，驱动土壤有机质快速分解。此外，土壤有效 N 和 B_N 增加，P 限制加剧，进一步提高微生物对 P 的固定作用，加快凋落物 P 释放（Zhu et al.，2016）。

7.5　不同植被恢复阶段凋落物分解过程氮磷释放及其耦合关系

凋落物分解对生态系统 C 循环和养分动态起重要的调节作用，释放 N、P 等养分是维持森林生态系统生物地球化学过程的重要途径（Berg & McClaugherty，2014）。在林分尺度下，凋落物分解主要受凋落物质量、物种种类和环境条件的控制（葛晓改等，2015）。植被恢复过程形成不同功能性状的树种组成和结构，可导致植物养分吸收、凋落物数量和质量及分解者群落的差异（Yang & Luo，2011；Xu et al.，2018），影响着凋落物分解速率和 N、P 养分的归还。目前，关于亚热带不同林分及树种凋落物分解已有许多研究报道（Chen et al.，2019），但有关凋落物量、组成及其分解进程对植被恢复响应的研究仍较少，特别是凋落物分解过程 N、P 耦合关系及其对凋落物分解影响的研究仍未见报道。为此，本部分基于野外原位凋落物分解 1 年（2018 年 11 月至 2019 年 10 月）的数据，比较研究 4 个植被恢复阶段凋落物分解过程及 N、P 养分释放动态，探究凋落物分解过程 N、P 耦合关系的变化，剖析 N、P 耦合关系（N/P）对凋落物分解的影响机制，揭示凋落物分解及 N、P 归还对植被恢复的响应机制，明确凋落物分解过程 N、P 耦合关系对生态系统养分循环、土壤肥力维持等功能恢复的重要性。

7.5.1　凋落物分解过程氮磷的释放

1. 凋落物分解过程氮含量的变化

凋落物分解 1 年期间，LVR（1～7 个月）和 LAG（1～4 个月）凋落物 N 含量低于初始 N 含量，分解后期总体上高于初始 N 含量；LCQ、PLL 在分解期间均低于初始 N 含量。随凋落物分解，LVR、PLL 凋落物 N 含量总体上呈增加趋势，在分解第 12 个月达到最大值；LCQ 呈先升高后下降再增加趋势，在分解第 6 个月达到最大值，第 8 个月达到最小值；LAG 呈先升高后下降趋势，在分解第 9 个月达到最大值（图 7.16）。

经过 1 年的分解，凋落物 N 剩余含量损失了 11%～56%，其中 LCQ 损失最大，LVR 损失最小，取决于不同植被恢复阶段植被类型和凋落物种类的差异。随凋落物分解，不同植被恢复阶段凋落物 N 的月释放率均呈现上下波动趋势。分解第 1 个月时，4 个植被恢复阶段凋落物 N 的月释放率均最高，且随植被恢复呈先升高后下降趋势，其中 PLL（53.57%）显著高于其他植被恢复阶段（$P<0.05$）。从第 2 个月起，LVR、LCQ 和 PLL 凋落物 N 的月释放率主要为负值，其中 LCQ 有最大负 N 释放率（–12.88%），但其正释放率显著高于同一时间其他植被恢复阶段（$P<0.05$）；LAG 凋落物 N 的月释放率波动较为平缓，且以正释放率为主（图 7.17）。

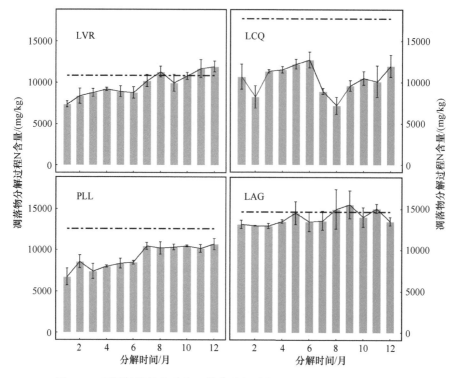

图 7.16　不同植被恢复阶段凋落物分解过程 N 含量的变化（$n = 12$）

图中虚线代表凋落物初始 N 含量

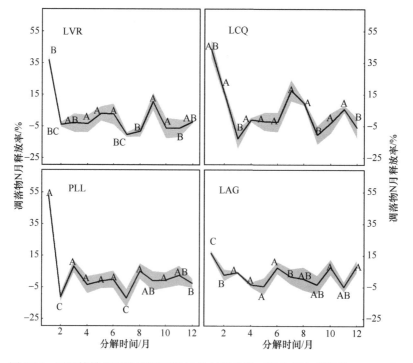

图 7.17　不同植被恢复阶段凋落物 N 的月释放率（平均值±标准差，$n = 12$）

图中不同大写字母代表同一时间不同植被恢复阶段之间差异显著（$P < 0.05$）

2. 凋落物分解过程磷含量的变化

凋落物分解 1 年时间过程中，LVR、PLL 和 LAG 凋落物 P 含量均高于初始 P 含量，LCQ 在分解中期总体上低于初始 P 含量。LVR、PLL 和 LAG 凋落物 P 含量随分解时间总体上增加，LVR、PLL 在分解第 12 个月达到最大值，LAG 在分解第 9 个月达到最大值；LCQ 总体上先下降后升高，在分解第 3 个月达到最大值，分解第 8 个月达到最小值（图 7.18）。

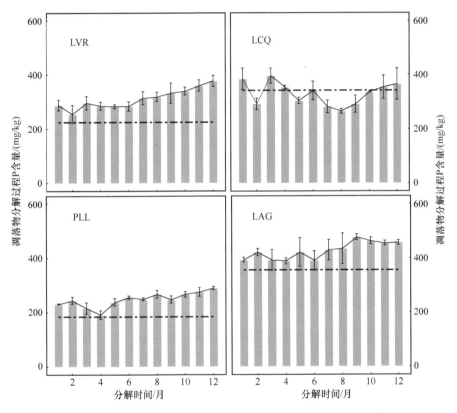

图 7.18　不同植被恢复阶段凋落物分解过程 P 含量的变化（平均值±标准差，$n = 12$）

图中虚线代表凋落物初始 P 含量

不同植被恢复阶段凋落物 P 剩余含量经过 1 年的分解呈现出不同的变化规律，LCQ 和 LAG 分别损失了 29.90% 和 10.25%，而 LVR 和 PLL 为负损失率，即 P 富集，分别为 −33.83% 和 −12.15%。凋落物 P 的月释放率随分解时间呈明显波动趋势，且不同植被恢复阶段变化趋势差异显著（$P < 0.05$）。LVR 和 LCQ 凋落物 P 月释放率在分解第 2 个月最高，分别为 29.87% 和 20.07%；PLL（14.28%）和 LAG（12.610%）凋落物 P 月释放率在第 3 个月达到最大值。从整个分解过程看，LVR 和 PLL 凋落物 P 月释放率以负值为主；LCQ 和 LAG 凋落物 P 月释放率主要为正值（图 7.19）。

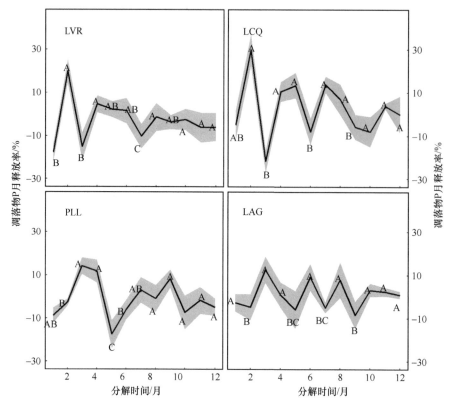

图 7.19　不同植被恢复阶段凋落物 P 的月释放率（平均值±标准差，$n=12$）

图中不同大写字母代表同一时间不同植被恢复阶段之间差异显著（$P<0.05$）

3. 凋落物年分解氮磷的年归还量

单因素方差分析表明，植被恢复对凋落物分解 1 年后的 N、P 年归还量影响显著（$P<$ 0.05）。随植被恢复，凋落物 N 年归还量呈先升高后下降趋势，LCQ 最高，为 25.4 kg/hm²，LVR 最低，为 4.3 kg/hm²。凋落物 P 年归还量总体上随植被恢复而升高，LCQ 达到最大值（0.3 kg/hm²）；LVR 和 PLL 为负值（分别为–0.3 kg/hm² 和–0.1 kg/hm²），即 P 富集（图 7.20）。

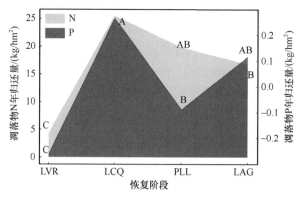

图 7.20　不同植被恢复阶段凋落物 N、P 的年归还量（平均值±标准差，$n=12$）

图中不同大写字母代表同一养分年归还量不同植被恢复阶段之间差异显著（$P<0.05$）

7.5.2　凋落物分解过程氮磷的耦合关系

1. 凋落物分解过程碳氮磷化学计量比的变化

随凋落物分解，LVR、LCQ 和 PLL 的 C/N 先增加后下降，其中 LVR、PLL 在分解第 1 月增加幅度最大，LCQ 在分解第 2 月增加至最大值；分解 1 年后，LVR、LCQ 的 C/N 分别下降了 20.24%、13.14%，而 PLL 增加了 4.23%；LAG 总体上随凋落物分解下降，下降幅度最大，为 23.34%。同一分解时间不同植被恢复阶段凋落物 C/N 差异显著（$P<0.05$），其中 PLL 显著高于其他植被恢复阶段（$P<0.05$），LVR 显著高于 LCQ 和 LAG（$P<0.05$），但 LCQ 与 LAG 之间普遍不存在显著差异（$P>0.05$）（图 7.21）。

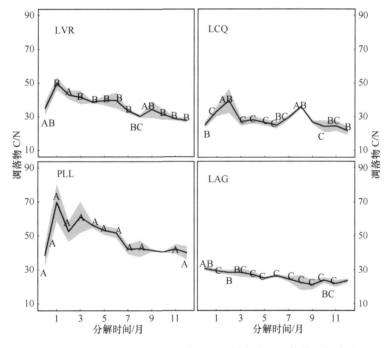

图 7.21　不同植被恢复阶段凋落物分解过程 C/N 的变化（平均值±标准差，$n=12$）
图中不同大写字母代表同一时间不同植被恢复阶段之间差异显著（$P<0.05$）。下同

4 个植被恢复阶段凋落物 C/P 随凋落物分解总体上呈下降趋势，分解第 1 月下降幅度最大，随后为小幅度上下波动。分解 1 年后，LVR 下降幅度最大，为 47.62%，其次分别为 LCQ（45.43%）、LAG（45.25%）和 PLL（42.67%）。同一分解时间，PLL 凋落物 C/P 最高与其他植被恢复阶段差异显著（$P<0.05$），其次为 LVR，与 LCQ、LAG 之间差异显著（$P<0.05$），但 LCQ 与 LAG 之间普遍差异不显著（$P>0.05$）（图 7.22）。

分解 1 年后，4 个植被恢复阶段凋落物 N/P 总体上均呈下降趋势，分解第 1 个月下降最快，随后呈小幅度上下波动变化。PLL 下降幅度最大，为 45.71%，其次依次为 LCQ（37.09%）、LVR（34.16%）和 LAG（28.33%）。同一分解时间，不同植被恢复阶段之间差异显著（$P<0.05$），其中 PLL 显著高于其他植被恢复阶段（$P<0.05$）；但 LVR、LCQ

与 LAG 两两之间差异普遍不显著（$P > 0.05$）（图 7.23）。

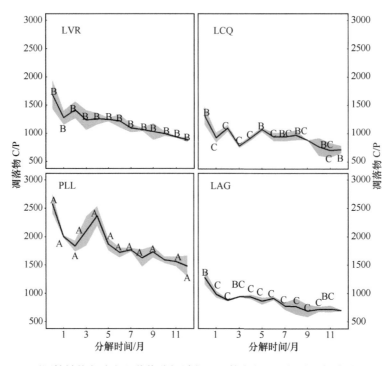

图 7.22　不同植被恢复阶段凋落物分解过程 C/P 的变化（平均值±标准差，$n = 12$）

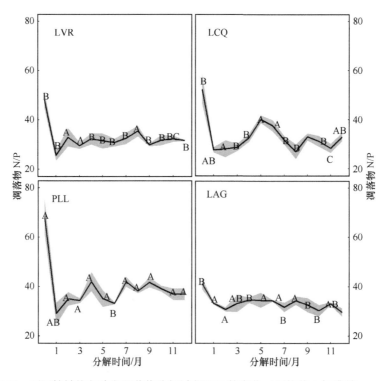

图 7.23　不同植被恢复阶段凋落物分解过程 N/P 的变化（平均值±标准差，$n = 12$）

2. 凋落物分解过程氮磷年释放率和归还量的耦合关系

分析结果（图 7.24）表明，凋落物 N 年释放率与 P 年释放率呈显著正相关（b=1.29，R^2=0.74，P＜0.01）；凋落物 N 年归还量与 P 年归还量呈显著正相关关系（b=0.02，R^2=0.67，P＜0.01）。这表明随植被恢复，凋落物 N、P 在年释放率和年归还量中具有显著的耦合关系。

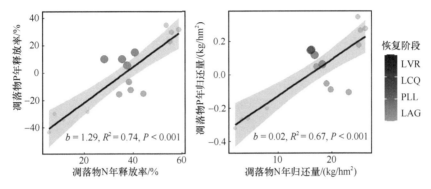

图 7.24 　凋落物分解过程 N、P 年释放率（A）和年归还量（B）的关系（n = 12）
图中 b 代表斜率；R^2 代表一元线性回归的调整决定系数；P 代表显著性水平

7.5.3　凋落物初始化学组成对氮磷释放率和归还量的影响

凋落物初始 C、N、P 含量及其化学计量比对凋落物分解 1 年后的 N、P 养分年释放率和年归还量表现出直接和间接的影响（图 7.25）。凋落物初始 C 含量对 N 年释放率和

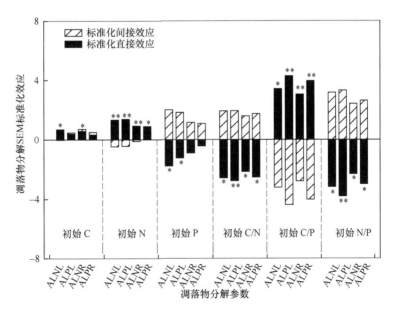

图 7.25 　凋落物初始 C、N、P 含量及其化学计量比（C/N、C/P、N/P）对凋落物 N、P 年释放率和年归还量影响的结构方程模型（SEM）多组比较的标准化直接和间接效应（n = 12）
图中星号表示驱动因素对凋落物分解各参数的直接影响显著（*表示 P＜0.05，**表示 P＜0.01）。ALNL 代表 N 年释放率；ALPL 代表 P 年释放率；ALNR 代表 N 年归还量；ALPR 代表 P 年归还量

年归还量有显著正向影响（$P<0.05$），凋落物初始 N 含量直接显著正向影响 N、P 年释放率和年归还量（$P<0.05$ 或 $P<0.01$），凋落物初始 P 含量的直接效应主要表现为对 N、P 年释放率的显著负向影响（$P<0.05$）；凋落物初始 C/N、C/P、N/P 对凋落物各分解参数均呈显著直接效应（$P<0.05$ 或 $P<0.01$），其中凋落物初始 C/N、N/P 为负向影响，C/P 为正向影响。多组比较结果显示，凋落物初始 N/P、C/P 的直接和间接影响最大，其后依次为初始 C/N、P 含量、N 含量、C 含量。

7.5.4 凋落物分解过程氮磷比变化对氮磷释放率的影响

结构方程模型（SEM）表明，凋落物 N/P 影响凋落物分解速率和 N、P 的释放（图 7.26）。凋落物分解过程 N/P 变化对凋落物衰减常数（k）有直接正向影响（$P<0.05$），对 N、P 月释放率无显著直接影响（$P>0.05$）。凋落物分解过程 N/P 通过 C/N、C/P 对凋落物衰减常数（k）、N 月释放率总体上有间接负向影响，对 P 月释放率有间接正向影响。

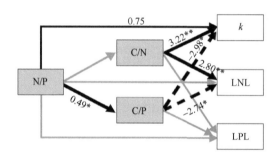

图 7.26 结构方程模型（SEM）显示凋落物分解过程凋落物 N/P 对衰减常数及 N、P 月释放率的影响（$n=12$）

图中黑色表示显著（实线表示正向。虚线表示负向。*表示 $P<0.05$。**表示 $P<0.01$），灰色表示不显著（$P>0.05$）。箭头的宽度和相关数字（标准路径系数）表示因果关系的强度。k 代表凋落物衰减常数；LNL 代表 N 月释放率；LPL 代表 P 月释放率

7.5.5 讨论

1. 植被恢复对凋落物分解过程氮磷释放的影响

随凋落物分解，养分通过有机质分解和矿化过程释放并归还土壤（Erkan et al.，2020）。凋落物 N、P 释放量与凋落物质量损失量密切相关（Hewins et al.，2017；Pei et al.，2019），表明影响凋落物分解速率的因素也会影响凋落物 N、P 的释放（或固定）。不同植物群落植物物种特性［如物种多样性（Cornwell et al.，2008）、凋落物质量（Cornwell et al.，2008；Peng et al.，2018）等］和凋落物周围环境［如养分迁移（Parsons & Congdon，2008）、土壤微生物活动节律（Peng et al.，2018）等］的差异导致凋落物分解过程中养分释放模式不一致，主要包括 3 种模式：淋溶 - 富集 - 释放、富集 - 释放、直接释放（刘璐等，2019）。此外，凋落物分解过程中养分释放模式还因养分元素自身特点而异（耿

元波和史晶晶，2012）。本研究中，4 个植被恢复阶段凋落物分解过程中 N 的释放模式均表现为淋溶－富集－释放，与郑兴蕊等（2020）的研究结果基本一致，可能是由于：亚热带地区 N 含量较高且相对容易淋溶，同时凋落物初始 N 含量高，初始 C/N（25～38）低于 N 释放临界阈值（40）（Moore et al.，2011），分解初期表现为快速淋失；随后 N 残留量显著下降，低于微生物代谢活动所需养分最低水平，促使微生物必须从土壤吸收额外的 N 满足自身活动需求（Hodges，2010），出现凋落物 N 富集现象；当 N 积累满足微生物活动需求时，凋落物 N 重新释放（Aponte et al.，2012）。本研究中，LVR、PLL 凋落物 P 的释放模式为富集模式，与郑兴蕊等（2020）的研究结果一致，而 LCQ、LAG 为富集－释放模式，与曾昭霞等（2015）的研究结果相似，究其原因可能是：4 个植被恢复阶段凋落物初始 P 含量较低，且初始 C/P（1281～2583）明显高于P 释放临界阈值（900）（Moore et al.，2011），微生物受到 P 限制，凋落物分解初期出现 P 富集；凋落物 C/P 随分解时间持续下降，分解后期 LVR、PLL 凋落物 C/P 仍高于临界阈值，微生物固 P 作用强烈，而 LCQ、LAG 凋落物 C/P 基本低于临界阈值，微生物分解释放 P（图 7.22）。

　　本研究中，分解 1 年后，凋落物 N 年释放率、年归还量随植被恢复呈先增加后下降趋势，而 P 年释放率、年归还量则为增加－下降－增加趋势，与覃扬洤等（2017）、陈金玲等（2010）的研究结果不一致，可能是植被发展趋势、群落结构和树种组成的差异所致（Zhang et al.，2013b；Guo et al.，2019b）。这表明本研究地区植物养分截留和保存能力随植被恢复增强（Odum，1969），逐渐形成养分保护机制以阻止养分过快流失（Isaac & Nair，2005）。其主要影响机制可能是：①从 LVR 到 LCQ，植物生长和生物学特性改变，植物对 N、P 吸收量和归还量增加，促使凋落物 N、P 含量增加（图 7.7，表 2.9），显著提高凋落物质量；群落组成和垂直结构趋于复杂，郁闭度增大，显著改善林内微气候（马文济等，2014），促进土壤微生物数量和活性升高，有利于凋落物 N、P 释放（Parton et al.，2007）。②从灌木林（LCQ）演变为以马尾松为优势树种的植物群落（PLL），凋落物分解速率较低（宋影等，2014），归还到土壤的 N、P 较少，植物通过提高 N、P 再吸收以适应土壤有效 N、P 的减少（宁秋蕊等，2016），凋落物 N、P 含量较低（图 7.7）。③植被恢复后期，形成以常绿阔叶乔木为优势树种的稳定群落（Peng et al.，2012），叶片寿命较长，地上部分生长缓慢，土壤 N 丰富而 P 缺乏（图 7.4），植物通过降低新鲜器官 P 含量以减少 P 损失（苏波等，2000），凋落物 P 含量相对较高，且分解期间凋落物 C/P 普遍低于临界阈值（图 7.22），有利于凋落物 P 释放。

2. 凋落物分解过程氮磷的耦合特征及其对植被恢复的响应

　　凋落物 N/P 不仅可以预测其分解过程中 N、P 矿化或固定的动态规律（Moore et al.，2006；Marklein et al.，2016），还能指示 N、P 对凋落物分解的限制作用（Güsewell & Verhoeven，2006）。N/P 越高，凋落物对养分的需求和结合能力越强，养分释放潜力越弱（Martínez et al.，2016；魏琳等，2018），同时受 P 的限制越强（Güsewell & Verhoeven，2006）；反之，N/P 越低，养分释放潜力越强，主要受 N 限制作用（Guo et al.，2019a）。本研究中，4 个植被恢复阶段凋落物 N/P 随凋落物分解总体上呈下降趋势，但明显高于

P 释放阈值（N/P＜16）（Moore et al.，2006），可能是由于亚热带地区土壤 N 过剩而 P 匮乏，微生物难以从周围环境获取 P（林成芳等，2017），其代谢活动受 P 限制，因此凋落物 N 矿化作用比 P 矿化更为快速。此外，PLL 凋落物 N/P 显著高于其他植被恢复阶段，可能与优势树种马尾松养分利用策略及凋落物分解特性有关（宋影等，2014），而其他植被恢复阶段之间无显著差异，表明随植被恢复，凋落物 N/P 相对稳定，主要是由于 N、P 参与植物的正常生理过程，且受外界环境的影响程度差异较小，保持着高度一致的变化（Zheng & Shangguan，2007）。

N/P 随凋落物分解的动态变化持续影响着凋落物分解速率和养分释放（Attiwill & Adams，1993）。本研究中，凋落物分解速率直接受凋落物 N/P 显著正向影响（图 7.25），与现有的研究结果（Guo et al.，2019a）相悖，可能是由于凋落物 N/P 随分解时间的变化对分解速率的正向效应与 C/N、C/P 的间接负向效应相互抵消，表明凋落物分解速率的动态变化可能取决于微生物对 C、N、P 的需求平衡（Zhu et al.，2016）。此外，凋落物 N/P 对 N、P 月释放率的直接影响不显著，主要通过 C/N、C/P 间接影响 N、P 释放率的月动态，表明凋落物 C 含量可能是养分释放的主要调节因子（Berg，2014）。凋落物初始 N/P 对 N、P 年释放率、年归还量的影响最显著（图 7.26），N、P 年释放率、年归还量随初始 N/P 增大而下降，较低的初始 N/P，通常会改变分解者的重要代谢限制（Sterner & Elser，2002），从而提高微生物生物量和活性，有利于 N、P 养分释放（Allison et al.，2013）。

本研究中，随植被恢复，凋落物 N、P 年释放率之间、N、P 年归还量之间呈显著正相关（图 7.24），与 Xu 和 Hirata（2005）的研究结果基本一致，表明凋落物分解过程中 N、P 动态可能存在相互影响。N、P 年释放率协同增长关系的斜率（$b = 1.29$）接近于 1，表明 N、P 释放随植被恢复基本呈同步变化（图 7.24）。究其原因可能是受土壤 N、P 有效性对微生物分解矿化 N、P 速率的平衡调控：随植被恢复，土壤 N 有效性显著增加，进一步提高 P 的限制，促进微生物对 P 在凋落物中的固定，加快 P 释放（Zhu et al.，2016）；同时，土壤 P 有效性随植被恢复增加，通过加强微生物对 N 的固定作用，减缓凋落物 N 过快矿化（Van Huysen et al.，2016）。N、P 年归还量耦合关系斜率较低（$b = 0.02$），表明凋落物分解过程中 P 归还滞后于 N，原因可能是，随植被恢复，植物通过提高对衰老器官 P 的重吸收效率以适应土壤低 P 胁迫（Hu et al.，2018）。

7.6 不同植被恢复阶段土壤氮磷转化过程及其耦合特征

土壤 N、P 转化影响着土壤 N、P 供给能力和植物吸收能力（DeLuca et al.，2009），是生态系统养分循环的重要组成部分，特别是在植被恢复过程中，土壤 N、P 形态之间的转化是了解土壤 N、P 有效性随植被恢复动态变化的必要条件。研究表明，土壤不同形态 N、P 之间存在显著相关性（Zhu et al.，2013）。其中，不同树种和土壤类型，土壤无机、有机 N、P 含量分别与微生物生物量 N、P 呈显著相关（Xing et al.，2010；Malik & Khan，2012）。然而，有关植被恢复过程中土壤不同形态 N、P 转化趋势及其动态变化的研究未见报道，对土壤不同形态 N、P 间的转化及其相对组成随植被恢复的变化认识十分有限，严重阻碍了植物对土壤有效养分变化响应能力的预测，也制约了森林生态系统的可持续经营与管理（Huang et al.，2017）。为此，本部分测定 4 个植被恢复阶段土壤不同形态 N、P 的含量，探讨植被恢复对土壤 N、P 形态转化及其组成的影响，剖析土壤 N、P 形态间耦合关系，为科学提高土壤 N、P 的供应能力提供数据支持和理论依据。

7.6.1　土壤不同形态氮含量及其相对分布的变化

1. 土壤不同形态氮含量的变化

随植被恢复，土壤全 N、NH_4^+-N、NO_3^--N、HON、SON 含量和 B_N 显著增加（$P <$ 0.01）。从 LVR 到 LAG，全 N 及其各形态含量的增加幅度均高于 110%，其中 HON（329%）和 SON（233%）的增加幅度较大。4 个植被恢复阶段土壤 SON 含量均高于其他 N 形态，其次是 B_N（图 7.27）。

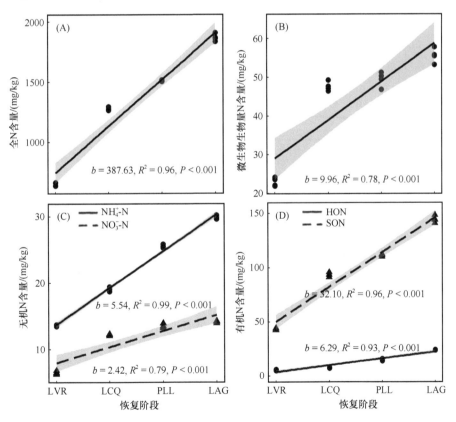

图 7.27　植被恢复过程中土壤全 N（A）、微生物生物量 N（B）、无机 N（C）和有机 N（D）含量的变化（$n = 16$）

图中无机 N 包括铵态 N（NH_4^+-N）、硝态 N（NO_3^--N）；有机 N 包括碱解有机 N（HON）、水溶性有机 N（SON）。b 代表斜率；R^2 代表简单线性回归的调整决定系数；P 代表显著性水平

土壤 B_N、NH_4^+-N、NO_3^--N 含量占土壤全 N 含量的百分比均随植被恢复而显著下降

（$P<0.05$），从 LVR 到 LAG，分别下降了 15%、23% 和 24%；而 HON、SON 占全 N 的百分比显著增加（$P<0.01$），增加幅度分别为 50% 和 17%（图 7.28）。

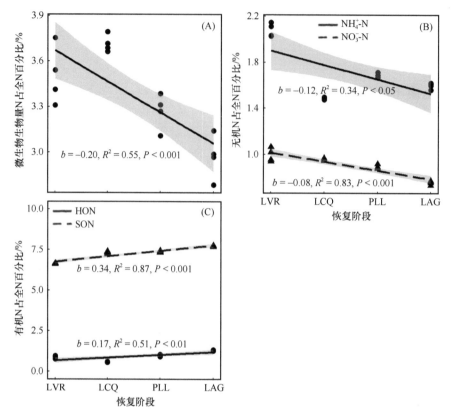

图 7.28　植被恢复过程中土壤微生物生物量 N（A）、无机 N（B）和有机 N（C）占全 N 比例的变化（$n=16$）

图中无机 N 包括铵态 N（NH_4^+-N）、硝态 N（NO_3^--N）；有机 N 包括碱解有机 N（HON）、水溶性有机 N（SON）。

b 代表斜率；R^2 代表简单线性回归的调整决定系数；P 代表显著性水平

2. 土壤不同形态氮比值的变化

随植被恢复，土壤 B_N/HON、B_N/SON 显著下降（$P<0.05$）（图 7.29A，图 7.29B），表明植被恢复过程中 B_N 逐渐向 HON、SON 转化；HON/SON、SON/NH_4^+-N 显著增加（$P<0.05$）（图 7.29C，图 7.29D），表明随植被恢复 SON 逐渐转变为 HON，NH_4^+-N 转变为 SON；而 NH_4^+-N/NO_3^--N 无显著变化（$P>0.05$）（图 7.29E）。

3. 土壤不同形态氮相对分布的变化

根据转化类型将土壤 N 形态分为三组，用三元图表示（图 7.30）。第一组由 B_N 组成，其相对比例沿 B_N 轴的大小范围为 20%～27%；第二组为无机 N（NH_4^+-N 和 NO_3^--N 之和，Ni），其相对比例沿 Ni 轴的大小范围为 16%～22%。随植被恢复，第一组、第二组的相对比例逐渐下降。第三组是有机 N（HON 和 SON 之和，No），其相对比例沿 No 轴分布在 52%～64%，且随植被恢复增加。

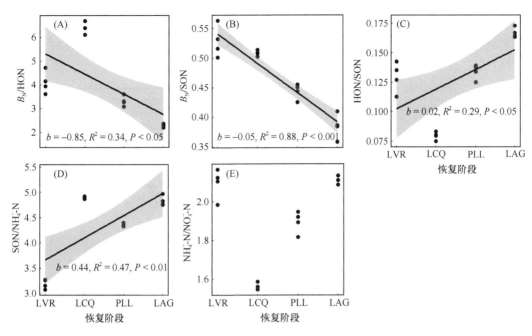

图 7.29　植被恢复过程中土壤不同形态 N 比值的变化（$n=16$）

图中 B_N 指微生物生物量 N，HON 指碱解有机 N，SON 指水溶性有机 N，NH_4^+-N 指铵态 N，NO_3^--N 指硝态 N。b 代表斜率；R^2 代表简单线性回归的调整决定系数；P 代表显著性水平

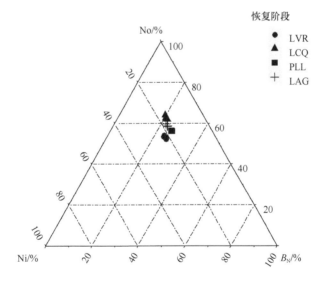

图 7.30　植被恢复过程中土壤无机 N（Ni）、有机 N（No）和微生物生物量 N（B_N）的相对分布（$n=16$）

7.6.2　土壤不同形态磷含量及其相对分布的变化

1. 土壤不同形态磷含量的变化

植被恢复过程中，土壤全 P、B_P、$NaHCO_3$-Pi、NaOH-Pi、$NaHCO_3$-Po 和 NaOH-Po 含量显著增加（$P<0.05$）。Resin-Pi 和 HCl-Pi 含量随植被恢复无显著变化（$P>0.05$）。

随着植被恢复，NaHCO$_3$-Pi、B_P、NaHCO$_3$-Po 均有较大幅度增加，分别为 293%、183%、176%。NaOH-Po 含量在不同植被恢复阶段均最高，其次为 NaOH-Pi（除 LAG 外）（图7.31）。

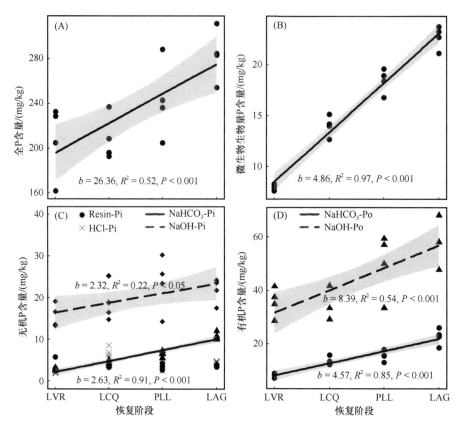

图 7.31　植被恢复过程中土壤全 P（A）、微生物生物量 P（B）、无机 P（C）和有机 P（D）含量的变化（$n=16$）

图中无机 P 包括树脂交换态无机 P（Resin-Pi）、碳酸氢钠提取态无机 P（NaHCO$_3$-Pi）、氢氧化钠溶性无机 P（NaOH-Pi）、磷灰石型无机 P（HCl-Pi）；有机 P 包括碳酸氢钠提取态有机 P（NaHCO$_3$-Po）、氢氧化钠溶性有机 P（NaOH-Po）。b 代表斜率；R^2 代表简单线性回归的调整决定系数；P 代表显著性水平。图中仅显示显著回归线（$P<0.05$）。下同

随植被恢复，Resin-Pi 占全 P 的百分比呈显著线性下降趋势（$P<0.05$），下降幅度为 29%；NaHCO$_3$-Pi、NaHCO$_3$-Po、B_P 占全 P 的百分比显著增加（$P<0.001$），其增加幅度均大于 59%。NaOH-Pi、NaOH-Po 和 HCl-Pi 占全 P 的百分比随植被恢复无显著变化（$P>0.05$）（图 7.32）。

2. 土壤不同形态磷比值的变化

随植被恢复，土壤 B_P/NaOH-P 显著增加，NaOH-P/LP 显著下降（$P<0.05$）（图 7.33B，图 7.33C），表明植被恢复过程中 NaOH-P 逐渐向 B_P、LP 转化；B_P/LP、HCl-Pi/NaOH-P、HCl-Pi/LP 随植被恢复变化不显著（$P>0.05$）（图 7.33A、图 7.33D、图 7.33E）。

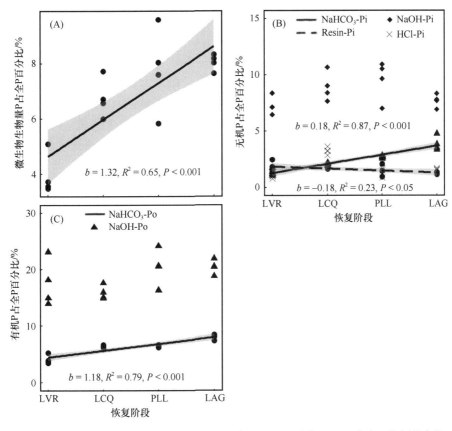

图 7.32　植被恢复过程中土壤微生物生物量 P（A）、无机 P（B）和有机 P（C）占全 P 比例的变化（$n=16$）

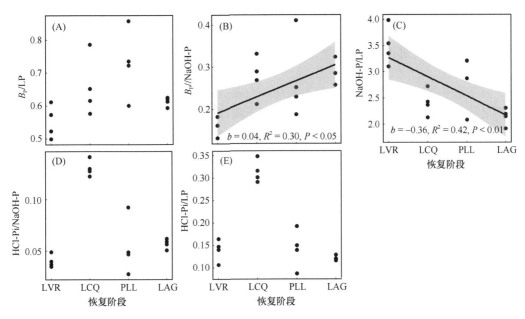

图 7.33　植被恢复过程中土壤各形态 P 比值的变化（$n=16$）

图中 B_P—微生物生物量 P，LP—活性 P（树脂交换态无机 P、碳酸氢钠提取态无机 P 和有机 P 之和），NaOH-P—氢氧化钠溶性 P（无机态与有机态之和），HCl-Pi—磷灰石型无机 P。b 代表斜率；R^2 代表简单线性回归的调整决定系数；P 代表显著性水平

3. 土壤不同形态 P 相对分布的变化

同样，土壤 P 形态根据转化类型分为三组，第一组只包括 B_P，其相对比例沿 B_P 轴分布在 9%～21% 之间，且随植被恢复增加。第二组为无机 P，由 4 个变量（Resin-Pi、NaHCO$_3$-Pi、NaOH-Pi 和 HCl-Pi）之和（Pi）组成，其相对比例范围为 27%～37%，且随植被恢复呈下降趋势。第三组由有机 P 组成，包括 2 个变量（NaHCO$_3$-Po 和 NaOH-Po）之和（Po），其相对比例大小范围为 48%～61%，随植被恢复变化不规则（图 7.34）。

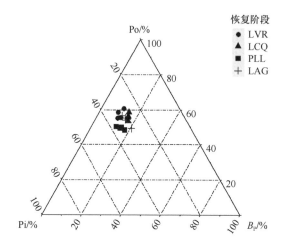

图 7.34　植被恢复过程中土壤无机 P（Pi）、有机 P（Po）和微生物生物量 P（B_P）的相对分布（$n = 16$）
图中，Pi 包括树脂交换态无机 P（Resin-Pi）、碳酸氢钠提取态无机 P（NaHCO$_3$-Pi）、氢氧化钠溶性无机 P（NaOH-Pi）和磷灰石型无机 P（HCl-Pi）；Po 包括碳酸氢钠提取态有机 P（NaHCO$_3$-Po）和氢氧化钠溶性有机 P（NaOH-Po）

7.6.3　土壤不同形态氮磷含量之间的相关性

皮尔逊相关分析结果（图 7.35）表明，土壤 NH$_4^+$-N、NO$_3^-$-N、HON、SON 和 B_N 两两之间呈极显著正相关关系（$P < 0.01$）；土壤 NaHCO$_3$-Pi、NaHCO$_3$-Po、NaOH-Po 和 B_P 两两之间、NaOH-Pi 与 NaHCO$_3$-Po、NaOH-Po 之间呈显著（$P < 0.05$）或极显著（$P < 0.01$）正相关关系。土壤不同形态 N、P 之间呈显著的耦合关系，其中 NH$_4^+$-N、NO$_3^-$-N、HON、SON、B_N 与 NaHCO$_3$-Pi、NaHCO$_3$-Po、B_P 呈极显著正相关关系（$P < 0.01$）；NO$_3^-$-N、B_N 与 HCl-Pi 呈显著正相关关系（$P < 0.05$）；NH$_4^+$-N、HON、SON 与 NaOH-Po 呈显著（$P < 0.05$）或极显著（$P < 0.01$）正相关关系。

7.6.4　讨论

1. 植被恢复对土壤不同形态氮磷含量及其百分比的影响

随植被恢复，凋落物和根系生物量增加，有助于土壤有机质的积累及微生物生物量和活性的提高（Burton et al., 2007），进而促进土壤 N 含量的增加（Cheng et al., 2019）。

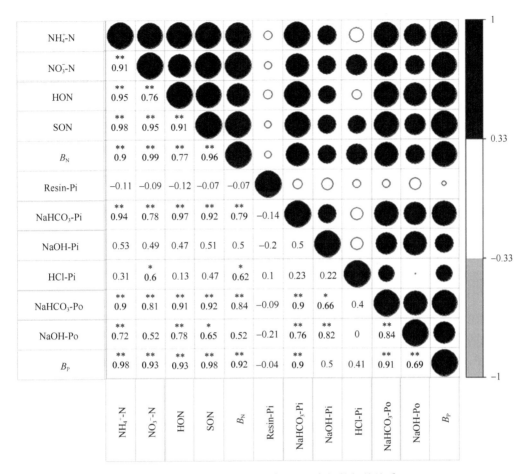

图 7.35　植被恢复过程中土壤不同形态 N、P 之间的相关关系（$n=16$）

图中 NH$_4^+$-N—铵态 N，NO$_3^-$-N—硝态 N，HON—碱解有机 N，SON—水溶性有机 N，B_N—微生物生物量 N，Resin-Pi—树脂交换态 P，NaHCO$_3$-Pi—碳酸氢钠无机 P，NaOH-Pi—氢氧化钠无机 P，HCl-Pi—磷灰石型无机 P，NaHCO$_3$-Po—碳酸氢钠有机 P，NaOH-Po—氢氧化钠有机 P，B_P—微生物生物量 P；*表示 $P<0.05$，**表示 $P<0.01$；圆形大小与相关系数成比例

土壤有机质含量高和 B_N 周转速度快可能是 SON 占优势的主要原因（Zhong & Makeschin，2003）。微生物对 NH$_4^+$-N 和 NO$_3^-$-N 的固定是 B_N 的主要来源，可能是由于随植被恢复，土壤有机质增加为微生物提供了充足的 C 源，促进微生物利用无机 N 并将其固定（Miller & Cramer，2004）。微生物死亡后，N 可能以氨基酸的形式进入 SON 库（Xing et al.，2010），被土壤 B_N/SON 显著下降的结果证实（图 7.29B）。本研究也证实，NH$_4^+$-N、NO$_3^-$-N、B_N 和 SON 含量两两之间相互影响，协同发展（图 7.35）。其次，植物生长主要依赖于对无机 N 的吸收和利用（Weigelt et al.，2005），导致植被恢复过程中土壤 NH$_4^+$-N 和 NO$_3^-$-N 含量增加缓慢，可能是 B_N 高于无机 N 含量而低于 SON 含量的原因。本研究中，土壤无机 N 主要以 NH$_4^+$-N 为主而不是 NO$_3^-$-N，与 Zhu 等（2013）的研究结果一致，究其原因主要是：亚热带红壤区土壤 pH 低导致的较低自养硝化速率，加上亚热带地区高降水量以及 NO$_3^-$-N 高流动性因淋溶作用造成的 NO$_3^-$-N 流失，导致土壤 NO$_3^-$-N 含量较低（Zhang et al.，2018c）。

植被恢复过程中，植物多样性、凋落物产量和土壤有机质的增加，为微生物的生长和繁殖提供充足的基质和能源（Karasawa & Takahashi，2015），可能是 B_P 大幅度增加的原因。而微生物的分解将绝大部分矿化 P 释放到 $NaHCO_3$-Pi 库（Cassagne et al.，2000）和 NaOH-P 库（Zhang et al.，2016b）。其次，微生物周转释放的相当一部分有机 P 成为土壤 $NaHCO_3$-Po 库的一部分（Wang et al.，2006），已被 $NaHCO_3$-Pi、$NaHCO_3$-Po、NaOH-Po 和 B_P 含量两两之间呈显著（$P<0.05$）或极显著（$P<0.01$）正相关关系证实（图 7.35）。除凋落物产量、土壤有机质和微生物影响外，土壤 P 各形态的含量还受土壤母质、土壤发育阶段及其理化性质的影响（Yang & Post，2011）；因此，一些 P 形态含量不一定随植被恢复增加。本研究中，Resin-Pi、HCl-Pi 含量不随植被恢复而显著增加（图 7.27）。在土壤 P 各形态中，NaOH-P（包括有机 P 和无机 P）含量较高，占土壤全 P 含量的 25%～30%，可以在短期内为植物提供 P 源（Yang & Post，2011），可能与研究区红壤 pH 低，释放更多可交换性铁、铝的作用有关（Zhang et al.，2016b），不仅有助于溶解有机质吸附的或难降解的 P，而且能及时快速吸附土壤溶液中的无机 P，从而更多地转化为 NaOH-P（McGroddy et al.，2008）。亚热带地区土壤全 P 含量较低（0.2～0.3 g/kg），导致土壤"缺 P"，而微生物对 P 的固定是调节该地区土壤 P 供应的重要机制（Turner et al.，2013）。本研究中，土壤 B_P 仅次于 NaOH-P，且增幅较大（183%），表明 B_P 对土壤供 P 状况的调控作用。而 Resin-Pi、HCl-Pi 含量处于较低水平，主要原因可能是：①原生矿物质释放的 Resin-Pi 可以被植物或微生物直接吸收利用，转化为有机 P（Yang & Post，2011）；②在长期发育和高度风化的湿润亚热带土壤中，P 持续流失，导致有效 P（Resin-Pi）逐渐消耗（Walker et al.，2010）；③土壤 pH 的降低导致稳定 P（HCl-Pi）溶解度增加，并将其转化为中度活性 P 和活性 P（Yan et al.，2018）。

研究发现，随森林发展，不同土壤各形态 N、P 占全 N、全 P 的比例呈不同的变化，例如，SON 和无机 N（NH_4^+-N 和 NO_3^--N）占全 N 的比例以及 Resin-Pi、$NaHCO_3$-Pi 和 NaOH-Pi 占全 P 的比例显著下降，而 $NaHCO_3$-Po 和 NaOH-Po 显著增加（Zhong & Makeschin，2003）。本研究中，SON 和 HON 占全 N 的比例，$NaHCO_3$-Pi、$NaHCO_3$-Po 和 B_P 占全 P 的比例随植被恢复显著增加，而 B_N、NH_4^+-N 和 NO_3^--N 占全 N 的比例，Resin-Pi 占全 P 比例显著降低，NaOH-Po、NaOH-Pi 和 HCl-Pi 无显著变化（图 7.28、图 7.32）。究其原因可能是受到生物驱动过程（如微生物活动、植物吸收）（Kuzyakov & Xu，2013；Zhang et al.，2019b）和土壤物理化学过程（如 pH 降低、淋溶作用）的协同影响（Yang & Post，2011；Zhang et al.，2018c）。土壤 N、P 各形态分别占全 N、全 P 的比例变化趋势相反（图 7.28，图 7.32），且 N、P 各形态比值显著升高或下降（图 7.29，图 7.33），表明森林土壤 N、P 转化是高度相关且同时发生的（Gao et al.，2015）。因此，研究 N、P 形态相对组成的变化对理解土壤 N、P 平衡尤为重要（Zhang et al.，2016b；Cheng et al.，2019）。本研究中，有机 N 和有机 P 在无机、有机和微生物生物量 3 种形态中占主导地位（图 7.31，图 7.32），与 Yang 和 Post（2011）的研究结果一致，表明随植被恢复，更多的无机和微生物生物量 N、P 形态可能转化为有机 N、P 形态。

高有机 N、低无机 N 和低 B_N 的相对比例组合表明，无机 N 和 B_N 可能是有机 N 的来源（Xing et al.，2010）。本研究中，随植被恢复，无机 N 和 B_N 相对比例下降，而有机 N 相对比例增加（图 7.30），表明植被恢复加速了植被对养分的消耗和微生物的周转，导致土壤中更多的无机 N 被植物或微生物直接吸收和固定，转化为有机 N 库（Miller & Cramer，2004；Xing et al.，2010）。特别是亚热带森林土壤 N 有效性高，N 循环处于开放、动态的状态，$NO_3^- $-N 淋溶和反硝化造成的 N 损失较高（Zhang et al.，2018c）。较高的有机 N 在平衡土壤 N 转化和 N 保留中起重要作用。

高有机 P、低无机 P 和低 B_P 的相对比例组合表明，亚热带湿润土壤中有效无机 P 的消耗（Walker et al.，2010）可能导致对有机 P 的依赖性增强（Huang et al.，2017）。同时，有机 P 相对比例波动不显著可能是由于植物吸收、微生物周转释放有机 P 过程和微生物快速转化有机 P 过程的相对平衡（Huang et al.，2017）。因此，有机 P 可以作为一个相对稳定的 P 库。植被恢复过程中，微生物与植物对 P 的竞争随生物量增加而加剧（Turner et al.，2013）；因此，在 P 资源有限的情况下，微生物可能会进一步提高对土壤 P 的利用效率，随着更多的无机 P 转化为 B_P，将抑制更多的土壤 P 被固定或吸附到次生矿物上以及从土壤系统中淋失（Yang & Post，2011）。这表明 B_P 相对比例的增加（图 7.34）对植被恢复过程土壤 P 的储存和 P 循环的加速尤为重要。

2. 植被恢复过程土壤不同形态氮磷之间的耦合关系

除受外界环境因素影响外，土壤 N、P 转化过程还与养分元素间的协同与拮抗作用密切相关（Rietra et al.，2017）。本研究中，土壤各形态 N、P 间呈显著正相关（图 7.35），与詹书侠等（2009）研究结果基本一致，表明植被恢复过程中土壤 N、P 转化是一个相互影响、协调发展的过程。究其原因可能是：①随植被恢复，土壤有效 P（如 NaHCO$_3$-Pi、NaHCO$_3$-Po）的增加一方面可以促进硝化、氨化作用（Mehnaz et al.，2019），提高土壤无机 N（如 NH_4^+-N、NO_3^--N）含量；另一方面，通过诱导植物发生"根系效应"，促使根系分泌大量含 N 有机分子，增加有机 N 库（如 HON、SON）积累（Erro et al.，2009）。②土壤有效 N（如 NH_4^+-N、NO_3^--N、HON、SON）含量的提高可以促使植物、土壤微生物产生大量胞外磷酸酶，加快分离土壤有机质中的磷酸键，从而提高土壤有效 P 含量（如 NaHCO$_3$-Pi、NaHCO$_3$-Po）（Wang et al.，2007）；还可能通过提高土壤微生物活性（B_N、B_P）和群落结构复杂性，促使有机 P 矿化为无机 P（如 NaHCO$_3$-Pi、HCl-Pi）（Kritzler & Johnson，2010）。因而，除不同形态 N、P 的内部转化外，不同形态 N、P 之间的相互作用也是促进植被恢复过程中土壤 N、P 积累转化过程协调发展的重要原因。

7.7　不同植被恢复阶段植物氮磷吸收利用过程及其耦合关系

植物具有对环境条件持续适应和自我调节的高效养分保护机制（Brant & Chen，2015）。而根系（特别是细根）是吸收和输送土壤养分的重要器官，其养分含量直接与土壤的养分供给能力密切相关（Miyamoto et al.，2016）。叶片是植物的核心器官，因而叶片的养分含量及其化学计量比能代表整株的状况（Sardans et al.，2016）。植物细根、叶片对 N、P 养分的利用策略可反映植物对生境变化的响应和自身调节机制（Sun et al., 2018）。随着植被恢复，土壤 N、P 形态含量的相对优势变化促使细根对不同土壤 N、P 形态具有明显的选择性（Brant & Chen, 2015）；土壤 N、P 含量改变后，植物叶片通过调整体内 N、P 养分的利用效率和内稳性，以及对凋落物的保存和再利用，来减少植物生长对土壤养分的依赖（Yu et al., 2011；宁秋蕊等，2016）。此外，植物吸收过程中，N、P 的耦合也关系到植物维持体内养分的相对平衡和对环境变化的适应策略（Niklas, 1994；秦海等，2010）。目前针对植被恢复过程中，植物对单一养分的吸收和利用已有一些研究报道（Zeng et al., 2017a；Hu et al., 2018），但涉及植物对养分吸收利用过程中 N、P 耦合关系，以及 N、P 耦合关系对植物养分利用策略的影响研究仍比较少见。为了预测植物生长对植被恢复过程中土壤环境变化的响应，剖析影响细根、叶片养分吸收利用的因素，本部分运用最小二乘回归法对土壤 N、P 各形态含量与细根 N、P 含量的关系进行拟合，评价土壤 N、P 各形态相对优势对促进植物细根吸收策略的影响，研究植物叶片 N、P 利用效率、再吸收效率、内稳性随植被恢复的动态变化特征，并探讨 N、P 耦合关系对植物细根、叶片养分吸收的影响机制，揭示随植被恢复植物群落对土壤环境变化的适应及其养分利用策略，为亚热带森林生态恢复和土壤养分管理提供科学依据。

7.7.1 细根对土壤不同形态氮磷的吸收

1. 细根对土壤不同形态氮的吸收

整个植被恢复阶段中，土壤各形态 N 对植物细根 N 含量的影响大小排序为 B_N、SON、NH_4^+-N 和 NO_3^--N，灰色关联系数分别为 0.777、0.769、0.766 和 0.765（图 7.36A）。

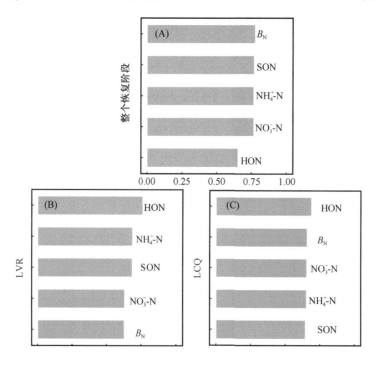

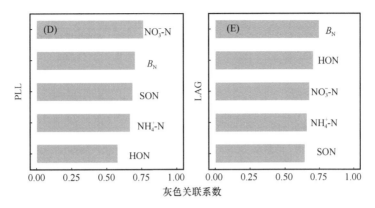

图 7.36　整个植被恢复阶段（A）、LVR（B）、LCQ（C）、PLL（D）和 LAG（E）土壤不同形态 N 与
细根 N 含量的灰色关联度（$n = 16$）

图中 NH$_4^+$-N—铵态 N；NO$_3^-$-N—硝态 N；HON—碱解有机 N；SON—水溶性有机 N；B_N—微生物生物量 N

不同植被恢复阶段土壤各形态 N 对细根 N 含量的影响程度不同，但总体上看，HON、NO$_3^-$-N、B_N 和 SON 是影响细根 N 含量的主要形态。LVR 土壤有机 N（HON 和 SON 之和）对细根 N 含量的影响大于无机 N（NH$_4^+$-N 和 NO$_3^-$-N 之和），也大于 B_N（图 7.36B）；LCQ 土壤 HON 对细根 N 含量的影响最大，其次为 B_N（图 7.36C）；PLL 土壤 NO$_3^-$-N 对细根 N 含量的影响大于 B_N，也大于有机 N（图 7.36D）；LAG 土壤 B_N 对细根 N 含量影响最大，其次是 HON（图 7.36E）。这表明细根对土壤各形态 N 的吸收策略随植被恢复而改变。

根据灰色关联系数排序（图 7.36A），剔除了影响最小的 HON，建立的细根 N 含量与土壤各形态 N 的偏最小二乘回归（partial least squares regression，PLSR）模型（图 7.37）显示，细根 N 含量的预测值与实测值一致，其留一法交叉验证的 RMSEP 值最低（0.322）。在整个植被恢复过程中，细根 N 含量与土壤各形态 N 的回归方程（表 7.4）为 $y = -8.10x_{\text{NH}_4^+\text{-N}} - 1195.90x_{\text{NO}_3^-\text{-N}} + 91.00x_{\text{SON}} + 176.80x_{B_N} + 2903.30$。其中，SON 对细根 N 含量有显著的正向影响（$P < 0.05$），而 NO$_3^-$-N 有显著负向影响（$P < 0.01$）。

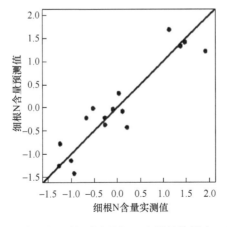

图 7.37　植被恢复过程中细根 N 含量与土壤不同形态 N 含量的偏最小二乘回归预测效果图（$n = 16$）

图中散点集中分布在主对角线上代表预测效果较好

表 7.4 植被恢复过程中细根 N 含量与土壤不同形态 N 含量的偏最小二乘回归结果（$n = 16$）

y	x	偏回归系数	标准偏回归系数	P
	NH_4^+-N	−8.1	−0.02	0.94
	NO_3^--N	−1195.9	−1.70	0.04*
细根 N 含量	SON	91.0	1.56	0.004**
	B_N	176.8	1.04	0.11
	截距	2903.3	—	—

注：NH_4^+-N—铵态 N；NO_3^--N—硝态 N；SON—水溶性有机 N；B_N—微生物生物量 N。土壤不同形态 N 对细根 N 含量的显著影响以 P 值和星号表示（*表示 $P<0.05$，**表示 $P<0.01$）。

2. 细根对土壤不同形态磷的吸收

植被恢复过程中，土壤 $NaHCO_3$-Po、B_P、HCl-Pi 和 NaOH-Po 与细根 P 含量的灰色关联系数依次为 0.880、0.859、0.755 和 0.745，表明有机 P 和 B_P 是影响细根 P 含量的主要形态（图 7.38A）。不同植被恢复阶段土壤各形态 P 对细根 P 含量的影响程

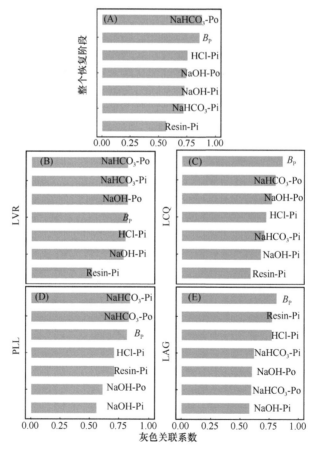

图 7.38 整个植被恢复阶段（A）、LVR（B）、LCQ（C）、PLL（D）和 LAG（E）土壤不同形态 P 与细根 P 含量的灰色关联度分析（$n = 16$）

图中 Resin-Pi—树脂交换态无机 P；$NaHCO_3$-Pi—$NaHCO_3$ 提取态无机 P；NaOH-Pi—NaOH 溶性无机 P；HCl-Pi—磷灰石型无机 P；$NaHCO_3$-Po—$NaHCO_3$ 提取态有机 P；NaOH-Po—NaOH 溶性有机 P；B_P—微生物生物量 P

度不同，但总体上看，NaHCO₃-Po、NaHCO₃-Pi、NaOH-Po 和 B_P 是影响细根 P 含量的主要形态。LVR 土壤 NaHCO₃-Po 和 NaHCO₃-Pi 是影响细根 P 含量的最主要形态，其次是 NaOH-Po 和 B_P（图 7.38B）；LCQ 土壤 B_P 的灰色关联系数高于有机 P，无机 P 最低（图 7.38C）；PLL 土壤 NaHCO₃-Pi 与细根 P 含量的灰色关联系数最大（图 7.38D），LAG 土壤 HCl-Pi、Resin-Pi 和 NaHCO₃-Pi 与细根 P 含量的灰色关联系数均高于有机 P，仅次于 B_P（图 7.38E）。这表明随植被恢复，无机 P 对细根 P 含量的影响增大，而有机 P 的影响下降，也表明了细根对土壤各形态 P 的吸收策略随植被恢复而改变。

根据灰色关联系数，剔除了影响最小的 Resin-Pi（图 7.38A），建立的细根 P 含量与土壤各形态 P 间的偏最小二乘回归（PLSR）模型（图 7.39）显示，细根 P 含量的预测值与实测值一致，且留一法交叉验证的 RMSEP 值最低（0.329）。整个植被恢复阶段细根 P 含量与土壤不同形态 P 的回归方程（表 7.5）为 $y = 7.54x_{\text{NaHCO}_3\text{-Pi}} - 0.13x_{\text{NaOH-Pi}} + 17.73x_{\text{HCl-Pi}} + 4.67x_{\text{NaHCO}_3\text{-Po}} + 0.37x_{\text{NaOH-Po}} + 4.57x_{B_P} + 31.51$。其中，NaHCO₃-Pi、NaHCO₃-Po、HCl-Pi 和 B_P 对细根 P 含量有显著正向影响（$P < 0.01$ 或 $P < 0.001$）。

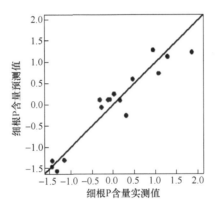

图 7.39　植被恢复过程中细根 P 含量与土壤各形态 P 含量的偏最小二乘回归预测效果图（$n = 16$）

图中散点集中分布在主对角线上代表预测效果较好

表 7.5　植被恢复过程中细根 P 含量与土壤不同形态 P 含量的偏最小二乘回归结果（$n = 16$）

y	x	偏回归系数	标准偏回归系数	P
	NaHCO₃-Pi	7.54	0.25	0.00**
	NaOH-Pi	−0.13	−0.01	0.94
	HCl-Pi	17.73	0.36	0.00***
细根 P 含量	NaHCO₃-Po	4.67	0.28	0.00***
	NaOH-Po	0.37	0.05	0.40
	B_P	4.57	0.27	0.00***
	截距	31.51	—	—

注：NaHCO₃-Pi—NaHCO₃ 提取态无机 P；NaOH-Pi—NaOH 溶性无机 P；HCl-Pi—磷灰石型无机 P；NaHCO₃-Po—NaHCO₃ 提取态有机 P；NaOH-Po—NaOH 溶性有机 P；B_P—微生物生物量 P。土壤不同形态 P 对细根 P 含量的显著影响以 P 值和星号表示（** 表示 $P < 0.01$，*** 表示 $P < 0.001$）。

7.7.2 叶片对氮磷的利用策略

1. 植物叶片、凋落物、土壤氮磷化学计量比

随植被恢复，叶片、凋落物 N/P 先下降后升高，PLL 叶片 N/P 最低（21.5），且与 LVR、LAG 差异显著（$P<0.05$）；LCQ 凋落物 N/P 最低（30.6），但不同植被恢复阶段之间差异不显著（$P>0.05$）；土壤 N/P 呈增加趋势，且 LVR（4.5）与 LCQ、PLL、LAG 差异显著（$P<0.05$）（图 7.40）。

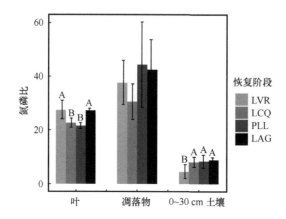

图 7.40　植被恢复过程中叶片、凋落物、土壤 N/P 的变化（平均值±标准差，$n=12$）

图中不同大写字母代表同一组分不同植被恢复阶段之间差异显著（$P<0.05$）

2. 植物叶片氮磷的异速生长关系

不同植被恢复阶段 N、P 的协同作用随植物叶片生长表现出不同的变化规律（表 7.6）。LVR、PLL 叶片 N、P 含量之间的主轴回归关系达到显著水平（$P<0.01$），具有显著的异速生长关系（分别为 $b=3.81$，$R^2=0.89$；$b=0.75$，$R^2=0.83$）。LCQ、LAG 叶片 N、P 含量之间异速生长指数小于 1，且异速生长关系未达到显著水平（$P>0.05$）。整个植被恢复过程中，叶片 N、P 养分的异速生长指数大于 1，且具有极显著的异速生长关系（$b=1.45$，$R^2=0.66$，$P<0.001$）（图 7.41）。

3. 植物对氮磷的利用效率和再吸收效率

植被恢复过程中，植物叶片对 N、P 的利用效率具有不同的变化趋势（图 7.42）。

表 7.6　不同植被恢复阶段植物叶片的 N、P 异速生长关系

x, y	恢复阶段	n	斜率 b	[95%置信区间]	截距 a	[95%置信区间]	调整决定系数（R^2）	P
	LVR	12	3.81	[2.83, 5.14]	−4.28	[−5.45, −3.11]	0.89	<0.01
$x=\log P$,	LCQ	12	0.54	[0.25, 1.17]	−0.83	[−1.35, −0.31]	0.11	0.39
$y=\log N$	PLL	12	0.75	[0.52, 1.08]	−1.03	[−1.37, −0.70]	0.83	<0.01
	LAG	12	−0.96	[−2.07, −0.45]	1.00	[0.00, 2.00]	0.12	0.37

注：斜率 b 代表异速生长指数，n 为样本数，P 代表显著性水平。

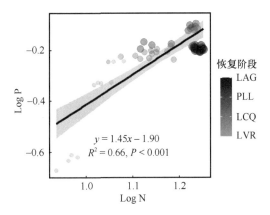

图 7.41　植被恢复过程中植物叶片 N、P 的异速生长关系（$n = 48$）

图中 R^2 代表一元线性回归的调整决定系数；P 代表显著性水平

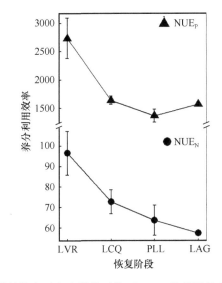

图 7.42　植被恢复过程中植物叶片对 N、P 的利用效率（$n = 12$）

图中 NUE_N 代表 N 的利用效率；NUE_P 代表 P 的利用效率。不同大写字母代表不同植被恢复阶段之间的差异显著（$P < 0.05$）

叶片对 N 的利用效率（NUE_N）随植被恢复呈显著下降趋势，LAG 降至 57.5，且 LVR 与 LCQ、PLL、LAG 之间，LCQ 与 LAG 之间差异显著（$P < 0.05$）。从 LVR 到 PLL，叶片对 P 的利用效率（NUE_P）呈下降趋势，从 2735.6 下降至 1362.9，LAG 升高至 LCQ 水平，LVR 显著高于其他植被恢复阶段（$P < 0.05$）。叶片对 P 的利用效率高于对 N 的利用效率。

植物叶片对 N、P 的再吸收效率（NRE）随着植被恢复显著升高（图 7.43），PLL 最高（N 为 14.8%，P 为 57.0%），LVR 对 N 的再吸收效率最低，为 −24.0%，LCQ 对 P 的再吸收效率最低，为 18.6%。不同植被恢复阶段对 N 的再吸收效率显著低于对 P 的再吸收效率，N 的再吸收效率最大值（14.8%）低于 P 的再吸收效率最小值（18.6%）。

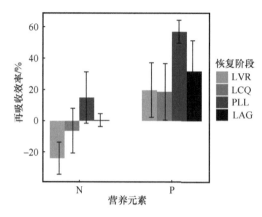

图 7.43　植被恢复过程中植物叶片对 N、P 的再吸收效率（$n = 12$）

4. 土壤氮磷含量与植物生长的关系（即叶片氮磷内稳态）

随土壤 N、P 含量的变化，叶片 N、P 含量呈现不同的内稳态（图 7.44）。随土壤 N 含量升高、P 含量下降，叶片 P 含量未出现大幅度变化，线性回归斜率和相关系数趋近于 0，表明随植被恢复，叶片 P 含量内稳态较高，不随土壤 N、P 含量的变化而变化。叶片 N 含量与土壤 N 含量呈显著的线性正相关关系（$P < 0.001$），与土壤 P 含量回归斜率最大，达 14.9，表明随植被恢复，叶片 N 的内稳态弱，随土壤 N、P 含量的变化而变化，特别是随土壤 N 含量的变化而显著变化。

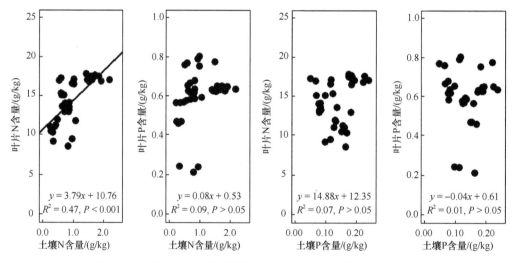

图 7.44　土壤 N、P 含量对植物叶片 N、P 含量的影响（$n = 48$）
图中 R^2 代表一元线性回归的调整决定系数；P 代表显著性水平

7.7.3　植物吸收利用养分过程中氮磷的耦合关系

1. 细根氮磷含量的相关性

标准化主轴关系（SMA）结果（图 7.45）表明，细根全 N、P 含量间呈显著正相关（$P<0.001$）。表明植被恢复过程中，细根 N、P 含量间呈显著的耦合关系。

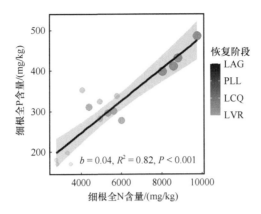

图 7.45　细根全 N 与全 P 含量的相关关系（$n=16$）

图中 b 代表斜率；R^2 代表一元线性回归的调整决定系数；P 代表显著性水平

2. 叶片利用效率、再吸收效率的氮磷相关性

标准化主轴关系（SMA）分析结果（图 7.46）显示，植物 N、P 利用效率间和 N、P 再吸收效率间均呈极显著正相关（$P<0.01$）。这表明随植被恢复，植物对 N、P 的利用效率和再吸收效率具有显著的耦合关系。

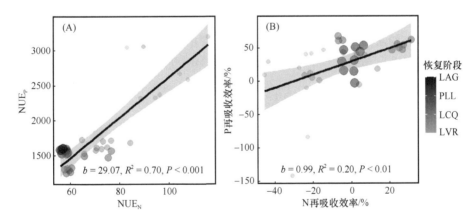

图 7.46　植被恢复过程中植物 N、P 利用效率（A）和再吸收效率（B）的耦合关系（$n=48$）

图中 NUE$_N$ 代表 N 的利用效率；NUE$_P$ 代表 P 的利用效率。b 代表斜率；R^2 代表一元线性回归的调整决定系数；P 代表显著性水平

7.7.4　氮磷耦合关系对植物吸收利用养分过程的影响

1. 土壤氮磷耦合关系对细根氮磷含量的影响

根据偏最小二乘回归系数（表 7.4、表 7.5），将对细根 N、P 含量有显著影响的土壤 N、P 形态含量分别加权计算整合为有效 N、P 含量，通过标准化主轴关系（SMA）对比土壤全 N/P、有效 N/P 分别对细根 N、P 含量的影响（图 7.47）。结果表明，土壤全 N/P 与细根

N、P 含量正相关，但相关性不显著（$P>0.05$）；土壤有效 N/P 与细根 N 含量呈显著正相关（$b=0.30$，$R^2=0.99$，$P<0.01$），与细根 P 含量呈显著正相关关系（$b=0.01$，$R^2=0.92$，$P<0.05$）。这表明植被恢复过程中土壤有效 N、P 之间的耦合关系对细根 N、P 吸收影响显著。

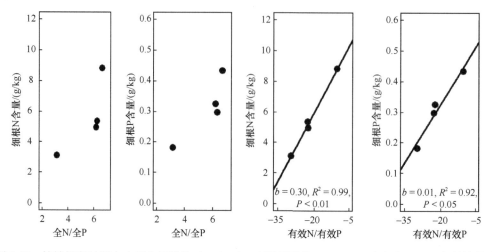

图 7.47　植被恢复过程中土壤全氮磷比（TN/TP）、有效氮磷比（AN/AP）与细根 N、P 含量的关系

图中 b 代表斜率；R^2 代表简单线性回归的调整决定系数；P 代表显著性水平。仅显示显著回归线（$P<0.05$）

2. 叶片、凋落物、土壤氮磷计量比对植物氮磷利用的影响

植物叶片、凋落物、土壤 N/P 对植物 N、P 含量、利用效率和再吸收效率有直接和间接影响（图 7.48）。植物叶片 N/P 直接显著正向影响叶片 N、P 的利用效率（$P<0.01$），

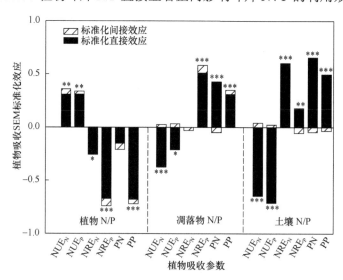

图 7.48　评估植物、凋落物、土壤 N/P 对植物 N、P 含量、利用效率和再吸收效率影响的结构方程模型（SEM）多组比较的标准化直接和间接效应（$n=12$）

图中星号表示驱动因素对植物吸收各参数的直接影响显著（*表示 $P<0.05$；**表示 $P<0.01$；***表示 $P<0.001$）。NUE_N 代表 N 的利用效率；NUE_P 代表 P 的利用效率；NRE_N 代表 N 的再吸收效率；NRE_P 代表 P 的再吸收效率；PN 代表植物 N 含量；PP 代表植物 P 含量

直接显著负向影响叶片 N、P 的再吸收效率和 P 含量（$P<0.05$）；凋落物 N/P 对叶片 N、P 利用效率有显著负向影响（$P<0.05$），对叶片 P 再吸收效率和 N、P 含量有显著正向影响（$P<0.001$）；土壤 N/P 对叶片吸收各参数均有显著直接效应（$P<0.01$），其中 N、P 利用效率为负向影响，N、P 再吸收效率和 N、P 含量为正向影响。多组比较结果表明，土壤 N/P 的直接影响最大，其后依次为植物叶片 N/P、凋落物 N/P，植物叶片、凋落物、土壤 N/P 的间接影响均较小。

7.7.5　讨论

1. 植被恢复过程中细根对土壤不同形态氮磷的吸收

根系可以通过改变其养分获取能力来适应土壤 N、P 有效性的剧烈波动（López-Bucio et al.，2003）。细根 N 含量增加与根系呼吸速率呈正相关关系，有利于提高养分获取效率（Makita et al.，2009）。生物体 P 含量决定了富 P 核糖体 RNA（rRNA）的形成，进而影响蛋白质合成和生长速率（生长速率假说）（Sterner & Elser，2002）。随养分吸收增加，细根 P 含量增加，可能反映了根系的增殖和代谢的加快（Yuan & Chen，2012）。本研究中，细根对 N、P 的吸收与土壤不同形态 N、P 含量具有较强的相关性（表 7.4，表 7.5；图 7.36，图 7.37）。Miller 和 Cramer（2004）和 Wang 等（2017b）的研究也得到相似的结果。这表明随植被恢复，土壤 N、P 形态相对优势的变化调控着细根的养分获取。

N 对植物的有效性取决于 N 形态间相互转化（例如矿化、硝化和固定化作用）的平衡（Miller & Cramer，2004）。本研究中，整个植被恢复过程中，B_N 和 SON 对细根 N 含量的影响均高于无机 N（图 7.36），可能是由于植被恢复加速了短时间内微生物生物量 N 的释放（Kuzyakov & Xu，2013），细根可吸收的 N 显著增加。另一个原因可能是细根捕获有机 N 或无机 N 的相对数量很大程度上取决于周围根际微生物群落的竞争力及其对 N 的需求（Jones et al.，2005）。例如，植被恢复过程中土壤微生物区系的变化促使土壤有机 N 的半衰期发生明显改变，有利于植物直接获取有机 N（Miller & Cramer，2004）。此外，随植被恢复，根系扩大和根系结构的复杂化确保植物有足够的营养器官获取土壤有机 N（如 SON）（Miller & Cramer，2004）。

本研究中，随植被恢复，土壤无机 N、有机 N 和 B_N 库相对优势的变化（图 7.30），可能导致不同植被恢复阶段植物对 N 的获取有所差异（Zhang et al.，2019b）。研究发现，土壤条件较差的灌草和灌木群落中，植物可能主要依靠潜在矿化 N 库（如 HON）获得土壤有效 N（Huang et al.，2015；Roberts et al.，2009）。本研究中，HON 对 LVR、LCQ 细根 N 含量的影响最大，与 Roberts 等（2009）和 Huang 等（2015）的研究结果基本一致。NO_3^--N 对 PLL 的影响最大（图.7.36），可能是由于 NO_3^--N 的增加促进生物量比例占优势的马尾松生长（Zhang et al.，2019c）。同时，该阶段土壤 NO_3^--N 占全 N 的百分比显著低于 LVR（图 7.28），也表明马尾松细根对有效 N 的高获取量（Zhang et al.，2019b）。从 LCQ 向 LAG 演变过程中，B_N 的影响逐渐增强，表明 B_N 是植被恢复后期细根 N 吸收的主要影响因子，而不是 HON 和 NO_3^--N。可能是由于具有高周转率和持续有效性的

B_N 可以为植物提供稳定的 N 源（Churchland et al.，2010；Brackin et al.，2015）。特别是在 LAG 中，土壤 pH 的降低加速了 NO_3^--N 和 SON 的淋溶损失，微生物将大部分土壤 N 固定，以维持土壤 N 肥力（Cheng et al.，2019）。LVR、PLL 细根 N 含量还受到 SON 的影响。研究发现，SON 是土壤有机质向更容易被植物吸收的 N 形态（如 NO_3^--N）转化的过渡阶段（Burton et al.，2007；Cheng et al.，2019），表明相对较高的 SON 含量和百分比（图 7.27、图 7.28）有利于 N 硝化作用。此外，也有研究表明，细根对 SON 的直接吸收可以减少灌草植物对低 NO_3^--N 含量的依赖（Weigelt et al.，2005）。

P 是本研究地植物生长的主要限制因素（Gao et al.，2014）。土壤 P 各形态间相互转化动态引起的土壤有效 P 变化将显著影响植物对土壤 P 的获取（Zhang et al.，2016b）。植物对 N 的选择性吸收仅区别于有机、无机和微生物生物量形态，然而，土壤 P 形态的复杂性决定了植物对 P 的选择性吸收不同于 N（Wang et al.，2017b）。本研究中，整个植被恢复过程中，$NaHCO_3$-Po、B_P 和 HCl-Pi 是影响细根 P 含量的重要因素（图 7.37）。究其原因可能是，细根一般直接吸收活性 P 库中的 P（Malik & Khan，2012），本研究中 $NaHCO_3$-Po 的含量和百分比较高（图 7.31、图 7.32），可以直接为植物提供大量的有效 P。其次，细根不能直接吸收利用 B_P，但当 B_P 中 P 的释放速率与植物对 P 的需求同步时，植物能更有效地利用 B_P 周转所缓慢释放的 P（Turner et al.，2013）。此外，微生物生物量的分解作用可以将 HCl-Pi 转化为植物可利用的多种 P 形态，从而为植物提供有效 P（Malik & Khan，2012）。

本研究中，$NaHCO_3$-Po、$NaHCO_3$-Pi 是 LVR、LCQ 和 PLL 的主要影响因子，因此在促进细根 P 吸收方面主要考虑 $NaHCO_3$-P，活性 P 可以作为植物能直接吸收利用的有效 P，与 Miller 和 Cramer（2004）的研究结果一致。LVR、LCQ 细根 P 含量还受到 NaOH-Po 的影响，表明草本和灌木植物也可能从土壤中占主导地位的 P 形态（NaOH-Po）中获取 P（Yang & Post，2011；Malik & Khan，2012）。B_P 在 LCQ 和 LAG 中起重要作用，可能与微生物对 P 的快速转化以及植物对 P 的需求增加有关（Turner et al.，2013）。在植被恢复后期（LAG），Resin-Pi 和 HCl-Pi 也是影响细根 P 含量的主要因子。其作用机制主要为：在植被恢复后期，高丰度微生物和植物对有效 P（如 $NaHCO_3$-Pi）的激烈竞争导致 P 的组成改变（Turner et al.，2013），有利于细根从稳定 P（HCl-Pi）和其他活性 P 形态（Resin-Pi）中获取 P（Huang et al.，2017）。该阶段 Resin-Pi 百分比的显著下降也表明植物对 Resin-Pi 的偏好性吸收（图 7.32）。

PLSR 中留一交叉验证的 RMSEP 值最低且预测效果显著（图 7.37，图 7.39），反映细根 N、P 含量与土壤不同形态 N、P 的回归模型拟合精度较高（Mevik & Wehrens，2007），也表明植被恢复过程中，不同形态 N、P 并不是单独作用，而是相互协作、共同驱动细根 N、P 含量的变化。本研究中，NO_3^--N 和 SON 对细根 N 含量的影响显著，但作用方向相反，与 Gioseffi 等（2012）的研究结果一致，表明 SON 可能会对植物吸收 NO_3^--N 产生负面影响，但 NO_3^--N 不会抑制 SON 的吸收。结合 SON 百分比的增加和 NO_3^--N 百分比的下降可知（图 7.28），当 N 硝化作用受到抑制时，细根通过增加对 SON 的吸收适应土壤有效 N 含量的变化。因此，细根对 NO_3^--N 和 SON 的平衡吸收取决于这两种 N 形态的协同变化，因而 NO_3^- 和 SON 含量在很大程度上决定了本研究地植物可利用 N 的有效性。

本研究中，$NaHCO_3$-Pi、$NaHCO_3$-Po、HCl-Pi 和 B_P 的协同作用显著正向影响细根 P 含量（表 7.5），这可能与 P 形态间的转化动态有关（Zhang et al.，2016b）。如前所述，B_P 的增加可能是 $NaHCO_3$-P 库积累的主要驱动因素。同时，$NaHCO_3$-P 包括吸附在碳酸钙表面的活性 P（Zhang et al.，2016a），而 HCl-Pi 与 Ca 相关（Malik & Khan，2012）。这意味着土壤环境的变化（如土壤 pH 降低）可能会加剧 HCl-Pi 向 $NaHCO_3$-P 转化（Yan et al.，2018）。此外，随植被恢复，$NaHCO_3$-Pi、$NaHCO_3$-Po、HCl-Pi 和 B_P 的含量及其百分比的显著增加也是细根 P 含量增加的原因之一（图 7.31、图 7.32）。鉴于次生林的恢复取决于植物必需养分的供应，尤其是 N、P（Winbourne et al.，2018），我们的结果可能为土壤 N、P 转化动态对植物获取不同土壤 N、P 形态能力的重要性提供有力依据。

2. 植物叶片、凋落物、土壤氮磷比随植被恢复的变化

本研究中，叶片 N/P 随植被恢复先下降再升高，与 Zeng 等（2017a）的研究一致，可能是随着植被恢复，叶片 N、P 含量升高，但从 LVR 到 PLL，叶片 P 含量升高幅度高于 N，而到 LAG，叶片 P 含量下降所致。研究表明，当叶片 N/P＞16 时，植物生长受 P 限制；当 N/P＜14 时，受 N 限制；当 14＜N/P＜16 时，受 N、P 共同限制（Koerselman & Meuleman，1996）。但也有研究发现，养分限制中 N 没有最大值（Güsewell & Koerselman，2002），当 P＜1 g/kg 时只有 P 限制作用（Hector & Bagchi，2007）。本研究中，叶片 N/P（20～28）远远高于全球水平［12.7（Elser et al.，2000）和 13.8（Reich & Oleksyn，2004）］，是由于本研究区林地土壤 N 含量相对高，而 P 含量相对低，也表明本研究区植物生长主要受到 P 的限制。

随着植被恢复，凋落物 N/P 增加（Zeng et al.，2017b）。本研究中，随着植被恢复，凋落物 N/P 有较大的波动，其中 PLL 最高，可能与凋落物 P 含量有关。随着植被恢复，凋落物 N/P 的变化与 P 的再吸收效率（图 7.43）的变化一致，由于 PLL 对 P 的再吸收利用水平最高（图 7.43），凋落物 P 含量下降，导致凋落物 N/P 升高。研究表明，当凋落物 N/P＞25 时，其分解受到 P 限制（Güsewell & Verhoeven，2006）。本研究中，凋落物的 N/P（30～45）明显高于 25，表明本研究区凋落物分解受到 P 的限制。

土壤 N/P 可作为土壤养分状况的良好指标（Zhao et al.，2015a），但因植物群落不同而异，具有高度复杂性（Zhang et al.，2014）。N、P 不平衡性增加会引起土壤 N/P 的变化（Zhao et al.，2015b）。土壤 N 含量的变化是影响土壤 N/P 的主要因素（Xu et al.，2019）。本研究中，土壤 P 主要来源于母质的风化，随植被恢复变化较小；而且，如前面的分析，N 的再吸收效率低于 P，凋落物的归还作用主要增加了土壤 N 的投入，促进了土壤 N 的积累，因而土壤 N/P 增加。在中国南方亚热带红壤丘陵区土壤较高的 N/P 也可以反映出林地土壤 P 的限制性（Gao et al.，2014）。

3. 植物叶片内稳态和养分利用策略对植被恢复的响应

研究表明，土壤养分含量的变化直接影响植物养分吸收及其化学计量比（Chen et al.，2018b）。植物通过改变化学计量比和采用适宜的养分利用策略适应土壤 N、P 供应的变

化（Sun et al.，2018）。植物 N 含量比 P 含量更稳定（Yu et al.，2011）。本研究中，随着植被恢复，叶片 N 含量内稳态较弱，受土壤 N、P 含量的变化影响较大，叶片 P 含量具有较高的内稳态，不随土壤 N、P 含量的变化而变化，与 Yu 等（2011）的研究结果不同。这可能是植物的限制性养分元素不同所致，在 Yu 等（2011）的研究中，植物主要受 N 限制，而本研究中，土壤 P 含量随植被恢复的变化小，植物主要受 P 的限制，在一定程度上证实了限制性养分元素稳定性假说——"由于生理和养分平衡的制约，限制性养分元素在植物体内的含量具有相对稳定性，对环境变化的响应也较为稳定"（Sterner & Elser，2002）。这表明随着植被恢复，在 P 缺乏的土壤环境中，植物叶片 P 具有较强的内稳态。

研究表明，植物按照某种比例吸收和利用各种养分，并在体内保持彼此相对平衡以适应土壤环境的变化（秦海等，2010）。植物通过调整自身的适应性策略，以高的养分吸收水平适应生境的变化（宁秋蕊等，2016）。凋落物养分含量是平衡生态系统养分循环的关键环节，养分再吸收对养分利用策略、植物生长和植物个体水平的竞争能力具有重要意义（Wang & Moore，2014）。因此，植物的异速生长关系、养分利用效率和养分再吸收效率可以反映植物对环境变化的适应策略。本研究发现，植物通过调节叶片对 N 的吸收适应土壤随植被恢复的变化。LVR 叶片 N、P 养分的投入比例为 3.81/1，是由于 LVR 以草本植物为主，而生长迅速的草本植物叶片化学计量比具有更大的灵活性（Güsewell，2004），通过增加 N 的投入适应 P 缺乏的土壤环境。LVR 叶片 N 的再吸收效率最小且为负值，是由于草本植物生长过程中需要大量的 N，但因其生长期短，土壤 N 能满足其生长需求，不需要从凋落物中再吸收 N。PLL 叶片 N、P 的投入降低为 0.75/1，N、P 的再吸收效率最高，是由于 PLL 凋落物分解较慢，N、P 释放效率低（刘颖等，2009）。PLL 叶片 P 养分利用效率最低，表明植物对 P 的吸收量和存留量高，即植物通过提高养分吸收量来适应土壤 P 的缺乏，从凋落物中再吸收 N、P 以满足对养分的需求。LCQ、LAG 的 N、P 异速生长关系不显著，表明植物生长过程中不存在 N、P 按比例消耗，可能是由于灌木、常绿阔叶乔木具有快速的资源获取策略，随土壤的变化调整养分消耗比例，能更容易适应变化的环境（Royer et al.，2010）。常绿阔叶乔木主要通过维持叶片的寿命和降低养分含量来减少养分的损失，而不是通过高的利用效率和再吸收率（苏波等，2000），因此 LCQ 的 N、P 利用效率较低，N 再吸收效率趋近于 0，P 再吸收效率下降。研究发现，在低 P 胁迫下，P 的利用效率和再吸收效率高于 N（Zeng et al.，2017a），本研究也得到类似的结果，表明在 P 限制条件下，植物通过加强对土壤 P 的吸收或再吸收，形成自我调节机制（Hu et al.，2018）。本研究中，植被恢复过程中按 1.45/1 的 N、P 比例投入叶片生长，此外，随植被恢复，N、P 的养分利用效率显著下降，而再吸收效率升高，表明随着植物恢复，植物叶片、凋落物、土壤之间的 N、P 循环逐渐达到"化学计量平衡"，反映生态系统养分循环过程的协调性。

4. 氮磷耦合对植物氮磷吸收利用的影响

植物生长不仅依赖于单一养分的供应，还依赖于养分间的平衡及其相互关系（Güsewell，2004；Han et al.，2013）。本研究中，随植被恢复，植物细根 N、P 含量之间，叶片 N、P 利用效率之间，叶片 N、P 再吸收效率之间相互影响，协同增长（图 7.45 和图 7.46），与 Zeng 等（2017b）的研究结果基本一致，表明植物 N、P 间的耦合关系随植被恢复的变化对植物生长和养分利用产生显著影响，植物通过调控体内养分平衡来适应环境随植被恢复的变化（Niklas，1994；秦海等，2010；Schleuss et al.，2020），也可能与植物代谢过程中 N、P 间紧密的相互依赖性有关（Rivas-Ubach et al.，2012）。随植被恢复，群落生物量积累促使植物对 N、P 需求增加，在 N 丰富而 P 缺乏的土壤环境中，植物固 N 效率受 P 限制，通过提高 P 利用效率来满足生物固 N 过程伴随的高能量消耗和大量 ATP 合成的 P 需求量（Reed et al.，2011），已被叶片 P 利用效率及其增长速率明显高于 N 利用效率的回归分析结果证实（图 7.42，图 7.46）。此外，根据植物的协同生长反应（Elser et al.，2007），固 N 量增加可能会刺激植物产生更多的 N-消费胞外磷酸酶，进一步催化有机 P 矿化，提高植物 P 吸收量（Spohn，2016；Schleuss et al.，2020）。最优化理论预测，植物对一种养分的再吸收应该与其对另一种养分的需求成比例（Rastetter et al.，2013），因此，P 限制下，N 再吸收效率可能更多地取决于植物对 P 的需求（See et al.，2015）。结合相对再吸收假说（Han et al.，2013）可知，本研究中，叶片 N 含量显著高于 P 含量（图 7.2），意味着植物受 P 限制，主要通过提高 P 的再吸收效率满足对 P 的需求，可能是主轴回归分析结果中叶片 N、P 再吸收效率呈较为一致变化（$b = 0.99$）（图 7.46）的主要原因。

N/P 在指示植物养分限制性（Koerselman & Meuleman，1996）、土壤养分供需状况（Zhao et al.，2015a）方面发挥着重要的作用，显著影响植物生长发育及养分吸收利用（Zhang et al.，2013a）。本研究中，叶片 N、P 利用效率随叶片 N/P 升高而升高，随凋落物、土壤 N/P 下降而升高；叶片 N、P 含量及其再吸收效率受凋落物（除 N 再吸收效率外）、土壤 N/P 的正向作用，而受叶片（除 N 含量外）N/P 的负向影响（图 7.48）。这表明植被恢复过程中植物养分吸收利用策略受叶片、凋落物、土壤 N/P 的共同作用驱动。究其原因可能是：随植被恢复，土壤 N/P 升高（图 7.40），表明土壤可利用性 P 含量低，植物为了维持生长，在组织凋落前转移了大部分 P（即再吸收作用），凋落物 P 含量下降，凋落物 N/P 升高；同时，植物受 P 的限制更为明显，植物通过提高对 P 的吸收量（降低 P 的利用效率）和再吸收效率来维持正常的生理活动（图 7.42、图 7.43），这也是叶片 P 含量增加而 N/P 降低的原因之一。

本研究中，土壤 N/P 对叶片养分吸收利用的直接影响最大（图 7.48），表明植物对养分的需求和归还主要由土壤养分含量和限制性元素共同控制（Güsewell & Verhoeven，2006；Chen et al.，2018b）。研究表明，土壤有效 N/P 对植物生长过程中养分限制变化比土壤全 N/P 更为敏感，且与植物 N/P 密切相关（Zhang et al.，2013a）。因此，土壤有效 N/P 在指示植物生长发育和养分吸收方面更为有效。本研究中，土壤有效 N/P 促进细根对 N、P 的吸收（图 7.47），可能的原因是：随植被恢复，土壤有效 N/P 的升高可能会刺激植物对细根共生真菌的 C 投入（Johnson et al.，2003），一方面共生真菌的大量增殖有利于改善土壤质地和水土保持能力，减少土壤养分淋失，维持土壤有效 N、P 的可持续利用（黄京华和孙晨瑜，2018）；另一方面促进共生真菌对有效 N、P 的吸附和保留，从而通过反馈作用增强细根对有效 N、P 的吸收（Neumann & George，2010）。

7.8 不同植被恢复阶段生态系统氮磷耦合的协调性

耦合度用来描述两个或多个系统之间相互影响的程度及交互胁迫、交互依存关系的演变趋向（Li et al.，2012），而协调度用来反映不同系统之间的一致性水平和协调状况的好坏程度（徐明等，2016）。由于生态系统养分积累转化过程（植物吸收利用、凋落物分解释放与归还、土壤积累与转化）中 N、P 之间存在天然的耦合关系，可采用耦合协调度模型分析两者之间的动态关联关系，衡量植被恢复过程中 N、P 循环之间相互依赖、相互制约的程度（张青峰等，2011）。目前已有研究采用简单的相关性分析探讨了亚热带森林演替典型阶段土壤 N、P 的耦合关系（詹书侠等，2009），但很少有研究通过建立多因子综合系统深入剖析生态系统 N、P 耦合关系，特别是涉及植物–凋落物–土壤系统 N、P 积累转化过程中 N、P 子系统的协调发展水平的研究仍未见报道。为此，本部分在植被恢复时间尺度构建湘中丘陵区不同植被恢复阶段生态系统养分积累转化过程中 N、P 子系统耦合度和耦合协调度模型，探讨植被恢复过程中 N、P 耦合度和耦合协调度的变化及其对植被恢复过程中植物群落和土壤发展的影响，揭示养分积累转化过程中 N、P 间的相互作用机制，为亚热带植被恢复和土壤养分管理提供科学依据。

7.8.1 生态系统养分积累转化过程氮磷耦合协调度模型的建立

1. 模型结构

生态系统 N、P 循环是一个复杂且重要的养分传输和维持机制，包含植物养分吸收利用、凋落物分解释放与归还和土壤积累转化等生态过程（Grierson & Adams，1999）。根据生态系统 N、P 循环耦合评判的目标，建立养分积累转化过程 N、P 耦合系统，每个系统由 N、P 子系统组成，以深入了解生态系统养分积累转化过程 N、P 之间关系的协调性。如图 7.49 所示，N、P 子系统涉及植物吸收利用、凋落物分解释放与归还和土壤积累转化 3 个生态过程，而且这些生态过程之间相互依赖、密切相关，表现出复杂的

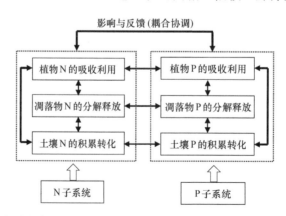

图 7.49 生态系统养分积累转化过程中 N、P 子系统耦合协调关系模型结构框架

动态交互作用。通过耦合协调度模型分析养分积累转化过程内部及其彼此 N、P 之间的相互影响和反馈作用，明确 N、P 耦合关系及其协调性。

2. 模型建立

鉴于各指标原始数据量纲的差异，进行耦合协调度模型分析之前，采用最大最小值归一化法 [见公式（7.3）] 对原始数据进行无量纲化处理。数据标准化后，采用主成分分析法确定 N、P 子系统各指标权重，用于计算 N、P 子系统综合指数，公式如下：

$$M = \frac{\sum_{i=1}^{m} \frac{L_i}{\sqrt{E_j}} \times V_j}{\sum_{j=1}^{n} V_j} \tag{7.19}$$

$$w = \frac{\bar{M}_i}{\sum_{i=1}^{m} \bar{M}_i} \tag{7.20}$$

式中，M 为 n 个主成分综合得分模型中的系数；m 为 N 子系统或 P 子系统的指标个数；L_i 为 N 子系统或 P 子系统第 j 个主成分第 i 个指标的载荷值；E_j 为第 j 个主成分的特征值；V_j 为第 j 个主成分的方差（%）；w 为 N 子系统或 P 子系统第 i 个指标的权重，$\bar{M}_i$ 为采用最大最小值归一化法 [见公式（7.3）] 处理的主成分综合得分模型的标准化系数。由于主成分分析中各指标载荷值可能为负数，导致 M 值计算出现负值，根据 3σ 准则，采用坐标平移法将所有指标的 M 值向右平移 1 个单位以消除负数影响，便于权重计算及下一步分析。

N、P 子系统综合指数计算公式如下：

$$f(x) = \sum_{i=1}^{m} w_i x_i \tag{7.21}$$

$$g(x) = \sum_{j=1}^{n} w_j x_j \tag{7.22}$$

式中，$f(x)$ 为 N 综合评价函数；$g(x)$ 为 P 综合评价函数，m 和 n 分别为 N 子系统和 P 子系统的指标个数；w_i 和 w_j 分别为 N 子系统第 i 个指标和 P 子系统第 j 个指标的权重值；x_i 和 x_j 分别为 N 子系统第 i 个指标和 P 子系统第 j 个指标的标准化值。函数计算所得的综合指数越高，表明植被恢复过程中 N、P 的发展状态越好。

耦合度反映 N、P 子系统之间相互依赖、相互制约的程度，耦合度越高，相互作用水平越高，反之亦然（Guo et al.，2018）。根据丛晓男（2019）对耦合度模型的整理和纠正，本研究基于 N、P 子系统综合指数构建 N、P 耦合度模型，计算公式如下：

$$C = \frac{2\sqrt{f(x) \cdot g(x)}}{f(x) + g(x)} \tag{7.23}$$

式中，C 值为 N、P 子系统耦合度，且 $0 \leq C \leq 1$，越趋近于 1，表明养分积累转化过程中 N、P 之间呈良性耦合状态；越趋近于 0，则表明 N、P 之间处于无关状态（徐明等，2016）。

但是耦合度难以全面和准确反映养分积累转化过程中 N、P 子系统的协调程度，单纯以耦合度判断有可能产生误导（彭晚霞等，2011），因此，为了更好地反映养分积累转化过程中 N、P 子系统的整体"功效"与"协同"效应，引入代表 N、P 子系统整体协同效应或贡献的协调指数 T，通过耦合度 C 进一步计算耦合协调度 D，计算公式如下：

$$T = \alpha \cdot f(x) + \beta \cdot g(x) \qquad (7.24)$$

$$D = \sqrt{C \cdot T} \qquad (7.25)$$

式中，α 和 β 为待定权数，由于 N、P 在生态系统养分积累转化过程中同等重要，所以设置 $\alpha = \beta = 1/2$。D 值范围为 $0 \leqslant D \leqslant 1$，$D$ 值越高，表明生态系统养分积累转化过程 N、P 之间的耦合关系越协调。

7.8.2 生态系统养分积累转化过程氮磷耦合关系的模拟

1. 氮磷耦合指标体系的建立及其权重的确定

从 N、P 子系统的关系出发，根据指标体系的整体性、代表性、科学性、易比较性、简明性、独立性等准则（彭晚霞等，2011；徐明等，2016），构建能够反映本研究区植被恢复生态系统养分积累转化过程 N、P 系统耦合协调评判的指标体系。植物吸收利用过程选取了：①细根 N、P 含量，②叶片 N、P 含量，③N、P 利用效率，④N、P 再吸收效率，⑤适应土壤 N、P 的内稳态。凋落物分解释放与归还过程选取了：①凋落物分解 N、P 年释放率，②凋落物分解 N、P 年归还量，③凋落物初始 N、P 含量，④凋落物分解 1 年后剩余 N、P 含量。土壤积累转化过程选取了：①土壤不同形态 N、P 含量，②对根系有显著影响的土壤有效 N、P 含量。根据研究评判的目标，将各项指标划分为 N 子系统、P 子系统，采用主成分分析法分别计算子系统各指标的权重，用于计算不同养分积累转化过程各自及整体的 N、P 综合指数（表 7.7、表 7.8）。

表 7.7 养分循环各关键过程 N、P 子系统耦合协调性评价指标的权重

养分循环关键过程	耦合系统	指标	权重
植物吸收利用过程	N 子系统	细根 N 含量	0.24
		叶片 N 含量	0.21
		NUE_N	0.00
		N 再吸收效率	0.06
		叶片 N 适应土壤 N 的内稳态	0.23
		叶片 N 适应土壤 P 的内稳态	0.25
	P 子系统	细根 P 含量	0.00
		叶片 P 含量	0.05
		NUE_P	0.21
		P 再吸收效率	0.21
		叶片 P 适应土壤 N 的内稳态	0.26
		叶片 P 适应土壤 P 的内稳态	0.28
凋落物分解释放与归还	N 子系统	N 年释放率	0.24
		N 年归还量	0.26
		凋落物初始 N 含量	0.31
		凋落物剩余 N 含量	0.19

续表

养分循环关键过程	耦合系统	指标	权重
凋落物分解释放与归还	P 子系统	P 年释放率	0.43
		P 年归还量	0.43
		凋落物初始 P 含量	0.00
		凋落物剩余 P 含量	0.14
土壤积累与转化过程	N 子系统	NH$_4^+$-N	0.17
		NO$_3^-$-N	0.20
		HON	0.12
		SON	0.18
		B_N	0.20
		有效 N	0.13
	P 子系统	Resin-Pi	0.00
		NaHCO$_3$-Pi	0.15
		NaOH-Pi	0.13
		HCl-Pi	0.12
		NaHCO$_3$-Po	0.16
		NaOH-Po	0.12
		B_P	0.15
		有效 P	0.16

注：NUE$_N$—叶片 N 利用效率；NUE$_P$—叶片 P 利用效率；NH$_4^+$-N—铵态 N；NO$_3^-$-N—硝态 N；HON—碱解有机 N；SON—水溶性有机 N；B_N—微生物生物量 N；Resin-Pi—树脂交换态无机 P；NaHCO$_3$-Pi—碳酸氢钠提取态无机 P；NaOH-Pi—氢氧化钠溶性无机 P；HCl-Pi—磷灰石型无机 P；NaHCO$_3$-Po—碳酸氢钠提取态有机 P；NaOH-Po—氢氧化钠溶性有机 P；B_P—微生物生物量 P。

表 7.8　生态系统养分循环关键过程 N、P 子系统耦合协调性评价指标的权重

耦合系统	指标	权重
N 子系统	细根 N 含量	0.09
	叶片 N 含量	0.07
	NUE$_N$	0.00
	N 再吸收效率	0.02
	N 内稳态（N）	0.08
	N 内稳态（P）	0.09
	N 年释放率	0.05
	N 年归还量	0.05
	凋落物初始 N 含量	0.06
	凋落物剩余 N 含量	0.08
	NH$_4^+$-N	0.07
	NO$_3^-$-N	0.07
	HON	0.08
	SON	0.08
	B_N	0.07
	有效 N	0.02

续表

耦合系统	指标	权重
P 子系统	细根 P 含量	0.09
	叶片 P 含量	0.06
	NUE_P	0.02
	P 再吸收效率	0.03
	P 内稳态（N）	0.01
	P 内稳态（P）	0.00
	P 年释放率	0.00
	P 年归还量	0.01
	凋落物初始 P 含量	0.09
	凋落物剩余 P 含量	0.09
	Resin-Pi	0.04
	$NaHCO_3$-Pi	0.09
	NaOH-Pi	0.06
	HCl-Pi	0.07
	$NaHCO_3$-Po	0.09
	NaOH-Po	0.07
	B_P	0.08
	有效 P	0.09

注：NUE_N—叶片 N 利用效率；NUE_P—叶片 P 利用效率；NH_4^+-N—铵态 N；NO_3^--N—硝态 N；HON—碱解有机 N；SON—水溶性有机 N；B_N—微生物生物量 N；Resin-Pi—树脂交换态无机 P；$NaHCO_3$-Pi—碳酸氢钠提取态无机 P；NaOH-Pi—氢氧化钠溶性无机 P；HCl-Pi—磷灰石型无机 P；$NaHCO_3$-Po—碳酸氢钠提取态有机 P；NaOH-Po—氢氧化钠溶性有机 P；B_P—微生物生物量 P。

2. 氮磷耦合协调性评判标准

为准确全面地反映植被恢复过程中 N、P 两个子系统在养分循环关键过程的耦合与协调关系，本研究基于现有的耦合协调度研究，将 N、P 综合指数 $[f(x)$ 和 $g(x)]$ 的对比关系划分为 3 类（Li et al.，2012），耦合度划分为 4 类（Zhou et al.，2017），并采用四分位数法将协调度 D 分为 4 类（Xing et al.，2019）。植被恢复过程 N-P 系统耦合协调评判标准如表 7.9 所示。

表 7.9　N、P 子系统耦合协调模式评判标准

$f(x)$ 与 $g(x)$ 的对比关系		耦合度（C）		耦合协调度（D）	
N 滞后发展	$f(x)/g(x)<0.8$	低耦合	$0.00<C<0.30$	严重失衡	$0<D<0.25$
N 与 P 同步发展	$0.8\leqslant f(x)/g(x)\leqslant 1.2$	拮抗	$0.30\leqslant C<0.50$	轻度失衡	$0.25<D<0.50$
		磨合	$0.50\leqslant C<0.80$	初级协调	$0.50\leqslant D<0.75$
P 滞后发展	$1.2<f(x)/g(x)$	高耦合	$0.80\leqslant C<1.00$	优质协调	$0.75\leqslant D<1.00$

3. 氮磷耦合协调性分析

植物养分吸收利用过程 N 的综合指数随植被恢复总体上增大，LAG 最大，LVR 最小；而 P 的综合指数减小，LVR 最大，LAG 最小（图 7.50A）。随植被恢复，凋落物分解过程 N 的综合指数总体上增大，最大值在 LCQ，最小值在 LVR；P 的综合指数总体上减小，最大值在 LVR，最小值在 LCQ（图 7.50B）。土壤积累转化过程 N、P 的综合指数均随植被恢复增大（图 7.50C）。植被恢复过程中，生态系统养分积累转化过程 N、P

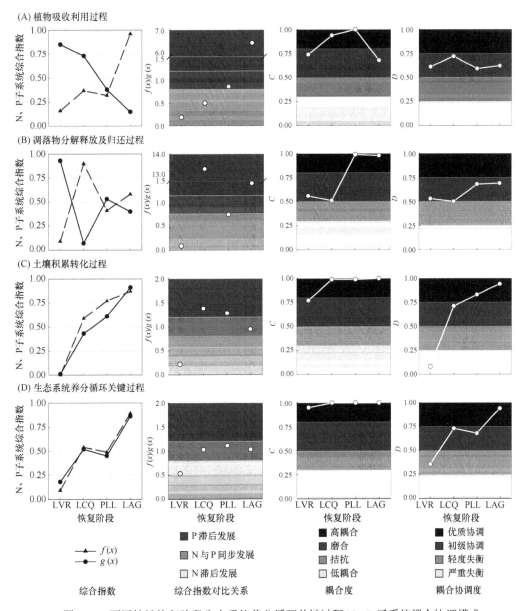

图 7.50 不同植被恢复阶段生态系统养分循环关键过程 N、P 子系统耦合协调模式

的综合指数总体上增大，最大为 LAG，最小为 LVR（图 7.50D）。表明植被恢复过程 N 在生态系统各组分及整个生态系统养分积累转化过程中呈良性发展态势；P 在植物吸收过程和凋落物分解过程呈负向发展趋势，在土壤积累转化过程及生态系统养分积累转化过程呈良性发展趋势。

随植被恢复，植被养分吸收利用过程 N、P 的发展对比关系由 N 滞后发展转变为 N 与 P 同步发展，最后转变为 P 滞后发展；N、P 的耦合度呈先升高后下降趋势，其中 LVR、LAG 处于磨合水平，LCQ、PLL 处于高耦合水平，耦合协调度呈小幅度波动，基本维持在初级协调水平（图 7.50A）。凋落物分解释放与归还过程，LVR、PLL 的 N、P 发展对比关系为 N 滞后发展，LCQ、LAG 为 P 滞后发展；N、P 耦合度和耦合协调度总体上随植被恢复而增加，其中，耦合度由磨合水平升高为高耦合水平，耦合协调度基本维持在初级协调水平（图 7.50B）。随植被恢复，土壤积累转化过程 N、P 发展对比关系由 N 滞后发展转变为 P 滞后发展，最后达到 N 与 P 同步发展；N、P 耦合度和耦合协调度逐步增大，其中，耦合度除 LVR 为磨合水平外，其他 3 个植被恢复阶段均为高耦合水平，耦合协调度变化较大，从严重失衡水平逐步升高为优质协调水平（图 7.50C）。

整体上，生态系统养分循环关键过程除 LVR 的 N、P 发展对比关系为 N 滞后发展外，其他植被恢复阶段均为 N 与 P 同步发展；随植被恢复，N、P 耦合度和耦合协调度明显升高，其中，耦合度基本维持在高耦合水平，耦合协调度由轻度失衡水平逐步升高为优质协调水平（图 7.50D）。

7.8.3 氮磷耦合对植被恢复的影响

1. 氮磷耦合对植物群落发展的影响

方差分解分析结果（图 7.51）显示，植被恢复过程中，N、P 综合指数独立及其交互作用总体分别解释了 Shannon-Wiener 指数、群落生物量、平均胸径、平均树高变异的

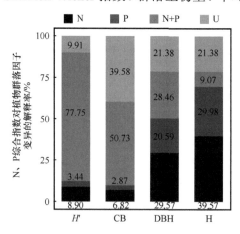

图 7.51 植被恢复过程中养分循环关键过程 N、P 综合指数对植物群落发展影响的方差分解分析

图中 H′—Shannon-Wiener 指数；CB—群落生物量；DBH—平均胸径；H—平均树高。每个条形中的数字代表由 N 综合指数（N：黑色）、P 综合指数（P：深灰色）单独和共同（N+P：灰色）解释植物群落因子变异的解释度，及未解释变异的解释度（U：浅灰色）

90.1%、60.4%、78.6%、78.6%。其中 N、P 综合指数交互效应分别解释了物种多样性、群落生物量、平均胸径、平均树高变异的 77.8%、50.7%、28.5%、9.1%。N 综合指数单独解释了 Shannon-Wiener 指数、群落生物量、平均胸径、平均树高的 6.8%～39.6%，高于 P 综合指标的独立解释率（2.9%～30.0%）。N、P 对 Shannon-Wiener 指数、群落生物量的交互影响远远高于单个因子的独立影响，而 N、P 对平均胸径、平均树高的独立影响高于其交互影响，表明生态系统养分积累转化过程 N、P 的耦合关系是影响植被恢复过程中植物群落发展的重要因素，植物个体生长更多受 N、P 独立及共同作用的综合影响。

2. 氮磷耦合对土壤肥力的影响

方差分解分析结果（图 7.52）表明，植被恢复过程中，N、P 综合指数独立及其交互效应解释了土壤肥力因子变异的 51.3%～99.9%。其中，N、P 综合指数对土壤肥力因子的交互影响远远大于单个因子的影响，共同解释了土壤肥力因子变异的 36.1%～95.3%。N 综合指数对土壤黏粒百分含量（14.64%）、有机 C 含量（6.52%）、全 P 含量（1.04%）、全钾含量（35.58%）、速效 P 含量（13.17%）的独立解释率高于 P 综合指数；而 P 综合指数对土壤含水率（5.42%）、全 N 含量（0.66%）、碱解 N 含量（7.20%）的独立解释率高于 N 综合指数。这表明植被恢复过程中，养分积累转化过程 N、P 的耦合关系对大部分土壤肥力因子的优化起主要作用。

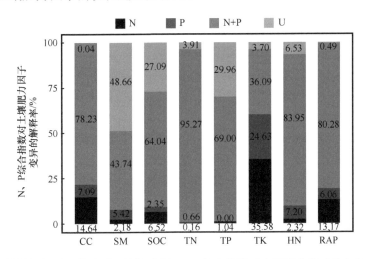

图 7.52　植被恢复过程养分循环关键过程 N、P 综合指数对土壤肥力影响的方差分解分析
图中 CC—土壤<2 μm 黏粒百分含量；SM—土壤含水量；SOC—土壤有机 C 含量；TN—土壤全 N 含量；TP—土壤全 P 含量；TK—土壤全 K 含量；HN—土壤碱解 N 含量；RAP—土壤速效 P 含量。每个条形中的数字代表由 N 综合指数（N：黑色）、P 综合指数（P：深灰色）单独和共同（N+P：灰色）解释土壤肥力因子变异的解释度，及未解释变异的解释度（U：浅灰色）

7.8.4　讨论

1. 植被恢复对氮磷耦合协调关系的影响

不同养分积累转化过程中，内部生物和生态过程对植被恢复的响应不同，从而导致

N、P 耦合协调关系的发展趋势有所差异。本研究中，植物吸收利用过程 N、P 的协调模式随植被恢复表现出 3 种发展轨迹：①从 LVR 到 LCQ，呈现初级协调 N 发展滞后型（图 7.50）。从灌草丛群落发展为灌木林群落，群落组成复杂性（表 1.1）及生物量增加（表 3.11），促使植物需要更多 N、P 参与代谢活动（Qin et al.，2016），植物对 N、P 的吸收量升高，但 N、P 利用效率显著下降，N、P 积累趋于同步发展。但受土壤 P 缺乏的影响（叶片 N/P 较高，且土壤 P 积累不显著），植物对 N、P 的吸收比例仍处于失调水平，与 N 相比，植物更侧重于提高对 P 的吸收利用，主要通过保持较高的 P 利用效率、再吸收效率及内稳态来调节生理代谢与 P 供给的平衡（图 7.42，图 7.43，图 7.44）（Sterner & Elser，2002；Hu et al.，2018）。可能是由于该时期 N 积累速率滞后于 P。②从 LCQ 到 PLL，N、P 协调耦合度略有下降，N、P 对比关系趋于同步发展（图 7.50），可能是由于随植被恢复，形成以马尾松为优势树种的乔木林群落，凋落物分解速率较低（宋影等，2014），归还土壤的 N、P 较少，特别是土壤 P 积累不显著（图 7.4），导致植物对 P 的吸收量高于 N（N、P 的相对投入比例为 0.75/1）（表 7.6），使得 N、P 积累同步发展水平略有下降；然而，叶片 N、P 再吸收效率的同步升高（图 7.43），表明 N、P 积累速率趋于同步发展，因此 N、P 综合指数相近（图 7.50）。③从 PLL 到 LAG，N、P 协调发展水平缓慢上升，表现为 P 发展滞后型（图 7.50）。随植被恢复，植物群落趋于稳定，土壤 N、P 大量积累（图 7.4），植物表现出资源快速获取策略，即同步增强对 N、P 的吸收和固定（Royer et al.，2010）；此外，植物随土壤的变化调整养分吸收比例（Royer et al.，2010），土壤 N 丰富、P 缺乏条件下（图 7.4），N 的积累速率高于 P，因此 N 的综合指数显著升高（0.96），而 P 的综合指数显著下降（0.19）（图 7.50）。这表明植物吸收过程中 N、P 存在一定的共同发展趋势，但未完全实现合理协调和分配，植物养分限制及其对养分的吸收利用随环境的变化和适应是影响植被恢复过程植物吸收过程 N、P 耦合协调发展趋势的主要因素。

随植被恢复，凋落物分解过程 N、P 的协调发展主要表现为初级协调模式，整体呈缓慢上升趋势（图 7.50）。主要原因可能与凋落物分解过程 N、P 年释放率、年归还量的耦合和平衡有关，且 N、P 子系统中 N、P 年释放率、年归还量权重较高（表 7.7），表明 N、P 年释放率、年归还量是促进凋落物分解过程 N、P 协调发展程度升高的关键因子。本研究中，随植被恢复，N、P 年释放率，年归还量之间相互影响、相互促进（图 7.24），同时，N、P 年释放率，年归还量的变化基本一致（图 7.20），表明植被恢复过程凋落物分解 N、P 释放存在一定的协同发展关系。有关凋落物分解 N、P 释放的同步变化和平衡调控机制已在前面"凋落物分解过程 N、P 的耦合关系及其对植被恢复的响应"进行讨论。此外，对比不同植被恢复阶段凋落物分解 1 年后的 N、P 残留量可知，LVR、PLL 凋落物出现 N 释放而 P 富集状态（图 7.17，图 7.19），土壤有效 N 增加，微生物受 P 限制加强，一方面加快 P 固定（Zhu et al.，2016），另一方面抑制 N 矿化（Van Huysen et al.，2016），导致 N 释放滞后于 P 富集；而 LCQ、LAG 凋落物呈 N、P 释放状态，但 N 损失率显著高于 P 损失率（图 7.17，图 7.19），可能是由于植物对 N 的再吸收效率显著低于 P 再吸收效率（图 7.43），进而导致凋落物初始 N 含量远高于初始 P 含量，有利于 N 释放（Hu et al.，2018），因此，凋落物分解过程 P 归还滞后于 N。

本研究中，土壤 N、P 积累转化过程随植被恢复由严重失衡水平逐步进入优质协调水平，N、P 发展对比关系呈 N 滞后–P 滞后–N、P 同步发展趋势（图 7.50）。究其原因，可能是：LVR 地表裸露，径流侵蚀作用强，不利于土壤 N 积累和保持，同时亚热带地区 N 沉降急剧增加，严重破坏土壤 N 循环平衡（陈洁等，2020），加速土壤 N 流失（Corre et al.，2003）；而土壤 P 来源于母岩风化，分布相对稳定（刘兴诏等，2010），且以草本植物为优势物种，生长迅速且周期较短（Adler et al.，2014），枯死后快速分解释放有机 P，因此土壤 N、P 发展关系处于离散状态，且 N 积累滞后于 P。随植被恢复，群落多样性和生物量增加，凋落物数量和质量显著升高，微生物活性增强，N、P 来源增加（Xiao et al.，2017；Bi et al.，2018）；植被覆盖度和凋落物层现存量增加，土壤质地和保肥能力改善，有利于土壤 N、P 固持（Bienes et al.，2016；赵婷等，2018）。此外，如前所述（植被恢复过程土壤不同形态 N、P 耦合关系），不同形态 N、P 间的相互作用也是促进土壤 N、P 积累转化随植被恢复协调发展的关键因素。因此，土壤 N、P 积累趋于同步增加、协同发展状态。植被恢复中期，土壤 P 积累滞后于 N，可能是由于在土壤 P 缺乏条件下，植物通过降低凋落物 P 含量（Lang et al.，2017）来协调日益增长的生长需求与缓慢积累的土壤 P 的平衡关系。植被恢复后期，植被群落趋于稳定，植物对 N、P 的需求达到"饱和"状态（Chen et al.，2020），N、P 归还量增加，土壤 N、P 积累速率同步升高。

除 N、P 积累转化各过程 N、P 协调发展外，植物吸收利用、凋落物分解释放与归还和土壤积累转化过程相互影响，紧密联系，共同调控生态系统养分积累转化过程 N、P 耦合协调发展水平。本研究中，生态系统 N、P 储量及植物 N、P 吸收利用策略随植被恢复的变化趋势表明，N 循环趋于富集，而 P 循环趋于封闭，与 Odum（1969）和 Hedin 等（2009）的研究结果基本一致。基于 N、P 循环相反的发展格局，生态系统 N、P 积累转化过程耦合协调发展程度总体上随植被恢复逐渐加强，最终达到优质协调发展 N、P 同步模式（图 7.50）。可能的解释是：植被恢复早期，土壤 N、P 发展极度失调，植物通过调整 N、P 吸收和归还比例来缓解土壤 N 维持与 P 释放的失衡关系（秦海等，2010），但由于灌草群落物种多样性和生物量较低，缓解作用较弱，使得生态系统养分积累转化过程 N、P 的发展仍处于轻微失调水平。植被恢复后期，生态系统趋于成熟稳定，土壤 N 积累显著增加，植物 N 吸收量升高，减缓 N 循环富集导致的高 N 的损失率，增加生态系统 N 积累；且植物养分截留和保存能力增强（Odum，1969），有利于提升 P 限制条件下生态系统 P 积累，N、P 发展水平逐渐趋于平衡和同步增加。因此，N、P 的综合指数相近，协同发展（图 7.50）。

综上所述，植被恢复过程植被–凋落物–土壤系统间 N、P 积累转化逐渐达到动态平衡，表明生态系统 N、P 积累转化过程随植被恢复逐步优化，协调发展。其中，植被恢复早期植物对 N、P 的吸收利用及归还过程是驱动生态系统 N、P 协调发展的主要因子，而恢复后期主要受土壤 N、P 积累转化调控。因此，根据不同植被恢复阶段 N、P 发展对比关系，采取适当管理措施，合理调控 N、P 平衡和协调利用关系，是促进退化森林生态系统 N、P 循环形成和恢复，提高生态系统生产力和稳定性的重要途径。

2. 氮磷耦合关系对植物群落和土壤肥力恢复的影响机制

本研究中，N、P 综合指数的交互作用对植物群落因子（物种多样性、群落生物量）和土壤肥力因子（黏粒百分含量、含水量、有机 C、全 N、全 P、全 K、碱解 N、速效 P）的影响远远大于 N、P 单独影响（图 7.51、图 7.52），表明 N、P 耦合关系是促进植物群落发展和土壤肥力改善的重要因素。究其原因，可能是：①N、P 间相互作用显著改变物种组成和群落结构（Avolio et al.，2014）。N、P 共同增加，通过打破原有的资源供给平衡，刺激物种产生种间竞争（黄建辉等，2001），促进优势物种生长，导致群落结构组成发生变化，进而影响物种多样性（赵新风等，2014）。②植物资源可获得量决定植物生产力（Ma et al.，2008），从而影响群落生物量积累。土壤 N、P 协同增加，可以缓解单一养分过量积累对其他养分限制的加剧（Elser et al.，2007），同步提高 N、P 的有效性和可用性，植物吸收有效 N、P（Jiang et al.，2019），光合作用增强，产生更多的光合产物，从而提高群落生产力，有利于群落生物量的积累（龙会英等，2019）。③N、P 协同变化通过调节土壤养分元素化学计量比，缓解微生物 P 限制（钱夏颖，2020），诱导微生物群落竞争养分（Ramirez et al.，2012），改变微生物群落结构和功能及代谢潜力，阻碍土壤微生物活动和降低土壤有机质分解速率（Niu et al.，2016；Yue et al.，2017），有助于土壤有机 C 积累，进一步改善土壤质地和提高水肥保持能力（黏粒百分含量、含水量）（Bienes et al.，2016）。④N、P 交互作用一方面调控微生物分解矿化凋落物 N、P 速率的平衡关系，促进凋落物 N、P 释放（Zhu et al.，2016；Van Huysen et al.，2016），土壤 N、P 来源增加，有利于提高土壤全 N、全 P 含量；另一方面，维持土壤养分平衡，增强微生物对 N、P 的固定和转化作用（Blanes et al.，2012），增加土壤有效 N、P 的供应（Churchland et al.，2010；Turner et al.，2013）。

植被恢复是植物群落和土壤环境协同进化和发展的结果，N、P 交互作用对植物群落和土壤肥力的显著影响表明，合理调节 N、P 养分平衡，维持养分高效协调利用，将有助于促进退化森林生态系统的恢复和制定科学有效的养分管理措施。

7.9 结　论

7.9.1 植被恢复对生态系统氮磷循环关键过程的调控

（1）随植被恢复，植被层、土壤层和生态系统 N、P 储量持续递增，凋落物层 N、P 储量先升高后略有下降。生态系统全 N、全 P 储量垂直分配格局明显改变，植被层全 N、全 P 储量贡献率升高，而土壤层全 N、全 P 储量贡献率下降，凋落物层变化较小。

（2）土壤 N 积累受凋落物 C、C/P、N/P、土壤含水量、B_C 和 B_P 的协同促进作用；土壤 P 积累由凋落物 C、N、C/N、细根 P、土壤容重、黏粒百分含量、有机 C、B_C 和 B_N 共同驱动。

（3）不同植被恢复阶段凋落物 N 释放随分解进行呈淋溶–富集–释放趋势，P 释放表现为富集（LVR、PLL）和富集 - 释放（LCQ、LAG）模式。随植被恢复，凋落物 N 释放率及年归还量先升高后下降，P 释放率及年归还量呈升高 - 下降 - 升高趋势。凋落物分解过程中 N、P 释放受到凋落物初始化学组成的协同影响。

（4）土壤各形态 N、P 含量随植被恢复而增加。不同植被恢复阶段土壤 N、P 以有机形态为主，有利于 N、P 固存。土壤各形态 N 之间、各形态 P 之间关系密切且相互影响。

（5）土壤 N、P 库组成随植被恢复的变化显著影响植物细根对土壤不同形态 N、P 的吸收。随植被恢复，植物叶片通过调整养分利用策略（如维持较高的 P 内稳态，降低 N、P 的投入比例和利用效率，提高 N、P 再吸收效率）适应土壤环境的显著改变。

7.9.2　不同植被恢复阶段养分积累转化过程氮磷耦合及协调性特征

（1）植被层、凋落物层、土壤层全 N、全 P 含量之间呈显著正相关关系。植被层、凋落物层 N、P 间线性回归的斜率接近（植被层：$b = 0.03$。凋落物层：$b = 0.02$）。此外，土壤 P 含量的积累滞后于 N 含量（$b = 0.05$）。

（2）凋落物 N、P 年释放率之间线性拟合斜率（$b = 1.29$）接近于 1，趋近于协同增长。N、P 年归还量之间具有显著线性耦合关系，但对植被恢复的响应不同步（斜率 $b = 0.02$），且受 P 限制。

（3）随植被恢复，土壤 N、P 转化过程相互影响、协调发展。土壤各形态 N 与 P 之间具有显著耦合关系。

（4）植物通过调控体内养分耦合和平衡关系（如细根 N、P 含量之间，叶片 N、P 的利用效率之间，再吸收效率之间显著相关）以适应环境随植被恢复的变化。

（5）随植被恢复，植物吸收过程、凋落物分解过程 N、P 耦合协调关系处于初级协调水平；土壤积累转化过程 N、P 耦合协调关系由严重失衡水平逐渐升高为优质协调水平。基于 N 循环趋于富集，而 P 循环趋于封闭的发展格局，生态系统养分循环关键过程 N、P 耦合协调关系随植被恢复呈正向发展趋势。

7.9.3　养分积累转化过程氮磷耦合效应对植被恢复的影响

N、P 交互作用解释了植物群落因子（物种多样性、群落生物量）和土壤肥力因子（黏粒百分含量、含水量、有机 C、全 N、全 P、全 K、碱解 N、速效 P 含量）变化的 50.7%～99.9%。因此，N、P 养分的平衡及协调利用，有利于提高生态系统养分固定潜力和可持续经营能力，促进退化森林生态功能和稳定性恢复，科学制定养分协调管理措施。

主要参考文献

曹成有, 朱丽辉, 蒋德明, 等. 2007. 科尔沁沙地不同人工植物群落对土壤养分和生物活性的影响. 水土保持学报, 21(1): 168-171.

陈伏生, 余焜, 甘露, 等. 2009. 温度、水分和森林演替对中亚热带丘陵红壤氮素矿化影响的模拟实验.

应用生态学报, 20(7): 1529-1535.

陈洁, 骆土寿, 周璋, 等. 2020. 氮沉降对热带亚热带森林土壤氮循环微生物过程的影响研究进展. 生态学报, 40(23): 8528-8538.

陈金磊, 张仕吉, 李雷达, 等. 2020. 亚热带不同植被恢复阶段林地凋落物层现存量和养分特征. 生态学报, 40(12): 4073-4086.

陈金玲, 金光泽, 赵凤霞. 2010. 小兴安岭典型阔叶红松林不同演替阶段凋落物分解及养分变化. 应用生态学报, 21(9): 2209-2216.

陈美领, 陈浩, 毛庆功, 等. 2016. 氮沉降对森林土壤磷循环的影响. 生态学报, 36(16): 4965-4976.

谌贤, 刘洋, 邓静, 等. 2017. 川西亚高山森林凋落物不同分解阶段碳氮磷化学计量特征及种间差异. 植物研究, 37(2): 216-226.

丛晓男. 2019. 耦合度模型的形式、性质及在地理学中的若干误用. 经济地理, 39(4): 18-25.

杜有新, 潘根兴, 李恋卿, 等. 2010. 黔中喀斯特山区退化生态系统生物量结构与 N、P 分布格局及其循环特征. 生态学报, 30(23): 6338-6347.

方华军, 耿静, 程淑兰, 等. 2019. 氮磷富集对森林土壤碳截存的影响研究进展. 土壤学报, 56(1): 1-11.

方晰, 陈金磊, 王留芳, 等. 2018. 亚热带森林土壤磷有效性及其影响因素的研究进展. 中南林业科技大学学报, 38(12): 1-12.

付伟, 武慧, 赵爱花, 等. 2020. 陆地生态系统氮沉降的生态效应: 研究进展与展望. 植物生态学报, 44(5): 475-493.

葛晓改, 曾立雄, 肖文发, 等. 2015. 三峡库区森林凋落叶化学计量学性状变化及与分解速率的关系. 生态学报, 35(3): 779-787.

葛晓敏, 唐罗忠, 王瑞华, 等. 2017. 杨树人工林生态系统凋落物生物量及其分解特征. 生态环境学报, 26(9): 1457-1464.

耿若楠. 2017. 淮北地区典型人工林地土壤氮磷形态及流失风险分析. 合肥: 合肥工业大学硕士学位论文.

耿元波, 史晶晶. 2012. 草原凋落物的分解及营养元素的释放和累积. 地理科学进展, 31(5): 655-663.

郭剑芬, 杨玉盛, 陈光水, 等. 2006. 森林凋落物分解研究进展. 林业科学, 42(4): 93-100.

韩其晟, 任宏刚, 刘建军. 2012. 秦岭主要森林凋落物中易分解和难分解植物残体含量及比值研究. 西北林学院学报, 27(5): 6-10.

韩文轩, 方精云. 2008. 幂指数异速生长机制模型综述. 植物生态学报, 32(4): 951-960.

黄建辉, 白永飞, 韩兴国. 2001. 物种多样性与生态系统功能: 影响机制及有关假说. 生物多样性, 9(1): 1-7.

黄京华, 孙晨瑜. 2018. 浅析丛枝菌根共生的生态学意义. 中南民族大学学报(自然科学版), 37(4): 45-50.

姜沛沛, 曹扬, 陈云明, 等. 2016. 不同林龄油松(Pinus tabulaeformis)人工林植物、凋落物与土壤 C、N、P 化学计量特征. 生态学报, 36(19): 6188-6197.

李德军, 陈浩, 肖孔操, 等. 2018. 西南喀斯特生态系统氮素循环特征及其固碳效应. 农业现代化研究, 39(6): 916-921.

李洁, 薛立. 2017. 氮磷沉降对森林土壤生化特性影响研究进展. 世界林业研究, 30(2): 14-19.

李尚益, 方晰, 陈金磊, 等. 2018. 人为干扰对中亚热带森林生物量及其空间分布格局的影响. 生态学报, 38(17): 6111-6124.

李怡, 韩国栋. 2011. 放牧强度对内蒙古大针茅典型草原地下生物量及其垂直分布的影响. 内蒙古农业大学学报(自然科学版), 32(2): 89-92.

李懿, 杨子松. 2020. 岷江流域不同土地利用方式下的土壤微生物特征及其与土壤养分的关系. 水土保持研究, 27(1): 33-38, 46.

廖利平, 杨跃军, 汪思龙, 等. 1999. 杉木(Cunninghamia lanceolata)、火力楠(Michelia macclurei)纯林及

其混交林细根分布、分解与养分归还. 生态学报, 19(3): 342-346.

林成芳, 彭建勤, 洪慧滨, 等. 2017. 氮、磷养分有效性对森林凋落物分解的影响研究进展. 生态学报, 37(1): 54-62.

林开淼. 2015. 亚热带米槠人促林碳、氮、磷积累特征及土壤磷素有效性分级研究. 福州: 福建师范大学博士学位论文.

林婉奇, 佘汉基, 薛立. 2019. 韶关市小坑林场山杜英林 N 和 P 储量及分配格局. 中南林业科技大学学报, 39(4): 85-91.

刘璐, 赵常明, 徐文婷, 等. 2019. 神农架常绿落叶阔叶混交林凋落物养分特征. 生态学报, 39(20): 7611-7620.

刘顺, 罗达, 刘千里, 等. 2017. 川西亚高山不同森林生态系统碳氮储量及其分配格局. 生态学报, 37(4): 1074-1083.

刘万德, 苏建荣, 李帅锋, 等. 2010. 云南普洱季风常绿阔叶林演替系列植物和土壤 C、N、P 化学计量特征. 生态学报, 30(23): 6581-6590.

刘兴诏, 周国逸, 张德强, 等. 2010. 南亚热带森林不同演替阶段植物与土壤中 N、P 的化学计量特征. 植物生态学报, 34(1): 64-71.

刘旭军, 程小琴, 田慧霞, 等. 2019. 间伐和凋落物处理对华北落叶松人工林土壤磷形态的影响. 生态学报, 39(20): 7686-7696.

刘颖, 武耀祥, 韩士杰, 等. 2009. 长白山四种森林类型凋落物分解动态. 生态学杂志, 28(3): 400-404.

龙会英, 张德, 曾丽萍, 等. 2019. 氮磷肥对 3 种牧草的生长效应和氮磷吸收的影响. 草业学报, 28(5): 171-177.

卢少勇, 刘学欣, 李珂, 等. 2016. 模拟生态种植槽去除雨水径流中的磷. 环境工程学报, 10(7): 3434-3438.

卢同平, 张文翔, 牛洁, 等. 2017. 典型自然带土壤氮磷化学计量空间分异特征及其驱动因素研究. 土壤学报, 54(3): 682-692.

马文济, 赵延涛, 张晴晴, 等. 2014. 浙江天童常绿阔叶林不同演替阶段地表凋落物的 C: N: P 化学计量特征. 植物生态学报, 38(8): 833-842.

倪银霞, 黄懿梅, 牛丹, 等. 2015. 宁南山区林地土壤原位矿化过程中碳氮转化耦合特征. 环境科学, 36(9): 3401-3410.

宁秋蕊, 李守中, 姜良超, 等. 2016. 亚热带红壤侵蚀区马尾松针叶养分含量及再吸收特征. 生态学报, 36(12): 3510-3517.

潘思涵, 程宇琪, 杜浩, 等. 2019. 大兴安岭森林演替过程中凋落物分解与 DOC 释放研究. 西南林业大学学报(自然科学), 39(5): 75-83.

彭建勤, 林成芳, 洪慧滨, 等. 2016. 中亚热带森林更新方式对土壤磷素的影响. 生态学报, 36(24): 8015-8024.

彭晚霞, 宋同清, 曾馥平, 等. 2011. 喀斯特峰丛洼地退耕还林还草工程的植被土壤耦合协调度模型. 农业工程学报, 27(9): 305-310.

钱夏颖. 2020. 外源氮磷对养分限制土壤碳氮动态的影响. 武汉: 华中农业大学硕士学位论文.

乔阳. 2020. 亚热带常绿阔叶林土壤碳、氮、磷化学计量特征及其影响因素. 上海: 华东师范大学博士学位论文.

秦海, 李俊祥, 高三平, 等. 2010. 中国 660 种陆生植物叶片 8 种元素含量特征. 生态学报, 30(5): 1247-1257.

施昀希, 黎建强, 陈奇伯, 等. 2018. 滇中高原 5 种森林类型凋落物及营养元素储量研究. 生态环境学报, 27(4): 617-624.

宋新章, 江洪, 余树全, 等. 2009. 中亚热带森林群落不同演替阶段优势种凋落物分解试验. 应用生态学报, 20(3): 537-542.

宋影, 辜夕容, 严海元, 等. 2014. 中亚热带马尾松林凋落物分解过程中的微生物与酶活性动态. 环境科学, 35(3): 1151-1158.

苏波, 韩兴国, 黄建辉, 等. 2000. 植物的养分利用效率(NUE)及植物对养分胁迫环境的适应策略. 生态学报, 20(2): 335-343.

孙儒泳, 李庆芬, 牛翠娟, 等. 2002. 基础生态学. 北京: 高等教育出版社.

孙悦, 徐兴良, Kuzyakov Y. 2014. 根际激发效应的发生机制及其生态重要性. 植物生态学报, 38(1): 62-75.

覃扬浍, 马姜明, 梅军林, 等. 2017. 漓江流域岩溶区檵木群落不同恢复阶段凋落物分解初期动态. 生态学报, 37(20): 6792-6799.

唐立涛, 刘丹, 罗雪萍, 等. 2019. 青海省森林土壤磷储量及其分布格局. 植物生态学报, 43(12): 1091-1103.

陶楚, 杨小波, 万春红, 等. 2015. 海南铜鼓岭保护区 2 个不同演替阶段森林凋落叶的分解特性. 热带生物学报, 6(1): 69-77.

王博, 段玉玺, 王伟峰, 等. 2019. 库布齐东段不同植被恢复阶段荒漠生态系统碳氮储量及分配格局. 生态学报, 39(7): 2470-2480.

王启基, 赵新全, 王文颖, 等. 2005. 江河源区高山嵩草草甸不同演替阶段植物和土壤碳、氮储量动态特征//青海省科学技术厅, 中国科学院西北高原生物研究所. 三江源区生态保护与可持续发展高级学术研讨会论文摘要汇编. 西宁: 中国科学院西北高原生物研究所, 22-23.

王强, 王科, 陈冬萍. 2010. 大气氮沉降现状及其对生态系统的影响. 萍乡高等专科学校学报, 27(6): 76-79.

王涛, 程蕾, 杨军钱, 等. 2019. 亚热带杉木采伐迹地营造不同树种人工林对土壤碳氮磷积累的影响. 福建农业科技, (12): 40-48.

王维奇, 曾从盛, 钟春棋, 等. 2010. 人类干扰对闽江河口湿地土壤碳、氮、磷生态化学计量学特征的影响. 环境科学, 31(10): 2411-2416.

王艳丽, 字洪标, 程瑞希, 等. 2019. 青海省森林土壤有机碳氮储量及其垂直分布特征. 生态学报, 39(11): 4096-4105.

魏琳, 程积民, 井光花, 等. 2018. 黄土高原天然草地 3 种优势物种细根分解及养分释放对模拟氮沉降的响应. 水土保持学报, 32(1): 252-258.

徐丽, 何念鹏. 2020. 中国森林生态系统氮储量分配特征及其影响因素. 中国科学: 地球科学, 50(10): 1374-1385.

徐明, 张健, 刘国彬, 等. 2016. 不同植被恢复模式沟谷地植被-土壤系统耦合关系评价. 自然资源学报, 31(12): 2137-2146.

阎恩荣, 王希华, 郭明, 等. 2010. 浙江天童常绿阔叶林、常绿针叶林与落叶阔叶林的 C: N: P 化学计量特征. 植物生态学报, 34(1): 48-57.

阎恩荣, 王希华, 周武. 2008. 天童常绿阔叶林不同退化群落的凋落物特征及与土壤养分动态的关系. 植物生态学报, 32(1): 1-12.

尤作亮. 1992. 森林生态系统的氮循环及其调控机制. 山东科学, 5(2): 52-57.

俞月凤, 何铁光, 彭晚霞, 等. 2015. 喀斯特峰丛洼地不同类型森林养分循环特征. 生态学报, 35(22): 7531-7542.

詹书侠, 陈伏生, 胡小飞, 等. 2009. 中亚热带丘陵红壤区森林演替典型阶段土壤氮磷有效性. 生态学报, 29(9): 4673-4680.

曾德慧, 陈广生. 2005. 生态化学计量学: 复杂生命系统奥秘的探索. 植物生态学报, 29(6): 1007-1019.

曾昭霞, 王克林, 刘孝利, 等. 2015. 桂西北喀斯特森林植物-凋落物-土壤生态化学计量特征. 植物生态学报, 39(7): 682-693.

张慧东. 2017. 兴安落叶松林生态系统关键生态过程碳氮分配及其耦合特征研究. 呼和浩特: 内蒙古农

业大学博士学位论文.

张金波, 宋长春. 2004. 土壤氮素转化研究进展. 吉林农业科学, 29(1): 38-43, 46-46.

张美曼, 范少辉, 官凤英, 等. 2020. 竹阔混交林土壤微生物生物量及酶活性特征研究. 土壤, 52(1): 97-105.

张青峰, 吴发启, 王力, 等. 2011. 黄土高原生态与经济系统耦合协调发展状况. 应用生态学报, 22(6): 1531-1536.

张泰东, 王传宽, 张全智. 2017. 帽儿山 5 种林型土壤碳氮磷化学计量关系的垂直变化. 应用生态学报, 28(10): 3135-3143.

张伟, 王克林, 刘淑娟, 等. 2013. 喀斯特峰丛洼地植被演替过程中土壤养分的积累及影响因素. 应用生态学报, 24(7): 1801-1808.

张秀娟, 梅莉, 王政权, 等. 2005. 细根分解研究及其存在的问题. 植物学通报, 22(2): 246-254.

张洋. 2017. 施磷对榨菜/玉米根际土壤氮磷形态变化与富集的影响. 重庆: 西南大学博士学位论文.

章宪, 范跃新, 罗茜, 等. 2014. 凋落物和根系处理对杉木人工林土壤氮素的影响. 亚热带资源与环境学报, 9(2): 39-44.

赵畅, 龙健, 李娟, 等. 2018. 茂兰喀斯特原生林不同坡向及分解层的凋落物现存量和养分特征. 生态学杂志, 37(2): 296-303.

赵哈林, 苏永中, 周瑞莲. 2006. 我国北方沙区退化植被的恢复机理. 中国沙漠, 26(3): 323-328.

赵晶, 闫文德, 郑威, 等. 2016. 樟树人工林凋落物养分含量及归还量对氮沉降的响应. 生态学报, 36(2): 350-359.

赵琼, 曾德慧. 2005. 陆地生态系统磷素循环及其影响因素. 植物生态学报, 29(1): 153-163.

赵婷, 张军辉, 王芳, 等. 2018. 全球森林土壤氮素总转化速率的调控因素及空间分布. 生态学杂志, 37(12): 3746-3756.

赵彤, 闫浩, 蒋跃利, 等. 2013. 黄土丘陵区植被类型对土壤微生物量碳氮磷的影响. 生态学报, 33(18): 5615-5622.

赵威, 李亚鸽, 亓琳, 等. 2018. 豫西丘陵坡地弃耕农田植被演替对土壤碳、氮库的影响. 生态学报, 38(19): 7016-7025.

赵新风, 徐海量, 张鹏, 等. 2014. 养分与水分添加对荒漠草地植物群落结构和物种多样性的影响. 植物生态学报, 38(2): 167-177.

郑路, 卢立华. 2012. 我国森林地表凋落物现存量及养分特征. 西北林学院学报, 27(1): 63-69.

郑欣颖. 2018. 火力楠和樟树人工林生态系统碳和养分储量研究. 广州: 华南农业大学硕士学位论文.

郑兴蕊, 宋娅丽, 王克勤, 等. 2020. 滇中常绿阔叶林凋落物养分释放及生态化学计量特征对模拟 N 沉降的响应. 应用生态学报, 32(1): 23-30.

周曙亿聃, 黄文娟. 2014. 鼎湖山自然保护区不同演替系列森林生态系统的磷平衡. 生态科学, 33(5): 1030-1034.

周星梅, 潘开文, 王进闯. 2009. 岷江上游本地种油松和外来种辐射松造林对土壤磷的影响. 生态学报, 29(12): 6630-6637.

左巍, 贺康宁, 田赟, 等. 2016. 青海高寒区不同林分类型凋落物养分状况及化学计量特征. 生态学杂志, 35(9): 2271-2278.

Aciego Pietri J C, Brookes P C. 2009. Substrate inputs and pH as factors controlling microbial biomass, activity and community structure in an arable soil. Soil Biology and Biochemistry, 41(7): 1396-1405.

Adler P B, Salguero-Gómez R, Compagnoni A, et al. 2014. Functional traits explain variation in plant life history strategies. Proceedings of the National Academy of Sciences of the United States of America, 111(2): 740-745.

Aerts R, Chapin III F S. 1999. The mineral nutrition of wild plants revisited: a re-evaluation of processes and patterns. Advances in Ecological Research, 30: 1-67.

Ågren G I, Wetterstedt J Å M, Billberger M F K. 2012. Nutrient limitation on terrestrial plant growth-modeling the interaction between nitrogen and phosphorus. New Phytologist, 194(4): 953-960.

Alberty R A. 2005. Thermodynamics of the mechanism of the nitrogenase reaction. Biophysical Chemistry, 114(2-3): 115-120.

Alday J G, Marrs R H, Martínez-Ruiz C. 2012. Soil and vegetation development during early succession on restored coal wastes: a six-year permanent plot study. Plant and Soil, 353(1-2): 305-320.

Allison S D, Lu Y, Weihe C, et al. 2013. Microbial abundance and composition influence litter decomposition response to environmental change. Ecology, 94(3): 714-725.

Allison S D, Vitousek P M. 2005. Responses of extracellular enzymes to simple and complex nutrient inputs. Soil Biology and Biochemistry, 37(5): 937-944.

Aponte C, García L V, Marañón T. 2012. Tree species effect on litter decomposition and nutrient release in Mediterranean oak forests changes over time. Ecosystems, 15(7): 1204-1218.

Armstrong J S. 1967. Derivation of theory by means of factor analysis or Tom Swift and his electric factor analysis machine. The American Statistician, 21(5): 17-21.

Attiwill P M, Adams M A. 1993. Nutrient cycling in forests. New Phytologist, 124(4): 561-582.

Avolio M L, Koerner S E, La Pierre K J, et al. 2014. Changes in plant community composition, not diversity, during a decade of nitrogen and phosphorus additions drive above-ground productivity in a tallgrass prairie. Journal of Ecology, 102(6): 1649-1660.

Baldrian P. 2017. Forest microbiome: diversity, complexity and dynamics. FEMS Microbiology Reviews, 41(2): 109-130.

Batjes N H. 2014. Total carbon and nitrogen in the soils of the world. European Journal of Soil Science, 65(1): 10-21.

Berg B, McClaugherty C. 2014. Plant litter: decomposition, humus formation, carbon sequestration. Third edition. Berlin, Heidelberg: Springer.

Berg B. 2014. Decomposition patterns for foliar litter –A theory for influencing factors. Soil Biology and Biochemistry, 78: 222-232.

Bi X, Li B, Fu Q, et al. 2018. Effects of grazing exclusion on the grassland ecosystems of mountain meadows and temperate typical steppe in a mountain-basin system in Central Asia's arid regions, China. Science of the Total Environment, 630: 254-263.

Bienes R, Marques M J, Sastre B, et al. 2016. Eleven years after shrub revegetation in semiarid eroded soils. Influence in soil properties. Geoderma, 273: 106-114.

Blanes M C, Emmett B A, Viñegla B, et al. 2012. Alleviation of P limitation makes tree roots competitive for N against microbes in a N-saturated conifer forest: A test through P fertilization and ^{15}N labelling. Soil Biology and Biochemistry, 48: 51-59.

Brackin R, Näsholm T, Robinson N, et al. 2015. Nitrogen fluxes at the root-soil interface show a mismatch of nitrogen fertilizer supply and sugarcane root uptake capacity. Scientific Reports, 5: 15727.

Brant A N, Chen H Y H. 2015. Patterns and mechanisms of nutrient resorption in plants. Critical Reviews in Plant Sciences, 34(5): 471-486.

Buendía C, Kleidon A, Porporato A. 2010. The role of tectonic uplift, climate, and vegetation in the long-term terrestrial phosphorous cycle. Biogeosciences, 7(6): 2025-2038.

Burton J, Chen C R, Xu Z H, et al. 2007. Soluble organic nitrogen pools in adjacent native and plantation forests of subtropical Australia. Soil Biology and Biochemistry, 39(11): 2723-2734.

Cao Y, Chen Y M. 2017. Ecosystem C: N: P stoichiometry and carbon storage in plantations and a secondary forest on the Loess Plateau, China. Ecological Engineering, 105: 125-132.

Carrino-Kyker S R, Kluber L A, Petersen S M, et al. 2016. Mycorrhizal fungal communities respond to experimental elevation of soil pH and P availability in temperate hardwood forests. FEMS Microbiology Ecology, 92(3): fiw024.

Cassagne N, Remaury M, Gauquelin T, et al. 2000. Forms and profile distribution of soil phosphorus in alpine Inceptisols and Spodosols (Pyrenees, France). Geoderma, 95(1-2): 161-172.

Chang C C, Turner B L. 2019. Ecological succession in a changing world. Journal of Ecology, 107(2):

503-509.

Chapin III F S, Matson P A, Vitousek P M. 2011. Principles of Terrestrial Ecosystem Ecology (2nd). New York: Springer.

Chapin III F S. 1980. The mineral nutrition of wild plants. Annual Review of Ecology and Systematics, 11: 233-260.

Che R X, Qin J L, Tahmasbian I, et al. 2018. Litter amendment rather than phosphorus can dramatically change inorganic nitrogen pools in a degraded grassland soil by affecting nitrogen-cycling microbes. Soil Biology and Biochemistry, 120: 145-152.

Chen C, Fang X, Xiang W H, et al. 2020. Soil-plant co-stimulation during forest vegetation restoration in a subtropical area of southern China. Forest Ecosystems, 7(1): 404-420.

Chen H, Chen M L, Li D J, et al. 2018a. Responses of soil phosphorus availability to nitrogen addition in a legume and a non-legume plantation. Geoderma, 322: 12-18.

Chen L L, Deng Q, Yuan Z Y, et al. 2018b. Age-related C: N: P stoichiometry in two plantation forests in the Loess Plateau of China. Ecological Engineering, 120: 14-22.

Chen Y Q, Zhang Y J, Cao J B, et al. 2019. Stand age and species traits alter the effects of understory removal on litter decomposition and nutrient dynamics in subtropical Eucalyptus plantations. Global Ecology and Conservation, 20: e00693.

Chen Y, Sayer E J, Li Z A, et al. 2016. Nutrient limitation of woody debris decomposition in a tropical forest: contrasting effects of N and P addition. Functional Ecology, 30(2): 295-304.

Cheng X P, Kiyoshi U, Tsuyoshi H, et al. 2011. Height growth, diameter-height relationships and branching architecture of Pinus massoniana and Cunninghamia lanceolate in early regeneration stages in Anhui Province, eastern China: effects of light intensity and regeneration mode. Forestry Studies in China, 13(1): 1-12.

Cheng Y, Wang J, Chang S X, et al. 2019. Nitrogen deposition affects both net and gross soil nitrogen transformations in forest ecosystems: a review. Environmental Pollution, 244: 608-616.

Churchland C, Mayo-Bruinsma L, Ronson A, et al. 2010. Soil microbial and plant community responses to single large carbon and nitrogen additions in low arctic tundra. Plant and Soil, 334(1): 409-421.

Cornwell W K, Cornelissen J H C, Amatangelo K, et al. 2008. Plant species traits are the predominant control on litter decomposition rates within biomes worldwide. Ecology Letters, 11(10): 1065-1071.

Corre M D, Beese F O, Brumme R. 2003. Soil nitrogen cycle in high nitrogen deposition forest: changes under nitrogen saturation and liming. Ecological Applications, 13(2): 287-298.

Costa M G, Gama-Rodrigues A C, de Moraes Gonçalves J L, et al. 2016. Labile and non-labile fractions of phosphorus and its transformations in soil under eucalyptus plantations, Brazil. Forests, 7(1): 15.

Cui X Y, Song J F. 2007. Soil NH_4^+/NO_3^- nitrogen characteristics in primary forests and the adaptability of some coniferous species. Frontiers of Forestry in China, 2(1): 1-10.

Dale S E, Turner B L, Bardgett R D. 2015. Isolating the effects of precipitation, soil conditions, and litter quality on leaf litter decomposition in lowland tropical forests. Plant and Soil, 394(1-2): 225-238.

Davidson E A, de Carvalho C J R, Figueira A M, et al. 2007. Recuperation of nitrogen cycling in Amazonian forests following agricultural abandonment. Nature, 447(7147): 995-998.

DeLuca T H, MacKenzie M D, Gundale M J, et al. 2009. Biochar effects on soil nutrient transformations// Lehmann J, Joseph S, (eds).Biochar for Environmental Management: Science and Technology. London: Routledge. 251-270.

Du Z Y, Zhou J M, Wang H Y, et al. 2005. Effect of nitrogen fertilizers on movement and transformation of phosphorus in an acid soil. Pedosphere, 15(4): 424-431.

Elser J J, Andersen T, Baron J S, et al. 2009. Shifts in lake N: P stoichiometry and nutrient limitation driven by atmospheric nitrogen deposition. Science, 326(5954): 835-837.

Elser J J, Bracken M E, Cleland E E, et al. 2007. Global analysis of nitrogen and phosphorus limitation of primary producers in freshwater, marine and terrestrial ecosystems. Ecology Letters, 10(12): 1135-1142.

Elser J J, Sterner R W, Gorokhova E, et al. 2000. Biological stoichiometry from genes to ecosystems. Ecology Letters, 3(6): 540-550.

Erkan N, Comez A, Aydin A C. 2020. Litterfall production, carbon and nutrient return to the forest floor in Pinus brutia forests in Turkey. Scandinavian Journal of Forest Research, 35(7): 341-350.

Erro J, Zamarreño A M, Garcia-Mina J M, et al. 2009. Comparison of different phosphorus-fertiliser matrices to induce the recovery of phosphorus-deficient maize plants. Journal of the Science of Food and Agriculture, 89(6): 927-934.

Feng C, Ma Y, Fu S L, et al. 2017. Soil carbon and nutrient dynamics is following cessation of anthropogenic disturbances in degraded subtropical forests. Land Degradation & Development, 28(8): 2457-2467.

Fleischer K, Dolman A J, van der Molen M K, et al. 2019. Nitrogen deposition maintains a positive effect on terrestrial carbon sequestration in the 21st century despite growing phosphorus limitation at regional scales. Global Biogeochemical Cycles, 33(6): 810-824.

Fowler D, Coyle M, Skiba U, et al. 2013. The global nitrogen cycle in the twenty-first century. Philosophical transactions of the Royal Society B-Biological Sciences, 368(1621): 20130164.

Gao W L, Yang H, Kou L, et al. 2015. Effects of nitrogen deposition and fertilization on N transformations in forest soils: a review. Journal of Soils and Sediments, 15: 863-879.

Gao Y, He N P, Yu G R, et al. 2014. Long-term effects of different land use types on C, N, and P stoichiometry and storage in subtropical ecosystems: A case study in China. Ecological Engineering, 67: 171-181.

García-Palacios P, Mckie B G, Handa I T, et al. 2016. The importance of litter traits and decomposers for litter decomposition: a comparison of aquatic and terrestrial ecosystems within and across biomes. Functional Ecology, 30(5): 819-829.

Gijsman A J, Oberson A, Tiessen H, et al. 1996. Limited applicability of the CENTURY model to highly weathered tropical soils. Agronomy Journal, 88(6): 894-903.

Gioseffi E, De Neergaard A, Schjoerring J K. 2012. Interactions between uptake of amino acids and inorganic nitrogen in wheat plants. Biogeosciences, 9(4): 1509-1518.

Goll D S, Brovkin V, Parida B R, et al. 2012. Nutrient limitation reduces land carbon uptake in simulations with a model of combined carbon, nitrogen and phosphorus cycling. Biogeosciences, 9(9): 3547-3569.

Grierson P F, Adams M A. 1999. Nutrient cycling and growth in forest ecosystems of south western Australia: Relevance to agricultural landscapes. Agroforestry Systems, 45(1-3): 215-244.

Grime J P. 2001. Plant strategies, vegetation processes, and ecosystem properties. Second edition. Chichester (UK): John Wiley & Son.

Gu X, Fang X, Xiang W H, et al. 2019. Vegetation restoration stimulates soil carbon sequestration and stabilization in a subtropical area of southern China. Catena, 181: 104098.

Guo A N, Zhao Z Q, Yuan Y, et al. 2018. Quantitative correlations between soil and plants in reclaimed mining dumps using a coupling coordination degree model. Royal Society Open Science, 5(9): 180484.

Guo C, Cornelissen J H C, Zhang Q Q, et al. 2019a. Functional evenness of N-to-P ratios of evergreen-deciduous mixtures predicts positive non-additive effect on leaf litter decomposition. Plant and Soil, 436(1-2): 299-309.

Guo N, Degen A A, Deng B, et al. 2019b. Changes in vegetation parameters and soil nutrients along degradation and recovery successions on alpine grasslands of the Tibetan plateau. Agriculture, Ecosystems & Environment, 284: 106593.

Güsewell S, Gessner M O. 2009. N: P ratios influence litter decomposition and colonization by fungi and bacteria in microcosms. Functional Ecology, 23(1): 211-219.

Güsewell S, Koerselman W. 2002. Variation in nitrogen and phosphorus concentrations of wetland plants. Perspectives in Plant Ecology, Evolution and Systematics, 5(1): 37-61.

Güsewell S, Verhoeven J T A. 2006. Litter N: P ratios indicate whether N or P limits the decomposability of graminoid leaf litter. Plant and Soil, 287(1-2): 131-143.

Güsewell S. 2004. N: P ratios in terrestrial plants: variation and functional significance. New Phytologist, 164(2): 243-266.

Han W X, Tang L Y, Chen Y H, et al. 2013. Relationship between the relative limitation and resorption efficiency of nitrogen vs phosphorus in woody plants. PLoS One, 8(12): e83366.

He W, Wu F Z, Yang W Q, et al. 2016. Gap locations influence the release of carbon, nitrogen and phosphorus in two shrub foliar litter in an alpine fir forest. Scientific Reports, 6: 22014.

Hector A, Bagchi R. 2007. Biodiversity and ecosystem multifunctionality. Nature, 448(7150): 188-190.

Hedin L O, Brookshire E N J, Menge D N L, et al. 2009. The nitrogen paradox in tropical forest ecosystems. Annual Review of Ecology Evolution and Systematics, 40: 613-635.

Hessen D O, Ågren G I, Anderson T R, et al. 2004. Carbon sequestration in ecosystems: the role of stoichiometry. Ecology, 85(5): 1179-1192.

Hewins D B, Sinsabaugh R L, Archer S R, et al. 2017. Soil-litter mixing and microbial activity mediate decomposition and soil aggregate formation in a sandy shrub-invaded Chihuahuan Desert grassland. Plant Ecology, 218(4): 459-474.

Hicks W T, Harmon M E, Myrold D D. 2003. Substrate controls on nitrogen fixation and respiration in woody debris from the Pacific Northwest, USA. Forest Ecology and Management, 176(1-3): 25-35.

Hodges S C. 2010. Soil fertility basics: Soil Science Extension. North Carolina: North Carolina State University.

Houlton B Z, Wang Y P, Vitousek P M, et al. 2008. A unifying framework for dinitrogen fixation in the terrestrial biosphere. Nature, 454(7202): 327-330.

Hu B, Yang B, Pang X Y, et al. 2016. Responses of soil phosphorus fractions to gap size in a reforested spruce forest. Geoderma, 279: 61-69.

Hu Y F, Shu X Y, He J, et al. 2018. Storage of C, N and P affected by afforestation with *Salix cupularis* in an alpine semiarid desert ecosystem. Land Degradation & Development, 29(1): 188-198.

Huang F F, Zhang W Q, Gan X H, et al. 2018. Changes in vegetation and soil properties during recovery of a subtropical forest in South China. Journal of Mountain Science, 15(1): 46-58.

Huang L M, Jia X X, Zhang G L, et al. 2017. Soil organic phosphorus transformation during ecosystem development: a review. Plant and Soil, 417: 17-42.

Huang Y T, Ai X R, Yao L, et al. 2015. Changes in the diversity of evergreen and deciduous species during natural recovery following clear-cutting in a subtropical evergreen-deciduous broadleaved mixed forest of Central China. Tropical Conservation Science, 8(4): 1033-1052.

Isaac S R, Nair M A. 2005. Biodegradation of leaf litter in the warm humid tropics of Kerala, India. Soil Biology and Biochemistry, 37(9): 1656-1664.

Jain A, Nandakumar K, Ross A. 2005. Score normalization in multimodal biometric systems. Pattern recognition, 38(12): 2270-2285.

Jia Y Y, Lv Y N, Kong X S, et al. 2015. Insight into the indirect function of isopods in litter decomposition in mixed subtropical forests in China. Applied Soil Ecology, 86: 174-181.

Jiang J, Wang Y P, Yang Y H, et al. 2019. Interactive effects of nitrogen and phosphorus additions on plant growth vary with ecosystem type. Plant and Soil, 440((1/2): 523-537.

Jing X, Yang X X, Ren F, et al. 2016. Neutral effect of nitrogen addition and negative effect of phosphorus addition on topsoil extracellular enzymatic activities in an alpine grassland ecosystem. Applied Soil Ecology, 107: 205-213.

Johnson N C, Rowland D L, Corkidi L, et al. 2003. Nitrogen enrichment alters mycorrhizal allocation at five mesic to semiarid grasslands. Ecology, 84(7): 1895-1908.

Jones D L, Healey J R, Willett V B, et al. 2005. Dissolved organic nitrogen uptake by plants—an important N uptake pathway?. Soil Biology and Biochemistry, 37(3): 413-423.

Jones D L, Willett V B. 2006. Experimental evaluation of methods to quantify dissolved organic nitrogen (DON) and dissolved organic carbon (DOC) in soil. Soil Biology and Biochemistry, 38(5): 991-999.

Kang H Z, Xin Z J, Berg B, et al. 2010. Global pattern of leaf litter nitrogen and phosphorus in woody plants. Annals of Forest Science, 67(8): 811.

Karasawa T, Takahashi S. 2015. Introduction of various cover crop species to improve soil biological P parameters and P uptake of the following crops. Nutrient Cycling in Agroecosystems, 103: 15-28.

Kavvadias V A, Alifragis D, Tsiontsis A, et al. 2001. Litterfall, litter accumulation and litter decomposition rates in four forest ecosystems in northern Greece. Forest Ecology and Management, 144(1-3): 113-127.

Kieloaho A J, Pihlatie M, Carrasco M D, et al. 2016. Stimulation of soil organic nitrogen pool: the effect of plant and soil organic matter degrading enzymes. Soil Biology and Biochemistry, 96: 97-106.

Killingbeck K T. 1996. Nutrients in senesced leaves: Keys to the search for potential resorption and resorption proficiency. Ecology, 77: 1716-1727.

Koerselman W, Meuleman A F M. 1996. The vegetation N: P ratio: a new tool to detect the nature of nutrient limitation. Journal of Applied Ecology, 33(6): 1441-1450.

Koojiman S A L M. 1995. The stoichiometry of animal energetics. Journal of Theoretical Biology, 177(2): 139-149.

Koponen H T, Flöjt L, Martikainen P J. 2004. Nitrous oxide emissions from agricultural soils at low temperatures: a laboratory microcosm study. Soil Biology and Biochemistry, 36(5): 757-766.

Koukoura Z. 1998. Decomposition and nutrient release from C_3 and C_4 plant litters in a natural grassland. Acta Oecologica, 19(2): 115-123.

Kritzler U H, Johnson D. 2010. Mineralisation of carbon and plant uptake of phosphorus from microbially-derived organic matter in response to 19 years simulated nitrogen deposition. Plant and Soil, 326(1): 311-319.

Kuzyakov Y, Xu X L. 2013. Competition between roots and microorganisms for nitrogen: mechanisms and ecological relevance. New Phytologist, 198(3): 656-669.

Laliberté E, Grace J B, Huston M A, et al. 2013. How does pedogenesis drive plant diversity?. Trends in Ecology & Evolution, 28(6): 331-340.

Laliberté E, Shipley B, Norton D A, et al. 2012. Which plant traits determine abundance under long-term shifts in soil resource availability and grazing intensity?. Journal of Ecology, 100(3): 662-677.

Lang C P, Merkt N, Zörb C. 2018. Different nitrogen (N) forms affect responses to N form and N supply of rootstocks and grafted grapevines. Plant Science, 277: 311-321.

Lang F, Bauhus J, Frossard E, et al. 2016. Phosphorus in forest ecosystems: new insights from an ecosystem nutrition perspective. Journal of Plant Nutrition and Soil Science, 179(2): 129-135.

Lang F, Krüger J, Amelung W, et al. 2017. Soil phosphorus supply controls P nutrition strategies of beech forest ecosystems in Central Europe. Biogeochemistry, 136: 5-29.

Lavelle P. 2000. Ecological challenges for soil science. Soil Science, 165(1): 73-86.

Li C Z, Zhao L H, Sun P S, et al. 2016a. Deep soil C, N, and P stocks and stoichiometry in response to land use patterns in the Loess Hilly Region of China. PLoS One, 11(7): e0159075.

Li D J, Liu J, Chen H, et al. 2018. Soil gross nitrogen transformations in responses to land use conversion in a subtropical karst region. Journal of Environmental Management, 212: 1-7.

Li Q X, Jia Z Q, Liu T, et al. 2017. Effects of different plantation types on soil properties after vegetation restoration in an alpine sandy land on the Tibetan Plateau, China. Journal of Arid Land, 9(2): 200-209.

Li Y F, Li Y, Zhou Y, et al. 2012. Investigation of a coupling model of coordination between urbanization and the environment. Journal of Environmental Management, 98: 127-133.

Li Y J, Jiao J Y, Wang Z J, et al. 2016b. Effects of revegetation on soil organic carbon storage and erosion-induced carbon loss under extreme rainstorms in the hill and gully region of the loess plateau. International Journal of Environmental Research & Public Health, 13(5): 456.

Liu C J, Berg B, Kutsch W, et al. 2006. Leaf litter nitrogen concentration as related to climatic factors in Eurasian forests. Global Ecology and Biogeography, 15(5): 438-444.

Liu C, Xiang W H, Lei P F, et al. 2014. Standing fine root mass and production in four Chinese subtropical forests along a succession and species diversity gradient. Plant and Soil, 376(1-2): 445-459.

Liu L, Gundersen P, Zhang T, et al. 2012. Effects of phosphorus addition on soil microbial biomass and community composition in three forest types in tropical China. Soil Biology and Biochemistry, 44(1): 31-38.

Liu S J, Zhang W, Wang K L, et al. 2015. Factors controlling accumulation of soil organic carbon along vegetation succession in a typical karst region in Southwest China. Science of the Total Environment, 521-522: 52-58.

López-Bucio J, Cruz-Ramírez A, Herrera-Estrella L. 2003. The role of nutrient availability in regulating root architecture. Current Opinion in Plant Biology, 6(3): 280-287.

Ma W H, Yang Y H, He J S, et al. 2008. Above-and belowground biomass in relation to environmental factors in temperate grasslands, Inner Mongolia. Science in China Series C: Life Sciences, 51(3): 263-270.

Makita N, Hirano Y, Dannoura M, et al. 2009. Fine root morphological traits determine variation in root respiration of *Quercus serrate*. Tree Physiology, 29(4): 579-585.

Malik M A, Khan K S. 2012. Phosphorus fractions, microbial biomass and enzyme activities in some alkaline calcareous subtropical soils. African Journal of Biotechnology, 11(21): 4773-4781.

Manzoni S, Trofymow J A, Jackson R B, et al. 2010. Stoichiometric controls on carbon, nitrogen, and phosphorus dynamics in decomposing litter. Ecological Monographs, 80(1): 89-106.

Maranguit D, Guillaume T, Kuzyakov Y. 2017. Land-use change affects phosphorus fractions in highly weathered tropical soils. Catena, 149(1): 385-393.

Marklein A R, Winbourne J B, Enders S K, et al. 2016. Mineralization ratios of nitrogen and phosphorus from decomposing litter in temperate versus tropical forests. Global Ecology and Biogeography, 25(3): 335-346.

Martínez A, Monroy S, Pérez J, et al. 2016. In-stream litter decomposition along an altitudinal gradient: does substrate quality matter?. Hydrobiologia, 766(1): 17-28.

Mason N W H, Richardson S J, Peltzer D A, et al. 2012. Changes in coexistence mechanisms along a long-term soil chronosequence revealed by functional trait diversity. Journal of Ecology, 100(3): 678-689.

McGroddy M E, Silver W L, de Oliveira Jr. R C, et al. 2008. Retention of phosphorus in highly weathered soils under a lowland amazonian forest ecosystem. Journal of Geophysical Research, 113(G4): G04012.

Mehnaz K R, Keitel C, Dijkstra F A. 2019. Phosphorus availability and plants alter soil nitrogen retention and loss. Science of the Total Environment, 671: 786-794.

Mevik B H, Wehrens R. 2007. The pls package: principal component and partial least squares regression in R. Journal of Statistical Software, 18(2): 1-24.

Milla R, Castro-Díez P, Maestro-Martínez M, et al. 2005. Does the gradualness of leaf shedding govern nutrient resorption from senescing leaves in Mediterranean woody plants?. Plant and Soil, 278(1): 303-313.

Miller A J, Cramer M D. 2004. Root nitrogen acquisition and assimilation. Plant and soil, 274: 1-36.

Miyamoto K, Wagai R, Aiba S I, et al. 2016. Variation in the aboveground stand structure and fine-root biomass of Bornean heath (kerangas) forests in relation to altitude and soil nitrogen availability. Trees, 30(2): 385-394.

Moore T R, Trofymow J A, Prescott C E, et al. 2006. Patterns of carbon, nitrogen and phosphorus dynamics in decomposing foliar litter in Canadian forests. Ecosystems, 9: 46-62.

Moore T R, Trofymow J A, Prescott C E, et al. 2011. Nature and nurture in the dynamics of C, N and P during litter decomposition in Canadian forests. Plant and Soil, 339(1): 163-175.

Neumann E, George E. 2010. Nutrient Uptake: The Arbuscular Mycorrhiza Fungal Symbiosis as a Plant Nutrient Acquisition Strategy // Koltai H, Kapulnik Y(eds). Arbuscular Mycorrhizas: Physiology and Function. Dordrecht: Springer, 137-167.

Niklas K J. 1994. Size-dependent variations in plant growth rates and the "¾-power rule". American Journal of Botany, 81(2): 134-144.

Niu S L, Classen A T, Dukes J S, et al. 2016. Global patterns and substrate-based mechanisms of the terrestrial nitrogen cycle. Ecology Letters, 19(6): 697-709.

Odum E P. 1969. The strategy of ecosystem development. Science, 164(3877): 262-270.

Owen A G, Jones D L. 2001. Competition for amino acids between wheat roots and rhizosphere microorganisms and the role of amino acids in plant N acquisition. Soil Biology and Biochemistry, 33(4-5): 651-657.

Pajares S, Bohannan B J M. 2016. Ecology of Nitrogen Fixing, Nitrifying, and Denitrifying Microorganisms in Tropical Forest Soils. Frontiers in Microbiology, 7: 1045.

Parsons S A, Congdon R A. 2008. Plant litter decomposition and nutrient cycling in north Queensland tropical rain-forest communities of differing successional status. Journal of Tropical Ecology, 24(3): 317-327.

Parton W J, Schimel D S, Cole C V, et al. 1987. Analysis of factors controlling soil organic matter levels in Great Plains grasslands. Soil Science Society of America Journal, 51(5): 1173-1179.

Parton W, Silver W L, Burke I C, et al. 2007. Global-scale similarities in nitrogen release patterns during long-term decomposition. Science, 315(5810): 361-364.

Pei G T, Liu J, Peng B, et al. 2019. Nitrogen, lignin, C/N as important regulators of gross nitrogen release and immobilization during litter decomposition in a temperate forest ecosystem. Forest Ecology and Management, 440: 61-69.

Peng W X, Song T Q, Zeng F P, et al. 2012. Relationships between woody plants and environmental factors in karst mixed evergreen-deciduous broadleaf forest, southwest China. Journal of Food, Agriculture & Environment, 10(1): 890-896.

Peng Y F, Peng Z P, Zeng X T, et al. 2019. Effects of nitrogen-phosphorus imbalance on plant biomass production: a global perspective. Plant and Soil, 436(1): 245-252.

Peng Y, Yang W Q, Yue K, et al. 2018. Temporal dynamics of phosphorus during aquatic and terrestrial litter decomposition in an alpine forest. Science of the Total Environment, 642: 832-841.

Peñuelas J, Poulter B, Sardans J, et al. 2013. Human-induced nitrogen-phosphorus imbalances alter natural and managed ecosystems across the globe. Nature Communications, 4: 2934.

Peñuelas J, Sardans J, Rivas-Ubach A, et al. 2012. The human-induced imbalance between C, N and P in Earth's life system. Global Change Biology, 18(1): 3-6.

Planavsky N J, Rouxel O J, Bekker A, et al. 2010. The evolution of the marine phosphate reservoir. Nature, 467(7319): 1088-1090.

Pradhan S N, Ghosh A, Nema A, et al. 2021.Changes in soil phosphorus forms in a long-term cropping system as influenced by fertilization and tillage. Archives of Agronomy and Soil Science, 67(6): 822-835.

Qin J, Xi W M, Rahmlow A, et al. 2016. Effects of forest plantation types on leaf traits of Ulmus pumila and Robinia pseudoacacia on the Loess Plateau, China. Ecological Engineering, 97: 416-425.

Quideau S A, Chadwick O A, Benesi A, et al. 2001. A direct link between forest vegetation type and soil organic matter composition. Geoderma, 104(1-2): 41-60.

R Core Team. 2020. R: alanguage and environment for statistical computing. Vienna, Austria: R Foundation for Statistical Computing.

Rakhsh F, Golchin A, Beheshtl Al Agha A, et al. 2020. Mineralization of organic carbon and formation of microbial biomass in soil: Effects of clay content and composition and the mechanisms involved. Soil Biology and Biochemistry, 151: 108036.

Ramirez K S, Craine J M, Fierer N. 2012. Consistent effects of nitrogen amendments on soil microbial communities and processes across biomes. Global Change Biology, 18(6): 1918-1927.

Randerson J T, Thompson M V, Conway T J, et al. 1997. The contribution of terrestrial sources and sinks to trends in the seasonal cycle of atmospheric carbon dioxide. Global Biogeochemical Cycles, 11(4): 535-560.

Rastetter E B, Yanai R D, Thomas R Q, et al. 2013. Recovery from disturbance requires resynchronization of ecosystem nutrient cycles. Ecological Applications, 23(3): 621-642.

Reed S C, Cleveland C C, Townsend A R. 2011. Functional ecology of free-living nitrogen fixation: a contemporary perspective. Annual Review of Ecology, Evolution, and Systematics, 42(1): 489-512.

Reich P B, Hobbie S E, Lee T L, et al. 2006. Nitrogen limitation constrains sustainability of ecosystem response to CO_2. Nature, 440(7086): 922-925.

Reich P B, Oleksyn J. 2004. Global patterns of plant leaf N and P in relation to temperature and latitude. Proceedings of the National Academy of Sciences of the United States of America, 101(30): 11001-11006.

Rietra R P J J, Heinen M, Dimkpa C O, et al. 2017. Effects of nutrient antagonism and synergism on yield and fertilizer use efficiency. Communications in Soil Science and Plant Analysis, 48(16): 1895-1920.

Rivas-Ubach A, Sardans J, Pérez-Trujillo M, et al. 2012. Strong relationship between elemental stoichiometry and metabolome in plants. Proceedings of the National Academy of Sciences of the United States of America, 109(11): 4181-4186.

Roberts T L, Norman R J, Slaton N A, et al. 2009. Changes in alkaline hydrolyzable nitrogen distribution with soil depth: Fertilizer correlation and calibration implications. Soil Science Society of America Journal, 73(6): 2151-2158.

Royer D L, Miller I M, Peppe D J, et al. 2010. Leaf economic traits from fossils support a weedy habit for early angiosperms. American Journal of Botany, 97(3): 438-445.

Sardans J, Alonso R, Carnicer J, et al. 2016. Factors influencing the foliar elemental composition and stoichiometry in forest trees in Spain. Perspectives in Plant Ecology Evolution and Systematics, 18: 52-69.

Schleuss P M, Widdig M, Heintz-Buschart A, et al. 2020. Interactions of nitrogen and phosphorus cycling promote P acquisition and explain synergistic plant-growth responses. Ecology, 101(5): e03003.

Seastedt T R. 1988. Mass, nitrogen, and phosphorus dynamics in foliage and root detritus of tallgrass prairie. Ecology, 69(1): 59-65.

See C R, Yanai R D, Fisk M C, et al. 2015. Soil nitrogen affects phosphorus recycling: foliar resorption and plant–soil feedbacks in a northern hardwood forest. Ecology, 96(9): 2488-2498.

Sohrt J, Lang F, Weiler M. 2017. Quantifying components of the phosphorus cycle in temperate forests. Wiley Interdisciplinary Reviews Water, 4(6): e1243.

Song H X, Huang J J, Ge L M, et al. 2020. Interspecific difference in N: P stoichiometric homeostasis drives nutrient release and soil microbial community composition during decomposition. Plant and Soil, 452(8): 29-42.

Song Y Y, Song C C, Ren J S, et al. 2018. Influence of nitrogen additions on litter decomposition, nutrient dynamics, and enzymatic activity of two plant species in a peatland in Northeast China. Science of the Total Environment, 625: 640-646.

Spohn M. 2016. Element cycling as driven by stoichiometric homeostasis of soil microorganisms. Basic and Applied Ecology, 17(6): 471-478.

Sterner R W, Elser J J. 2002. Ecological Stoichiometry: The Biology of Elements From Molecules to the Biosphere. Princeton: Princeton University Press.

Straková P, Anttila J, Spetz P, et al. 2010. Litter quality and its response to water level drawdown in boreal peatlands at plant species and community level. Plant and Soil, 335(1-2): 501-520.

Sun X, Shen Y, Schuster M J. et al. 2018. Initial responses of grass litter tissue chemistry and N: P stoichiometry to varied N and P input rates and ratios in Inner Mongolia. Agriculture, Ecosystems & Environment, 252: 114-125.

Tang L, Dang X H, Liu G B, et al. 2014. Response of artificial grassland carbon stock to management in mountain region of Southern Ningxia, China. Chinese Geographical Science, 24(4): 436-443.

Tang Z Y, Xu W T, Zhou G Y, et al. 2018. Patterns of plant carbon, nitrogen, and phosphorus concentration in relation to productivity in china's terrestrial ecosystems. Proceedings of the National Academy of Sciences of the United States of America, 115(16): 4033-4038.

Thum T, Caldararu S, Engel J, et al. 2019. A new model of the coupled carbon, nitrogen, and phosphorus cycles in the terrestrial biosphere (QUINCY v1.0; revision 1996). Geoscientific Model Development, 12(11): 4781-4802.

Tian L M, Zhao L, Wu X D, et al. 2018. Soil moisture and texture primarily control the soil nutrient stoichiometry across the Tibetan grassland. Science of the Total Environment, 622-623: 192-202.

Tiessen H, Stewart J W B, Cole C V. 1984. Pathways of phosphorus transformations in soils of differing pedogenesis1. Soil Science Society of America Journal, 48(4): 853-858.

Tiessen H, Stewart J W B, Moir J O Q. 1983. Changes in organic and inorganic phosphorus composition of two grassland soils and their particle size fractions during 60-90 years of cultivation. Journal of Soil Science, 34(4): 815-823.

Trogisch S, He J S, Hector A, et al. 2016. Impact of species diversity, stand age and environmental factors on leaf litter decomposition in subtropical forests in China. Plant and Soil, 400(1): 337-350.

Turner B L, Lambers H, Condron L M, et al. 2013. Soil microbial biomass and the fate of phosphorus during long-term ecosystem development. Plant and Soil, 367(1-2): 225-234.

Uselman S M, Qualls R G, Lilienfein J. 2007. Fine root production across a primary successional ecosystem chronosequence at Mt. Shasta, California. Ecosystems, 10(5): 703-717.

Ushio M, Wagai R, Balser T C, et al. 2008. Variations in the soil microbial community composition of a tropical montane forest ecosystem: Does tree species matter?. Soil Biology and Biochemistry, 40(10): 2699-2702.

van der Maarel E, Franklin J. 2013. Vegetation ecology. 2nd edn. Oxford: Wiley-Blackwell.

Van Huysen T L, Perakis S S, Harmon M E. 2016. Decomposition drives convergence of forest litter nutrient stoichiometry following phosphorus addition. Plant and Soil, 406: 1-14.

Veen G F, Keiser A D, Van der Putten W H, et al. 2018. Variation in home-field advantage and ability in leaf litter decomposition across successional gradients. Functional Ecology, 32(6): 1563-1574.

Vitousek P M, Porder S, Houlton B Z, et al. 2010. Terrestrial phosphorus limitation: mechanisms, implications, and nitrogen-phosphorus interactions. Ecological Applications, 20(1): 5-15.

Walbridge M R, Richardson C J, Swank W T. 1991. Vertical-distribution of biological and geochemical phosphorus subcycles in two southern appalachian forest soils. Biogeochemistry, 13(1): 61-85.

Walch-Liu P, Neumann G, Engels C. 2001. Response of shoot and root growth to supply of different nitrogen forms is not related to carbohydrate and nitrogen status of tobacco plants. Journal of Plant Nutrition and Soil Science, 164(1): 97-103.

Walker L R, Wardle D A, Bardgett R D, et al. 2010. The use of chronosequences in studies of ecological succession and soil development. Journal of Ecology, 98(4): 725-736.

Wang G P, Liu J S, Wang J D, et al. 2006. Soil phosphorus forms and their variations in depressional and riparian freshwater wetlands (Sanjiang Plain, Northeast China). Geoderma, 132(1-2): 59-74.

Wang J C, Ren C Q, Cheng H T, et al. 2017b. Conversion of rainforest into agroforestry and monoculture plantation in China: Consequences for soil phosphorus forms and microbial community. Science of the Total Environment, 595: 769-778.

Wang L L, Zhao G X, Li M, et al. 2015. C: N: P stoichiometry and leaf traits of halophytes in an arid saline environment, Northwest China. PLoS One, 10(3): e0119935.

Wang M, Hao T, Deng X W, et al. 2017a. Effects of sedimentborne nutrient and litter quality on macrophyte decomposition and nutrient release. Hydrobiologia, 787(1): 205-215.

Wang M, Moore T R. 2014. Carbon, nitrogen, phosphorus, and potassium stoichiometry in an ombrotrophic peatland reflects plant functional type. Ecosystems, 17(4): 673-684.

Wang Y P, Houlton B Z, Field C B. 2007. A model of biogeochemical cycles of carbon, nitrogen, and phosphorus including symbiotic nitrogen fixation and phosphatase production. Global Biogeochemical Cycles, 21(1): GB1018.

Wang Y P, Law R M, Pak B. 2010. A global model of carbon, nitrogen and phosphorus cycles for the terrestrial biosphere. Biogeosciences, 7(7): 2261-2282.

Wardle D A, Walker L R, Bardgett R D. 2004. Ecosystem properties and forest decline in contrasting long-term chronosequences. Science, 305(5683): 509-513.

Waring R H, Schlesinger W H. 1985. Forest ecosystems: concepts and management. Orlando: Academic Press.

Weigelt A, Bol R, Bardgett R D. 2005. Preferential uptake of soil nitrogen forms by grassland plant species. Oecologia, 142(4): 627-635.

Winbourne J B, Feng A D, Reynolds L, et al. 2018. Nitrogen cycling during secondary succession in Atlantic Forest of Bahia, Brazil. Scientific Reports, 8(1): 1377.

Wright I J, Reich P B, Westoby M, et al. 2004. The worldwide leaf economics spectrum. Nature, 428(6985): 821-827.

Wu H Q, Du S Y, Zhang Y L, et al. 2019. Effects of irrigation and nitrogen fertilization on greenhouse soil organic nitrogen fractions and soil-soluble nitrogen pools. Agricultural Water Management, 216: 415-424.

Wu Q Q. 2018. Effects of snow depth manipulation on the releases of carbon, nitrogen and phosphorus from the foliar litter of two temperate tree species. Science of the Total Environment, 643: 1357-1365.

Xiao H B, Li Z W, Dong Y T, et al. 2017. Changes in microbial communities and respiration following the revegetation of eroded soil. Agriculture Ecosystems & Environment, 246: 30-37.

Xing L, Xue M G, Hu M S. 2019. Dynamic simulation and assessment of the coupling coordination degree of the economy-resource-environment system: case of Wuhan City in China. Journal of Environmental Management, 230: 474-487.

Xing S H, Chen C R, Zhou B Q, et al. 2010. Soil soluble organic nitrogen and active microbial characteristics under adjacent coniferous and broadleaf plantation forests. Journal of Soils and Sediments, 10(4): 748-757.

Xu C H, Xiang W H, Gou M M, et al. 2018. Effects of forest restoration on soil carbon, nitrogen, phosphorus, and their stoichiometry in Hunan, Southern China. Sustainability, 10(6): 1874.

Xu H W, Qu Q, Li P, et al. 2019. Stocks and stoichiometry of soil organic carbon, total nitrogen, and total phosphorus after vegetation restoration in the Loess Hilly Region, China. Forests, 10(1): 27.

Xu X N, Hirata E. 2005. Decomposition patterns of leaf litter of seven common canopy species in a subtropical forest: N and P dynamics. Plant and Soil, 273(1): 279-289.

Yan E R, Wang X H, Huang J J. 2006. Shifts in plant nutrient use strategies under secondary forest succession. Plant and Soil, 289(1): 187-197.

Yan Z B, Kim N, Han W X, et al. 2015. Effects of nitrogen and phosphorus supply on growth rate, leaf stoichiometry, and nutrient resorption of *Arabidopsis thaliana*. Plant and Soil, 388(1-2): 147-155.

Yan Z J, Chen S, Dari B, et al. 2018. Phosphorus transformation response to soil properties changes induced by manure application in a calcareous soil. Geoderma, 322: 163-171.

Yang K, Zhu J J, Gu J C, et al. 2015. Changes in soil phosphorus fractions after 9 years of continuous nitrogen addition in a *Larix gmelinii* plantation. Annals of Forest Science, 72(4): 435-442.

Yang L Y, Wu S T, Zhang L B. 2010. Fine root biomass dynamics and carbon storage along a successional gradient in Changbai Mountains, China. Forestry: an International Journal of Forest Research, 83(4): 379-387.

Yang X, Post W M. 2011. Phosphorus transformations as a function of pedogenesis: a synthesis of soil phosphorus data using Hedley fractionation method. Biogeosciences, 8(10): 2907-2916.

Yang X, Thornton P E, Ricciuto D M, et al. 2014. The role of phosphorus dynamics in tropical forests-a modeling study using CLM-CNP. Biogeosciences, 11(6): 1667-1681.

Yang Y H, Luo Y Q. 2011. Carbon: nitrogen stoichiometry in forest ecosystems during stand development. Global Ecology and Biogeography, 20(2): 354-361.

Yang Y, Liu B R, An S S. 2018. Ecological stoichiometry in leaves, roots, litters and soil among different plant communities in a desertified region of Northern China. Catena, 166: 328-338.

Yu Q, Elser J J, He N P, et al. 2011. Stoichiometric homeostasis of vascular plants in the Inner Mongolia grassland. Oecologia, 166(1): 1-10.

Yuan Z Y, Chen H Y H. 2012. A global analysis of fine root production as affected by soil nitrogen and phosphorus. Proceedings of the Royal Society B, 279(1743): 3796-3802.

Yue K, Fornara D A, Yang W Q, et al. 2017. Influence of multiple global change drivers on terrestrial carbon storage: additive effects are common. Ecology Letters, 20(5): 663-672.

Zechmeister-Boltenstern S, Keiblinger K M, Mooshammer M, et al. 2015. The application of ecological stoichiometry to plant–microbial– soil organic matter transformations. Ecological Monographs, 85(2): 133-155.

Zeng Q C, Li X, Dong Y H, et al. 2016. Soil and plant components ecological stoichiometry in four steppe communities in the Loess Plateau of China. Catena, 147: 481-488.

Zeng Q C, Liu Y, Fang Y, et al. 2017a. Impact of vegetation restoration on plants and soil C: N: P stoichiometry on the Yunwu Mountain Reserve of China. Ecological Engineering, 109(A): 92-100.

Zeng Y L, Fang X, Xiang W H, et al. 2017b. Stoichiometric and nutrient resorption characteristics of dominant tree species in subtropical Chinese forests. Ecology and Evolution, 7(24): 11033-11043.

Zhang D J, Zhang J, Yang W Q, et al. 2014. Plant and soil seed bank diversity across a range of ages of Eucalyptus grandis plantations afforested on arable lands. Plant and Soil, 376(1-2): 307-325.

Zhang G Q, Zhang P, Peng S Z, et al. 2017. The coupling of leaf, litter, and soil nutrients in warm temperate forests in northwestern China. Scientific Reports, 7: 11754.

Zhang H Z, Chen C R, Gray E M, et al. 2016a. Roles of biochar in improving phosphorus availability in soils: a phosphate adsorbent and a source of available phosphorus. Geoderma, 276: 1-6.

Zhang H Z, Shi L L, Wen D Z, et al. 2016b. Soil potential labile but not occluded phosphorus forms increase with forest succession. Biology and Fertility of Soils, 52(1): 41-51.

Zhang K R, Cheng X L, Dang H S, et al. 2013b. Linking litter production, quality and decomposition to vegetation succession following agricultural abandonment. Soil Biology and Biochemistry, 57: 803-813.

Zhang K R, Song C H, Zhang Y L, et al. 2018b. Global-scale patterns of nutrient density and partitioning in forests in relation to climate. Global Change Biology, 24(1): 536-551.

Zhang N Y, Guo R, Song P, et al. 2013a. Effects of warming and nitrogen deposition on the coupling mechanism between soil nitrogen and phosphorus in Songnen Meadow Steppe, northeastern China. Soil Biology and Biochemistry, 65: 96-104.

Zhang Q, Wang Y P, Pitman A J, et al. 2011. Limitations of nitrogen and phosphorous on the terrestrial carbon uptake in the 20th century. Geophysical Research Letters, 38(22): L22701.

Zhang R, Zhou Z C, Wang Y, et al. 2019c. Seedling growth and nutrition responses of two subtropical tree species to NH_4^+-N and NO_3^--N deposition. New Forests, 50(5): 755-769.

Zhang W, Liu W C, Xu M P, et al. 2019a. Response of forest growth to C: N: P stoichiometry in plants and soils during Robinia pseudoacacia afforestation on the Loess Plateau, China. Geoderma, 337: 280-289.

Zhang W, Ren C J, Deng J, et al. 2018a. Plant functional composition and species diversity affect soil C, N, and P during secondary succession of abandoned farmland on the Loess Plateau. Ecological Engineering, 122: 91-99.

Zhang Y S, Ding H, Zheng X Z, et al. 2018c. Soil N transformation mechanisms can effectively conserve N in soil under saturated conditions compared to unsaturated conditions in subtropical China. Biology and Fertility of Soils, 54(4): 495-507.

Zhang Z L, Yuan Y S, Liu Q, et al. 2019b. Plant nitrogen acquisition from inorganic and organic sources via root and mycelia pathways in ectomycorrhizal alpine forests. Soil Biology and Biochemistry, 136: 107517.

Zhang Z S, Song X L, Lu X G, et al. 2013c. Ecological stoichiometry of carbon, nitrogen, and phosphorus in estuarine wetland soils: Influences of vegetation coverage, plant communities, geomorphology, and seawalls. Journal of Soils and Sediments, 13(6): 1043-1051.

Zhao F Z, Kang D, Han X H, et al. 2015a. Soil stoichiometry and carbon storage in long-term afforestation soil affected by understory vegetation diversity. Ecological Engineering, 74: 415-422.

Zhao F Z, Sun J, Ren C J, et al. 2015b. Land use change influences soil C, N and P stoichiometry under 'Grain-to-Green Program' in China. Scientific Reports, 5: 10195.

Zhao H, He N P, Xu L, et al. 2019. Variation in the nitrogen concentration of the leaf, branch, trunk, and root in vegetation in China. Ecological Indicators, 96: 496-504.

Zhao N, Yu G R, He N P, et al. 2016b. Invariant allometric scaling of nitrogen and phosphorus in leaves, stems, and fine roots of woody plants along an altitudinal gradient. Journal of Plant Research, 129(4): 647-657.

Zhao Y J, Lu C Y, Shi Y, et al. 2016a. Soil fertility and fertilization practices affect accumulation and leaching risk of reactive N in greenhouse vegetable soils. Canadian Journal of Soil Science, 96(3): 281-288.

Zheng M H, Chen H, Li D J, Luo Y Q, et al. 2020. Substrate stoichiometry determines nitrogen fixation throughout succession in southern Chinese forests. Ecology Letters, 23(2): 336-347.

Zheng S X, Shangguan Z P. 2007. Spatial patterns of leaf nutrient traits of the plants in the Loess Plateau of

China. Trees, 21(3): 357-370.

Zhong Z K, Makeschin F. 2003. Soluble organic nitrogen in temperate forest soils. Soil Biology and Biochemistry, 35(2): 333-338.

Zhou D, Xu J C, Lin Z L. 2017. Conflict or coordination? Assessing land use multi-functionalization using production-living-ecology analysis. Science of the Total Environment, 577: 136-147.

Zhou X L, Peng C H, Dang Q L, et al. 2005. Predicting forest growth and yield in northeastern Ontario using the process-based model of TRIPLEX1.0. Canadian Journal of Forest Research, 35(9): 2268-2280.

Zhu T B, Meng T Z, Zhang J B, et al. 2013. Nitrogen mineralization, immobilization turnover, heterotrophic nitrification, and microbial groups in acid forest soils of subtropical China. Biology and Fertility of Soils, 49(3): 323-331.

Zhu X M, Chen H, Zhang W, et al. 2016. Effects of nitrogen addition on litter decomposition and nutrient release in two tropical plantations with N_2-fixing vs. non-N_2-fixing tree species. Plant and Soil, 399(1): 61-74.

附　表

附表 1　不同植被恢复阶段植物群落的物种组成（调查面积为 0.27 hm²）

科	属	种	个体数量			
			LVR	LCQ	PLL	LAG
壳斗科 Fagaceae	柯属 Lithocarpus	柯 Lithocarpus glaber	/	/	886	2 226
	青冈属 Cyclobalanopsis	青冈 Cyclobalanopsis glauca	/	/	/	802
	栎属 Quercus	白栎 Quercus fabri	380	261	23	4
	锥属 Castanopsis	甜槠 Castanopsis eyrei	/	/	/	108
		苦槠 Castanopsis sclerophylla	/	9	7	/
	栗属 Castanea	锥栗 Castanea henryi	/	/	/	3
		茅栗 Castanea seguinii	/	/	1	/
		毛栗 Castanea mollissima	253	90	/	/
冬青科 Aquifoliaceae	冬青属 Ilex	冬青 Ilex chinensis	/	9	1	16
		短梗冬青 Ilex buergeri	/	/	/	1
		榕叶冬青 Ilex ficoidea	/	/	/	1
		尾叶冬青 Ilex wilsonii	/	/	/	2
		台湾冬青 Ilex formosana	/	/	/	216
		灰叶冬青 Ilex tetramera	/	/	3	/
		满树星 Ilex aculeolata	211	9	18	/
山茶科 Theaceae	柃木属 Eurya	格药柃 Eurya muricata	/	99	29	174
	红淡比属 Cleyera	红淡比 Cleyera japonica	/	27	132	243
	木荷属 Schima	银木荷 Schima argentea	/	/	/	324
	山茶属 Camellia	尖连蕊茶 Camellia cuspidata	42	/	537	/
		油茶 Camellia oleifera	127	/	111	108
山矾科 Symplocaceae	山矾属 Symplocos	老鼠矢 Symplocos stellaris	/	/	/	116
		南岭山矾 Symplocos confusa	/	/	/	10
		山矾 Symplocos sumuntia	84		276	118
		四川山矾 Symplocos setchuensis	/	/	/	39
樟科 Lauraceae	木姜子属 Litsea	木姜子 Litsea pungens	169	234	210	3
	檫木属 Sassafras	檫木 Sassafras tzumu	/	/	3	12
	樟属 Cinnamomum	樟树 Cinnamomum camphora	/	18	/	4
	山胡椒属 Lindera	乌药 Lindera aggregata	/	/	20	/
杜鹃花科 Ericaceae	越橘属 Vaccinium	南烛 Vaccinium bracteatum	1 055	261	174	120
	杜鹃属 Rhododendron	杜鹃 Rhododendron simsii	591	63	417	120
		满山红 Rhododendron mariesii	84	72	198	/
	珍珠花属 Lyonia	珍珠花 Lyonia ovalifolia	/	/	3	/

续表

科	属	种	个体数量			
			LVR	LCQ	PLL	LAG
金缕梅科 Hamamelidaceae	枫香树属 *Liquidambar*	枫香 *Liquidambar formosana*	/	9	11	4
	檵木属 *Loropetalum*	檵木 *Loropetalum chinense*	1 688	360	671	236
大戟科 Euphorbiaceae	乌桕属 *Sapium*	白木乌桕 *Sapium japonicum*	/	/	/	3
	油桐属 *Vernicia*	千年桐 *Vernicia montana*	/	/	12	/
漆树科 Anacardiaceae	南酸枣属 *Choerospondias*	南酸枣 *Choerospondias axillaris*	/	/	/	20
	盐肤木属 *Rhus*	盐肤木 *Rhus chinensis*	84	18	/	/
柿科 Ebenaceae	柿属 *Diospyros*	延平柿 *Diospyros tsangii*	/	/	/	2
		野柿 *Diospyros kaki* var. *silvestris*	/	/	3	2
鼠李科 Rhamnaceae	鼠李属 *Rhamnus*	长叶冻绿 *Rhamnus crenata*	/	/	54	/
		冻绿 *Rhamnus utilis*	/	18	/	/
百合科 Liliaceae	菝葜属 *Smilax*	菝葜 *Smilax china*	/	1 969	295	108
	沿阶草属 *Ophiopogon*	麦冬 *Ophiopogon japonicus*	/	/	/	108
松科 Pinaceae	松属 *Pinus*	马尾松 *Pinus massoniana*	/	45	664	70
杉科 Taxodiaceae	杉木属 *Cunninghamia*	杉木 *Cunninghamia lanceolata*	127	306	28	74
豆科 Fabaceae	黄檀属 *Dalbergia*	黄檀 *Dalbergia hupeana*	/	135	2	1
蔷薇科 Rosaceae	石楠属 *Photinia*	椤木石楠 *Photinia davidsoniae*	/	/	/	2
八角枫科 Alangiaceae	八角枫属 *Alangium*	毛八角枫 *Alangium kurzii*	/	/	/	21
杜英科 Elaeocarpaceae	杜英属 *Elaeocarpus*	日本杜英 *Elaeocarpus japonicus*	/	/	/	30
夹竹桃科 Apocynaceae	络石属 *Trachelospermum*	络石 *Trachelospermum jasminoides*	/	/	/	108
桑科 Moraceae	榕属 *Ficus*	异叶榕 *Ficus heteromorpha*	/	/	/	28
紫金牛科 Myrsinaceae	紫金牛属 *Ardisia*	朱砂根 *Ardisia crenata*	/	/	/	108
马鞭草科 Verbenaceae	大青属 *Clerodendrum*	大青 *Clerodendrum cyrtophyllum*	/	9	/	8
忍冬科 Caprifoliaceae	荚蒾属 *Viburnum*	茶荚蒾 *Viburnum setigerum*	/	/	9	/
	忍冬属 *Lonicera*	金银花 *Lonicera japonica*	/	/	/	108
桃金娘科 Myrtaceae	蒲桃属 *Syzygium*	赤楠 *Syzygium buxifolium*	/	/	10	2
五加科 Araliaceae	楤木属 *Aralia*	楤木 *Aralia chinensis*	/	9	/	/
茜草科 Rubiaceae	栀子属 *Gardenia*	栀子 *Gardenia jasminoides*	/	/	184	6
乌毛蕨科 Blechnaceae	狗脊属 *Woodwardia*	狗脊 *Woodwardia japonica*	/	900	1 125	1 620
兰科 Orchidaceae	兰属 *Cymbidium*	春兰 *Cymbidium goeringii*	/	/	/	216
毛茛科 Ranunculaceae	乌头属 *Aconitum*	乌头 *Aconitum carmichaelii*	/	/	/	108
里白科 Gleicheniaceae	芒萁属 *Dicranopteris*	芒萁 *Dicranopteris dichotoma*	38 011	48 094	36 788	/
野牡丹科 Melastomataceae	金锦香属 *Osbeckia*	金锦香 *Osbeckia chinensis*	/	450	7 313	/
禾本科 Poaceae	刚竹属 *Phyllostachys*	毛竹 *Phyllostachys heterocycla*	/	/	/	9
	淡竹叶属 *Lophatherum*	淡竹叶 *Lophatherum gracile*	/	/	6 750	/
	芒属 *Miscanthus*	芒 *Miscanthus sinensis*	2 531	8 156	2 981	/
	白茅属 *Imperata*	白茅 *Imperata cylindrica*	/	563	/	/
	野古草属 *Arundinella*	野古草 *Arundinella anomala*	3 544	14 063	/	/

续表

科	属	种	个体数量			
			LVR	LCQ	PLL	LAG
木本植物个体数	—	—	4 895	4 030	4 992	5 720
草本植物个体数	—	—	44 086	72 226	54 957	2 052
个体数总计	—	—	48 981	76 256	59 949	7 772
木本植物物种数	—	59	13	22	31	44
草本植物物种数	—	10	3	6	5	4
物种数总计	—	69	16	28	36	48

注: —表示没办法统计; /表示无。

附表 2　不同植被恢复阶段植物群落灌木层物种重要值（调查面积为 0.27 hm²）

恢复阶段	种名	株数	相对密度/%	相对频度/%	相对显著度/%	重要值/%
LVR	檵木 *Loropetalum chinense*	1688	34.48	17.07	30.83	27.46
	白栎 *Quercus fabri*	380	7.76	24.39	24.72	18.96
	杜鹃 *Rhododendron simsii*	591	12.07	14.63	15.28	14.00
	南烛 *Vaccinium bracteatum*	1055	21.55	4.88	5.56	10.66
	满树星 *Ilex aculeolata*	211	4.31	7.32	5.56	5.73
	杉木 *Cunninghamia lanceolata*	127	2.60	7.31	6.66	5.53
	油茶 *Camellia oleifera*	127	2.60	4.88	2.22	3.23
	山矾 *Symplocos sumuntia*	84	1.72	4.88	2.50	3.03
	尖连蕊茶 *Camellia cuspidata*	42	0.86	4.88	3.33	3.02
	毛栗 *Castanea mollissima*	253	5.17	2.44	0.56	2.72
	木姜子 *Litsea pungens*	169	3.44	2.44	0.83	2.24
	满山红 *Rhododendron mariesii*	84	1.72	2.44	1.39	1.85
	盐肤木 *Rhus chinensis*	84	1.72	2.44	0.56	1.57
	总计	4895	100	100	100	100
LCQ	杉木 *Cunninghamia lanceolata*	306	7.59	10.39	40.11	19.36
	菝葜 *Smilax china*	1969	48.86	3.9	0.71	17.82
	檵木 *Loropetalum chinense*	360	8.93	14.29	7.11	10.11
	白栎 *Quercus fabri*	261	6.48	10.39	9.75	8.87
	木姜子 *Litsea pungens*	234	5.81	7.79	10.85	8.15
	南烛 *Vaccinium bracteatum*	261	6.48	9.09	5.61	7.06
	毛栗 *Castanea mollissima*	90	2.23	7.79	2.99	4.34
	黄檀 *Dalbergia hupeana*	135	3.35	6.49	2.86	4.23
	格药柃 *Eurya muricata*	99	2.46	2.60	4.20	3.09
	满山红 *Rhododendron mariesii*	72	1.79	5.19	0.64	2.54
	马尾松 *Pinus massoniana*	45	1.12	3.85	2.34	2.44
	杜鹃 *Rhododendron simsii*	63	1.56	3.85	0.71	2.04
	冬青 *Ilex chinensis*	9	0.22	1.29	4.48	2.00
	苦槠 *Castanopsis sclerophylla*	9	0.22	1.29	3.30	1.60
	红淡比 *Cleyera japonica*	27	0.67	2.56	0.85	1.36

恢复阶段	种名	株数	相对密度/%	相对频度/%	相对显著度/%	重要值/%
LCQ	樟树 Cinnamomum camphora	18	0.45	1.32	2.29	1.35
	盐肤木 Rhus chinensis	18	0.45	1.32	0.23	0.67
	冻绿 Rhamnus utilis	18	0.45	1.32	0.18	0.65
	枫香 Liquidambar formosana	9	0.22	1.32	0.36	0.64
	大青 Clerodedrum cyrtophyllum	9	0.22	1.32	0.21	0.58
	满树星 Ilex aculeolata	9	0.22	1.32	0.11	0.55
	楤木 Aralia chinensis	9	0.22	1.32	0.11	0.55
	总计	4030	100	100	100	100
PLL	檵木 Loropetalum chinense	486	14.64	13.16	27.28	18.36
	尖连蕊茶 Camellia cuspidata	486	14.64	13.16	16.47	14.76
	杜鹃 Rhododendron simsii	369	11.12	13.16	8.11	10.80
	柯 Lithocarpus glaber	459	13.83	5.26	2.06	7.05
	木姜子 Litsea pungens	207	6.24	3.95	10.41	6.87
	满山红 Rhododendron mariesii	153	4.61	7.89	7.98	6.82
	南烛 Vaccinium bracteatum	135	4.07	5.26	8.74	6.02
	栀子 Gardenia jasminoides	171	5.15	9.72	3.20	5.85
	菝葜 Smilax china	295	8.89	3.95	0.42	4.42
	山矾 Symplocos sumuntia	234	7.05	3.95	0.67	3.89
	油茶 Camellia oleifera	99	2.98	4.07	3.34	3.47
	红淡比 Cleyera japonica	72	2.17	4.07	2.74	3.00
	长叶冻绿 Rhamnus crenata	54	1.64	1.26	3.50	2.13
	格药柃 Eurya muricata	18	0.54	2.65	1.74	1.64
	茶荚蒾 Viburnum setigerum	9	0.27	1.26	1.54	1.02
	千年桐 Aleurites montana	9	0.27	1.26	0.81	0.78
	白栎 Quercus fabri	9	0.27	1.26	0.36	0.63
	赤楠 Syzygium buxifolium	9	0.27	1.26	0.36	0.63
	乌药 Lindera aggregata	18	0.54	1.35	0.04	0.64
	满树星 Ilex aculeolata	18	0.54	1.35	0.01	0.63
	杉木 Cunninghamia lanceolata	9	0.27	1.26	0.23	0.59
	总计	3319	100	100	100	100
LAG	柯 Lithocarpus glaber	1728	39.02	32.37	24.07	31.82
	青冈 Cyclobalanopsis glauca	756	17.07	14.71	19.67	17.15
	银木荷 Schima argentea	324	7.31	8.82	11.98	9.37
	台湾冬青 Ilex formosana	216	4.88	5.88	11.19	7.32
	檵木 Loropetalum chinense	216	4.88	5.88	5.71	5.49
	老鼠矢 Symplocos stellaris	108	2.44	2.94	6.25	3.88
	菝拔葜 Smilax china	108	2.44	2.94	5.57	3.65
	山矾 Symplocos sumuntia	108	2.44	2.94	4.94	3.44
	南烛 Vaccinium bracteatum	108	2.44	2.94	3.78	3.05

续表

恢复阶段	种名	株数	相对密度/%	相对频度/%	相对显著度/%	重要值/%
LAG	格药柃 *Eurya muricata*	108	2.44	2.94	1.93	2.44
	甜槠 *Castanopsis eyrei*	108	2.44	2.94	1.34	2.24
	朱砂根 *Ardisia crenata*	108	2.44	2.94	1.11	2.16
	油茶 *Camellia oleifera*	108	2.44	2.94	1.02	2.13
	杜鹃 *Rhododendron simsii*	108	2.44	2.94	0.86	2.08
	络石 *Trachelospermum jasminoides*	108	2.44	2.94	0.33	1.90
	金银花 *Lonicera japonica*	108	2.44	2.94	0.25	1.88
	总计	4428	100	100	100	100

附表 3　不同植被恢复阶段植物群落乔木层物种的重要值（调查面积为 0.27 hm^2）

恢复阶段	种名	株数	相对密度/%	相对频度/%	相对显著度/%	重要值/%
PLL	马尾松 *Pinus massoniana*	664	39.69	15.17	81.15	45.34
	柯 *Lithocarpus glaber*	427	25.52	6.18	9.89	13.87
	檵木 *Loropetalum chinense*	185	11.06	8.99	2.24	7.43
	杜鹃 *Rhododendron simsii*	48	2.87	8.98	0.47	4.11
	尖连蕊茶 *Camellia cuspidata*	51	3.05	8.43	0.59	4.02
	山矾 *Symplocos sumuntia*	42	2.51	7.87	0.62	3.67
	红淡比 *Cleyera japonica*	60	3.58	5.05	1.01	3.21
	满山红 *Rhododendron mariesii*	45	2.69	5.62	0.30	2.87
	南烛 *Vaccinium bracteatum*	39	2.33	5.06	0.35	2.58
	枫香 *Liquidambar formosana*	11	0.66	3.37	1.36	1.80
	杉木 *Cunninghamia lanceolata*	19	1.13	2.81	1.12	1.69
	白栎 *Quercus fabri*	14	0.83	3.38	0.11	1.44
	栀子 *Gardenia jasminoides*	13	0.78	3.37	0.07	1.40
	油茶 *Camellia oleifera*	12	0.72	3.37	0.12	1.40
	格药柃 *Eurya muricata*	11	0.66	2.82	0.09	1.19
	野柿 *Diospyros kaki* var. *silvestris*	3	0.18	1.69	0.05	0.64
	苦槠 *Castanopsis sclerophylla*	7	0.42	1.12	0.03	0.52
	灰叶冬青 *Ilex tetramera*	3	0.18	1.12	0.01	0.44
	黄檀 *Dalbergia hupeana*	2	0.12	1.12	0.02	0.42
	檫木 *Sassafras tzumu*	3	0.18	0.56	0.25	0.33
	千年桐 *Aleurites montana*	3	0.18	0.56	0.05	0.26
	珍珠花 *Lyonia ovalifolia*	3	0.18	0.56	0.05	0.26
	木姜子 *Litsea pungens*	3	0.18	0.56	0.01	0.25
	乌药 *Lindera aggregata*	2	0.12	0.56	0.01	0.23
	冬青 *Ilex chinensis*	1	0.06	0.56	0.01	0.21
	茅栗 *Castanea seguinii*	1	0.06	0.56	0.01	0.21
	赤楠 *Syzygium buxifolium*	1	0.06	0.56	0.01	0.21
	总计	1673	100	100	100	100

续表

恢复阶段	种名	株数	相对密度/%	相对频度/%	相对显著度/%	重要值/%
	柯 *Lithocarpus glaber*	498	38.55	10.51	28.22	25.76
	红淡比 *Cleyera japonica*	243	18.81	8.56	5.79	11.05
	青冈 *Cyclobalanopsis glauca*	46	3.56	4.67	18.48	8.90
	杉木 *Cunninghamia lanceolata*	74	5.73	5.06	7.64	6.14
	马尾松 *Pinus massoniana*	70	5.42	5.45	6.32	5.73
	南酸枣 *Choerospondias axillaris*	20	1.55	3.50	9.89	4.98
	檫木 *Sassafras tzumu*	12	0.93	3.11	8.97	4.34
	格药柃 *Eurya muricata*	66	5.11	4.67	0.62	3.47
	四川山矾 *Symplocos setchuensis*	39	3.02	6.61	0.59	3.41
	日本杜英 *Elaeocarpus japonicus*	30	2.32	6.23	1.59	3.38
	毛八角枫 *Alangium kurzii*	21	1.63	4.27	1.94	2.61
	异叶榕 *Ficus heteromorpha*	28	2.17	3.88	0.13	2.06
	檵木 *Loropetalum chinense*	20	1.55	3.50	0.18	1.74
	冬青 *Ilex chinensis*	16	1.24	3.11	0.23	1.53
	白栎 *Quercus fabri*	4	0.31	1.56	1.98	1.28
	南烛 *Vaccinium bracteatum*	12	0.93	2.72	0.12	1.26
	山矾 *Symplocos sumuntia*	10	0.77	2.72	0.14	1.21
	枫香 *Liquidambar formosana*	4	0.31	1.56	1.70	1.19
LAG	锥栗 *Castanea henryi*	3	0.23	1.17	1.94	1.11
	杜鹃 *Rhododendron simsii*	12	0.93	2.33	0.03	1.10
	老鼠矢 *Symplocos stellaris*	8	0.62	2.33	0.19	1.05
	毛竹 *Phyllostachys heterocycla*	9	0.70	0.78	1.47	0.98
	樟树 *Cinnamomum camphora*	4	0.31	1.17	1.36	0.95
	大青 *Clerodendrum cyrtophyllum*	8	0.62	1.95	0.02	0.86
	南岭山矾 *Symplocos confusa*	10	0.77	1.56	0.16	0.83
	栀子 *Gardenia jasminoides*	6	0.46	1.56	0.01	0.68
	白木乌桕 *Sapium japonicum*	3	0.23	1.17	0.03	0.48
	延平柿 *Diospyros tsangii*	2	0.15	0.78	0.04	0.32
	赤楠 *Syzygium buxifolium*	2	0.15	0.78	0.00	0.31
	木姜子 *Litsea pungens*	3	0.23	0.39	0.02	0.21
	椤木石楠 *Photinia davidsoniae*	2	0.15	0.39	0.06	0.20
	野柿 *Diospyros kaki* var. *silvestris*	2	0.15	0.39	0.05	0.20
	尾叶冬青 *Ilex wilsonii*	2	0.15	0.39	0.01	0.18
	榕叶冬青 *Ilex ficoidea*	1	0.08	0.39	0.06	0.18
	黄檀 *Dalbergia hupeana*	1	0.08	0.39	0.01	0.16
	短梗冬青 *Ilex buergeri*	1	0.08	0.39	0.01	0.16
	总计	1292	100	100	100	100

附表 4　湘中丘陵区不同植被恢复阶段群落的植物名录

群落类型	物种名称	拉丁学名	生活型	科，属
LVR	檵木	*Loropetalum chinense*	常绿或半落叶灌木	金缕梅科，檵木属
	南烛	*Vaccinium bracteatum*	常绿灌木	杜鹃花科，乌饭树属
	油茶	*Camellia oleifera*	常绿小乔木	山茶科，油茶属
	白栎	*Quercus fabri*	落叶乔木或灌木状	壳斗科，栎属
	杜鹃	*Rhododendron simsii*	落叶灌木	杜鹃花科，杜鹃属
	山矾	*Symplocos sumuntia*	常绿灌木	山矾科，山矾属
	木姜子	*Litsea pungens*	落叶灌木	樟科，木姜子属
	盐肤木	*Rhus chinensis*	落叶小乔木	漆树科、盐肤木属
	满树星	*Ilex aculeolata*	落叶灌木	冬青科，冬青属
	毛栗	*Castanea mollissima*	落叶乔木	壳斗科，栗属
	尖连蕊茶	*Camellia cuspidata*	灌木或小乔木	山茶科，山茶属
	杉木	*Cunninghamia lanceolata*	针叶乔木	杉科，杉木属
	野古草	*Arundinella anomala*	多年生草本	禾本科，野古草属
	芒	*Miscanthus sinensis*	草本	禾本科，芒属
	芒萁	*Dicranopteris dichotoma*	多年生杂草	里白科，芒萁属
LCQ	杉木	*Cunninghamia lanceolata*	针叶常绿乔木	杉科，杉木属
	白栎	*Quercus fabri*	落叶乔木或灌木状	壳斗科，栎属
	檵木	*Loropetalum chinense*	常绿或半落叶灌木	金缕梅科，檵木属
	冻绿	*Rhamnus utilis*	落叶灌木或小乔木	鼠李科，鼠李属
	毛栗	*Castanea mollissima*	落叶灌木至小乔木	壳斗科，栗属
	木姜子	*Litsea pungens*	落叶灌木或小乔木	樟科，木姜子属
	马尾松	*Pinus massoniana*	针叶乔木	松科，松属
	黄檀	*Dalbergia hupeana*	落叶乔木	豆科，黄檀属
	红淡比	*Cleyera japonica*	常绿灌木或小乔木	山茶科，红淡比属
	南烛	*Vaccinium bracteatum*	常绿灌木	杜鹃花科，乌饭树属
	樟树	*Cinnamomum camphora*	常绿大乔木	樟科，樟属
	大青	*Clerodendrum cyrtophyllum*	灌木或小乔木	马鞭草科，大青属
	格药柃	*Eurya muricata*	灌木或小乔木	山茶科，柃木属
	盐肤木	*Rhus chinensis*	落叶小乔木	漆树科，盐肤木属
	苦槠	*Castanopsis sclerophylla*	常绿阔叶乔木	壳斗科，锥属
	冬青	*Ilex chinensis*	常绿乔木	冬青科，冬青属
	枫香	*Liquidambar formosana*	落叶乔木	金缕梅科，枫香树属
	楤木	*Aralia chinensis*	落叶灌木或乔木	五加科，楤木属
	满山红	*Rhododendron mariesii*	落叶灌木	杜鹃花科，杜鹃属
	满树星	*Ilex aculeolata*	落叶灌木	冬青科，冬青属
	杜鹃	*Rhododendron simsii*	常绿或平常绿灌木	杜鹃花科，杜鹃属
	菝葜	*Smilax china*	多年生藤本落叶攀附植物	百合科，菝葜属
	金锦香	*Osbeckia chinensis*	直立草本或亚灌木	野牡丹科，金锦香属
	白茅	*Imperata cylindrica*	多年生草本	禾本科，白茅属

续表

群落类型	物种名称	拉丁学名	生活型	科，属
LCQ	狗脊	*Woodwardia japonica*	多年生树蕨	蚌壳蕨科，狗脊属
	芒	*Miscanthus sinensis*	草本	禾本科，芒属
	芒萁	*Dicranopteris dichotoma*	多年生杂草	里白科，芒萁属
	野古草	*Arundinella anomala*	多年生草本	禾本科，野古草属
PLL	马尾松	*Pinus massoniana*	针叶乔木	松科，松属
	枫香	*Liquidambar formosana*	落叶乔木	金缕梅科，枫香树属
	檵木	*Loropetalum chinense*	常绿或半落叶灌木	金缕梅科，檵木属
	千年桐	*Aleurites montana*	落叶乔木	大戟科，油桐属
	木姜子	*Litsea cubeba*	落叶灌木或小乔木	樟科，木姜子属
	檫木	*Sassafras tzumu*	落叶乔木	樟科，檫木属
	红淡比	*Cleyera japonica*	常绿灌木或小乔木	山茶科，红淡比属
	白栎	*Quercus fabri*	落叶乔木或灌木状	壳斗科，栎属
	栀子	*Gardenia jasminoides*	常绿灌木	茜草科，栀子属
	山矾	*Symplocos sumuntia*	常绿灌木	山矾科，山矾属
	杜鹃	*Rhododendron simsii*	常绿或平常绿灌木	杜鹃花科，杜鹃属
	格药柃	*Eurya muricata*	灌木或小乔木	山茶科，柃木属
	尖连蕊茶	*Camellia cuspidata*	灌木或小乔木	山茶科，山茶属
	满山红	*Rhododendron mariesii*	落叶灌木	杜鹃花科，杜鹃属
	南烛	*Vaccinium bracteatum*	常绿灌木	杜鹃花科，乌饭树属
	油茶	*Camellia oleifera*	常绿小乔木	茶科，油茶属
	黄檀	*Dalbergia hupeana*	落叶乔木	豆科，黄檀属
	赤楠	*Syzygium buxifolium*	常绿灌木或小乔木	桃金娘科，蒲桃属
	柯	*Lithocarpus glaber*	常绿乔木	壳斗科，石栎属
	毛栗	*Castanea mollissima*	落叶灌木至小乔木	壳斗科，栗属
	冬青	*Ilex chinensis*	常绿乔木	冬青科，冬青属
	杉木	*Cunninghamia lanceolata*	针叶常绿乔木	杉科，杉木属
	珍珠花	*Lyonia ovalifolia*	落叶灌木或小乔木	杜鹃花科，珍珠花属
	野柿	*Diospyros kaki* var. *silvestris*	落叶大乔木	柿科，柿属
	灰叶冬青	*Ilex tetramera*	常绿乔木或灌木	冬青科，冬青属
	苦槠	*Castanopsis sclerophylla*	常绿阔叶乔木	壳斗科，锥属
	乌药	*Lindera aggregata*	常绿灌木或小乔木	樟科，山胡椒属
	长叶冻绿	*Rhamnus crenata*	落叶灌木或小乔木	鼠李科，鼠李属
	茶荚蒾	*Viburnum setigerum*	落叶灌木	五福花科，荚蒾属
	满树星	*Ilex aculeolata*	落叶灌木	冬青科，冬青属
	菝葜	*Smilax china*	多年生藤本落叶攀附植物	百合科，菝葜属
	金锦香	*Osbeckia chinensis*	直立草本或亚灌木	野牡丹科、金锦香属
	芒萁	*Dicranopteris dichotoma*	多年生杂草	里白科、芒萁属
	淡竹叶	*Lophatherum gracile*	多年生草本	禾本科，淡竹叶属
	芒	*Miscanthus sinensis*	草本	禾本科，芒属
	狗脊	*Woodwardia japonica*	多年生树蕨	蚌壳蕨科，狗脊属

续表

群落类型	物种名称	拉丁学名	生活型	科，属
	杉木	*Cunninghamia lanceolata*	针叶常绿乔木	杉科，杉木属
	日本杜英	*Elaeocarpus japonicus*	常绿乔木	杜英科，杜英属
	红淡比	*Cleyera japonica*	常绿灌木或小乔木	山茶科，红淡比属
	青冈	*Cyclobalanopsis glauca*	常绿阔叶乔木	壳斗科，青冈属
	柯	*Lithocarpus glaber*	常绿乔木	壳斗科，石栎属
	四川山矾	*Symplocos setchuensis*	常绿小乔木	山矾科，山矾属
	赤楠	*Syzygium buxifolium*	常绿灌木或小乔木	桃金娘科，蒲桃属
	毛八角枫	*Alangium kurzii*	小乔木，稀灌木	八角枫科、八角枫属
	老鼠矢	*Symplocos stellaris*	常绿乔木	山矾科，山矾属
	檫木	*Sassafras tzumu*	落叶乔木	樟科，檫木属
	冬青	*Ilex chinensis*	常绿乔木	冬青科，冬青属
	野柿	*Diospyros kaki* var.*silvestris*	落叶大乔木	柿科，柿属
	异叶榕	*Ficus heteromorpha*	落叶灌木或小乔木	桑科，榕属
	马尾松	*Pinus massoniana*	针叶乔木	松科，松属
	南酸枣	*Choerospondias axillaris*	落叶乔木	漆树科，南酸枣属
	栀子	*Gardenia jasminoides*	常绿灌木	茜草科，栀子属
	枫香	*Liquidambar formosana*	落叶乔木	金缕梅科，枫香树属
	短梗冬青	*Ilex buergeri*	常绿乔木或灌木	冬青科，冬青属
	锥栗	*Castanea henryi*	落叶乔木	壳斗科，栗属
LAG	木姜子	*Litsea pungens*	落叶灌木或小乔木	樟科，木姜子属
	檵木	*Loropetalum chinense*	常绿或半落叶灌木	金缕梅科，檵木属
	杜鹃	*Rhododendron simsii*	常绿或平常绿灌木	杜鹃花科，杜鹃属
	南烛	*Vaccinium bracteatum*	常绿灌木	杜鹃花科，乌饭树属
	樟树	*Cinnamomum camphora*	常绿大乔木	樟科，樟属
	大青	*Clerodendrum cyrtophyllum*	灌木或小乔木	马鞭草科，大青属
	格药柃	*Eurya muricata*	灌木或小乔木	山茶科，柃木属
	白栎	*Quercus fabri*	落叶乔木或灌木状	壳斗科，栎属
	黄檀	*Dalbergia hupeana*	落叶乔木	豆科，黄檀属
	山矾	*Symplocos sumuntia*	常绿灌木	山矾科，山矾属
	毛竹	*Phyllostachys heterocycla*	禾本竹类植物	禾本科，刚竹属
	白木乌桕	*Sapium japonicum*	落叶灌木或乔木	大戟科、乌桕属
	延平柿	*Diospyros tsangii*	落叶灌木或小乔木	柿科，柿属
	尾叶冬青	*Ilex wilsonii*	常绿灌木或乔木	冬青科，冬青属
	榕叶冬青	*Ilex ficoidea*	常绿灌木或乔木	冬青科，冬青属
	南岭山矾	*Symplocos confusa*	常绿小乔木	山矾科，山矾属
	椤木石楠	*Photinia davidsoniae*	常绿乔木	蔷薇科，石楠属
	台湾冬青	*Ilex formosana*	常绿灌木或乔木	冬青科，冬青属
	金银花	*Lonicera japonica*	半常绿缠绕及匍匐茎的灌木	忍冬科忍冬属
	络石	*Trachelospermum jasminoides*	常绿木质藤本	夹竹桃科，络石属
	朱砂根	*Ardisia crenata*	常绿灌木或乔木	紫金牛科，紫金牛属

续表

群落类型	物种名称	拉丁学名	生活型	科，属
	油茶	*Camellia oleifera*	常绿小乔木	茶科，油茶属
	甜槠	*Castanopsis eyrei*	常绿大乔木	壳斗科，锥属
	拔葜	*Smilax china*	多年生藤本落叶攀附植物	百合科，菝葜属
LAG	银木荷	*Schima argentea*	常绿乔木	茶科，木荷属
	狗脊	*Woodwardia japonica*	多年生树蕨	蚌壳蕨科，狗脊属
	麦冬	*Ophiopogon japonicus*	多年生常绿草本植物	百合科，沿阶草属
	乌头	*Aconitum carmichaelii*	多年生草本植物	毛茛科，乌头属
	春兰	*Cymbidium goeringii*	地生植物	兰科，兰属